F. Tetzner
Die Dampfkessel

Lehr- und Handbuch für Studierende Technischer Hochschulen
Schüler Höherer Maschinenbauschulen und Techniken
sowie für Ingenieure und Techniker

Siebente, erweiterte Auflage

von

O. Heinrich
Studienrat an der Beuthschule zu Berlin

Mit 467 Textabbildungen und 14 Tafeln

SPRINGER-VERLAG BERLIN HEIDELBERG GMBH

1923

ISBN 978-3-662-01912-2   ISBN 978-3-662-02207-8 (eBook)
DOI 10.1007/978-3-662-02207-8

Vorwort zur sechsten Auflage.

Bei der Neubearbeitung des vorliegenden Buches bin ich vornehmlich bemüht gewesen, dasselbe im Sinne seines bisherigen Herausgebers, des im Jahre 1918 verstorbenen Professors F. Tetzner weiterzuführen. Die neue Auflage zeigt daher keine grundsätzlichen Änderungen gegenüber den früheren, wenngleich der größte Teil des Buches textlich neugestaltet und eine große Zahl der Tafeln durch Abbildungen im Text ersetzt worden ist. Im besonderen hat der Abschnitt über die Feuerungsanlagen eine nicht unwesentliche Erweiterung erfahren, die es ermöglichen soll, einen Überblick über das gesamte Gebiet der Feuerungseinrichtungen zu geben. Dabei hat sich die Anführung einiger älterer Konstruktionen nicht umgehen lassen, ebensowenig wie das bei der Behandlung der Kesselbauarten möglich gewesen ist. Den Abschnitt über die Kesselhausbekohlung habe ich soweit eingeschränkt, wie es mir dem Umfang und Zweck des Buches angemessen erschien.

Den wärmetechnischen Rechnungen ist die Dampftabelle nach W. Schüle zugrunde gelegt, die auch an Stelle der Mollierschen zum Abdruck gekommen ist.

Möge meine eingangs ausgesprochene Absicht in dem Maße gelungen sein, daß sich die vorliegende Auflage einer ebenso guten Aufnahme wie die früheren erfreuen kann.

Berlin, Januar 1921.

O. Heinrich.

Vorwort zur siebenten Auflage.

Der Weiterausbau der Theorie und die Fortschritte der Kesselpraxis machten es notwendig, die Abschnitte:

> Wärmeübertragung, Wärmespeicher, Entgasung des Speisewassers,
> Wasserreinigung durch Verdampfen

neu aufzunehmen und einige der bisher gebrachten nicht unwesentlich zu erweitern, so die Abschnitte:

> Feuerungen, Zugerzeugung, Steilrohrkessel.

In meinem Bestreben, das Buch weiter zu vervollkommnen, habe ich durch Anregungen aus den Kreisen der Fachgenossen und durch bereitwilliges Entgegenkommen der einschlägigen Firmen so weitgehende Unterstützung gefunden, daß ich nicht verfehlen möchte, ihnen allen an dieser Stelle noch besonders zu danken.

Berlin, Januar 1923.

O. Heinrich.

Inhaltsverzeichnis.

Einleitung.

Zweck einer Kesselanlage.

Eine Dampfkesselanlage hat den Zweck, die im Brennstoff aufge-
speicherte Wärme zu verwenden, um Wasser in Dampf von höherem als
dem atmosphärischen Druck zu verwandeln, der befähigt ist, in geeigneten Vorrichtungen entweder Arbeit zu leisten:

durch seine Spannungsenergie (in Dampfmaschinen, Montejus),

durch seine Strömungsenergie (in Dampfturbinen, Strahlpumpen,
Dampfstrahlgebläsen, Dampfsirenen),

oder Wärme abzugeben:

zu Kochzwecken (in offenen Gefäßen, geschlossenen Dampffässern),

zu Heizzwecken (mittelbar zur Erwärmung von Heizwasser, unmittelbar als Heizdampf),

oder zur Bereitung von Wassergas zu dienen (im Generator).

Teile einer Kesselanlage.

A. Der Dampfkessel dient zur Aufnahme des Wassers, das in ihm
unter Erzeugung von Überdruck verdampft werden soll. Dazu wird er
als allerseits geschlossenes Gefäß hergestellt, dessen Wandungen für den
verlangten Überdruck genügend fest zu bemessen sind. Um das Kesselinnere zugänglich zu machen, werden an den Kesseln Einfahröffnungen,
Mannlöcher, oder falls es die Kesselabmessungen nicht gestatten,
Handlöcher angebracht, die dampfdicht verschlossen werden können.

Die Größe eines Kessels wird beurteilt nach seiner Heizfläche.
Darunter versteht man den Teil seiner Oberfläche, der außen vom Feuer —
direkte Heizfläche — oder von den Heizgasen — indirekte Heizfläche — innen vom Wasser berührt wird.

Der Wasserspiegel teilt das Kesselinnere in den Wasserraum und
den Dampfraum. Ihre Größenverhältnisse verschieben sich gegeneinander mit jeder Schwankung in der Höhenlage des Wasserspiegels von
dem im Interesse der Betriebssicherheit gesetzlich festgesetzten niedrigsten Wasserstand bis zu dem mit Rücksicht auf die Trockenheit
des erzeugten Dampfes erfahrungsgemäß zulässigen höchsten Wasserstande. Die beiden Endlagen des Wasserspiegels begrenzen den sogen.
Speiseraum.

Die **Kesselausrüstung** besteht aus den Speisepumpen und der „feinen Armatur", das sind einenteils Sicherheitsvorrichtungen, mit deren Hilfe man die Vorgänge im Kessel dauernd verfolgen kann, anderenteils Absperreinrichtungen in den am Kessel angeschlossenen Leitungen.

Wasserreinigungsanlagen dienen zur Aufbereitung des Speisewassers, das heißt zur Beseitigung der im Rohwasser enthaltenen Fremdstoffe, die den Kessel verunreinigen oder die Bleche angreifen und dadurch den Kesselbetrieb beeinträchtigen würden.

Vorwärmer sind Vorrichtungen, in denen das Speisewasser vor seinem Eintritt in den Kessel angewärmt wird. Die dazu erforderliche Wärme wird aus dem Abdampf oder den Abgasen entnommen.

Überhitzer sind beheizte Rohrleitungen, in welchen der im Kessel erzeugte Rohdampf getrocknet und ohne Druckzunahme auf eine höhere Temperatur gebracht wird.

B. Die Feuerung dient zur Erzeugung der Wärme aus dem Brennstoff. Möglichst zweckmäßige Zusammenführung des Brennstoffs mit der zu seiner Verbrennung benötigten Luft sind die Grundbedingungen für ihren Aufbau.

Die Zuführung des Brennstoffs, die **Bekohlung** erfolgt im Großbetriebe durch besondere Einrichtungen, in denen die Kohlen maschinell aus dem Fahrzeug, in welchem sie bis an das Kesselhaus gelangen, bis zu den einzelnen Feuerungen gefördert werden. — Auch bei der Verfeuerung flüssiger Brennstoffe kommen ähnliche Einrichtungen zur Anwendung.

Für die **Aschenbeseitigung** werden bei größeren Anlagen ebenfalls besondere Vorkehrungen getroffen. Man leitet die entfallende Asche und Schlacke nach außerhalb des Kesselhauses gelegenen Sammelbehältern. Diese sind so aufgestellt, daß sie sich bequem in die zur Abfuhr dienenden Fahrzeuge entleeren lassen.

Das Kesselmauerwerk. Die dem Feuer entströmenden Gase sollen einen möglichst großen Teil ihres Wärmeinhaltes an den Kesselkörper abgeben. Dazu ist es notwendig, sie auf einem genügend langen Wege an der Kesselwandung entlang zu führen. Das ist aber bei den weitaus meisten Kesselarten nur mit Hilfe von Mauerwerk zu erreichen, das um den Kessel herum aufgebaut wird. Das Kesselmauerwerk dient somit vornehmlich dazu, Heizkanäle, **Züge** genannt, zu bilden. Es gewährt außerdem den Vorteil, die Wärmeausstrahlung des Kessels zu verringern.

An das Kesselmauerwerk schließt sich der Abgaskanal, der **Fuchs**, an. Er liegt gewöhnlich unter der Kesselhausflur und leitet die Gase entweder zunächst in ein anderes Mauerwerk, in welchem ein durch die Abgase zu beheizender Vorwärmer eingebaut ist, oder unmittelbar in ein zur Abführung ins Freie dienendes, senkrechtes Rohr, **Schornstein** oder **Esse** genannt. Die Gase sind bei ihrem Eintritt in den Schornstein noch bedeutend wärmer und somit leichter als die Außenluft. Ihr dadurch vorhandener Auftrieb erzeugt die Zugkraft, welche der Feuerung die Verbrennungsluft zuführt und die Heizgase durch die Zugkanäle bis zum Schornstein fortbewegt. — Der „natürliche" Schornsteinzug kann ergänzt oder völlig ersetzt werden durch **künstlichen Zug**, bei dem die Gase mittels verschiedenartiger Gebläseeinrichtungen bewegt werden.

Die **Ausrüstung des Mauerwerks**, die man als „grobe Armatur" bezeichnet, ist erforderlich, um dasselbe zu versteifen, die Heizkanäle befahrbar zu machen und um die Zugstärke regeln zu können.

Erster Abschnitt.

Der Wasserdampf.

Allgemeines. Dampf ist ein luftförmiger Körper, der durch Wärmezuführung oder Druckverminderung aus einer Flüssigkeit gebildet, sowie umgekehrt durch Wärmeentziehung oder Druckerhöhung flüssig gemacht werden kann.

1. Arten des Wasserdampfes.

Gesättigter Wasserdampf. Ein Gefäß, das oben durch einen Kolben dampfdicht geschlossen wird, sei völlig mit Wasser gefüllt. Führt man nun diesem unter stets gleichbleibendem Druck stehenden Wasser Wärme zu, so beginnt es bei einer bestimmten Temperatur zu sieden, indem es Dampf bildet. Dabei wird der Kolben allmählich hochgeschoben. Die Temperatur des entstandenen Dampfes ist gleich der des unter ihm siedenden Wassers und steigt auch bei fortdauernder Erwärmung nicht an, solange sich noch unverdampftes Wasser im Gefäß befindet. Sie hängt also nicht von der zugeführten Wärmemenge, sondern von dem Druck ab derart, daß jeder Dampfspannung eine bestimmte Temperatur entspricht. Solcher Dampf heißt **gesättigter Dampf** oder **Sattdampf**, weil der Raum, den er einnimmt, bei demselben durch Druck und Temperatur gegebenen Zustand keine weiteren Dampfteilchen mehr aufnehmen kann.

Der gesättigte Dampf ist gewöhnlich mit feinen Wassertröpfchen vermischt. Man bezeichnet ihn deshalb als **feucht** oder **naß**. Der Feuchtigkeitsgehalt kann erst durch weitere Erwärmung beseitigt werden, nachdem der gesamte Wasservorrat verdampft wurde. Es entsteht dann **trockener gesättigter Wasserdampf**.

Überhitzter Wasserdampf. Überschreitet die zugeführte Wärme das Maß, das zum Verdampfen der Dampffeuchtigkeit erforderlich ist, so wird aus dem Sattdampf überhitzter Dampf. Von diesem Augenblick ab dient die bei gleichbleibendem Druck weiter hinzutretende Wärme nur dazu, die Dampftemperatur zu erhöhen und sein Volumen zu vergrößern. Bei einem bestimmten Druck kann daher die Temperatur des überhitzten Dampfes recht verschieden sein; sie ist aber immer höher als die von Sattdampf derselben Spannung.

Die Überhitzung des Dampfes bietet sehr wesentliche Vorteile. Erstens kann der überhitzte Dampf sowohl in der Leitung als auch noch im Dampfzylinder Wärme abgeben, ohne zu kondensieren, wodurch wesentliche Dampfverluste vermieden werden. Zweitens hat der überhitzte Dampf ein wesentlich größeres Volumen als der gesättigte Dampf, wodurch auch Dampf erspart wird.

Es kommt häufig vor, daß durch Einführung einer rationell eingerichteten Überhitzung eine Kohlenersparnis von 20% erzielt wird.

Dampf von mäßiger Überhitzung kann in den gewöhnlichen Dampfmaschinen ohne weiteres verwendet werden, für hohe Überhitzung bis zu Temperaturen von 350° sind die Maschinen besonders zu konstruieren.

2. Druck und Temperatur des gesättigten Wasserdampfes.

Die Spannung von Gasen und Dämpfen wird beurteilt nach dem Druck, den sie auf die Wände des sie umschließenden Gefäßes ausüben. Die Größe dieses Druckes gibt man entweder in Millimeter Wassersäule — W.-S. — Zentimeter Quecksilbersäule — Q.-S. — oder in Atmosphären an.

Unter einer Atmosphäre — at — versteht man in der Technik den Druck von 1 kg auf je 1 cm² der gedrückten Fläche. Dies entspricht dem atmosphärischen Luftdruck bei einem Barometerstande von $1000 : 13{,}595 = 73{,}56$ cm Quecksilbersäule (bei 0° C.) oder dem Drucke einer Wassersäule von $1000 : 1 = 1000$ cm $= 10$ m Höhe (bei 4° C.). Also:

$$1 \text{ at} = 1 \text{ kg/cm}^2 = 73{,}56 \text{ cm} \quad \text{Q.-S.} = 10 \text{ m W.-S.}$$

Geht man bei der Berechnung des Druckes vom vollkommenen Vakuum — 0 cm Q.-S. — aus, so heißt er absoluter Druck, rechnet man ihn dagegen vom jeweils herrschenden Luftdruck ab, wie ihn die Manometer anzeigen, so wird er mit Überdruck bezeichnet. Der Unterschied zwischen Überdruck und absolutem Druck wird im praktischen Gebrauch stets mit 1 at in Rechnung gestellt.

Die Temperatur des gesättigten Dampfes ist, wie in 1. erörtert wurde, abhängig von seinem Druck. Über diesen Zusammenhang zwischen Druck und Temperatur bei gesättigtem Wasserdampf geben die sogenannten Dampftabellen (siehe S. 12) Aufschluß, die auf Grund von Versuchen aufgestellt worden sind.

3. Wärmemenge zur Bildung von Wasserdampf.

A. Gesamtwärme des trockenen Sattdampfes.

In einem Zylinder (Abb. 1) von 1 m² Querschnitt befinde sich
1 kg Wasser von 0° C. Dieses nimmt darin einen Raum von $\sigma = 0{,}001$ m
Höhe ein. Auf dem Wasser ruhe ein Kolben, der mit p kg belastet ist.
Soll nun das Wasser verdampft werden, so ist es zu-
nächst auf die Siedetemperatur t zu bringen, die dem
Druck entspricht. Hierzu ist eine Wärmemenge

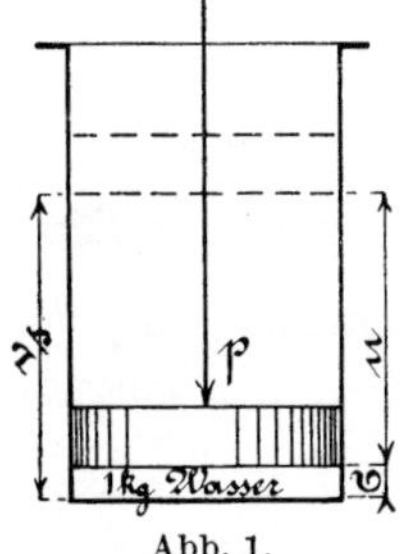

Abb. 1.

q, die Flüssigkeitswärme

aufzuwenden, die sich errechnet zu

$$q = c_m \cdot t \ \text{kcal} ,$$

wenn man mit c_m die mittlere spezifische Wärme des
flüssigen Wassers zwischen 0 und $t°$ C. bezeichnet.
Für viele praktische Zwecke genügt es, $c_m = 1$ und
damit $q = t$ zu setzen. Will man genauer rechnen, so ist der Wert für q
der Dampftabelle zu entnehmen.

Bei weiterer Erwärmung tritt die Dampfbildung ein, ohne daß sich
die Temperatur t verändert, bis das Kilogramm Wasser vollständig verdampft ist. Die hierfür aufzuwendende Wärmemenge heißt

r, die Verdampfungswärme.

Sie setzt sich aus zwei Anteilen zusammen:

$$\varrho, \ \text{die innere Verdampfungswärme}$$

ist erforderlich, um die zwischen den kleinsten Flüssigkeitsteilchen vorhandenen Anziehungskräfte zu überwinden oder die innere Dampf-
bildungsarbeit zu leisten.

$$A \cdot p \cdot u, \ \text{die äußere Verdampfungswärme}$$

leistet die Arbeit der bei der Dampfentwicklung eintretenden Volumen-
vergrößerung. Nimmt nämlich der aus dem Kilogramm Wasser entstandene Dampf in dem Zylinder einen v_s m hohen Raum ein, dann hat
er den auf dem Kolben lastenden Druck p um $u = v_s — \sigma$ gehoben. Dazu
war aber eine Arbeit von $p \cdot u$ mkg erforderlich. Dieser Arbeit entspricht
eine Wärmemenge von $A \cdot p \cdot u$ kcal, worin $A = \frac{1}{427}$ das mechanische
Wärmeäquivalent oder den Wärmewert der Arbeitseinheit bedeutet.

Die Gesamtwärme λ, die gebraucht wird, um 1 kg Wasser von 0° C.
bei unverändertem Druck in trockenen gesättigten Dampf zu verwandeln,
ergibt sich also zu

$$\lambda = q + r$$

und, da

$$r = \varrho + A \cdot p \cdot u$$

ist, zu

$$\lambda = q + \varrho + A \cdot p \cdot u .$$

Die gleiche Wärmemenge wird wieder frei, wenn 1 kg solchen Dampfes bei gleichbleibendem Druck zu Wasser von $0°$ kondensiert.

Die Werte von $\lambda, q, \varrho, A \cdot p \cdot u = A \cdot p \cdot (v_s - \sigma)$, ebenso die vom spezifischen Dampfvolumen v_s und vom spezifischen Gewicht γ_s finden sich, für eine Reihe von Dampfdrucken ausgerechnet, in der auf S. 12 abgedruckten Dampftabelle[1]).

B. Gesamtwärme des feuchten Sattdampfes.

Enthält der Dampf eine bestimmte Menge z. B. $w\%$ Feuchtigkeit, so sind zur Erzeugung von 1 kg Dampf $\dfrac{w}{100} \cdot r$ kcal weniger erforderlich gewesen, als wenn er völlig trocken wäre. Die Gesamtwärme solchen Dampfes beträgt daher

$$\lambda_f = \lambda - \frac{w}{100} \cdot r = q + \left(1 - \frac{w}{100}\right)r \;.$$

Setzt man $1 - \dfrac{w}{100} = x$, oder nimmt man an, daß 1 kg Dampf x kg Trockendampf und $1 - x$ kg Feuchtigkeit enthält, so ergibt sich für seine Gesamtwärme

$$\lambda_f = q + x \cdot r \;.$$

C. Gesamtwärme des überhitzten Dampfes.

Nach den Ausführungen in 1. (S. 4) tritt die Überhitzung des Dampfes nur ein, nachdem er völlig trocken ist oder λ kcal je kg Dampf aufgewendet worden sind. Um 1 kg Dampf dann auf t' zu überhitzen, sind weitere $c_{p_m} \cdot (t' - t)$ kcal nötig. Die Gesamtwärme des überhitzten Dampfes ist daher:

$$\lambda' = \lambda + c_{p_m} \cdot (t' - t) \;.$$

Hierin bedeutet c_{p_m} die mittlere spezifische Wärme des überhitzten Dampfes, bei unverändertem Druck, zwischen den Temperaturen t und t'.

Die frühere Annahme, daß die spezifische Wärme des überhitzten Dampfes unabhängig von Druck und Temperatur, den Wert 0,48 besitze, ist durch die Versuche von Knoblauch und Jakob[2]) als nicht zutreffend entschieden worden. Die Versuche wurden neuerdings von Knoblauch und Raisch wiederholt und erweitert und danach die nachstehende Tabelle aufgestellt, aus welcher der Wert für c_{p_m} je nach dem Druck p und dem Temperaturbereich t bis t' zu entnehmen ist.

---

[1]) Nach Zeitschrift des V. D. I. 1911, S. 1506: W. Schüle, Die Eigenschaften des Wasserdampfes nach den neuesten Versuchen.

[2]) Forschungs-Arbeiten 35 und 36, 1906.

Mittlere spezifische Wärme des überhitzten Wasserdampfes (nach Knoblauch und Raisch)[1].

$$c_{p_m}$$

p = at abs. . . . t = Sätt.-Temp.	1 99,1	2 119,6	4 142,9	6 158,1	8 169,6	10 179,1	12 187,1	14 194,1	16 200,4	18 206,1	20 211,4
t	0,486	0,499	0,525	0,551	0,578	0,605	0,633	0,663	0,694	0,726	0,759
$t' = 120°$	0,481	—	—	—	—	—	—	—	—	—	—
140°	0,478	0,494	—	—	—	—	—	—	—	—	—
160°	0,476	0,490	0,517	—	—	—	—	—	—	—	—
180°	0,474	0,487	0,512	0,538	0,569	—	—	—	—	—	—
200°	0,473	0,485	0,507	0,530	0,556	0,584	0,615	0,653	—	—	—
220°	0,473	0,483	0,503	0,524	0,546	0,570	0,596	0,625	0,657	0,692	0,723
240°	0,472	0,482	0,500	0,519	0,539	0,559	0,581	0,605	0,631	0,659	0,689
260°	0,472	0,481	0,497	0,515	0,533	0,551	0,570	0,590	0,611	0,635	0,658
280°	0,472	0,480	0.496	0,512	0,527	0,544	0,562	0,579	0,597	0,617	0,636
300°	0,473	0,480	0,495	0,510	0,524	0,539	0,555	0,570	0,585	0,603	0,619
320°	0,473	0,480	0,494	0,508	0,521	0,535	0,548	0,563	0,577	0,592	0,607
340°	0,474	0,481	0,493	0,507	0,518	0,532	0,545	0,557	0,570	0,583	0,597
360°	0,474	0,481	0,494	0,506	0,516	0,529	0,540	0,552	0,565	0,576	0,588
380°	0,475	0,482	0,494	0,505	0,515	0,527	0,538	0,548	0,560	0,570	0,581
400°	—	0,483	0,494	0,505	0,514	—	—	—	—	—	—
450°	—	0,485	0,495	0,505	0,513	—	—	—	—	—	—

D. Rechnungsbeispiele.

1. Beispiel. 5 kg Wasser von 15° C. werden mit 10 kg Wasser von 100° C. gemischt. Wie groß ist die Mischungstemperatur?

Die Flüssigkeitswärme der beiden Wassermengen ist angenähert gleich 5 · 15 und 10 · 100 kcal. Nach der Mischung hat man, wenn man mit x die Mischungstemperatur bezeichnet, (5 + 10) kg Wasser mit der Flüssigkeitswärme (5 + 10) · x. Geht bei der Mischung an Wärme nichts verloren, so ist:

$$5 \cdot 15 + 10 \cdot 100 = (5 + 10)\, x$$

$$x = \frac{75 + 1000}{15} = \underline{71{,}67°\,\text{C}}.$$

2. Beispiel. Es sind 400 m³ Wasser von 12° C. auf 20° C. zu erwärmen, wozu Dampf von 7,5 at abs. zur Verfügung steht. Wieviel kg Dampf sind hierzu notwendig?

Die Flüssigkeitswärme des Wassers beträgt 400000 · 12 kcal. Die Gesamtwärme des Dampfes beträgt, wenn x kg Dampf von 7,5 at abs. zugeführt werden müssen, $x \cdot \lambda = x \cdot 660{,}1$ kcal. — Bei der Mischung kondensiert der Dampf, und man erhält nach der Mischung (400000 + x) kg Wasser mit (400000 + x) · 20 kcal Flüssigkeitswärme. Ohne Berücksichtigung der Wärmeverluste gilt somit die Gleichung:

---

[1] Zeitschrift des V. D. I. 1922, S. 418 ff.

$$400\,000 \cdot 12 + x \cdot 660,1 = (400\,000 + x) \cdot 20 \,,$$

woraus

$$x = \frac{400\,000\,(20 - 12)}{660,1 - 20}\,,$$

$$x = \sim 5000 \ \text{kg Dampf.}$$

3. Beispiel. 1 kg Dampf von 1 at abs. soll in einem Kondensator durch Mischung mit Wasser von 15° C in Wasser verwandelt werden. Wieviel kg Kühlwasser sind notwendig, wenn die gestattete Kondensatortemperatur 40° C beträgt?

In 1 kg Dampf ist die Gesamtwärme $\lambda = 638,2$ kcal enthalten und in x kg Kühlwasser die Flüssigkeitswärme $15 \cdot x$. — Nach der Kondensation hat man $(x + 1)$ kg Wasser mit der Flüssigkeitswärme $(x + 1) \cdot 40$. — Ohne Berücksichtigung der Wärmeverluste hat man demnach:

$$638,2 \cdot 1 + 15 \cdot x = (1 + x) \cdot 40$$

$$x = \frac{598,2}{25} = \sim 24 \ \text{kg.}$$

In der Praxis rechnet man das 25 bis 30 fache des niederzuschlagenden Dampfes als Kühlwassermenge.

4. Beispiel. Einem Kessel werden in einer Stunde 700 kg Wasser von 16° C durch einen Injektor zugeführt. Die Temperatur des Speisewassers wird durch den Injektor auf 50° C erhöht. Wie groß ist der stündliche Dampfverbrauch des Injektors, wenn die Dampfspannung 7 at Überdruck beträgt?

Das Speisewasser enthält angenähert die Flüssigkeitswärme von $700 \cdot 16$ kcal. Durch den Injektor werden dem Wasser von 1 kg Dampf von 8 at absolut $\lambda = 660,9$ kcal zugeführt, von x kg Dampf mithin $660,9 \cdot x$ kcal. — Bei der Mischung kondensiert der Dampf, und man hat nach der Mischung $(700 + x)$ kg Wasser von angenähert $(700 + x) \cdot 50$ kcal Flüssigkeitswärme. Ohne Berücksichtigung der Wärmeverluste besteht somit die Gleichung:

$$700 \cdot 16 + 660,9 \cdot x = (700 + x) \cdot 50 \,,$$

woraus sich der stündliche Dampfverbrauch in kg zu

$$x = \frac{700 \cdot 34}{660,9} = \sim 39 \ \text{kg}$$

ergibt.

5. Beispiel. Ein Dampfkessel enthalte 21 m³ Wasser und 8 m³ Dampf.

a) Wieviel Wärme wird frei, wenn der Druck im Kessel plötzlich von 10,5 auf 10 at Überdruck sinkt?

b) Wieviel m³ Dampf würden aus dem Wasserinhalt entstehen, wenn bei 10,5 at Überdruck im Kessel infolge Zerreißens der Kesselwandung ein Drucksturz bis zum Atmosphärendruck eintreten würde?

Zu a) Bei 11,5 at abs. wiegt der Wasserinhalt

$$\frac{21}{\sigma} = \frac{21 \cdot 1000}{1{,}1337} = \sim 18\,523 \text{ kg}$$

und der Dampfinhalt

$$8 \cdot \gamma_s = 8 \cdot 5{,}747 = \sim 46 \text{ kg.}$$

Durch die Entlastung von 11,5 auf 11 at abs. werden aus 1 kg Wasser

$$q_{11,5} - q_{11} = 187{,}5 - 185{,}4 = 2{,}1 \text{ kcal}$$

und aus 1 kg Dampf

$$\lambda_{11,5} - \lambda_{11} = 665{,}8 - 665{,}2 = 0{,}6 \text{ kcal}$$

frei, daher aus dem gesamten Wasserinhalt:

$$18\,523 \cdot 2{,}1 = \sim \underline{38\,900 \text{ kcal}}[1])$$

und aus dem Dampfinhalt

$$46 \cdot 0{,}6 = \sim \underline{28 \text{ kcal}}[1]).$$

Zu b): Das Wasser hat bei 11,5 at abs. eine Flüssigkeitswärme von 187,5 und bei 1 at abs. eine solche von 99,1 kcal. Mithin werden aus der gesamten Wassermenge durch den plötzlichen Druckausgleich mit der äußeren Luft frei:

$$18\,523 \cdot (187{,}5 - 99{,}1) = 1\,637\,433 \text{ kcal.}$$

Diese Wärmemenge wird einen Teil des Wassers in Dampf verwandeln. Da die hierzu erforderliche Flüssigkeitswärme q bereits im Wasser enthalten ist, so wäre zur Dampfbildung je kg nur noch die Verdampfungswärme $r = 539{,}1$ kcal nötig. Es werden also in Dampf umgewandelt werden:

$$\frac{1\,637\,433}{539{,}1} = 3037 \text{ kg.}$$

Das heißt, es entstehen

$$3037 \cdot v_s = 3037 \cdot 1{,}721 = \underline{5227 \text{ m}^3 \text{ Dampf.}}$$

---

[1]) Hieraus ergibt sich die Bedeutung des Wasserinhaltes eines Kessels als Wärmespeicher und der Nutzen großer Wasserräume. Sinkt nämlich der Druck plötzlich, so wird die Dampfentwicklung durch die aus dem Wasser freiwerdende Wärme ebenso plötzlich gesteigert, und zwar wird sie das zum Ausgleich der Druckabnahme notwendige Maß um so eher erreichen, je größer der Wasserraum ist.

6. Beispiel. Ein geschlossenes Gefäß von 500 l Inhalt sei mit einem 100 l fassenden Kühlmantel versehen. Dieser wird mit Wasser von 10° C vollständig gefüllt, während sich im Gefäß trockener Dampf von 4 at Überdruck befindet. Infolge Wärmeabgabe an das Wasser sinkt nun der Dampfdruck allmählich bis auf 0,5 at abs.

a) Wieviel kg Dampf haben sich dann kondensiert?
b) Welche Temperatur hat dann das Kühlwasser?

Zu a): Das spezifische Volumen des Dampfes beträgt bei 5 at abs. 0,3823 m³/kg und bei 0,5 at abs. 3,290 m³/kg. Bei dem letztgenannten Druck enthalte 1 kg Dampf infolge der eingetretenen Kondensation x kg Trockendampf und $1-x$ kg Wasser. Dann wäre, da der Dampfraum unverändert geblieben ist, $0,3823 = x \cdot 3,290$, wenn man von dem Rauminhalt des Kondensats absieht, der gegenüber dem des Dampfes verschwindend klein ist. Daraus ergibt sich:

$$x = \frac{0,3823}{3,290} = 0,116 \text{ kg.}$$

Da in dem Gefäß 0,5 m³ oder $0,5 : 0,3823 = 1,308$ kg Dampf eingeschlossen waren, so haben sich also

$$1,308 \cdot (1 - 0,116) = \underline{1,156 \text{ kg Dampf}} \text{ kondensiert.}$$

Zu b): Da sich die Abkühlung des Dampfes ohne Verringerung seines Rauminhaltes vollzog, so war die Wärmeabgabe lediglich aus der Flüssigkeitswärme und der inneren Verdampfungswärme zu bestreiten. Ihr Wert in Wärmeeinheiten beträgt bei 5 at abs.: $q_1 = 152,0$; $\varrho_1 = 458,5$ und bei 0,5 at abs.: $q_2 = 80,8$; $\varrho_2 = 511,9$. Die von dem Dampfinhalt $D = 1,308$ kg abgegebene Wärmemenge berechnet sich danach zu

$$Q = D\,[q_1 + \varrho_1 - (q_2 + x \cdot \varrho_2)]$$
$$= 1,308 \cdot (152 + 458,5 - 80,8 - 0,116 \cdot 511,9) = 615,2 \text{ kcal.}$$

Diese Wärmemenge ist gleich der vom Wasserinhalt — 100 kg — bei der Erwärmung von 10° auf $t°$ aufgenommenen.

Daher:

$$615,2 = 100\,(t - 10) \qquad \text{oder} \qquad t = \sim 16°.$$

Das Wasser hat also eine Temperatur von $\underline{16°}$ angenommen.

7. Beispiel. In einer Dampfkesselanlage werde das Speisewasser in einem Abdampfvorwärmer von 10° auf 50°, sodann in einem Abgasvorwärmer auf 110° vorgewärmt. Der im Kessel daraus erzeugte Dampf von 12 at Überdruck entströme demselben mit einem Feuchtigkeitsgehalt von 10%, um im Überhitzer auf 350° überhitzt und dann fortgeleitet zu werden. Welche Anteile der Dampfbildungswärme entfallen auf den

    a) Abdampfvorwärmer,
    b) Abgasvorwärmer,
    c) Kessel,
    d) Überhitzer?

Die zur Erzeugung von 1 kg Dampf in der gesamten Anlage aufgewandte Wärmemenge ergibt sich zu:

$$\lambda' = \lambda - q_0 + c_{p_m}(t' - t) \ .$$

Hierin ist λ die Gesamtwärme des trockenen Sattdampfes bei 13 at abs.: 667,5 kcal; q_0 der Wärmeinhalt des mit 10° in den Abdampfvorwärmer eintretenden Wassers: 10 kcal; c_{p_m} nach der Tabelle auf S. 7 als Mittelwert zwischen $^1/_2$ (0,540 + 0,545) (für $t = 187$ bei 12 at abs. bis $t' = 350°$) und $^1/_2 \cdot$ (0,552 + 0,557) (für $t = 194$ bei 14 at abs. bis $t' = 350°$) gleich 0,549; $t' = 350°$; t für 13 at abs.: 190,8°. Daher

$$\lambda' = 667,5 - 10 + 0,549 \ (350 - 190,8) = \sim 745 \ \text{kcal}.$$

Davon werden zugeführt im

    a) Abdampfvorwärmer:

$$Q_1 = q_1 - q_0 = 50 - 10 \qquad\qquad = 40 \ \text{kcal od.} \frac{100 \cdot 40}{745} = \sim 5{,}3\%$$

    b) Abgasvorwärmer:

$$Q_2 = q_2 - q_1 = 110 - 50 \qquad\qquad = 60 \ \text{kcal} \ \ ,, \ \frac{100 \cdot 60}{745} = \sim 8{,}1\%$$

    c) Kessel:

$$Q_3 = q - q_2 + x \cdot r$$
$$= 193{,}4 - 110 + 0{,}90 \cdot 474{,}1 \qquad = 510 \ \text{kcal} \ \ ,, \ \frac{100 \cdot 510}{745} = \sim 68{,}5\%$$

    d) Überhitzer:

$$Q_4 = (1 - x) \cdot r^1) + c_{p_m}(t' - t)^2)$$
$$= 0{,}10 \cdot 474{,}1 + 0{,}549 \cdot (350 - 190{,}8) = 135 \ \text{kcal} \ \ ,, \ \frac{100 \cdot 135}{745} = \sim 18{,}1\%$$

$$\overline{745 \ \text{kcal od.} \qquad\qquad\qquad 100 \ \%}$$
$$\text{von } \lambda'$$

---

[1]) Wärmemenge für die Dampftrocknung.
[2]) Wärmemenge für die Überhitzung.

E. Tabelle für gesättigten Wasserdampf nach W. Schüle.

Druck p kg/cm² abs.	Temperatur t °C	Spezifisches Volumen der Flüssigkeit $1000\,v$ l/kg	Spezifisches Volumen des Dampfes v_s m³/kg	Spezifisches Gewicht des Dampfes γ_s kg/m³	Flüssigkeitswärme q Cal/kg	Verdampfungswärme r Cal/kg	Gesamtwärme $q+r=\lambda$ Cal/kg	Äußere Verdampfungswärme $Ap\,(v_s-\sigma)$ Cal/kg	Innere Verdampfungswärme ϱ Cal/kg
0,02	17,2	1,0013	68,28	0,01465	17,2	586,0	603,2	32,0	554,0
0,04	28,6	1,0040	35,47	0,02819	28,6	580,0	608,6	33,2	546,8
0,06	35,8	1,0063	24,19	0,04134	35,7	576,2	611,9	34,0	542,2
0,08	41,1₅	1,0083	18,45	0,05420	41,1	573,4	614,5	34,7	538,7
0,10	45,4	1,0100	15,08	0,06631	45,3	571,4	616,7	35,3	536,1
0,15	53,6	1,0131	10,22	0,09785	53,5	566,6	620,1	36,1	530,5
0,20	59,7	1,0165	7,80	0,1282	59,6	563,1	622,7	36,6	526,5
0,25	64,6	1,0195	6,33	0,1580	64,5	560,1	624,6	37,0	523,1
0,30	68,7	1,0219	5,33	0,1876	68,6	557,9	626,5	37,5	520,4
0,35	72,3	1,0241	4,620	0,2164	72,2	555,7	627,9	37,8	517,9
0,40	75,4	1,0260	4,062	0,2462	75,3	553,9	629,2	38,1	515,8
0,45	78,2	1,0278	3,630	0,2755	78,1	552,2	630,3	38,3	513,9
0,50	80,9	1,0296	3,290	0,3039	80,8	550,4	631,2	38,5	511,9
0,60	85,4₅	1,0327	2,775	0,3603	85,4	547,2	632,6	39,0	508,2
0,70	89,4	1,0355	2,400	0,4167	89,4	544,6	634,0	39,3	505,3
0,80	93,0	1,0381	2,115	0,4728	93,0	542,5	635,4	39,6	502,9
0,90	96,2	1,0405	1,900	0,5263	96,2	540,6	636,8	40,0	500,6
1,00	99,1	1,0426	1,721	0,5811	99,1	539,1	638,2	40,3	499,0
1,20	104,2₅	1,0467	1,451	0,6892	104,3	536,5	640,8	40,7	495,8
1,40	108,7	1,0503	1,258	0,7949	108,8	533,8	642,6	41,2	492,6
1,60	112,7	1,0535	1,108	0,9025	112,8	531,0	643,9	41,6	489,4
1,80	116,3	1,0563	0,993	1,007	116,5	528,3	644,8	41,9	486,4
2,00	119,6	1,0589	0,902	1,109	119,9	525,7	645,6	42,2	483,5
2,50	126,8	1,0650	0,735	1,361	127,2	520,3	647,5	42,9	477,4
3,00	132,9	1,0705	0,619	1,615	133,4	516,1	649,5	43,4	472,7
3,50	138,2	1,0755	0,5335	1,874	138,7	512,3	651,0	43,7	468,6
4,00	142,9	1,0803	0,4710	2,123	143,8	508,7	652,5	44,1	464,6
4,50	147,2	1,0848	0,4220	2,370	148,1	505,8	653,9	44,4	461,6
5,00	151,1	1,0890	0,3823	2,616	152,0	503,2	655,2	44,7	458,5
5,50	154,7	1,0933	0,3494	2,862	155,7	500,6	656,3	44,9	455,7
6,00	158,1	1,0973	0,3218	3,107	159,3	498,0	657,3	45,1	452,9
6,50	161,2	1,1011	0,2983	3,352	162,4	495,9	658,3	45,3	450,6
7,00	164,2	1,1049	0,2778	3,600	165,5	493,8	659,3	45,5	448,3
7,50	167,0	1,1085	0,2608	3,834	168,5	491,6	660,1	45,7	445,9
8,00	169,6	1,1119	0,2450	4,082	171,2	489,7	660,9	45,8	443,9
8,50	172,2	1,1153	0,2318	4,314	173,9	487,8	662,7	45,9	441,9
9,00	174,6	1,1186	0,2194	4,557	176,4	486,1	661,5	46,0	440,1
9,50	176,9	1,1208	0,2080	4,808	178,6	484,5	663,2	46,1	438,4
10,00	179,1	1,1246	0,1980	5,050	181,2	482,6	663,8	46,2	436,4
10,50	181,2	1,1278	0,1896	5,274	183,3	481,2	664,5	46,4	434,8
11,00	183,2	1,1308	0,1815	5,510	185,4	479,8	665,2	46,5	433,3
11,50	185,2	1,1337	0,1740	5,747	187,5	478,3	665,8	46,6	431,7
12,00	187,1	1,1364	0,1668	5,995	189,5	476,9	666,4	46,6	430,3
12,50	189,0	1,1382	0,1607	6,223	191,6	475,5	667,1	46,7	428,8
13,00	190,8	1,1419	0,1544	6,477	193,4	474,1	667,5	46,8	427,3
13,50	192,5	1,1447	0,1492	6,702	195,2	472,8	668,0	46,9	425,9
14,00	194,2	1,1474	0,1442	6,935	197,0	471,4	668,4	47,0	424,4
14,50	195,8	1,1500	0,1395	7,169	198,7	470,1	668,8	47,1	423,0
15,00	197,4	1,1525	0,1350	7,407	200,4	468,9	669,3	47,2	421,7
16,00	200,5	1,156	0,1272	7,862	203,7	466,6	670,3	47,3	419,3
17,00	203,4	1,163	0,1203	8,312	206,8	464,1	670,9	47,5	316,6
18,00	206,2	1,167	0,1140	8,772	209,8	461,8	671,6	47,6	414,2
19,00	208,9	1,171	0,1086	9,208	212,7	459,5	672,2	47,8	411,7
20,00	211,4₅	1,176	0,1035	9,662	215,4	457,4	672,8	47,8	409,6
21,00	213,9	1,180	0,0985	10,15	218,0	455,3	673,3	47,8	407,5
22,00	216,3	1,184	0,0942	10,62	220,6	453,3	673,9	47,9	405,4
23,00	218,6	1,189	0,0901	11,10	223,1	451,4	674,5	47,9	403,5
24,00	220,8	1,193	0,0864	11,57	225,5	449,5	675,0	47,9	401,6
25,00	223,0	1,197	0,0829	12,06	227,9	447,7	675,6	47,9	399,8

Zweiter Abschnitt.

Die Brennstoffe und ihre Verbrennung.

4. Die Brennstoffe.

A. Feste Brennstoffe.

Die festen Brennstoffe sind sämtlich pflanzlichen Ursprungs und zwar, mit alleiniger Ausnahme des Holzes, durch Vermoderung von Pflanzen entstanden. Diese Vermoderung oder Mineralisierung der Pflanzen stellt eine allmähliche Zerlegung chemischer Verbindungen dar, die in ihrem Aufbau der Zellulose, $C_6H_{10}O_5$, Hauptbestandteil der Holzfaser, ähneln. Es schieden sich dabei das chemisch gebundene Wasser und verschiedenartige Kohlenwasserstoffe aus — letztere zum Teil flüchtig, z. B. als Sumpfgas, Grubengas o. ä. — so daß die Ergebnisse der Vermoderung: Torf, Braunkohle, Steinkohle, je älter um so reicher an C und um so ärmer an H und O wurden. Durch den Harzgehalt der Hölzer, durch ölige Früchte und tierische Fette gelangten Stoffe in die Kohlen hinein, die man als Bitumen — Erdharz — bezeichnet. Die unverbrennlichen Rückstände der festen Brennstoffe stammen teils aus den anorganischen Verbindungen her, welche die Pflanze zu ihrem Aufbau dem Erdboden entnimmt — Kalium-, Natrium-, Kalk-, Magnesiumsalze — teils aus Mineralien, welche bei der Vermoderung aus den angrenzenden Erdschichten hineingelangten. Finden diese unverbrennlichen Bestandteile in einem Feuer nicht die Temperatur, welche ihrem Schmelzpunkt entspricht, so bleiben sie als lose Asche zurück, im gegenteiligen Falle bilden sie eine mehr oder weniger flüssige Schlacke.

a) Das Holz findet nur noch vereinzelt als Brennstoff für industrielle Zwecke Verwendung, in der Dampfkesselfeuerung fast nur in Form von Abfällen aus der Holzbearbeitung.

Es gibt eine lose, sehr leichte Asche.

b) Der Torf ist entstanden durch nasse Vermoderung von Sumpfpflanzen (Niederungsmoore) oder von Torfmoosen (Hochmoore). Seine Bedeutung als Brennstoff ist eine örtliche, da er nur mäßigen Heizwert besitzt und nicht unbedeutende Aufbereitungskosten erfordert, wenn er für längeren Transport geeignet sein soll.

Man unterscheidet nach dem Fortschritt der Vermoderung: Jungen Torf als Faser-, Wurzel- oder Rasentorf (gelblich-braun, verfilzte Pflanzenreste) und alten Torf als Speck- und Pechtorf (dunkelbraun bis schwarz, amorphes Gefüge); nach der Gewinnung: Stichtorf und Baggertorf; nach der Aufbereitung: lufttrockenen Torf, Backtorf und Preßtorf.

Der Aschengehalt ist sehr verschieden, im allgemeinen ist Torf mit mehr als 20% Asche für Brennzwecke ungeeignet. Ein Teil der Asche gibt eine leicht zusammenfrittende Schlacke.

c) Die Braunkohle ist ebenfalls aus nasser Vermoderung hervorgegangen, aber älter als der Torf. Man unterscheidet: Junge Braunkohle oder Lignit (gelbbraun, deutliches Holzgefüge), erdige Braunkohle (dunkler, etwa 20% Stücke [Knorpel], das übrige erdig) und Pechkohle (schwarzbraun, fest mit muschligem Bruch). Die außerdem noch vorkommende, sehr bitumenreiche Schwelkohle kommt für Brennzwecke nicht in Betracht.

Als Rückstand bleibt gewöhnlich nur lose Asche, herrschen jedoch dauernd hohe Temperaturen im Feuerraum, z. B. bei Kettenrosten, so bildet sich zähflüssige Schlacke.

Das Braunkohlenbrikett, durch Zusammenpressen erdiger Braunkohle von bestimmtem Bitumengehalt gewonnen, ist ein wegen seines geringen Wassergehaltes, seiner Festigkeit und seiner Widerstandsfähigkeit gegen Feuchtigkeit technisch wertvoller Brennstoff.

d) Die Steinkohle stellt das älteste Erzeugnis der Vermoderung dar. Sie ist im allgemeinen bei hohem Erddruck und zum Teil bei hohen Temperaturen entstanden. Ihre Farbe ist meist glänzend schwarz, seltener matt schwarzgrau. Bemerkenswert ist der Schwefelgehalt in den Steinkohlen, der im allgemeinen höher ist als bei Torf und Braunkohle. Ihres hohen Kohlenstoffgehaltes wegen ist die Steinkohle der verbreitetste Brennstoff geworden.

Man unterscheidet:

nach dem Verhalten der Kohle beim Erhitzen unter Luftabschluß:
　　Sandkohle, die eine pulverige Masse,
　　Sinterkohle, die einen aus den einzelnen Stücken zusammengefritteten Kuchen ergibt und
　　Backkohle, die zusammenschmilzt und sich dabei aufbläht;
nach der beim Verbrennen auftretenden Flamme:
　　kurz-, mittel- und langflammige Kohle. — Die Länge der Flamme hängt von der Menge der flüchtigen Bestandteile ab;
nach dem geologischen Alter, zugleich nach dem Gehalt an vergasbaren Bestandteilen:
　　Junge Sandkohle oder trockene Kohle, mit 50 ÷ 45% Flüchtigem,
　　junge Sinterkohle oder Flammkohle mit 45 ÷ 40% Flüchtigem, beide sehr langflammig und stark rauchend,
　　junge Backkohle oder Gaskohle mit 40 ÷ 33% Flüchtigem; sie ist zwar weniger gasreich als die vorigen, liefert aber großstückigen Koks,
　　alte Backkohle oder Eßkohle, mit 33 ÷ 15% Flüchtigem, hauptsächlich als Schmiedekohle oder zur Erzeugung von Koks verwendet,

alte Sinterkohle oder Magerkohle mit 15 ÷ 10% Flüchtigem,
eignet sich, da schwach rauchend, ganz besonders als Kesselkohle,
alte Sandkohle oder Anthrazitkohle mit 10 ÷ 5% Flüchtigem,
kurzflammig und wenig rauchend, besonders für Schachtfeuerungen geeignet;
nach der Aufbereitung:
Förderkohle; gewaschene, d.i. von Beimengungen befreite Kohle;
Stückkohle; Nußkohle, die nach Korngrößen gesiebt ist; Grußkohle; Staubkohle und Kohlenschlamm, der aus der Wäsche
entfällt.

Ein großer Teil des Rückstandes der Steinkohle schmilzt zu Schlacke.

Steinkohlenbriketts, aus Kohlenklein unter Zusatz von Pech durch
Zusammenpressen gewonnen, zeichnen sich durch wenig Neigung zur
Selbstentzündung aus.

Steinkohlenkoks, aus backender oder sinternder Kohle durch Erhitzung bei Luftabschluß hergestellt, enthält fast keine flüchtigen Bestandteile mehr und läßt sich daher fast rauchfrei verbrennen. Ist er
großstückig und fest, so kann er, weil gut luftdurchlässig, in höherer
Schicht verfeuert werden als die Steinkohle. Er ist jedoch so schwer entzündlich, und brennt so langsam ab, daß er sich für Dampfkesselfeuerungen
im allgemeinen wenig eignet.

B. Flüssige Brennstoffe.

Sie entstammen entweder dem Erdöl oder den bei der Trockendestillation fester Brennstoffe flüssig gewonnenen Kohlenwasserstoffen, dem
Teer. Für Kesselfeuerungen kommt das Erdöl als Brennstoff teils in
der Form von Rohöl, teils von Raffinationsrückständen in Frage, der
Transportkosten und Zölle wegen jedoch hauptsächlich nur in den Ländern, in denen es in bedeutenden Mengen gefunden wird. Teer wird für
denselben Zweck meistens in der Form von Steinkohlenteerölen benutzt,
die als Rückstände bei der Verarbeitung des Teeres gewonnen werden.

C. Gasförmige Brennstoffe.

Sie werden hauptsächlich aus den festen Brennstoffen entweder als
Hauptprodukt oder als Nebenprodukt künstlich erzeugt. Für Kesselfeuerungen werden verwandt: die Abgase aus den Hochöfen, das Gichtgas;
die aus den Koksöfen, das Koksofengas und das durch Vergasung fester
Brennstoffe in besonderen Schachtöfen — Generatoren — erzeugte
Generatorgas.

5. Die Zusammensetzung der Brennstoffe.

A. Feste Brennstoffe.

In den festen Brennstoffen ist stets ein Gehalt an Feuchtigkeit vorhanden. Dieser läßt sich zum Teil durch mehrtägiges Trocknen an der

Luft entfernen: grobe Feuchtigkeit —, während der übrige Teil: das hygro-
skopische Wasser — nur durch mehrstündige Trocknung bei etwas über
100° beseitigt werden kann. Man behält dann die Trockensubstanz der
Kohle übrig, auf welche gewöhnlich die Angaben über die elementare
Zusammensetzung der Kohle bezogen werden.

Mittlere Zusammensetzung in Gewichtsprozenten.

Brennstoff	Gehalt der Trockensubstanz an						Gesamter Feuchtigkeitsgehalt
	C	H	S	O	N	Asche	
Holz	49	6	—	43	1	1	16
Torf	49	5	1	28	2	15	20
Braunkohle (erdig)	60	5	2	20	1	12	50
„ (gute Stückkohle)	73	5	1	16	—	5	20
Braunkohlenbrikett	63	5	1	20	1	10	15
Steinkohle (Schlesische und Saarkohle)	76	4	1	10	1	8	6
„ (Ruhrkohle)	80	4	1	7	1	7	3
Steinkohlenkoks	86	1	1	2	1	9	3
Anthrazit (deutsch)	84	2	2	4	—	8	2
„ (guter englischer)	93	3	1	2	—	1	2

B. Flüssige Brennstoffe.

Mittlere Zusammensetzung in Gewichtsprozenten.

Brennstoff	Gehalt an				
	C	H	S	O	N
Erdöl roh	84	12		4	
Erdöl Rückstände	86	13		1	
Steinkohlenteer	90	6		4	
Teeröl	90	7		3	

C. Gasförmige Brennstoffe.

Mittlere Zusammensetzung in Raumprozenten.

Brennstoff	H	CH_4	C_nH_{2n} und C_nH_n	CO	CO_2	O	N
Gichtgas	3	—	—	25	12	—	60
Koksofengas	51	28	3	6	1	—	11
Generatorluftgas	6	1	—	28	2	—	63
Generatormischgas	14	2	—	25	5	—	54

6. Der Verbrennungsvorgang.

Als Verbrennung bezeichnet man den Vorgang, bei dem sich ein
Körper unter Lichterscheinung und Wärmeentwicklung mit Sauerstoff
chemisch verbindet. Dieser Vorgang kann nur eintreten, wenn der brennbare Stoff mindestens bis auf eine ihm eigentümliche Temperatur, seine

Entzündungstemperatur, vorgewärmt worden ist und dann nur an den Stellen, wo der Brennstoff mit dem Sauerstoff oder der atmosphärischen Luft, aus welcher er gewöhnlich entnommen wird, in Berührung steht. Feste stückige Brennstoffe brennen daher stets nur an der Oberfläche.

Als brennbare elementare Bestandteile der Brennstoffe kommen in Betracht hauptsächlich Kohlenstoff und Wasserstoff, außerdem noch Schwefel.

Der **Kohlenstoff** verbrennt zu Kohlensäure nach:

$$C + 2\,O = CO_2 \quad \text{oder} \quad 12\,\text{kg}\,C + 32\,\text{kg}\,O = 44\,\text{kg}\,CO_2\,.$$

Wo die entstandene Kohlensäure im Feuer mit glühender Kohle in Berührung kommt, wird sie zu Kohlenoxyd reduziert nach:

$$CO_2 + C = 2\,CO\,.$$

Das Kohlenoxyd aber wird wiederum zu Kohlensäure verbrennen, nach

$$CO + O = CO_2\,,$$

falls es seine Entzündungstemperatur — etwa 300° — und genügend Sauerstoff vorfindet. Da dies gewöhnlich nicht an allen Stellen des Feuerraumes der Fall ist, so ist in den Abgasen der Feuerungen häufig ein, wenn auch geringer Gehalt an CO vorhanden.

Der **Wasserstoff** verbrennt nach:

$$2\,H + O = H_2O \quad \text{oder} \quad 2\,\text{kg}\,H + 16\,\text{kg}\,O = 18\,\text{kg}\,H_2O$$

zu Wasser.

Der **Schwefel** nach

$$S + 2\,O = SO_2 \quad \text{oder} \quad 32\,\text{kg}\,S + 32\,\text{kg}\,O = 64\,\text{kg}\,SO_2$$

zu schwefliger Säure.

Besondere Schwierigkeiten bietet die Verbrennung der in den Brennstoffen enthaltenen Verbindungen von C und H, namentlich bei der Verfeuerung fester Brennstoffe. Diese sehr verschiedenartigen Kohlenwasserstoffe scheiden sich aus den frisch aufgeworfenen Kohlen unter der im Feuerraum herrschenden Temperatur aus. Ihre vollkommene Verbrennung zu CO_2 und H_2O ist nur dann zu erreichen, wenn sie ausreichend mit Luft gemischt und vor Abkühlung unter ihre Entzündungstemperatur bewahrt bleiben. Trifft das nicht zu, so zersetzen sich die Kohlenwasserstoffe zum Teil unter Ausscheidung von Ruß, während sich die hochsiedenden Anteile zu schwer verbrennlichen Teernebeln verdichten. Diese gehen ebenso wie der ausgeschiedene Ruß zum großen Teil unverbrannt in die Abgase. Rauchverhütende Feuerungseinrichtungen haben demnach dafür zu sorgen, daß im Feuerraum eine möglichst gleichmäßige und hohe Temperatur vorhanden ist, daß ferner die zur Verbrennung benötigte Luft in genügender Menge und in einer für möglichst vollkommene Mischung mit den Kohlengasen geeigneten Weise zugeführt wird. Um das erreichen zu können, läßt man bei gasreichen Brennstoffen in den Flammenraum vielfach nicht nur Luft gelangen, welche schon die Glutschicht durchzogen und dort einen Teil ihres Sauerstoffes abgegeben hat — Primärluft oder Unterluft — sondern führt dorthin auch unmittelbar Luft zu — Sekundärluft oder Oberluft.

Während die gasförmig ausscheidenden Bestandteile der Kohle unter Flammenentwicklung verbrennen, bildet der fest übrigbleibende Koks das Grundfeuer, die Glut. Die vollkommene Verbrennung des in ihm enthaltenen C zu CO_2 ist weniger schwierig als die der Kohlenwasserstoffe. Natürlich sind dazu ebenfalls hohe Temperaturen im Feuerraum und zweckmäßige Luftzuführung erforderlich.

7. Der Heizwert.

Die bei der vollkommenen Verbrennung von 1 kg Brennstoff — von 1 m³ bei Gasen — erzeugte Wärmemenge heißt der Heizwert oder die Verbrennungswärme des Brennstoffes. Er wird praktisch durch Verbrennen einer Durchschnittsprobe des Brennstoffes im Kalorimeter bestimmt. Angenähert läßt er sich aus der Zusammensetzung des Brennstoffes errechnen. Enthält 1 kg Brennstoff z. B. c kg Kohlenstoff, h kg Wasserstoff, o kg Sauerstoff, s kg Schwefel und w kg Feuchtigkeit, so ergeben die einzelnen brennbaren Bestandteile folgende Wärmemengen: Der Kohlenstoff mit einem Heizwert von rund 8100 kcal ergibt

$$8100 \cdot c \text{ kcal.}$$

Der Wasserstoff hat einen Heizwert von etwa 29 000 kcal, wenn das entstandene Wasser dampfförmig entweicht. Er kommt für die Verbrennung nur mit dem Anteil in Betracht, der nicht schon an O gebunden als „chemisch gebundenes Wasser" im Brennstoff enthalten ist. Nach Abschnitt 6 verbindet sich 1 kg O mit $\frac{1}{8}$ kg H. Demnach sind im vorliegenden Fall schon $\frac{o}{8}$ kg H an O gebunden. Der Wasserstoff ergibt daher

$$29\,000 \left(h - \frac{o}{8} \right) \text{ kcal.}$$

Der Schwefel mit einem Heizwert von rund 2500 kcal ergibt

$$2500 \cdot s \text{ kcal.}$$

Die im Brennstoff enthaltene Feuchtigkeit wurde bei der Verbrennung verdampft. Die dafür aus dem Heizwert aufgewendete Wärmemenge beträgt etwa 600 kcal für 1 kg Feuchtigkeit. Diese Wärmemenge kann auch nicht zurückgewonnen werden, da es praktisch nicht möglich ist, die Abgase durch Wärmeabgabe an die Heizflächen so weit abzukühlen, daß sich der in ihnen enthaltene Wasserdampf wieder verdichtet. Von den bei der Verbrennung erzeugten Wärmemengen ist also abzuziehen

$$600 \cdot w \text{ kcal.}$$

Daraus folgt für den Heizwert von 1 kg eines festen oder flüssigen Brennstoffes:

$$W \sim 8100 \cdot c + 29000\left(h - \frac{o}{8}\right) + 2500 \cdot s - 600 \cdot w\,.$$

In ähnlicher Weise ergibt sich für 1 m³ Brenngas mit einem Gehalt an co m³ Kohlenoxyd, h m³ Wasserstoff, $c\,h_4$ m³ Methan und kw m³ schweren Kohlenwasserstoffen:

$$W \sim 3050\,co + 2600\,h + 8580\,c\,h_4 + 14\,500\,\mathrm{kw}.$$

Dieser Wert gilt aber nur bei 0° C und 76 cm Barometerstand. Soll der Heizwert von 1 m³ Brenngas bei t° und b cm Barometerstand errechnet werden, so ist der angegebene Wert von W noch mit $\dfrac{b}{76} \cdot \dfrac{273}{273 + t}$ zu multiplizieren.

Der nach vorstehendem gefundene Heizwert wird auch als „unterer Heizwert" bezeichnet, im Gegensatz zum oberen Heizwert, bezogen auf Abgase, in denen das Wasser in flüssigem Zustande enthalten ist.

Beispiel. Wie groß ist der Heizwert einer Steinkohle, deren Trockensubstanz aus $81{,}75\%\,C$, $5{,}11\%\,H$, $9{,}09\%\,O$, $1{,}04\%\,S$, $0{,}92\%\,N$ und $2{,}09\%$ Asche besteht und deren gesamter Feuchtigkeitsgehalt vor der Trocknung $1{,}66\%$ betrug.

In 1 kg Rohkohle waren enthalten $w = 0{,}017$ kg Feuchtigkeit und $1 - 0{,}017 = 0{,}983$ kg Trockensubstanz. Von dieser kommen für die Verbrennung in Betracht:

$$c = \frac{81{,}8}{100} \cdot 0{,}983 = 0{,}804 \text{ kg}, \qquad h = \frac{5{,}1}{100} \cdot 0{,}983 = 0{,}050 \text{ kg},$$

$$o = \frac{9{,}1}{100} \cdot 0{,}983 = 0{,}089 \text{ kg}, \qquad s = \frac{1{,}0}{100} \cdot 0{,}983 = 0{,}010 \text{ kg}.$$

Daher

$$W = 8100 \cdot 0{,}804 + 29000 \cdot \left(0{,}05 - \frac{0{,}089}{8}\right) + 2500 \cdot 0{,}01 - 600 \cdot 0{,}017$$

$$= \sim 7660 \text{ kcal}.$$

Mittlere Heizwerte.

Brennstoff	Heizwert für 1 kg	Brennstoff	Heizwert für 1 kg
Holz	2100—3700	Erdöl roh	10 000
Torf	2000—4200	Erdölrückstände.	10 000
Braunkohle, deutsche . .	1900—3000	Steinkohlenteer	8200—8500
„ böhmische .	3800—5900	Teeröl	9 000
Braunkohlenbrikett . . .	4400—5200		
Steinkohle, Ruhr	6100—8100		Heizwert für 1 m³ 0°, 76 cm
„ Saar	5000—7800		
„ schlesische . .	5200—7500	Koksofengas	4 500
Steinkohlenbrikett. . . .	6200—7600	Gichtgas	800— 900
Koks	5500—7200	Generatorluftgas	900—1200
Anthrazit.	7300—8000	Generatormischgas. . . .	1100—1400

8. Die zur Verbrennung erforderliche Luftmenge.

Die in 1 kg Brennstoff enthaltenen brennbaren Bestandteile erfordern zur vollkommenen Verbrennung nach Abschnitt 6 an Sauerstoff:

Der Kohlenstoff: 1 kg C erfordert $\frac{32}{12}$ kg O, also

$$c \text{ kg } C \qquad\qquad\qquad 2{,}67 \cdot c \text{ kg } O\,.$$

Der Wasserstoff: 1 kg H erfordert $\frac{16}{2}$ kg O, mithin der verfügbare Wasserstoff $\left(h - \frac{o}{8}\right)$ kg H $\qquad\qquad 8\,h - o$ kg $O\,.$

Der Schwefel: 1 kg S erfordert 1 kg O, also

$$s \text{ kg } S \qquad\qquad\qquad\qquad s \text{ kg } O\,.$$

1 kg Brennstoff bedarf somit theoretisch nicht mehr als:

$2{,}67 \cdot c + 8\,h - o + s$ kg Verbrennungssauerstoff oder, da 1 kg Luft 0,23 kg O enthält,

$$L_{\text{min kg}} = \frac{2{,}67 \cdot c + 8\,h - o + s}{0{,}23} \text{ kg Luft}$$

und da 1 m³ Luft bei 0° C und 76 cm Barometerstand 1,29 kg wiegt:

$$L_{\text{min m}^3} = \frac{2{,}67 \cdot c + 8\,h - o + s}{0{,}23 \cdot 1{,}29} \text{ m}^3 \text{ Luft } [0°,\ 76 \text{ cm}].$$

Für 1 m³ Brenngas von der in Abschnitt 7 angegebenen Zusammensetzung ergibt sich

$$L_{\text{min m}^3} = \frac{\dfrac{h + co}{2} + 2\,ch_4 + 3\,\text{kw} - o}{0{,}21} \text{ m}^3 \text{ Luft}$$

von demselben Druck und der gleichen Temperatur wie das Brenngas

Praktisch läßt sich eine möglichst vollkommene Verbrennung nur bei Zuführung eines Vielfachen der theoretisch erforderlichen Luftmenge erzielen. Der dabei vorhandene Luftüberschuß wird ausgedrückt durch

$$m = \frac{L}{L_{\text{min}}}\,,$$

worin L die tatsächlich zugeführte Luftmenge bedeutet.

Ordnungsmäßige Bedienung des Feuers vorausgesetzt, schwankt der Wert für m bei festen Brennstoffen zwischen 1,5 und 2, bei flüssigen und gasförmigen Brennstoffen zwischen 1,15 und 1,4.

Will man den Luftüberschuß, mit dem eine Feuerung arbeitet, bestimmen, so werden die Abgase in einer Absorptionsvorrichtung — Hempel, Orsat — auf ihren Gehalt an Kohlensäure (co_2 Raumprozente) und Sauerstoff ($o\%$) untersucht. Unter der Voraussetzung, daß

der gesamte Kohlenstoffgehalt des Brennstoffes zu CO_2 verbrannte,
ist dann

$$m = \frac{21}{21 - 79 \dfrac{o}{100 - (c\,o_2 + o)}}.$$

Die bei der Verbrennung aus 1 kg festen oder flüssigen Brennstoffes
entstandene Gasmenge hat ein Gewicht in kg von

$$G = 1 + m\,L_{\text{min kg}}.$$

Die aus 1 m³ Brenngas entstandene Gasmenge beträgt in m³

$$G = 1 + m\,L_{\text{min m}^3}$$

und zwar bei dem Druck und der Temperatur, mit welchen das Gas in
die Feuerung gelangte.

Beispiel. Wieviel m³ Luft von 15° sind bei 73,5 cm Barometerstand theoretisch erforderlich, um 1 kg Steinkohle der im Beispiel zu
Abschnitt 7 angegebenen Zusammensetzung vollständig zu verbrennen?

$$L_{\text{min kg}} = \frac{2.67 \cdot 0,804 + 8 \cdot 0,05 - 0,089 + 0,01}{0,23} = 10,74 \text{ kg.}$$

Nach der Zustandsgleichung der Gase ist aber:

$$V = \frac{G \cdot R \cdot T}{P},$$

worin V das Volumen in m³, G das Gewicht in kg, R die Gaskonstante,
deren Wert für Luft 29,27 beträgt, T die absolute Temperatur und P den
Druck in kg auf 1 m² bedeutet. Folglich ist

$$L_{\text{min m}^3} = \frac{10,74 \cdot 29,27 \cdot (273 + 15)}{10 \cdot 10 \cdot 7,35 \cdot 13,59} = \sim 9 \text{ m}^3.$$

9. Die Verbrennungstemperatur.

Die in einem Verbrennungsraum herrschende mittlere Temperatur t_f
läßt sich auf Grund nachstehender Überlegung berechnen:

Brennstoff und Luft gelangen mit der Kesselhaustemperatur t_a
in den Feuerraum. Die dort aus beiden entstehenden Verbrennungsgase
werden durch die Verbrennungswärme — den Heizwert — des Brenn-
stoffs erwärmt. Theoretisch steht also für die Erwärmung von $1 + m\,L_{\text{min}}$
kg Gas, die aus 1 kg Brennstoff bei m-fachem Luftüberschuß entstanden
sind, eine Wärmemenge von W kcal zur Verfügung. Praktisch wird
jedoch niemals der gesamte Heizwert zur Entfaltung gelangen, sondern
nur ein Bruchteil η_1 von W. Von dieser Wärmemenge geht noch ein Teil
σ — durch Ausstrahlung an die Kesselwände, welche in der Nähe der

Feuerung liegen, und nach außen hin — für die Erwärmung der Verbrennungsgase verloren. Somit kommt dafür nur in Frage:

$$\eta_1 \cdot W - \sigma \cdot \eta_1 \cdot W = \eta_1 \cdot (1 - \sigma) \cdot W \,.$$

Es wird daher:

$$(1 + m\,L_{min}) \cdot c_p\,(t_f - t_a) = \eta_1 \cdot (1 - \sigma) \cdot W$$

oder

$$t_f = t_a + \frac{\eta_1 \cdot (1 - \sigma) \cdot W}{(1 + m\,L_{min}) \cdot c_p} \,.$$

Hierin bedeutet c_p die spezifische Wärme der Rauchgase, die angenähert gleich der der Luft zu 0,24 gesetzt werden kann. Für σ gilt etwa

$$
\begin{array}{lll}
\text{bei Innenfeuerung} & \sigma = 25\text{—}30\% \\
\text{bei Unterfeuerung} & 20\text{—}25\% \\
\text{bei Vorfeuerung} & 10\text{—}15\%.
\end{array}
$$

Beispiel. Welche Verbrennungstemperatur ergibt Steinkohle von der im Beispiel zu Abschnitt 7 angegebenen Zusammensetzung, wenn sie bei 15° Kesselhaustemperatur mit 1,9fachem Luftüberschuß in einer Feuerung verbrannt wird, deren Wirkungsgrad zu 0,92 und deren Abkühlung durch Ausstrahlung zu 20% angenommen wird?

$$t_f = 15 + \frac{0{,}92 \cdot (1 - 0{,}2) \cdot 7660}{(1 + 1{,}9 \cdot 10{,}74) \cdot 0{,}24} = \sim 1110° \,\text{C}.$$

Dritter Abschnitt.

Die Wärmeübertragung.

Die in der Feuerung entstehende Wärme kann auf den Kessel durch **Strahlung** und durch **Berührung** — Leitung — übergehen, um sich sodann im Wasserinhalt durch **Konvektion** (Fortführung) auszubreiten.

10. Wärmeübergang durch Strahlung.

Ähnlich wie das Licht breitet sich auch die Wärme durch Strahlung aus, d. h. ein erwärmter Körper sendet nach allen Richtungen hin geradlinige Wärmestrahlen aus. Werden Körper von Wärmestrahlen getroffen, so erleiden sie eine um so größere Temperaturerhöhung, je weniger wärmedurchlässig sie sind. Die Wärmemenge, welche die Oberflächeneinheit eines Körpers in der Zeiteinheit aussendet ist nach Stephan:

$$Q_s = c \cdot T^4,$$

worin T seine absolute Temperatur und c eine von der Art des Körpers und der Beschaffenheit seiner Oberfläche abhängige Zahl bedeutet, die das Maß für seine Fähigkeit, Wärmestrahlen auszusenden, ausdrückt — Emissionskonstante.

Die Ausstrahlung einer auf $T_1{}^\circ$ erwärmten Fläche von Fm^2 auf eine sie umgebende oder zu ihr parallele Fläche, deren Temperatur $T_2{}^\circ$ ist, beträgt stündlich nach der Stephan-Boltzmannschen Gleichung:

$$Q_s = C \cdot F \cdot \left[\left(\frac{T_1}{100}\right)^4 - \left(\frac{T_2}{100}\right)^4 \right] \text{ kcal/h}.$$

Darin gilt für die Strahlungskonstante

$$C = \frac{1}{\dfrac{1}{c_1} + \dfrac{1}{c_2} - \dfrac{1}{c}},$$

wenn

c_1 in kcal/h/$^\circ$C die Strahlungskonstante des wärmeabgebenden Körpers,
c_2 in kcal/h/$^\circ$C die Strahlungskonstante des wäreaufnehmenden Körpers,
c in kcal/h/$^\circ$C die Strahlungskonstante des absolut schwarzen Körper bedeutet.

Nach Wamsler[1]) ist die Strahlungskonstante für

den absolut schwarzen Körper . . .	4,61
Lampenruß	4,44
Schmiedeeisen, matt oxydiert	4,40
Gußeisen, rauh oxydiert	4,48
Kalkmörtel, rauh weiß	4,30
Messing, matt	1,03
Kupfer, schwach poliert	0,79

Beispiel. Eine Rostfläche von 1,5 m² Größe sei von einer schmiedeeisernen Wandung derart umgeben, daß alle vom Rost ausgehenden Wärmestrahlen auf die Wandung treffen. Wie groß ist dann die stündlich eingestrahlte Wärmemenge, wenn das auf den Rost unterhaltene Feuer eine absolute Temperatur von

$$1.\ 1000^\circ, \qquad 2.\ 1300^\circ, \qquad 3.\ 1600^\circ$$

ergibt und die absolute Temperatur der wärmeaufnehmenden Wand in allen drei Fällen 600° beträgt?

Setzt man die Strahlungskonstante der Kohlen gleich der für Ruß, so ist

$$C = \frac{1}{\dfrac{1}{4,44} + \dfrac{1}{4,4} - \dfrac{1}{4,61}} = 4,24$$

---

[1]) Mitteilungen über Forschungsarbeiten, Heft 98/99.

und damit wird

 1. $Q_s = 4{,}24 \cdot 1{,}5 \cdot (10^4 - 6^4) \sim 55\,400$ kcal
 2. $\quad= 4{,}24 \cdot 1{,}5 \cdot (13^4 - 6^4) \sim 173\,400$ kcal
 3. $\quad= 4{,}24 \cdot 1{,}5 \cdot (16^4 - 6^4) \sim 408\,600$ kcal

Zu 1. Das Feuer könnte z. B. mit erdiger Braunkohle vom Heizwert 1800 kcal unterhalten worden sein bei $\eta_1 = 0{,}96$, $m = 1{,}85$ und $\dfrac{B}{R} = 137$ kg/h/m² Rostfläche. Die aus der Feuerung in die Heizfläche eingestrahlte Wärmemenge würde dann $\sigma = 15\%$ des vom Heizwert der verfeuerten Kohle in der Feuerung entwickelten Wärmemenge ausmachen, wodurch die Feuertemperatur von etwa 857 auf 727, also um 130° C gesunken wäre.

Zu 2. Braunkohlenbriketts mit $W = 4300$ kcal bei $\eta = 0{,}96$, $m = 1{,}85$ und $\dfrac{B}{R} = 145$ verfeuert. Dann wäre $\sigma = 20\%$ und die Erniedrigung der Feuertemperatur durch Strahlung

$$t_{f_{\max}} - t_f = 1283 - 1027 = 256°\,\text{C}.$$

Zu 3. Steinkohle mit $W = 8000$ kcal bei $\eta = 0{,}96$, $m = 1{,}6$ und $\dfrac{B}{R} = 114$ verfeuert. Dann wäre $\sigma = 30\%$ und

$$t_{f_{\max}} - t_f = 1882 - 1327 = 555°\,\text{C}.$$

Vorstehende Ergebnisse zeigen die Vorteile hochwertiger Brennstoffe für die Wärmeübertragung durch Strahlung.

Im Kesselbau ist es kaum möglich, die direkte — bestrahlte — Heizfläche so anzuordnen, daß die gesamte ausgestrahlte Wärme von ihr aufgenommen werden kann. Genaue Untersuchungen über den Anteil der bei verschiedenen Innenfeuerungen in die direkte Heizfläche eingestrahlt werden kann, finden sich in dem bei Springer, Berlin erschienenen Buche „Die Grundgesetze der Wärmestrahlung und ihre Anwendung auf Dampfkessel mit Innenfeuerung" von M. Gerbel.

Für die Übertragung strahlender Wärme auf den Kessel kommen außer der Glut auf dem Rost vor allem die Mauerwerkswände in Betracht, die entweder durch Bestrahlung von der Rostfläche her oder durch Berührung mit den Heizgasen erwärmt werden. Ersteres erklärt die Trägheit von Feuerungen, bei denen große Mauerwerksmassen um den Rost herum angeordnet sind, während sich aus dem letzteren Vorteile für die Wärmeübertragung an die Heizfläche in den mit Hilfe von Mauerwerk gebildeten Zugkanälen ergeben. Auch ist die durch den Einbau von Schamottekörpern in Flammrohre erzielbare günstige Wirkung darauf zurückzuführen.

11. Wärmeübertragung durch Berührung.

Berühren die Heizgase eine Kesselwand, so wird infolge des Leitungsvermögens der Wandung Wärme durch diese hindurch in den Kessel gelangen. Hätten die Heizgase eine Temperatur $t_1°$ und der Kesselinhalt $t_2°$ C, so wäre die durch eine ebene Fläche von Fm^2 übergehende Wärmemenge in der Stunde

$$Q_b = k \, (t_1 - t_2) \cdot F \;\; \text{kcal/h} \; .$$

Hierin bedeutet k die Wärmedurchgangszahl, das ist die Wärmemenge, die durch 1 m² Heizfläche stündlich bei 1° C Temperaturunterschied zwischen Heizgas und Wasser im Beharrungszustande hindurchgeht. — Nun ist für ebene Wände

$$\frac{1}{k} = \frac{1}{\alpha_1} + \frac{1}{\alpha_2} + \sum \frac{\delta}{\lambda} \; .$$

α_1 und α_2 in kcal/m²/h/° C sind die Wärmeübergangszahlen. Sie geben die stündlich durch 1 m² Fläche einmal vom Heizgas an die Kesselwand — α_1 —, sodann von der Kesselwand an das Wasser im Kessel — α_2 — bei 1° C Temperaturunterschied übergehende Wärmemenge an. — Eigentlich wären noch die Zahlen für den Wärmeübergang von einer Schicht der Wand zur anderen (Rußschicht — Blech — Kesselstein) zu berücksichtigen. Unter der Voraussetzung, daß diese Schichten fest aneinander haften, werden aber dort die Werte für α sehr groß, so daß ihre reziproken Werte in der Gleichung für $\dfrac{1}{k}$ vernachlässigt werden können.

δ in m ist die Stärke jeder einzelnen Schicht der trennenden Wand. λ sind die Werte für die Wärmeleitzahlen der einzelnen Schichten. Die Wärmeleitzahl eines Stoffes gibt die Wärmemenge in kcal an, die in einer Stunde durch 1 m² Fläche bei 1 m Wandstärke hindurchgeht, falls die Temperaturen der beiden Oberflächen 1° C Unterschied aufweisen.

Für die Wärmeübergangszahlen lassen sich keine festen Werte angeben, da sie insbesondere von der Temperatur, der spez. Wärme, der Wärmeleitfähigkeit und der Geschwindigkeit des Wärme abgebenden oder aufnehmenden Gases, Wassers oder Dampfes beeinflußt werden[1]). Nur als ungefährer Anhalt sind daher die folgenden Werte anzusehen.

α zwischen Heizgas und Kesselwand 15—25 kcal/h/m²/° C,

zwischen Kesselwand und siedendem Wasser bei wagrechter Heizfläche 1200 kcal/h/m²/° C,

---

[1]) Genaue Berechnungen der Wärmeübergangszahlen siehe in ten Bosch, „Die Wärmeübertragung“, Julius Springer, Berlin 1922.

zwischen Kesselwand und siedendem Wasser bei senkrechter Heizfläche bis 6000 kcal/h/m²/° C.

Die Wärmeleitzahlen sind ebenfalls nicht unveränderlich. Nachstehend sind einige für praktische Zwecke im allgemeinen genügend genaue Mittelwerte zusammengestellt

$$\lambda \text{ in kcal/h/m}^2\text{/m/}^\circ\text{C.}$$

Stoff	λ	Stoff	λ
Eisen	40—60	Flugasche.	0,06
Kupfer	260—340	Kesselstein	1—3
Messing	70—90	Ruß	• 0,03
		Ölkrusten	0,1

Für eine aus drei verschiedenen Schichten bestehende, trennende Wand wird

$$\frac{1}{k} = \frac{1}{\alpha_1} + \frac{\delta_1}{\lambda_1} + \frac{\delta_2}{\lambda_2} + \frac{\delta_3}{\lambda_3} + \frac{1}{\alpha_2}.$$

Geht dann stündlich durch 1 m² der Wand

$$Q_b = k\,(t_1 - t_2) \text{ kcal,}$$

so beträgt die Temperatur in der den $t_1\ ^\circ$ C aufweisenden Heizgasen zugekehrten Außenfläche der Wand

$$t_{w_1} = t_1 - \frac{Q_b}{\alpha_1},$$

dort wo die äußere (erste) und die zweite Schicht aneinander grenzen

$$t' = t_{w_1} - Q_b \cdot \frac{\delta_1}{\lambda_1},$$

wo die zweite und dritte Schicht aneinander grenzen

$$t'' = t' - Q_b \cdot \frac{\delta_2}{\lambda_2}$$

und in der dem Wasser zugekehrten Oberfläche

$$t_{w_2} = t_2 + \frac{Q_b}{\alpha_2}$$

Beispiel. Heizgastemperatur $t_1 = 1000\ ^\circ$ C, Wassertemperatur $t_2 = 190^\circ$ C. Wärmeübergangszahl von Heizgas an Kesselwand $\alpha_1 = 20$ kcal und von Kesselwand an Wasser $\alpha_2 = 5000$ kcal.

1. Die trennende Wand sei 20 mm starkes Eisenblech — $\lambda = 50$ — mit beiderseits sauberer Oberfläche. Dann ist

$$\frac{1}{k} = \frac{1}{20} + \frac{0,02}{50} + \frac{1}{5000} \qquad \text{oder} \qquad k = 19,8$$

$$Q_b = 19,8 \cdot (1000 - 190) \sim 16\,000 \text{ kcal}$$

$$t_{w_1} = 1000 - \frac{16\,000}{20} \sim 200^\circ\,\text{C}$$

$$t_{w_2} = 190 - \frac{16\,000}{5000} \sim 193^\circ\,\text{C}$$

2. Auf der Innenseite der Wand eine 6 mm starke Kesselsteinschicht — $\lambda = 2$.

3. Auf der Kesselsteinschicht noch eine 0,5 mm starke Ölkruste — $\lambda = 0,1$.

4. Auf der Außenseite außerdem eine 1 mm starke Rußschicht — $\lambda = 0,06$.

5. Über der Rußschicht noch eine 3 mm starke Flugaschenschicht — $\lambda = 0,03$.

Die Rechnungsergebnisse folgen hierunter

	k	Q_b	Wandtemperatur in °C					
			Flugaschen-schicht außen	Rußschicht außen	Kesselblech außen	Kesselblech innen	Kesselstein-schicht innen	Ölschicht innen
1.	19,8	16 000	—	—	200	193	—	—
2.	18,7	15 100	—	—	244	238	193	—
3.	17,1	13 800	—	—	309	303	262	193
4.	13,3	10 800	—	462	283	278	246	192
5.	5,7	4 600	769	307	230	228	214	191

Im allgemeinen liegen die Werte von k für die Dampfkesselheizfläche zwischen 10 und 30, je nach Heizgastemperatur und -geschwindigkeit.

Wärmedurchgang bei Rohren.
Für ein Rohr von der Länge l m ergibt sich mit den Bezeichnungen der Abb. 2

$$Q_b = 2\,\pi \cdot l \cdot k\,(t_1 - t_2),$$

worin

$$\frac{1}{k} = \frac{1}{\alpha_i \cdot r_i} + \frac{1}{\alpha_a \cdot r_a} + \frac{1}{\lambda_i}\ln\frac{r}{r_i} + \frac{1}{\lambda_a}\ln\frac{r_a}{r}$$

und für die Wandtemperaturen folgt:

$$t_1 - t_{w_i} = \frac{k}{r_i \cdot \alpha_i}\,(t_1 - t_2);$$

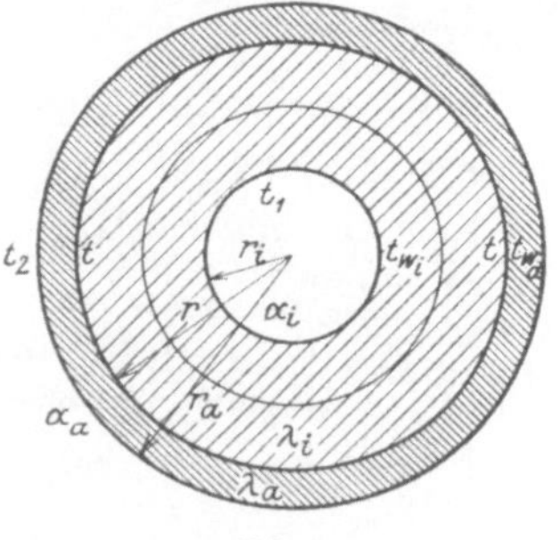

Abb. 2.

$$t_{wi} - t' = \frac{k}{\lambda_i}\ln\frac{r}{r_i}\,(t_1 - t_2); \qquad t - t_{w_a} = \frac{k}{\lambda_a}\ln\frac{r_a}{r}\,(t_1 - t_2);$$

$$t_{w_a} - t_2 = \frac{k}{r_a \cdot \alpha_a}\cdot(t_1 - t_2).$$

Verändern sich die Temperaturen des Wärme abgebenden
und des Wärme aufnehmenden Stoffes, längs der Heizfläche, so ist

$$Q_b = k \cdot F \cdot \vartheta_m = k \cdot F \cdot \frac{\vartheta_1 - \vartheta_2}{\ln \dfrac{\vartheta_1}{\vartheta_2}}$$

Es bezeichnen ϑm den mittleren, ϑ_1 und ϑ_2 die an den Enden des be-
trachteten Gasweges vorhandenen Temperaturunterschiede zwischen
Heizgas und Wasser und zwar ϑ_1 den größeren von beiden. Beträgt der
Wert für ϑ_1/ϑ_2 nicht mehr als 5, so kann man sich mit der Annäherung

$$\vartheta_m = \frac{t_1' + t_1''}{2} - \frac{t_2' + t_2''}{2}$$

begnügen. t_1', t_1'' sind die Anfangs- und die Endtemperatur der Gase,
t_2', t_2'' die des Wassers.

1. Beispiel. An einer Kesselheizfläche entlang kühlen sich die Heizgase von 1000° auf 400° C ab, während das Wasser im Kessel an allen
Stellen der Heizfläche 200° C hat. Welche Wärmemenge wird dabei
im Mittel je $1 \, \text{m}^2$ Heizfläche stündlich übertragen, wenn eine Wärmedurchgangszahl $k = 20$ erreicht wird?

Es ist $\vartheta_1 = 800°$ C, $\vartheta_2 = 200°$ C, damit ergibt die genaue Rechnung

$$Q_b = 20 \frac{800 - 200}{\ln \dfrac{800}{200}} = 20 \frac{600}{2{,}3 \cdot \log 4} \sim 8700 \, \text{kcal}$$

und die angenäherte Rechnung

$$Q_b = 20 \left(\frac{1000 + 400}{2} - 200 \right) = 10\,000 \, \text{kcal}.$$

2. Beispiel. An einer Abgasvorwärmerheizfläche kühlen sich die
Gase von 450° auf 150° C ab, das Wasser tritt mit 40° C in den Vor-
wärmer ein und verläßt ihn mit 120° C. Wie groß ist die übertragene
Wärmemenge

a) bei Gleichstrom von Gas und Wasser?
b) bei Gegenstrom von Gas und Wasser?

Es soll $k = 10$ erreicht werden.

$$\text{Zu a)} \qquad Q_b = 10 \cdot F \cdot \frac{410 - 30}{2{,}3 \cdot \log \dfrac{410}{30}} \sim 1550 \cdot F.$$

$$\text{Zu b)} \qquad Q_b = 10 \cdot F \cdot \frac{330 - 110}{2{,}3 \cdot \log \dfrac{330}{110}} \sim 2000 \cdot F.$$

Darin zeigt sich die Überlegenheit des Gegenstromes. Würde man z. B. unter den gegebenen Verhältnissen zur Vorwärmung einer Wassermenge bei Gegenstrom 100 m² Vorwärmerfläche brauchen, so wären dazu bei Gleichstrom

$$\frac{100 \cdot 2000}{1550} \sim 129 \text{ m}^2$$

erforderlich.

Für den bei Abgasvorwärmern vielfach angewendeten Kreuzstrom ist die genaue Berechnung der mittleren Temperaturdifferenz ziemlich umständlich, man kommt dabei auch im allgemeinen mit dem angenäherten Ausdruck

$$\vartheta_m = \frac{t_1' + t_1''}{2} - \frac{t_2' + t_2''}{2}$$

aus.

Der ideale Verlauf der Gastemperatur an der Heizfläche eines Dampfkessels läßt sich, wie folgt, ermitteln:

Es seien die Temperaturunterschiede: ϑ_a am Anfang, ϑ_e am Ende der Heizfläche, $\vartheta_{1/2}$ in der Mitte, $\vartheta_{1/4}$ nach einem Viertel des Gasweges usw., dann ist

$$\vartheta_{1/2} = \vartheta_a \sqrt{\frac{\vartheta_e}{\vartheta_a}}, \qquad \vartheta_{1/4} = \vartheta_a \sqrt{\frac{\vartheta_{1/2}}{\vartheta_a}}, \qquad \vartheta_{3/4} = \vartheta_{1/2} \sqrt{\frac{\vartheta_e}{\vartheta_{1/2}}} \qquad \text{usw.}$$

Beispiel. $\vartheta_a = 810°$ C, $\vartheta_e = 250°$, Temperatur des Wassers im Kessel 190° C.

$$\text{Dann wird } \vartheta_{1/2} = 810 \cdot \sqrt{\frac{250}{810}} = 450°, \quad \vartheta_{1/4} = 810 \cdot \sqrt{\frac{450}{810}} = 604°,$$

$$\vartheta_3 = 450 \sqrt{\frac{250}{450}} = 336°.$$ Dementsprechend wären die Gastemperaturen: 1000, 794, 640, 526, 440. Im allgemeinen wird es genügen, aus den wenigen berechneten Werten die übrigen zeichnerisch zu ermitteln.

12. Wärmeübergang durch Strahlung und gleichzeitig durch Berührung.

In diesem Falle wird die gesamte stündlich übertragene Wärmemenge

$$Q = Q_s + Q_b = C\left[\left(\frac{T_1}{100}\right)^4 - \left(\frac{T_{w_1}}{100}\right)^4\right] + \alpha_1 (t_1 - t_{w_1})$$

und die Gesamtwärmedurchgangszahl

$$K = \frac{Q}{t_1 - t_2}.$$

Die Wandtemperaturen erhält man aus

$$t_{w_1} = t_2 + \frac{Q}{\alpha_2} + Q \cdot \sum \frac{\delta}{\lambda} \quad \text{und} \quad t_{w_2} = \frac{Q}{\alpha_2} + t_2 .$$

Rechnerisch verfährt man so, daß man zunächst schätzungsweise einen Wert für t_{w_1} annimmt, damit Q berechnet und dann vergleicht, was sich für t_{w_1} aus

$$t_{w_1} = \frac{Q}{\alpha_2} + Q \cdot \sum \frac{\delta}{\lambda} + t_2$$

ergibt. Der Unterschied zwischen dem angenommenen und dem errechneten Wert von t_{w_1} gibt einen Anhalt dafür, mit welchem neu anzunehmenden Wert von t_{w_1} die Rechnung zu wiederholen ist, bis schließlich Übereinstimmung beider Werte erreicht ist.

Unter Benutzung der Werte $t_2 = 200°$, $\alpha_1 = 20$, $\alpha_2 = 1200$, $\delta = 0{,}020$, $\lambda = 50$ und $C = 4{,}2$ ist nachstehende Zusammenstellung berechnet. Sie zeigt, in welch hohem Maße die direkte Heizfläche an der Dampfleistung eines Kessels beteiligt ist.

Bezeichnet man mit $t_f = t_1$ die Temperatur im Feuerraum, so ergibt sich:

t_f	Q_b	Q_s	$\dfrac{Q_b}{Q_s}$	K	t_{w1}	t_{w2}
°C	kcal	kcal		kcal	°C	°C
1200	15 000	186 400	1 : 12,4	201	448	368
1100	14 200	141 100	1 : 9,9	173	391	329
1000	13 100	104 200	1 : 8	147	345	298
900	11 800	74 700	1 : 6,3	124	307	272
800	10 500	51 900	1 : 5	104	276	251

13. Wärmeübertragung durch Konvektion.

Die Teilchen des Wärme aufnehmenden Stoffes, die die Heizfläche unmittelbar berühren, werden durch die Erwärmung spezifisch leichter. Sie erhalten so das Bestreben, emporzusteigen, kommen dabei mit kälteren Teilchen in Berührung und geben an diese etwas von ihrem Wärmeinhalt ab, vor allem aber machen sie den Platz an der Heizfläche für andere bisher noch nicht erwärmte Teilchen frei. Im Dampfkessel entstehen auf diese Weise Wasserbewegungen von und nach der Heizfläche hin, die bei geeigneter Bauart des Kessels zu einem geordneten Wasserumlauf führen können. Ein solcher ist aber einerseits für den Temperaturausgleich im Kessel, andererseits für die Erhöhung des Wärmeüberganges wichtig. —

Heizflächen, an denen sich das Wasser lediglich infolge der Wärmekonvektion entlang bewegt, werden als Umlaufheizflächen bezeichnet. Ihnen werden gegenübergestellt die Strömungsheizflächen, an denen der Wärme aufnehmende Stoff vorbeigeführt wird (Vorwärmer, Überhitzer).

Für die Umlaufgeschwindigkeit läßt sich die Gleichung aufstellen

$$v = z \cdot \sqrt[3]{\frac{h \cdot V}{f}}.$$

Darin bezeichnet z eine hauptsächlich von den Gesamtwiderständen des Umlaufweges abhängige Zahl, h den Höhenabstand der direkten Heizfläche vom Wasserspiegel, V den Rauminhalt der stündlich erzeugten Dampfmenge und f den gleichbleibend angenommenen Querschnitt des Umlaufstromes. Die Umlaufgeschwindigkeit wächst also, einmal wenn die Strömungswiderstände recht klein sind, sodann aber, wenn die der Strahlung ausgesetzte Heizfläche recht tief unter dem Wasserspiegel liegt und die in der Zeiteinheit erzeugte Dampfmenge recht groß wird, also mit wachsender Heizflächenbeanspruchung. Da ferner, wenn Q die stündlich von der Heizfläche aufgenommene Wärme bedeutet,

$$V = \frac{Q}{(\lambda - q_0)\, \gamma_s}$$

ist, so folgt, daß die Umlaufgeschwindigkeit mit zunehmender Temperatur des Speisewassers wächst, ferner daß ununterbrochene Speisung für die Gleichmäßigkeit des Wasserumlaufes und damit für eine gleichmäßig gute Wärmeübertragung von Vorteil ist.

Vierter Abschnitt.

Die Leistung einer Kesselanlage.

14. Die Größe der Leistung.

A. Die Leistung der Rostfläche. Der Hauptbestandteil aller Feuerungen, in welchen stückiger Brennstoff verfeuert wird, ist der Rost. Man drückt daher die Leistung einer solchen Feuerung durch die vorhandene Rostbelastung aus. Darunter versteht man das Verhältnis der stündlich verfeuerten Brennstoffmenge B kg zur Rostfläche R m^2 oder die stündlich auf 1 m^2 Rostfläche verbrannte Kohlenmenge $\dfrac{B}{R}$. Die Rostbelastung ist bei einer Anlage nach der jeweils verlangten Dampfmenge zu verändern. Ihre obere Grenze hängt ab vom Brennstoff—Stückgröße, Verhalten im Feuer, Rückstände — und von der Zugstärke. Bei natürlichem Zuge beträgt sie im Mittel:

Brennstoff	$\dfrac{B}{R}$	Brennstoff	$\dfrac{B}{R}$
Koks.	70—80	Braunkohle, böhmische .	120—180
Steinkohle gasarm. . . .	70—90	„ deutsche .	170—250
„ gasreich . . .	90—120	Torf	120—200
Braunkohlenbrikett . .	120—180	Holz	120—180

Bei künstlichem Zuge kann $\dfrac{B}{R}$ im allgemeinen bis zu etwa 500 kg je m² und Stunde gesteigert werden.

B. Die Leistung der Heizfläche. Die Leistung der Heizfläche (siehe Abschnitt 25 A) richtet sich nach der Größe des Wärmedurchgangs. Er ist abhängig von den Heizgasen und zwar von ihrer Menge, Temperatur, Zuggeschwindigkeit und mehr oder weniger guten Durchwirbelung, ferner von dem Baustoff und der Reinheit der Kesselwandung und endlich von der Güte des Wasserumlaufs im Kessel (vergl. Abschnitt III). Zur Beurteilung dieser Leistung dient die **mittlere Heizflächenbeanspruchung.** Das ist das Verhältnis der stündlich erzeugten Dampfmenge D kg zur Größe der Heizfläche H m² oder die stündlich auf 1 m² Heizfläche erzeugte Dampfmenge $\dfrac{D}{H}$. Die Heizflächenbeanspruchung eines Kessels schwankt je nach den Betriebsverhältnissen. Sie kann wegen der gleichzeitig zunehmenden Nässe des erzeugten Dampfes nicht über ein bestimmtes, von der Kesselbauart abhängiges Maß gesteigert werden.

Mittelwerte für $\dfrac{D}{H}$. [1]

Kesselbauart	Anstrengungsgrad des Betriebes			
	mäßig	normal	flott	gesteigert
Batteriekessel	12	17	22[2]	
Ein-, Zwei, Drei-Flammrohrkessel .	15; 16; 22	20; 22; 28	25; 30[2]); 35	
Doppelkessel (unten 2 Flammrohre; oben Heizröhren)	12	16	20[2]	
Mac-Nicol-Kessel	16[2]	20[2]	25[2]	
Heizrohrkessel	10	14	20[2]	
Lokomobilkessel	—	14	18	27[2]
Lokomotivkessel	—	—	40	60[2]
Schiffs-(Zylinder-)Kessel	—	—	28	35
Wasserrohrkessel ohne Kammern .	9[2]	12[2]	15[2]	
Kammer-Wasserrohr-Kessel . . .	14[2]	18[2]	26[2]	35[3]
Steilrohrkessel	18[2]	24[2]	30[2]	40[3]
Schiffs-Wasserrohr-Kessel	—	22	36	50[2]
Stehende Kessel	10	14	20[2]	

[1] Aus Dubbel, Taschenbuch für den Maschinenbau, 3. Aufl., Julius Springer, Berlin 1920.

[2] Mit Überhitzer.   [3] Mit Überhitzer und Rauchgasvorwärmer.

15. Die Güte der Leistung.

A. Die Verdampfungsziffer. Zur Beurteilung der Leistung eines Brennstoffs in einer Kesselanlage bedient man sich der Verdampfungsziffer d. Sie gibt an, wieviel kg Dampf durch 1 kg Brennstoff erzeugt wird und berechnet sich zu

$$d = \frac{D}{B},$$

wenn D kg die stündliche Dampfmenge und B kg die stündliche Brennstoffmenge bezeichnen. Da jedoch die so gefundene **Bruttoverdampfung** auf Dampf bezogen ist, der in einer bestimmten Anlage, also bei der dort vorhandenen Vorwärmung und Dampfspannung als gesättigter oder überhitzter Dampf entstand, so eignet sich d nicht, um die Leistungen der Brennstoffe in verschiedenen Anlagen miteinander zu vergleichen. Für diesen Zweck ermittelt man daher, wieviel kg **Normaldampf** durch 1 kg Brennstoff erzeugt worden wäre. Man nennt diese Zahl die **Nettoverdampfung** d'. Mit Normaldampf bezeichnet man trockenen Sattdampf ohne Überdruck, der aus Wasser von $0°$ entstanden ist, also je kg eine Dampfbildungswärme von 638 kcal beansprucht. Die stündliche Normaldampfmenge D' wird gefunden aus

$$D' \cdot 638 = D \cdot \lambda_k,$$

worin λ_k die in der Kesselanlage zur Bildung von 1 kg Dampf aufgewendete Wärme bedeutet. Es ergibt sich somit

$$d' = \frac{D'}{B} = \frac{D \cdot \lambda_k}{B \cdot 638} = \frac{d \cdot \lambda_k}{638}.$$

Mittelwerte für d[1]).

Brennstoff	Heizwert	d-fache Verdampfung für λ_k		
		600	650	700
Holz (lufttrocken)	3 000	2 ÷ 3,2	1,8 ÷ 3,0	1,7 ÷ 2,8
Torf (lufttrocken)	2 400	1,6 ÷ 2,6	1,5 ÷ 2,4	1,4 ÷ 2,2
Guter Preßtorf	3 800	2,8 ÷ 4,1	2,6 ÷ 3,8	2,4 ÷ 3,5
Braunkohle, erdige	2 400	1,6 ÷ 2,7	1,5 ÷ 2,5	1,4 ÷ 2,3
Braunkohle, böhmische. . . .	4 500	3 ÷ 5	2,8 ÷ 4,6	2,5 ÷ 4,2
Braunkohle, böhmische, Brikett	4 800	3,2 ÷ 5,2	3,0 ÷ 4,8	2,7 ÷ 4,5
Steinkohle	6 000	5 ÷ 7	4,6 ÷ 6,4	4,3 ÷ 6
	6 800	5,6 ÷ 7,9	5,2 ÷ 7,3	4,8 ÷ 6,8
	7 300	6,0 ÷ 8,9	5,6 ÷ 8,2	5,2 ÷ 7,7
Steinkohle, Brikett	6 900	5,7 ÷ 8,4	5,3 ÷ 7,7	4,9 ÷ 7,2
Koks	6 300	5,2 ÷ 7,6	4,9 ÷ 7,1	4,5 ÷ 6,6
Anthrazit	7 500	7 ÷ 9	6,4 ÷ 8,7	6,0 ÷ 8,1
Rohöl, Masut, Teeröl	10 000	10 ÷ 15	9,2 ÷ 12,4	8,6 ÷ 11,4
Gichtgas	850 f. 1 m³	0,85 ÷ 1	0,78 ÷ 0,91	0,73 ÷ 0,85
Koksofengas	4500 f. 1 m³	4,5 ÷ 5,3	4,1 ÷ 4,9	3,8 ÷ 4,5

[1]) Aus Dubbel, Taschenbuch f. d. Maschinenbau, 3. Aufl., Jul. Springer, Berlin 1920.

Beispiel. Wie groß ist die Brennstoffleistung, wenn in der im 7. Beispiel des Abschnittes 3 D (S. 10) näher bezeichneten Kesselanlage stündlich 1300 kg Steinkohle verfeuert und 10 000 kg Wasser verdampft wird?

$$\text{Bruttoverdampfung:}\quad d = \frac{10\,000}{1300} = \sim 7,7 \ .$$

$$\text{Nettoverdampfung:}\quad d' = \frac{d \cdot \lambda_k}{638} \ .$$

Die gesamte Dampfbildungswärme betrug in der Kesselanlage 745 kcal für 1 kg Dampf. Davon wurden 40 kcal im Abdampfvorwärmer zugeführt. Sie stammen also nicht unmittelbar aus der Verbrennungswärme der Kohle und sind deshalb in Abzug zu bringen. Mithin ist $\lambda_k = 705$ kcal zu setzen. Daher

$$d' = \frac{7,7 \cdot 705}{638} = \sim 8,5 \ .$$

B. Der Wirkungsgrad. Wie in Abschnitt 9 erörtert, wird in einer Feuerung niemals die Wärmemenge voll entwickelt, die dem Heizwert der verfeuerten Kohlenmenge entspricht, sondern nur ein Teil η_1 davon. Man nennt η_1 den Wirkungsgrad der Feuerung.

$$\text{Werte für } \eta_1 : 87\text{—}95\% \ .$$

Es geht also mindestens 5% des theoretischen Heizwertes in der Feuerung verloren. Dieser Verlust entsteht:

a) dadurch, daß ein Teil des Brennstoffes unverbrannt in die Herdrückstände gelangt (durchschnittlich 2—3%).

Findet sich bei der Veraschung einer Durchschnittsprobe des fein zerkleinerten Herdrückstandes ein Glühverlust von u Gewichtsprozenten, so ist, wenn A kg die stündliche Menge der Herdrückstände (Asche und Schlacke) bedeutet, der Brennstoffverlust angenähert:

$$V_B = u\,\frac{A}{B} \cdot \frac{8100}{W}\,\% \ \text{von } W \ .$$

Entsteht bei der Verfeuerung eines minderwertigen Brennstoffes (mit $a\%$ Aschengehalt) Flugkoks, der sich in die Flugasche einlagert, so ist der Heizwert der Flugasche W_r, ferner ihr Gehalt an Unverbranntem $u\%$ zu bestimmen. Es entfallen dann stündlich $\frac{a}{100} \cdot B$ kg Unverbrennliches und $\frac{u}{100-u} \cdot \frac{a \cdot B}{100}$ kg Unverbranntes, somit im ganzen $\frac{a \cdot B}{100-u}$ kg Flugasche. Daraus ergibt sich der Verlust

$$V_B = \frac{100 \cdot a}{100-u} \cdot \frac{W_r}{W}\,\%_0 \ \text{von } W.$$

b) durch unverbrannte Gase — Kohlenoxyd und Kohlenwasserstoffe — gewöhnlich 1—2, in Ausnahmefällen bis zu 7%.

c) Durch den Rußgehalt der Abgase (im Mittel 1—2%).

Nun wird von der in der Feuerung erzeugten Wärme nur ein Teil η_2 im Kessel nutzbar gemacht. η_2 heißt der **Wirkungsgrad der Heizfläche**.

Werte für η_2: 50—75% (für Kessel ohne Überhitzer und Abgasvorwärmer.

Es gehen also mindestens 25% der durch die Verbrennung entstandenen Wärme für die Dampferzeugung verloren und zwar:

d) Durch den Wärmeinhalt der Abgase, den sogen. Schornsteinverlust (im Mittel 20%).

Hat man den Gehalt der Abgase an Kohlensäure, co_2 Raumprozente, die Kesselhaustemperatur t_a und die Abgastemperatur t_e bestimmt, dann ist angenähert nach Siegert:

für Steinkohle

$$V_{Sch} = 0{,}65 \frac{t_e - t_a}{co_2} \% \text{ von } W \quad \text{und}$$

für Braunkohle mittleren Feuchtigkeitsgehaltes

$$= 0{,}75 \frac{t_e - t_a}{co_2} \% \text{ von } W.$$

e) Durch Leitung und Ausstrahlung (meistens unter 10%).

Der **Gesamtwirkungsgrad** η der Kesselanlage ist:

$$\eta = \eta_1 \cdot \eta_2.$$

Im Dauerbetrieb läßt sich bei guter Wartung und Instandhaltung der Kesselanlage ein Gesamtwirkungsgrad von 60 bis 70% erreichen. Eine Verbesserung desselben bis zu etwa 85% ist möglich durch Ausrüstung des Kessels mit mechanischer Rostbeschickung, Überhitzer und Abgasvorwärmer.

η stellt das Verhältnis der in einer bestimmten Zeit in der Kesselanlage nutzbar gemachten Wärme zu dem Heizwert der in derselben Zeit verfeuerten Kohlenmenge dar, also ist:

$$\eta = \frac{D \cdot \lambda_k}{B \cdot W}.$$

Zwischen dem Wirkungsgrad und der Verdampfungsziffer besteht daher folgender Zusammenhang:

$$\eta = d \cdot \frac{\lambda_k}{W} = d' \cdot \frac{638}{W}.$$

Beispiel. Fortsetzung des Beispiels zum Abschnitt 15 A (S. 34). Wie groß ist der Gesamtwirkungsgrad der Kesselanlage, wenn der Heizwert der verfeuerten Steinkohle $W = 7200$ kcal beträgt?

$$\eta = \frac{d' \cdot 638}{W} = \frac{8{,}5 \cdot 638}{7200} = \sim 75\%.$$

16. Der Verdampfungsversuch[1]).

Die Untersuchung einer Kesselanlage zur Feststellung der Größe und Güte ihrer Leistung wird Verdampfversuch genannt. Die dabei vorzunehmenden Ermittelungen erstrecken sich auf den Brennstoff, die Verbrennungsluft, die Heizgase, das Speisewasser und den erzeugten Dampf. Im allgemeinen begnügt man sich damit, für eine bestimmte Versuchsdauer zu bestimmen:

vom Brennstoff: Gewicht der verfeuerten Menge und der Rückstände, ferner den Heizwert (kalorimetrisch),

von der Verbrennungsluft: Temperatur vor ihrem Eintritt in die Feuerung,

von den Heizgasen: Temperatur im Fuchs und Gehalt an CO_2 und O_2,

vom Speisewasser: Menge und seine Temperaturen vor dem Vorwärmer und vor dem Kessel,

vom Dampf: Dampfspannung, Temperatur hinter dem Überhitzer.

Auf Grund der durchschnittlichen Ergebnisse des Versuches wird dann berechnet: Die Verdampfungsziffer, die Rostbelastung, die Heizflächenbeanspruchung und der Wirkungsgrad der Kesselanlage. Sodann wird eine Wärmebilanz gezogen, in der angegeben wird, welcher Anteil des Heizwertes nutzbar gemacht wurde: im Abgasvorwärmer, Kessel und Überhitzer, dagegen verlorenging: durch Unverbranntes in den Herdrückständen, als Schornsteinverlust und als Restverlust — das ist der Gesamtverlust durch unverbrannte Gase, Rußgehalt der Abgase und durch Strahlung.

Verdampfversuche werden vorgenommen an neuen oder umgebauten Kesselanlagen zur Nachprüfung der vom Erbauer gegebenen Garantien, an bestehenden Anlagen, um einen Brennstoff zu erproben, sodann in regelmäßiger Wiederkehr, um vielleicht eingetretene Veränderungen feststellen zu können, die den Wirkungsgrad der Anlage ungünstig beeinflussen.

Fünfter Abschnitt.

Die Feuerungsanlagen der Dampfkessel.

17. Die Feuerungsarten.

Je nach der Lage der Feuerung zum Kesselkörper unterscheidet man: Innenfeuerung, Unterfeuerung, Vorfeuerung.

---

[1]) Vgl. Normen für Leistungsversuche an Dampfkesseln und Dampfmaschinen, aufgestellt vom Verein Deutscher Ingenieure und dem Verbande der Dampfkesselüberwachungsvereine.

A. Die Innenfeuerung.

Als Innenfeuerungen bezeichnet man die Feuerungen, welche so eingebaut sind, daß sie von allen Seiten von wassergekühlten Kesselwänden umgeben werden. Das läßt sich ausführen bei Kesseln mit Flammrohren (Tafel III bis VI, IX, X), mit Feuerbüchsen (Tafel VII Fig. 1, VIII) und mit Tenbrinkvorlagen (Abb. 47, 48). Bei dieser Anordnung geht aus der Feuerung am wenigsten Wärme durch Ausstrahlung nach außen hin verloren, außerdem beansprucht die Feuerung keinen besonderen Platz. Dagegen ist die Temperatur im Feuerraum wegen der großen Wärmeentziehung durch die kalten Kesselwände besonders niedrig; dazu kommt, daß der zur Verfügung stehende Feuerraum bei gasreicheren Kohlen für die Flammenentwicklung oft nicht ausreicht. Ungünstig ist es ferner, daß die Größe der Rostfläche durch die Kesselabmessungen beschränkt wird.

B. Die Unterfeuerung.

Bei der Unterfeuerung, welche am meisten bei den Wasserrohrkesseln (Tafel XI, XIII) angewandt wird, liegen die untersten Kesselteile im ersten Feuer. Dadurch tritt beim Anfeuern in kürzester Zeit eine gleichmäßige Erwärmung des ganzen Kesselinhaltes ein, was für das Dichthalten der Stellen, an denen die Kesselwandungen zusammengefügt sind, von Vorteil ist. Demgegenüber macht es sich schädlich bemerkbar, daß sich der aus nicht gereinigtem Kesselwasser ausfallende Schlamm und abplatzende Kesselsteinsplitter gerade auf den Kesselblechen ablagern, welche der Einwirkung des Feuers unmittelbar ausgesetzt sind.

C. Die Vorfeuerung.

Die Vorfeuerung liegt gewöhnlich in einem besonderen Mauerwerk vor dem Kessel. So wird sie z. B. bei Flammrohrkesseln (Abb. 52, 53) und bei Steilrohrkesseln (Abb. 222, 223) ausgeführt. Vor ausziehbaren Heizrohrkesseln dagegen baut man sie in einen fahrbaren eisernen Kasten ein, um sie bequem von dem Kessel fortnehmen zu können, wenn das Heizrohrbündel herausgezogen werden soll. Ausschlaggebend für die Anwendung von Vorfeuerungen ist gewöhnlich der Umstand, daß sie die Ausführung sehr großer Rostflächen gestatten. Ein weiterer Vorteil besteht darin, daß die im Betriebe glühend heißen Mauerwerkswände des Feuerraumes den Verbrennungsvorgang günstig beeinflussen. Als Nachteile sind anzuführen: der hohe Strahlungsverlust und die großen Kosten, welche die Unterhaltung des Feuerungsmauerwerks verursachen. Dasselbe bedingt außerdem einen höheren Brennstoffverbrauch für das Anheizen und höhere Anlagekosten als bei den anderen Feuerungsarten.

Je nach der weiteren Führung der in der Vorfeuerung erzeugten Heizgase unterscheidet man: Vorinnenfeuerung (Abb. 52) und Vorunterfeuerung (Taf. XII). Namentlich die letztgenannte wird vielfach nicht als reine Vorfeuerung ausgeführt, sondern so, daß nur ein Teil der Rostfläche vor dem Kessel, der andere Teil dagegen unter dem Kessel liegt.

18. Die Feuerungen für feste Brennstoffe.

A. Die Rostfläche.

Auf dem Rost ruht der Brennstoff im Feuerraum, während ihm durch Öffnungen in der Rostfläche die zur Unterhaltung des Verbrennungsvorgangs nötige Luft von außen her zuströmt.

Die Größe eines Rostes wird ausgedrückt durch den Inhalt seiner Oberfläche, R m², welche man als Produkt aus der zwischen Schürplatte und Feuerbrücke (vgl. Abb. 3 und 4) gemessenen Rostlänge und der Rostbreite ermittelt. Man nennt das die totale Rostfläche. Zum Unterschiede hiervon bezeichnet man die Summe aller Luftzuführungsöffnungen in der Rostfläche, R_f m², als freie Rostfläche.

Die Größe der totalen Rostfläche ergibt sich aus der stündlich zu verfeuernden Brennstoffmenge. Sie wird am zweckmäßigsten auf Grund von Erfahrungswerten, wie folgt, bestimmt: Nachdem man die stündliche Brennstoffmenge, B kg, nach der geforderten Dampfmenge ermittelt hat (vgl. Tabelle S. 33), wählt man nach der Tabelle für $\dfrac{B}{R}$ auf S. 32 einen bestimmten Wert für die Rostbelastung und berechnet damit die totale Rostfläche

$$R = \frac{B}{\left(\dfrac{B}{R}\right)} \, .$$

Dabei ist zu berücksichtigen, daß die der Kesselbestellung zugrunde liegenden Angaben bezüglich Dampfleistung und Güte des Brennstoffs vielfach schon kurze Zeit nach Inbetriebnahme des Kessels nicht mehr zutreffen werden, und zwar wird gewöhnlich mehr Dampf verlangt und dabei schlechtere Kohle verfeuert werden. In Anbetracht dessen ist der Berechnung von R im allgemeinen nur eine mäßige Rostbelastung (niedrigste Tabellenwerte) zugrunde zu legen. Ausnahmen hiervon sind nur bei Kesseln zu machen, die entweder von Anfang an sehr hoch oder bei solchen, die voraussichtlich auf längere Zeit nur gering beansprucht werden sollen. Bei den ersteren wird die Rostfläche so groß gemacht, wie es überhaupt nach den Kesselabmessungen und mit Rücksicht auf gute und leichte Bedienung möglich ist. Im anderen Falle wählt man für $\dfrac{B}{R}$ Mittelwerte, da sehr niedrig belastete Rostflächen auf die Dauer nur zu unsachgemäßer und nachlässiger Bedienung des Feuers Anlaß geben.

Ist die Gesamtrostfläche bestimmt, so gilt es, durch geeigneten Aufbau des Rostes die freie Rostfläche so zu gestalten, daß die Luft mit möglichst geringem Widerstande in den Feuerraum eintreten und sich gut mit dem Brennstoff mischen kann. Ersteres bedingt, daß die freie Rostfläche recht groß bemessen wird. Um das zu erreichen, hat man die Luftspalten recht breit und die Zwischenräume zwischen ihnen, die von den Roststäben eingenommen werden, recht dünn zu machen. Dem sind jedoch dadurch Grenzen gesetzt, daß einerseits aus Festigkeitsrücksichten für die Roststäbe eine Mindestdicke erforderlich ist und daß andererseits die Weite der Luftspalten ein bestimmtes Maß nicht überschreiten darf, wenn nicht entweder ein größerer Teil des Brennstoffs unverbrannt zwischen den Stäben hindurchfallen oder eine mangelhafte Mischung der Luft und der Verbrennungsgase eintreten soll.

Es findet sich:

$$R_f = (0{,}2 \div 0{,}5) \cdot R \text{ bei Plan- und Schrägrosten}$$
$$= (0{,}6 \div 0{,}7) \cdot R \text{ bei Treppenrosten}$$

und für die mittlere Geschwindigkeit der Luft in den Rostspalten

$$v = 0{,}75 \div 1{,}5 \ (2{,}0) \text{ m bei natürlichem Zug}$$
$$= \qquad \div 4{,}0 \text{ m bei künstlichem Zug.}$$

Die Geschwindigkeit, mit welcher die Luft die freie Rostfläche durchströmt, bietet wohl einen Anhalt zur Beurteilung des vom Zuge zu überwindenden Rostwiderstandes, dagegen empfiehlt es sich nicht, die Rostfläche unter Zugrundelegung eines bestimmten Wertes für v zu berechnen, da die errechnete Größe der freien Rostfläche gewöhnlich nicht einmal bei dem zuerst eingelegten Rost innegehalten wird und sich außerdem der für den Luftdurchtritt zur Verfügung stehende Querschnitt während des Betriebes dauernd ändert. — Allgemeine, nicht nach Brennstoffart und Höhe der Dampfbildungswärme unterschiedene Werte für das Verhältnis von Kesselheizfläche zur Rostfläche haben ebenfalls recht geringe Bedeutung für die Berechnung der Rostfläche.

B. Der Planrost.

a) Allgemeines. Seine Oberfläche bildet eine Ebene, die wagerecht oder wenig nach der Feuerbrücke zu geneigt ist, so daß er nur durch Aufwerfen mit Brennstoff beschickt werden kann. Er wird bei Innenfeuerung fast ausschließlich, bei Unterfeuerung sehr häufig und vereinzelt auch bei Vorfeuerung angewandt.

Um sachgemäße Bedienung des Feuers zu ermöglichen, darf der Planrost höchstens 2 m lang gemacht werden, und nicht weniger als 600, nicht mehr als 800 mm über der Kesselhausflur liegen, ferner darf dazu auf eine Feuertür möglichst nicht mehr als 1 m Rostbreite entfallen. Der Feuerraum wird bei Planrosten, wie folgt, bemessen: In Flammrohren legt man die Rostfläche nicht höher als Flammrohrmitte, häufig, bis etwa 100 mm, unter diese. Außerdem neigt man die Rostfläche vielfach nach abwärts, und zwar bis zu 100 mm bei 2 m Rostlänge. Man sucht so eine

Vergrößerung des sehr begrenzten Feuerraumes zu erreichen, ohne den Raum unter dem Rost, den Aschenfall, unter das für bequemes Entfernen der Asche notwendige Maß zu verkleinern. Bei Unterfeuerung beträgt die Entfernung des Planrostes von Kesselunterkante gewöhnlich 600 bis

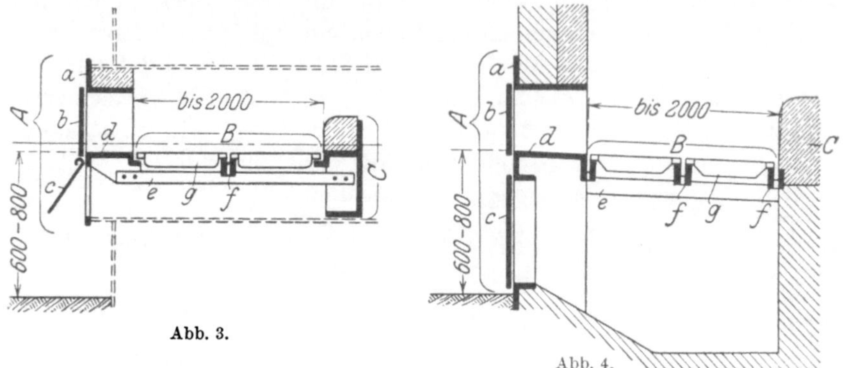

Abb. 3.   Abb. 4.

Schema der

Planrost-Innenfeuerung.   Planrost-Unterfeuerung und Vorfeuerung.

A Feuergeschränk, *B* Rost, *C* Feuerbrücke,

a Rahmen, *b* Feuertür, *c* Aschfalltür, *d* Schürplatte, *e* Rostbalkenträger, *f* Rostbalken, *g* Roststäbe.

800 mm. Etwa ebenso hoch liegt bei Vorfeuerung der Scheitel des Feuergewölbes über dem Rost.

Für den Verbrennungsvorgang ist es von großem Nachteil, daß die Bedienung des Planrostes nur bei offener Feuertür erfolgen kann. Da

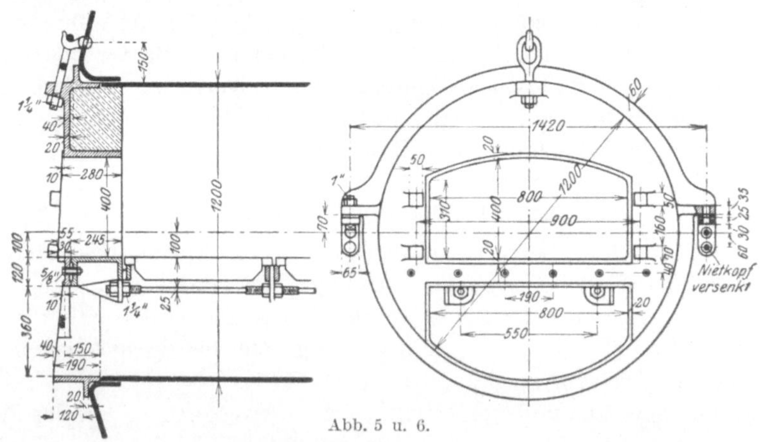

Abb. 5 u. 6.

er aber einfach im Aufbau ist, sich gut übersehen läßt und die im ersten Feuer liegenden, daher der Beschädigung am meisten ausgesetzten Kesselteile nicht verdeckt, so befindet er sich für alle möglichen Brennstoffsorten im Gebrauch.

b) Einzelteile. Eine Planrostfeuerung setzt sich zusammen aus Feuergeschränk, Rost und Feuerbrücke.

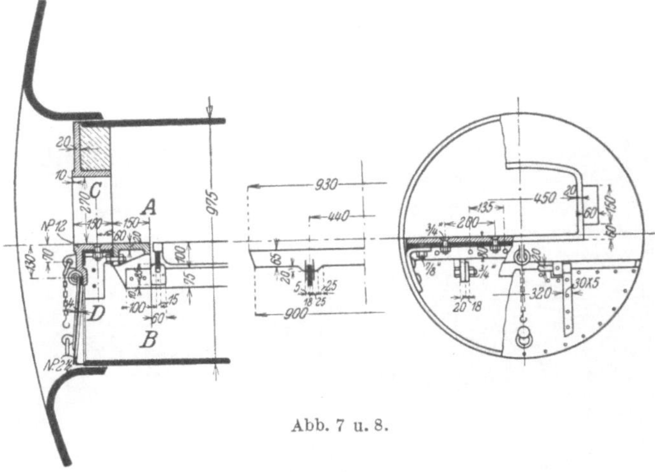

Abb. 7 u. 8.

Einzelheiten des Aufbaus sind zu ersehen aus Taf. I und II und den Abb. 5 bis 42.

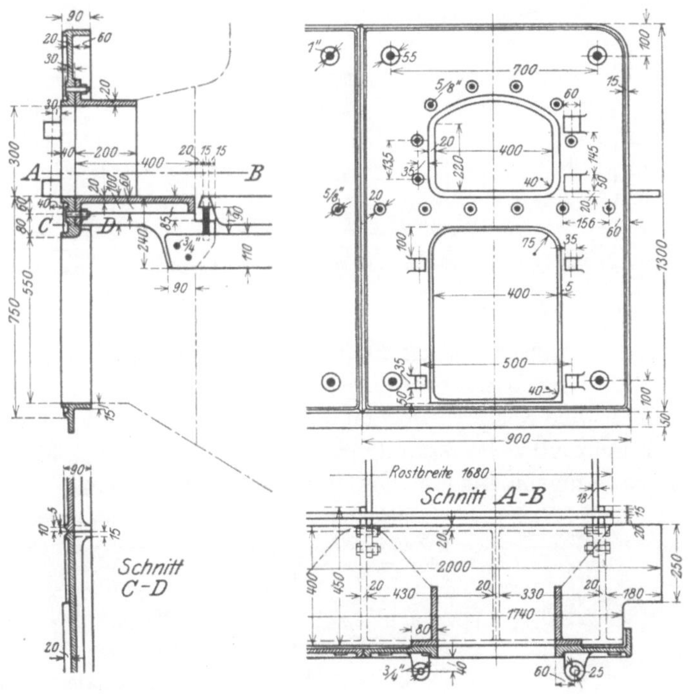

Abb. 9 bis 12.

α) **Das Feuergeschränk** besteht aus Rahmen, Feuertür, Aschfalltür und Schürplatte. Der Rahmen ist eine Platte, in welcher die Öffnungen für die Feuertür und die Aschfalltür angebracht sind. Er wird

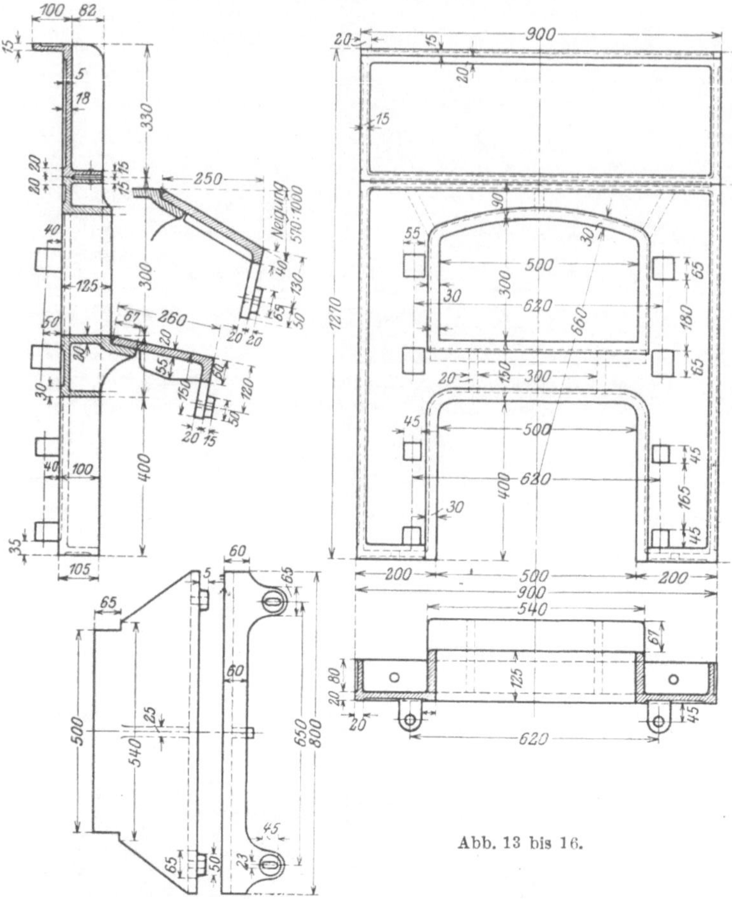

Abb. 13 bis 16.

gewöhnlich aus Gußeisen, 15 bis 20 mm stark hergestellt. Bei Flammrohrkesseln erhält jedes Flammrohr eine besondere runde Rahmenplatte. Sie wird dort, falls der Kesselstirnboden ausgehalst ist, entweder am Flammrohr durch Schrauben befestigt (Tafel II und Abb. 21 bis 23) oder auf dasselbe lose aufgehängt (Taf. I). Ist der Boden eingehalst, so hängt man den Rahmen am Kessel auf (Abb. 5 u. 6) oder man baut ihn in das Flammrohr hinein (Abb. 7 u. 8). Bei Feuerbuchskesseln fällt der Rahmen fort, da bei ihnen die Türöffnung unmittelbar im Kesselkörper und ein besonderer Aschkasten unter der Feuerbüchse angebracht wird. — Für Unter- und Vorfeuerungen dient als Rahmen eine viereckige Platte, die an der Mauerwerksstirnwand mittels Ankerschrauben befestigt wird. Liegen dabei mehrere Feuertüren

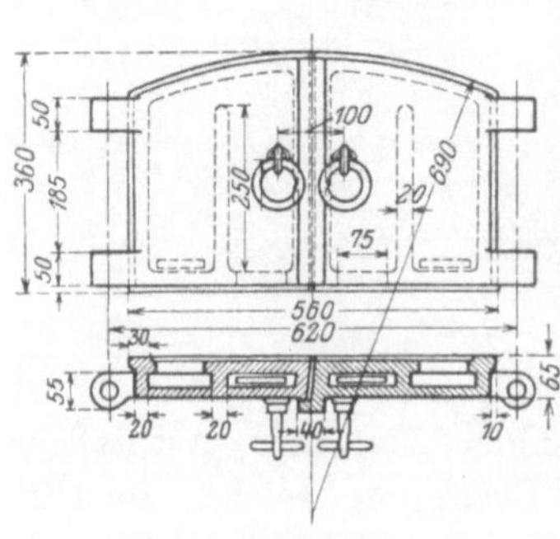

Abb. 17.

nebeneinander, so setzt man den Rahmen meistens aus mehreren Teilen zusammen, so daß sich in jedem Teil eine Feuertür und eine Aschfalltür befindet (vgl. Abb. 9 bis 12 und 13 bis 16).

Die Feuertür wird gewöhnlich aus Gußeisen hergestellt und um eine senkrechte Achse drehbar, nach außen aufschlagend angeordnet. Durch geringes Schrägstellen der Drehachse (vgl. Abb. 9 u. 13) erreicht man, daß die Tür von einer bestimmten Stellung an von selbst zufällt. Die Größe der Türöffnung ist so zu wählen, daß einerseits der Brennstoff bequem aufgeworfen werden kann, andererseits aber durch die geöffnete Feuertür nicht unnötig viel kalte Luft eindringt. Beiden Anforderungen genügen für kleinere Rostbreiten einflügelige Türen von 300 bis 450 mm Breite und 220 bis 350 mm Scheitelhöhe (Taf. I), für größere zweiflügelige

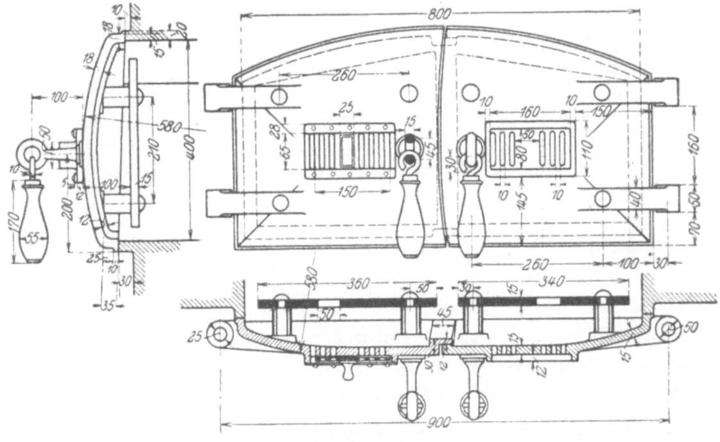

Abb. 18 bis 20.

Türen, 450 bis 600 mm breit bei 350 bis 400 mm Höhe (Abb. 17). Sehr leichte Brennstoffe erfordern besonders große Feuertüren (vgl. Abb. 18 bis 20).

Um die Türen vor der Einwirkung des Feuers zu schützen, macht man sie entweder doppelwandig (vgl. Taf. I und Abb. 17) oder man setzt eine besondere, meistens schmiedeeiserne Schutzplatte dahinter (Taf. II und Abb. 20). Letzteres ist das vorteilhaftere, da die Schutzplatte nötigenfalls leicht ersetzt werden kann. Durch Öffnungen, welche man in den Türen anbringt, kann Oberluft in den Feuerraum eintreten. Diese Luft trägt auch zur Kühlung der Tür bei. Wird die Schutzplatte ebenfalls durchlocht, so gestattet die Öffnung Einblick in den Feuerraum. Um während Betriebspausen, also während der Zeit, wo zugeführte Oberluft nur schädlich wirken würde, das Eintreten derselben durch die Tür verhindern zu können, versieht man die Öffnungen mit Schiebern, die gewöhnlich als Drehschieber (vgl. Taf. II), seltener in der in Abb. 19 dargestellten Form ausgeführt werden. Aus demselben Grunde werden die Anschlagflächen an Tür und Rahmen sauber bearbeitet. — Ist der Platz vor dem Kessel beschränkt, wie z. B. bei Schiffskesseln und Lokomotiven, so wendet man häufig nach innen aufschlagende, um wagerechte Achsen drehbare Türen an. Ihr Hauptvorteil besteht darin, daß man sie nicht besonders zu verriegeln braucht, um den Heizer bei Anwendung von Unterwind

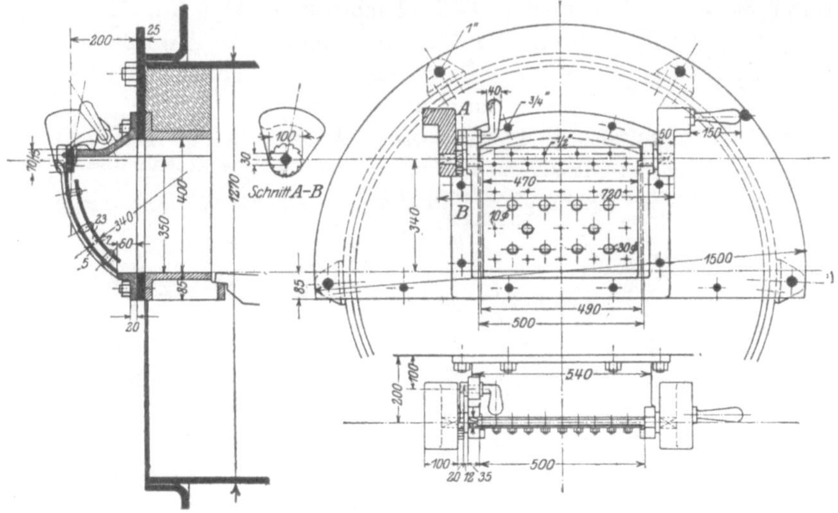

Abb. 21 bis 23.

vor Verletzungen durch herausgeschleuderte Glut oder bei Kesselschäden durch austretenden Dampf zu schützen.

Bei der in Abb. 21 bis 23 wiedergegebenen Ausführung erleichtern die an beiden Enden der Drehachse angebrachten Gegengewichte die Handhabung der Tür. Sie verhindern außerdem, daß die Tür beim Schließen mit voller Wucht zufällt und dabei die Anschlagleisten beschädigt.

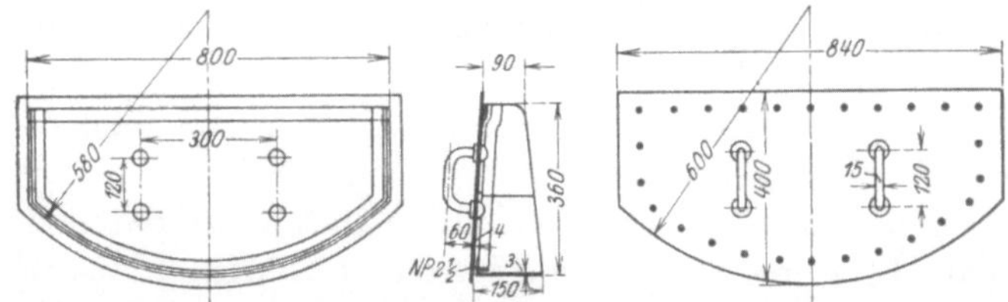

Abb. 24 bis 26. Dämpfklappe zu dem in Abb. 4 u. 5 dargestellten Rahmen.

Die Aschfalltür. Zum Verschließen des Aschfalls werden bei Innenfeuerung meistens Klappen verwandt, die sich um wagerechte Achsen drehen lassen (Taf. I, II und Abb. 7 u. 8), durch eine geringe Neigung der Anschlagfläche gegen die Senkrechte wird ein gutes Schließen der Klappen bewirkt. Sie werden ferner so eingerichtet, daß man sie in bestimmter Lage feststellen kann. Statt der Aschfalltür benutzt man besonders bei Schiffskesseln sog. Dämpfer. Mittels dieser Dämpfklappen, die nicht mit dem Feuergeschränk verbunden sind, wird der Aschfall während der Betriebspausen zugesetzt. — Abb. 27, 28 und 29 zeigen, wie die Aschfalltüren bei Vor- und Unterfeuerungen ausgeführt werden.

Die Schürplatte schließt sich an den Rahmen auf der Feuerseite als wagerechte, bis etwa 400 mm breite Platte an, die dem Heizer zum

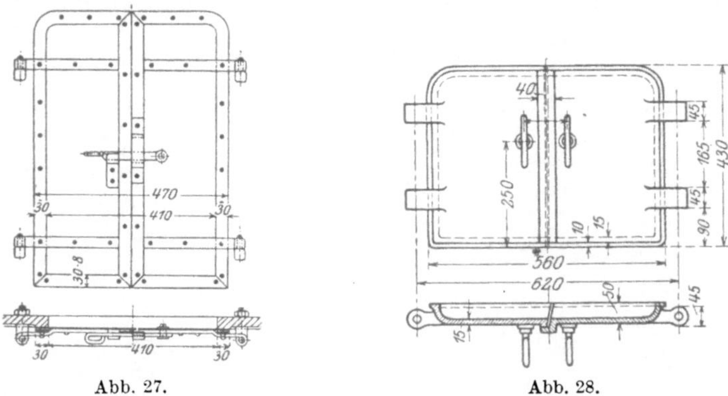

Abb. 27.   Abb. 28.

Auflegen der Schürwerkzeuge dient. Sie wird aus Gußeisen, etwa 20 mm stark, gefertigt und an den Rahmen angeschraubt. Bei Vor- und Unterfeuerung wird sie außerdem seitlich im Mauerwerk gelagert (Abb. 9 bis 12). Sie bildet das Auflager für das Mauerwerk, mit welchem der Rahmen auf der Innenseite verkleidet wird. Um diesem Mauerwerk um die Tür-öffnung herum Halt zu geben, wird auf der Schürplatte meistens ein gußeiserner Schutzbogen aufgebaut und mit ihr verschraubt (Taf. I). In der Ausführung auf Taf. II ist dieser Schutz-bogen so erweitert, daß er die Mauerwerksver-kleidung ersetzt. — An

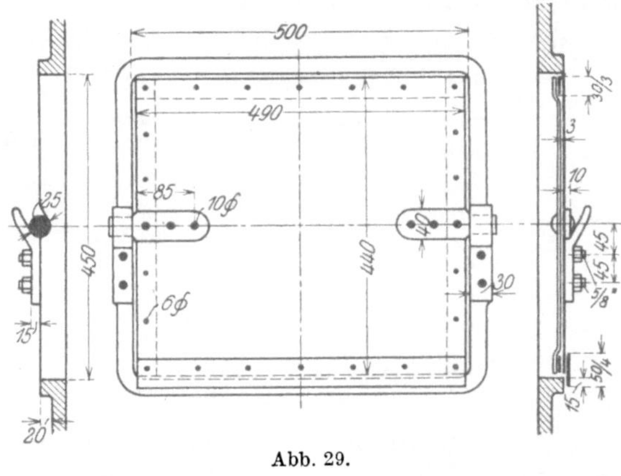

Abb. 29.

der Schürplatte werden ferner die Rostbalkenträger und eine Leiste zum Auflagern der Roststabköpfe angebracht.

β) **Der Rost** besteht aus den Roststäben, Rostbalken und Rost-balkenträgern.

Die Roststäbe. Die Rostfläche wird gewöhnlich aus einzelnen parallel zur Längsrichtung des Rostes eingelegten Stäben zusammen-gesetzt. Sie tragen den Brennstoff und sind dabei der Einwirkung des Feuers ausgesetzt. Diesen Umständen ist bei der Wahl des Baustoffs und der Abmessungen Rechnung zu tragen. Bestimmend für ihre Form ist ferner die Erfordernis möglichst gleichmäßiger Verteilung der Verbrennungsluft über die Rostfläche. Als Baustoff kommt Gußeisen, Stahlguß und Schmiedeeisen zur Verwendung.

Für gußeiserne Roststäbe hat sich die in Abb. 30 bis 34 dargestellte Form als zweckmäßigste erwiesen. Die auf der ganzen Länge, mit Ausnahme der Stabköpfe, gleichbleibende Querschnittshöhe begünstigt die gleichmäßige Erwärmung des Stabes. Die zur Bildung der Luftspalten an den Stabköpfen erforderlichen Ansätze werden am besten auf beide Seiten verteilt, weil sich bei symmetrischer Stabform das Umlegen der Stäbe und der Austausch einzelner am einfachsten ausführen läßt. Bei größerer Stablänge, etwa von 500 mm an, wird auch in der Mitte ein Ansatz angebracht. Die Stärke dieser Ansätze, also die Weite der Luftspalten richtet sich nach dem zu verfeuernden Brennstoff. Einen Anhalt für die Wahl der Roststababmessungen gibt nachstehende Zusammenstellung:

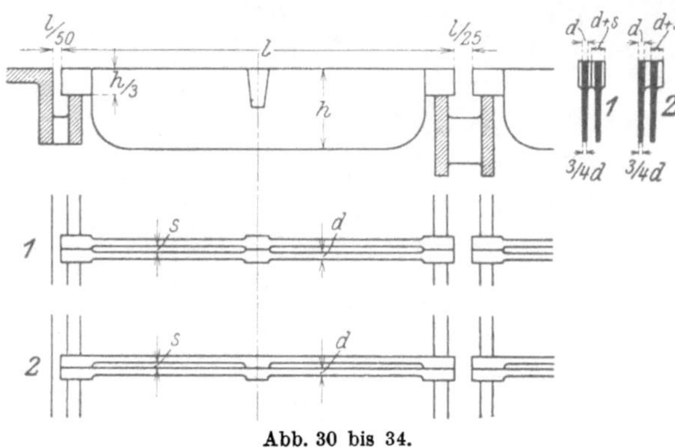

Abb. 30 bis 34.

Brennstoff	Feinkörnig	Zerfallend	Mit kleineren Stücken gemischt	Stark schlackend
Obere Roststabdicke d mm	5 ÷ 6	8 ÷ 10	10 ÷ 13	13 ÷ 20 (25)
Spaltweite . . . . . . s mm	3 ÷ 6	5 ÷ 8	8 ÷ 10	10 ÷ 15 (20)

$$\text{Stablänge:} \quad l \sim 60\, d\,,$$
$$1000 > l > 300\,,$$
$$l > 1000 \quad \text{nur bei Schiffskesseln.}$$
$$\text{Querschnittshöhe:} \quad h \sim 12 \cdot d\,,$$
$$h \leqq 100 \quad \text{für Flammrohrinnenfeuerung.}$$

Abb. 35 zeigt einen aus Walzeisen hergestellten Bündelroststab. Man wählt diese Form, um ein Verziehen der dünnen Stäbe möglichst zu verhindern.

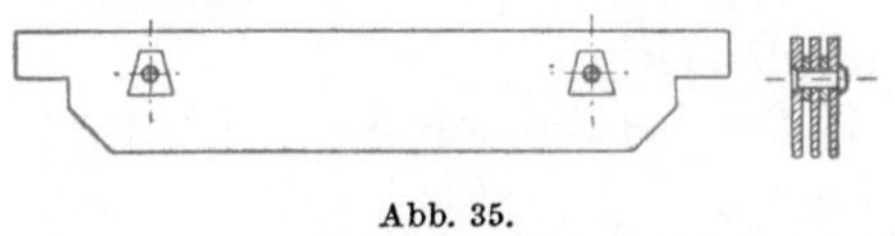

Abb. 35.

In Abb. 36 ist ein wassergekühlter Roststab wiedergegeben, wie solche aus Walzeisen in Längen bis zu 2,5 m von den Deutschen Prometheus-Hohlrostwerken zu Hannover hergestellt werden. Das Kühlwasser gelangt bei diesen Hohlroststäben auf dem angegebenen Wege aus einer gemeinsamen Wasserkammer C nach der darüberliegenden C_1, erfährt dabei eine Erwärmung bis zu 30° und kann dann als Speisewasser benutzt werden. Da das Innere der Stäbe und der Wasserkammern zur Reinigung zugänglich ist, jeder einzelne Stab sich frei ausdehnen kann und die Schlacke infolge der Kühlung auf ihnen nicht festbrennt, so besitzen sie große Haltbarkeit. Sie eignen sich insbesondere für hohe Rostbelastungen und stark schlackende Kohle.

Abb. 37 zeigt eine Planrost-Innenfeuerung mit Prometheus-Hohlrost.

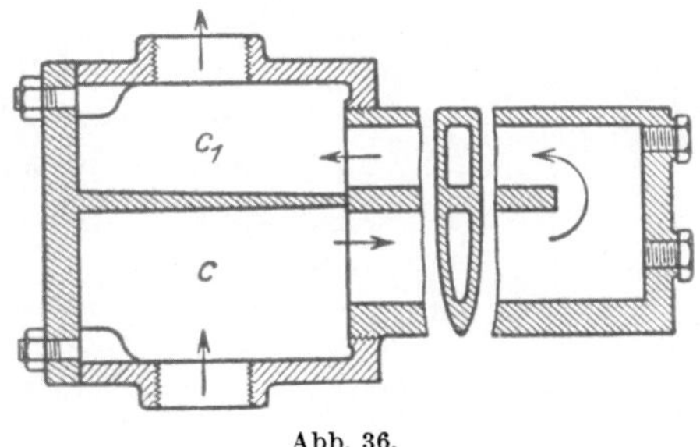

Abb. 36.

Eine besondere Form ist bei Flammrohr-Innenfeuerungen für die Seitenroststäbe zu wählen. Bei glatten Rohren genügt es, ihnen geringere Querschnittshöhe bei etwas größerer Stabdicke zu geben. Bei Wellrohren wendet man am zweckmäßigsten die in Abb. 38 gezeigte Form an.

Die Rostbalken liegen quer zu den Stäben und dienen ihnen als Auflager. Sie werden aus Gußeisen oder Walzeisen so hergestellt, daß sie eine (Taf. I und Abb. 30) oder zwei (Abb. 39 u. 40) Luftspalten erhalten.

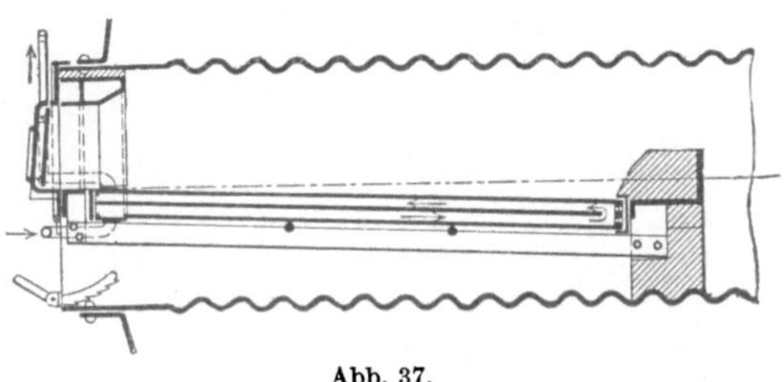

Abb. 37.

An der Schürplatte und an der Feuerbrücke werden die Stabköpfe auf Leisten gelagert, die an jenen angegossen (Abb. 4), angenietet (Taf. I) oder auch, wie in Abb. 7 u. 9, mit ihnen gar nicht verbunden sind.

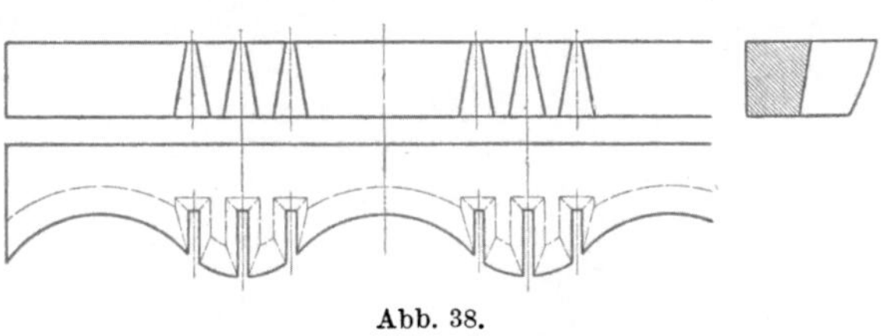

Abb. 38.

Die Rostbalkenträger. Während man früher die Rostbalken bei Flammrohrinnenfeuerung mit den Enden auf die Flammrohrwandung und bei Unterfeuerung in den Seitenmauern lagerte, legt man sie jetzt allgemein

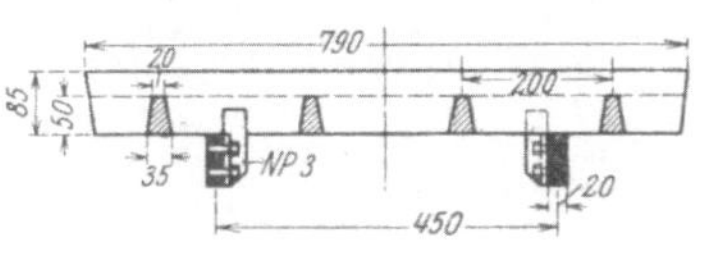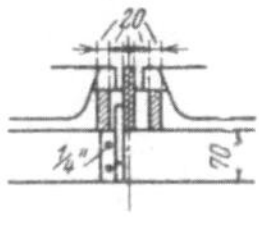

Abb. 39 u. 40.

auf besondere schmiedeeiserne Rostbalkenträger, die an der Schürplatte und an der Feuerbrücke befestigt werden (vgl. Taf. I, II und Abb. 4,

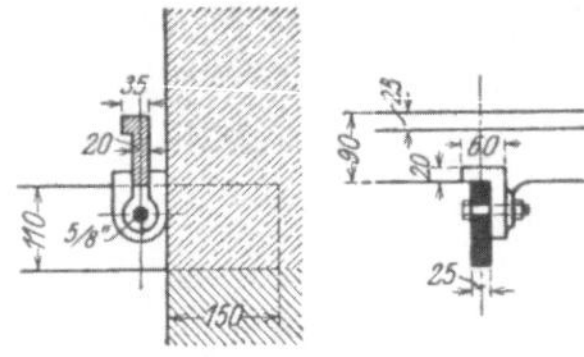

Abb. 41 u. 42.

6, 9). Man erzielt dadurch eine sicherere Lagerung der Roststäbe und gut ausgerichtete Rostflächen.

 γ) **Die Feuerbrücke** bildet den Abschluß des Rostes. Sie soll verhindern, daß der Brennstoff über das Rostende hinwegfällt. Ferner bewirkt sie, daß die Luft auch den vorderen, nach der Schürplatte zu gelegenen Teil der Rostfläche durchstreicht, während beim Fehlen der Feuerbrücke eine lebhafte Verbrennung nur auf dem hinteren Teil des Rostes eintritt. Mit Hilfe der Feuerbrücke läßt sich außerdem eine Einschnürung des Zugquerschnittes herstellen, die für die innige Mischung der Feuergase und der Luft vorteilhaft ist.

Bei Flammrohrinnenfeuerung besteht die Feuerbrücke aus einem gußeisernen Gestell (Taf. I), das aus einer senkrechten Wand und einer daran angegossenen wagerechten Platte gebildet wird. Die letztere liegt nach der Schürplatte zu und ist für die Lagerung der hinteren Roststabköpfe und für die Befestigung der Rostbalkenträger eingerichtet. Auf diese Platte wird eine bis etwa 300 mm starke Schamotteschicht aufgebracht, deren vordere Kante durch Einsetzen von Formsteinen abgerundet wird. In der senkrechten Wand ist gewöhnlich, unterhalb des Rostes, eine Öffnung an-

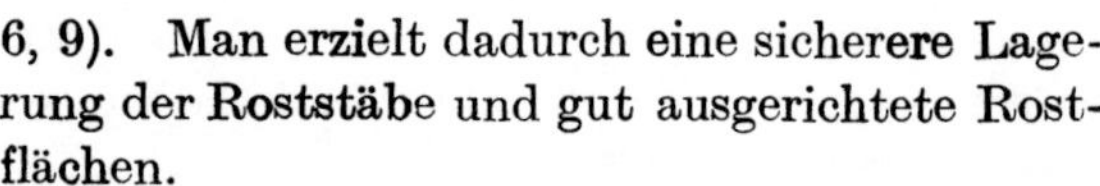

Abb. 43 u. 44. Schrägrostfeuerung von O. Thost, Zwickau.

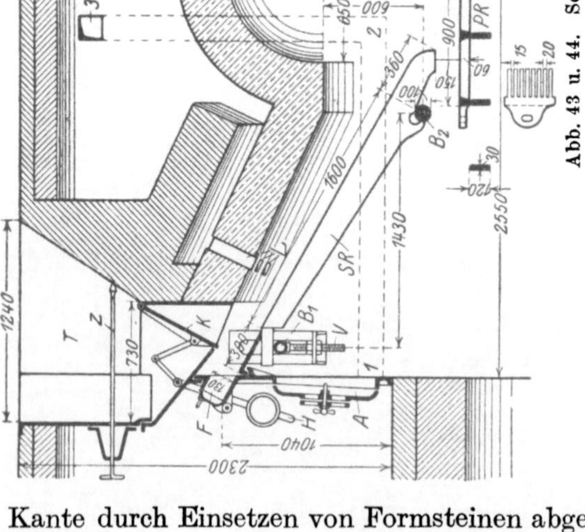

gebracht, die zum Entfernen der Flugasche aus dem Flammrohr dienen soll. Während des Betriebes wird sie durch eine Klappe verschlossen, die meistens nicht mit der Feuerbrücke verbunden ist.

Bei Vor- und Unterfeuerung besteht die Feuerbrücke nur aus einer Abschlußwand, in welche die Enden der Rostbalkenträger eingemauert werden. Dicht an der Wand liegt ein Rostbalken (Abb. 41 u. 42).

C. Der Schrägrost.

a) Allgemeines. Gibt man einem Planrost eine Neigung, die dem Böschungswinkel des zu verfeuernden Brennstoffs entspricht, so wird dieser auf der Rostfläche nach der Feuerbrücke zu hinabgleiten. Ein so aufgebauter Rost heißt Schrägrost. Man wendet ihn bei allen drei Feuerungsarten an, jedoch ist seine Verbreitung nur eine beschränkte, da sich nur ganz bestimmte Brennstoffarten zur Verfeuerung auf Schräg-

rosten eignen. Es sind dies hauptsächlich Steinkohlen- sorten, die nicht zu stark backen und nicht viel, namentlich keine leicht fließenden Schlacken ab- sondern. Die Länge der Schrägroste beträgt ge- wöhnlich nicht über 2 m. Ihre Bedienung ist, vom Anfeuern abgesehen, ein- facher als beim Planrost. Vor allem hat der Heizer

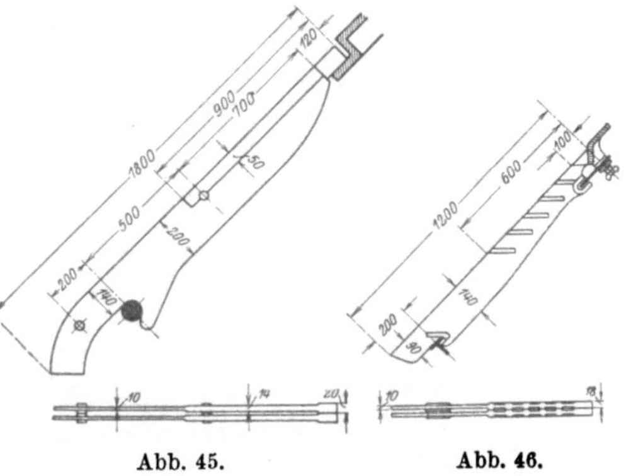

Abb. 45.   Abb. 46.

darauf zu achten, daß der Schütt-Trichter stets gefüllt ist. Nur dann wird der Hauptvorteil dieser Rostart gewahrt, nämlich daß sich beim Be- schicken das Eindringen kalter Luft in den Feuerraum vermeiden läßt.

b) Einzelteile. Wie Abb. 43 und 44 zeigen, gelangt die Kohle aus einem Schütt-Trichter T in die Feuerung, und zwar bei der vorliegenden Aus- führung periodisch durch Öffnen der Klappe K mittels des Hebels H (vgl. damit die in Abb. 49 dargestellte Bauart, bei welcher kein Trichter- verschluß vorhanden ist, die Kohle also ununterbrochen nachgleiten kann). Der im Trichterschacht eingebaute Siebrost Z soll größere Kohlenstücke zurückhalten, da solche nicht oben auf dem Schrägrost liegenbleiben und langsam nachgleiten, sondern sogleich hinabrollen würden. In der Rahmen- platte sind eine Schüröffnung F und Aschfalltüren A angebracht. Die Schürplatte ist am Rahmen beweglich gelagert, damit sie stets auf den Roststabköpfen aufliegen kann. Die Schrägroststäbe SR liegen gewöhnlich unter 40 bis 45° geneigt. Um die für einen bestimmten Brennstoff günstige Neigung einstellen zu können, sind hier die oberen Stabköpfe auf dem querliegenden Rohr B_1 gelagert, dessen Enden sich auf je eine Stellschraube V stützen. Die unteren Stabenden liegen auf einem Rundeisen B_2 auf. Statt dessen wird vielfach ebenfalls ein Rohr angewandt, durch welches bei einigen Ausführungen Kühlwasser geleitet wird. Überhaupt zeigt Form und Auflagerung der Roststäbe große Verschiedenheiten. Ge-

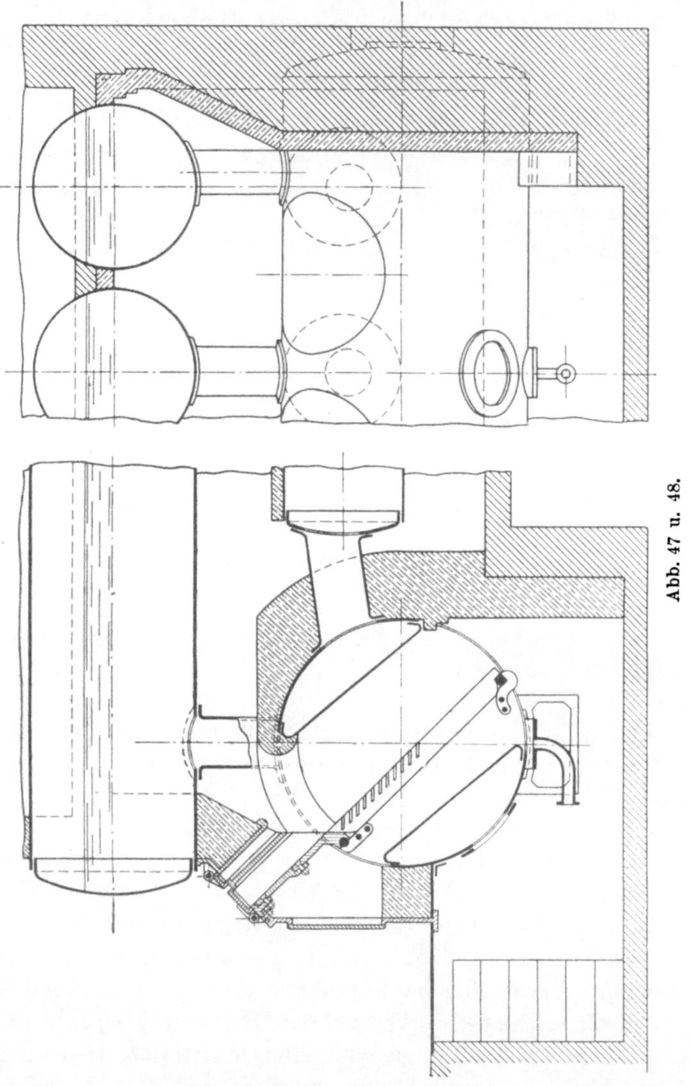

Abb. 47 u. 48.

wöhnlich ist nur eine Roststablage vorhanden, doch sind auch Ausführungen nicht selten, bei denen der Rost, wie in Abb. 49 u. 50, aus mehreren Stablagen zusammengesetzt wird. Die Stäbe sind oft so gestaltet, daß die Weite der Luftspalten im oberen Teil geringer ist als im unteren (Abb. 45). Man will dadurch die unteren Stabenden, die sehr unter der Einwirkung der Glut zu leiden haben, vor dem Abbrennen schützen. Sehr häufig gibt man den Stäben im oberen Teil stufenartige Ansätze (Abb. 46), um dort, wo ein Zusammenbacken des Brennstoffes noch nicht stattgefunden hat, das Hindurchfallen unverbrannter Brennstoffteile zu verhindern. Spaltweite und Dicke der Stäbe wählt man etwa wie beim Planrost. Ihre Länge schwankt gewöhnlich zwischen 1 und 1,6 m. Ihre Querschnittshöhe beträgt etwa $^1/_9$ der Länge.

Der Feuerraum wird unten durch einen Planrost PR (Abb. 43), Fangrost oder Schlackenrost genannt, abgeschlossen, der gewöhnlich aus gegossenen Rostplatten besteht. Die Platten sind so gelagert, daß sie der Heizer mittels eines Hakens vorziehen kann. Dieser Planrost fehlt bei vielen Schrägrostfeuerungen ganz (Abb. 47). Als Abschluß dient dann ein Schlackenhaufen.

Durch den Kanal 1—2—3 (Abb. 43) im Seitenmauerwerk strömt Luft, die das Feuergewölbe kühlt, um dann bei L gut vorgewärmt als Oberluft in den Feuerraum einzutreten.

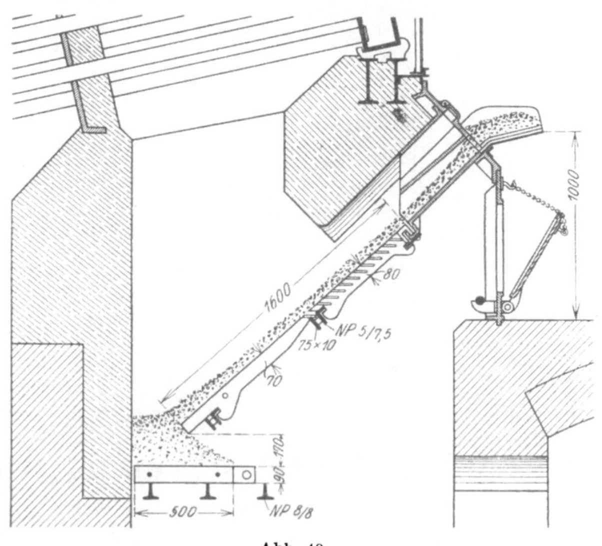

Abb. 49.

c) **Tenbrink-Feuerung.** Bei der in Abb. 47 und 48 dargestellten, früher viel ausgeführten Feuerung wird der Schrägrost für Innenfeuerung benutzt. Der Brennstoff wird durch eine Feuertür aufgeschüttet, die um eine wagerechte, an ihrem unteren Rande liegende Achse drehbar ist und, aufgeklappt, eine Art Schütt-Trichter bildet. Über der Feuertür liegt eine durch verstellbare Klappe zu regelnde Öffnung zur Einführung von Oberluft. Die auf dem unteren Rostteile entstehenden Flammen steigen empor und schlagen dabei über den Brennstoff hinweg, der auf dem oberen Teil des Rostes entgast. Auf diese Weise wird eine recht gute Verbrennung der Kohlengase erreicht. Dem steht leider der Nachteil gegenüber, daß die Naht an der oberen Krempe des in den Quersieder schräg eingebauten Flammrohres, soweit sie im Feuer liegt, sehr stark der Beschädigung durch Bildung von Nietloch-, Nietkanten- und Krempenrissen ausgesetzt ist. Umhüllendes Mauerwerk wird durch Stichflammen bald zerstört und bietet daher wenig Schutz.

Zahlreich sind die Versuche gewesen, den geschilderten Mangel dieser Feuerung durch bauliche Änderungen des Kesselkörpers zu vermeiden und sie dabei nicht nur für Walzenkessel, sondern vor allem auch für Flammrohr- und Feuerbuchskessel verwendbar zu machen.

d) Die Verwendung des Schrägrostes bei Unterfeuerung ist in Abb. 49 u. 50 dargestellt. Als Brennstoff kommt für die in Abb. 49 gezeigte Feuerung Steinkohle (Nußkohle), für die in Abb. 50 wiedergegebene Lohe und

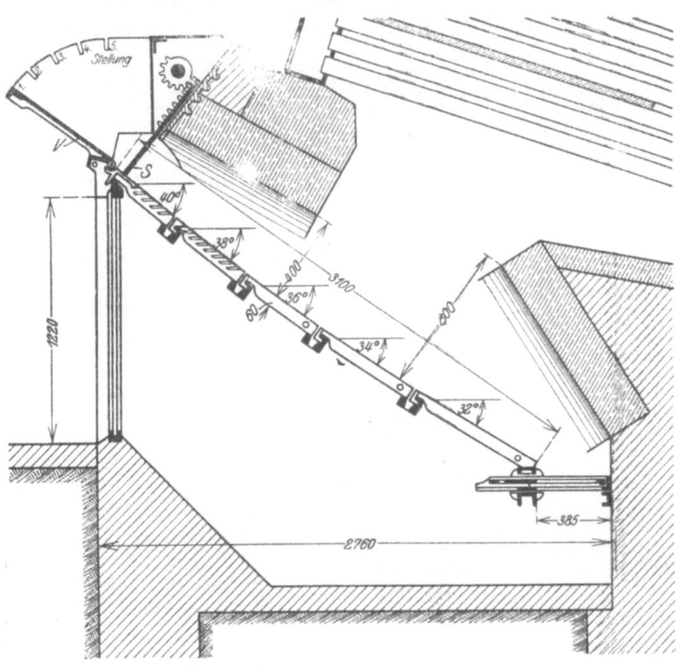

Abb. 50. Schrägrostfeuerung. Bauart: Herm. Böttger & Co., Dresden.

Holzspäne in Betracht. Bei der letzteren läßt sich die Neigung der Trichterwand V verändern, um stets eine selbsttätige Entleerung des Trichters bewirken zu können. Ferner kann die Höhe der Brennschicht mittels der Abschlußplatte S eingestellt werden. Die Breite des Rostes beträgt bei dieser Feuerung bis zu 2 m.

e) Verwendung des Schrägrostes bei Vorfeuerung zeigt Abb. 43 und 44 und Abb. 51. Die in letzterer wiedergegebene Feuerung ist für Holzabfälle bestimmt. Feinere Späne werden einem Trichterkasten zugeführt, aus dem sie durch eine darunter liegende, langsam umlaufende Zubringerwalze beständig in den Feuerraum gelangen, ohne daß dabei Luft eindringen kann. Sperrige Abfälle können von Hand durch Betätigung einer Absperrklappe aus einem besonderen, nach vorn zu gelegenen Kasten in das Feuer abgelassen werden. Der gesamte Brennstoff gelangt zunächst auf eine mit Schamotte ausgelegte Brennbahn, an die sich nach unten ein ziemlich kurzer Schrägrost und ein Fangrost anschließt.

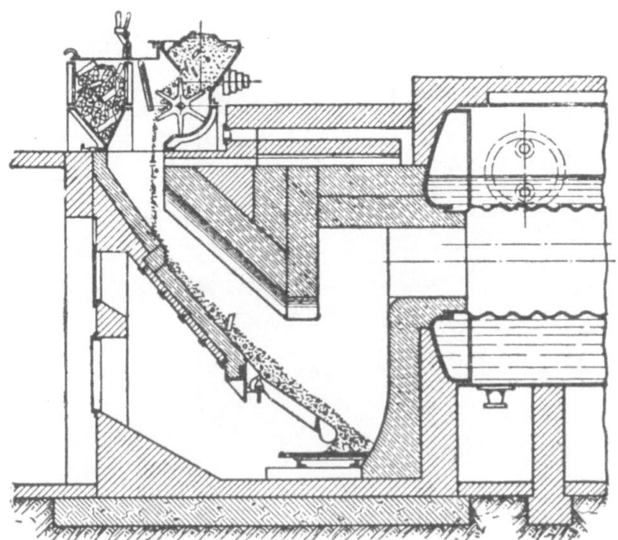

Abb. 51. Schrägrostfeuerung für Holzabfälle der Firma Lambion & Förstermann, Eisenach.

D. Der Treppenrost.

a) Allgemeines. Der Treppenrost ist ein ebenfalls für Schüttfeuerung eingerichteter schräger Rost. Seine Roststäbe liegen wie die Trittstufen einer Treppe. Die Luftspalten zwischen ihnen sind wagerecht, so daß nichts zwischen den Stäben hindurchfallen kann. Er ist daher besonders für staubige oder zerfallende Brennstoffe geeignet, dagegen nicht für solche, die zur Schlackenbildung neigen, da sonst die Roststäbe sehr stark dem Verschleiß ausgesetzt sind und der Brennstoff nicht von selbst auf dem Rost hinabgleitet. Braunkohlen entsprechen diesen Bedingungen am vollkommensten und kommen daher für die Verfeuerung auf Treppenrosten ganz besonders in Betracht.

Der Treppenrost findet sich nur bei Vor- und bei Unterfeuerung. Er wird bis zu 2,6 m lang und 2 m breit ausgeführt.

Maßtafel zu Abb. 52 u. 53.

Rostlg. L	a	b	i	l	Rostlg. L	a	b	i	l
1472	800	1120	110	2550	2130	1000	1320	120	3100
1660	800	1120	115	2700	2224	1000	1320	125	3150
1848	800	1120	120	2850	2412	1000	1320	130	3300
2036	800	1120	120	3000	2600	1000	1320	135	3450

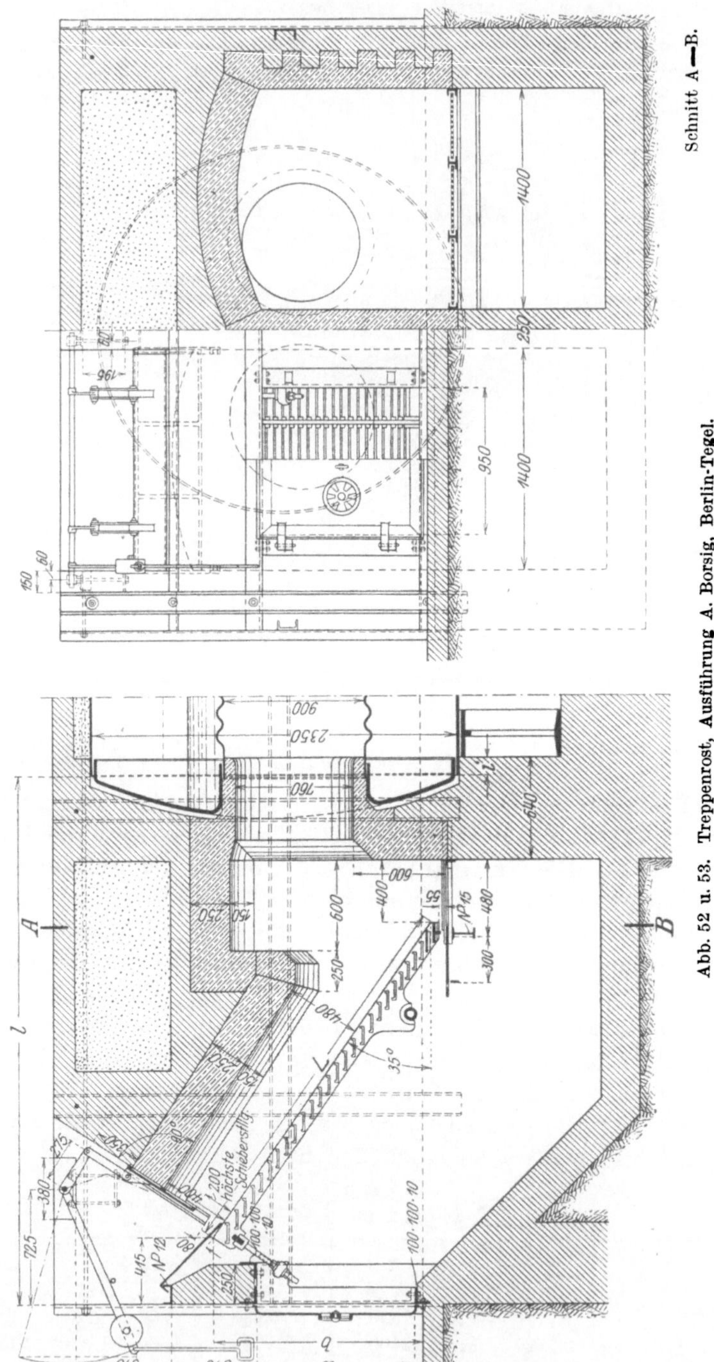

Abb. 52 u. 53. Treppenrost, Ausführung A. Borsig, Berlin-Tegel.

Schnitt A—B.

b) Einzelteile. Der Aufbau einer Treppenrostfeuerung ist in Abb. 52 u. 53 dargestellt. Die Rostneigung wird hier etwas geringer gewählt als beim Schrägrost, sie beträgt gewöhnlich 30 bis 35°. Die Roststäbe werden aus Gußeisen hergestellt und sind plattenförmig gestaltet (Abb. 54). Um die Roststabplatten besser zu kühlen und dadurch haltbarer zu machen, versieht man sie vielfach mit quer zu ihrer Längsrichtung laufenden Luftschlitzen und verstärkt sie an der vorderen Kante.

Die Rostbalken zeigen dem Schrägroststab ähnliche Formen und werden auch ebenso gelagert (vgl. Abb. 55 bis 58). Ihr Querschnitt schwankt etwa zwischen 100 × 20 und 200 × 25 mm. Der Fangrost fehlt bei den Treppenrostfeuerungen selten. Er besteht aus einem 400 bis 500 mm langen Planrost, der entweder, wie beim Schrägrost gezeigt wurde, aus Rostplatten oder aus Roststäben zusammengesetzt wird, die in einen Rahmen eingelegt werden. Die Rostplatte oder der Rahmen liegen in einer Führung und sind mit einer Öse versehen, so daß sie zur Entfernung von Herdrückständen vom Heizer vorgezogen werden können. Damit dabei nicht zu viel Unausgebranntes mit hinabfallen kann, wird vielfach unter dem Planrost eine Kammer angeordnet, die vor dem Herausziehen des Planrostes vorn durch eine Klappe und unten durch

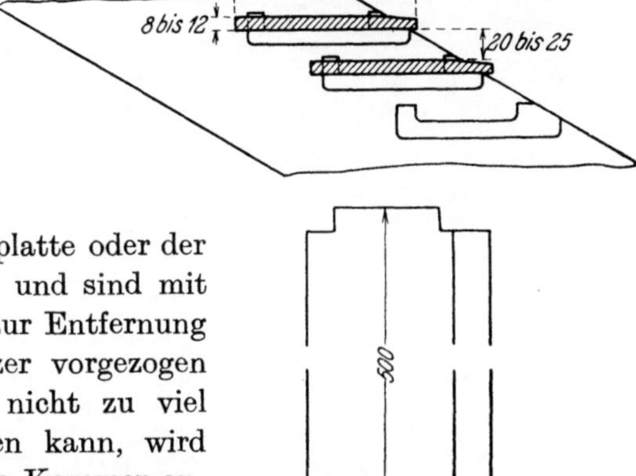

Abb. 54.

eine volle Schieberplatte geschlossen werden soll. Ist der Rost wieder hineingeschoben, so wird die Kammer durch Ziehen des Schiebers entleert.

Abb. 55 zeigt einen Fangrost, bei dem die Kammer vorn durch eine feste, mit Luftschlitzen versehene Wand und unten durch eine Rostplatte abgeschlossen wird. Das gewährt den Vorteil, daß man den Inhalt der Kammer erst völlig ausbrennen lassen kann, ehe man den Planrost wieder schließt, und daß man die Kammer nicht erst vor dem Ziehen des Planrostes zu schließen hat, sondern während des Betriebes in dem zur Aufnahme der Rückstände geeigneten Zustand belassen kann.

c) Halbgasfeuerungen nennt man solche Schüttfeuerungen, bei denen der Brennstoff auf dem oberen Teil des Rostes nur entgast, die Verbrennung dagegen erst auf dem mittleren Teil beginnt, um am unteren Rostende bis zum völligen Abbrand der Glut gesteigert zu werden. Es wird damit bezweckt, daß jedes Stück Brennstoff möglichst bis an das Ende des Rostes gelangt, ehe es vollständig verbrannt ist. Dies läßt sich bei Schräg- und Treppenrostfeuerungen schon durch geeignete Gestaltung des Feuerraumes (zunehmende Höhe des Feuergewölbes über dem Rost, vgl. Abb. 43 und 55) bis zu einem gewissen Grade erreichen. Wird dann außerdem die Rostneigung dem Brennstoff und die Schütthöhe den Betriebsverhältnissen richtig angepaßt, so kann man eine gleichmäßige ununterbrochene Kohlenzufuhr erzielen und dabei unbedeckte Stellen

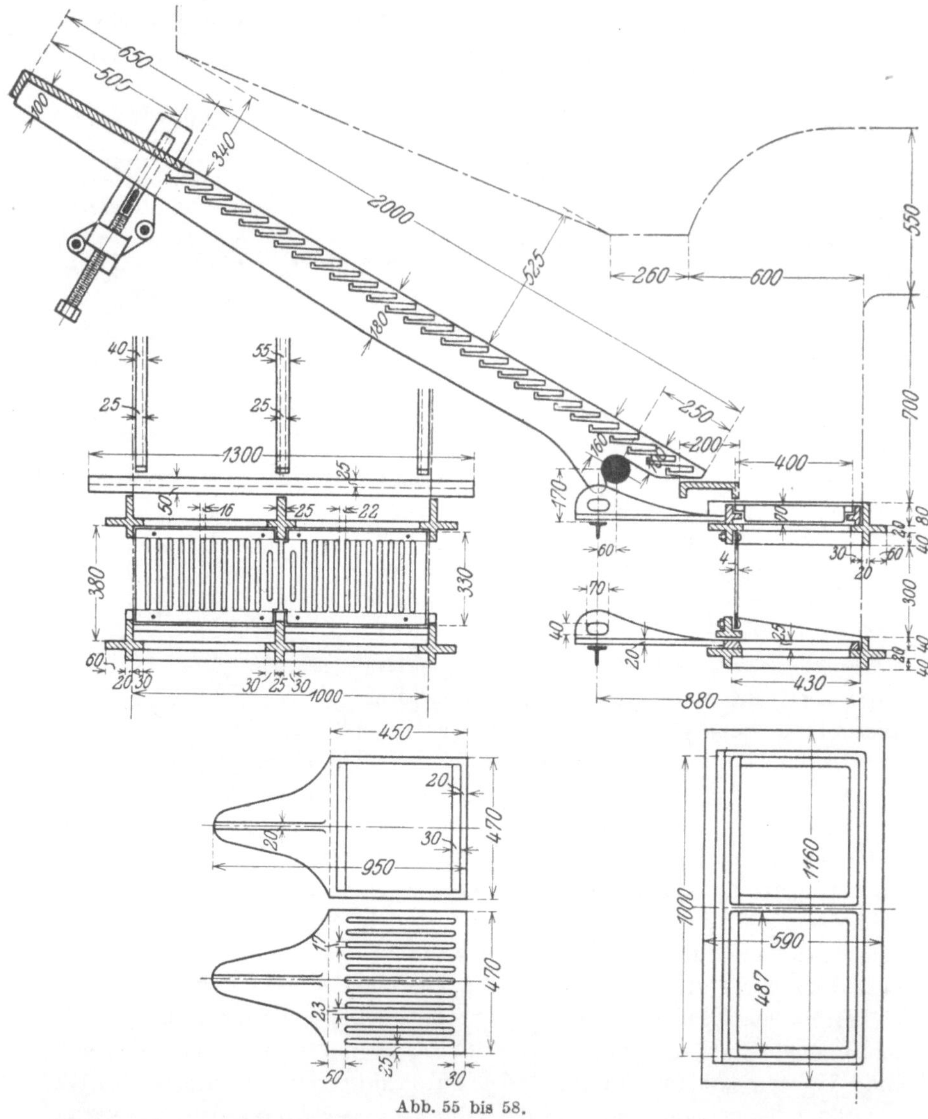

Abb. 55 bis 58.

auf dem Rost vermeiden, d. h. die Bedingungen für dauernd gute und rauchfreie Verbrennung erfüllen.

Durch besondere Einrichtungen hat man die Halbgasfeuerung vielfach zu vervollkommnen versucht. Als Beispiel hierfür sei der Treppenrost von E. Völcker in Bernburg (Abb. 59, 60) genannt.

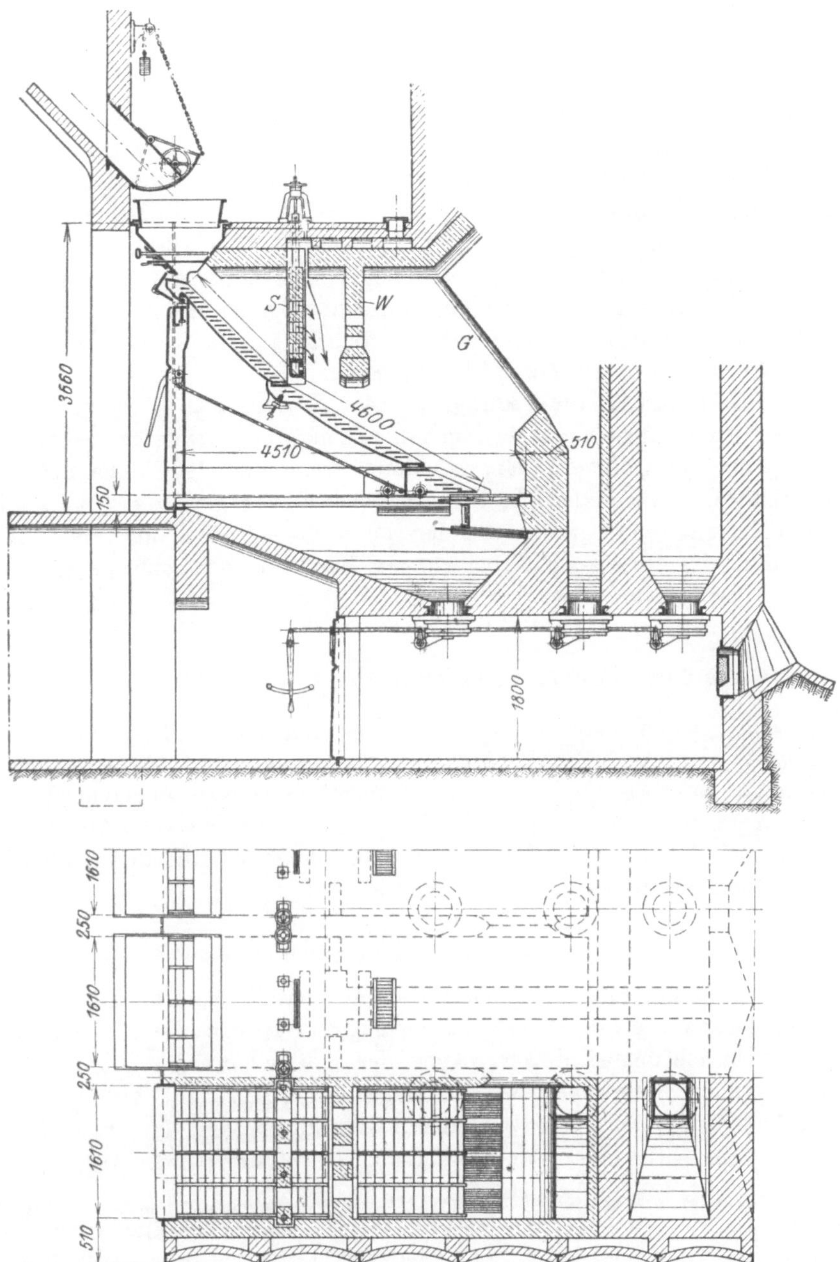

Abb. 59 u. 60. Halbgasfeuerung. Bauart der Keilmann & Völcker G. m. b. H. in Bernburg.

Die Kohle gelangt zunächst auf steilem Rost in dicker Schicht in
eine Schwelkammer, wo sie entgast, dann in dünnerer Schicht auf einen
weniger geneigten Treppenrost, auf dem sie, allmählich hinabgleitend,

abbrennt. Als Abschluß der Schwelkammer dient ein zur Regelung der Brennschichtstärke in senkrechter Richtung verstellbarer Schieber *S*. In einigem Abstand davon befindet sich ein festes Wehr *W*. Zwischen beiden wird dem entstandenen Schwelgase Oberluft zugeführt. Das Gemisch gelangt sodann in die über dem Fangrost liegende Kammer *G*, wo es verbrennt. Dem Vorteil guter Ausnutzung des Brennstoffes bei rauchfreier Verbrennung stehen die hohen Unterhaltungskosten der Wehre nachteilig gegenüber. Als Besonderheit ist noch der auf Schienen in der Längsrichtung des Rostes bewegliche „Schürwagen" zu nennen, in den der unterste Teil des Treppenrostes eingebaut ist. Mit seiner Hilfe soll sich gutes Ausbrennen der Herdrückstände und das Mitablassen von Unausgebranntem einschränken lassen.

d) Treppenroste für Steinkohle. Zur Verfeuerung gewisser Steinkohlensorten mit hohem Aschengehalt hat man mit Erfolg versucht, den Treppenrost zu benutzen. Um dabei ein Festbrennen der Kohlen auf den Rostplatten zu verhindern, baut man sie nach abwärts geneigt ein und wählt diese Neigung um so größer, je näher die Stäbe dem Rostende liegen. Als Abschluß des Rostes dient bei einigen Bauarten der Schlackenhaufen, so z. B. beim Münchener Stufenrost

19. Besondere Feuerungseinrichtungen für feste Brennstoffe.

Um bei den festen Brennstoffen eine möglichst vollkommene Ausnutzung und rauchfreie Verbrennung zu erzielen, sind Einrichtungen mannigfachster Art geschaffen worden, über welche nachstehend ein Überblick gegeben werden soll[1]). In den Überschriften der einzelnen Abschnitte finden sich die Hauptgesichtspunkte, unter denen man die Vervollkommnung der Feuerungen zu erreichen versucht hat.

A. Verminderung des Luftüberschusses.

a) Verminderung der durch die offene Feuertür eindringenden Luftmenge kann nur durch Drosselung des Zuges erreicht werden. Man findet daher Einrichtungen, durch welche der Heizer gezwungen wird, den Rauchschieber oder eine besondere Zugabsperrklappe (vgl. Abb. 61—63) vor dem Öffnen der Tür zu schließen, oder durch welche das Zugabsperrorgan beim Öffnen der Tür zwangläufig geschlossen wird.

Abb. 61 bis 63. Zugabsperrklappe von J. Piedbœuf, Aachen und Düsseldorf. Durch den vor dem Feuergeschränk angebrachten Griffhebel kann die Drehklappe hinter der Feuerbrücke betätigt werden. Ist die Klappe offen, so steht der Hebel vor der Feuertür. Letztere kann also erst geöffnet werden, nachdem der Griffhebel nach abwärts gedreht und dadurch die Klappe geschlossen wurde. Durch zwei unter dem Rost entlanggeführte Rohre wird in den Raum zwischen Feuerbrücke und Drehklappe ein kühlender Luftstrom (Oberluft) eingeführt.

---

[1]) Ausführliches findet sich in Haier, Dampfkesselfeuerungen, Springer, Berlin.

b) Regelung des Zuges erfolgt derart, daß Zugregelvorrichtungen (Abb. 64 u. 65) den nach dem Aufwerfen frischer Kohle völlig geöffneten Rauchschieber in einer einstellbaren Zeit, entsprechend dem mit fortschreitender Verbrennung immer geringer werdenden Luftbedarf, allmählich wieder schließen.

Abb. 64. Schema eines Zugreglers mit Flüssigkeitskatarakt. Das Eigengewicht des Rauchschiebers oder ein an der Zugklappe dazu besonders angebrachtes Gewicht zieht mittels Kette Z an Kolbenstange S den Kolben K empor. Dabei hat dieser die Flüssigkeit im Zylinder C aus Raum O auf dem Wege R_1 durch Feineinstellventil

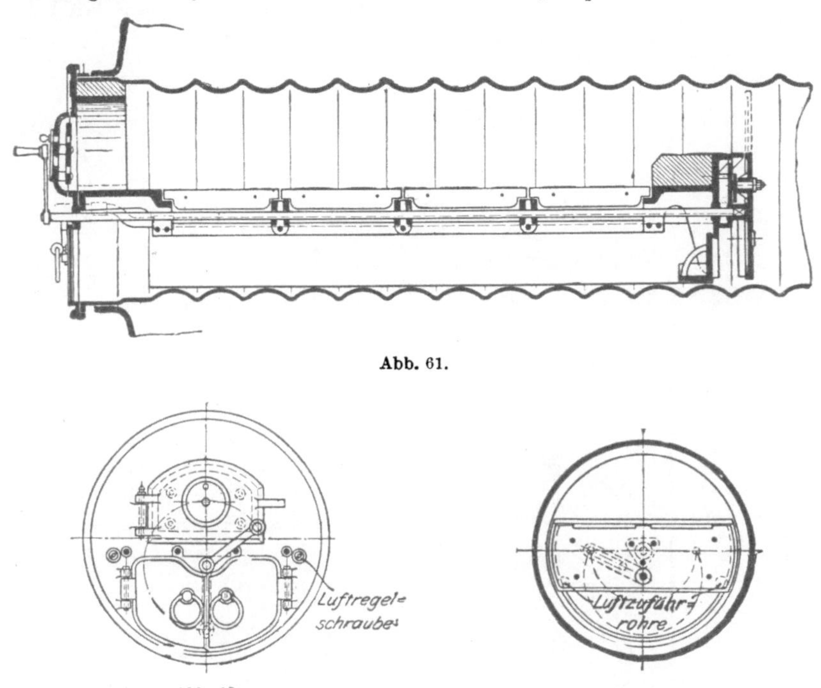

Abb. 61.

Abb. 62.   Abb. 63.

FV hindurch nach Raum U zu treiben. Schieberschluß erfolgt, bis die auf Nebengestänge S_1 und S_2 veränderliche Traverse T an C anstößt. Wird Feuertür geöffnet, so öffnet ein von Türachse ausgehendes Gestänge Hahn H im Rohr R_2, wodurch sich der Schieber schnell schließt. Durch Schließung der Tür schließt sich auch H wieder. Mittels Steigbügels B wird dann Kolben K zwecks Öffnung des Rauchschiebers vom Heizer wieder abwärts bewegt, soweit verstellbarer Anschlag A auf Kolbenstange S dies gestattet. Dabei strömt Flüssigkeit aus Raum U durch Rückschlagventile RV im Kolben ungehindert nach Raum O.

Abb. 65. Schema des Zugreglers von O. Hörenz, Dresden. Der Schieberablauf wird durch ein Uhrwerk gehemmt, dessen Widerstand durch Veränderung der Tiefe geregelt werden kann, bis zu welcher die Flügel F eines an das Räderwerk angeschlossenen Hemmrades in die Flüssigkeit eintauchen. Das dazu erforderliche Heben oder Senken des Flüssigkeitsspiegels geschieht durch Abwärts- oder Aufwärtsbewegen der Büchse B mittels des Einstellrades S. Durch Rechtsdrehung der Kurbel H bei ausgeschaltetem Uhrwerk läßt sich der Rauchschieber wieder öffnen. Z Schieberkette.

K_1 und K_2 Kettenräder. G Ausgleichgewicht zur Entlastung des Uhrwerks. A_1 und A_2 Anschlagstifte zur Hubbegrenzung.

Diese Bauart vermeidet die Nachteile, welche die Abdichtung der Kolbenstange durch eine Stopfbüchse bei den Zugreglern mit Flüssigkeitskatarakt immer mit sich bringt, namentlich weil die Stange der Einwirkung von Staub ausgesetzt ist.

Die Zugregler sind mit Vorteil nur bei nicht zu hoch belasteten Kesseln zu verwenden. Bei hoher Beanspruchung dagegen ist es praktisch am richtigsten, die Zugstärke unverändert zu lassen, bis eine Än-

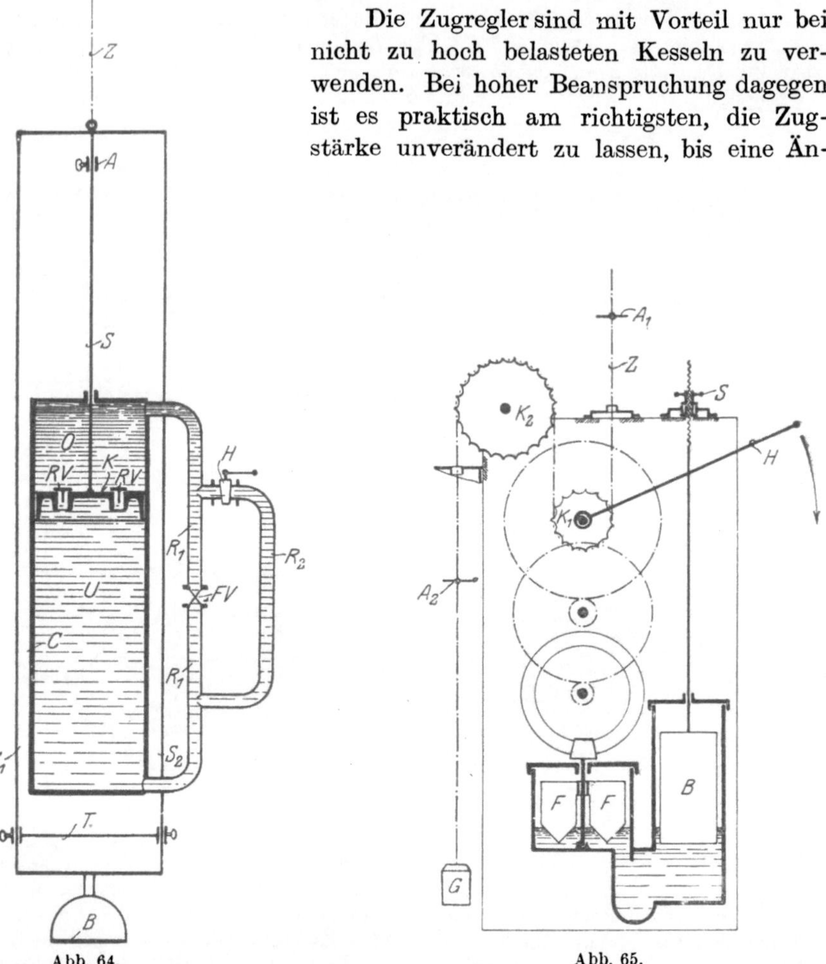

Abb. 64.   Abb. 65.

derung des Anstrengungsgrades erfolgt. Zugregler und auch die unter a) vorstehend genannten Einrichtungen zur Verminderung des Eindringens kalter Luft, die für den Heizer doch immerhin unbequem zu handhaben sind, sind dort nicht am Platze.

c) Regelung der Oberluft. Wird bei einer Feuerung zur besseren Verbrennung der Kohlengase Oberluft (vgl. Abschnitt 6 auf S. 18) zugeführt, so ist dies natürlich nur immer erforderlich, so lange die Ausscheidung von Gasen aus dem aufgegebenen Brennstoff dauert. Nachher

noch einströmende Oberluft wirkt durch Erhöhung des Luftüberschusses
nur schädlich. Die Zugregler müssen auch nach Beendigung der Entgasung noch Luft zuströmen lassen, können also die Zufuhr der Oberluft
nicht rechtzeitig abstellen. Man hat deshalb dazu besondere, ähnlich
wie die Zugregler wirkende Vorrichtungen gebaut.

Bei Flammrohrinnenfeuerung wird die Oberluft entweder an der
Feuertür oder an der Feuerbrücke, bei Vor- und Unterfeuerungen von

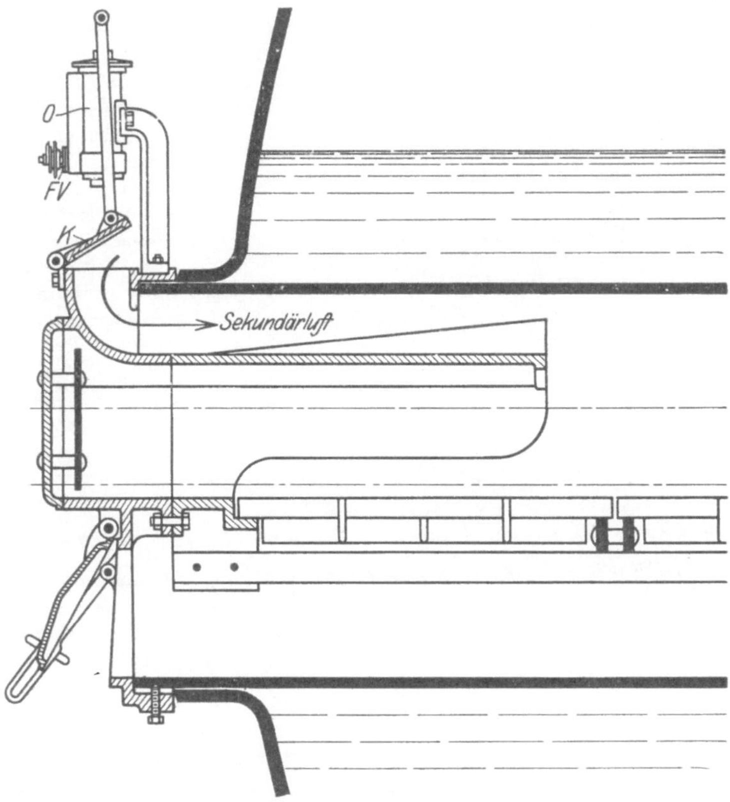

Abb. 66. Planrostfeuerung mit Oberluftautomat von J A. Topf & Söhne in Erfurt.

den Seitenwänden, dem Feuergewölbe oder der Feuerbrückenwand, seltener von der Feuertür aus in den Flammenraum eingeführt. Sehr wichtig
ist es, daß die Luft möglichst hoch vorgewärmt wird, ehe sie mit den Gasen
in Berührung kommt. Man führt sie dazu vorher am besten an solchen
Teilen der Feuerung entlang, die besonders hoher Temperatur ausgesetzt
sind, bei denen daher eine durch die vorbeiströmende Luft bewirkte
Wärmeentziehung im Hinblick auf ihre Erhaltung besonders erwünscht ist.

Ein Beispiel für Oberluftregelung bei Innenfeuerung findet sich in
Abb. 66.

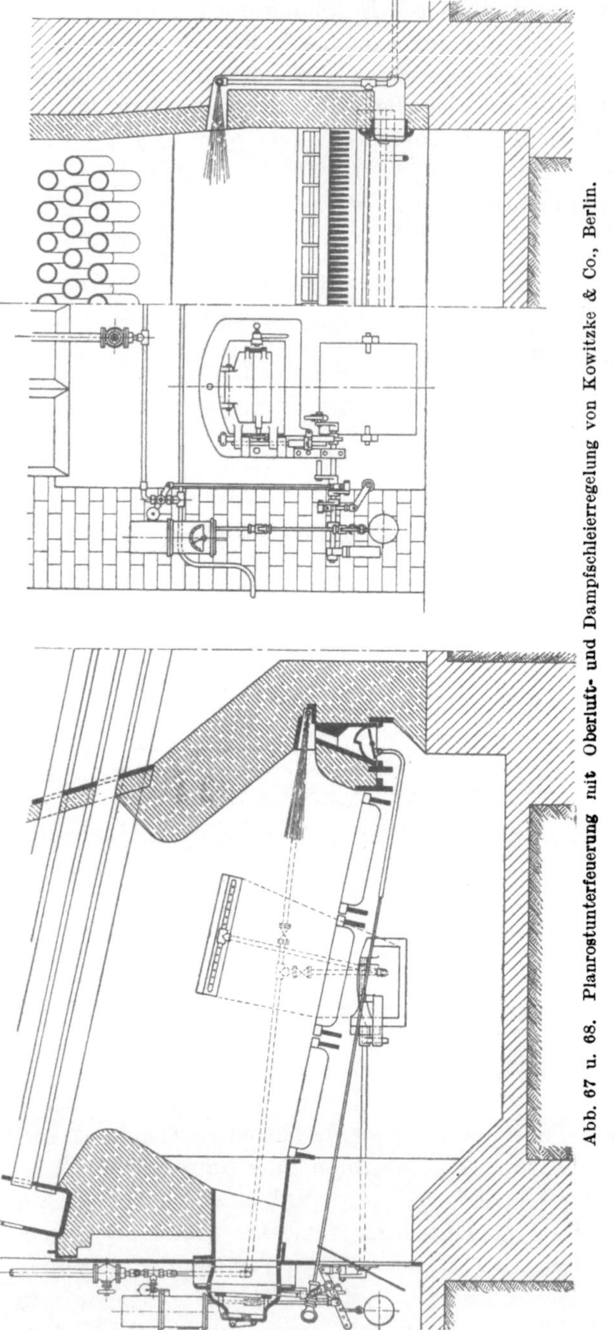

Abb. 67 u. 68. Planrostunterfeuerung mit Oberluft- und Dampfschleierregelung von Kowitzke & Co., Berlin.

Die über der Feuertür liegende Zuführungsklappe K wird durch Schließen der Tür von selbst geöffnet und durch den Ölkatarakt O allmählich wieder geschlossen. Die Geschwindigkeit, mit der das erfolgt, kann am Ventil FV eingestellt werden.

Abb. 67 und 68 zeigen ebenfalls eine durch Ölkatarakt geregelte Oberluftzuführung, und zwar für Unterfeuerung. Die Luft tritt hier durch die Feuertür, die hohle Feuerbrücke und von den Seitenwänden aus in den Flammenraum. An den letztgenannten Stellen strömt gleichzeitig Dampf, fein verteilt ein, dessen Zufuhr auch von dem Regler betätigt wird. Die Dampfschleier sollen eine möglichst innige Mischung der Oberluft mit den Kohlengasen bewirken und diese von den kalten Kesselwänden abhalten, solange sie noch nicht verbrannt sind.

d) Besondere Gestaltung der Planroste, um beim Beschicken das Einströmen von Luft zu verhindern.

Die Cario-Feuerung (Abb. 69—72). Der aus querliegenden Stäben zusammengesetzte Rost fällt nach beiden Seiten dachförmig ab.

Im Rahmen des Feuergeschränks sind statt der sonst üblichen Feuertür zwei kleinere Türen zum Ziehen der Schlacke und zwischen beiden, etwas höher liegend, eine kreisrunde Tür zum Beschicken des Rostes angebracht. Die letztere wird durch eine senkrecht geteilte Klappe verschlossen, deren Hälften seitlich ausweichen, wenn der Heizer den hier zum Einbringen der Kohle dienenden, vorn auf eine senkrechte Kante zugeschärften Löffel dagegen stößt. Nachdem der Löffel bis an die Feuerbrücke vorgeschoben, wird er vom Heizer gedreht und dadurch eine Rosthälfte in ihrer ganzen Länge mit Kohle beschickt. Beim Einführen und Herausziehen des Löffels hat die Luft nur sehr wenig Gelegenheit, in den Feuerraum einzudringen. Auch beim Abschlacken ist dies in erheblich geringerem Maße der Fall als beim gewöhnlichen Planrost.

Für die Cario-Feuerung sind alle wenig bakkenden und schlackenden Kohlensorten in Nußsiebung geeignet.

Der Muldenrost. Wird die Oberfläche des Planrostes in der Querrichtung muldenförmig gesenkt, so ist er für Schüttfeuerung geeignet.

Bei der in Abb. 73 und 74 dargestellten Gartnerfeuerung wird die Kohle von beiden Seiten aus aufgeschüttet, gelangt aus den Schütttrümpfen zunächst auf Roststreifen, denen weniger Luft zugeführt werden kann als dem Mittelrost, auf dem die Verbrennung ausschließlich stattfinden soll. Es ist somit für den geordneten Nachschub des Brennstoffs ähnlich gesorgt wie bei den Halbgasfeuerungen (siehe S. 55). Ein weiterer Vorzug der Feuerung ist die reichliche Kühlung des Mauerwerks, wobei die gesamte Unterluft und Oberluft vorgewärmt wird.

Für den Muldenrost geeignete Brennstoffe sollen vor allem wenig Nachhilfe beim Herabgleiten erfordern.

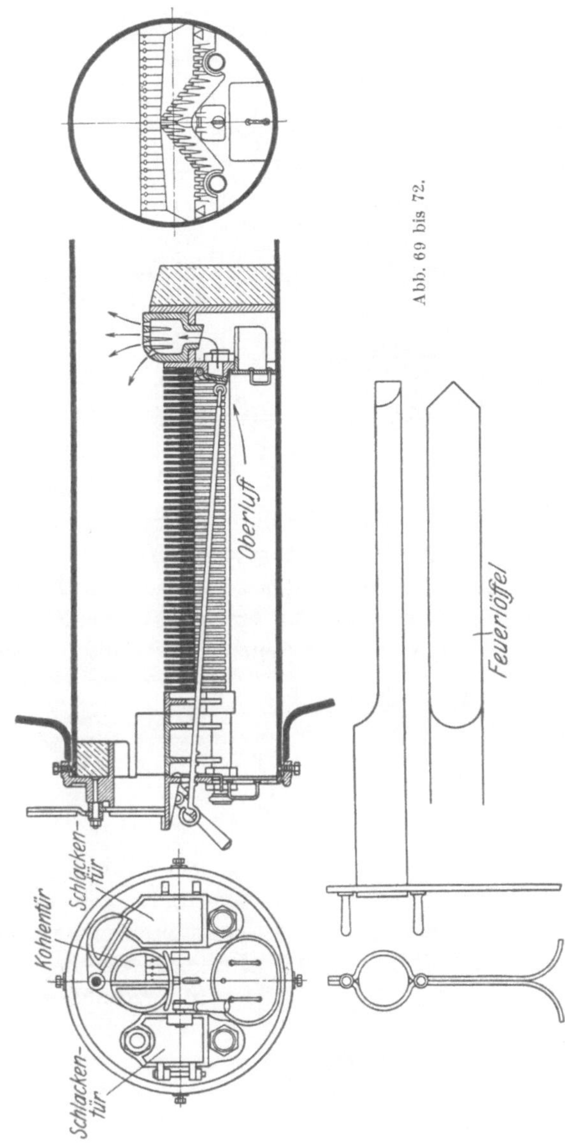

B. Auflockerung der Brennschicht bei der Verfeuerung schwer brennender Stoffe.

a) Allgemeines. Als schwer brennende Stoffe sind alle Brennstoffe in sehr kleiner Korngröße anzusehen, z. B. Kohlenstaub, Kohlenschlamm, erdiger

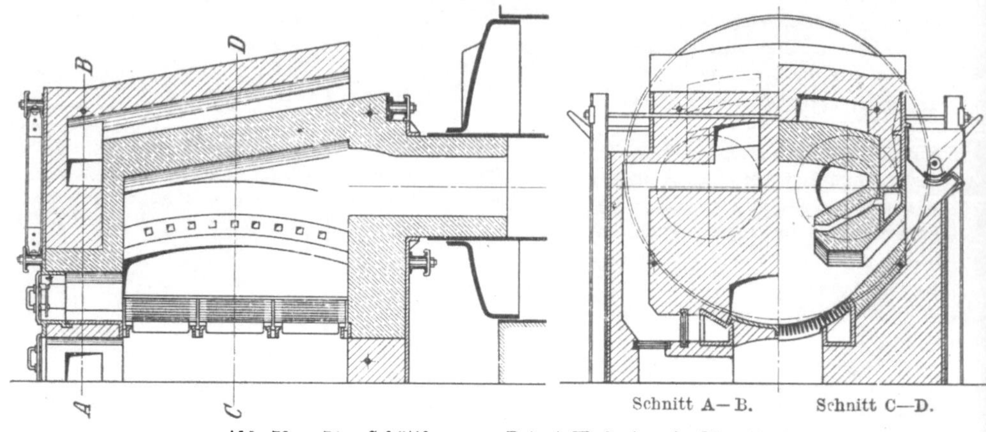

Abb. 73 u. 74.   Schüttfeuerung, Patent W. Gartner in Düsseldorf.

Torf, da sie schon in dünner Schicht dem Durchtritt der Luft erheblichen Widerstand entgegensetzen. Kommt noch hinzu, daß der Brennstoff gasarm oder gar entgast ist, wie beim Anthrazitstaub, Lokomotivlösche, Koksasche oder daß er reichlich Schlacke absetzt, so ist es überhaupt nicht möglich, ihn ohne Anwendung besonderer Einrichtungen zu ver-

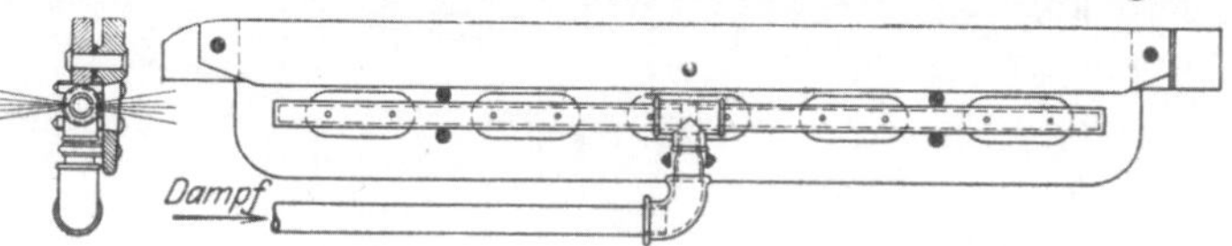

Abb. 75.   Mittelstab eines Planrostes mit **Dampfbrause.** Ausführung der Eßlinger Maschinenfabrik.

Abb. 76. Mittelstab eines Schrägrostes mit Dampfbrause, Ausführung der Thyssen & Co., A.-G. in Mülheim - Ruhr.

brennen, durch welche die Brennstoffschicht dauernd aufgelockert wird   Man benutzt dazu: Dampfbrausen, Unterwind (siehe Abschnitt 24B) und gegeneinander bewegte Roststäbe.

b) Feuerungen mit Dampfbrausen. Läßt man unter dem Rost Wasserdampf in feinen Strahlen austreten, so erhält die Verbrennungsluft einen hohen Feuchtigkeitsgehalt. Sie kann dann die Roststäbe gut kühlen, wodurch das Anbacken der Schlacken an den Stäben verhindert wird. Die Stäbe erhalten dabei vielfach die in Abb. 75 und 76 dargestellte Form.

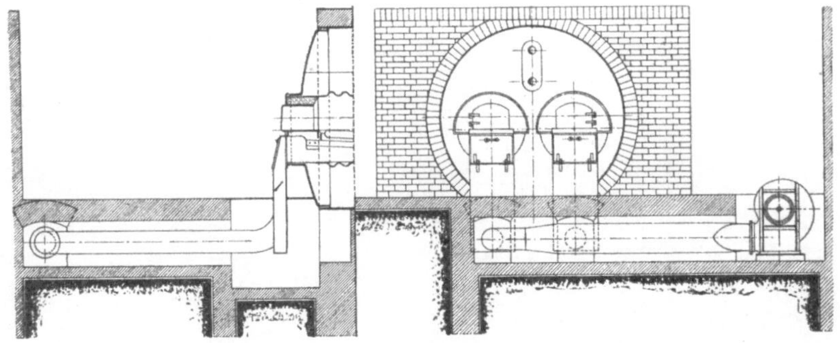

Abb. 77.

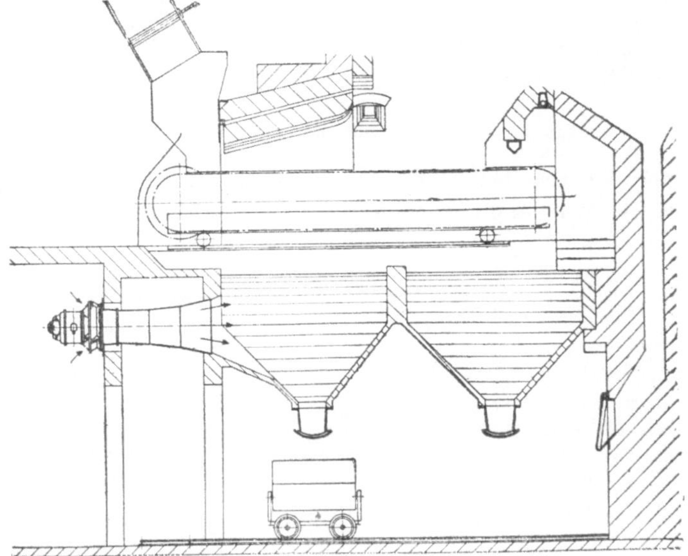

Abb. 78. Unterwindfeuerung mit Schlotteraxialgebläse.

**Abb. 77 u. 79. Unterwind-
feuerungen von Müller & Korte,
Berlin-Pankow.**

**c) Feuerungen mit Unter-
wind.** In dem dicht abge-
schlossenen Aschfall wird
durch Ventilator, Axialgebläse oder Dampfstrahl-
gebläse ein geringer Überdruck erzeugt.

Abb. 77 zeigt die allge-
meine Anordnung einer

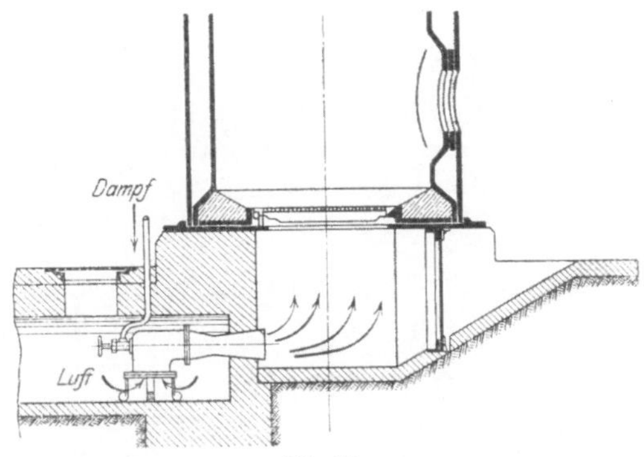

Abb. 79.

Unterwindfeuerung mit Ventilator, während in Abb. 78 eine solche mit
Axialgebläse und in Abb. 79 mit Dampfstrahlgebläse wiedergegeben ist.

Durch besondere Gestaltung des Rostes sucht man zu verhindern, daß die Brennstoffkörnchen unverbrannt mit dem Luftstrom mitgerissen

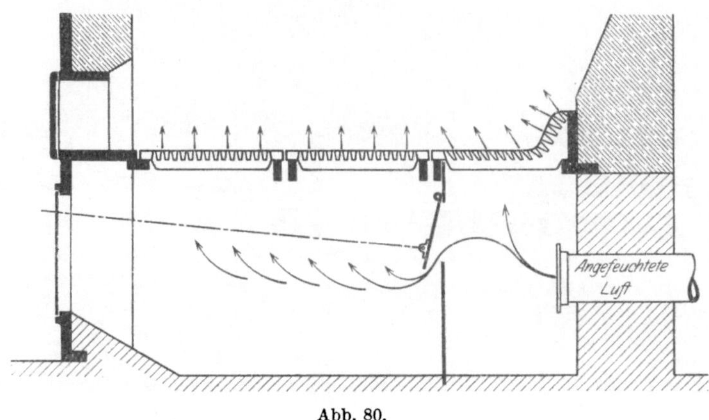

Abb. 80.

werden. So hat man dazu z. **B.** bei der **Hydrowirbelfeuerung** in dem an die Feuerbrücke angrenzenden Teil des Rostes Luftdüsen angeordnet,

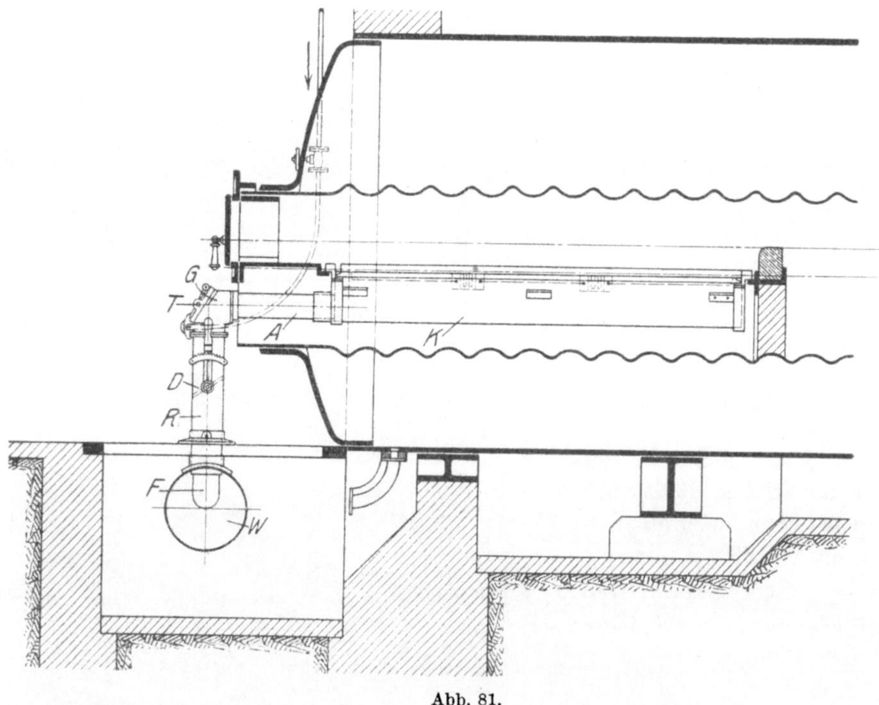

Abb. 81.

die nach der Feuertür zu gerichtet sind (Abb. 80). Außerdem gibt man dorthin höhere Windpressung als nach der übrigen Rostfläche.

Die Kridlofeuerung (Abb. 81). Der Rost wird aus durchlöcherten Platten zusammengesetzt.

Die Anzahl der Windlöcher ist so groß — $R_f = \infty\ 0{,}15\ R$ — gewählt, daß man mit einer Windpressung von höchstens 15 mm Wassersäule auskommt. Die gruppenweise Anordnung der Löcher gestattet die Herstellung haltbarer, durch Längs- und Querrippen gegen Verziehen geschützter Rostplatten (Abb. 82). Die Luftzuführung erfolgt so, daß aus einer Windleitung W durch eingebaute krümmerartige Luftfänger F angefeuchteter Wind entnommen wird, um in einem Rohr R, dessen Querschnitt durch die Drosselklappe D veränderlich ist, jeder Feuerung zugeführt zu werden. Der Wind gelangt vorher in ein Gehäuse G, in welches ein Hilfsdampfgebläse eingebaut werden kann. Das Innere des Gehäuses ist durch eine Tür T leicht zugänglich. An das Gehäuse G schließt sich ein Rohr A an, durch welches der Wind entweder in einen Windkasten K, der mit den Rostplatten belegt ist, oder bei Unterfeuerung gewöhnlich in den geschlossenen Aschfall strömt. — Die Feuerung wird auch für Schräg- und Treppenroste gebaut.

Die Wiltonfeuerung. Der Aufbau des Rostes und die Art der Windzuführung geht aus Abb. 83 hervor.

Von dem Gehäuse G, das nicht ganz so breit wie der Rost ist, gehen so viele nebeneinanderliegende, mischdüsenartig geformte Anschlußrohre A ab, wie der Rost Längskammern hat. Das sind gewöhnlich drei, bei größeren Rostbreiten fünf. Vor jedem Anschlußrohr ist ein Dampfstrahlgebläse D angeordnet. Der Windkasten, in den die Rohre führen, besteht gewöhnlich aus einer Schale S, auf welche schmale Rostplatten gelegt werden. Diese sind so geformt, daß in der Rostoberfläche mehrere Längsmulden entstehen, in denen sich die Schlacken ansammeln sollen. Die gleichmäßig verteilten Windlöcher ergeben eine freie Rostfläche von nur 5—7%. Da außerdem mit ziemlich hoher Brennschicht gefeuert werden soll, so ist hier für höhere Rostbelastungen ein Überdruck im Windkasten von 30 mm Wassersäule und mehr anzuwenden. Der

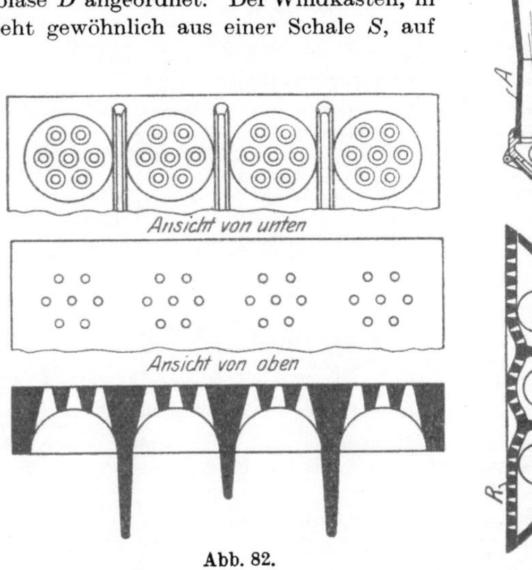

Abb. 82.

Einbau des Rostes erfolgt so, daß das Gehäuse G aus dem Rahmen des Feuergeschränkes herausragt und daß die Anschlußröhren A unter der Schürplatte liegen. Würde auf dem Roststreifen über einer Kammer eine weniger mit Brennstoff bedeckte Stelle vorhanden sein, so könnte dort ein Winddurchbruch entstehen und der Luftüberschuß dadurch erheblich anwachsen. Um das zu verhindern, werden Luftregler nach Abb. 84 unter die Anschlußrohre eingebaut. Sie bestehen aus pendelnden Luftklappen, die sich je nach der Windgeschwindigkeit einstellen und so den Wind mehr oder weniger abdrosseln. — Die Feuerung wird von der Deutschen Evaporator-Gesellschaft, Berlin, geliefert.

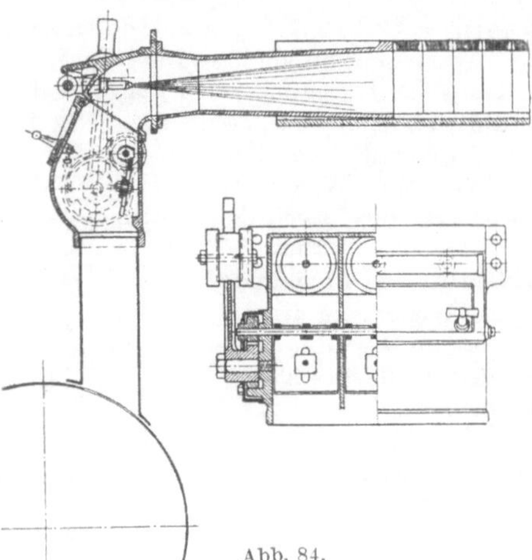

Abb. 84.

Die Bergmans-Schachtfeuerung (Abb. 85) ist eine zur Verfeuerung der verschiedensten Brennstoffe und Brennstoffgemische benutzte Halbgasfeuerung mit Unterwind. Aus einer Vorschwelkamerm a gelangt der Brennstoff in den eigentlichen Verbrennungsraum b. Im Flammenraume c treffen die durch die Öffnung s zuströmenden Schwelgase mit den Feuergasen zusammen. Ihre Verbrennung soll durch Zusatz gut vorgewärmter Sekundärluft möglichst vollkommen vor sich gehen. Der steil genigte Rost ist aus Stäben mit ⊔-förmigem Querschnitt zusammengesetzt, die ihre glatte Fläche dem Feuerraum zukehren. Für den Winddurchtritt sind in den Roststäben zahlreiche kleine Düsen vorhanden. Unter jeder Roststablage ist eine gesonderte Windkammer d_1, d_2, d_3 angeordnet. Bei schlakkendem Brennstoff wird jeder dieser Kammern zur Befeuchtung des Windes Dampf zugeführt. Die Unterteilung der Windzuführung gestattet es, durch gesonderte Einstellung der Windpressung in jeder Kammer den Verlauf der Verbrennung gut zu regeln.

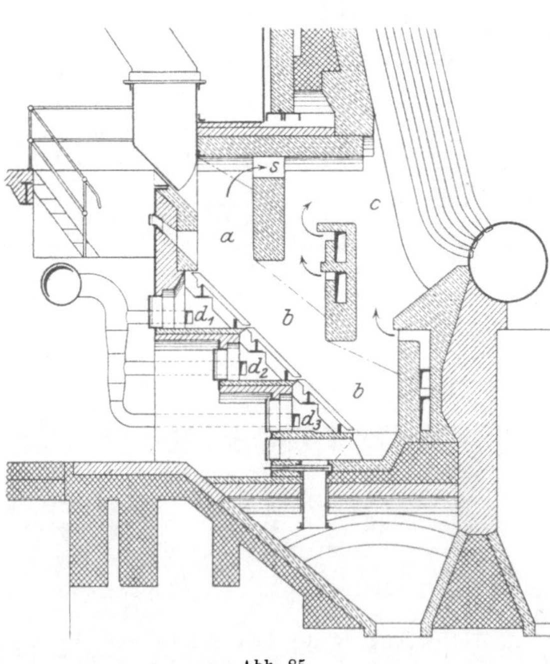

Abb. 85.

Der Pluto-Stocker (Abb. 86). Ein für Schüttfeuerung eingerichteter schräger Rost ist aus nebeneinanderliegenden Hohlroststäben zusammengesetzt, in welche der Wind von beiden Enden eingeführt wird.

Die Winddüsen sind wie die **Luftspalten** eines Treppenrostes angeordnet. Der aus dem Schütttrichter herabfallende Brennstoff wird durch einen hin und her gehenden Schieber auf den Rost geschoben, wodurch das Hinabgleiten des Brennstoffs gefördert wird. Die Roststäbe werden in wagerechter Richtung bewegt, und zwar geht der erste, dritte usw. Roststab vorwärts, während der zweite, vierte usw. Stab nach rückwärts läuft. Dadurch werden die **Schlacken** beständig aufgebrochen, so daß sie allmählich über den Fangrost hinweg in eine hinter diesem befindliche Schlackenkammer gelangen können. Der Pluto-Stocker eignet sich daher auch für schlackenreichen Brennstoff, wie z. B. Lokomotivlösche. Die Hohlrostkörper werden jetzt

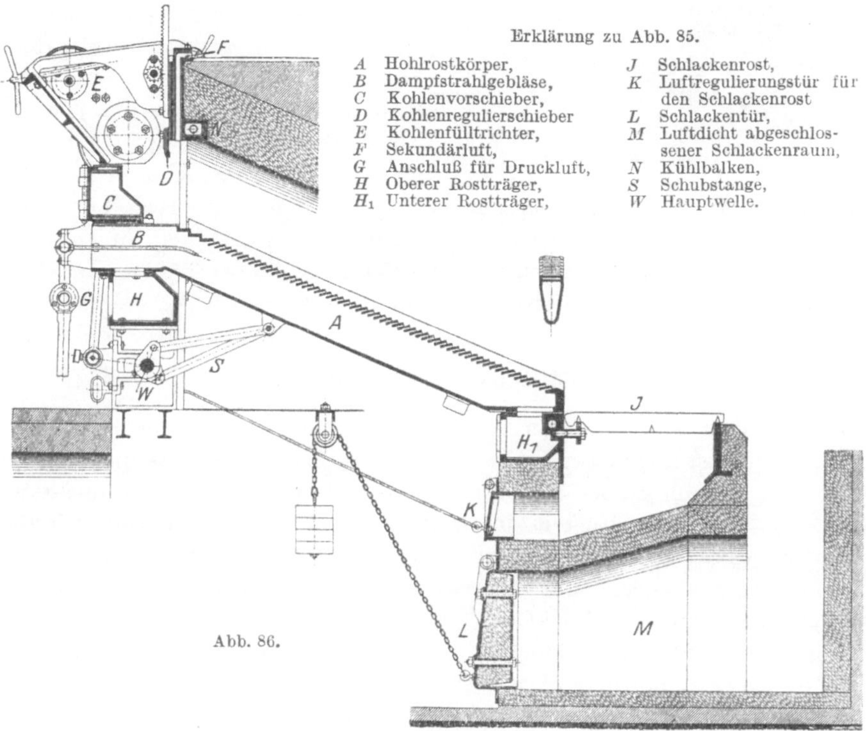

mit auswechselbarer Brennbahn versehen, außerdem wird statt des festen Schlackenrostes J ein etwas nach abwärts geneigter, mit flachen Zähnen versehener kleiner Planrost an die Hohlrostkörper angehängt. Dieser Anhängerost wird daher ebenfalls hin und her bewegt.

Mittel zur Verringerung des Flugkoksverlustes. Bei der Verfeuerung minderwertiger Brennstoffe auf Unterwindplanrosten lassen sich genügende Kesselleistungen vielfach nur durch hohe Rostbelastungen, diese wiederum durch Steigerung der Windpressungen erzielen. Dabei wachsen aber die Mengen an Asche und feinen Brennstoffteilchen unverhältnismäßig an, die von den Feuergasen als Flugasche und Flugkoks mitfortgeführt werden. Besonders ist das bei niedrigen Feuerräumen zu beobachten, wie sie in Flammrohrkesseln vorhanden sind. Um den durch Flugkoksanfall entstehenden Brennstoffverlust einzuschränken, werden z. B. bei dem Bamag-Unterwindplanrost eigenartig gestaltete, nach der Feuertür zu gerichtete Düsen als Windzuführungsöffnungen im Rost angeordnet. Besonders gute Erfolge hat der Verein für Feuerungsbetrieb und Rauchbekämpfung in Hamburg mit dem Niesschen Feuerstau erzielt. Durch Versuche konnte z. B. eine Verminderung des Flugkoksverlustes von 17 auf 4% nachgewiesen werden. Abb. 87 zeigt einen solchen Feuerstau in der Ausführung der Evaporator-Gesellschaft. An den Rost schließt sich eine die Feuerbrücke ersetzende Stauplatte P an, über deren hinterem ebenen Teil ein

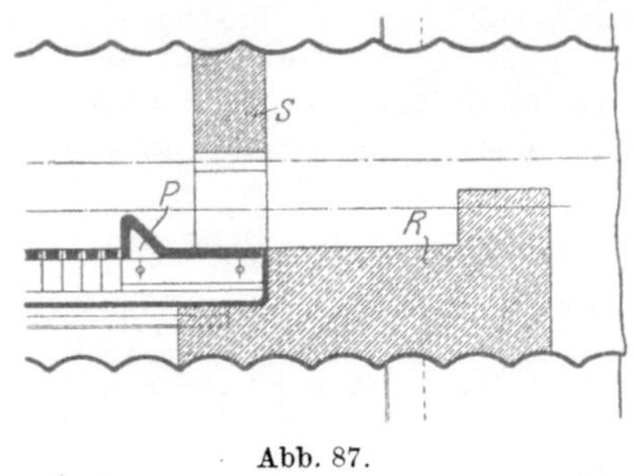

Abb. 87.

flacher Schamottebogen S eingebaut ist. Außerdem ist der Rost durch ein Schamottemauerwerk R verlängert. Durch die mehrfache Umlenkung der Feuergase beim Verlassen des Feuerraumes soll der Flugkoks auf der Rast R zurückgehalten werden und dort ausbrennen.

C. Selbstbedienung der Feuerungen.

a) Allgemeines. Die Ausnutzung des Brennstoffs und die Erzielung einer möglichst rauchlosen Verbrennung hängt bei den bisher besprochenen Feuerungen zum großen Teil von dem Verständnis, der Geschicklichkeit und der Gewissenhaftigkeit des Heizers ab. Um die Bedeutung dieses Umstandes möglichst einzuschränken, um ferner im Großbetrieb an Bedienungsmannschaften zu sparen, hat man Einrichtungen getroffen, welche dem Heizer die Arbeit am Feuer zum Teil oder auch ganz abnehmen sollen. Man bezeichnet sie als mechanische oder automatische Feuerungen. Mit ihnen lassen sich in sehr vielen Fällen für den Kesselbetrieb so wesentliche Vorteile erreichen, daß die höheren Anlage- und Unterhaltungskosten, ferner die laufenden Ausgaben für den Kraftbedarf des Feuerungsmechanismus reichlich aufgewogen werden. Sie haben daher die weiteste Verbreitung gefunden.

Vor allem hat man sich bemüht, den schwierigsten Teil der Feuerarbeit, das Beschicken bei der am meisten ausgeführten Rostart, dem Planrost, durch maschinelle Vorrichtungen ausführen zu lassen (siehe nachstehenden Abschnitt b). Es bleibt dann für den Heizer übrig: die Beseitigung von Ungleichheiten in der Brennschicht, die durch ungleichmäßigen Abbrand entstehen, das Auflockern der Schlacken und das Herausziehen der Herdrückstände. Da der Feuerraum bei diesen wiederkehrenden Arbeiten durch die eindringende Luft jedesmal abgekühlt wird, so kann man das Rauchen des Schornsteines bei solchen nur selbstbeschickenden Feuerungen niemals gänzlich vermeiden. Das läßt sich erst erreichen, wenn auch die übrigen Feuerarbeiten maschinell ausgeführt und dadurch Feuerungen mit stets gleichmäßig hoher Temperatur im Feuerraum geschaffen werden (siehe den folgenden Abschnitt c).

Die mechanischen Feuerungen eignen sich naturgemäß am besten für gleichmäßigen Betrieb, sind jedoch jetzt so weit ausgebildet, daß sie sich bei verständiger Wartung Betriebsschwankungen in ziemlich weiten Grenzen anpassen lassen. Ganz besonders ist das der Fall, wenn sie in Verbindung mit künstlichem Zuge — neuerdings namentlich mit Unterwind — benutzt werden.

Für kleinere Betriebe, in denen Reservekessel nicht in Bereitschaft stehen, ist solchen mechanischen Feuerungen der Vorzug zu geben, die bei Störungen im Feuerungsmechanismus oder im Antriebe ohne weiteres von Hand bedient werden können.

b) Selbstbeschickung von Planrosten. Der Brennstoff gelangt dazu aus einem Fülltrichter entweder vor ein Flügelrad oder eine Schaufelklappe, welche ihn auf den Rost werfen (Wurffeuerungen), oder in ein Gehäuse, aus dem er in den Feuerraum hineingeschoben wird (Unterschubfeuerungen).

α) Wurffeuerungen mit Schleuderrad. Zur Erläuterung ihrer Arbeitsweise diene die in Abb. 88 dargestellte Leach-Feuerung.

Unter dem Schütttrichter befindet sich im Gehäuse t eine Zuführungswalze c. Ihre Umdrehungsgeschwindigkeit läßt sich verändern und damit die Brennstoffmenge, welche in das darunterliegende Gehäuse d und dort vor das mit 300—400 Umdrehungen laufende Schleuderrad e gelangt. Der Brennstoffstrom,

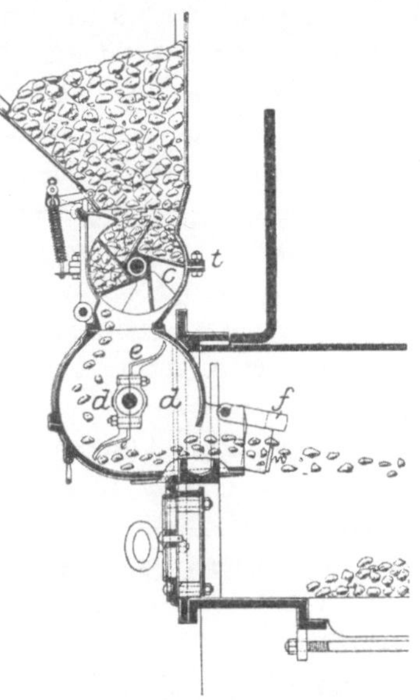

Abb. 88. Leach-Feuerung. Ausführung der Sächsischen Maschinenfabrik vorm. Rich. Hartmann, Akt.-Ges. in Chemnitz.

der von den Flügeln des Rades ausgeht, ist gegen eine langsam auf und nieder bewegte Prellklappe f gerichtet und soll dadurch gleichmäßig auf die ganze Rostlänge verteilt werden. Zum Antriebe der Schleuderradwelle, von der aus die Bewegung auf die Zubringerwalze übertragen wird, dient eine mittels Reibungskupplung ausrückbare Stufenscheibe. Der Kraftbedarf beläuft sich auf $^1/_3$—$^1/_2$ PS für zwei nebeneinanderliegende Feuerungen. Die Leach-Feuerung eignet sich am besten für Kohlen gleicher Korngröße in Siebungen von 2—30 mm.

β) **Wurffeuerungen mit Schleuderschaufel** werden in sehr vielen verschiedenen Ausführungen gebaut. Sie arbeiten in folgender Weise:

Durch einen unter dem Schütttrichter eingebauten Zubringer wird in regelmäßiger Wiederkehr eine kleine Kohlenmenge in ein Gehäuse geschüttet, in welchem ein viereckiges Wurfblech um eine wagerechte, an seiner oberen Kante befestigte Achse hin und her schwingt. Die Kohlenzufuhr dorthin findet statt, während das Blech langsam zurückgeht. Plötzlich schnellt es unter der Wirkung starker, gespannter Federn wieder nach vorn und wirft dabei die Kohle in den Feuerraum. Damit sie über die Breite des Rostes verteilt wird, ist das Wurfblech meistens mit einer dachförmigen Nase versehen. Statt dessen hat man auch durch Teilung des Bleches in mehrere nebeneinanderliegende Schaufeln einzelne Längsstreifen der Rostfläche für sich zu befeuern versucht. Damit ferner die Kohle über die Länge des Rostes richtig verteilt wird, werden die Federn zu den einzelnen Schlägen des Wurfbleches verschieden gespannt und die Schläge dadurch verschieden kräftig ausgeführt. Bei der stärksten Federspannung sollen die Kohlen bis an die Feuerbrücke und bei der kleinsten Spannung auf den an der Schürplatte gelegenen Teil der Rostfläche geworfen werden. Am gleichmäßigsten wird sich die Verteilung des Brennstoffes über den Rost auch hier bei Kohle gleicher Korngröße erzielen lassen. Staubige Beimengungen und kleinere Stücke dagegen werden an der Schürplatte niederfallen, so daß der Heizer dann das Feuer häufig abgleichen muß. Im ganzen genommen sind jedoch die Wurfschaufeln gegen nicht ganz gleichmäßig sortierte Kohlen weniger empfindlich als die Schleuderräder. Namentlich lassen sich auch größere Kohlenstücke mit ihnen verarbeiten, so daß sie neuerdings auch für die Verfeuerung von Industriebriketts mit gutem Erfolge verwandt worden sind. — Wurfschaufelfeuerungen sind daher jetzt ziemlich häufig anzutreffen, und zwar hauptsächlich bei Flammrohrinnenfeuerungen, für welche sich die ihnen sonst in vieler Beziehung überlegenen Kettenroste (siehe S. 77) nicht eignen.

Als Beispiel einer Wurfschaufelfeuerung ist in Abb. 89 der von J. A. Topf & Söhne in Erfurt hergestellte „Ballist" wiedergegeben.

Der Zubringer besteht hier aus einer wagerecht liegenden Scheibe, einem sog. Tellerschieber, der sich hin und her dreht, und zwar an einem als Abstreicher dienenden Blech vorbei. Dadurch gelangt die aus dem Trichter auf den Teller herabgefallene Kohle über seinen Rand hinweg auf Leitbleche, um von ihnen vor die Wurfschaufel geführt zu werden. In der dargestellten Ausführung ist die Tellerachse nach oben in den Trichterraum hinein verlängert, um bei nasser Kohle als Rührwerk zu dienen. Der Schaufelantrieb erfolgt durch Vermittlung einer Knaggenscheibe. Auf ihr sind drei verschieden hohe Knaggen angebracht, so daß die Federn mit drei verschieden starken Spannungen auf die Schaufel einwirken. Die Rostfläche ist hier also in drei Wurfzonen eingeteilt. Um ferner bei ungleicher Stückgröße der Kohle eine Anhäufung von Brennstoff vorn auf dem Rost zu verhindern, ist bei den Topfschen Wurffeuerungen noch die Einrichtung getroffen, daß der Zubringer die Kohle in drei verschiedenen Mengen vor die Schaufel bringt, derart, daß ihr für den mit geringster Federspannung erfolgenden Wurf die kleinste Kohlenmenge zugeführt wird. Beim Ballist wird das dadurch erreicht, daß der Tellerschieber drei verschieden große Winkeldrehungen ausführt. Für den Antrieb, dessen Kraftbedarf zu etwa $1/4$ PS je Feuerung angegeben wird, sind zwei Stirnräderpaare angewandt, die gemeinsam mit den Antriebselementen für Zubringer und Schaufel in staubdichten Gehäusen gelagert sind und im Ölbad laufen.

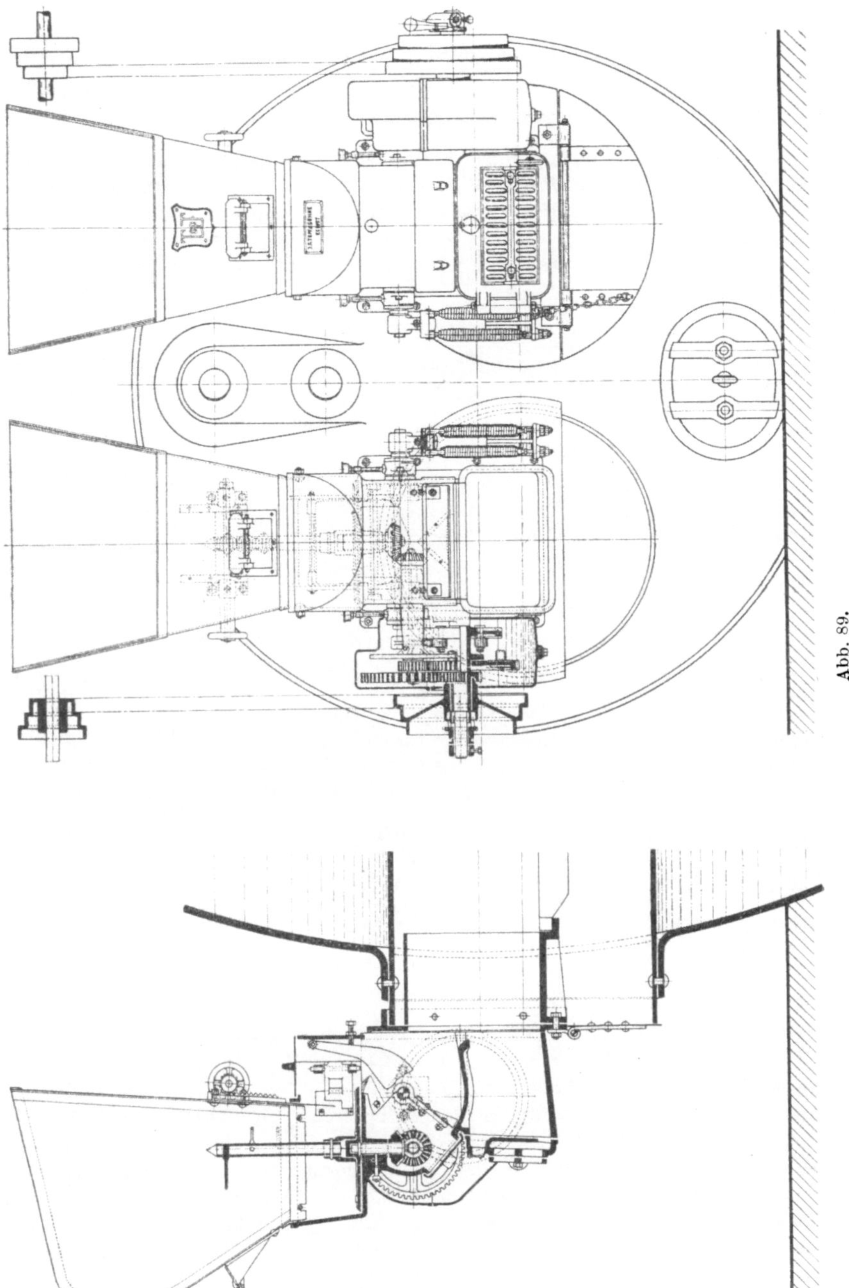

Abb. 89.

Die Verteilung der Kohle auf die Rostlänge hat man dadurch zu vervollkommnen versucht, daß man die Anzahl der Federspannungen, also der Wurfzonen, wesentlich erhöhte. Eine sehr bemerkenswerte, darauf gerichtete Bauart wird bei den von Seyboth & Co., Zwickau i. S. (Abb. 90), gebauten Wurfschaufelfeuerungen angewandt. Sie arbeiten gewöhnlich mit zwanzig verschiedenen Wurfweiten. Das dazu angewandte Wurfwerksgetriebe findet sich in Abb. 91.

Auf der durch Riemen angetriebenen Welle 3 des hier als Kammerwalze ausgeführten Zubringers sitzt lose das Sperrad 17, mit dem der Exzenterkörper 16 fest verbunden wird. Durch Vermittlung eines Zahnradpaares und eines anderen Exzenters wird von der Antriebswelle 3 aus die Sperrklinke 18 in hin und her schwingende Bewegung versetzt. Dadurch wird Sperrad 17 und gleichzeitig Exzenter 16

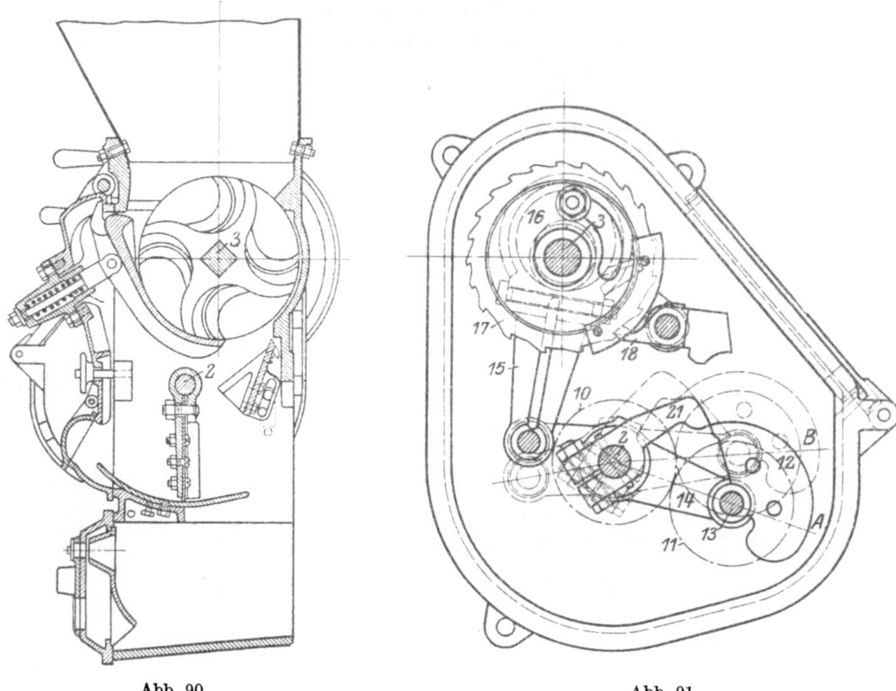

Abb. 90.   Abb. 91.

verstellt. Dabei wirkt die Exzenterstange 15 auf einen Doppelhebel 14 ein, der auf der Wurfschaufelwelle 2 drehbar gelagert ist. — Auf Welle 2 steckt ferner lose ein Zahnrad 10, das von der Welle 3 aus angetrieben, in ein auf Bolzen 13 gelagertes Zahnrad 11 eingreift und es ununterbrochen umdreht. Mit Rad 11 fest verbunden ist eine unrunde Scheibe 12, auf welcher der Daumenhebel 21 schleift. Er ist mit der Schaufelwelle 2 fest verbunden, ebenso wie auf der anderen Seite der Feuertür ein Hebel, an welchem zwei Spiralfedern angreifen. Wird nun Spanndaumen 21 bei Rechtsdrehung der unrunden Scheibe 12 allmählich angehoben, so werden sich die Federn spannen. Gleichzeitig geht die Schaufel zurück. Sobald aber die Schlußkante der Scheibe 12 an dem Spanndaumen vorbeigeglitten ist, wird dieser samt Welle 2 und Wurfschaufel von den Federn wieder in die ursprüngliche Lage zurückgerissen und so bei jeder ganzen Umdrehung des Rades 11 ein Schaufelschlag ausgeführt. — Da nun, wie oben angegeben, der Doppelhebel 14 um Welle 2 langsam schwingt, so wird die unrunde Scheibe 12 dabei aus der gezeichneten tiefsten Lage A allmählich in ihre höchste, punktiert gezeichnete Lage B gelangen, wodurch der Spanndaumen für jeden folgenden Schlag immer höher angehoben wird; bis die Scheibe ihre höchste Lage B erreicht hat und dann ebenso langsam wieder nach A zurückkehrt. Jedem Zahn des Sperrades 17 entspricht also eine besondere Federspannung und damit eine Wurfzone. Nun sind aber die zwanzig Zähne des Sperrades nicht gleichmäßig auf seinen Umfang verteilt, sondern so, daß auf eine Hälfte zwölf, auf die andere acht Zähne kommen. Außerdem wird es so eingestellt, daß die engen Zähne zum Eingriff gelangen, solange Scheibe 12 oberhalb der Mitte ihres Weges AB steht. Infolgedessen gelangen immer abwechselnd zwölf Kohlenwürfe auf die hintere Rosthälfte und acht auf die vordere Hälfte, und zwar jeder Wurf mit einer anderen Wurfweite. Dadurch soll die Feuerung imstande sein, auch Förderkohle und das durch Zerkleinern von Briketts entstandene Gemisch größerer und kleinerer Stücke gleichmäßig über den Rost zu verteilen.

γ) **Die Unterschubfeuerungen.** Der frische Brennstoff gelangt hier unter die im Feuerraum vorhandene Brennschicht. Dadurch werden die entweichenden Schwelgase gezwungen, an glühenden Kohlenstücken vorbeizustreichen, und so auf ihre Entzündungstemperatur gebracht. In diesem Zustande gelangen sie sodann in eine Zone, wo sie energisch mit vorgewärmter Luft gemischt werden, so daß alle Bedingungen für ihre rauchfreie Verbrennung als erfüllt anzusehen sind. — Der Bau solcher Feuerungen soll an der Ausführung der **Berlin-Anhaltischen Maschinenbau-Akt.-Ges.** (Abb. 92 u. 93) gezeigt werden.

Die Kohle fällt in einen Trog, in dem eine durch Exzenter, Schaltwerk und Kegelräderpaar von einer Welle aus angetriebene Förderschnecke langsam umläuft. Der Trog ist nur auf einer kurzen Strecke völlig geschlossen. Hinter diesem als Schürplatte dienenden Stück ist er oben offen, so daß die mittels der Schnecke hineingepreßte Kohle nach oben herausquillt. An den Trog schließt sich zu beiden Seiten der Öffnung ein aus längsliegenden Stäben gebildeter Rost an, und zwar zunächst mit je einem Düsenroststab. Auf diese folgen Stäbe mit ⌐-förmigem Querschnitt. Die Roststäbe überdecken sich, um Brennstoff und Herdrückstände

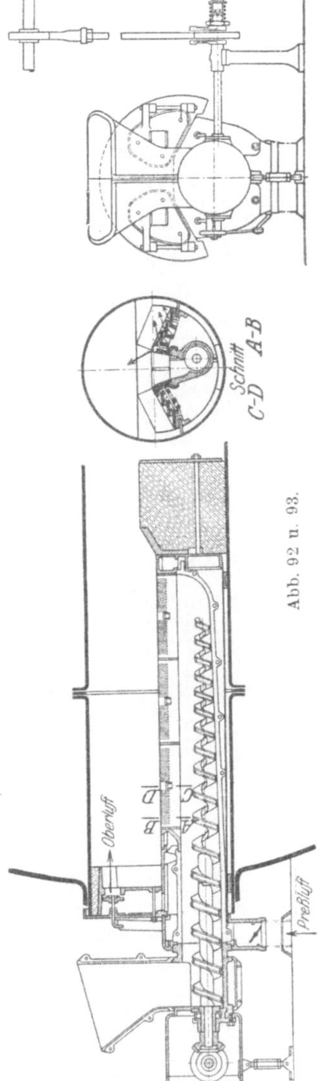

nicht hindurchfallen zu lassen, liegen aber so, daß Luftspalten zwischen ihnen vorhanden sind. Die aus dem Troge emporsteigenden Kohlen gelangen allmählich auf die nach beiden Seiten dachförmig abfallenden Rostflächen, um dort völlig auszubrennen. Zum Schlackeziehen sind zu beiden Seiten des Trichters Türen im Rahmen angebracht. — Der Wind wird vorn unterhalb des Kohlentroges mit

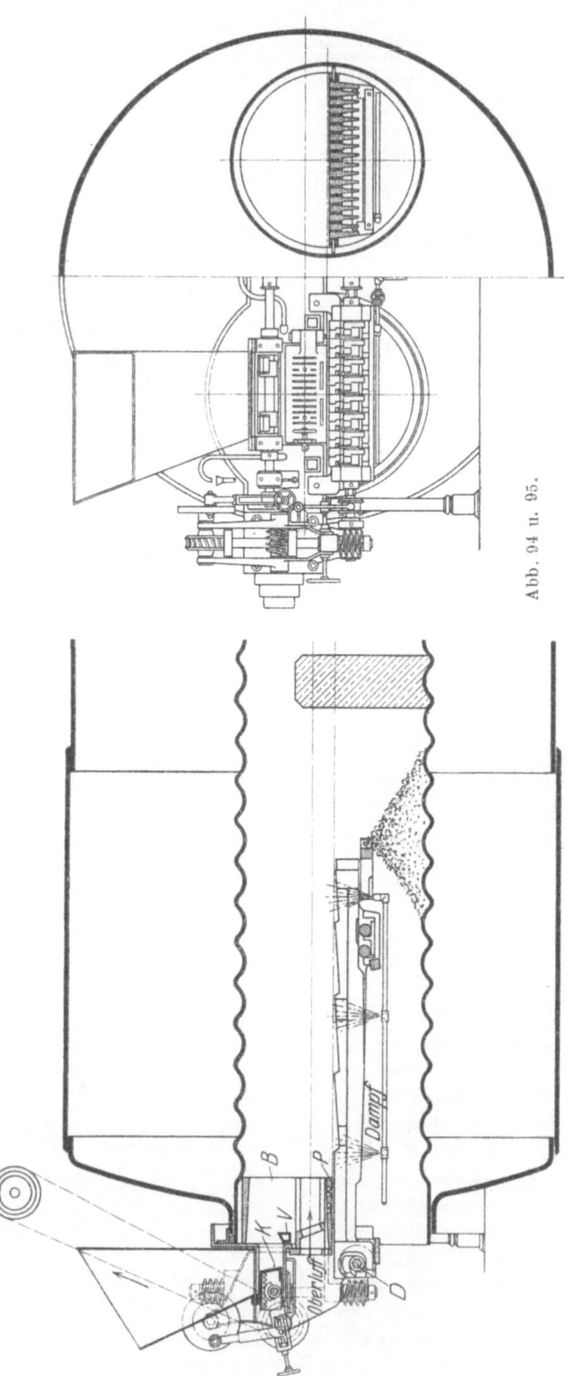

einer Pressung von 10—20 mm Wassersäule eingeführt. In den Zuführungskanal ist eine Drosselklappe eingebaut. Er gelangt zum Teil in den zwischen den Schlackentüren hohlen Rahmen des Feuergeschränks und kann von dort aus durch ein Einstellventil [als Oberluft in den Flammraum treten. Der übrige Teil des Windes strömt in die unter dem Rost liegende Druckluftkammer, um durch die Spalten der Düsenroststäbe und zwischen den Winkelstäben hindurch als Unterluft in den Feuerraum einzutreten. Der Kraftbedarf einer Schnecke beträgt etwa $\frac{1}{2}$ PS.

c) Selbsttätiges Beschicken und Abschlacken von Planrosten. Um eine völlige Selbstbedienung der Feuerungen zu erreichen, also Eingriffe des Heizers in den Feuerraum möglichst ganz unnötig zu machen, wendet man bewegte Roste an. Auf ihnen brennt die Kohle ab, während sie langsam von der Schürplatte nach dem Rostende zu vorrückt, um dort schließlich als ausgebrannter Rückstand vom Rost herunterzufallen. Die hinter dem Rost angesammelten Schlacken können ohne Eingriff in den Feuerraum, also ohne daß eine Abkühlung desselben stattfindet, entfernt werden.

Das Vorschieben des Brennstoffes kann entweder durch Bewegungen der einzelnen Roststäbe, z. B. bei der Düsseldorfer Sparfeuerung, oder, wie bei den Kettenrosten, durch eine ununterbrochene Bewegung der gesamten Rostfläche bewirkt werden.

α) **Die Sparfeuerung Düsseldorf** ist in Abb. 94 und 95 in der Ausführung der Gesellschaft für Dampftechnik, Berlin-Wilmersdorf, dargestellt.

Die Kohle fällt vor einen vierkantigen Kolben K, der sie stoßweise über die wassergekühlte Verteilungsschiene V hinweg in einen aus Schürplatte P und Schutzbogen B gebildeten Entgasungsraum befördert. Aus ihm wird sie allmählich von der nachdrängenden Kohle auf den Rost hinausgetrieben. Um sie weiter fortzubewegen, ist der Rost folgendermaßen eingerichtet: Er hat nur eine Lage Roststäbe. Diese sind an der Brennbahn mit vier bis sechs flachen Zähnen versehen. Die vorderen Stabköpfe sind so geformt, daß sie eine Daumenwelle D umfassen und von den Daumen hin und her bewegt werden können. Das geschieht in wiederkehrendem Spiel so, daß alle Stäbe zusammen vorwärts wandern, daß darauf aber zunächst nur jeder zweite Stab in die Anfangslage zurückkehrt und die anderen Stäbe dann erst folgen. Beim Hingang der Stäbe wird die gesamte Brennschicht vorwärts bewegt. Gleichzeitig wird auf die Teile der Roststäbe, welche dabei an der Schürplatte in den Feuerraum gelangen, Kohle aus dem Entgasungsraum nachfallen. Infolgedessen staut sich die Kohle beim Rückgang der Stäbe an der Schürplatte. Da außerdem die Zähne der stehenbleibenden Stäbe einer Rückwärtsbewegung des Brennstoffes hinderlich sind, so kehrt die Brennschicht nicht mit den Roststäben zurück und der am Rostende angrenzende Teil der Schicht fällt vom Rost herunter. Die herunterfallenden Schlacken häufen sich hinter dem Rost an und schließen ihn gegen den Aschfall ab, sollen also die fehlende Feuerbrückenwand ersetzen.

Die Feuerung eignet sich für alle drei Feuerungsarten. Sie kann auch mit Kohlen von sehr ungleicher Stückgröße — Gries bis Stücke von etwa 100 mm — eine gleichmäßige Rostbedeckung bewirken. Im übrigen arbeitet sie am vorteilhaftesten bei nicht zu stark schwankendem Betriebe und bei Verfeuerung ziemlich rückstandsreicher und gashaltiger Kohlensorten mit lockerer Schlacke. Festbrennende Schlacken haben eine schnelle Abnutzung der Stäbe und eine beträchtliche Steigerung des Kraftbedarfs für den Antrieb zur Folge. Weiter macht sich nachteilig bemerkbar, daß die Rostfläche infolge des auf der Schürplatte liegenden Kohlenhaufens schlecht zu übersehen und dadurch die Einstellung der günstigsten Brennschichtstärke und Vorschubgeschwindigkeit sehr erschwert ist. Tritt ferner ein Zusammenbacken im Schlackenhaufen ein, so kann auch das Schlackenziehen große Schwierigkeiten bereiten.

β) **Die Kettenroste** haben sich am meisten von allen mechanischen Feuerungen eingeführt. Namentlich im Großbetriebe finden sie jetzt fast allgemein Verwendung. Der Grund hierfür ist darin zu suchen, daß sie eine gute Ausnutzung und rauchfreie Verbrennung der Kohle ermöglichen, keine hochwertigen, teuren Brennstoffe erfordern, in der Wartung ziemlich einfach sind und daß man bei ihnen die Größe der Rostfläche über das bei anderen Feuerungen erreichbare Maß wesentlich steigern konnte. Letzteres gewann eine besondere Bedeutung, weil es dadurch möglich wurde, sehr große Kesseleinheiten zu schaffen, wie sie zur Herstellung gut übersichtlicher Großanlagen erforderlich sind. Leider eignen sich die Kettenroste nicht für Innenfeuerung. Alle Versuche, sie dafür einzurichten, sind wegen der Schwierigkeit, welche dabei die Entfernung der Herdrückstände bietet, erfolglos gewesen.

An die auf Kettenrosten zu verfeuernden Kohlen sind folgende Anforderungen zu stellen: Um ungleichmäßigen Abbrand zu vermeiden, soll die Kohle gut sortiert sein. Alle Siebungen von Gries bis zu Stücken von etwa Faustgröße sind verwendbar, doch ist feinstückigem Brennstoff im allgemeinen der Vorzug zu geben. Im übrigen soll die Kohle nicht besonders gasarm und backend sein und vor allem keine fließenden Schlacken bilden. Ein nicht zu niedriger Gehalt an Unverbrennlichem ist erwünscht, da er eine gute Bedeckung des hinteren Teiles der Rostfläche begünstigt.

Der Aufbau der Kettenroste soll an der in Abb. 96 wiedergegebenen Ausführung der **Deutschen Babcock & Wilcox Dampfkesselwerke in Oberhausen** besprochen werden.

Die Kohle fällt in ganzer Rostbreite auf ein Kettenband, das aus etwa 250 mm langen Roststäben endlos zusammengesetzt ist. Vorn, unterhalb des Schüttrichters und am hinteren Rostende läuft es über Wellen, welche einige auf die Rostbreite gleichmäßig verteilte Kettenräder tragen. Die Wellen sind in Rahmenblechen gelagert, welche auf Rädern stehen. Diese Räder laufen auf Schienen, so daß die ganze Feuerung aus dem Kesselmauerwerk herausgezogen werden kann. Die vordere Welle wird vermittels eines Exzenters, Schaltwerks und Schneckengetriebes von einer Transmissionswelle aus stoßweise angetrieben.

Abweichend hiervon leitet man die Bewegung von der bei großen Anlagen für mehrere Kessel gemeinsamen, unter Flur gelegenen Transmissionswelle vielfach auch durch Ketten ab oder man wählt für jeden Kettenrost Einzelantrieb durch besonderen Motor und läßt den Vorschub des Rostes ununterbrochen erfolgen. Im Mittel beträgt der minutliche Vorschub etwa 100 mm.

Um eine recht ebene Rostfläche zu erzielen, ist die hintere Kettenradwelle im Rahmen verstellbar gelagert, so daß also das Kettenband gespannt gehalten werden kann. Außerdem wird es zwischen den Wellen von einer Anzahl Rollen getragen.

Der durch Einstellen eines in senkrechter Richtung beweglichen Schiebers auf eine bestimmte Stärke — gewöhnlich 100 bis 150 mm — auf den Rost geschichtete Brennstoff wird beim Vorrücken unter der Einwirkung des glühenden Feuergewölbes zunächst trocknen, entgasen, dann verbrennen und schließlich als Rückstand am hinteren Rostende anlangen. Dort befindet sich statt der Feuerbrücke ein Schlackenabstreicher, vor dem sich die Rückstände anstauen, bis sie darüber hinweg in eine Schlackenkammer fallen. Diese ist zur Entleerung mit beweglichem Boden versehen. Die Roststäbe bewegen sich unter dem Schlackenabstreicher über die hintere Kettenradwelle fort und kehren unterhalb der Brennbahn, in kühlendem Luftstrom liegend, nach vorn zurück.

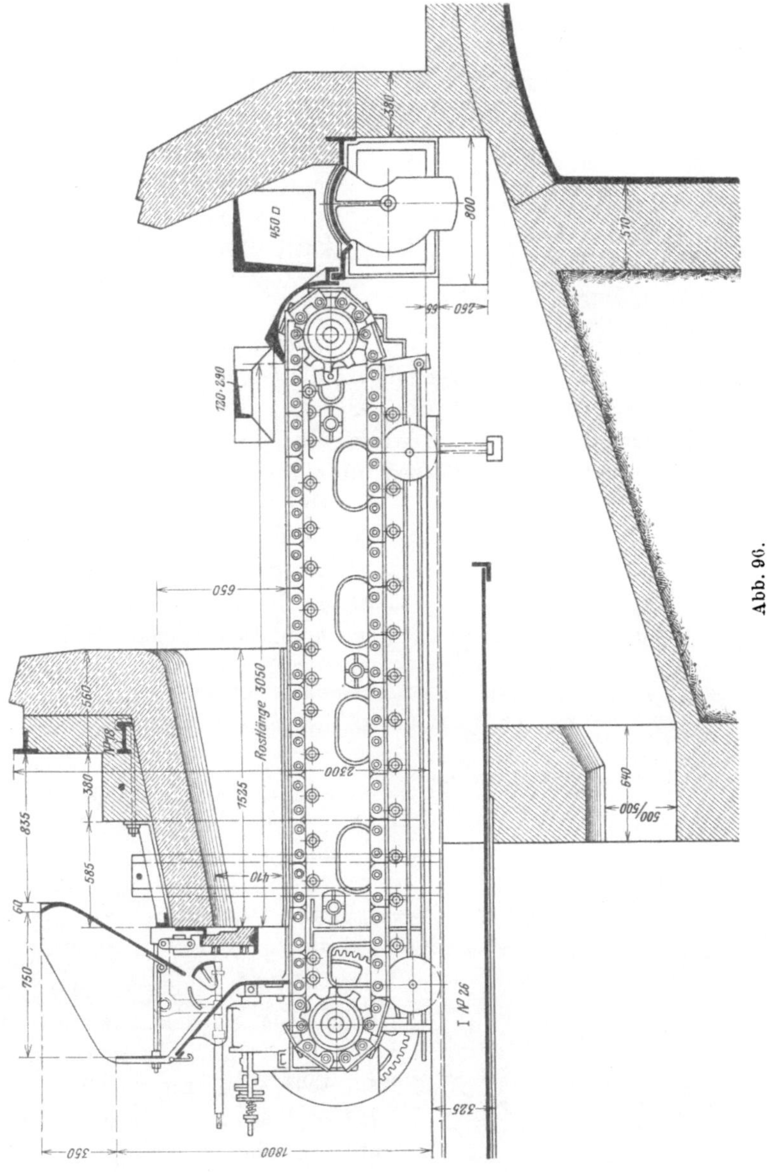

Abb. 96.

Die Schlackenabstreicher sind dem Abbrande ausgesetzt und erleiden häufig Beschädigungen durch Schlackenstücke, welche auf dem Rost festkleben. Infolgedessen hat man sich besonders bemüht, sie haltbar zu machen und ihren Ersatz auf einfache und billige Weise zu ermöglichen.

Sie werden dazu aus einzelnen nebeneinanderliegenden Teilen zusammengesetzt, aus feuerbeständigen Gußeisensorten hergestellt und mit angesetzter, besonders harter Spitze versehen (vgl. die in Abb. 97 dargestellte Ausführung von Thyssen & Co. in Mülheim a. d. Ruhr).

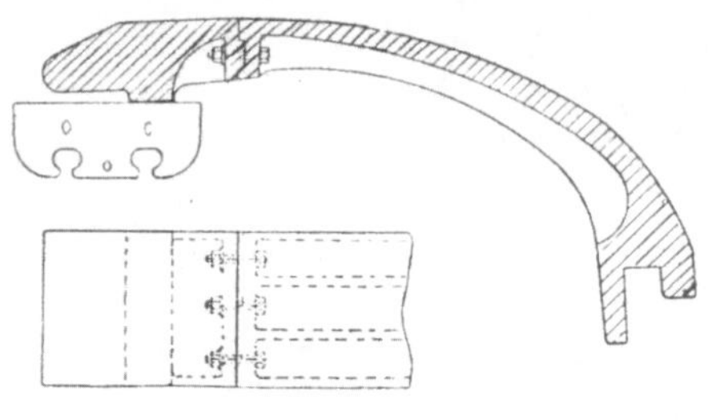

Abb. 97.

Sie werden so gelagert, daß sie nach oben etwas ausweichen oder auch derart, daß sie mittels einer darunterliegenden Welle angehoben werden können. Bei der in Abb. 102 dargestellten Ausführung von Steinmüller werden sie sogar, zur Auflockerung der angestauten Schlacken, dauernd bewegt. Neuerdings ist die genannte Firma dazu übergegangen, den Schlackenabstreicher durch eine Feuerbrücke zu ersetzen (Abb. 98).

Die Steinmüller-Feuerbrücke. Über dem Rostende ist eine senkrechte Wand eingebaut, an deren unteren Rande ein über die ganze Rostbreite durchgeführter, wassergekühlter Hohlkörper F angebracht ist. An der dem Feuer abgewandten Seite dieses aus Walzeisen zusammengeschweißten Hohlkörpers sind nebeneinander Gußstücke P pendelnd aufgehängt, die wie Rostplatten mit Luftschlitzen versehen sind.

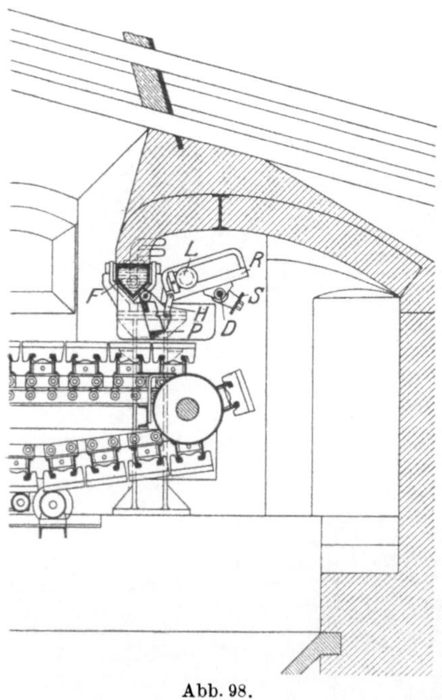

Abb. 98.

Jedes Pendel steuert mittels eines Hebels H ein im Rahmen R verschiebliches Laufgewicht L. Die Rahmen sind auf der Achse D drehbar gelagert. Mittels der Schiene S können sie in Öffnungs- oder Schlußstellung gebracht werden. Die Schlacken stauen sich vor den Pendeln so lange an, bis sie den vom Eigengewicht eines jeden Pendels und der Schlußstellung des zugehörigen Laufgewichtes abhängigen Widerstand überwinden können. Wo das eintritt, gleitet das Laufgewicht in seine Öffnungslage. Dadurch schwingt der Rahmen herum, indem er das Pendel anhebt und so eine für den Durchlaß der Schlacken genügend weite Öffnung freigibt. Das dauert an, solange von den Schlacken ein bestimmter, geringer Druck gegen das Pendel ausgeübt wird. Hört er auf, dann schließt sich das Pendel wieder.

Die gleiche Wirkung — gute Bedeckung des hinteren Teiles der Rostfläche, gutes Ausbrennen der Schlacken, möglichste Verhinderung von Beschädigungen am Schlackenabstreicher, dabei Vermeidung des Eintrittes falscher Luft — wird auch bei den nachstehend beschriebenen Feuerbrückenkonstruktionen angestrebt.

Die Bamag - Feuerbrücke (Abb. 99). An der Rückseite des hohlen Feuerbrückenkörpers (Z Wasserzuleitung, A Wasserabfluß) ist eine Welle W_1 gelagert, mit der einige Glieder G, sowie der außerhalb des Mauerwerks liegende Gewichtshebel H fest verbunden sind. Die Glieder G tragen eine zweite Welle W_2. Auf dieser sind die Rollen R aufgereiht. Als Luftabschluß dienen die über jeder Rolle auf W_1 drehbar gelagerten Stücke L. Die Rollen laufen auf dem Kettenrost und können sich anhebend ausweichen, sobald festsitzende Schlackenstücke ankommen. Mittels des Hebels H können alle Rollen emporgehoben werden. Die unter dem hinteren Teile der Rostfläche angebrachten Klappen K gestatten dort die Luftzufuhr zu regeln.

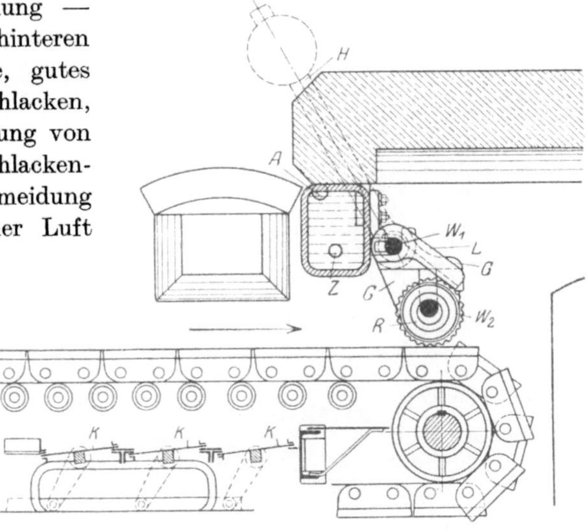

Abb. 99.

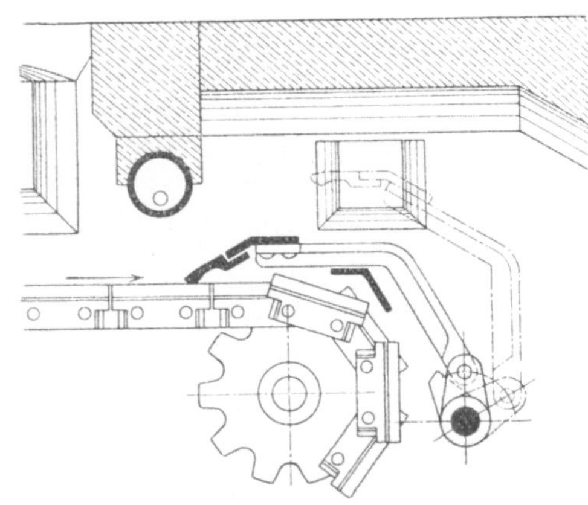

Abb. 100.

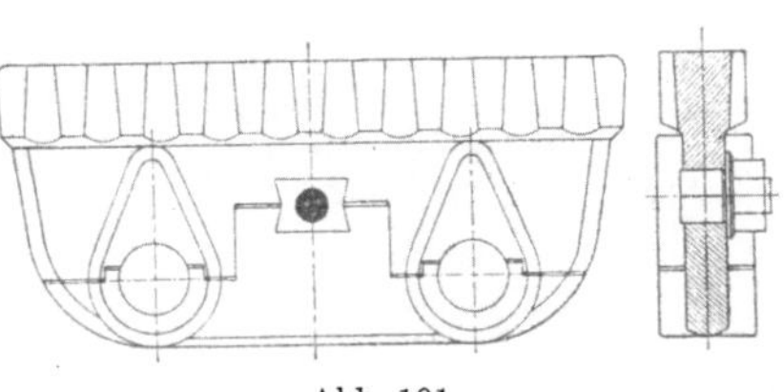

Abb. 101.

Die Vervoort - Feuerbrücke der Feuerbrücken-Ges. m. b. H., Düsseldorf (Abb. 100). Unter dem Feuerbrückenkörper liegt ein Schlacken-

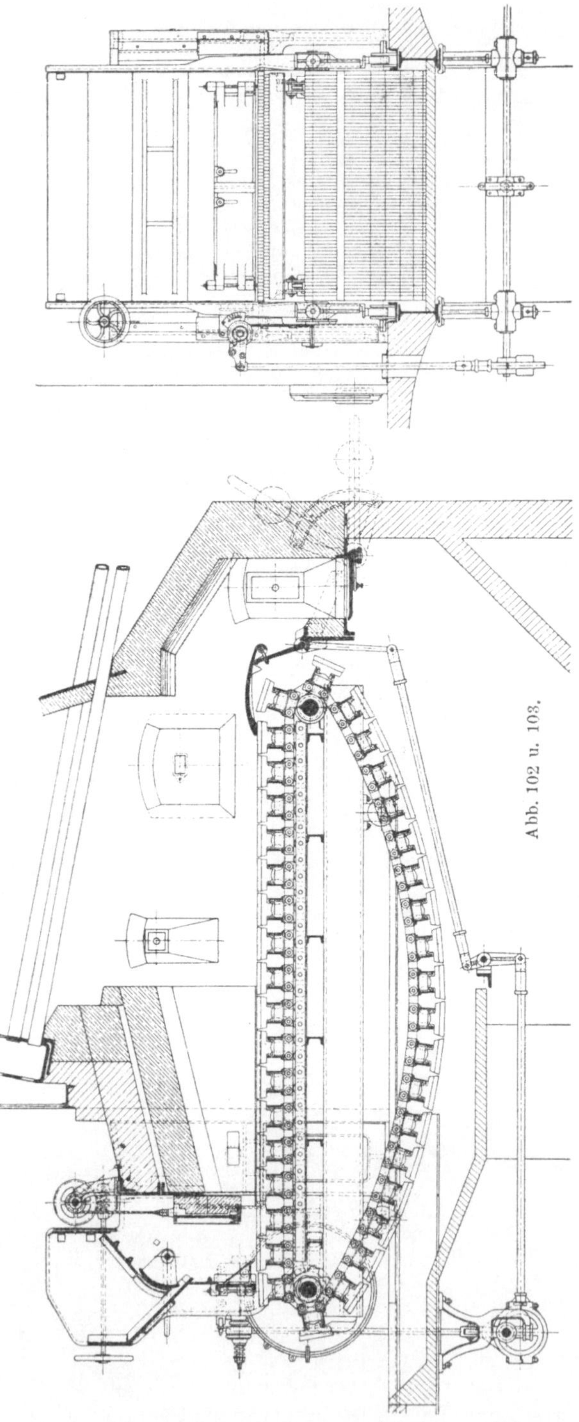

Abb. 102 u. 103.

abstreicher, der sich in wagerechter Richtung verschieben, ferner auch anheben läßt. Durch die Verschiebung kann der Durchgangsquerschnitt zwischen Feuerbrücke und Schlackenabstreicher je nach dem Anstrengungsgrade der Feuerung und dem Aschengehalt des Brennstoffes verkleinert oder vergrößert werden.

Besondere Schwierigkeiten bietet die Erneuerung einzelner Roststäbe und zwar um so mehr, je weiter sie vom Rande des Kettenbandes entfernt liegen. Dem versucht man durch besondere Gestaltung der Stäbe zu begegnen. Als Beispiel hierfür zeigt Abb. 101 einen von der Bamag ausgeführten, geteilten Roststab, dessen Teile durch einen schwalbenschwanzförmigen Keil zusammengehalten werden.

Auch die neuerdings am meisten gebräuchlichen Bauarten der Kettenroste, die sogen. Wanderplanroste, wollen vor allem das Auswechseln der Stäbe erleichtern, dabei aber die Verwendung einfach geformter, billiger Stäbe ermöglichen. Abb. 102 u. 103 zeigen einen solchen

von L. & C. Stein-
müller, Gummers-
bach erbauten Wan-
derrost. Der Rost wird
aus einzelnen hinter-
einander angeordneten
Planroststreifen zu-
sammengesetzt, die
durch zwei Gelenk-
ketten verbunden, in
gleicher Weise wie die
Roststabbänder be-
wegt werden. Die Rost-
stäbe erfahren dabei
keinerlei Zugbeanspru-

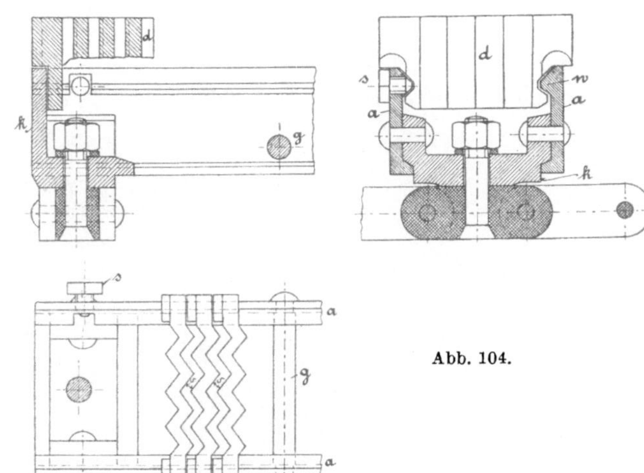

Abb. 104.

chung mehr und können daher dünner ausgeführt werden, als bei den
gewöhnlichen Kettenrosten. Dadurch aber läßt sich die Größe der freien
Rostfläche über das bei diesen mögliche Maß erheblich steigern. Da ferner
die als Zugorgane dienenden
Ketten nicht der unmittelbaren
Einwirkung des Feuers ausgesetzt
sind, so kommen Störungen in
der Rostbewegung hier seltener
vor als bei den Roststabbändern.
An der gezeigten Ausführung ist
noch besonders bemerkenswert,
daß der zurückkehrende Teil des
Rostes nicht auf Tragwalzen geführt ist, sondern frei durch-
hängt. Man hat dadurch bei
kürzeren Rosten eine bessere
Kühlung der Roststäbe und
einen leichteren Gang des Rostes
erzielt. Bei größeren Rostlängen
würde jedoch das Gewicht des
durchhängenden Rostteiles die
Zugketten so hoch beanspruchen,
daß Reckungen der Ketten und
damit Störungen beim Eingriff
der Kettenräder unvermeidlich
wären. In solchen Fällen wird

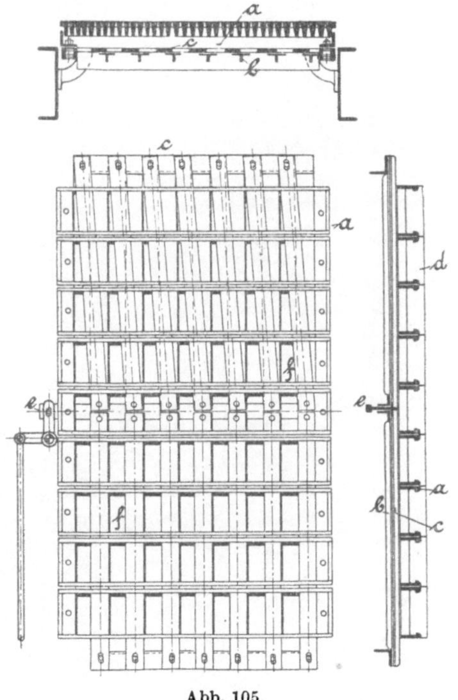

Abb. 105.

daher der Rost auch unten stets auf Rollen geführt (vgl. Abb. 98).
Bei niedriger Rostbelastung liegt die Gefahr vor, daß auf dem
hinteren Teile der Rostfläche unbedeckte Stellen entstehen, so daß durch

die dort einströmende, nicht für die Verbrennung ausgenutzte Luft die
Güte der Kesselleistung vermindert wird. Das macht sich namentlich
geltend, wenn keine Feuerbrücke, sondern nur ein Schlackenabstreicher

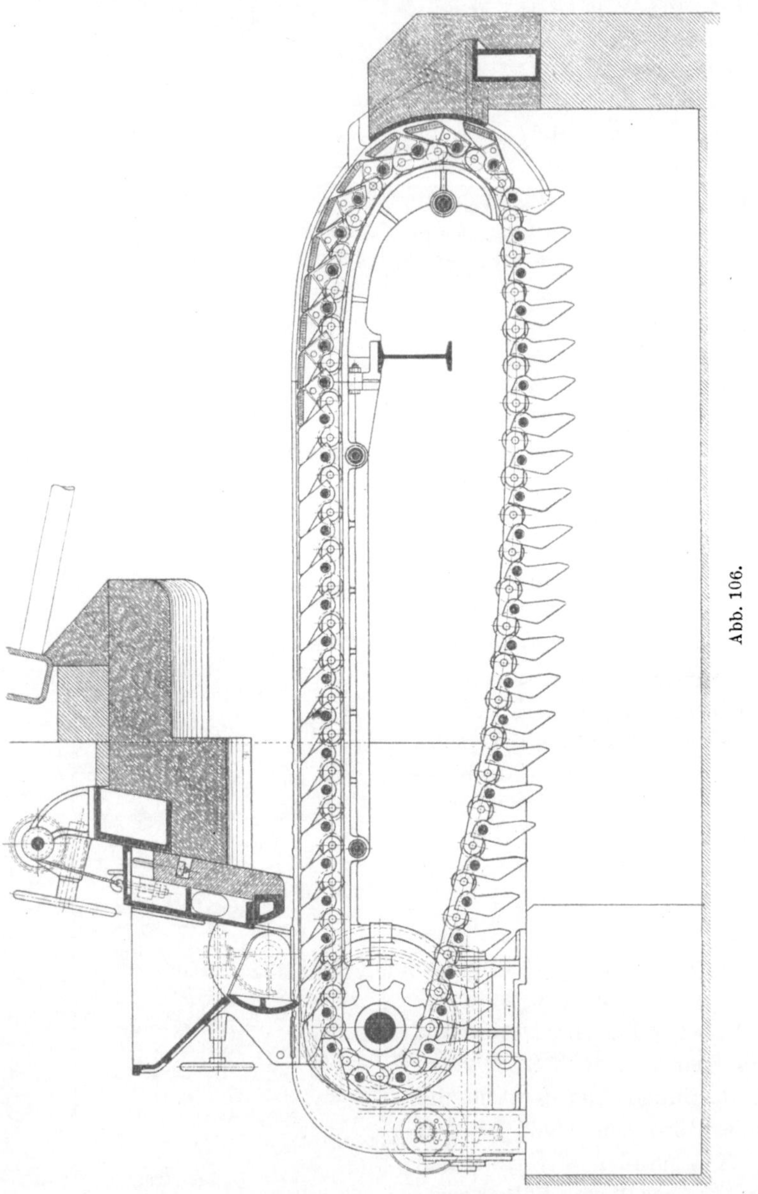

Abb. 106.

vorhanden ist und man Roststabformen gewählt hat, die eine große freie
Rostfläche ergeben. Diesem Mangel will die Firma C. H. Weck in Dölau
durch Regelung der Luftmenge abhelfen, welche dem hinteren Rostteile

zugeführt wird. Abb. 104 zeigt zunächst den Aufbau eines Rostelementes
in der Weckschen Ausführung.

Die aus Profileisen bestehenden Rostträger a werden durch Kopfstücke k
und Stehbolzen g zusammengehalten. In die Wulst eines Rostträgers ist in der
Nähe des Kopfstückes ein Schlitz eingefräst, der das Einlegen der Roststäbe d in
den Rahmen ermöglicht. Der Schlitz wird danach durch eine Schraube s verschlossen, wodurch das Herausfallen der Stäbe verhindert wird. Mit Hilfe der Kopfstücke werden die Rostträger auf den Ketten befestigt.

Der Luftregler (Abb. 105) liegt unmittelbar unter den Rostträgern und
besteht aus einem Schiebegitter mit längsliegenden festen T-Eisen b und
darüberliegenden, beweglich gelagerten Flacheisen c. Dieses Schiebegitter liegt nur
unter den beiden letzten Dritteln der Rostfläche. Ist es, so wie in der Abbildung
angegeben, ganz geöffnet, so strömt die Luft zum zweiten Drittel der Rostfläche
durch lauter gleichgroße Öffnungen f, dagegen nimmt die Luftzufuhr auf dem
letzten Drittel nach hinten zu ab. Durch Stellen an einem Handhebel können mit
Hilfe des Gestänges e die mittleren Enden der Flacheisen c nach links verschoben
werden, so daß sich dann die Öffnungen f auf dem mittleren Drittel nach hinten
zu verengen, während auf dem letzten Rostdrittel gar keine Luft zuströmt.

Einen Kettenrost besonderer Bauart, den Placzek-Rost (Abb. 106)
liefert die Firma Büttner in Ürdingen am Rhein.

Er wird aus Roststäben zusammengesetzt, deren Form in Abb. 107
veranschaulicht ist. Die Stäbe werden auf Drehachsen aufgereiht
und diese an beiden
Enden an den Zugket-
ten befestigt. Zur Aus-
wechselung schadhaf-
ter Stäbe kann die
betreffende Stabreihe
leicht heraus genom-
men und dafür eine
breitgehaltene Ersatz-
reihe eingelegt werden.
Als Vorzüge der Bauart
gelten: Geringer Bewe-
gungswiderstand des
Rostes; für das Aus-
kühlen besonders vor-

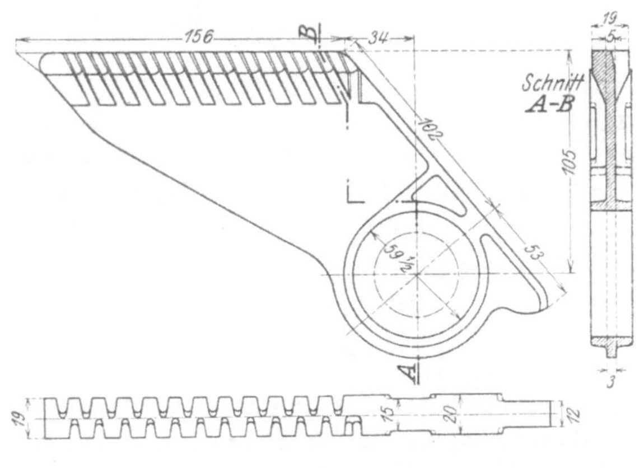

Abb. 107.

teilhafte Lage der Roststäbe beim Rückgange; größere Haltbarkeit des
Schlackenabstreichers, der wegen der Eigenart des Rostes tiefer gelegt,
mithin der unmittelbaren Einwirkung des Feuers entzogen werden kann.

γ) **Kettenrostfeuerungen für minderwertige Brennstoffe.** Die Verfeuerung minderwertiger Brennstoffe auf Kettenrosten bereitet keine
besonderen Schwierigkeiten, sofern es sich um feinkörnige oder staubige, dabei aber gasreiche und nicht zu feuchte Stoffe handelt. Es
wird dann ebenso wie bei nicht bewegten Rosten Unterwind zur Erreichung genügender Rostleistungen angewandt. Wesentlich ungünstiger

liegen die Verhältnisse, sobald der Brennstoff wegen seines Wassergehaltes (Braunkohle) oder wegen geringen Gasgehaltes (Magerkohle, Koks) als minderwertig anzusehen ist, dann bietet nämlich seine Zündung große Schwierigkeiten, da die frische Kohle beim Kettenrost nicht auf ein Grundfeuer aufgegeben wird. Die Strahlung gewöhnlicher Zündgewölbe genügt jedenfalls nicht, um die Zündung herbeizuführen. Diesem Mangel versucht man durch besondere Gestaltung der Zündgewölbe oder durch Heizung derselben, ferner durch Hilfsfeuerungen abzuhelfen. Letztere sind vereinzelt so ausgeführt worden, daß auf einem kleinen, festen Hilfs-

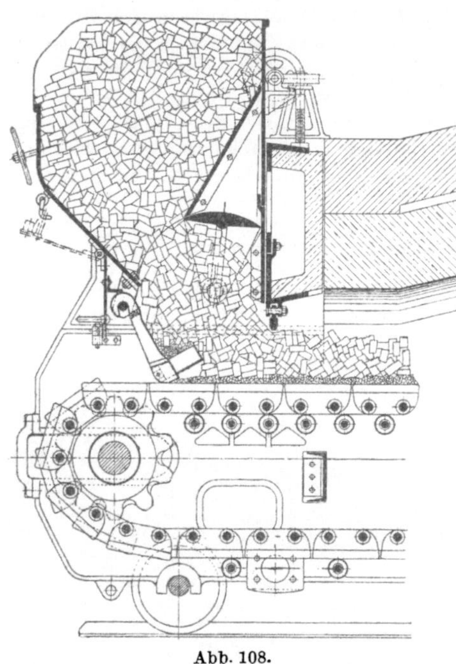

Abb. 108.

rost langflammige Kohlen verbrannt und die dort entstehenden Feuergase über den frischen Brennstoff auf dem Kettenrost hinweggeleitet werden. In ähnlicher Weise sind Zusatzölfeuerungen angewandt worden. Von besonderem Belange sind die Konstruktionen, bei denen die Hilfsfeuerung unmittelbar vor den Kettenrost aufgebaut werden. Hierher gehören:

Der Bessert - Vorrost. Abb. 108 zeigt ihn in der Ausführung der Bamag. Längs der Unterkante der Vorderwand des Schüttrichters liegt eine Welle, auf die hakenförmige Roststäbe nebeneinander aufgehängt sind. Diese Roststäbe bilden eine Mulde, in der ein Teil des aus dem Trichter herabfallenden Brennstoffes (Braunkohlenbriketts) zurückgehalten wird, um in einem dort unterhaltenen besonderen Feuer getrocknet und entzündet zu werden. Unter der Last des darüberstehenden Brennstoffes werden die im Vorrost angebrannten Briketts schließlich zerfallen, so daß dauernd glimmende Brikettstücke als Grundfeuer auf den Kettenrost fallen. Auf diese Weise ist es gelungen, auch mit Gemischen aus Briketts und Rohbraunkohle genügende Rostleistungen zu erzielen, sobald der Gehalt an Rohkohle 30% nicht übersteigt.

Für solche Kohle allein ist, wie in Abb. 109 wiedergegeben, über dem Hakenrost noch ein Treppenrost anzuordnen. Dieser ist mit Gasabzug nach dem Flammenraum über dem Kettenrost versehen, außerdem ist Treppenrost und Kettenrost gesondert mit Unterwindzuführung ausgerüstet. Die Feuerung hat bemerkenswerte Erfolge gezeitigt, z. B. sind auf ihr bei einer Windpressung von 45 mm W.-S. Rostbelastungen bis zu 420 kg mit rheinischer Braunkohle erzielt worden.

Vorschachtfeuerung der Rheinisch - westfälischen Sprengstoff A.-G., Köln (Abb. 110—111). Vor dem Kettenrost ist ein Generator aufgestellt, der mittels des Abzugsrohres e an den Schornstein oder irgend eine Stelle des Gasweges angeschlossen wird, an der eine höhere Zugstärke als im Feuerraum über dem Kettenrost vorhanden ist. Die in der Rohrabzweigung p nach dem ersten Zuge eingebaute Klappe o ist zunächst zu schließen, während Klappe n völlig offen zu halten ist. Nachdem eine ausreichende Glutschicht im Vorgenerator erzeugt worden ist, kann Klappe n geschlossen und o so eingestellt werden, daß der nach Ingangsetzung des Kettenrostes im Generator nachrutschende Brennstoff dort dauernd sicher gezündet wird, um im

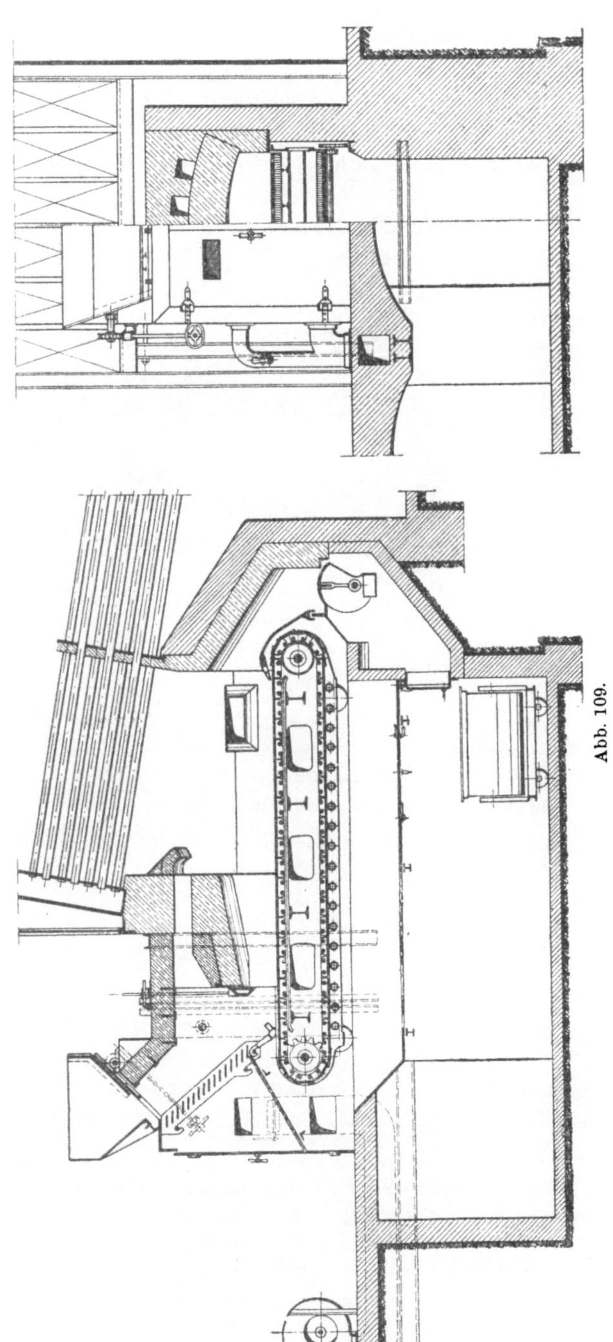

Abb. 109.

glühenden Zustande auf den Kettenrost zu gelangen. Ein Zugmesser m
auf dem Abzugrohre soll die Einregelung der Klappe o erleichtern. — Die
Feuerung hat sich für Koks allein, für Gemische aus Koks und Braunkohlenbriketts oder Rohbraunkohle, aus Nußkohle und Magerkohle und
auch für Torf bewährt. Mit reinem Koks konnte z. B. bei einer Zug-

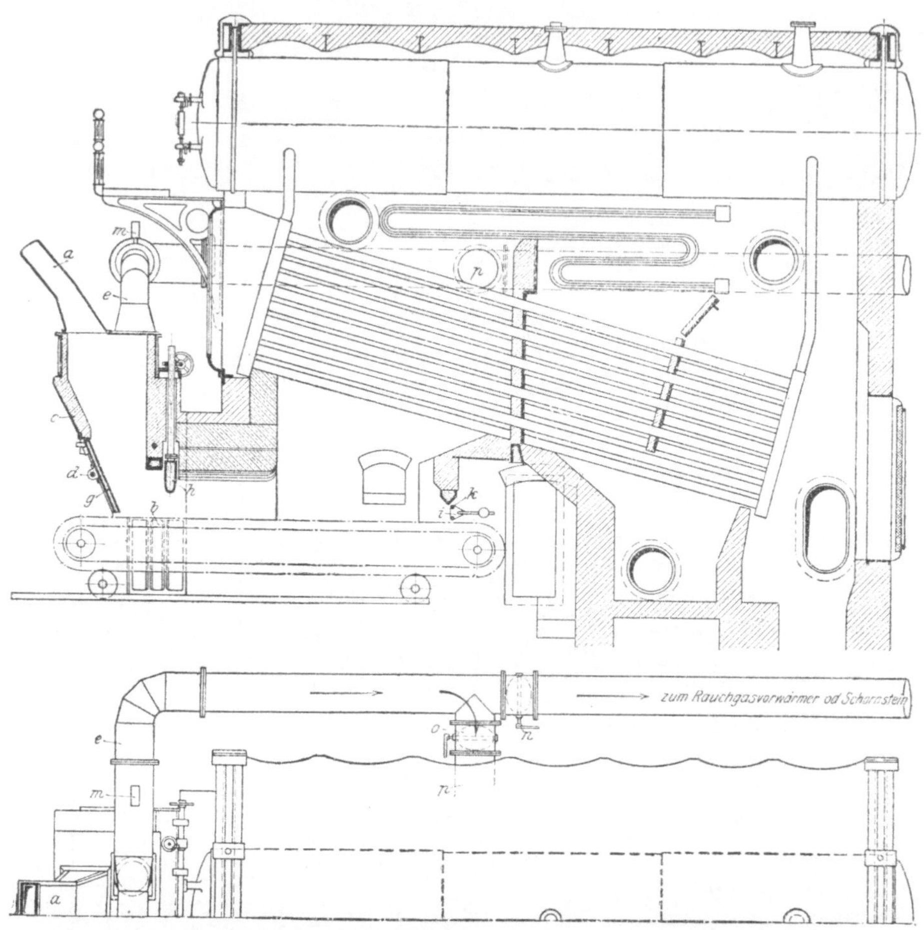

a Zuführung vom Bunker, b Teil des Kettenrostes, auf den der glühende
Brennstoff aus dem Vorgenerator hinabfällt, c Schamottevorderwand des Generators,
g hohle, wassergekühlte, eiserne Abschlußwand, die zur Freilegung des Feuer-
raumes um die Achse d gedreht werden kann, h Schieber zur Einstellung der
Brennschichtstärke, i—k Steinmüller-Feuerbrücke.
Abb. 110 u. 111.

stärke von 19 mm Wassersäule hinter dem Kessel eine durchschnittliche
Rostbelastung von 87 kg und ein Gesamtwirkungsgrad (einschl. Überhitzer und Vorwärmer) von 71% erzielt werden, während mit einem

Gemisch aus Koks und Braunkohlenbriketts (1 : 1) bei der gleichen Zugstärke erreicht wurde: $B : R = 144\,\text{kg/m}^2/\text{h}$ und $\eta = 80\%$.

d) Selbsttätiges Bedienen und Abschlacken von Treppenrosten. Die geneigte Lage der Schräg- und der Treppenroste bewirkt nur dann Selbstbeschickung, wenn der Neigungswinkel des Rostes dem Brennstoff richtig angepaßt ist. Da feine Kohlenteilchen jedoch einen kleineren Böschungswinkel ergeben als größere Stücke, so läßt es sich praktisch kaum vermeiden, daß bei einer bestimmten Rostneigung entweder große

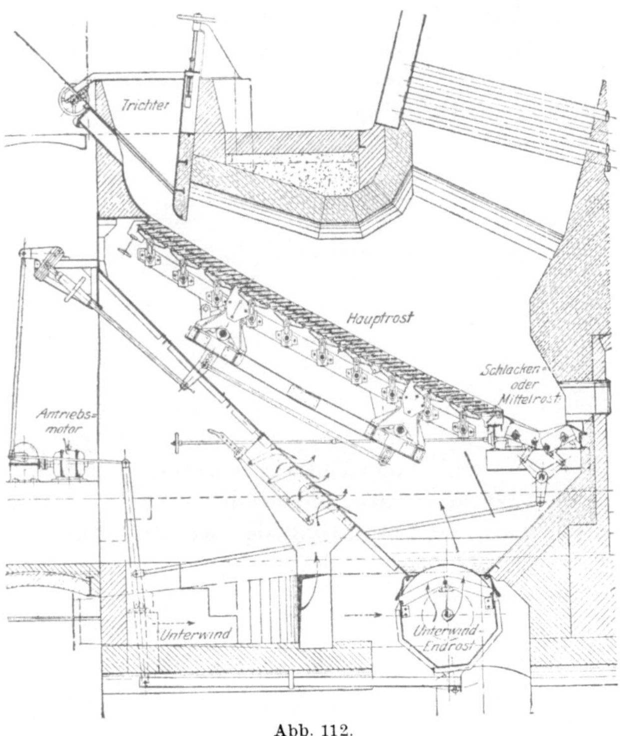

Abb. 112.

Stücke auf solchen Rosten herabrollen oder feine Stücke Nachstochern erforderlich machen. Auch sonst kann man den Veränderungen in der Brennstoffbeschaffenheit — Stückgröße, Feuchtigkeitsgehalt — und der davon abhängigen Fähigkeit zum Nachrutschen nicht in ausreichendem Maße durch Verstellen der Rostneigung folgen. Das hat den Anlaß zum Bau von Schüttrosten gegeben, die eine Veränderung der Rostneigung unnötig machen sollen. Man nennt sie Schwing- oder Vorschubroste. Bei ihnen wird die Rostneigung von vornherein so gering gewählt, daß eine Überstürzen der Kohle auf der Brennbahn möglichst verhindert wird. Außerdem wird bei Treppenrosten jede zweite Roststufe, bei Schrägrosten jeder zweite Roststab durch mechanischen Antrieb regel-

mäßig in eine geringe, schwingende Bewegung um ein festes Auflager
versetzt, derart, daß Kohlen- und Herdrückstände allmählich nach dem
Rostende zu befördert werden.

Wie man dabei auch zu erreichen bestrebt ist, daß die mit den Rück-
ständen am Rostende anlagende Kohlenglut ausbrennen und die Rückstände möglichst verlustlos abgeführt werden können, zeigt die nach-
folgend beschriebene Feuerung.

Evaporator-Treppen-Schwingrost (Abb. 112). Der am Ende
des Treppenrostes angeordnete „Mittelrost" wird so bewegt, daß er beständig einen Teil der auf ihn gelangenden, noch nicht völlig ausgebrannten
Kohlen hindurchfallen läßt. Sie werden einem darunter liegenden, mit
Unterwind betriebenen „Endrost" zugeführt, auf dem sie völlig ausbrennen sollen. Er wird schwingend hin und her bewegt, so daß die ausgebrannten Rückstände abwechselnd an der einen und der anderen Seite
von dem Rost herunterfallen können.

20. Die Kohlenstaubfeuerungen.

Kohlenstaub läßt sich ohne Rost verbrennen, wenn man ihn im Luftstrom in einen mit Schamotte ausgemauerten Feuerraum einführt. Mit
solchen, im allgemeinen recht einfachen Feuerungen können folgende
Vorteile erreicht werden: Genaue Regelbarkeit der Brennstoffzufuhr,
einfache Feuerbedienung und dabei rauchfreie Verbrennung; geringer
Luftüberschuß und damit hohe Feuertemperatur, so daß die Vorbedin-
gung für eine gute Wärmeübertragung erfüllt wäre. — Der Einschränkung
des Luftüberschusses bei Verfeuerung des Kohlenstaubes ist praktisch
allerdings eine Grenze gesetzt durch die begrenzte Temperaturbeständig-
keit des Feuerungsmauerwerkes, ferner durch den Umstand, daß CO_2
bei hohen Temperaturen in steigendem Maße in CO und O_2 zerfällt, daß
dann also Verluste durch unverbranntes Gas entstehen und schließlich
dadurch, daß sonst der gesamte Aschengehalt des Brennstoffes zu Schlacke
schmelzen würde.

Als Nachteile der Staubfeuerungen sind vor allem die hohen Aufbereitungskosten des Brennstoffes zu nennen. Der Staub muß nämlich
durch feinste Vermahlung der Kohle hergestellt und möglichst weit-
gehend getrocknet werden, da er sonst zum Teil nur mangelhaft verbrennt und dann angekokt niederfällt. Nur wenn der bereitete Staub
sofort verfeuert wird, braucht man nicht ganz so hohe Anforderungen an
die Vermahlung und Trocknung zu stellen. Sodann verlangt der Staub
zum Ausbrennen einen sehr langen Flammenweg, also viel größere Feuer-
räume als sie bei Verfeuerung stückigen Brennstoffes erforderlich sind.

Die Kohlenstaubfeuerungen haben sich im Dampfkesselbetriebe bis
her nicht auf die Dauer einführen können. Die gegenwärtigen, auf ihre
Einführung gerichteten Bestrebungen sind namentlich auf die scheinbar

günstigen Erfahrungen zurückzuführen, die man in den letzten Jahren in Amerika damit gemacht hat. Danach dürfte in Großbetrieben und bei Verwendung besonderer, die Eigenart der Feuerung berücksichtigender Kesselbauarten ein Erfolg zu erwarten sein, sofern geeignete, nicht zu aschenreiche Brennstoffsorten zu angemessenem Preise zur Verfügung stehen.

21. Die Feuerungen für flüssige Brennstoffe.

A. Allgemeines.

Infolge der Bestrebungen, weiche auf eine allgemeinere Weiterverarbeitung der Rohkohlen hinzielen, dürfte sich die Erzeugung von Teerölen weiter steigern, wodurch die Verfeuerung flüssiger Brennstoffe auch für Deutschland an Bedeutung gewinnen würde. Sie bietet viele Vorteile, von denen die wichtigsten nachstehend zusammengestellt sind:

Wegen des hohen Heizwertes der Heizöle stellen sich die Frachtkosten für die Wärmeeinheit niedriger als bei anderen Brennstoffen, auch wird am wenigsten Raum für die Lagerung der Brennstoffvorräte gebraucht. Eine Abnahme des Heizwertes infolge der Lagerung, die bei Kohle nicht unerheblich sein kann, findet hier gar nicht statt. Der Brennstoff kann der Feuerung bequem und ohne Staubbelästigung zugeführt werden. Der Fortfall des Rostes vereinfacht den Aufbau der Feuerung und verringert ihre Unterhaltungskosten. Die Verbrennung der Öle ist mit ganz geringem Luftüberschuß und dabei rauchfrei möglich. Die Bedienung und Regelung des Feuers ist einfach. Verbrennungsrückstände sind nicht vorhanden. Diese Vorteile gewinnen noch an Bedeutung bei Schiffskesseln und Lokomotiven (kein Funkenauswurf), so daß eine allgemeinere Verwendung von Heizölen als Brennstoff durchaus erwünscht wäre.

Das Öl läßt man der Feuerung gewöhnlich aus einem 2 bis 3 m höher gelegenen Behälter zulaufen. Damit dabei keine Verstopfung der Rohrleitungen eintritt, ist es nötig, die mehr oder weniger zähflüssigen Heizöle vorher anzuwärmen (auf etwa 60 bis 70°). Dazu wird meistens Kesseldampf durch eine in den Behälter eingebaute Rohrschlange geführt. Außerdem werden Siebfilter in der Ölleitung angebracht, durch welche mitgeführte feste Stücke — teils Verunreinigungen, teils Ausscheidungen — zurückgehalten werden.

Die Verbrennung des Öles wurde ursprünglich so versucht, daß man dasselbe flachen Gefäßen zuführte und dort entzündete — Schalenfeuerung. Auf diese Weise läßt sich aber nur eine recht unvollkommene Verbrennung bei stark rauchender Flamme erzielen. Auch dadurch, daß man das Öl in ganz dünner Schicht über eine große Brennfläche laufen — Rieselfeuerung — oder durch eine poröse Wand von unten in den Feuerraum eintreten — Sickerfeuerung — oder tropfenweise in eine Verbrennungskammer fallen ließ — Tropffeuerung — wurde eine wesentliche Verbesserung nicht erreicht, jedenfalls keine Feuerungen geschaffen, die sich für höhere Dauerleistungen eigneten. Dies ist bisher nur möglich gewesen durch Zerstäubung oder Verdampfung des Öles.

B. Ölstaubfeuerungen.

Das Öl gelangt in feinste Tröpfchen verteilt in den Feuerraum. Diese sollen dort schnell verdampfen und der auf das innigste mit Luft gemischte Öldampf restlos verbrennen. Die dazu nötige Zerstäubung des Öles kann erfolgen durch:

a) Zerstäubung mittels Öldruckes. Das Öl wird mittels Pumpe unter einen Druck bis zu 10 at gesetzt und einem Brenner zugeführt. Vor demselben wird es noch so hoch erwärmt, daß ein möglichst großer Teil desselben nach dem Austritt aus der Brennerdüse infolge der dabei stattfindenden Druckentlastung verdampft. Um Dampfbildung vor dem Brenner und damit Stöße im Zuleitungsrohr zu vermeiden, begnügt man sich bei Teeröl

Abb. 113..

mit einer Vorwärmung von etwa 80, bei Naphtha von 140°. Die Zerstäubung des nicht verdampfenden Anteils wird dadurch herbeigeführt, daß man das Öl im Brenner durch einen schraubenförmig gewundenen Kanal preßt und ihm so eine Schleuderbewegung erteilt, mit der es den Brenner verläßt.

Abb. 113 zeigt einen solchen Brenner in der Bauart der Gebr. Körting, Hannover. Er wird meistens in einen Trommelschieber zentrisch eingebaut, das ist ein nach dem Kessel zu erweitertes gußeisernes Rohr, das mit Längsschlitzen versehen ist. Auf demselben ist ein ebenfalls geschlitzter Blechmantel angeordnet, der zwecks Einstellung der Verbrennungsluftmenge gedreht werden kann.

Diese Art der Zerstäubung läßt sich nur für nicht allzu dickflüssige Öle anwenden und nur für stündliche Leistungen von mindestens 50 kg Öl, weil praktisch weder Öldruck noch Düsenquerschnitt weiter verkleinert werden können. Sie bietet den Vorteil geringer Betriebskosten, dafür sind aber die Kosten der Anlage ziemlich hohe, da je ein Vorwärmer in Saug- und Druckleitung, eine Dampfpumpe mit Windkessel, eine Reservepumpe und dazu ein ausgedehntes Leitungsnetz gebraucht werden.

b) Zerstäubung mittels Preßluft. Sie erfordert einen Winddruckerzeuger, der die Verbrennungsluft einem Brenner zuführt. Die dabei angewandten Pressungen bewegen sich in den Grenzen von etwa 150 bis

700 mm Wassersäule. Die Luft wird zuweilen ebenfalls vorgewärmt. Bei vielen Ausführungen strömt sie, ebenso wie der Dampf bei dem in Abb. 115 gezeichneten Brenner, am Brennerkopf aus einem sehr schmalen, ringförmigen Querschnitt aus, trifft dort auf das innerhalb des Ringes austretende Heizöl, zerreißt es in feine Tröpfchen und führt es als Nebel in den Feuerraum. Eine davon abweichende Einrichtung zeigt Abb. 114.

Bei diesem von Carl Schmidt, Heilbronn gebauten Brenner strömt die Luft an einer Drosselklappe vorbei zum Teil in einen die Düse umgebenden Mantel, zum anderen Teil aber durch Öffnungen i in das Innere der Düse. Dorthin gelangt ebenfalls das Öl und zwar aus dem Rohr a durch das Filter e und den Verteilerkopf d. Die dort dem Luftstrom entgegentretenden Ölstrahlen werden in Staub aufgelöst und so fortgeführt, um an der Düsenöffnung umgeben von dem bei h austretenden Luftmantel, in den Feuerraum zu gelangen.

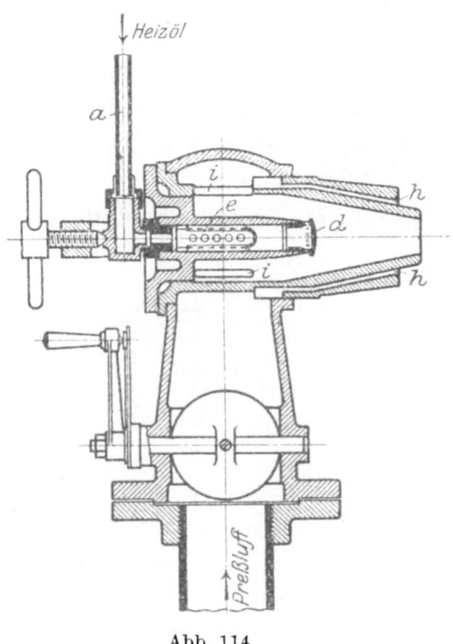

Abb. 114.

Die Betriebskosten stellen sich bei der Preßluftzerstäubung etwas höher als bei der mittels Öldruckes, dagegen sind die Anlagekosten geringer. Der Luftüberschuß läßt sich hier am geringsten halten, somit höhere Feuertemperaturen erzielen als bei den anderen Zerstäubungsarten. Da sich auch die Mischung des Ölnebels mit Luft am vollkommensten erreichen läßt, so bietet diese Zerstäubungsart am meisten die Möglichkeit restloser und völlig rauchfreier Verbrennung der Heizöle.

c) Zerstäubung durch Dampf. Bei dieser wird ein Dampfstrahl — am zweckmäßigsten von überhitztem Dampf — zur Erzeugung des Ölnebels angewandt. Manche dickflüssigen Öle lassen sich überhaupt nur

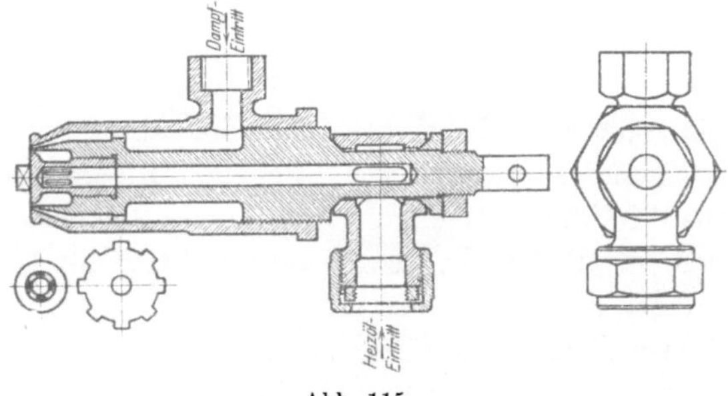

Abb. 115.

auf diese Weise zerstäuben. Die dafür aufzuwendende Dampfmenge beträgt durchschnittlich 4% des erzeugten Dampfes, ist also ziemlich beträchtlich. Infolgedessen läßt man bei dünnflüssigeren Ölen den Dampfstrahl vor dem Brenner Luft ansaugen und zerstäubt das Öl mit dem so entstandenen Dampfluftgemisch. Die Energie des Dampfes kann auf diese Weise besser ausgenutzt und der Dampfverbrauch für die Zerstäubung bis auf etwa 1% vermindert werden.

In Abb. 115 ist ein für Naphthafeuerung benutzter Brenner, Bauart Simonis & Lanz, Frankfurt a. M., wiedergegeben. Der Brennerkopf zeigt zwei konzentrisch liegende, ringförmige Öffnungen. Aus der inneren tritt das Heizöl, aus der äußeren der Dampf aus.

Die Dampfstrahlzerstäubung ist in der Anlage am einfachsten und billigsten. Neben den hohen Betriebskosten besitzt sie aber den Nachteil, daß der eingeblasene Dampf, der doch an sich für den Verbrennungsvorgang wertlos ist, Wärme in den Schornstein abführt, also zur Erhöhung des Schornsteinverlustes beiträgt und daß ferner die für den Zerstäubungsdampf erforderliche Wassermenge für den Maschinenbetrieb verloren geht. Das letztere ist auf Schiffen von wesentlicher Bedeutung.

d) Das Inbetriebsetzen der Ölstaubfeuerungen bietet insofern Schwierigkeiten, als man zunächst doch keinen Dampf für die Ölvorwärmung, ferner bei Öldruckzerstäubung zum Betriebe der Dampfpumpe und bei der mittels Dampfstrahles für diesen selbst zur Verfügung hat. Man hilft sich dann so, daß man den Kessel mit einem kleinen Schalenfeuer oder mit Holz anheizt oder man führt bei Öldruckzerstäubung zum Anfeuern Petroleum durch eine Handpumpe zu. Bei Preßluftzerstäubern erfolgt das Anheizen, falls Winddruck erzeugt werden kann, ebenfalls mit Petroleum oder wohl auch mit Brenngas. Einen dafür eingerichteten Brenner, Bauart Urbscheit, zeigt Abb. 116.

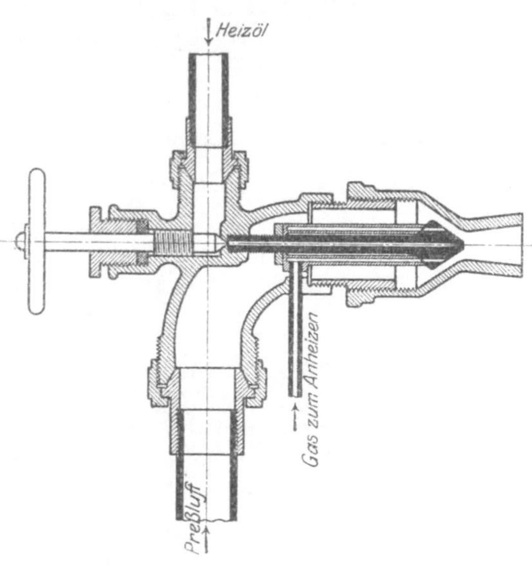

Abb. 116.

Um mit dem Heizöl anfeuern zu können, trifft man auch Einrichtungen, bei denen der Ölvorwärmer zunächst durch die Abgase eines Kohlenfeuers beheizt wird.

In Abb. 117 findet sich die Gesamtanordnung einer Ölstaubinnenfeuerung mit Dampfstrahlzerstäuber, wie sie von Borsig, Berlin-Tegel gebaut wird. Die Ausmauerung des Feuerraumes bietet den Vorteil, daß sich das nach etwaigen kurzen Betriebsunterbrechungen in den Feuerraum eingeblasene Öl von selbst wieder entzündet.

C. Öldampffeuerungen.

Am leichtesten läßt sich die innige Mischung des Öles mit Luft erreichen, wenn man dasselbe dazu, ehe es in den Feuerraum gelangt, in Dampfform bringt. Eine brauchbare Lösung dieser Aufgabe liegt im Irinyi-Brenner (Abb. 118) vor.

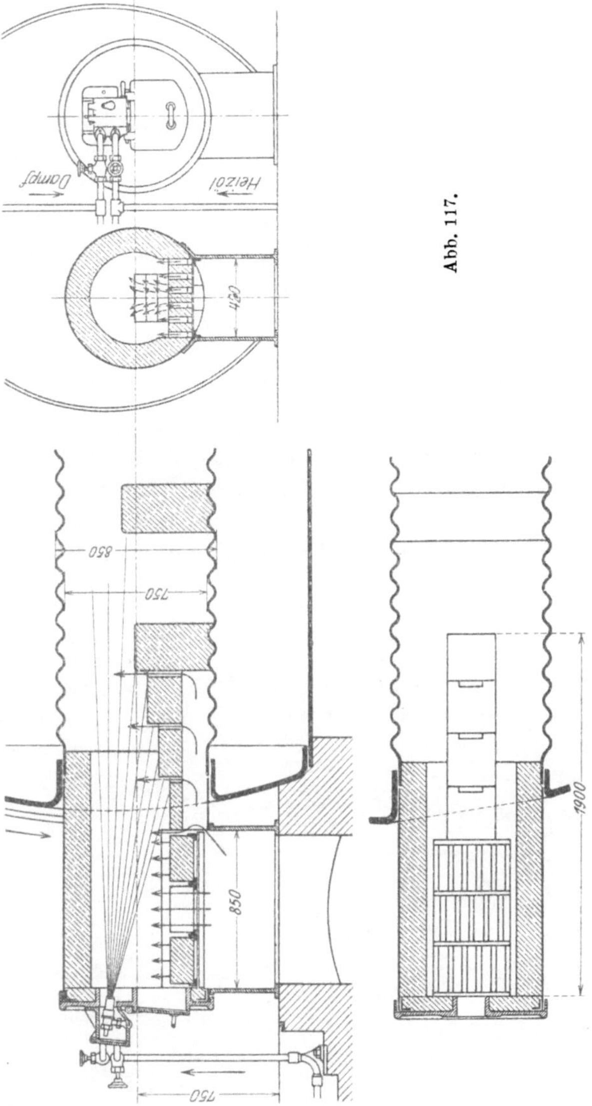

Das Heizöl fließt dem Gefäß a zu, in welchem es verdampft. Der Dampf tritt aus einer düsenartigen Öffnung des Gefäßes aus, vor welcher eine zum Regeln der Flammengröße verstellbare Platte c angebracht ist. Die Flammen sind so geführt, daß sie zunächst das Gefäß a bestreichen und dann durch einen Schlitz des Brennergehäuses in den eigentlichen Feuerraum treten. Beim Anheizen unterhält man in der Schale b ein Ölfeuer, das die Verdampfung des Öles in a und die Entzündung des austretenden Dampfes herbeiführt.

Für alle Öle, die sich ohne Rückstand verdampfen lassen, bietet diese Art der Verfeuerung große Vorteile, da die Kosten für die Zerstäubung fortfallen.

Abb. 117.

22. Die Feuerungen für gasförmige Brennstoffe.

A. Allgemeines.

Brenngase ergeben ebenfalls den Vorteil bequemer und reinlicher Zuführung des Brennstoffes zur Feuerung, ferner gut zu regelnder und leicht zu bedienender Feuerungen, in denen der Brennstoff bei geringstem

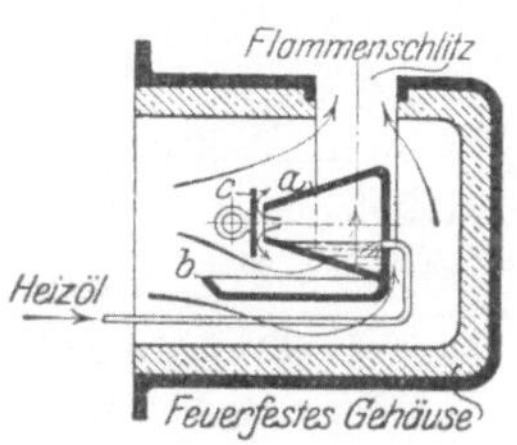

Abb. 118.

Luftüberschuß rauchfrei verbrannt werden kann und aus denen keinerlei Herdrückstände fortzuschaffen sind. — Dem steht als Nachteil die Explosionsgefahr gegenüber, die namentlich beim Anzünden besteht, wenn sich vorher Knallgasgemisch in den Zugkanälen angesammelt hat und die Züge vor dem Einführen der Zündflamme in die Feuerung nicht gut mit Luft durchspült werden. Bei einiger Vorsicht lassen sich jedoch die Explosionen vermeiden und der Betrieb der Gasfeuerungen durchaus gefahrlos gestalten.

Als Brenngase kommen in Betracht: Generatorgas und die aus Hochöfen und Koksöfen gewonnenen „Industriegase" (vgl. Abschnitt 4 C, S. 15).

B. Gasfeuerungen mit besonderem Gaserzeuger.

Gasfeuerungen mit besonderem Gaserzeuger haben sich nur wenig eingeführt, da die Vorteile dieser Feuerung: gute Verwertung geringwertiger Brennstoffe, sich auch in Feuerungen für feste Brennstoffe erreichen lassen, ferner die Anlage- und Unterhaltungskosten solcher Einrichtungen groß und die Wärmeverluste größer als bei den anderen Feuerungen sind.

C. Verfeuerung der Industriegase.

a) Gasfeuerungen mit Hilfsfeuer.
Abgase von Hochöfen und Koksöfen wurden früher allgemein in der einfachsten aber auch unwirtschaft-

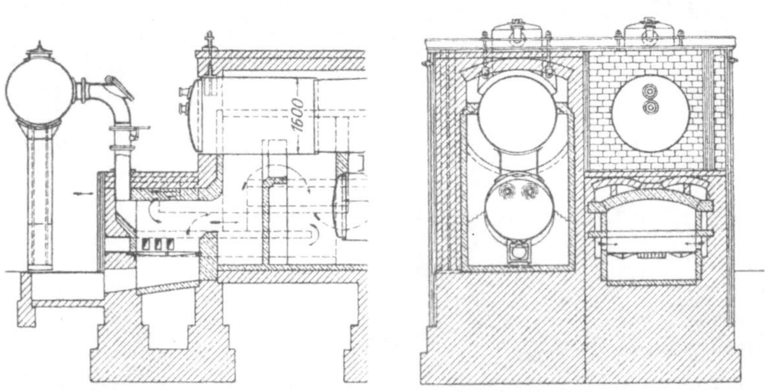

Abb. 119.

lichsten Weise, wie in Abb. 119 angegeben, zum Beheizen von Dampfkesseln verwandt.

Das Gas und die vorgewärmte Verbrennungsluft werden dabei in eine Verbrennungskammer geleitet, in welcher auf einem Rost zum Entzünden des Gases ein Hilfsfeuer unterhalten wird. Die so erzielte Ausnutzung des Brenngases betrug meistens unter 50%.

b) Gasfeuerungen mit Brenner. Es gelang den Heizwert des Brenngases mit durchschnittlich 75% auszunutzen, nachdem die Feuerungen so eingerichtet waren, daß Gas und Luft gut miteinander gemischt und die Luftzufuhr nach der Menge und Güte des zuströmenden Gases genau geregelt werden konnte. Bei der größten Zahl dieser Feuerungen wird die Arbeitsweise des Bunsenbrenners angewandt, so z. B. bei der viel ausgeführten Terbeckfeuerung (Abb. 120) und bei den neuerdings eingeführten Gasfeuerungen der Gustav Moll & Co. Akt.-Ges. Neubeckum (Abb. 121, 122).

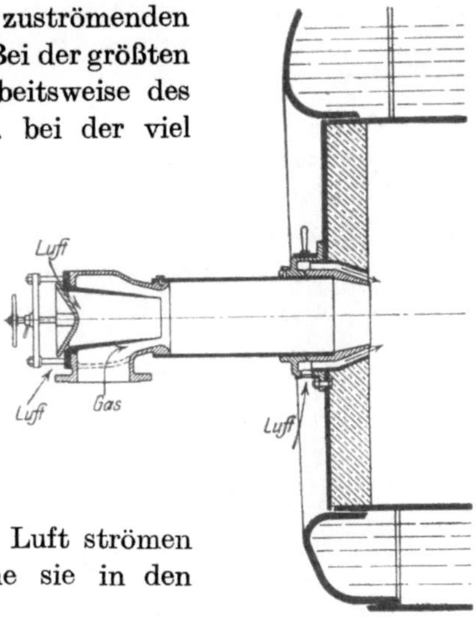

Die Verbrennungsluft wird gewöhnlich durch das aus einer Düse ausströmende Gas angesaugt, nur wenn der Gasdruck weniger als etwa 50 mm Wassersäule beträgt, wird sie unter Druck zugeführt. Gas und Luft strömen zusammen durch ein Mischrohr, ehe sie in den Feuerraum gelangen.

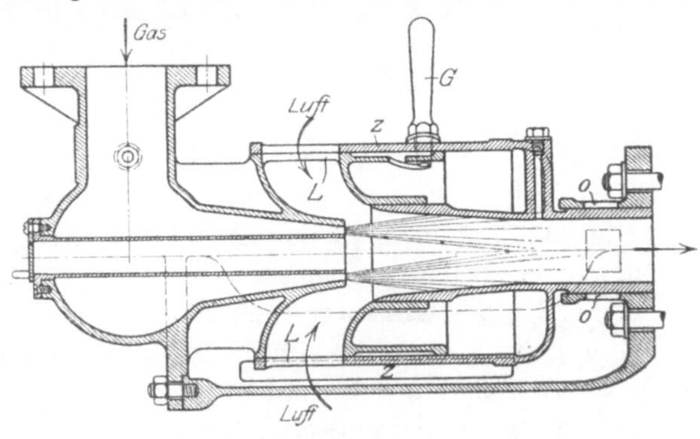

Abb. 120.

Beim Terbeckbrenner kann dem Gasluftgemisch beim Verlassen des Mischrohres wiederum Luft zugeführt werden. Beide Luftzuführungen sind regelbar.

Der Mollbrenner ist mit einem Mischrohr versehen, das mittels eines Griffes G (Abb. 121) in axialer Richtung verschoben werden kann. Dabei wird das Rohr und der mit ihm zusammenhängende Zylinder Z gleichzeitig gedreht. Hat man das Mischrohr zurückgezogen, so sind einerseits die Luftschlitze L geschlossen, andererseits Öffnungen O im Führungsrohr freigegeben. Durch diese kann man dann das eingelassene Gas entzünden. Es ist dabei nicht mit Luft gemischt, brennt also zunächst mit reduzieren-

Abb. 121.

der, begierig Sauerstoff aufnehmender Flamme, die man einige Zeit fortbrennen läßt. Dadurch sollen Explosionen beim Anfeuern vermieden werden. Zur Erreichung dieses Zweckes sind andere Ausführungen der Moll-Gasfeuerungen außerdem so eingerichtet, daß der ganze Brenner, nachdem das Mischrohr aus dem Führungsrohr herausgezogen wurde, um die senkrechte Achse des Gaszuleitungsrohres gedreht und das Gas außerhalb des Feuerraumes angezündet werden kann. Dies ist bei dem mittleren Brenner der in Abb. 122 gezeichneten Feuerung der Fall.

Er läßt sich zum Anzünden ausschwenken (unterer Drehzapfen D, oberer Zapfen mit Flüssigkeitsverschluß V versehen) und kann unabhängig von den übrigen um ihn herum angeordneten Außenbrennern mit Gas versehen werden. Bei den letzteren kann das erst erfolgen, nachdem der Mittelbrenner wieder eingeschwenkt wurde, da das Handrad H des Absperrschiebers in der die Außenbrenner versorgenden Gasleitung beim Ausschwenken des Mittelbrenners mit Hilfe der Steuerung S verriegelt wird.

Die bei der vorliegenden Ausführung durchgeführte Verteilung des Gasstromes auf mehrere Brenner ist zur gleichmäßigen Mischung von Gas und Luft und zur Erzielung ruhigen Brennens bei allen Feuerungen notwendig, in denen große Gasmengen verbrannt werden sollen.

Das Gittermauerwerk, welches den Feuerraum abschließt, wird im Betriebe glühend und soll so verhindern, daß bei stärkeren Druckschwan-

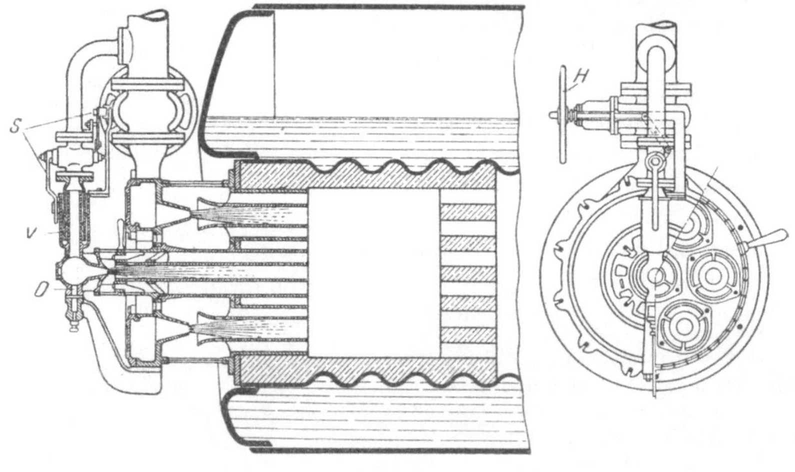

Abb. 122.

kungen oder nach zeitweiligem Ausbleiben des Brenngases Unverbranntes in die Heizkanäle gelangt. Dem gleichen Zweck dienen bei anderen Bauarten Zündflammen, die an jedem Brenner angebracht und aus einem besonderen Gasbehälter gespeist werden.

Beim Bau der Gasfeuerungen ist noch besondere Rücksicht auf die Verunreinigungen zu nehmen, welche die Brenngase mit sich führen und durch welche Verstopfungen an den Düsen verursacht werden können. Alle Teile der Feuerung müssen daher zugänglich sein. Besonders störend macht sich der in den Gichtgasen enthaltene Staub bemerkbar. Es wird daher im allgemeinen eine Reinigung dieser Gase bis auf einen Staubgehalt von höchsten 3 g im m³ Gas vor der Feuerung als notwendig angesehen. Seit einigen Jahren hat aber die Firma Rheinischer Vulkan, Oberdollendorf a. Rh. Feuerungen auf den Markt gebracht, die auch bei jedem Gehalt der Brenngase an Staub, Ruß und schweren Kohlenwasserstoffen ohne Gefahr der Verstopfung arbeiten sollen.

D. Flammenlose Oberflächenverbrennung.[1]

Die in den Jahren 1911/12 für die Beheizung von Dampfkesseln versuchte „flammenlose Oberflächenverbrennung", bei der ein Gasluftgemisch in einer porösen, schamotteartigen Masse ohne Flammenbildung auf einer sehr kurzen Strecke verbrennt, hat bis jetzt praktische Bedeutung nicht erlangt, da sich die Heizröhren, welche mit Stücken der genannten Masse angefüllt waren und als Verbrennungsraum dienten, sehr bald völlig verstopften.

E. Ausnutzung der Abhitze.

Im Hüttenbetriebe nützt man die in den Abgasen der Öfen enthaltenen, oft recht beträchtlichen Wärmemengen dadurch aus, daß man diese Gase an den Heizflächen von Dampfkesseln entlang führt. Solche Abhitzkessel werden am zweckmäßigsten über dem Ofen aufgestellt, welcher die Abhitze liefert. Wasserrohrkessel eignen sich dazu am besten[2]).

23. Die Heizkanäle.

Die Heizkanäle, Feuerzüge oder Züge sind Kanäle, in denen sich die Heizgase zwischen Rost und Fuchs bewegen. Sie haben den Zweck, die Heizgase in eine lange und innige Berührung mit der vom Wasser benetzten Kesselwand zu bringen. Sie müssen so eingerichtet werden, daß sie behufs Reinigung und Besichtigung der Kesselwände leicht befahren werden können.

Die Größe des Querschnittes ist, wenn möglich, so zu bemessen, daß die Geschwindigkeit der Heizgase in den gemauerten Zügen bei natürlichem Luftzuge 3 bis 4, höchstens 6 m in der Sekunde beträgt. Hiermit ergibt sich bei 3 gemauerten Zügen und bei einer Beanspruchung der Rostfläche von 70 bis 120 kg Kohlen in der Stunde und auf das m² Rostfläche der Querschnitt des letzten Zuges und des Fuchses zu $f = \frac{1}{4}$ der Rostfläche, des zweiten Zuges $= 1{,}25\,f$ bis $1{,}5\,f$ und des ersten Zuges $= 1{,}5\,f$ bis $1{,}75\,f$. Ausgenommen sind hiervon diejenigen Stellen, an denen man, wie z. B. über der Feuerbrücke, die Heizgase anstauen und beim Durchströmen durch einen eingeschnürten Querschnitt gut durchmischen will, um eine bessere Verbrennung zu erzielen. Auszunehmen ist ebenfalls der Querschnitt der Heizrohre bei Heizrohrkesseln usw. An diesen Stellen ist eine Verengung der Querschnitte bis auf $\frac{1}{6}$ bis $\frac{1}{8}$ der Rostfläche unvermeidlich. Andererseits sind an solchen Stellen, an denen die Gase ihre Richtung ändern, die Querschnitte zu vergrößern. In vielen Fällen ist die Größe des Zugquerschnitts schon durch andere Vorbedingungen (z. B. Befahrbarkeit) bestimmt.

---

[1]) Vgl. Feuerungstechnik I. Jahrg., S. 39, 62, 118, 259.

[2]) Näheres hierüber in: F. Peter, Die Abhitzkessel; W. Knapp, Halle a. S., 1913.

Die Geschwindigkeit c der Heizgase berechnet sich, wenn man mit
den Querschnitt des Kanals, mit B die in der Stunde verfeuerte Kohlen-

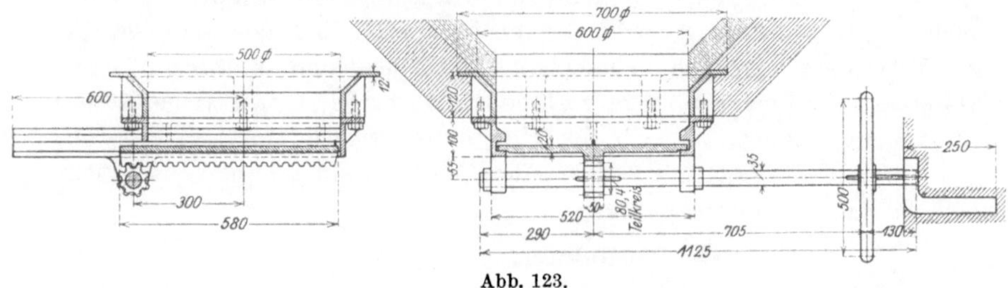

Abb. 123.

menge in kg und mit G das aus 1 kg Brennstoff sich ergebende Gasvolu-
men bei der zugehörigen Temperatur in m³ bezeichnet, aus:

$$c \cdot f \cdot 3600 = B \cdot G \,.$$

Setzt man $a = \dfrac{f}{R}$, also $f = a \cdot R$, so wird:

$$c = \frac{B}{R} \cdot \frac{G}{a \cdot 3600} \cdot$$

Die höchste Stelle der Feuerzüge soll mindestens 100 mm unter dem
festgesetzten niedrigsten Wasserstande liegen. Nicht wasserberührte
Kesselwände dürfen den Heizgasen nur dann ausgesetzt werden, wenn die

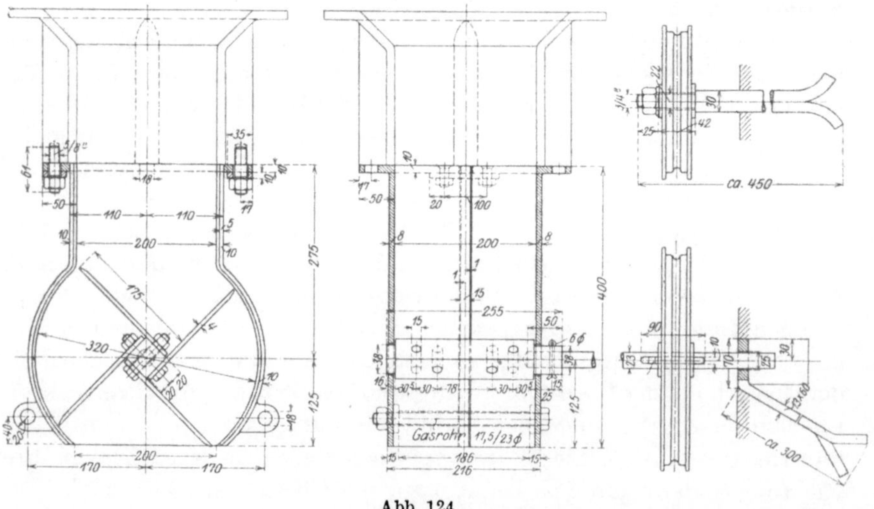

Abb. 124.

vorher bestrichene Heizfläche bei natürlichem Zuge das 20 fache, bei künst-
lichem das 40 fache der Rostfläche beträgt (vgl. § 3 der A. P. B., S. 350).
Richtungsänderungen des Gasweges, besonders solche um scharfe
Ecken, und Einschnürungen des Kanals erhöhen den Zugwiderstand nicht

unerheblich. Andererseits findet aber an jeder derartigen Stelle eine Durchwirbelung der Heizgase statt, wodurch immer neue Gasteilchen zur Wärmeabgabe an die Kesselwand gelangen. Es finden sich daher Einmauerungen, bei denen zur Verbesserung der Wärmeübertragung in längeren geraden Kanälen mehrere kurze Verengungen durch — $^1/_2$ bis 1 Stein starke — Zwischenwände erzeugt (vgl. Abb. 461, 462) oder die Gase unter mehrmaligem Richtungswechsel so geführt sind, daß sie immer wieder in senkrechter Richtung auf die Kesselwand stoßen (vgl. Batteriekessel, Abb. 144 und Kestnerkessel Abb. 209).

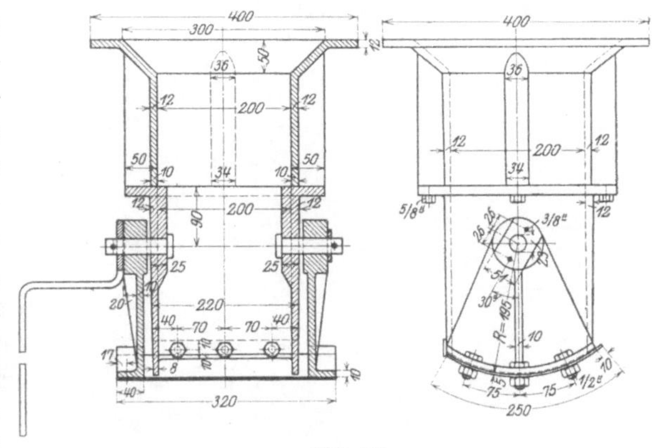

Abb. 125.

In Anbetracht des mit abnehmender Heizgastemperatur sinkenden Wärmedurchganges ist es nicht von Vorteil, die Gesamtlänge des Gasweges an einem Kessel über 35 m zu machen.

Da sich in den Zügen Flugasche absetzt, so sind einzelne Erweiterungen zur Aufnahme der Asche (Aschensäcke) vorzusehen. Am zweckmäßigsten ordnet man sie an den Stellen an, wo die Gase ihre Strömungsrichtung ändern. Ihre Entleerung wird wesentlich erleichtert, wenn sie am Boden mit einer Verschlußklappe versehen sind (vgl. Abb. 199, 202, 205). Die Abb. 123, 124, 125 zeigen solche Aschentrichterverschlüsse nach

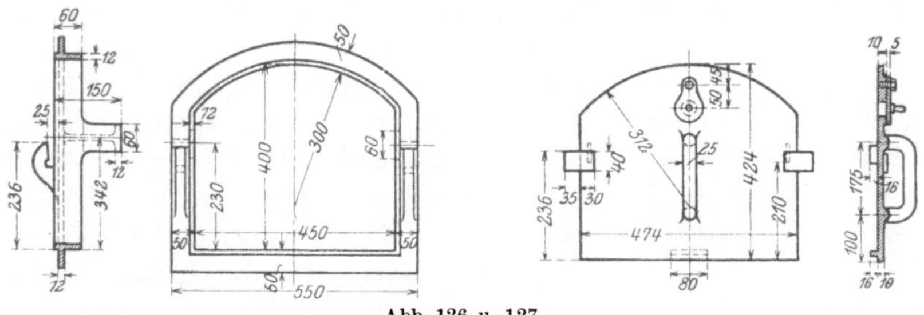

Abb. 126 u. 127.

Ausführungen von A. Borsig, Berlin-Tegel. Weiter sind Einfahröffnungen anzubringen. Sie werden entweder mit Mauerwerk zugesetzt oder vorteilhafter durch gußeiserne Türen verschlossen (Abb. 126, 127 und 128).

Die Verbindung der Züge mit dem Schornstein geschieht durch einen gewöhnlich unter Flur gelegenen, gemauerten Abgaskanal, den Fuchs. Er soll auf kürzestem Wege und möglichst ohne Richtungsänderungen in den Schornstein führen. Bei der Vereinigung mehrerer Abgaskanäle vor dem Schornstein sind scharfe Ecken zu vermeiden. Um die Zugstärke regeln zu können, wird entweder in den letzten Kesselzug eine Drossel-

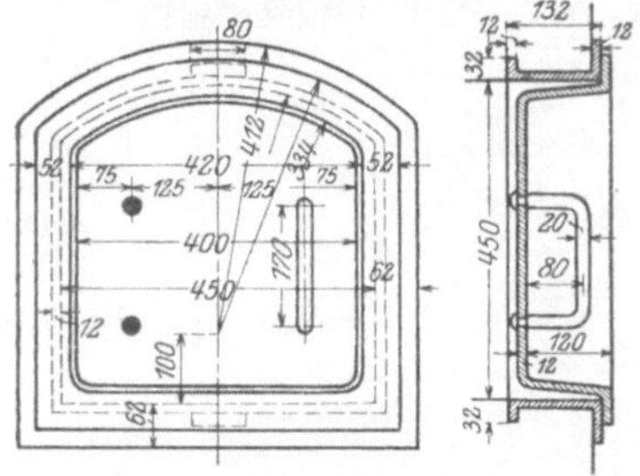

Abb. 128.

klappe (Abb. 129) oder in den Fuchs ein Rauchschieber (Abb. 130) eingebaut. Die Klappen lassen sich gewöhnlich durch ein Gestänge, die Schieber mit Hilfe einer über Rollen geführten, am Ende mit Gegengewicht versehenen Kette (vgl. Taf. IX) oder eines Drahtseiles vom Heizerstande aus bewegen.

Die Schieber verziehen sich leicht und klemmen dann, wenn der Führungsspalt sehr eng bemessen ist. Macht man ihn aber weiter, so dringt zwischen Schieber und Führungsrahmen viel kalte Luft ein. Um diesen Nachteil zu beseitigen, setzt man vielfach oben auf den Rahmen einen aus Blech hergestellten, dicht schließenden Kasten auf, durch dessen obere Wand das Schieberseil hindurchgeführt wird.

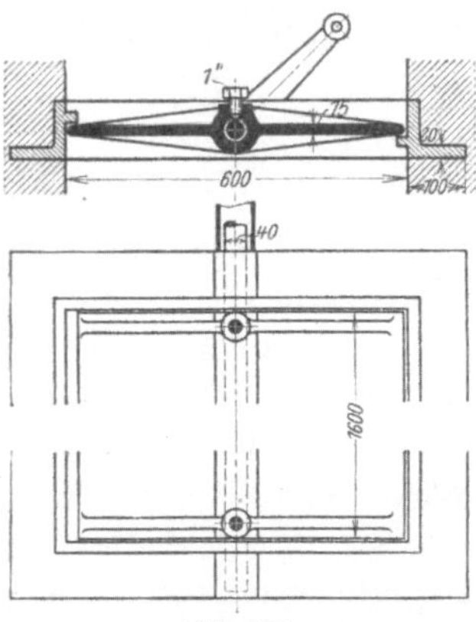

Abb. 129.

Als Zugregelvorrichtungen baut Gentrup & Petri, Halle a./S. Jalousieverschlüsse. Sie werden je nach der Kesselbauart entweder stehend im Fuchs unmittelbar hinter dem Kesselmauerwerk oder liegend im letzten Kesselzuge, ferner auch als Hauptabsperrvorrichtungen im Sammelkanal vor dem Schornstein angebracht. Ein solcher Verschluß (s. Abb. 131) besteht aus einer Anzahl schmaler, gußeiserner Querplatten, die durch ein Gestänge von außen betätigt werden können. Die Platten sind in einem Rahmen aus Profileisen drehbar gelagert und können sich ungehindert ausdehnen. Der Rahmen ist an einer Blechplatte aufgehängt, die den Mauerwerksspalt nach oben dicht abschließt, nachdem der Jalousieschieber in den ebenfalls aus Profileisen hergestellten Einmauerungsrahmen eingelassen worden ist. — Allgemein

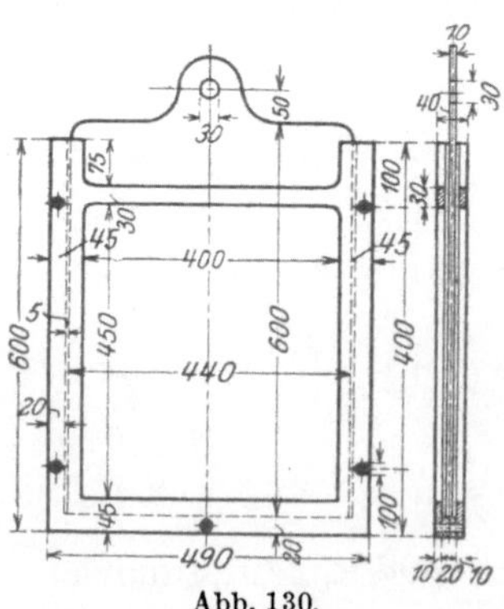

Abb. 130.

ist als Vorteil dieser Bauart hervorzuheben, daß die Rauchgase beim Durchstreichen des Jalousieverschlusses stets auf den ganzen freien Querschnitt des Fuchses verteilt sind. Dadurch werden Wirbelungen vermieden, die namentlich immer hinter den Schiebern auftreten, sobald sie nicht völlig geöffnet sind. Die konstruktive Durchbildung des Gentrup-Jalousieverschlusses weist als weiteren Vorzug noch besonders leichte Verstellbarkeit auf. Das wird vor allem durch die gewählte, der Firma geschützte Anordnung des Zuggestänges erreicht, durch die das Gewicht der Stange und der Antriebsglieder fast völlig ausgeglichen ist. — Sodann

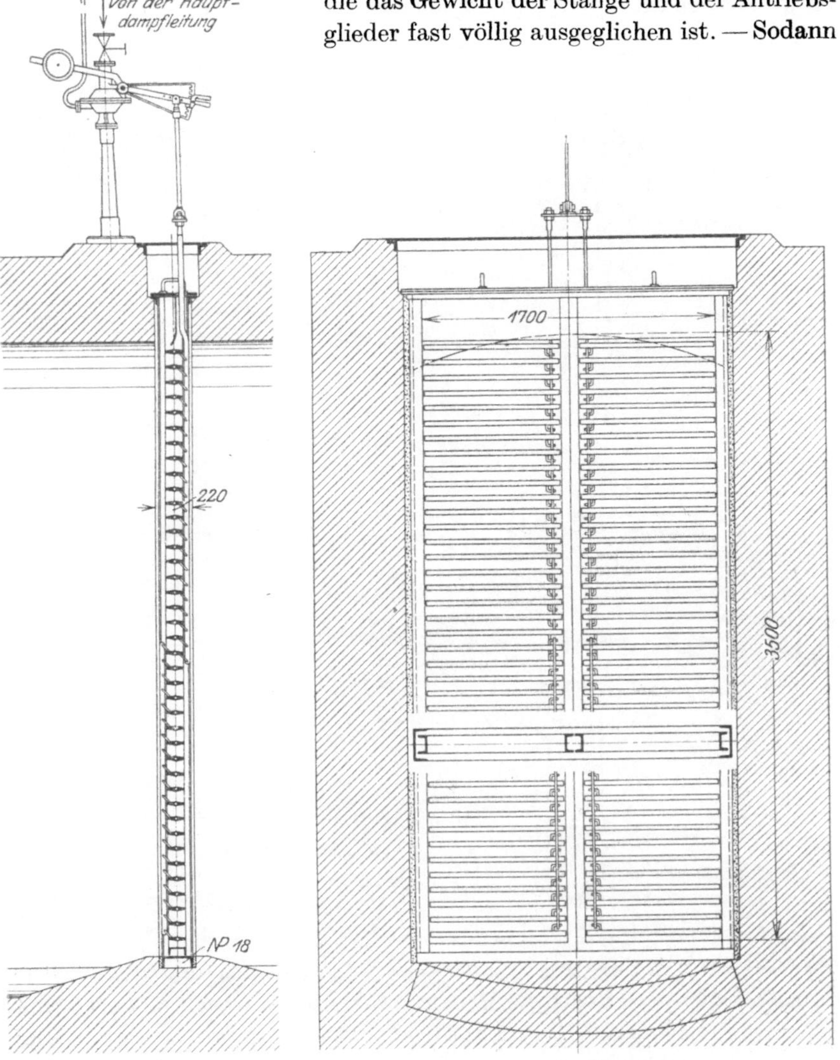

Abb. 131.

ermöglicht der sehr kurze Hub, den die Zugstange zwischen den Endlagen der Jalousieplatten zurückzulegen hat, eine bequeme Regelung des Zuges und zwar entweder selbsttätig durch den Kesseldruck, wie in Abb. 131 dargestellt, oder bei Hauptabsperrvorrichtungen von Hand von der im

Maschinenhause befindlichen Schaltbühne aus. Auf der Schalttafel sind dazu neben Fernmanometern und Fernzugmessern Betätigungsschalter für die Hauptschieber anzubringen. Der Schalttafelwärter kann dann den Zug für die gesamte Kesselanlage den von ihm am ehesten zu erkennenden Belastungsschwankungen entsprechend einstellen. Der dabei benutzte Schneckenantrieb des Jalousieverschlusses ist in Abb. 132 wieder-

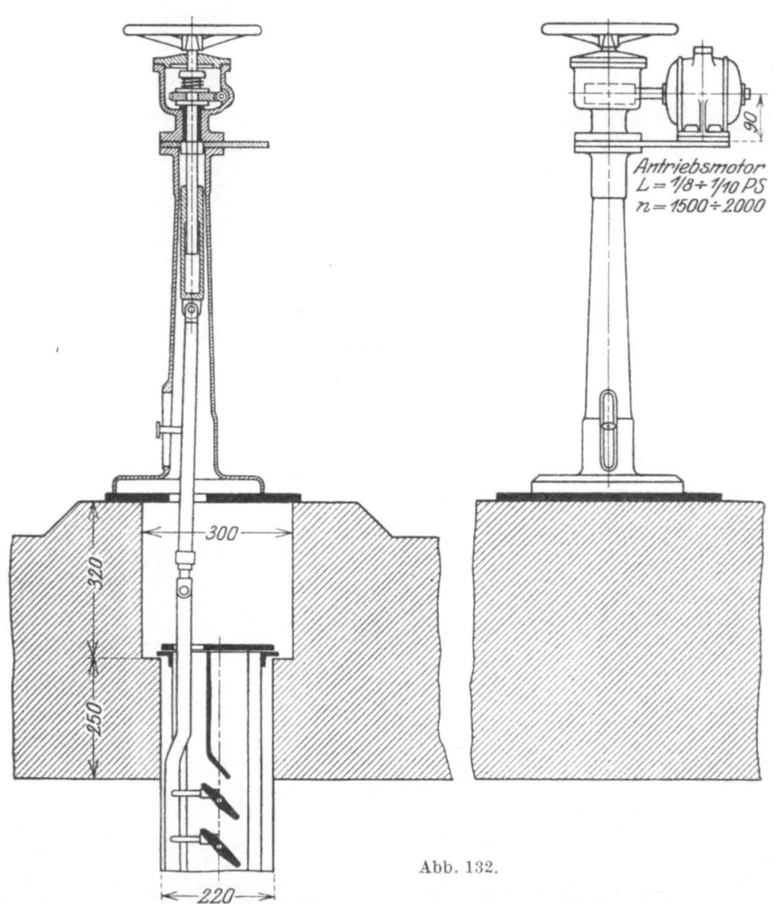

Abb. 132.

gegeben. Wie gering sein Kraftbedarf ist, geht aus den Angaben der Firma hervor, nach denen sie in einem rheinischen Großkraftwerke einen Antriebsmotor von nur $1/8$ PS Leistung für die Fernbetätigung von Haupt-Jalousierauchschiebern von 36 m² Größe angewandt hat.

24. Die Zugerzeugung.
A. Natürlicher Zug.

a) Allgemeines. Die Erzeugung des zur Unterhaltung des Verbrennungsvorganges nötigen Zuges besorgt gewöhnlich ein Schornstein. Zugleich führt er die Rauchgase hoch in die Luft, also so ab, daß sie für die Umgebung möglichst wenig schädlich sind. Der Zug im Schornstein entsteht vornehmlich durch den Auftrieb der heißen Gase im Schornsteinrohr, also durch den Gewichtsunterschied der Gassäule und einer Luftsäule gleicher Abmessungen unter den durch Barometerstand und äußerer Temperatur gegebenen Verhältnissen — statischer Zug —. Durch saugende Einwirkung des Windes an der Schornsteinmündung kann zeitweise die wirklich vorhandene Zugstärke größer sein als die statische. Allerdings kommt es auch vor, daß der Schornsteinzug durch den Wind, namentlich durch stoßweise auftretenden, ungünstig beeinflußt wird.

b) Die Zugstärke wird als Druckunterschied der Luft und der Gase im Schornstein in Millimeter Wassersäule gemessen. Am einfachsten bedient man sich dazu eines U-förmig gebogenen, etwa zur Hälfte mit Wasser gefüllten Glasrohres von ungefähr 100 mm Schenkellänge. Der eine Schenkel bleibt offen, während der andere mittels Gummischlauches und eisernen Rohres mit der Stelle des Gaskanals verbunden wird, an welcher die Zugstärke bestimmt werden soll.

Die statische Zugstärke am Schornsteinfuß ergibt sich nach obigem zu

$$Z = \frac{\dfrac{\pi d^2}{4} \cdot h \cdot (\gamma_a - \gamma_s)}{\dfrac{\pi d^2}{4}} = h\,(\gamma_a - \gamma_s)\ \text{kg/m}^2 \ \text{oder mm W.-S.}$$

Darin bedeutet d in m den mittleren, lichten Schornsteindurchmesser, h in m seine Höhe, γ_a das spez. Gewicht der äußeren Luft bei der absoluten Temperatur $T_a{}^\circ$ und γ_s das spez. Gewicht der Gase bei der mittleren, absoluten Schornsteintemperatur $T_s{}^\circ$. — Wird nun die Gaskonstante für die Rauchgase gleich der für Luft, also $R = 29{,}27$ gesetzt, so folgt: da nach der Zustandsgleichung der Gase

$$P \cdot v = R \cdot T \quad \text{oder} \quad P = \gamma \cdot R \cdot T \quad \text{oder} \quad \gamma = \frac{P}{R \cdot T}$$

ist, für 0° und 76 cm Barometerstand

$$\gamma = \frac{76 \cdot 13{,}6 \cdot 0{,}001 \cdot 10\,000}{29{,}27 \cdot 273} = \frac{10\,330}{29{,}27 \cdot 273}$$

und da ferner nach Gay - Lussac

$$\gamma_a : \gamma = 273 : T_a \quad \text{und} \quad \gamma_s : \gamma = 273 : T_s\,,$$

$$Z = h \cdot \frac{10\,330}{29{,}27} \left(\frac{1}{T_a} - \frac{1}{T_s} \right).$$

Diese Zugstärke kann durch Messung am Schornsteinfuß bei geschlossenem Zugschieber ermittelt werden. Sie wird aufgebraucht einerseits zur Überwindung der Strömungswiderstände vom Aschenfall bis zum

Schornstein, andererseits durch die Gasreibung an der Schornsteinwandung und zur Erzeugung der Geschwindigkeit, mit der die Gase an der Schornsteinmündung ausströmen. Als nutzbare Zugstärke Zn ist der Teil von Z anzusehen, der zur Fortbewegung der Gase bis zum Schornsteinfuß zur Verfügung steht. Sie läßt sich nach v. Reiche für mittlere Verhältnisse angenähert berechnen, wenn für die Überwindung des Gaswiderstandes im Schornstein und für die Erteilung der Austrittsgeschwin-

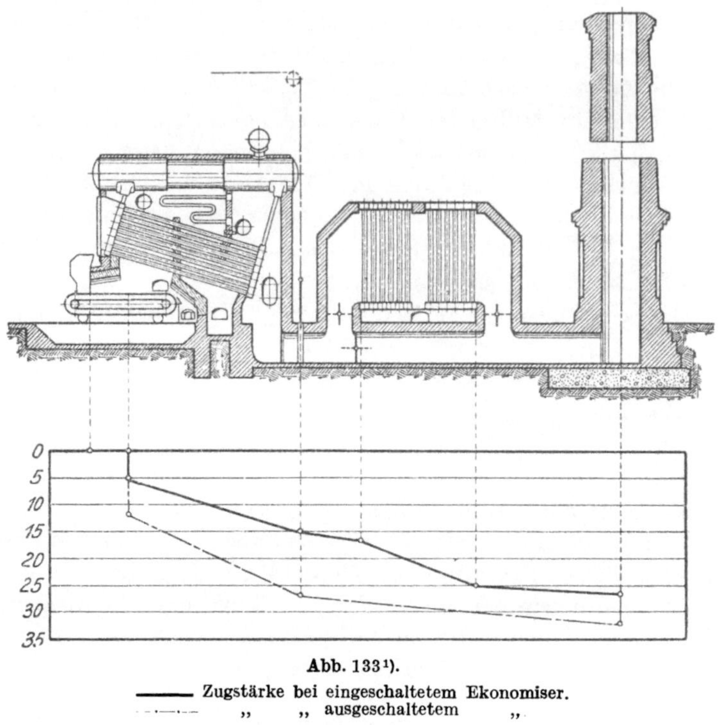

Abb. 133[1]).

digkeit eine Schornsteinhöhe von etwa dem 6fachen des Schornsteindurchmessers als erforderlich angesetzt wird. Es ergibt sich damit:

$$Z_n = (h - 6\,d) \cdot \frac{10\,330}{29,27} \left(\frac{1}{T_a} - \frac{1}{T_S} \right) \text{mm W.-S.}$$

Der Verlauf der Zugstärke auf dem Wege vom Aschenfall bis zum Schornsteinfuß ist in Abb. 133 schematisch dargestellt.

c) Der Schornsteinquerschnitt berechnet sich wie folgt:

Die durchschnittliche Geschwindigkeit der Rauchgase im Schornstein c soll nicht unter 4 m in der Sekunde betragen. Werden nun B kg Brennstoff stündlich verfeuert, die $B \cdot V$ m³ Verbrennungsgase bei 0° ergeben würden

---

[1]) Nerger, Zeitschrift für Dampfkessel und Maschinenbetrieb 1919, S. 25 u. ff.

und ist t_S die Schornsteintemperatur, so ergibt sich für den Schornsteinquerschnitt:

$$F = \frac{B \cdot V \cdot (273 + t_S)}{3600 \cdot c \cdot 273} \ \text{m}^2.$$

Für die Berechnung eines zu erbauenden Schornsteines kann angenommen werden:

$V = \infty\,15\ \text{m}^3$ bei Koks und Steinkohle

$\qquad 12\ \text{m}^3$ bei böhmischer Braunkohle und Braunkohlenbriketts

$\qquad 8\ \text{m}^3$ bei erdiger Braunkohle, Torf und Holz.

$t_s = \infty\,250 \div 300°$, wenn ein Abgasvorwärmer nicht vorhanden ist

$\qquad 180 \div 200°$, wenn ein Abgasvorwärmer vorhanden ist.

Schornsteine mit weniger als 600 mm Durchmesser werden im allgemeinen nicht ausgeführt.

d) Die Schornsteinhöhe wird vielfach erfahrungsgemäß gewählt zu

$$h = 25 \ : \ 30 \cdot d \quad \text{für} \quad d \leq 2,5\ \text{m}$$
$$ = 20 \cdot d \qquad \text{,,} \quad d > 2\,5\ \text{m}.$$

Von sonstigen im Gebrauch befindlichen Annäherungsformeln gibt die nachstehende recht brauchbare Werte:

$$h = [\alpha \cdot d + 5 + 0,05 \cdot (l - 20)] \cdot \frac{700 - t_S}{200 + t_S} + \beta ,$$

worin zu setzen ist für

$\alpha = 15 \div 20$, je nach dem von der Art der Zugführung und der Kanalweite abhängigen Widerstande der Gase in den Zugkanälen.

l in m, die gesamte Länge der Zugkanäle aller an den Schornstein angeschlossenen Kessel und der Fuchskanäle bis zum Schornsteinfuß.

$\beta = 5$ m, wenn ein Abgasvorwärmer vorhanden ist, sonst $\beta = 0$.
Die geringste Schornsteinhöhe sei etwa 16 m.

Genaueres über die Berechnung der Schornsteine findet sich in G. Lang, Der Schornsteinbau, Helwing, Hannover.

Beispiel. Für eine mit 3 Kesseln herzustellende Kesselanlage, die stündlich 3000 kg Dampf von 8 at Überdruck liefern soll, ist die Feuerungsanlage zu berechnen, unter der Annahme, daß Steinkohle von 7300 kcal und einem theoretischen Luftbedarf von 10,3 kg verfeuert wird.

Der stündliche Kohlenverbrauch hängt von der zu erreichenden Verdampfungsziffer ab. Für diese ist aus der Tabelle auf Seite 33 bei Steinkohle mit 7300 kcal Heizwert und bei einem Wärmeinhalte des Dampfes von etwa 650 kcal je kg (entsprechend der Dampfspannung von 9 at abs.) der Wert

$$d = \frac{5,6 + 8,2}{2} = \infty\,7$$

zu entnehmen.

Somit werden, da $d = \dfrac{D}{B}$ ist

$$B = \frac{D}{d} = \frac{3000}{7} = \sim 429 \text{ kg}$$

insgesamt oder für einen Kessel $\dfrac{429}{3} = 143$ kg Kohle stündlich verbraucht.

Die Rostfläche bestimmt sich, wenn für $\dfrac{B}{R} = 80$ kg zugelassen wird (vgl. die Tabelle auf S. 32), zu

$$R = \frac{143}{80} = \sim 1{,}8 \text{ m}^2$$

je Kessel.

Querschnitt der Feuerzüge. Der letzte Feuerzug, sowie der Fuchs eines jeden Kessels kann den Querschnitt

$$f = \frac{R}{4} = \frac{1{,}8}{4} = 0{,}45 \text{ m}^2$$

erhalten. Der gemeinsame Fuchs für alle drei Kessel bekommt dann die Größe $F = 3 \cdot 0{,}45 = 1{,}36 \text{ m}^2$.

Der erste Kesselzug kann etwa mit

$$(1{,}5 \div 1{,}75)\, f = 0{,}675 \text{ bis } 0{,}79 \,,$$

also mit etwa 0,7 m² Querschnittsfläche ausgeführt werden. Die Größe der dazwischenliegenden Züge ist zwischen 0,7 und 0,45 m² abzustufen.

Lichtweite und Höhe des Schornsteins. 1 kg der zu verfeuernden Kohle soll theoretisch 10,3 kg Luft zur Verbrennung bedürfen. Nimmt man nun an, daß durchschnittlich mit der zweifachen theoretischen Luftmenge gefeuert wird, so ergibt 1 kg Kohle : $1 + 2 \cdot 10{,}3 = 21{,}6$ kg Rauchgase. Ihr spezifisches Gewicht kann annähernd gleich dem der Luft gesetzt werden. Dann ist nach Abschnitt 8

$$V = \frac{21{,}6}{1{,}29} = \sim 17 \text{ m}^3 \text{ Gas bei } 0^\circ.$$

Demnach berechnet sich der lichte Schornsteindurchmesser:

für $B = 429$ kg; $t_S = 300^\circ$ und $c = 4$ m,

$$F = \frac{B \cdot V \cdot (273 + t_S)}{3600\, c \cdot 273} = \frac{429 \cdot 17 \cdot 573}{3600 \cdot 4 \cdot 273} = 1{,}064 \text{ m}^2$$

oder

$$d = 1{,}17 = \sim 1{,}2 \text{ m}.$$

Die Schornsteinhöhe wird dann

$$h = [\alpha \cdot d + 5 + 0{,}05\,(l - 20)]\,\frac{700 - t_s}{200 + t_s} + \beta \,,$$

wenn man (vgl. S. 107) für $\alpha = 20$ und $l = 120$ m annimmt und $\beta = 0$ setzt

$$h = [20 \cdot 1{,}2 + 5 + 0{,}05(120 - 20)]\frac{700 - 300}{200 + 300} = \sim 27 \text{ m}.$$

e) Die gemauerten Schornsteine (vgl. Abb. 134) bestehen aus Grundbau und Schornsteinsäule.

Der Grundbau erhält quadratischen oder, falls er ganz in Beton ausgeführt wird, kreisrunden Querschnitt und wird an der Sohle so breit gemacht, wie es für die Standsicherheit des Schornsteines erforderlich ist; gewöhnlich genügt es, wenn die Sohlenbreite gleich $^1/_8$ der Schornsteinhöhe gemacht wird. Wird er aus Ziegel- oder Hausteinen hergestellt, so ist bei feuchtem Baugrunde unter das Mauerwerk eine etwa 1 m starke Betonschicht zu geben, die nötigenfalls auf Pfahlrost zu setzen ist.

In den Grundbau werden gewöhnlich nicht mehr als zwei Fuchskanäle eingeführt. Außerdem wird in demselben, zum Entfernen der Flugasche, eine Einfahröffnung angebracht, die mit Mauerwerk zugesetzt wird.

Die Schornsteinsäule setzte sich früher allgemein aus einem meistens quadratischen Sockel von etwa $^1/_7$ ihrer Höhe und einem nach oben zu schwach verjüngtem Schaft zusammen. Bei modernen Ausführungen fehlt der für die Standsicherheit nicht notwendige Sockel entweder ganz oder er wird sehr niedrig und mit rundem Querschnitt ausgeführt. Für den Schaft wird jetzt ebenfalls fast nur noch der runde Querschnitt gewählt, weil bei dieser Form der Einfluß des Winddruckes, die Größe der wärmeabgebenden Fläche und der Rauminhalt des Mauerwerks am geringsten ist. Die Schornsteinsäule wird gewöhnlich aus Ziegelmauerwerk (klinkerharte Formsteine in verlängertem Zementmörtel), selten aus Eisenbeton hergestellt. Die Wandstärke wird in 5 bis 10 m hohen Absätzen — Trommeln — nach der Mündung zu verringert. Um das Mauerwerk der Säule vor der Einwirkung der heißen Gase zu schützen, ist es vorteilhaft, bis auf etwa $^1/_4$ der Höhe ein feuerfestes Futter einzusetzen, das ohne Verband mit der Säule frei hochzuführen ist. Der Schornsteinkopf wird am zweckmäßigsten nur mit einem leichten Gesims versehen und in reinem Zementmörtel aufgemauert. An der Schornsteinsäule sollen ein Blitzableiter und neben diesem Steigeisen angebracht werden.

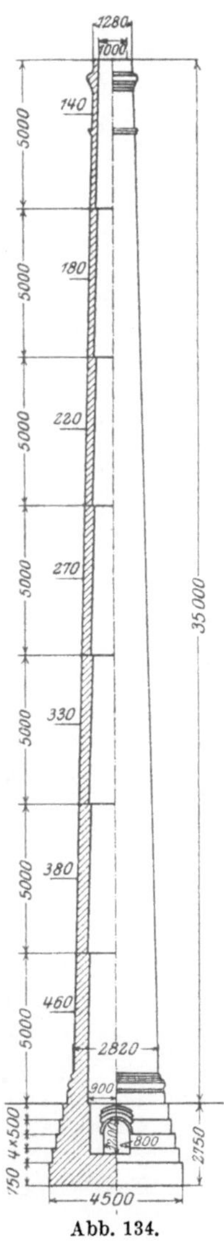

Abb. 134.

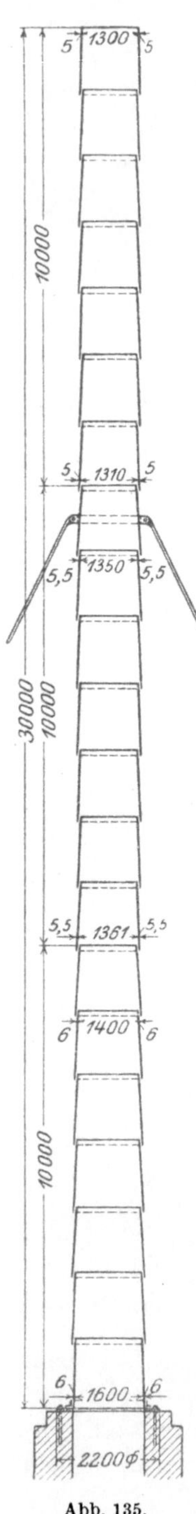

Abb. 135.

f) Eiserne Schornsteine werden meistens nur bei schlechtem Baugrunde, beschränkter Bauzeit oder bei vorübergehend aufgestellten Anlagen angewendet. Infolge der größeren Abkühlung, welche die Heizgase in ihnen erleiden, ergeben sie geringere Zugstärken als die gemauerten Schornsteine. Um dem etwas abzuhelfen und gleichzeitig die Blechwandung vor den Gasen zu schützen, werden sie zuweilen bei Anlagen, die längere Zeit an einem Orte aufgestellt bleiben sollen, innen mit Ziegeln ausgemauert.

Ausgeführt werden die eisernen Schornsteine (vgl. Abb. 135) gewöhnlich so, daß der Schaft mit Hilfe eines gußeisernen Rahmens auf einem gemauerten Sockel befestigt wird. Die etwa 1 m hohen, aus 3 bis 7 mm starkem Blech konisch hergestellten Schüsse des Schaftes werden so zusammengenietet, daß jeder Schuß den darunter liegenden von außen umfaßt. Es kann dann der Regen nicht in die Fugen eindringen und die im Innern aufsteigenden Gase stoßen nicht gegen die Blechkanten. Die Standfähigkeit wird hier durch 3 bis 4 Spannanker erzielt, die an einem in etwa $^2/_3$ der Schornsteinhöhe um den Schaft gelegten Winkeleisenringe angreifen.

Lokomobilen erhalten im allgemeinen umlegbare Schornsteine von 3 bis 4 m Höhe und 300 bis 500 mm Durchmesser. Dicht unter der Mündung oder am Fuße des Schornsteins wird der behördlich vorgeschriebene Funkenfänger eingesetzt.

g) Die Standsicherheit der Schornsteine ist nachzuweisen durch eine Berechnung, welche das Eigengewicht und die Wirkung des Winddruckes auf die Schornsteinsäule berücksichtigt. Da Entwurf und Bau gemauerter Schornsteine stets Hochbaufirmen übertragen wird, die sich insbesondere mit Schornsteinbau beschäftigen, so ist für den Maschinentechniker vor allem die statische Berechnung eiserner Schornsteine von Bedeutung. Auf diese soll daher in nachstehendem näher eingegangen werden.

h) Statische Berechnung eiserner Schornsteine (siehe Abb. 136). Dem Winde ausgesetzte, also aus der Bedachung herausragende Schaftlänge des Schornsteines H m. Entfernung der Sockeloberkante von der Bedachung h_3 m.

Der auf die Schornsteinsäule wirkende Winddruck betrage $\mathfrak{W}$ kg. Er berechnet sich aus:

$$\mathfrak{W} = \frac{w}{10\,000} \cdot n \cdot F,$$

wenn

w den spezifischen Winddruck, der nach behördlichen Vorschriften mit
    150 kg/m² in Rechnung zu stellen ist,

n eine von der äußeren Form des Querschnittes abhängige, und zwar
    für kreisförmigen Umfang gleich $^2/_3$ zu setzende Zahl und

F in cm² die rechtwinklige Projektion der vom Winde getroffenen Mantel-
    fläche auf eine senkrechte Ebene bedeutet.

Es wird hier also:

$$\mathfrak{W} = \frac{150}{10\,000} \cdot \frac{2}{3} \cdot F = \frac{F}{100} = \frac{H \cdot D_a}{100},$$

worin H und D_a gemäß Abb. 136, ebenso wie alle anderen in der Rechnung
vorkommenden Längenabmessungen in cm einzusetzen sind.

$\mathfrak{W}$ ist im Schwerpunkt der bestrichenen Fläche, also $(^1/_2\,H + h_3)$ cm
über Sockeloberkante angreifend, anzusehen.

Der Winddruck soll nun von den aus Ketten, Seilen
oder Rundeisen bestehenden Spannankern, ungünstigen-
falls also von 1 Anker aufgenommen werden. Die dabei
in dem Anker entstehende Zugkraft sei S.

Sie ergibt sich zu:

$$S = \frac{\dfrac{H \cdot D_a}{100} \cdot \left(\dfrac{H}{2} + h_3\right)}{(h_2 + h_3) \cdot \sin \alpha + a \cdot \cos \alpha}.$$

Für den Querschnitt des Ankers folgt dann:

$$\frac{\pi \cdot d_0^2}{4} = \frac{S}{k_z},$$

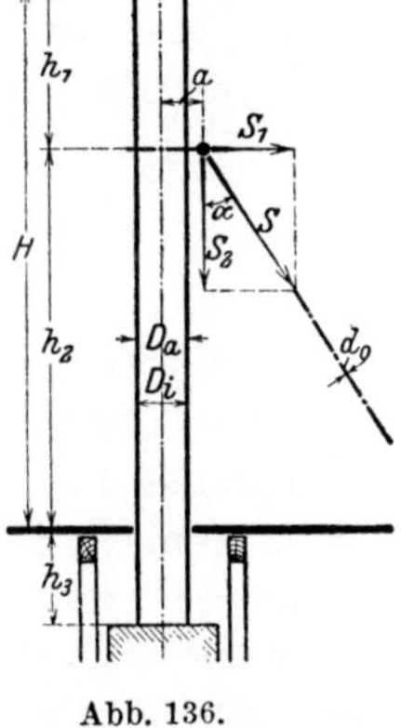

Abb. 136.

hierin ist im allgemeinen für $k_z \leqq 1000$ kg/cm² zulässig, während für den
Kernquerschnitt der Spannschraube eine erheblich niedrigere Zugspan-
nung zuzulassen und der Kerndurchmesser

$$d_1 = 0{,}067 \cdot \sqrt{S}$$

auszuführen ist.

Das Schornsteinrohr wird hauptsächlich auf Biegung beansprucht.
Biegende Kräfte: Der Winddruck auf den Schornsteinmantel von der
Mündung bis zu dem jeweils betrachteten Querschnitt, ferner S_1 und S_2.
Die außerdem noch vorhandene Knickbeanspruchung durch S_2 und das
Eigengewicht ist so klein, daß ihr genügend Rechnung getragen wird,
wenn man das Schornsteinrohr für die Ermittelung der Biegungsbean-
spruchungen, am Fuße nicht als fest eingespannt ansieht.

Der Winddruck auf 1 cm der Schornsteinhöhe sei p kg oder

$$p = \frac{w}{10\,000} \cdot n \cdot D_a \cdot 1 = \frac{150}{10\,000} \cdot \frac{2}{3} \cdot D_a = \frac{D_a}{100} \text{ kg.}$$

Dann ergibt sich für die gefährlichen Querschnitte des Rohres:

1. Querschnitt, in welchem die Anker angreifen.

$$\text{Biegungsmoment} \quad M_1 = \frac{p \cdot h_1^2}{2}.$$

2. Querschnitt, der $\dfrac{S \cdot \sin \alpha}{p}$ **cm unter der Schornstein-mündung liegt.**

$$\text{Biegungsmoment} \quad M_2 = -\frac{S^2 \cdot \sin \alpha^2}{2\,p} + S \sin \alpha \cdot h_1 - S \cos \alpha \cdot a.$$

Für beide Querschnitte ist dann zu untersuchen, ob die aus den Momenten zu errechnende Biegungsbeanspruchung

$$\sigma_b = \frac{M}{W}$$

nicht höher als die zulässige Biegungsbeanspruchung von 800 kg/cm² ist.

Für das Widerstandsmoment ist

$$W = 0,1 \frac{D_a^4 - D_i^4}{D_a}$$

zu setzen.

Da die Säule gegen Winddruck sicher verankert wird, genügt es, die Grundbausohle nur für den Druck durch das Eigengewicht $G = G_1 + G_2$ zu berechnen. G_1, das Gewicht des Rohres ist aus dessen Abmessungen zu berechnen mit einem Zuschlag von etwa 25% für Niete und Überlappungen. G_2, das Gewicht des Sockels und des Grundbaues ist unter Zugrundelegung folgender Raumgewichte in kg/m³ zu bestimmen: 1600 für gewöhnliches Ziegelmauerwerk, 1800 für Hartbrandziegelmauerwerk und 2000 für Beton. Als mittlere Bodenbelastung kann dabei 0,75 bis 1,5 kg/cm² zugelassen werden.

1. Beispiel. Ein eiserner Schornstein soll ausgeführt werden: mit einem äußeren Durchmesser von 400 mm und einer Blechstärke von 3 mm, also wird:

$$D_a = 40 \text{ cm} \quad \text{und} \quad D_i = 39,4 \text{ cm.}$$

Seine sonstigen Abmessungen (vgl. Abb. 136) sind:

$$h_1 = 200 \text{ cm}, \quad h_2 = 300 \text{ cm}, \quad h_3 = 100 \text{ cm}, \quad a = 25 \text{ cm}, \quad \alpha = 30°.$$

Es sind die Hauptabmessungen der Zuganker anzugeben, ferner ist die Festigkeit des Schornsteinrohres rechnerisch zu prüfen.

Die Zugkraft im Anker wird

$$S = \frac{\dfrac{H \cdot D_a}{100}\left(\dfrac{H}{2} + h_3\right)}{(h_2 + h_3)\sin \alpha + a \cdot \cos \alpha} = \frac{\dfrac{(200 + 300) \cdot 40}{100}\left(\dfrac{200 + 300}{2} + 100\right)}{(300 + 100) \cdot \frac{1}{2} + 25 \cdot \frac{1}{2}\sqrt{3}}$$

$$= \sim 321 \text{ kg},$$

daher ihre Teilkräfte

$$S_1 = S \cdot \sin \alpha = 321 \cdot \tfrac{1}{2} \sim 161 \text{ kg},$$
$$S_2 = S \cdot \cos \alpha = 321 \cdot \tfrac{1}{2} \cdot \sqrt{3} = 278 \text{ kg}.$$

Für die Ankerabmessungen folgt dann

$$\frac{\pi d_0^2}{4} = \frac{321}{800} = 0{,}4 \text{ cm}^2 \quad \text{oder} \quad d_0 = 0{,}72 \text{ cm},$$

gewählt $d_s = 7$ mm,

$$d_1 = 0{,}067 \sqrt{321} = 1{,}2 \text{ cm},$$

gewählt $^5/_8''$ Gewinde.

Biegungsmomente in den gefährlichen Querschnitten

$$M_1 = \frac{40 \cdot 200^2}{100 \cdot 2} = 8000 \text{ kgcm}.$$

$$M_2 = - \frac{161^2 \cdot 100}{2 \cdot 40} + 161 \cdot 200 - 278 \cdot 25$$

$$= - 32\,401 + 32\,200 - 6950$$

$$= - 7151 \text{ kgcm}.$$

Die größte Beanspruchung des Rohres erfolgt somit in dem Querschnitt, in dem die Anker angreifen, sie ist

$$\sigma_b = \frac{M_1}{W},$$

es ist aber

$$W = 0{,}1 \frac{40^4 - 39{,}4^4}{40} = 385 \text{ cm}^3,$$

also

$$\sigma_b = \frac{8000}{385} = \sim 21 \text{ kg/cm}^2.$$

Die Blechstärke des Schornsteinmantels ist danach viel zu groß, es ist jedoch zu berücksichtigen, daß eine nicht unerhebliche Schwächung des Bleches durch Rosten mit Sicherheit zu erwarten ist.

2. Beispiel. Ein eiserner Schornstein soll am Sockel $D_{a_1} = 72$ cm und an der Mündung $D_{a_2} = 60$ cm Durchmesser und auf der ganzen Länge 3 mm Blechstärke erhalten, ferner folgende Abmessungen: $h_1 = 500$ cm, $h_2 = 1000$ cm, $h_3 = 0$ — er soll also nicht innerhalb eines Gebäudes aufgestellt werden —, $a = 36$ cm,

$$\alpha = 30°.$$

Verlangt wird: Ermittelung der Hauptabmessungen für die Anker und rechnerische Prüfung des Schornsteinrohres auf Biegungsfestigkeit.

Die Größe des Winddruckes auf das ganze Schornsteinrohr beträgt:

$$\mathfrak{W} = \frac{150}{10\,000} \cdot \frac{2}{3} \cdot \frac{72 + 60}{2} \cdot 1500 = 990 \text{ kg,}$$

$\mathfrak{W}$ kann durch eine Einzelkraft ersetzt werden, deren Angriffspunkt im Schwerpunkt der sich als Trapez projizierenden, vom Winde getroffenen Fläche, somit

$$\frac{1500}{3} \cdot \frac{72 + 2 \cdot 60}{72 + 60} = 727 \text{ cm}$$

über Sockeloberkante liegt. Damit wird

$$S = \frac{990 \cdot 727}{0,5\,(1000 + \sqrt{3 \cdot 36})} = \sim 1360 \text{ kg,}$$

$$S_1 = S \cdot \sin \alpha = 680 \text{ kg}, \quad S_2 = S \cos \alpha = 1180 \text{ kg.}$$

$$\frac{\pi\,d_o^2}{4} = \frac{1360}{800} = 1,7 \text{ cm}^2 \quad \text{oder} \quad d_0 = 1,48 \text{ cm,}$$

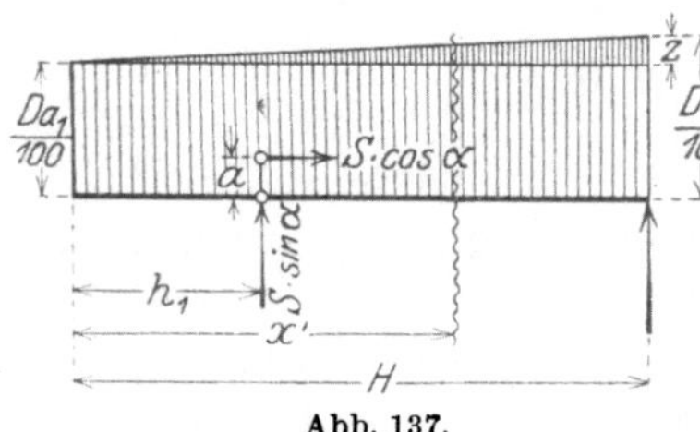

Abb. 137.

gewählt 15 mm.

$$d_1 = 0,067\,\sqrt{1360} = 2,48 \text{ cm,}$$

gewählt $1^1/_4''$ Gewinde.

Die Biegungsmomente in den gefährlichen Querschnitten.

Das Schornsteinrohr ist als ein nach Abb. 137 belasteter Balken anzusehen.

Es ist also:

$$M_1 = \left(\frac{D_{a_1}}{200} + \frac{h_1}{6} \cdot \frac{z}{H}\right) h_1^2 = \left(\frac{60}{200} + \frac{500}{6} \cdot \frac{0,12}{1500}\right) \cdot 500^2 = 76\,670 \text{ kgcm,}$$

$$M_{x'} = \frac{D_{a_1}}{100} \cdot \frac{x'^2}{2} + \frac{1}{2} \cdot x' \cdot \frac{z \cdot x'}{H} \cdot \frac{x'}{3} - S \cdot \sin \alpha \cdot (x' - h_1) - S \cdot \cos \alpha \cdot a.$$

Das nimmt seinen größten Wert an, wenn

$$0 = \frac{D_{a_1}}{100} \cdot x' + \frac{z}{2\,H} \cdot x'^2 - S \cdot \sin \alpha$$

oder

$$x' = \sqrt{\frac{2\,H}{z} \cdot S \sin \alpha + \left(\frac{H \cdot D_{a_1}}{100 \cdot z}\right)^2} - \frac{H \cdot D_{a_1}}{100 \cdot z}$$

$$= \sqrt{\frac{3000}{0,12} \cdot 680 + \left(\frac{1500 \cdot 60}{12}\right)^2} - \frac{1500 \cdot 60}{12}$$

$$= 1060 \text{ cm}$$

wird. Dieser größte Wert beträgt also:

$$M_2 = 1060^2 \left(\frac{60}{200} + \frac{0,12 \cdot 1060}{6 \cdot 1500}\right) - 680\,(1060 - 500) - 1180 \cdot 36$$

$$= -\,70\,360 \text{ kgcm, ist also kleiner als } M_1.$$

Die Stelle der größten Biegungsbeanspruchung liegt also im Angriffspunkt der Anker, dort wird:

$$\sigma_b = \frac{76\,670}{W}\,,$$

nun ist

$$W = 0,1\,\frac{D_a^4 - D_i^4}{D_a}$$

und

$$D_a = D_{a_1} + 100 \cdot z \cdot \frac{h_1}{H} = 60 + 12\,\frac{500}{1500} = 64 \text{ cm,}$$

$$D_i = 64 - 0,6 = 63,4 \text{ cm,}$$

daher

$$W = 0,1 \left(64^3 - 63,4^3 \cdot \frac{63,4}{64}\right) = 985 \text{ cm}^3$$

und

$$\sigma_b = \frac{76\,670}{985} = \sim 78 \text{ kg/cm}^2,$$

also sehr niedrig.

B. Künstlicher Zug.

a) Allgemeines. Im allgemeinen ist der natürliche, durch einen Schornstein erzeugte Zug vorzuziehen, da er der billigste und zuverlässigste ist. Man kann auch bei den besten Kesselanlagen den Gasen praktisch nicht alle Wärme entziehen, so daß man bei neuen Anlagen immer in der Lage ist, mit Hilfe dieser Abwärme im Schornstein den nötigen Zug zu erzeugen. Beim künstlichen Zug muß aber außer dem unvermeidlichen Verlust dieser Abwärme immer noch eine gewisse Dampfmenge zum Betriebe der erforderlichen Gebläse aufgewandt werden, außerdem ist mit der Abnutzung und mit der Wartung der erforderlichen maschinellen Einrichtung zu rechnen, so daß trotz der billigeren Anlage der ganze Betrieb meistens teurer kommt als bei Anwendung des natürlichen Schornsteinzuges. Nicht außer acht zu lassen ist auch eine gewisse Unsicherheit des Betriebes bei künstlichem Zuge. Wenn z. B. der den Zug erzeugende Ventilator während des vollen Betriebes, bei dem auf dem Rost helle Glut herrscht, vielleicht durch Schmelzen einer Sicherung plötzlich stehen bleibt, dann wird in ganz kurzer Zeit der Rost vollständig verbrennen, was bei der Zugerzeugung durch den Schornstein nicht vorkommen kann.

Trotzdem kann aber in vielen Fällen der künstliche Zug von erheblichem Nutzen sein. Außer für bewegliche Anlagen, wie Lokomotiven, Lokomobilen, Schiffe, kann das zutreffen, wenn der vorhandene Schornsteinzug infolge Vergrößerung der Anlage oder infolge Vermehrung der

Widerstände durch späteren Einbau von Rauchgasvorwärmern nicht mehr ausreicht, ferner bei Anlagen, bei denen der Betrieb außerordentlich schwankt, besonders wenn nur kurze Zeit eine große Arbeit geleistet werden muß, so daß dann die Betriebskosten des Gebläses verschwinden gegenüber den sonst auftretenden Kosten für die Unterdampfhaltung von Reservekesseln, ferner auch dann, wenn eine minderwertige feine Kohle verbrannt werden soll, die ohne starken Zug nicht zu verbrennen ist, schließlich dann, wenn man wegen eines schlechten Baugrundes oder Platzmangels einen Schornstein nicht bauen kann.

An Ausführungsformen unterscheidet man Druckzug und Saugzug.

b) Der Druckzug wird im allgemeinen nur dazu benutzt, die Verbrennungsluft durch die Brennschicht zu befördern, also den Schornstein von der Überwindung des Rostwiderstandes zu entlasten. Er ist dem künstlichen Saugzug stets überlegen, sobald es sich um Feuerungsbetriebe mit hohem Rostwiderstande (z. B. bei dichtliegendem, staubigem Brennstoff) handelt, weil dann mit Hilfe des Druckzuges eine bestimmte Feuerungsleistung bei viel niedrigerem Unterdruck in den Zugkanälen erreicht werden kann als mit Saugzug und somit Undichtheiten des Kesselgehäuses weniger schädlich wirken werden.

Druckzug kann hervorgebracht werden durch Oberwind oder Unterwind.

Beim Oberwind, den man ausschließlich auf Seeschiffen anwendet, wird in den dichtgesetzten Heizraum durch Ventilatoren ein geringer Überdruck (bis zu 120 mm W.-S. für sehr hohe Rostbelastungen von etwa 400 kg) erzeugt und dadurch nicht nur eine sehr lebhafte Verbrennung ermöglicht, sondern auch für ständige Lufterneuerung im Heizraum gesorgt.

Beim Unterwind wird nur der Aschfall unter Überdruck gesetzt, und zwar kann das, wie schon bei den Feuerungen mit Unterwind erwähnt, durch Dampfstrahlgebläse, Axialgebläse oder Ventilator erfolgen (vgl. Abb. 77, 78 und 79). Die Luftpressung unter dem Rost wird dabei mit Vorteil so eingestellt, daß im Feuerraum gerade der atmosphärische oder ein nur ganz wenig höherer Druck entsteht. In diesem Falle kann der Heizer die Feuertür auch bei nicht abgestelltem Unterwind öffnen, ohne von herausschlagenden Flammen oder herausgeschleuderter Glut gefährdet zu werden. Wird dagegen in dem Bestreben, die Rostbelastungen noch weiter zu erhöhen, der Druck unter dem Rost so weit gesteigert, daß im Feuerraum Überdruck entsteht, so ist es nötig, den Unterwind vor jedem Öffnen der Feuertür abzustellen. Außerdem wird dann ein nicht unbeträchtlicher Teil feiner Brennstoffstücke unverbrannt als Flugkoks aus dem Feuerraum hinweggeführt (vgl. S. 69).

Den Druckverlauf in den Kesselzügen bei Unterwind veranschaulicht Abb. 138.

Über den Dampfverbrauch bei Erzeugung des Unterwindes durch Dampfstrahlgebläse, die, weil in der Anlage einfach und billig, vielfach

Anwendung gefunden haben, und demgegenüber durch Ventilator ist viel gestritten worden. Jedenfalls dürfte es als feststehend anzusehen sein, daß das Dampfstrahlgebläse nicht unter 5% der im Kessel erzeugten Dampfmenge, dagegen der Ventilator vielfach weniger als 1% für den in Rede stehenden Zweck verbraucht. Der Dampfverbrauch des Gebläses erhöht sich ziemlich erheblich, sobald der Dampfstrahl die Düsen ausgeschliffen und ihren Querschnitt erweitert hat. Letzteres tritt häufig

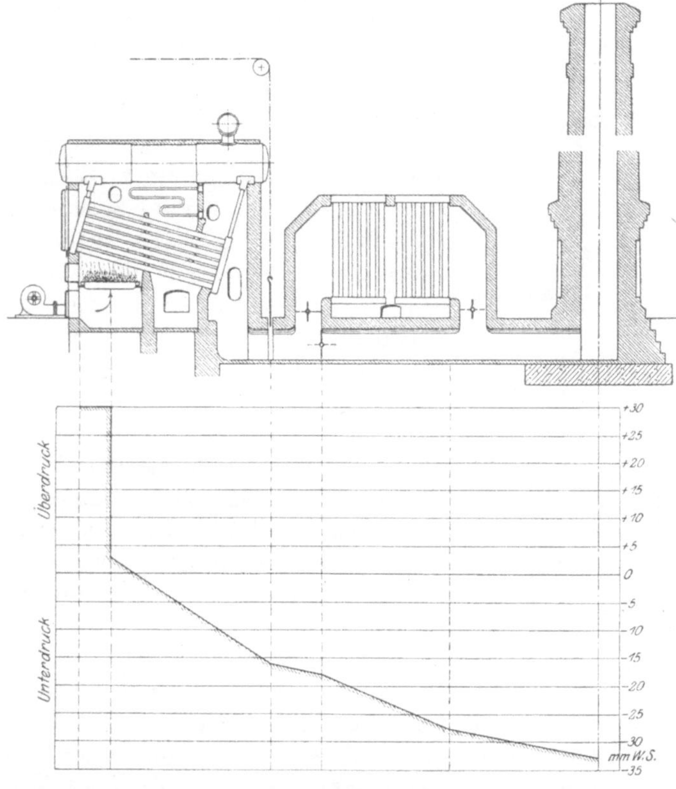

Abb. 138.

schon nach verhältnismäßig kurzer Zeit ein. Als besonderer Vorzug der Dampfstrahlgebläse wurde hervorgehoben, daß ihre Leistung in einfacher Weise den Betriebsbedürfnissen angepaßt werden kann. Das läßt sich aber ebenfalls bei den Ventilatoren erreichen. Durch Zugabe einer ganz geringen Dampfmenge kann der von ihnen erzeugte Wind auch hinreichend befeuchtet werden, um für die Verbrennung stark schlackender und backender Kohlensorten geeignet zu sein.

Axialgebläse bieten den großen Vorteil wirtschaftlich arbeitender Einzelgebläse für jede Feuerung. Die Anschaffungskosten für solche Einzelgebläse sind zwar höher als bei Aufstellung je eines Ventilators für eine Kesselgruppe, demgegenüber zeichnen sich aber die Axialgebläse durch hohe Wirkungsgrade aus, auch fallen die bei Windleitungen — durch Strömungswiderstände, Undichtheiten und Drosselregelung des Winddruckes vor jeder Feuerung — entstehenden Verluste fort. — Die Axialgebläse werden entweder elektrisch oder durch Dampfturbinen unmittelbar angetrieben. Im letzteren Fall kann der Turbinenabdampf zur Vorwärmung und zur Befeuchtung des Luftstromes Verwendung finden.

   c) **Der Saugzug** gleicht in seiner Wirkungsweise dem natürlichen Zuge. Er wird durch besondere Einrichtungen erzeugt, welche die Abgase ins Freie befördern, und zwar kann dazu wiederum die Bewegungsenergie des Dampfes oder ein Ventilator dienen.

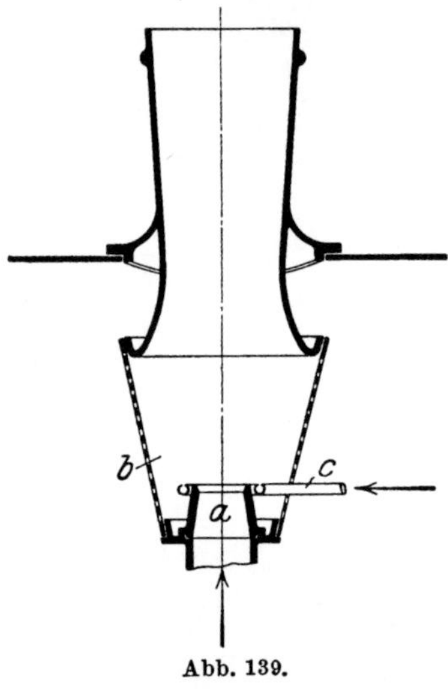

Abb. 139.

   Der Dampfstrahl wird dazu stets benutzt bei Lokomotiven und Lokomobilen. Bei ihnen pufft der Abdampf in einem Blasrohr aus, das in der Rauchkammer unter dem Schornstein angebracht ist. In Abb. 139 ist der Schornstein unten durch einen als Funkenfänger dienenden Siebkorb *b* abgeschlossen, in dessen Boden das Auspuffrohr *a* mündet. Um beim Stillstande, also beim Fehlen des Abdampfes, das Feuer anfachen zu können, ist um die Blasrohrmündung ein oben mit feinen Löchern versehenes Ringrohr angeordnet, in welches durch die Leitung *c* Frischdampf gegeben werden kann. Diese Hilfsblaseinrichtung findet sich ebenfalls bei den Kesseln der Flußdampfer, auch werden diese vielfach mit Abdampfblasrohr eingerichtet. Bei feststehenden Anlagen wird in vereinzelten Fällen zur Verstärkung des Zuges ein Dampfstrahlgebläse in den Schornstein eingebaut. Von Vorteil kann das jedoch nur sein, wenn Abdampf zum Betriebe des Strahlgebläses zur Verfügung steht.

   Der Ventilator kann zur Erzeugung des künstlichen Sauggases, wie in Abb. 140 angegeben, so verwandt werden, daß er die Gase aus dem Fuchs ansaugt, um sie in den Schornstein zu drücken — direkter Saugzug — oder er saugt aus dem Heizraum Luft an, um sie einer in das Schornsteinrohr eingebauten Ejektordüse zuzuführen. Der aus der Düse austretende Luftstrahl saugt dann die Gase an (Abb. 141) — indirekter Saugzug.

   Um seinen Kraftbedarf regeln zu können, sind Einrichtungen erforderlich, mittels deren der Austrittsquerschnitt der Ejektordüse verstellt werden kann, sobald die Umdrehungszahl des Ventilators entsprechend der jeweiligen Kesselbeanspruchung verändert wird. Die Gesellschaft für künstlichen Zug in Charlottenburg hängt dazu einen Verdrängungskörper über der Düse auf (vgl. Abb. 141), während Cruse Lamellendüsen mit verstellbarem Querschnitt benutzt.

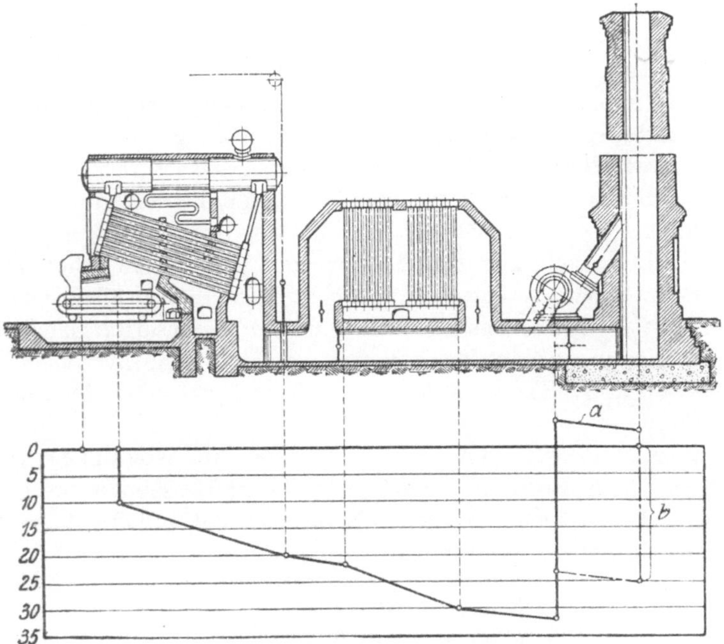

a Ventilator arbeitet ohne Schornstein. *b* Schornsteinzug besteht fort.
Abb. 140.

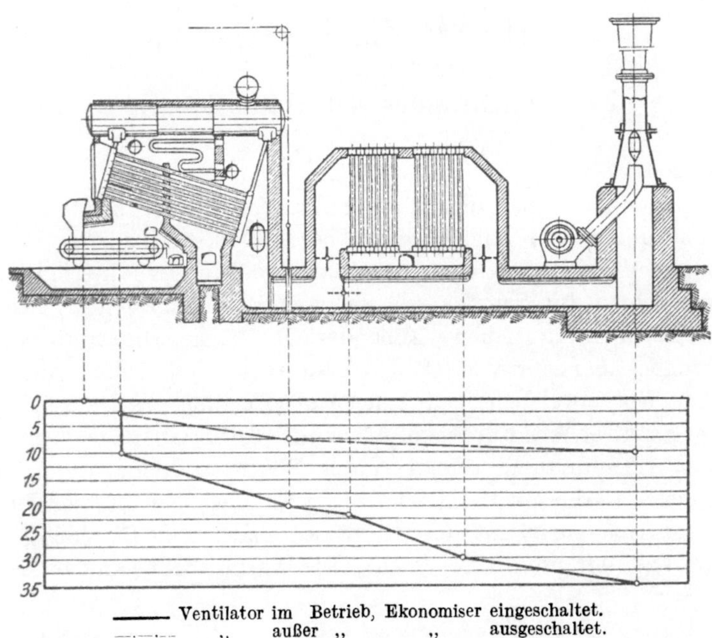

——— Ventilator im Betrieb, Ekonomiser eingeschaltet.
— · — · — ,, außer ,, ,, ausgeschaltet.
Abb. 141.

Der Kraftbedarf des indirekten Sauggzuges ist wesentlich höher als der des direkten. M. Gensch[1]) gibt dafür 1,2 bis 2,5% bzw. 0,4 bis 0,8% der Kesselleistung an. Demgegenüber kommt man aber beim indirekten Saugzug mit kleineren, schneller laufenden Ventilatoren aus, die sich bequem unterbringen lassen, als beim direkten Absaugen der heißen und daher größeren Rauminhalt einnehmenden Abgase. Dem sonstigen Vorwurf gegen den direkten Saugzug, nämlich daß die heißen und wegen ihres Gehaltes an schwefliger Säure schädlichen Abgase mit dem Ventilatorinnern in Berührung kommen, hat man durch geeignete Schutzmittel so wirksam zu begegnen vermocht, daß man teilweise dazu übergegangen ist, Saugzuganlagen zu bauen, in denen beide Erzeugungsarten gemeinsam angewandt werden. Ein kleinerer Ventilator saugt dann nur einen Teil der Abgase ab und führt sie unter Druck einer Ejektordüse im Schornsteinfuß zu.

Bei allen Saugzuganlagen ist es von besonderer Wichtigkeit, dafür zu sorgen, daß keine Risse und undichten Stellen im Kesselmauerwerk vorhanden sind, da sonst leicht viel kalte Luft angesaugt und der Wirkungsgrad des Kessels stark heruntergedrückt wird.

Sechster Abschnitt.

Die Dampfkessel.

25. Gemeinsames der Dampfkessel.

A. Die Heizfläche.

Heizfläche nennt man den Teil der Kesseloberfläche, der innen vom Wasser und außen von den Heizgasen berührt wird. Bei ihrer Berechnung ist, gemäß den gesetzlichen Bestimmungen, für Landkessel die den Gasen zugekehrte, für Schiffskessel die vom Wasser bespülte Seite der Wand in Betracht zu ziehen. Teile der Oberfläche, die zwar beheizt werden, innen aber nur von Dampf berührt werden, gelten nicht als Heizfläche. Unter welchen Bedingungen die Heizung des Dampfraumes gesetzlich gestattet ist, wurde im Abschnitt 23 (S. 100) angegeben.

Die Wärmeaufnahme erfolgt durch Wärmestrahlung unmittelbar aus dem Feuer — direkte Heizfläche — durch Wärmeleitung bei der Berührung der Heizfläche mit den Heizgasen und durch Strahlung vom Mauerwerk aus — indirekte Heizfläche. Die Wärmeabgabe an den Kessel-

---

[1]) M. Gensch, Berechnung, Entwurf und Betrieb rationeller Kesselanlagen. Julius Springer, Berlin 1913.

inhalt vollzieht sich durch die Berührung der geheizten Wandung mit Wasser oder mit Dampf (vgl. III. Abschnitt).

Die Größe der Heizfläche — H m² — für eine verlangte stündliche Dampfmenge — D kg — wird nach Erfahrungswerten für die bei den verschiedenen Kesselbauarten erreichte Heizflächenbeanspruchung — D/H — bestimmt (Tabelle S. 32).

B. Der Wasserraum.

Der Wasserraum eines Kessels ist der im Betriebe stets mit Wasser angefüllte Teil seines Innenraumes. Welche Bedeutung er für den Kesselbetrieb hat, erhellt aus Beispiel 5 auf S. 8 (vgl. auch dazu den Abschnitt 38 über Wärmespeicher S. 321). Der Druck im Kessel braucht um so weniger zu sinken, um bei plötzlich gesteigerter Dampfentnahme die zur Nachverdampfung erforderliche Wärmemenge freizugeben, je größer der Wasserinhalt des Kessels ist. Diese aus dem Wärmevorrat im Wasser bestrittene Zunahme der Dampfentwicklung ist aber für einen schnellen Druckausgleich erforderlich, da sich die Wärmeabgabe aus dem Feuer dazu nicht schnell genug steigern läßt. Wird daher aus einem Kessel der Dampf sehr unregelmäßig und dabei plötzlich in großer Menge entnommen, wie z. B. beim Betriebe von Fördermaschinen, Walzenzugmaschinen, Dampfhämmern und Schmiedepressen, so ist ein recht großer Wasserraum von besonderem Nutzen. Der Vorteil, daß bei solchen Großwasserraumkesseln der Druck und auch der Stand des Wassers im Kessel nicht starken Schwankungen unterliegt, wiegt den Nachteil größerer Abkühlungsverluste während der Betriebspausen in den meisten Fällen reichlich auf. — Demgegenüber ist ein im Verhältnis zur Heizfläche kleiner Wasserraum vorzuziehen für Betriebe mit gleichmäßiger Dampfentnahme und langen Betriebspausen, ferner, wenn es darauf ankommt, den kalten Kessel schnell bis zum vollen Betriebsdruck anfeuern zu können. Kleinwasserraumkessel bieten außerdem den Vorteil, daß sie die Unterbringung großer Heizflächen auf kleinem Raum und somit auf kleiner Grundfläche gestatten, was für große Anlagen besonders ins Gewicht fällt. Da ferner vom Walzwerk fertig zu beziehende Röhren einen wesentlichen Bestandteil dieser Kessel bilden, so stellt sich auch der Preis für das m² Heizfläche bei ihnen im allgemeinen wesentlich niedriger als bei den Großwasserraumkesseln.

Als Großwasserraumkessel sind hauptsächlich die Walzen- und die Flammrohrkessel, als Kleinwasserraumkessel die Heizrohr- und die Wasserrohrkessel anzusehen.

C. Der Dampfraum.

Der Teil des Kesselhohlraumes, welcher im Betriebe stets mit Dampf gefüllt ist, heißt der Dampfraum. Er hat den Zweck, dem Dampfe Zeit zur Absonderung von dem mitgerissenen Wasser zu lassen. Er ist daher für Betriebe mit häufig oder plötzlich gesteigerter Dampfentnahme besonders groß zu wählen.

Die im Wasserspiegel liegende Trennungsfläche zwischen Dampfraum und Wasserraum wird **Verdampfungsoberfläche** genannt.

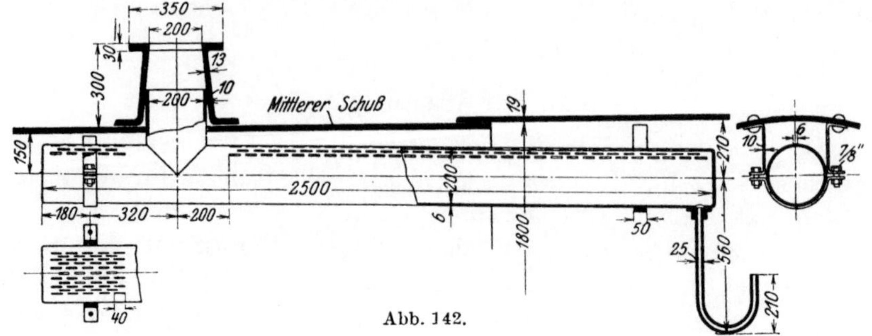

Abb. 142.

Von ihrer Größe hängt die Trockenheit des erzeugten Dampfes ebenfalls wesentlich ab.

Zur Vergrößerung des Dampfraumes wurde früher allgemein auf den Kessel ein stehender **Dampfdom** oder ein liegender **Dampfsammler** aufgesetzt. Da diese jedoch einen sorgsamen Wärmeschutz erfordern, wenn sie keine besonderen Abkühlungsverluste verursachen sollen, so verzichtet man bei Kesseln, die mit Überhitzer ausgerüstet sind, häufig auf ihre Anbringung. Fast allgemein geschieht es bei den Schrägrohrkesseln. Man begnügt sich dann damit, unter dem Dampfentnahmestutzen ein Rohr anzuordnen, das oben mit feinen Öffnungen versehen ist (Abb. 142), oder andere Einrichtungen zu treffen, z. B. Prallbleche (Abb. 143) darunterzusetzen, durch welche die emporgeschleuderten Wasserteilchen zurückgehalten werden sollen. Ähnliche Einrichtungen wendet man immer bei den Steilrohrkesseln an, doch werden bei ihnen außerdem noch vielfach Dampfsammler angebracht.

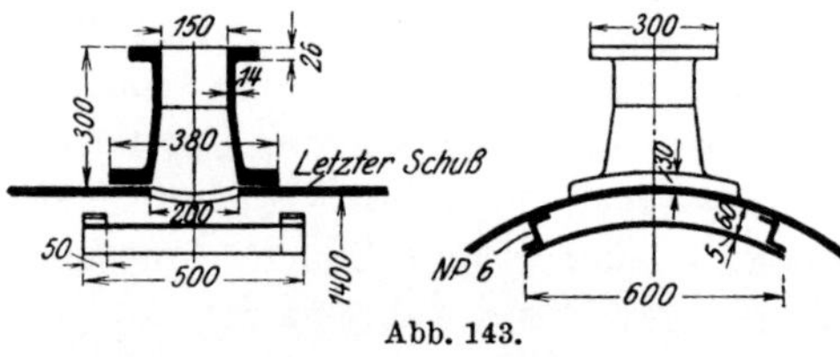

Abb. 143.

D. Der Speiseraum.

Der Speiseraum liegt zwischen dem niedrigsten und dem höchsten Wasserstande (vgl. Einleitung S. 1), kann daher abwechselnd mit Wasser oder mit Dampf angefüllt sein. Er gibt dem Heizer die Möglichkeit, die Zuführung des Speisewassers nach den Betriebsverhältnissen einzurichten. Je größer der Speiseraum ist, um so mehr ist es möglich, Perioden höchster Kesselbeanspruchung mit abgestellter Speisung zu überwinden und um so länger läßt sich bei Betriebspausen durch Zuführung von Speisewasser das Abblasen der Sicherheitsventile vermeiden.

E. Das Gewicht des Kessels.

Das Gewicht eines Kessels erhält man annähernd richtig, wenn man zu den aus den reinen Abmessungen ermittelten Gewichten noch 22 bis 25% für Überlappungen, Nietköpfe usw. hinzuschlägt. Für die Fundierung sind außerdem die Gewichte der am Kesselkörper angebrachten Ausrüstungsstücke und der anschließenden Rohrleitungen zu berücksichtigen.

26. Die Kesselbauarten.

A. Die Walzenkessel.

Unter einer Walze versteht man ein zylindrisches Gefäß, das an beiden Enden durch Böden geschlossen ist.

a) Der einfache Walzenkessel besteht aus einer weiten liegenden Walze, deren Mantel im hinteren Teil einen Dampfdom trägt. Der Kessel kann nur mit Unterfeuerung versehen werden.

Er wurde früher für kleine Anlagen mit einer Heizfläche bis zu 25 m² ausgeführt, jetzt findet er, seiner bedeutenden Nachteile, vor allem der schlechten Wärmeausnutzung wegen, kaum noch Anwendung.

b) Der mehrfache Walzenkessel oder Batteriekessel (Abb. 144 und 145 und Taf. VII, Fig. 2) besteht aus mehreren über- und nebeneinander gelagerten Walzen. Je zwei übereinanderliegende werden durch 2 bis 4 senkrechte Stutzen verbunden, so daß die in der unteren Walze entstandenen Dampfblasen nach oben entweichen können. Außerdem stehen die untersten Walzen an ihrem hinteren Ende durch je einen wagerechten Stutzen in Verbindung. In jedem Oberkessel befindet sich ein gesonderter Dampfraum, aus dem der Dampf in einen gemeinsamen, quer über den Walzen liegenden Dampfsammler gelangt.

Die Anzahl der zu einem Kessel vereinigten Walzen beträgt im allgemeinen entweder 4, 6 oder 9.

Während die Oberkessel wagerecht liegen, werden die übrigen Walzen zur Erhöhung des Wasserumlaufs meistens nach hinten zu etwas gesenkt. Die Walzen der untersten Reihe macht man jetzt stets, die der mittleren häufig ebenfalls kürzer als die Oberkessel, und zwar geschieht das, um die Feuerung unterbringen zu können. Als solche wird sowohl Planrost oder Kettenrost, als auch namentlich Schrägrost angewandt. Letzterer wurde dabei früher vielfach in eine Tenbrink-Quervorlage (Abb. 47, 48) eingebaut.

Im Hinblick auf das Verhältnis $D : Gr$, erhalten als Produkt der Heizflächenbeanspruchung $D : H \leq 22$ und der Grundflächenausnutzung $H : Gr \leq 3,7$, stellt der Batteriekessel zwar gegenüber dem einfachen Walzenkessel einen bedeutenden Fortschritt dar, ist darin aber von den übrigen Kesselbauarten nur dem Ein- und Zweiflammrohrkessel überlegen.

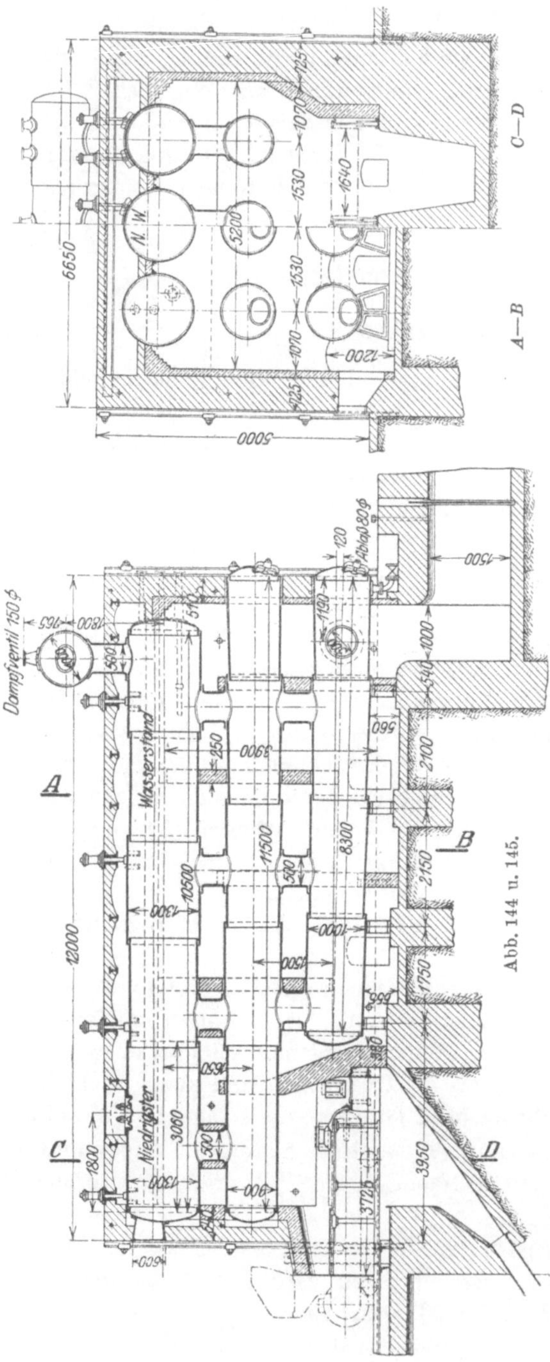

Abb. 144 u. 145.

Konstruktion. Für Heizflächen bis zu 100 m² genügen 2 Oberkessel und 2 Unterkessel (Taf. VII, Fig. 2), bis zu etwa 160 m² wählt man 2 Oberkessel, 2 Mittelkessel und 2 Unterkessel und für die größten Ausführungen bis zu etwa 300 m² 9 Walzen, und zwar je 3 nebeneinander.

Die Oberkessel erhalten $d_1 = 0,8$ bis $1,5$ m (Abb. 146) Durchmesser. Ihre Länge beträgt $8 \div 10 \cdot d_1$. Für den Durchmesser der übrigen Walzen und des Dampfsammlers gilt etwa: $d_2 = 0,8 \cdot d_1$. Die Höhe der senkrechten Verbindungsstutzen ist mindestens 0,4 m, ihr Durchmesser $0,4 \div 0,5$ m, der Zwischenraum zwischen den Walzen der mittleren und der unteren Reihe mindestens 0,35 m. Der niedrigste Wasserstand liegt etwa $d_1/3$ unter dem Scheitel des Oberkessels.

Bei der Anordnung der Schüsse ist darauf Rücksicht zu nehmen, daß die Blechkanten an den Nietnähten nicht vom Gasstrom getroffen werden. Konische Schüsse wendet man dazu jedoch nur an den Stellen an, wo es nicht zu umgehen ist.

Zur Lagerung dienen Kesselstühle unter den Unterkesseln. Außerdem werden die Oberkessel häufig noch federnd an Trägern aufgehängt, die quer in die Mauerwerksdecke eingelegt sind (vgl. Abb. 331 u. 332).

Als Überhitzer haben sich für Batteriekessel solche mit liegenden Rohrschlangen am besten bewährt. Sie werden oben auf dem Kesselmauerwerk aufgebaut und so in den Gasweg eingeschaltet, daß die Gase vorher etwa $^1/_3 \div {}^1/_2$ der Kesselheizfläche zu bestreichen haben.

Die Speisung erfolgt entweder oben vom Mantel oder von einem Boden aus in jeden Oberkessel. Bei der früher gebräuchlichen Zuführung des Speisewassers in die Unterkessel zeigten sich bald pockennarbige Anrostungen in diesen Walzen. Sie entstehen durch die aus dem Wasser freiwerdenden Luft- und Kohlensäureblasen, die sich wegen mangelnden Wasserumlaufs an den Wandungen festsetzen können. Die damals meistens nach dem Gegenstromprinzip eingerichtete Zugführung, bei der die Unterkessel zuletzt von den Gasen bestrichen wurden, begünstigte nicht nur die Rostbildung in den Unterkesseln, sondern gab unter Umständen noch Anlaß dazu, daß diese Kessel auch von außen rosteten. War nämlich das Speisewasser nicht vorgewärmt, so schlug sich außen an den kalten Wandungen der in den Heizgasen enthaltene Wasserdampf nieder.

Zugführung. Bei neueren Ausführungen wird fast allgemein die Kammereinmauerung gewählt, bei der die Heizgase schlangenförmig so geführt werden, daß sie die Walzen rechtwinklig treffen. Die Scheidewände zwischen den Kammern werden $^1/_2$ Stein stark in Schamotte ausgeführt. Im ersten Zuge liegende

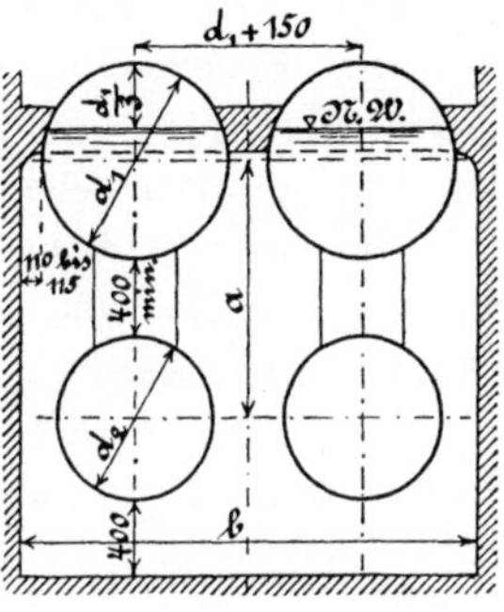

Abb. 146.

Stutzen werden zum Schutz der Nietnähte mit Mauerwerk umgeben. Das gleiche ist notwendig, wo die Gase zuerst auf die Unterkessel treffen, da sich im Scheitel dieser Kessel Dampf ansammelt, die Wandungen dort also nicht genügend gekühlt sind.

Vorteile. Die Kessel haben große Wasser- und Dampfräume, eignen sich daher für stark wechselnden Betrieb und liefern trockenen Dampf. Infolge der kleinen Durchmesser der Walzen lassen sie sich auch für hohe Dampfspannungen aus verhältnismäßig dünnen Blechen herstellen.

Nachteile. Für hartes Wasser sind die Kessel wenig geeignet, da sonst die im ersten Feuer liegenden Platten leicht beschädigt werden und die Entfernung des Kesselsteins aus den mittleren und unteren Walzen recht unbequem und daher kostspielig ist. — Ferner erfordert jede Walze ein Mannloch, ebenso wie jede Zugkammer eine Einsteigöffnung im Mauerwerk nötig macht. — An den Nähten, mit denen die Stutzen aufgenietet sind, treten infolge ungleichmäßiger Erwärmung der einzelnen Walzen häufig Undichtheiten auf. Sind nun gar Nietnähte der unmittelbaren Einwirkung des Feuers ausgesetzt, wie es bei Tenbrinkvorkesseln oder den an ihrer Stelle angewandten, über dem Schrägrost eingebauten Schrägsiedern nicht zu vermeiden ist, so machen sich so häufig teure Instandsetzungen notwendig, daß man deswegen von der Verwendung dieser sonst sehr guten Bauart, die eine vorzügliche Ausnutzung der Kohle gestattet, immer mehr Abstand genommen hat.

Anwendung. Der Batteriekessel ist da am Platze, wo man die Vorteile des Großraumkessels ausnutzen will, der Nachteil dieser Kessel — langsames und kostspieliges Anfeuern — nicht ins Gewicht fällt und wo es nicht auf einen möglichst kleinen Raumbedarf des Kessels ankommt.

B. Die Flammrohrkessel.

Die Flammrohrkessel sind Walzenkessel, in welche weite, von einem Boden bis zum anderen reichende Rohre eingebaut sind. Durch diese „Flammrohre" ziehen die Heizgase. Je nach der Anzahl der Flammrohre eines Kessels unterscheidet man:

Ein-, Zwei- und Dreiflammrohrkessel.

Die Feuerungen der Flammrohrkessel sind meistens Planrost-Innenfeuerungen, seltener Treppenrost-Vorfeuerungen. Die ersteren werden häufig mit mechanischen Wurfbeschickern ausgestattet.

Die Grundflächenausnutzung $H : Gr$ ergibt sich beim Einflammrohrkessel zu 1,3 bis 2,1, beim Zweiflammrohrkessel zu 1,9 bis 2,4 und beim Dreiflammrohrkessel zu 2,4 bis 2,7 m² Heizfläche auf 1 m² Grundfläche.

Konstruktion. Es werden im allgemeinen angewandt für Heizflächen von   25 bis etwa   50 m² Einflammrohrkessel,

    50 „   „   100 m² Zweiflammrohrkessel,

   100 „   „   250 m² Dreiflammrohrkessel.

Die zuweilen für mehr als 50 m² Heizfläche gebauten Einflammrohrkessel mit Wellrohr haben sich weniger bewährt als die übrigen, vor allem wegen ihres kleinen Speiseraumes, ihrer kleinen Verdampfungsoberfläche und ihres geringen Dampfraumes.

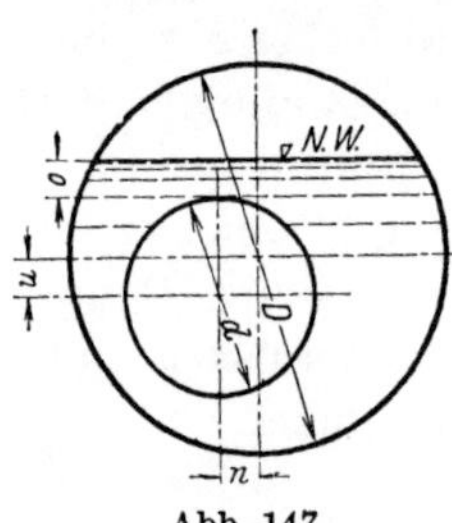

Abb. 147.

Einflammrohrkessel (Taf. III). Die Rohrmitte wird jetzt allgemein seitlich von der senkrechten Mittellinie des Kesselmantels gelegt — Seitrohrkessel. Durch diese Anordnung des Flammrohres werden die Kessel bequemer befahrbar, ferner wird eine Bewegung des Wassers um das Flammrohr herum erzielt, da das Wasser an der engsten Stelle zwischen Flammrohr und Kesselmantel stärker erwärmt wird als an der anderen Seite.

Die Querschnittsabmessungen (vgl. Abb. 147) wählt man unter Berücksichtigung der Bodentabellen (Abschnitt 32, S. 245) für H m² Heizfläche im allgemeinen folgendermaßen:

$$D = \left(0{,}25 \div 0{,}26 \cdot \sqrt{H}\right) \text{m},$$ mit Rücksicht auf die Befahrbarkeit jedoch nicht unter 1400 mm. Für Heizflächen, welche einen kleineren Manteldurchmesser ergeben würden, wendet man am besten Flammrohrkessel überhaupt nicht an.

$d = 0.5 \cdot D$ m, mindestens 600 mm, da sonst der Feuerraum bei Innenfeuerung für die Flammenentwicklung zu klein wird. Für Wellrohre werden gemäß der Bodentabelle auf S. 245 auch größere Durchmesser als $0.5\,D$ gewählt, doch entstehen dadurch gerade die oben angeführten Mängel der großen Einflammrohr-Wellrohrkessel. $u = n = 0.1 \cdot D$ m, doch muß der Spielraum zwischen Rohr und Mantel an der engsten Stelle mindestens 125 mm betragen. $o = (0.1 \cdot D + 0.01)$ m.

Zweiflammrohrkessel (Taf. IV, V). Um den Dampfraum möglichst groß zu erhalten, werden die Flammrohrmitten unter die wagerechte Mittellinie des Mantels gelegt.

Für die Querschnittsabmessungen (vgl. Abb. 148) gilt im allgemeinen:

$$D = (0.22 \div 0.24 \cdot \sqrt{H})\,m\,, \qquad d = [0.5 \cdot D - (0.25 \div 0.30)]\,m\,,$$
$$u = (0.1 \cdot D - 0.07)\,m\,, \qquad 2\,n = [0.5 \cdot D - (0.06 \div 0.075)]\,m\,,$$
$$o = (0.1 \cdot D + 0.02)\,m\,.$$

Der Spielraum zwischen den beiden Flammrohren soll mindestens 150 mm, der zwischen Rohr und Mantel mindestens 125 mm groß sein.

Dreiflammrohrkessel (Taf. VI) sind mit Manteldurchmessern von 2,1 bis etwa 3,2 m hergestellt worden. Die oberen Flammrohre erhalten dabei $0.8 \div 1.1$ m und das untere Rohr $0.7 \div 1.0$ m Durchmesser.

Besonders bemerkenswert ist der von der Aktien-Gesellschaft H. Paucksch in Landsberg a. W. gebaute Dreiflammrohrkessel. Bei ihm ist das untere Flammrohr nicht bis zum vorderen Kesselboden durchgeführt, sondern bei etwa $^2/_3$ der Kessellänge durch einen Krümmer unten mit dem Mantel verbunden. Diese Bauart behebt vor allem die Schwierigkeiten, die sich sonst bei den Dreiflammrohrkesseln aus der verschiedenen Höhenlage der Feuerungen für ihre Bedienung ergeben. Die oberen müssen nämlich verhältnismäßig hoch gelegt werden, wenn die untere nicht gar zu tief liegen soll.

Der Kesselmantel wird am zweckmäßigsten nur aus zylindrischen Schüssen zusammengesetzt. Damit die umzogenen Böden dabei gleiche Durchmesser erhalten können, nimmt man eine ungerade

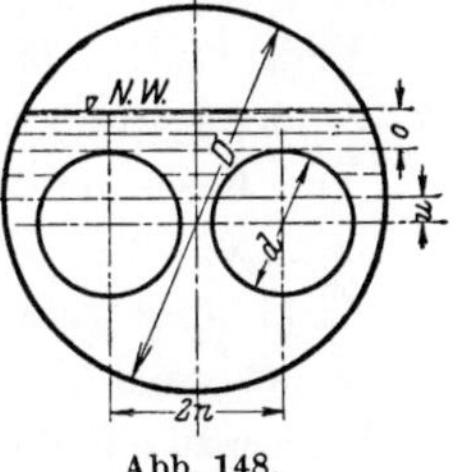

Abb. 148.

Zahl von Mantelschüssen. Letztere werden möglichst aus je einem Blech hergestellt. Der dabei vielleicht für sehr große Bleche zu zahlende Überpreis wird meist schon durch den Wegfall einer Nietnaht und die somit verringerten Kosten der Zusammenfügung aufgewogen. Die Längsnähte werden so angeordnet, daß sie nicht in das Mauerwerk zu liegen kommen.

Die Flammrohre liegen stets im ersten Feuerzuge, werden sich daher stärker erwärmen und mehr ausdehnen als der Mantel. Es entstehen dadurch Spannungen in der Flammrohrwandung, die Undichtheiten in den Nietverbindungen hervorrufen würden, falls nicht entweder die Böden nachgiebig geformt werden (ebene Böden) oder aber, wo das nicht der Fall ist (gewölbte Böden), die Flammrohre ein gewisses Maß von Elastizität in der Längsrichtung besitzen. In Deutschland werden starre, aus überlappt zusammengenieteten Schüssen hergestellte Flammrohre und ebene Böden nicht mehr verwandt. Man setzt in die glatten Rohre stets zwischen den Schüssen federnde Ringe ein oder man stellt die Rohre entweder ganz oder zum Teil aus Wellrohr (Taf. III) her. Diese Ringe lassen sich außerdem so formen, daß sie dem durch äußeren Druck beanspruchten Rohr als wirksame Versteifungen dienen. Auf das beste hat sich hierfür der Adamson-Ring (Abb. 264) bewährt, durch dessen Verwendung außerdem die Rundnähte der Einwirkung des Feuers ganz entzogen sind.

Die Längsnähte der Flammrohrschüsse werden ebenfalls nicht mehr überlappt genietet, sondern geschweißt. Sie werden immer nahe dem unteren Scheitel des Rohres gelegt.

Für die Befahrbarkeit eines Zweiflammrohrkessels ist es von besonderm Vorteil, wenn die Flammrohre hinten so weit verengt werden, daß ein Mann zwischen ihnen hindurchschlüpfen kann. Dazu sind mindestens 250 mm Zwischenraum erforderlich.

In die Flammrohre baute man früher häufig als Versteifungen konische, nach oben erweiterte Querrohre — Gallowayrohre — ein. Sie stellen zugleich eine wirksame Vergrößerung der Heizfläche dar, erschweren aber die Reinigung des Flammrohres von Ruß und Asche so sehr und sind selbst im Innern so schwer von Kesselstein zu reinigen, daß man solche oder ähnliche Querrohre heute kaum noch anwendet.

Durch die Verwendung des Wellrohres läßt sich ebenfalls eine nicht unwesentliche Vergrößerung der Flammrohrheizfläche erreichen, da diese bei Wellrohr 1,14 mal so groß ist als bei einem glatten Rohr, dessen Lichtweite gleich dem mittleren inneren Durchmesser des Wellrohres ist.

Die Kesselböden werden bei uns nur noch in kugelig gewölbter, mit Mantel- und Flammrohrkrempen versehener Form (siehe Abb. 290 und 291) angewandt. Die Flammrohrkrempen werden entweder nach außen (ausgehalst) oder nach innen (eingehalst) umgezogen. Eingehalste Böden verwendet man stets für die hinteren Böden, für die vorderen meistens nur dann, wenn der Kessel Vorfeuerung erhalten soll. Gegenüber den früher gebräuchlichen ebenen Böden (vgl. Abb. 239) besitzen die gewölbten die Vorteile, daß sie sich infolge der angebrachten Krempen mit weniger Nieten in den Kessel einfügen lassen und daß sie keinerlei Verankerungen verlangen, welche wie die bei den ebenen Böden angewandten Längsanker und Eckanker bei der Reinigung des Kesselinnern recht störend sind. Außerdem bogen sich die ebenen Böden trotz reichlicher Verankerung während des Betriebes stets etwas nach außen durch, um beim Erkalten des Kessels wieder in ihre ebene Form zurückzukehren. Dadurch aber entstanden fast regelmäßig Undichtheiten an den Nietverbindungen oder gar Krempenrisse in den Winkelringen, mittels derer die Flammrohre an dem Boden befestigt wurden.

Lagerung. Die Flammrohrkessel werden auf gußeiserne Kesselstühle gelegt. Diese sind, besonders wenn sie in der Nähe einer Rundnaht aufgestellt werden, unter den Außenschuß zu setzen, damit die Blechkante an der Naht gut zugänglich bleibt.

Speisung. Die Zuführung des Speisewassers erfolgt beim Einflammrohrkessel am besten durch die vordere Stirnwand hindurch an der Seite des Flammrohrs, an der der weiteste Zwischenraum zwischen Flammrohr und Mantel ist. Das Speiserohr rage etwa 2 bis 3 m weit in den Kessel hinein und münde etwa 120 mm unter dem Niedrigwasserspiegel hori-

zontal. Beim Zwei- und beim Dreiflammrohrkessel mündet das Speiserohr am besten in derselben Höhe, aber zwischen den beiden Flammrohren. Man hängt entweder von oben her ein Einhängerohr in den Kessel, das unten mit einem kurzen Krümmer versehen ist, oder man bringt das Speiserohr wie beim Einflammrohrkessel in der vorderen Stirnwand seitwärts an, führt es einige Meter gerade aus oder kröpft es im Kessel-

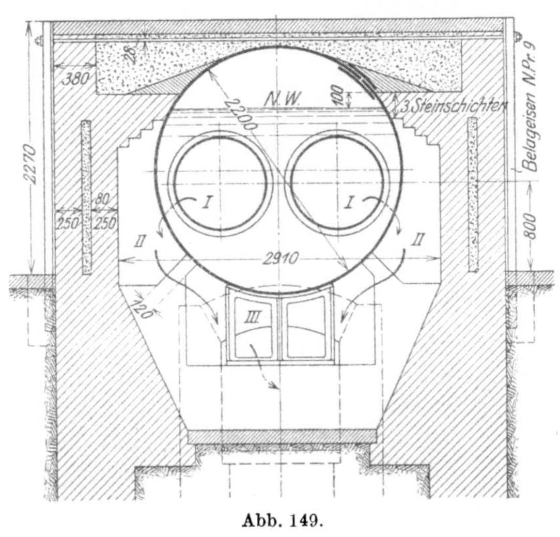

Abb. 149.

innern über das eine Flammrohr so, daß es zwischen beiden Flammrohren ausmündet.

Zugführung. Der erste Zug liegt stets in den Flammrohren. Die Weiterführung der Heizgase kann geschehen:

a) Durch zwei Seitenzüge und einen Unterzug, und zwar können die Seitenzüge den zweiten Zug und der Unterzug den letzten Zug bilden (vgl. Abb. 149) oder umgekehrt. Letztere Anordnung empfiehlt sich mehr, da man hierbei eine gleichmäßigere Erwärmung des Kesselwassers und einen etwas besseren Wirkungsgrad erhält, ist aber seltener ausgeführt worden, wegen der Schwierigkeiten, die sich für die Gestaltung der Einmauerung am hinteren Kesselende ergeben.

b) Durch zwei Seitenzüge, welche symmetrisch zum Querschnitt des Kesselmantels angeordnet werden (Abb. 150). Beide Kanäle werden unter der Kesselmitte durch eine Mauerzunge getrennt. Beim Einflammrohrkessel soll der Kanal, der dem Flammrohr am nächsten liegt, den zweiten Zug bilden. Die Heizkanäle sind bei dieser Anordnung bequem befahrbar, während das bei den Seitenzügen im Falle a) nur möglich wäre, wenn die Seitenwände des Kesselmauerwerks weiter auseinandergerückt würden. Die Einmauerung mit zwei Seitenzügen wird jetzt fast ausschließlich für alle Flammrohrkessel gewählt.

c) Durch einen Unterzug und einen Oberzug (Abb. 151). Die Gase umspülen, nachdem sie das Flammrohr oder die Flammrohre verlassen haben, den ganzen vom Wasser berührten Mantel bis zu einer ziemlich vorn liegenden gemauerten Querwand, gehen durch eine unten in der Wand angebrachte Öffnung hindurch, steigen an dieser Wand empor und beheizen dann in einem Oberzuge den Dampfraum des Kessels.

Da der Nutzen der Oberzüge nur recht gering ist und nicht im Verhältnis zu der durch sie bedingten Verteuerung des Mauerwerks steht, so werden sie jetzt, auch wenn die Kessel nicht mit Überhitzern versehen werden, kaum noch angewendet.

Überhitzer, deren Rohrschlangen wagerecht liegend übereinander oder auch senkrecht liegend nebeneinander aufgebaut werden, haben sich für Flammrohrkessel am ge-

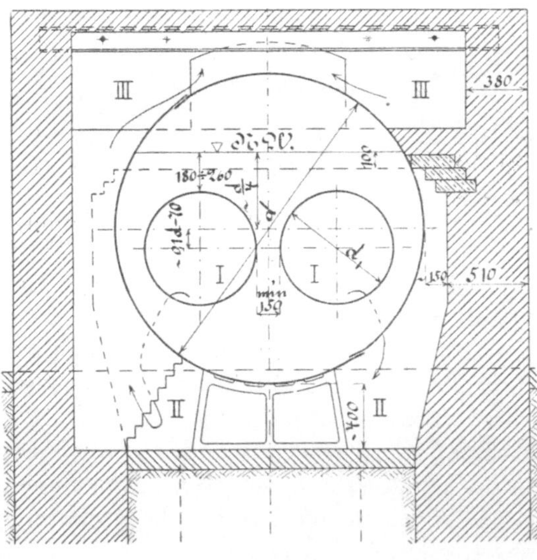

Abb. 150.

Abb. 151.

eignetsten erwiesen. Sie werden am hinteren Kesselende so angeordnet, daß sie von den Gasen bestrichen werden, ehe diese in den zweiten Zug strömen.

Vorteile. Der Wasserinhalt der Flammrohrkessel genügt, um sie für ungleichmäßige Dampfentnahme geeignet zu machen, auch kann, bis auf die oben genannte Ausnahme, die Verdampfungsoberfläche und der Dampfraum bei ihnen so groß gestaltet werden, daß sie recht trockenen Dampf liefern. Sie sind gegen hartes Wasser ziemlich wenig empfindlich und lassen sich im allgemeinen gut reinigen. Ihre Wartung ist einfach und leicht, so daß sie wenig Instandsetzungen nötig machen. Dabei besitzen sie im Flammrohr eine sehr wirksame Heizfläche, die nicht unwesentlich zu der guten, in ihnen erreichten Wärmeausnutzung beiträgt.

Nachteile. Die im ersten Feuer liegenden Teile der Kesselwandung, die bei eintretendem Wassermangel zuerst vom Wasser entblößt werden, sind hier nicht wie bei den anderen Innenfeuerungskesseln noch besonders verankert. Nachlässige Wartung kann daher die Kessel in große Gefahr bringen und infolge des großen Wasserinhaltes schwere Explosionsschäden herbeiführen. Der Wasserumlauf ist besonders im Zweiflammrohrkessel äußerst gering.

Anwendung. Die Ein- und Zweiflammrohrkessel haben in kleinen und mittleren Anlagen die weiteste Verbreitung gefunden, dagegen wird der Dreiflammrohrkessel verhältnismäßig wenig angewandt, trotzdem er den anderen Flammrohrkesseln bezüglich der Wärmeausnutzung und der Schnelligkeit des Anfeuerns überlegen ist. Der Grund hierfür ist einerseits in seiner schlechten Befahrbarkeit, andererseits darin zu suchen, daß man für große Anlagen jetzt immer mehr solchen Bauarten den Vorzug gibt, die bei hoher Dampfleistung eine möglichst geringe Grundfläche beanspruchen.

C. Der Heizrohrkessel.

Zwischen den Böden eines zylindrischen Kessels (Abb. 152) ist eine große Zahl enger Rohre so eingebaut, daß sie im Innern die Heizgase

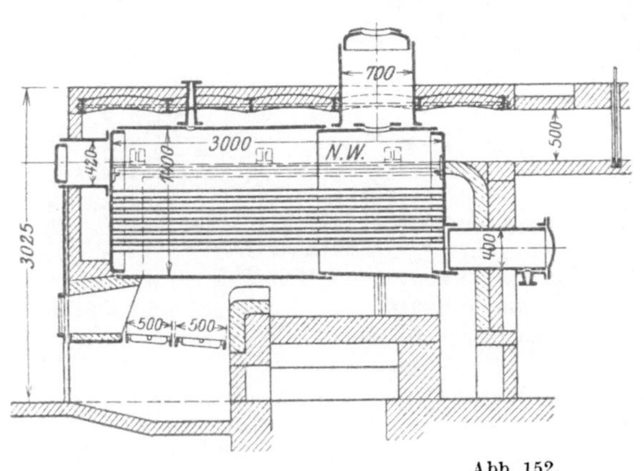
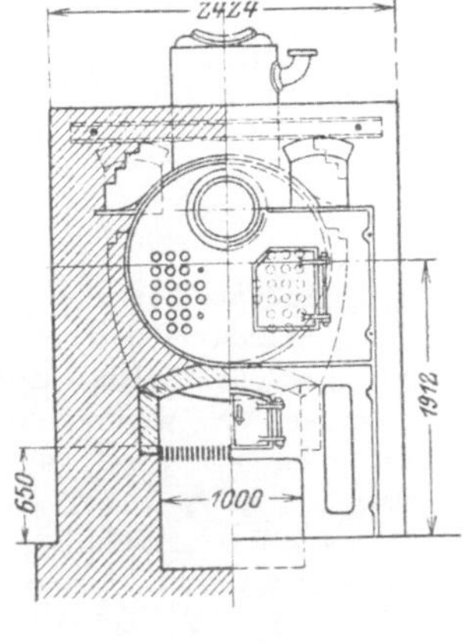

Abb. 152.

führen und außen vom Wasser umgeben sind. Um die innere Reinigung des Kessels zu erleichtern, werden die Rohre in zwei symmetrisch zur senkrechten Mittellinie des Querschnitts liegenden Gruppen angeordnet, zwischen denen ein zum Durchfahren ausreichender Zwischenraum verbleibt. Zum Anbringen der Abblasevorrichtung dient ein meistens am vorderen Boden angebrachter wagerechter Stutzen.

Die Feuerung ist entweder Planrost- oder Treppenrostunterfeuerung.

Die Grundflächenausnutzung $H : Gr$ schwankt zwischen 2 und 5 m² Heizfläche auf 1 m² Grundfläche.

Konstruktion. Heizrohrkessel sind für Heizflächen von 20 bis 150 m² ausgeführt worden. Der Durchmesser des Kesselmantels beträgt etwa 1,25 bis 2 m, seine Länge bis zu 5 m, die Anzahl der Heizrohre bis zu 100, ihr Durchmesser zwischen 64/70 und 94,5/102 mm (vgl. die Röhrentabelle auf S. 242). Der freie Querschnitt sämtlicher Rohre soll möglichst nicht kleiner als $R/6$ sein.

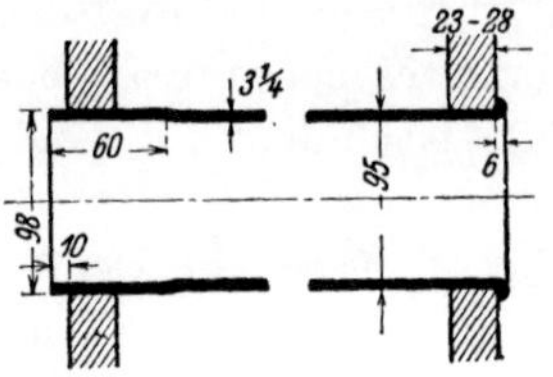

Die Rohre werden in die Kesselböden durch Einwalzen dicht eingesetzt. Man bedient sich dazu einer mit drei bis vier kleinen auseinanderstellbaren Rollen versehenen „Rohrwalze", welche in das Rohr hineingesteckt und dann gedreht wird. Das Rohrende wird dadurch ganz wenig aufgeweitet und fest in dem Loche eingepreßt. Bei gewölbten Böden ist das Einwalzen der Rohre um so schwieriger, je weiter diese vom Mittelpunkt des Bodens entfernt liegen. Man wendet daher für Heizrohrkessel im allgemeinen ebene Böden an. Nur bei größeren Kesseldurchmessern, wie sie bei Heizrohrkesseln vorkommen, die als Oberkessel zusammengesetzter Kessel (siehe den folgenden Abschnitt D) verwendet werden, wählt man aus Festigkeitsrücksichten gewölbte Böden, in welche aber ebene Flächen zur Aufnahme der Rohre

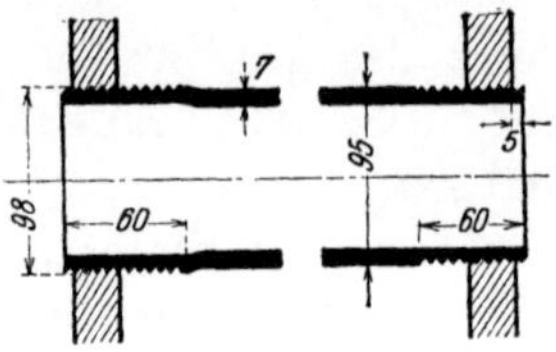

Abb. 153.　　　　　　　　　　Abb. 154.

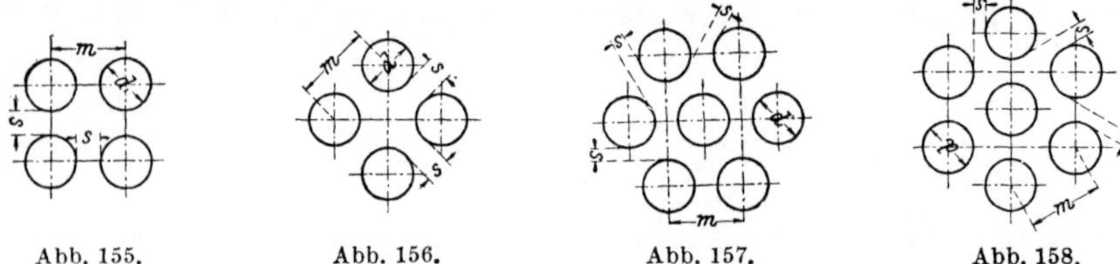

Abb. 155.　　　　Abb. 156.　　　　Abb. 157.　　　　Abb. 158.

eingepreßt sind (Bodentabelle S. 246). Die Rohrenden läßt man einige Millimeter aus dem Kesselboden herausragen, bördelt sie aber am besten stets auf der Seite um, gegen welche die Heizgase stoßen. Um das Einsetzen und Herausziehen der Rohre zu erleichtern, werden die Löcher im vorderen Boden etwas größer gemacht als die im anderen und die Rohre vor dem Einziehen an einem Ende entsprechend aufgeweitet. (Abb. 153.)

Die Verankerung der ebenen Kesselböden gegeneinander läßt sich hier am zweckmäßigsten durch „Ankerrohre" (Abb. 154) erreichen. Dazu erhalten einzelne Rohre eine größere Wandstärke — mindestens 5 mm — und werden in beide Wände eingeschraubt. Das ist so sorgfältig auszuführen, daß sich das Aufsetzen von Gegenmuttern erübrigt. Letzteres ist zu verwerfen, da die vorstehenden Muttern sehr bald verbrennen. Die Rohrmitten können, wie in den Abb. 155—158 angegeben, auf den Ecken von Quadraten und von Sechsecken angeordnet werden. Die erstgenannte Anordnung hat den Vorteil weiterer Spalten zwischen den Rohrreihen

($s = m - d$), während bei Sechseckanordnung mehr Rohre auf engem Raum, allerdings nur mit Spaltweite $s = 0{,}87\,\mathrm{m} - d$, untergebracht werden können. Für Heizrohrkessel ist fast nur die Anordnung nach Abb. 155 gebräuchlich. Infolge der senkrechten Straßen zwischen den Rohrreihen begünstigt sie, ebenso wie die in Abb. 158 gezeigte, das Emporsteigen der Dampfblasen. Die Stegstärke $(m - d)$ zwischen zwei Rohren wird im allgemeinen nicht unter 25 mm gewählt.

Der Kesselmantel wird aus 2 oder 3 Schüssen zusammengesetzt und unten mit einer meistens bis auf $^2/_3$ der Kessellänge, zuweilen aber auch ganz durchgehenden Feuerplatte versehen.

Der niedrigste Wasserstand soll nicht mehr als um die Hälfte des Halbmessers über der Kesselmitte und dabei, gemäß den gesetzlichen Bestimmungen, mindestens 100 mm über der Oberkante der obersten Rohrreihe liegen.

Lagerung. Die Heizrohrkessel wurden früher gewöhnlich an angenieteten Tragpratzen aufgehängt. Bei neueren Ausführungen jedoch liegt der Kessel längs auf den Mauerzungen, welche den Unterzug von den Seitenzügen trennen. Man baut in jene zur Lagerung größerer Kessel je 2 bis 3 gußeiserne Kesselstühle ein.

Speisung. Das oben vom Kesselmantel ausgehende senkrechte Einhängerohr mündet, mittels eines kurzen Krümmers, unter dem niedrigsten Wasserstande, wagerecht aus.

Zugführung. Die Gase ziehen zuerst unter dem Kessel entlang, kehren dann in den Heizrohren nach vorn zurück. Von dort aus werden sie gewöhnlich in zwei Seitenzügen geführt, an deren hinterem Ende sich senkrechte Abfallkanäle anschließen. Diese vereinigen sich unter dem hinteren Kesselende im Fuchs. Die in Abb. 152 wiedergegebene Einmauerung mit Oberzug ist selten anzutreffen.

Überhitzer mit liegenden Rohrschlangen werden hinter den Kessel gelegt und von den Gasen bestrichen, bevor sie in die Heizrohre gelangen. Um die Überhitzer nötigenfalls aus dem Gasstrom ausschalten zu können, liegen sie, wie bei den Flammrohrkesseln, höher als der Kessel.

Vorteile. Der Kessel läßt sich schnell anheizen, nutzt den Brennstoff sehr gut aus und ist dabei billig.

Nachteile. Die Ausscheidungen des Wassers machen sich bei dem Kessel besonders schädlich bemerkbar, einmal wegen der nicht zu umgehenden Unterfeuerung, sodann aber, weil die Einwalzstellen der Heizrohre leicht undicht werden, wenn der Wärmedurchgang dort durch eine auf der Wasserseite entstandene Kesselsteinschicht behindert wird. Außer den Instandsetzungen zur Behebung von Schäden an den Unterplatten des Kesselmantels wird daher auch recht häufig ein Nachwalzen der Rohre nötig. Wird das aber nicht vorsichtig ausgeführt, so entstehen Stegrisse zwischen den Rohrlöchern, die schließlich eine Erneuerung des Kesselbodens notwendig machen. Solche kostspieligen Arbeiten lassen sich nur durch sorgfältigste regelmäßige Reinigung des Kesselinnern vermeiden. Unter Umständen ist es dazu nötig, nach einigen Jahren Betriebszeit einen Teil der Rohre aus dem Kessel herauszunehmen. — Auch die Wartung des Kessels im Betriebe erfordert besondere Aufmerksamkeit, da Wasser-, Speise- und Dampfraum verhältnismäßig klein sind. Da ferner die Zugstärke durch Ablagerung von Flugasche in den Rohren wesentlich beeinträchtigt wird, so ist es im allgemeinen notwendig, die Rohre täglich mindestens einmal mit einer Bürste zu durchstoßen oder mittels Dampfstrahles zu reinigen.

Anwendung. Der Heizrohrkessel wurde früher viel in kleineren Anlagen benutzt, wenn es darauf ankam, die Grundfläche besser auszunutzen, als es mit Flammrohrkesseln möglich ist. Er ist aber von anderen Kesselbauarten, die gegen unreines Speisewasser und hochwertige Brennstoffe weniger empfindlich sind, fast ganz verdrängt worden.

D. Zusammensetzung der Kessel unter A bis C.

Um einzelne Mängel der bisher besprochenen Bauarten zu beseitigen, oder aber um an Grundfläche zu sparen, hat man Kessel gebaut, die aus Walzen-, Flammrohr- und Heizrohrkesseln in der mannigfaltigsten Weise zusammengesetzt sind. Von den so entstandenen Kesseln sollen in nachstehendem diejenigen besprochen werden, welche in Deutschland allgemeinere Verwendung gefunden haben.

a) Flammrohrkessel mit Heizrohren sind aus dem Bestreben entstanden, den Heizrohrkessel für Innenfeuerung einzurichten.

α**) Flammrohr-(Feuerbuchs)kessel mit vorgehenden Heizrohren.**

Einer der gebräuchlichsten Kessel dieser Art ist

der ausziehbare Feuerbuchskessel,

wie er in Taf. VII, Fig. 1 nach einer Ausführungsform der Maschinenbau-Anstalt Humboldt in Kalk bei Köln dargestellt ist. In ungefähr derselben Weise werden solche Kessel von R. Wolf, Magdeburg-Buckau und H. Lanz, Mannheim ausgeführt.

Der Rost liegt im Innern einer flammrohrartigen Feuerbüchse, an die sich in der Verlängerung ein Heizrohrbündel anschließt. Feuerbuchse und Rohrbündel bilden ein zusammenhängendes Stück, das man aus dem Kessel herausziehen kann. Die Verbindung des herausziehbaren Stückes mit den Kesselböden erfolgt durch Verschraubungen. An den Kessel schließt sich nach hinten eine Rauchkammer an, die gewöhnlich den eisernen Schornstein trägt.

Mit diesem Kessel ist eine Grundflächenausnutzung $H : Gr$ von etwa 2,5 bis 6 zu erzielen.

Konstruktion. Die Kessel sind für Heizflächen von etwa 10 bis zu 130 m² gebaut worden. Den Manteldurchmesser d findet man mit 0,65 bis 2,2 m ausgeführt, die Länge mit $2,5 \div 3\,d$ und bis zu $4\,d$, wenn ein zum Teil in den Kessel hineingebauter Rauchkammerüberhitzer vorhanden ist. Der Durchmesser der Feuerbüchse kann etwa $d_1 = 0,6\,d$, ihre Länge $l_1 = 2\,d_1$ und die Rostlänge etwa $0,6 \cdot l_1$ betragen. Die Heizrohre erhalten 43/47,5 bis 64/70 mm Durchmesser. Ihre Anzahl schwankt zwischen 30 und 120 Stück. Zwischen den Rohren verbleibt ein Zwischenraum von 20 bis 25 mm.

Bei den weitaus meisten Ausführungen wird oben auf dem Kesselmantel die Dampfmaschine gelagert. Der Dom fehlt dann.

Lagerung. Der Kessel ruht auf gußeisernen Tragfüßen. Kleinere Ausführungen werden fahrbar eingerichtet und sind dazu auf Radachsen gelagert.

Speisung. Das Speisewasser wird meistens seitlich vom Kesselmantel aus eingeführt.

Zugführung. Die Heizgase ziehen durch Feuerbuchse und Heizrohre zur Rauchkammer. Zuweilen legt man unter den Kessel einen gemauerten Zug, den die Heizgase durchstreichen, bevor sie in den Schornstein gelangen. In diesem Falle trägt die Rauchkammer keinen Schornstein.

Als Überhitzer wird eine spiralig gewundene Rohrschlange in die entsprechend erweiterte Rauchkammer eingebaut.

Vorteile. Die Wärmeausnutzung ist trotz der geringen Zuglänge eine gute, da die Heizfläche sehr wirksam ist. Die Kessel lassen sich ziemlich schnell und ohne großen Wärmeaufwand anfeuern und sind bei herausgezogenem Rohrbündel bequem im Innern zu reinigen.

Nachteile. Die Feuerbuchse ist nur sehr kurz und bietet daher wenig Raum für die Flammenentwicklung, so daß die Feuerung bei gasreicherem Brennstoff ziemlich stark raucht. Die Verdampfungsoberfläche ist klein, daher wird der erzeugte Dampf leicht naß. Wegen des sehr geringen Wasserumlaufs im Kessel und der fehlenden Mantelheizung haften die aus dem Speisewasser ausgeschiedenen Luftblasen am Mantel und rufen dort Anrostungen hervor. Auf dieselben Ursachen und die dadurch besonders beim Anfeuern[1]) hervorgerufenen bedeutenden Temperaturspannungen sind auch Undichtigkeiten zurückzuführen, die sich nicht selten an den Mantelnähten zeigen.

Anwendung. Die Kessel haben in der oben angegebenen Verbindung mit der Dampfmaschine, fest aufgestellt, eine weitgehende Verbreitung gefunden. Der Grund hierfür ist in dem geringen Platzbedarf für Kessel und Maschine, sodann auch darin zu suchen, daß infolge Fehlens jeglicher

---

[1]) In der Zeitschrift des Vereines deutscher Ingenieure 1901, Nr. 1, S. 22 berichtet C. v. Bach über einen von ihm mit solchem Kessel angestellten Versuch folgendes: Der Kessel war mit 12 Thermometern versehen. Das Anheizen bis zu 10 at Überdruck dauerte 135 Minuten. Zum Schlusse war der mittlere Temperaturunterschied an den 6 oben angebrachten und den 6 unten im Kessel angebrachten Thermometern noch 141° C. Sobald darauf gespeist wurde, verringerte sich der Unterschied bedeutend, und der Druck sank um etwa 1 at.

Dampfleitung zwischen beiden ein hoher Grad von Wirtschaftlichkeit erreicht werden kann. Das ist besonders der Fall, seitdem man durch Anwendung von Überhitzern den sonst etwas höheren Schornsteinverlust vermindert und der Maschine trockenen Dampf zugeführt hat. — Weniger bewährt haben sie sich als fahrbare Kessel, da die ziemlich teuren Dichtungen zwischen Rohrbündel und Kessel durch das Fahren, besonders auf Pflasterwagen, leicht beschädigt werden.

Als Abart dieses Kessels kann der Kessel mit quaderförmiger Feuerbuchse bezeichnet werden. Diese läßt sich geräumiger als die flammrohrartige, also für die Flammenentwicklung günstiger gestalten. Sie wird in einen stehenden Kesselteil mit viereckigem Querschnitt — die äußere Feuerbuchse — eingebaut, an welche sich der zylindrische Heizrohrkessel — der Langkessel — anschließt. Die ebenen Feuerbuchswände machen dabei zahlreiche Verankerungen notwendig (siehe Abschnitt 30 B). Solche Feuerbuchskessel, bei denen also das Rohrbündel nicht herausgezogen werden kann, werden als bewegliche Kessel für die verschiedensten Zwecke, z. B. bei Lokomotiven, Dreschlokomobilen, Dampfpflügen, Straßenwalzen fast allgemein verwandt.

Der Lokomotivkessel.

In Abb. 159 ist ein Kessel einer Schnellzuglokomotive der preußischen Staatsbahn dargestellt. Er gibt die Bauart wieder, welche in Deutschland auf Lokomotiven allgemein, von unwesentlichen Abweichungen abgesehen, Anwendung findet. Die inneren Feuerbuchsen der Kessel wurden früher immer aus Kupfer hergestellt, ebenso die Stehbolzen, welche die Seitenwände der Feuerbuchse gegen die äußeren Kesselwände versteifen. Die guten Erfahrungen, die man mit den kupfernen Feuerbuchsen bezüglich Dichthaltens der Nähte und der Rohreinwalzstellen gemacht hat, gründen sich auf der großen Formänderungsfähigkeit des Kupfers und seiner daraus folgenden geringen Empfindlichkeit gegen die in den Feuerbuchsen der

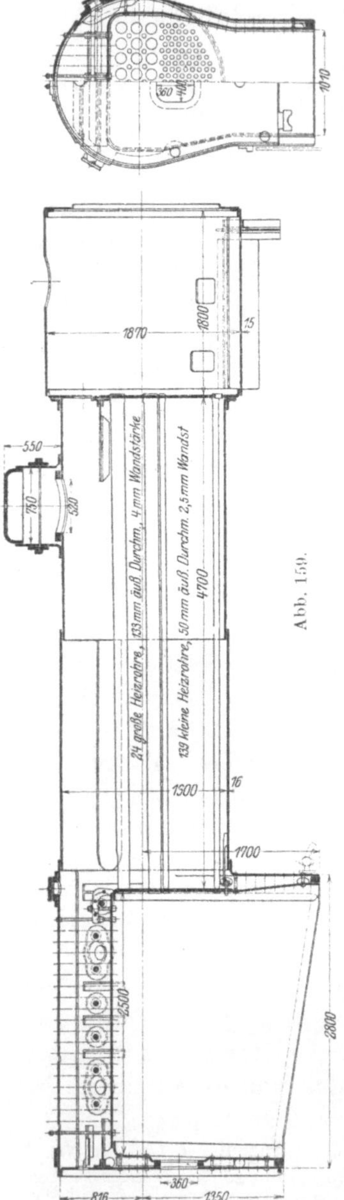

Lokomotivkessel auftretenden starken Temperaturschwankungen. Unter der Einwirkung des Krieges war man dazu übergegangen, die Feuerbuchsen aus Flußeisen herzustellen, was in Amerika schon seit langem üblich ist. Es dürfte sich dabei jedoch nur um eine vorübergehende Abweichung von dem bisherigen Standpunkt unserer Eisenbahnfachleute handeln.

Konstruktion. Lokomotivkessel werden für Dampfdrucke von 8 bis zu 16 at mit Heizflächen von 15 bis zu etwa 300 m² hergestellt. Die äußere Feuerbüchse wird dabei ausgeführt mit einer Länge von 0,6 ÷ 3,4 m und einer Breite von 0,7 ÷ 2,3 m, die innere Feuerbuchse 0,45 ÷ 3,2 m lang und 0,55 ÷ 2,1 m breit. Der Langkessel erhält 0,7 ÷ 2,0 m Durchmesser bei 2 ÷ 5 m Länge. Es finden sich 50 bis 350 Heizrohre von 35/40 ÷ 45/51 mm Durchmesser und etwa 2 ÷ 5 m Länge. Sie werden auf den Ecken regelmäßiger Sechsecke angeordnet (Abb. 158). Der Dampfdom zeigt 0,25 ÷ 0,9 m Durchmesser und 0,4 ÷ 1 m Mantelhöhe. Um den Kopf des in ihm eingebauten Dampfentnahmerohres zugänglich zu machen, ist der Mantel geteilt, so daß der obere Teil abnehmbar ist.

Das Verhältnis der Rostfläche zur Heizfläche ist bei Güterzuglokomotiven $R : H = 1/60 ÷ 1/90$, bei Personenzuglokomotiven $R : H = 1/50 ÷ 1/70$.

An Brennstoffen kommen auf Lokomotiven hauptsächlich Steinkohlen, sonst auch Heizöle namentlich aus der Petroleumgruppe und auch Torf — in Schweden neuerdings Torfstaub — zur Verwendung.

Lagerung. Der Kessel wird fest mit dem darunterliegenden Maschinenrahmen verbunden, der federnd auf den Radachsen gelagert ist.

Speisung. Das Speisewasser wird dem vorderen Teil des Langkessels seitlich etwa in Höhe der Kesselmitte nahe der Rauchkammer zugeführt oder von oben in den Dampfraum gespritzt.

Überhitzer. Fast allgemeine Anwendung finden jetzt die Rauchrohr-Überhitzer. Bei ihnen sind die einzelnen Überhitzerrohrschlangen in weitere Rauchrohre eingebaut, durch welche der obere Teil der engen Heizrohre ersetzt ist. Rauchrohrdurchmesser 125 ÷ 133 mm. Überhitzerfläche 20 ÷ etwa 80 m².

Vorteile. Der Kessel ist außerordentlich leistungsfähig, dabei leicht und unempfindlich gegen Erschütterungen. Er läßt sich schnell anheizen.

Nachteile. Die Reinigung des Kessels ist so schwierig, daß es nötig ist, die Heizrohre in regelmäßiger Wiederkehr herauszunehmen. Dadurch werden die laufenden Instandsetzungskosten, die schon wegen der dauernd hohen Beanspruchung ziemlich groß sind, nicht unwesentlich erhöht. Die engen Heizrohre verursachen den Heizgasen einen so großen Strömungswiderstand, daß zu seiner Überwindung eine verhältnismäßig große Zugstärke nötig ist.

Anwendung. Der vorstehend beschriebene Kessel ist der einzige, der sich zum Betriebe von Eisenbahnen dauernd bewährt hat.

Der Lokomobilkessel.

Abb. 160 zeigt die Form des Feuerbuchskessels, in welcher er für Lokomobilen verwandt wird. Sie unterscheidet sich von der des Lokomotivkessels hauptsächlich in der Verankerung der Feuerbuchsdecke und durch den fehlenden Dom. Auch die Lagerung des Kessels ist eine andere. Er ist hier unmittelbar und ohne Zwischenschaltung von Federn mit den Radachsen verbunden.

Konstruktion. Die Kessel werden jetzt gewöhnlich für $8 \div 10$ at Dampfdruck mit 10 bis etwa 50 m² Heizfläche hergestellt. Ihre äußere Feuerbuchse erhält $0,7 \div 1,3$ m Länge und $0,8 \div 1,5$ m Breite. Die innere Feuerbuchse wird aus Eisen hergestellt und $0,5 \div 1,1$ m lang und $0,65 \div 1,3$ m breit gemacht. Der Durchmesser des Langkessels beträgt $0,7 \div 1,1$ m, seine Länge $1,5 \div 2,5$ m; ihn durchziehen 25 bis 100 Stück $1,6 \div 2,7$ m lange Heizrohre von $51/57 \div 57/63$ mm Durchmesser.

Mit Überhitzern werden die Kessel im allgemeinen nicht ausgestattet,

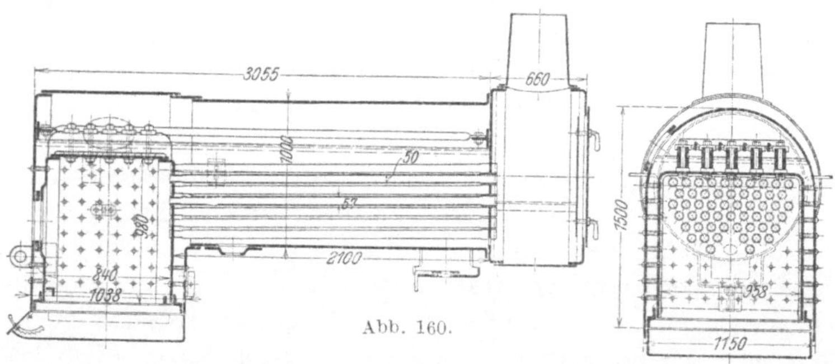

Abb. 160.

Anwendung. Die Kessel finden mit oben aufgebauter Dampfmaschine als Lokomobilen in landwirtschaftlichen und auch in industriellen Betrieben die mannigfachste Verwendung und haben bis jetzt, trotz des Fortschreitens der Versorgung mit elektrischer Kraft, wenig an Bedeutung verloren.

β) Flammrohrkessel mit rückkehrenden Heizrohren.

Die Heizrohre sind bei diesen Kesseln so angeordnet, daß die Gase, nachdem sie den Kessel in Flammrohren durchzogen haben, durch die Heizrohre zum Heizerstande zurückkehren. Läßt man dabei alle Rohre von einem Kesselboden bis zum anderen durchgehen, so erhält man schlecht zu reinigende Kessel. Um diesem Übelstande abzuhelfen, hat man sie so hergestellt, daß das Flammrohr, das Heizrohrbündel und eine Umkehrkammer, welche beide am hinteren Ende verbindet, aus dem Kessel herausgezogen werden kann. Man hat dann den weiter oben beschriebenen ausziehbaren Kesseln gegenüber den Vorteil, den herausnehmbaren Kesselteil nur durch Verschraubungen am vorderen Kesselboden abdichten zu können. Trotzdem hat sich der Kessel mit rückkehrenden Heizröhren auch in dieser Form nicht allgemein eingeführt. Für Lokomobilen, für welche er noch am ehesten in Frage käme, hat er sich als wenig geeignet erwiesen, da er zur Überwindung des durch seine Konstruktion erheblich vergrößerten Strömungswiderstandes im Gaswege zu große Zugstärken erfordert. Außerdem ist die Kesselform, mit im Verhältnis zur Länge großem Durchmesser, welche durch die Unterbringung der Heizrohre neben dem Flammrohr bedingt wird, nicht für die Aufstellung der Dampfmaschine auf dem Kessel geeignet. Dagegen befähigt sie den Kessel, sich in den auf Schiffen zur Verfügung stehenden Raum gut einzufügen. Er wird daher für diesen Zweck viel angewandt, doch hat man ihn dabei nicht ausziehbar eingerichtet.

Der zylindrische oder schottische Schiffskessel.
Tafel VIII und Abb. 161.

Die mit ebenen Böden versehenen Kessel besitzen 1 bis 4 Flammrohre, die meistens aus Wellrohr hergestellt werden. Die Flammrohre münden hinten in gemeinsame oder getrennte Wendekammern, von deren vorderer ebener Wand aus eine große Anzahl Heizrohre nach der über den Feuertüren liegenden Rauchkammer führen. Getrennte Wendekammern bieten vor allem den Vorteil, daß beim Reinigen eines Feuers die kalte Luft nur in die Züge dieses Feuers dringt, sie machen aber ein besonders vorsichtiges Anheizen nötig, da sonst leicht die Stehbolzen zwischen den Kammern abreißen. — Die großen ebenen Wände verlangen zahlreiche Verankerungen. Insbesondere ist das bei den Decken der Wendekammern der Fall. Sie müssen bei höheren Kesseldrucken am Kesselmantel angehängt werden, um Formänderungen in den Rohrwänden zu verhindern.

Als Besonderheit dieser Kessel ist das Schamottegewölbe zwischen dem Rostende und der gegenüberliegenden Kammerwand zu erwähnen (siehe Taf. VIII). Fehlt es, so wird die Zugstärke empfindlich verschlechtert.

Bei der Zusammenfügung der Wände ist vor allem auf Gewichtsersparnis Rücksicht zu nehmen. Man stellt daher bei kleineren Kesseln den Mantel möglichst aus einem Blech her.

Für größere Ausführungen wählt man „Doppelender" (Abb. 161), die von beiden Stirnseiten aus befeuert werden. Meistens werden dabei die Wendekammern für beide Kesselenden gemeinsam ausgeführt, was für die Flammenentwicklung von Vorteil ist.

Die Kessel ergeben eine Grundflächenausnutzung von $H : Gr = 3{,}6 \div 13$.

Konstruktion. Für Heizflächen bis zu 300 m² werden Einender und bis zu etwa 600 m² Doppelender gebaut. Der Kesselmantel erhält $1{,}2 \div 5$ m Durchmesser und wird bei Einendern $1{,}8 \div 3{,}4$ m, bei Doppelendern bis 6,5 m lang gemacht. Abb. 162 zeigt die bei Schiffskesseln gebräuchlichste Ausführung der Mantelnietung. Die Flammrohre finden

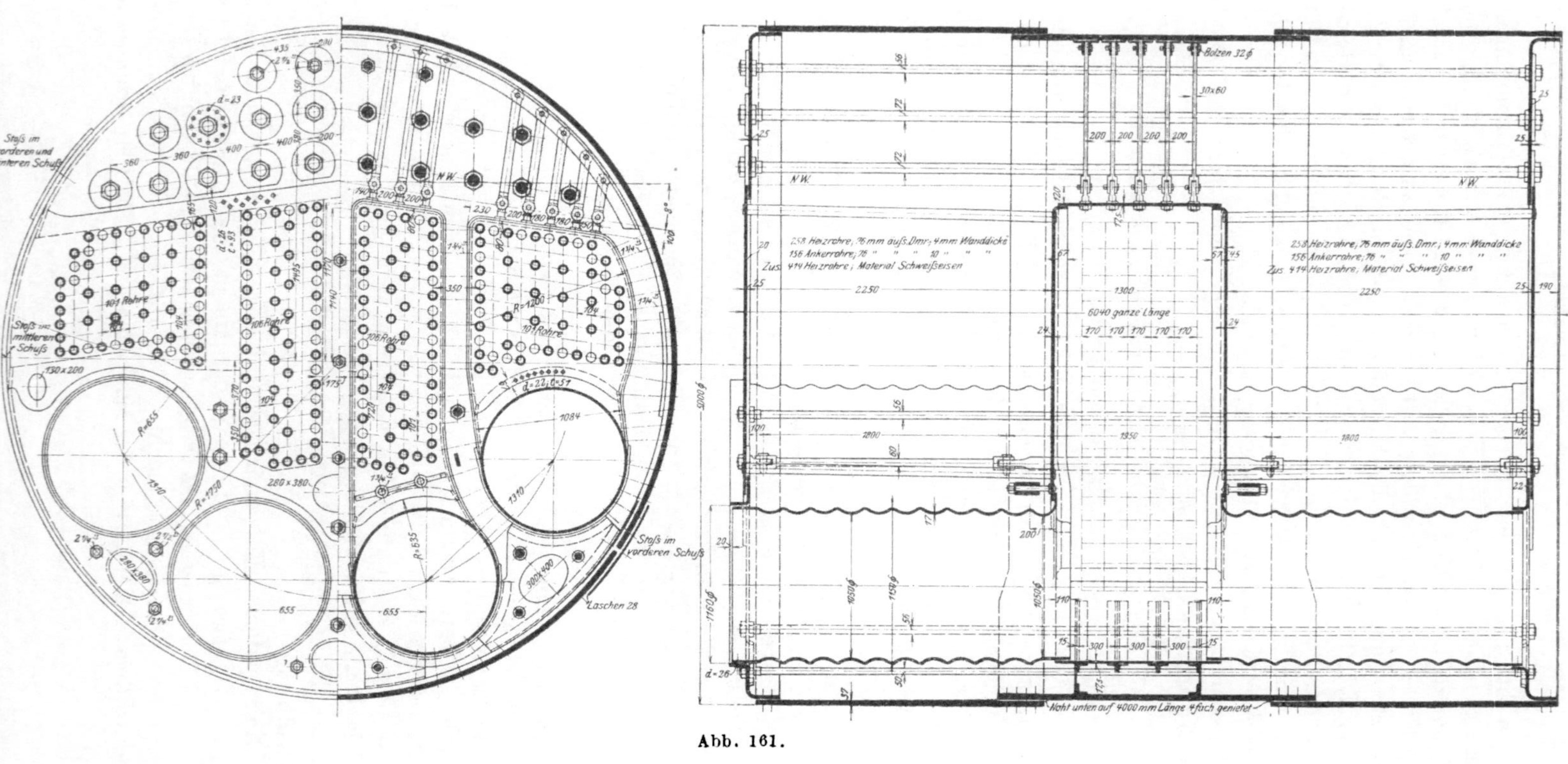

Abb. 161.

sich mit 0,5 bis 1,2 m Durchmesser und 1 ÷ 2,5 m Länge. Die Wendekammern erhalten bei Einendern 0,4 ÷ 0,7 m, bei Doppelendern bis zu 1,3 m Tiefe. Bei der ersteren Bauart werden 40 bis 400, bei der zuletzt genannten bis 950 Heizrohre von 57/63 ÷ 80/89 mm Durchmesser eingesetzt.

Das Verhältnis der Rostfläche zur Heizfläche beträgt etwa $R : H = 1/30 ÷ 1/40$.

Lagerung. Es dienen dazu 2 bis 6 Paar am Kesselmantel angenietete Lagerböcke, die mit den Spanten oder den Bodenstücken verbunden werden.

Speisung erfolgt von der vorderen Stirnwand aus. Ein Rohr führt das Wasser im Kesselinnern so weiter, daß es etwa 100 mm unter dem Niedrigwasserspiegel austritt.

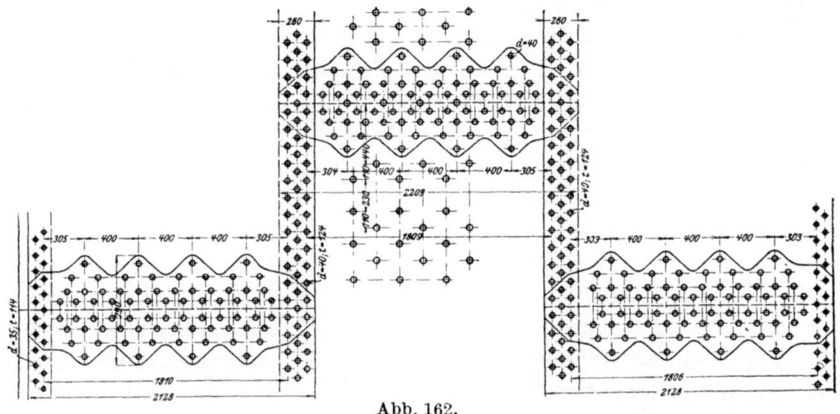

Abb. 162.
Zusammenfügung der Mantelbleche des in Abb. 161 gezeichneten Schiffskessels.

Überhitzer werden sowohl in der Form von Rauchkammer-, als auch in der von Rauchrohrüberhitzern angewandt.

Vorteile. Gegenüber den sonst noch auf Schiffen gebräuchlichen Wasserrohrkesseln ist der Zylinderkessel verhältnismäßig einfach und erfordert weniger Instandsetzungen, auch machen sich Unreinigkeiten des Speisewassers bei ihm weniger schädlich bemerkbar. Er eignet sich daher besser als jene für einen wochenlangen ununterbrochenen Betrieb.

Nachteile. Er gestattet nicht so hohe Dampfspannungen wie die Wasserrohrkessel und wird bei gleicher Heizfläche ganz erheblich schwerer als diese. Ferner steht er ihnen in der erreichbaren Heizflächenbeanspruchung wesentlich nach. Im übrigen besitzt er im Vergleich mit anderen Kesselbauarten so große Nachteile — schlechte Befahrbarkeit, wenig Wasserumlauf, nasser Dampf — daß er für eine Verwendung als feststehender Kessel kaum in Frage kommt.

Anwendung. Die Handelsmarine wendet diesen Kessel wegen seiner größeren Betriebssicherheit fast ausschließlich an, während die Kriegsmarine den Schulz-Kesseln den Vorzug gibt, weil sie sich schneller anheizen lassen, weniger Raum beanspruchen und höhere Leistungen ergeben; sodann auch, weil es möglich ist, diese Kessel in einzelne Teile zerlegt durch die Luken zu befördern. Letzteres ist bei größeren Instandsetzungen oder vollständigem Ersatz eines solchen Kessels von großem Vorteil, da es die sonst durch das Ausbauen der Decks verursachten Arbeiten und Kosten erspart.

b) Stehende Feuerbuchskessel.

Von den recht verschiedenen Bauarten, in denen Kessel mit senkrecht gestellter Längsachse ausgeführt worden sind, haben die mit flammrohrartiger Feuerbuchse am meisten Anwendung gefunden. Bei ihnen dient die Feuerbuchse ebenfalls zur Unterbringung des Rostes. Von dort aus steigen die Rauchgase senkrecht empor, um durch einen an den oberen Kesselboden angeschlossenen Abzug in den Schornstein zu gelangen. Auf dem Wege durch den Kessel werden die Gase also durch den Dampfraum geführt. Die vorher bestrichene Heizfläche muß daher, gemäß den gesetzlichen Bestimmungen (vgl. § 3, Abs. 2 der A. P. B. auf S. 350), bei natürlichem Zuge mindestens das 20fache und bei künstlichem das 40fache der Rostfläche betragen.

Im allgemeinen haften diesen Kesseln erhebliche Mängel an; als da sind: schlechte Zugänglichkeit des Kesselinnern, kurzer Gasweg, sehr kleine Verdampfungsoberfläche. Dem stehen als Vorteile ein ziemlich geringer Grundflächenbedarf und die infolge der fehlenden Einmauerung sehr einfache Aufstellung gegenüber. Diese Vorzüge können für die Anwendung stehender Kessel ausschlaggebend sein, namentlich in allen Fällen, wo Kessel mit geringer Heizfläche benötigt werden. Sie wurden daher früher sehr viel als Betriebskessel für kleine Dampfanlagen benutzt. Als solche sind sie aber durch die Einführung des wirtschaftlicheren elektrischen Antriebes fast ganz verdrängt worden. Nur in den Kleinbetrieben, wo Dampf nicht zum Maschinenbetriebe, sondern z. B. zu Kochzwecken, für Strahlgebläse oder ähnliches mehr gebraucht wird, ferner bei bestimmten ortsbeweglichen Dampfkraftanlagen, auf Kranen, Rammen, Feuerspritzen, Baggern, Gießpfannenwagen usw., endlich als Hilfskessel auf Schiffen finden sie auch jetzt noch Verwendung. Im letztgenannten Fall sogar mit Heizflächen bis zu 100 m², während sie sonst gewöhnlich nicht mehr als 20 m² Heizfläche erhalten.

Um ihre innere Reinigung zu ermöglichen, sind die Kessel bisweilen auseinandernehmbar gemacht worden. Dies hat sich jedoch wenig bewährt, weil sich das Abheben und Wiederaufsetzen des Mantels nicht mit so einfachen Mitteln und so gefahrlos ausführen läßt, wie etwa das Herausziehen des Rohrbündels bei liegenden Kesseln.

Die Nässe des Dampfes, die sich schon bei Heizflächenbeanspruchungen von mehr als etwa 12 kg Dampf recht fühlbar macht, hat man durch Einbau von Überhitzern zu beseitigen versucht. Da die Betriebsverhältnisse, unter denen die Kessel meistens arbeiten, jedoch möglichste Einfachheit der Anlage verlangen, so wird sich ihre Ausrüstung mit Überhitzern immer nur auf einzelne Fälle beschränken.

Die Grundfläche läßt sich mit stehenden Feuerbuchskesseln bis zu etwa $H : Gr = 15$ ausnutzen.

Ihr Aufbau soll nachstehend an zwei besonders häufig anzutreffenden Bauarten erläutert werden.

Stehender Feuerbuchskessel mit Quersiedern. Abb. 163, 164 und 165, 166.

In einem stehenden Zylinder ist als Feuerbuchse zentrisch ein stehendes Flammrohr eingebaut, dessen unterer Rand mit dem Kesselmantel verbunden ist. Quer zur Feuerbuchse sind entweder zwei bis sechs weitere Rohre oder etwa zwanzig bis dreißig enge Wasserrohre eingezogen, und zwar so, daß die Rohre der verschiedenen Höhenstufen gegeneinander versetzt sind. Die Quersieder (Abb. 165) werden in

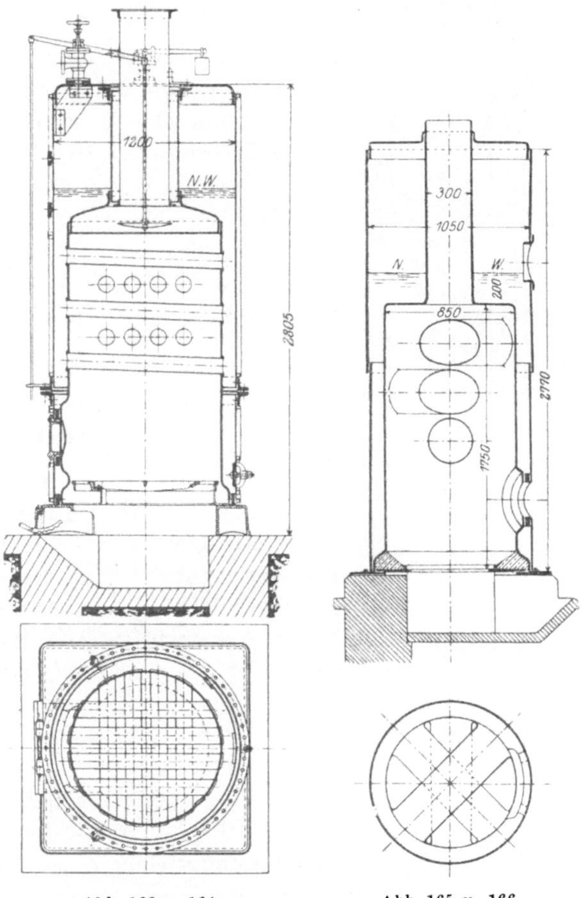

Abb. 163 u. 164.   Abb. 165 u. 166.

den Mantel eingenietet oder eingeschweißt, während die Wasserrohre (Abb. 163) eingewalzt und ihre Enden umgebördelt werden. Die Feuerbuchse wird in etwa $^2/_3$ der Kesselhöhe durch einen Boden abgeschlossen, der mit dem Kesselboden durch ein Rauchrohr verbunden ist.

Konstruktion. Der Durchmesser des Kesselmantels beträgt etwa $0{,}7 \div 1{,}5$ m, seine Höhe $2 \div 4$ m. Der Durchmesser der Feuerbuchse wird so groß gemacht, daß zwischen ihr und dem Kesselmantel ein $75 \div 100$ mm weiter Zwischenraum verbleibt. Der Durchmesser der Quersieder beträgt $250 \div 400$ mm, der der Wasserrohre $64/70 \div 101/108$ mm.

Nachteile. Die Feuerbuchse rostet unten leicht durch und im Rauchrohr treten häufig, infolge Erglühens seiner im Dampfraum liegenden Wandung, Ausbeulungen ein.

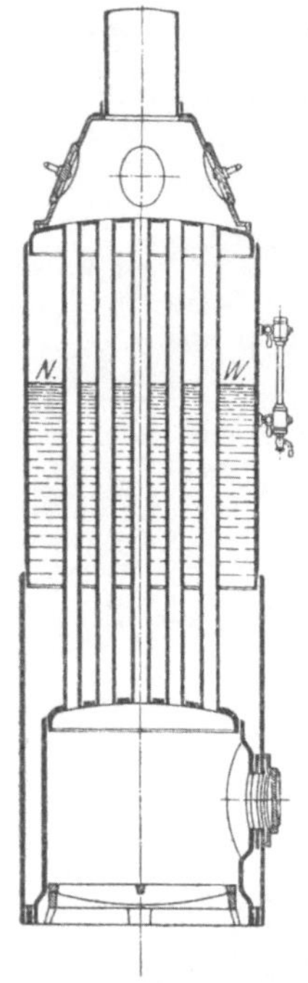

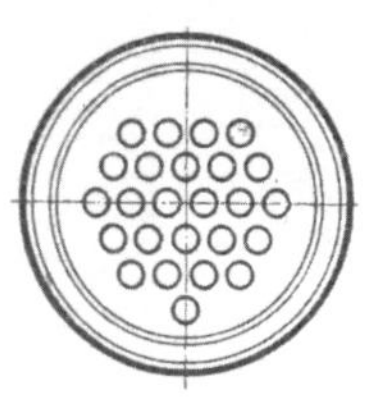

Abb. 167 u. 168.

Stehender Feuerbuchskessel mit Heizrohren.

Abb. 167, 168.

Die Feuerbuchse ist nur etwa $^1/_3$ so hoch wie der Kessel, also für die Entwicklung der Flamme noch ungünstiger gestaltet als bei der vorher beschriebenen Bauart. Von der Feuerbuchsdecke führen etwa 20 bis 30 Heizrohre von 64/70 ÷ 70/76 mm Durchmesser zum Kesselboden.

Nachteile. Gasreichere Brennstoffe lassen sich in diesen Kesseln nur schlecht ausnutzen und rauchen stark. Sowohl die oberen als namentlich die unteren Einwalzstellen der Heizrohre werden sehr leicht undicht.

c) Flammrohrkessel mit darüberliegendem Heizrohrkessel (Doppelkessel).

Der Kessel besteht aus einem Zwei- oder Dreiflammrohrkessel als Unterkessel und einem Heizrohrkessel als Oberkessel. Beide wurden früher durch zwei senkrechte Stutzen verbunden und erhielten nur im Oberkessel einen Dampfraum. So gebaute Kessel haben zwar einen besseren Wasserumlauf als die nachgenannten Doppelkessel mit zwei Dampfräumen, liefern aber wegen der verhältnismäßig kleinen Wasseroberfläche ziemlich nassen Dampf. — Jetzt baut man die Doppelkessel stets so, daß sich auch im Unterkessel ein Dampfraum befindet; wodurch gegenüber der früheren Bauart eine mehr als doppelt so große Verdampfungsfläche erzielt wird. Außerdem erreicht man durch den Fortfall des zweiten Verbindungsstutzens zwischen Ober- und Unterkessel, daß sich die Kesselmäntel ungehindert ausdehnen können. Ein solcher Kessel ist in Taf. IX nach einer Ausführungsform der Maschinenbauanstalt Humboldt in Kalk bei Köln dargestellt. Die beiden Dampfräume sind durch ein 240 mm weites senkrechtes Rohr verbunden, das etwa 200 mm über den Niedrigwasserspiegel des Oberkessels hinausragt. In dieses Dampfrohr ist ein 100 mm weites Überfallrohr eingebaut, das im Oberkessel in Höhe des mittleren Wasserspiegels und im Unterkessel etwa 100 mm unter dem festgesetzten niedrigsten Wasserstande mündet. Eine ähnliche Verbindung der Wasser- und der Dampfräume ist in Abb. 169 und 170 wiedergegeben. Im gewöhnlichen Betriebe wird nur in den Oberkessel gespeist. Dabei beurteilt man die Notwendigkeit der Speisung nach dem Wasserstande im Unterkessel. Nur im Notfalle, wenn etwa durch Unachtsamkeit der Wasserspiegel in beiden Kesseln stark gesunken ist und die Speisung des Unterkessels durch den Oberkessel zu lange dauern würde, speist man unmittelbar in den Unterkessel durch ein an seiner vorderen Stirnwand angebrachtes zweites Speiserohr.

Als ein besonderer Mangel dieser Kessel ist es anzusehen, daß der hintere Boden des Unterkessels in seinem oberen Teile, wo er nicht von Wasser gekühlt wird, gut durch Mauerwerk vor der Einwirkung der emporziehenden, dort noch recht heißen Gase geschützt werden muß. Dem half die von der Firma J. Piedboeuf herrührende, in Taf. X dargestellte Bauart ab. Bei dieser wird

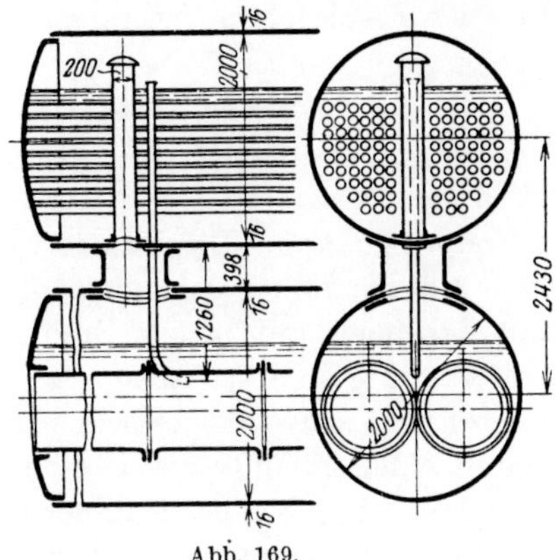

Abb. 169.

der untere Dampfraum mit Hilfe einer im Unterkessel eingebauten senkrechten Wand gebildet, bis zu deren unteren Rande der im Unterkessel angesammelte Dampf den Wasserspiegel höchstens herabdrücken kann.

Der Dampf gelangt aus dem Unterkessel durch ein an der Scheidewand befestigtes Rohr in den Oberkessel. Dieses Dampfrohr ist auf Tafel VI in Fig. 12 genauer dargestellt. In der Scheidewand befindet sich vor der Öffnung des Gehäuses, das den Rohrkrümmer trägt, ein 20 mm breiter, nach unten auf 80 mm erweiterter Schlitz.

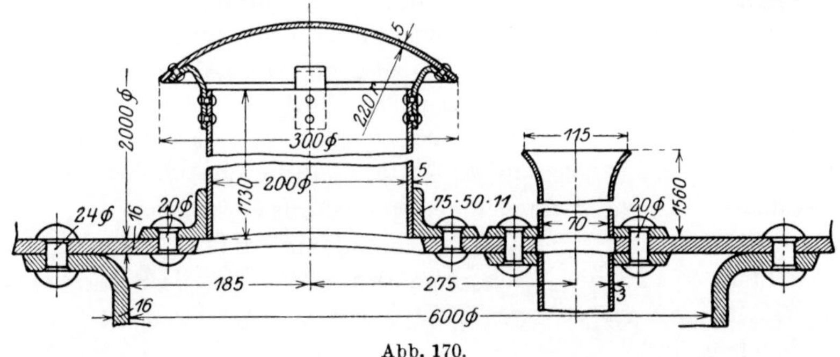

Abb. 170.

An dem Schlitz ist ein in der Höhe verschiebbares Blechstück angebracht, mittels dessen die Lage des Wasserspiegels im Unterkessel vor Inbetriebnahme des Kessels festgelegt werden kann. Bei Beginn des Anheizens ist das Überströmungsrohr mit Wasser gefüllt. Mit beginnender Verdampfung füllt sich der durch die Scheidewand abgeteilte Raum des Unterkessels allmählich mit Dampf, bis schließlich der dadurch sinkende Wasserspiegel den Schlitz in der Scheidewand erreicht hat. Von nun an tritt Dampf in das Rohr ein, so daß nach kurzer Zeit alles Wasser aus dem Rohr verdrängt ist und die Dampfüberströmung nach dem Oberkessel regelrecht stattfindet.

Die Speisung kann bei diesen Kesseln, deren Wasserräume durch den weiten Stutzen in Verbindung stehen, in den Unterkessel erfolgen. Das hat den Vorteil, daß sich die Hauptmenge der Niederschläge im Unterkessel absondert, der sich leichter reinigen läßt als der Heizrohrkessel. Für die Speisung ist hier der Stand des Wassers im Oberkessel maßgebend. Der Wasserspiegel im Unterkessel ist größeren Schwankungen nicht unterworfen.

Mit Doppelkesseln, die aus Heizrohrkessel über Flammrohrkessel bestehen, lassen sich $4 \div 11{,}5 \text{ m}^2$ Heizfläche auf 1 m^2 Grundfläche unterbringen.

Konstruktion. Die Kessel werden gewöhnlich für Heizflächen von etwa 100 bis 250 m^2 mit einem Zweiflammrohrkessel und bis zu 500 m^2 und darüber[1]) mit einem Dreiflammrohrkessel als Unterkessel gebaut. Erstere erhalten etwa $1{,}9 \div 2{,}4$ m, letztere bis 3,2 m Durchmesser. Ihre Mantellänge schwankt zwischen 5 und 7,5 m. Der Oberkessel erhält gewöhnlich denselben Durchmesser wie der Unterkessel, wird aber im Mantel etwa $1 \div 1{,}5$ m kürzer als dieser gemacht. Der Durchmesser des Verbindungsstutzens beträgt mindestens 0,5 m.

Zugführung. Der Weg der Heizgase ist gewöhnlich folgender: I. Zug: Die Flammrohre, II. Zug: die Heizrohre, III. Zug: Mantel des Oberkessels, IV. Zug: Mantel des Unterkessels im oberen Teil, V. Zug: Mantel des Unterkessels unten.

Überhitzer werden am hinteren Kesselende so eingebaut, daß sie ausschaltbar sind und von den Heizgasen nach deren Austritt aus den Flammrohren bestrichen werden.

Vorteile. Infolge der sehr wirksamen Flammrohrheizfläche und der Zerlegung des Gasstromes in den Heizrohren ergibt der Kessel eine recht gute Ausnutzung des Brennstoffes. Er ist gegen Unreinigkeiten des Speisewassers weniger empfindlich als die Wasserrohrkessel, welche jetzt für die Herstellung großer Kesseleinheiten bevorzugt werden, ist einfacher in der Wartung und verursacht weniger Instandhaltungskosten als diese.

Nachteile. Um einigermaßen genügend große Rostflächen — $R : H = 1/60 \div 1/65$ — unterbringen zu können, muß man die Rostlänge stets sehr groß wählen, so daß die Feuer, besonders bei mechanisch beschickten, bis zu 2,5 m lang ausgeführten Rostflächen, schwer zu bearbeiten und abzuschlacken sind.

Anwendung. Der Kessel wurde früher viel in großen Anlagen aufgestellt, wird aber aus diesen immer mehr durch andere, weiter unten beschriebene Bauarten verdrängt, welche eine wesentlich größere Dampfleistung auf der Grundflächeneinheit ermöglichen.

---

[1]) Zwei solche Kessel von 720 m^2 Heizfläche, von der Maschinenfabrik Germania in Chemnitz gebaut, sind im städtischen Elektrizitätswerk in Chemnitz aufgestellt. Die Durchmesser der Ober- und Unterkessel betragen 3200 mm.

E. Die Wasserrohrkessel.

Den kennzeichnenden Bestandteil dieser Kessel bilden enge, mit Wasser gefüllte Rohre, welche beheizt werden. Die Einführung solcher „Wasserrohre" in den Kesselbau war für seine Weiterentwicklung von einschneidendster Bedeutung. Es war nämlich dadurch möglich, Kessel herzustellen, die den Großwasserraumkesseln in vielen Beziehungen überlegen sind. Vor allem ist das der Fall hinsichtlich Grundflächenbedarfs und Betriebsbereitschaft. Da es ferner gelang, die den Wasserrohrkesseln allgemein anhaftenden Mängel: nasser Dampf infolge kleiner Verdampfungsoberfläche und geringere Leistungsfähigkeit, so weit zu beheben, daß sie den Großraumkesseln auch darin mindestens gleichwertig geworden sind, so ist es erklärlich, daß die Wasserrohrkessel den übrigen Kesselbauarten nur noch wenige Anwendungsgebiete übrig gelassen haben.

Die einzelnen Arten der Wasserrohrkessel unterscheiden sich hauptsächlich in der Verbindung der Rohre zu einem Ganzen und in der Lage der Rohre. Diese können entweder nur wenig geneigt gegen die Wagerechte liegen (Schrägrohrkessel) oder sehr stark geneigt bis senkrecht angewandt sein (Steilrohrkessel).

a) Die Schrägrohrkessel.

Bündel gerader Wasserrohre sind in den Kessel mit einer Neigung von 1 : 5 bis 1 : 3,5 eingebaut.

α) Gliederkessel.

Am bekanntesten von ihnen ist in Deutschland der Rootkessel geworden. Ein solcher von Walther & Co. in Dellbrück bei Köln erbauter Kessel ist in Abb. 171 wiedergegeben. Wasserrohre von 102 mm äußerem Durchmesser sind an beiden Enden in viereckige, gegossene Kästen eingewalzt. Jeder Kasten faßt die Enden zweier nebeneinander liegender Rohre. Die Verbindung dieser Kästen miteinander geschieht durch gegossene Krümmer. (Abb. 172.) Sie werden mit Hilfe von Ringen abgedichtet, welche nach beiden Seiten schwach konisch gestaltet sind. Hinten sind alle Kästen der unteren Rohrreihe mit einem querliegenden Schlammsammler verbunden, in den gespeist wird. Ebenso stehen vorn die Kästen der obersten Rohrreihe mit einem gegossenen Dampfsammler in Verbindung. In die Dampfleitung ist zwischen Kessel und Überhitzer ein Wasserabscheider eingesetzt.

Der niedrigste Wasserstand ist so angeordnet, daß die vorderen Kästen der vier obersten Rohrreihen mit Dampf und sämtliche hinten liegenden Kästen mit Wasser gefüllt sind.

Die Grundflächenausnutzung ist bei Rootkesseln ziemlich hoch, sie beträgt etwa: $H : Gr = 10 \div 15$.

Zugführung. Das Rohrbündel liegt zwischen zwei Längsmauern. Der vordere und der hintere Abschluß wird durch die Kästen gebildet. Durch gußeiserne Platten, die zwischen den Rohren eingelegt sind,

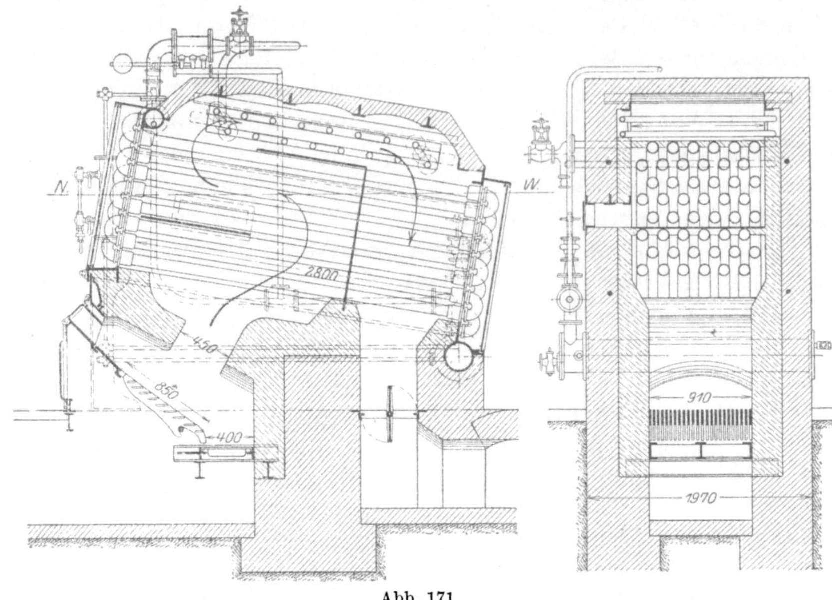

Abb. 171.

werden die Gase gezwungen, die Rohre auf dem in Abb. 171 gekennzeichneten Wege zu bestreichen.

Vorteile. Der Kessel läßt sich aus Einzelteilen von kleinen Abmessungen leicht zusammensetzen.

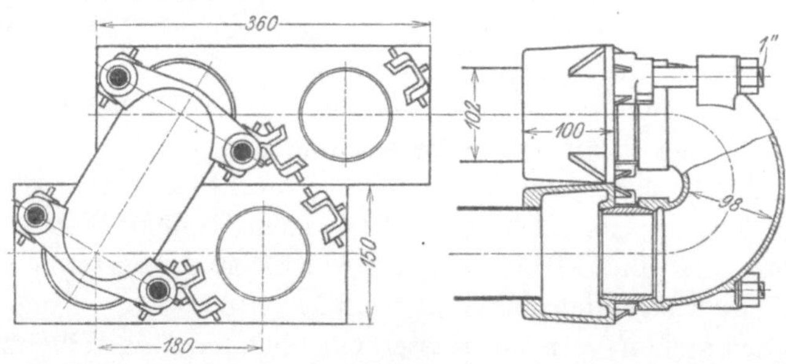

Abb. 172.

Nachteile. Er liefert sehr nassen Dampf, weil die Dampfblasen einen ziemlich verwickelten Weg bis zum Dampfraum zurückzulegen haben und weil die Verdampfungsoberfläche sehr klein ist. Seine Reinigung von Kesselstein ist recht umständlich, ganz besonders gilt das für die Krümmer.

Anwendung. Seiner schwerwiegenden Mängel wegen, die auch durch die zuweilen angewandte Ausstattung mit einem Oberkessel nicht beseitigt werden können, gelangt der Rootkessel, ebenso wie alle anderen Gliederkessel nur noch in ganz besonderen Fällen zur Aufstellung und zwar in der oben beschriebenen Form, also ohne Oberkessel. Nach den gesetzlichen Bestimmungen (§ 15, Ziff. 2 der A. P. B., S. 358) darf er dann nämlich über oder unter bewohnten Räumen aufgestellt werden, ohne daß eine Grenze für Dampfdruck und Heizfläche festgesetzt ist. — Ferner kann die schlechte Zugänglichkeit des Aufstellungsortes wohl einmal Anlaß zur Wahl eines Gliederkessels geben.

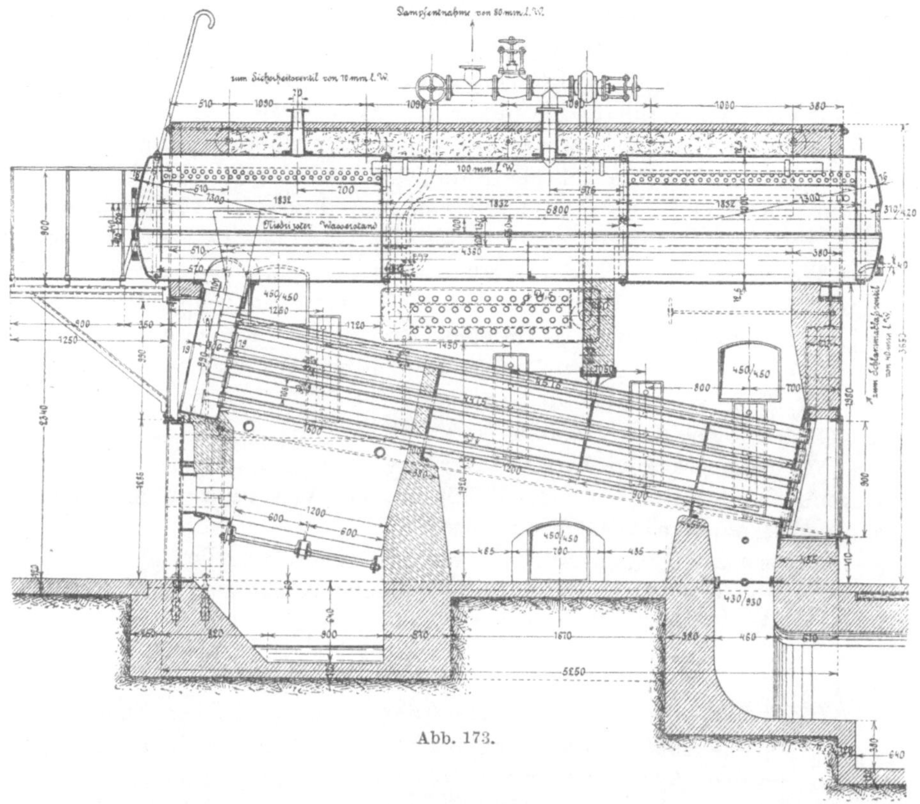

Abb. 173.

β) Einkammerkessel.

Abb. 173 zeigt einen solchen Kessel in der Ausführung der **Düsseldorf-Ratinger Röhrenkesselfabrik, vormals Dürr & Co.**

Die vorderen Rohrenden werden untereinander und mit dem Oberkessel durch eine **Wasserkammer** verbunden. So bezeichnet man einen mit ebenen Wänden hergestellten flachen Kesselteil, in dessen Rückwand sämtliche Wasserrohre senkrecht eingesetzt sind und der durch einen weiten Hals an den Oberkessel angeschlossen ist. Um das Innere der Rohre zugänglich zu machen, ist in der Vorderwand der Kammer vor jedem Rohr ein Putzloch angebracht. Zur Verankerung dieser Wand gegen die Rohrwand ist eine große Anzahl Stehbolzen erforderlich.

Am hinteren Ende stehen die Rohre weder untereinander noch mit dem Oberkessel in Verbindung. Jedes Rohr wird dort besonders verschlossen.

Um einen geregelten Wasserumlauf im Kessel zu erzielen, ist folgende Einrichtung getroffen:

In die etwa 100 mm weiten Wasserrohre sind etwas kürzere, 50 mm weite Rohre lose hineingeschoben. Letztere münden vorn in einer Zwischenwand, welche mitten zwischen Rohrwand und Putzlochwand in die Kammer eingesetzt ist. Da die Heizgase ihre Wärme an die Wandungen der Wasserrohre abgeben, so wird sich an deren Innenfläche das Wasser erwärmen und mit Dampfblasen mischen. Das Gemisch steigt nun in dem Ringraum zwischen Wasserrohr und Einlegerohr nach vorn empor und gelangt in den hinteren Teil der Kammer. Dieser endigt oben in einem bis in den Dampfraum ragenden Trichter, wodurch die Abführung des heißen Wassers und des Dampfes in den Oberkessel bewirkt wird. Dampf und Wasser werden sich dort voneinander trennen. Das letztere wird schließlich aus dem Oberkessel wieder in den vorderen Teil der Kammer gelangen, dort herabsinken, in die engen Einlegerohre fließen, um in ihnen an die hinteren Enden der Wasserrohre zu gelangen und von dort aus den Kreislauf von neuem zu beginnen.

Vorteile. Die Rohre können sich frei ausdehnen.

Nachteile. Die Einlegerohre verrosten leicht. Der Kessel ist schwer zu reinigen. Aus dem Rohrbündel läßt sich das Wasser nur durch Öffnen sämtlicher hinteren Verschlüsse ablassen.

Anwendung. Einkammerkessel wurden früher, besonders als Schiffskessel, vielfach benutzt, sind aber ihrer großen Nachteile wegen überall durch andere Wasserrohrkessel verdrängt worden.

γ) Zweikammerkessel.

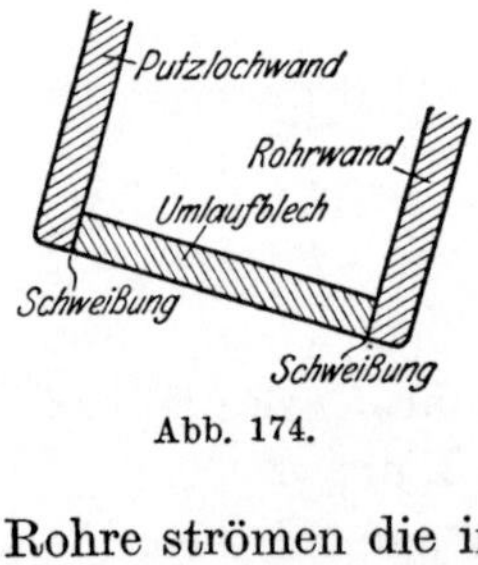

Die Wasserrohre sind an beiden Enden in Wasserkammern eingesetzt und beide Kammern oberhalb des Rohrbündels mit ein oder zwei längsgerichteten Walzenkesseln verbunden (vgl. Taf. XI). Der Wasserspiegel liegt etwa in Höhe der Oberkesselachse.

Abb. 174.

Infolge der nach vorn ansteigenden Lage der Rohre strömen die in ihnen entstehenden Dampfblasen mit dem heißen Wasser zur vorderen Wasserkammer. In ihr steigt das Gemisch hoch, um durch den Kammerhals in den Oberkessel zu gelangen. Über der Öffnung des Kammerhalses ist eine Blechhaube angeordnet, durch welche die Scheidung von Wasser und Dampf gefördert werden soll (vgl. Abb. 191). Das heiße Wasser strömt nun zusammen mit dem frisch eingespeisten im

Oberkessel nach hinten und fällt in einem dort angesetzten senkrechten Stutzen ab, der es der hinteren Wasserkammer und damit den Wasserrohren zuführt.

Um die Wasserrohre leichter auswechseln zu können, erhalten die Rohrlöcher in der vorderen etwa 3 mm größeren Durchmesser als in der hinteren Wasserkammer und die vorderen Rohrenden werden dementsprechend aufgeweitet. Die Wasserkammern wurden früher allgemein aus drei Blechen hergestellt, welche durch Schweißung miteinander verbunden wurden (Abb. 174). Da jedoch in Deutschland in den Jahren 1912 bis 1918 eine Anzahl sehr folgen

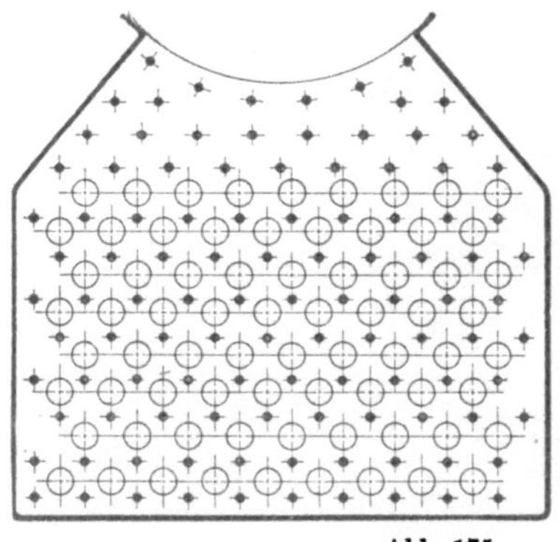

Abb. 175.

schwere Kesselexplosionen dadurch entstanden, daß sich das eingeschweißte Umlaufblech unten aus der vorderen Wasserkammer (Abb. 175) löste, so ist behördlicherseits (Preuß. Ministerialerlaß vom 26. Juni 1918, Bayerischer Ministerial-Entschließung vom 8. Februar 1919) u. a. folgendes bestimmt worden:

Bei neuen Kammerkesseln sollen Schweißverbindungen des Umlaufbleches mit den Rohrplatten möglichst vermieden werden. Mindestens muß dies erfolgen im unteren Teil der vorderen Wasserkammer auf der dem Feuer zugewandten Seite.

Auch für bereits bestehende Anlagen mit hoher Belastung wurden Sicherheitsmaßnahmen vorgeschrieben, die sich zum Teil nur durch besondere Hilfskonstruktionen[1]) am unteren Teil der vorderen Kammer erfüllen lassen. Bei diesen mechanischen Sicherungen sollen allgemein solche Bauausführungen vermieden werden, welche:

Abb. 176.

1. die Kammer verengen, daher die Reinigung erschweren;

2. die Belastung des Bodens ausschließlich durch Stiftschrauben aufnehmen, deren Sicherheit daher nur auf der Scherfestigkeit des Gewindes beruht;

3. so beschaffen sind, daß bei ihrer Anbringung in den Schweißnähten oder im Umlaufblech starke Erschütterungen eintreten, die das Gefüge der Schweißnähte zu lockern geeignet sind;

4. keine genügende, mindestens fünffache Sicherung gegen den Bodendruck oder den seitlichen Flächendruck (von Bodenunterkante bis zur nächsten wirksamen Unterstützung gerechnet) gewähren.

---

[1]) Vgl. dazu den Aufsatz von H. Bußmann in der Berg- und Hüttenmännischen Zeitschrift Glückauf, Jahrg. 1918, S. 493 u. ff.

Eine sehr bemerkenswerte Änderung in der Herstellung der Wasserkammern hat daraufhin die Firma L. & C. Steinmüller vorgenommen (Abb. 176). Die Rohrwand wird so umgezogen, daß ein besonderes Umlaufblech unnötig wird. Die Putzlochwand wird dann als Deckplatte aufgelegt und ringsherum durch die äußersten Stehbolzen gefaßt.

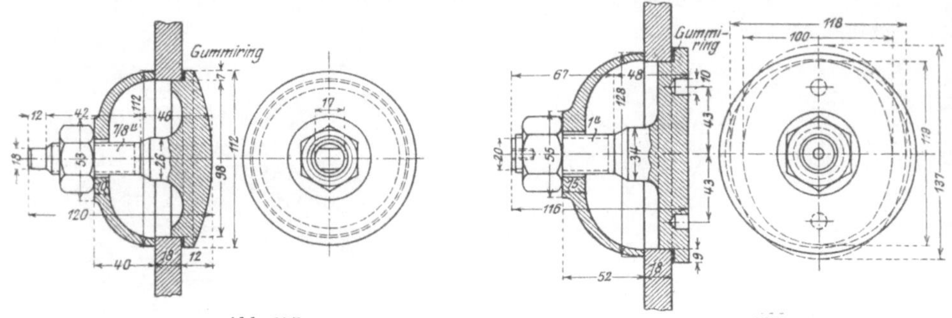

Abb. 177.   Abb. 178.

Die Putzlöcher erhalten Innenverschlüsse. Ausführungen solcher Verschlüsse sind in Abb. 177 u. 178 — Steinmüller — Abb. 179 u. 180 — Büttner — und Abb. 182 — Babcock & Wilcox — wiedergegeben.

Auf den Rohren lagert sich im Betriebe Ruß und Flugasche ab, wodurch der Wärmedurchgang beeinträchtigt wird. Man bläst daher die Rohre regelmäßig mittels Dampfstrahles ab. Dazu wird aus dem Kessel Dampf entnommen und in einen Metallschlauch geleitet, der vorn ein zweckmäßig geformtes Strahlrohr trägt. Zur Einführung des Strahl-

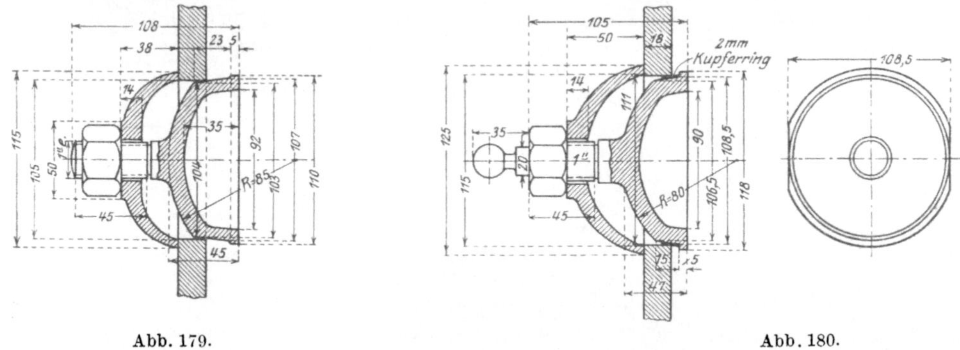

Abb. 179.   Abb. 180.

rohres zwischen die einzelnen Rohrreihen dienen Löcher, die man entweder in der einen Seitenmauer (Taf. XIII) oder vorn neben den Wasserkammern anbringt. Zuweilen werden dazu einzelne Stehbolzen der Kammern mit durchgehender Bohrung versehen oder besondere Rohrstücke stehbolzenartig in die Wasserkammern eingesetzt. Letzteres führt die Firma J. Piedboeuf aus, welche z. B. einen Kessel, wie den auf Taf. XII dargestellten in jeder Kammer mit zwanzig solcher Rohrstücke von 25 mm lichter Weite versieht.

Das Verhältnis von Heizfläche zur Grundfläche $H : Gr$ schwankt bei den Kammerkesseln zwischen 3,2 und 14.

Konstruktion. Es finden sich bei einem Kessel bis 400 Wasserrohre in vier bis fünf übereinander liegenden Reihen so angeordnet, daß die wagerechte Entfernung der Rohrmitten 150 ÷ 170 mm, der senkrechte Abstand der Reihen 130 ÷ 150 mm beträgt. Der äußere Durchmesser der Rohre schwankt zwischen 76 und 102 mm, wird jedoch meistens 95 mm ausgeführt. Dabei erhalten die der untersten Reihe 87 mm, die übrigen 88,5 mm lichte Weite. Die Rohrlänge beträgt im allgemeinen nicht über 5 m.

Die Wasserkammern erhalten, wenn sie nur an einen Oberkessel angeschlossen werden, 1,2 ÷ 4 m und für den Anschluß an zwei Oberkessel bis 7 m Breite. Der Abstand der Putzlochwand von der Rohrwand beträgt 150 ÷ 350 mm. Der Querschnitt des Kammerhalses soll möglichst groß gewählt werden, mindestens zu $^1/_8$ des Gesamtrohrquerschnittes.

Der Oberkessel liegt wagerecht oder wenig nach hinten geneigt. Bis zu etwa 250 m² Heizfläche wählt man einen Oberkessel von 0,7 ÷ 1,8 m Durchmesser und 5 ÷ 7 m Länge, für größere Heizflächen, bis etwa 500 m², zwei Oberkessel von 1 ÷ 1,5 m Durchmesser.

Lagerung. Nach dem oben angeführten Erlaß vom 26. VI. 18 (siehe S. 151) ist die vordere Kammer jetzt stets so zu lagern, daß etwa auftretende Undichtheiten der vorderen und hinteren Kante des Bodenbleches beobachtet werden können, ferner soll die hintere untere Naht der vorderen Kammer bei allen Anlagen mit starker Beanspruchung[1]) durch Mauerwerk dauernd wirksam dem Einfluß hoher Temperaturen und namentlich der unmittelbaren Einwirkung des Feuers entzogen werden. Dieses Schutzmauerwerk soll so ausgeführt werden, daß im Falle seiner Beschädigung (Abbrand, Einsturz) die dadurch bedingte Gefahr durch Einblick in den Feuerherd bemerkbar wird (vgl. Abb. 181).

Infolgedessen können die vorderen Kammern, wie es früher noch vereinzelt ausgeführt wurde, nicht so gelagert werden, daß sie das Kesselgewicht auf das Mauerwerk übertragen. Das Gewicht muß daher jetzt allgemein am vorderen Ende des Kessels abgefangen werden. Gewöhnlich geschieht das dadurch, daß man dicht am vorderen Boden um den Mantel des Oberkessels ein flaches Band oder ein Rundeisen legt und an Trägern aufhängt. Diese quer über dem Kessel liegenden Träger stützen sich auf genietete Ständer, die in den beiden vorderen Ecken des Mauerwerks aufgestellt werden. Am hinteren Ende stützt sich der Kessel gewöhnlich mit der Kammer auf das Mauerwerk, und zwar wird die hintere Kammer entweder auf Rollen (Taf. XI) oder pendelnd (Taf. XII) gelagert, um dem Kessel die freie Ausdehnung zu ermöglichen.

---

[1]) Als stark beanspruchte Kessel sollen solche von 24 kg Heizflächenbeanspruchung an, außerdem alle mit Wanderrosten oder Unterwind ausgerüsteten angesehen werden.

Speisung. Das Speisewasser wird gewöhnlich vom vorderen Boden aus in den Oberkessel eingeführt. Ein im Kessel wagerecht geführtes Speiserohr endigt etwa 1 m hinter der Öffnung, durch welche heißes Wasser und Dampf aus der vorderen Kammer in den Oberkessel gelangen.

Zugführung. Man baut zwischen die Rohre oder senkrecht zu ihnen dünne Schmottewände oder, wo es die Temperatur der Heizgase gestattet, gußeiserne Platten ein, durch welche man „Horizontalzüge", parallel zu den Rohren, und „Vertikalzüge", senkrecht zu den Rohren gerichtet, herstellen kann. Die letzteren sind für die Wärmeübertragung vorteilhafter, da die Gase beim Durchstreichen zwischen den gegeneinander versetzten Rohren fortwährend durchgewirbelt werden, ferner gewährleisten sie eine ziemlich gleichmäßige Erwärmung aller Rohre und ermöglichen dadurch, alle Rohrreihen in annähernd gleichem Maße an der Dampfentwicklung zu beteiligen. Die Größe der Zugquerschnitte läßt sich mit Vertikalzügen, entsprechend der abnehmenden Temperatur der Gase, gut abstufen. Dagegen ist ein derartiger Zug,

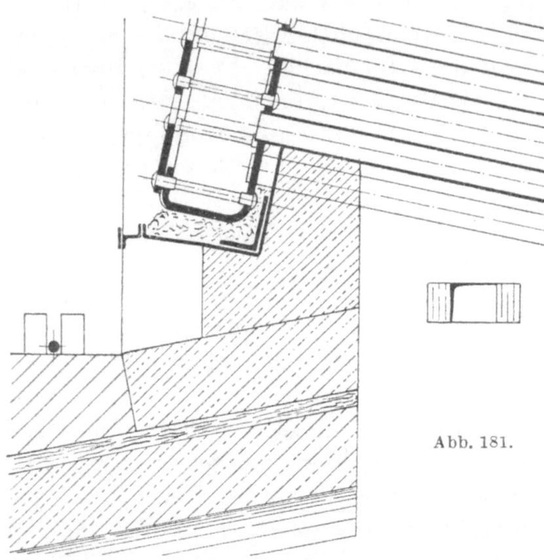

Abb. 181.

unmittelbar über dem Rost angeordnet, für den Verbrennungsvorgang nicht vorteilhaft, da die Flammen bei der Berührung mit den untersten Rohren verlöschen und so Anlaß zur Rauchbildung geben. Demgegenüber läßt sich mit Horizontalzügen der Gasweg länger gestalten. Nachteilig macht sich aber bei ihnen die stärkere Ablagerung von Ruß und Flugasche auf den Rohren bemerkbar.

Überhitzer. Der Aufbau des Kammerkessels gestattet die Unterbringung eines Überhitzers ohne jede Vergrößerung der Wärme ausstrahlenden Mauerwerksflächen. Da außerdem bei diesen Kesseln die Anwendung der Überhitzung erforderlich war, um den Nachteil zu beheben, der in der Nässe des in ihnen erzeugten Dampfes bestand, so ist der Überhitzer zu einem regelmäßigen Bestandteil solcher Kesselanlagen geworden. Er besteht gewöhnlich aus Rohrschlangen, die in senkrechten Ebenen nebeneinander liegen und wird von den Gasen getroffen, nachdem sie etwa ein bis zwei Drittel der Kesselheizfläche bestrichen haben.

Vorteile. Die Kessel haben einen guten Wasserumlauf.

Nachteile. Die Rohre können sich nicht einzeln ausdehnen, deswegen ziehen sich die in der untersten Reihe liegenden häufig krumm. Dann aber lassen sie sich im Innern schlecht reinigen und neigen infolge des stärkeren Kesselsteinansatzes leicht zum Durchbrennen.

Anwendung. Der Kammerkessel wird meistens für Heizflächen von etwa 80 m² an aufwärts ausgeführt. Er eignet sich besonders für Großanlagen mit nicht allzu stark schwankender Dampfentnahme.

Ausführungsbeispiele.

Zweikammerkessel von J. Piedboeuf, Aachen und Düsseldorf.
(Taf. XII.)

Der gezeichnete Kessel ist aus zwei nebeneinanderliegenden Zweikammerkesseln zusammengesetzt, deren Oberkessel am hinteren Ende durch einen wagerechten Stutzen in Verbindung stehen und welche einen gemeinsamen Überhitzer haben.

An der Anordnung der Vertikalzüge ist die nach oben vorgenommene Verjüngung des ersten Zuges besonders bemerkenswert. Sie trägt dem dort sehr schnell erfolgenden Temperaturabfall der Gase Rechnung und gestattet den Anfangsquerschnitt dieses Zuges größer zu wählen, als das sonst mit Rücksicht auf die anderen Züge möglich wäre. — Die Firma bevorzugt die Querzüge und wählt Längszüge nur dann, wenn die örtlichen Verhältnisse oder die Art des Brennstoffes nicht gestatten, den Feuerraum so zu gestalten, daß die Gase schon vollkommen verbrannt sind, ehe sie in das Rohrbündel eintreten. Dieser Fall liegt vor bei Braunkohle, wenn man den Rost nicht tief genug unter die Rohre legen kann, oder bei Verfeuerung langflammiger Steinkohle.

Im Interesse eines möglichst wenig gehinderten Wasserumlaufes sind die Wasserkammern sehr weit bemessen. Aus dem gleichen Grunde erhält der Hals der vorderen Kammer einen Querschnitt, der etwa 50% und derjenige der hinteren Kammer einen solchen, der etwa 25% des Gesamtquerschnittes der Rohre beträgt.

Der Überhitzer liegt neben und zwischen den Oberkesseln, wodurch das Abblasen seiner Rohre erleichtert und die Unterbringung sehr großer Überhitzerflächen ermöglicht wird. Beim Anheizen wird der Überhitzer aus dem Gasweg ausgeschaltet. Die Heizgase strömen dann durch zweiflügelige Tore, welche unter den Oberkesseln liegen, aus dem ersten Zuge unmittelbar in den zweiten über. Die Überhitzerschlangen sind aus nahtlosen Rohren von 35/42 mm Durchmesser hergestellt. Die Sammelkammern, in welche die Rohre eingewalzt werden, bestehen aus nahtlos gezogenen Vierkantrohren. Um die Wirkung des Überhitzers zu verbessern, werden in seine Rohre schraubenförmig gewundene Blechstreifen eingeschoben. Sie versetzen den Dampfstrom in drehende Bewegung, wodurch die mitgeführten Wassertröpfchen und die schweren, also kälteren Dampfteilchen an die beheizte Rohrwand gedrängt werden.

Besonderes bietet noch die Einmauerung der Piedboeuf-Kammerkessel insofern, als sich das Mauerwerk weder an die vordere noch an die hintere Wasserkammer fest anschließt. Es soll dadurch eine ungehinderte Ausdehnung des Rohrbündels ermöglicht werden. Um aber das Entstehen von Fugen zu vermeiden, sind am Mauerwerk gebogene Bleche

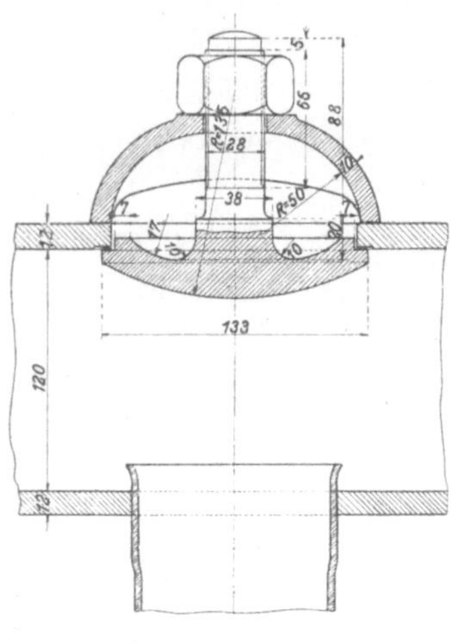

Abb. 182.

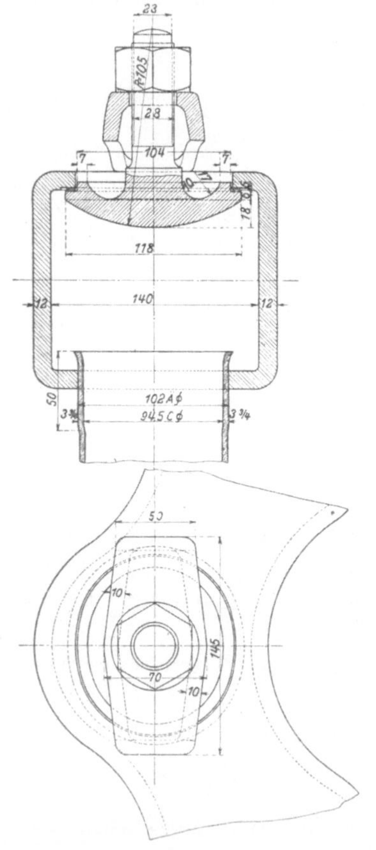

angebracht, die sich federnd gegen die Wandung der Wasserkammer legen, und zwar eines oben an der vorderen und weitere oben und unten (vgl. Taf. XII, Fig. 2) an der hinteren Kammer.

Bezüglich der Leistungsfähigkeit wird von der Firma angegeben, daß die Kessel mit Planrosten bei gewöhnlichem Betrieb 18 ÷ 20 kg, bei angestrengtem Dauerbetriebe 25 kg überhitzten Dampf je m² Heizfläche und Stunde und mit Kettenrost bis 35 kg erzeugen können. Die Ausnutzung guter, für Kettenrost geeigneter Steinkohle durch Feuerung, Kessel und Überhitzer soll bei 25 kg Beanspruchung 75 ÷ 77% und bei 30 bis 35 kg Verdampfung noch 73 ÷ 75% betragen.

Zweikammerkessel der Deutschen Babcock & Wilcox-Dampfkesselwerke in Oberhausen. (Taf. XIII.)

Beide Wasserkammern sind in einzelne nebeneinanderliegende, wegen der versetzten Rohre wellig gestaltete Abteilungen zerlegt. Jede

Abteilung ist durch ein Rohr mit dem Oberkessel verbunden. Das ganze Rohrbündel hängt am Oberkessel, der an beiden Enden durch je ein Stahlband an zwei auf Ständer ruhende ⊐-Eisen befestigt ist. Dadurch können sich die einzelnen Teile des Kessels für sich ausdehnen, und die sonst bei Zweikammerkesseln häufig auftretenden Temperaturspannungen sollen vermieden werden. Ferner ist hier eine Versteifung der Kammerwände durch Stehbolzen unnötig, wodurch der Kessel an Sicherheit gewinnt. Der Kessel besitzt aber den Nachteil, daß die Querschnitte in den Anschlüssen zwischen Kammer und Oberkessel nicht unwesentlich kleiner sind, als sie sich bei ungeteilten Kammern ausführen lassen.

Die von der Firma sowohl an den Wasserkammern als auch an den Sammelrohren der Überhitzer verwendeten Putzlochverschlüsse sind in Abb. 182 wiedergegeben.

Die Gase sind hier so geführt, daß beide Seiten der hinteren Wasserkammer beheizt werden.

Das von der Firma angewandte Verfahren zur Regelung der Temperatur des überhitzten Dampfes ist in Abschnitt 33 C (S. 263) besprochen.

Zweikammerkessel der Büttner-Gesellschaft m. b. H. in Uerdingen a. Rh.
(Abb. 183 bis 186.)

Das vorn emporsteigende Wasser gelangt im Oberkessel in eine Rinne, die oben offen ist, um den Dampf entweichen zu lassen. Sie führt das

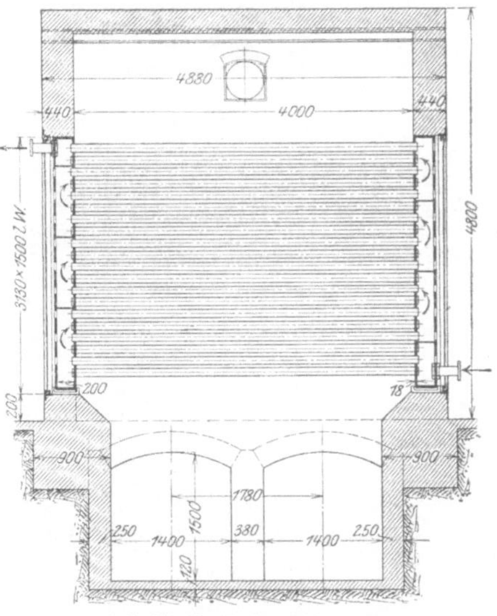

Schnitt *E—F* der Abb. 183.
Abb. 186.

Wasser unmittelbar der hinteren Kammer zu. Dadurch bleibt die lebendige Kraft des Wassers erhalten und die Lebhaftigkeit des Wasserumlaufes im Kessel wird erhöht. Das Speisewasser wird im vorderen Teil des Oberkessels durch eine unter der Mündung des Speiserohres angebrachte Schale verteilt. Es bewegt sich allmählich nach der hinteren Wasserkammer zu, die währenddessen ausfallenden Verunreinigungen sinken zu Boden und werden im Oberkessel durch eine niedrige Querwand zurückgehalten, die dicht vor dem Abfallstutzen eingebaut ist. Über diese Wand hinweg gelangt das Wasser an den Abfallstutzen heran, in den es durch zwei seitliche Öffnungen eintreten kann, um dann an dem Kreislauf teilzunehmen.

Der Kessel ist mit einem schmiedeeisernen Einzelekonomiser ausgerüstet, dessen Bau aus Abb. 186 ersichtlich ist.

Die von Büttner verwendeten Rohrverschlüsse sind in Abb. 179, 180 wiedergegeben. Die Abdichtung wird durch konisch abgedrehte Flächen

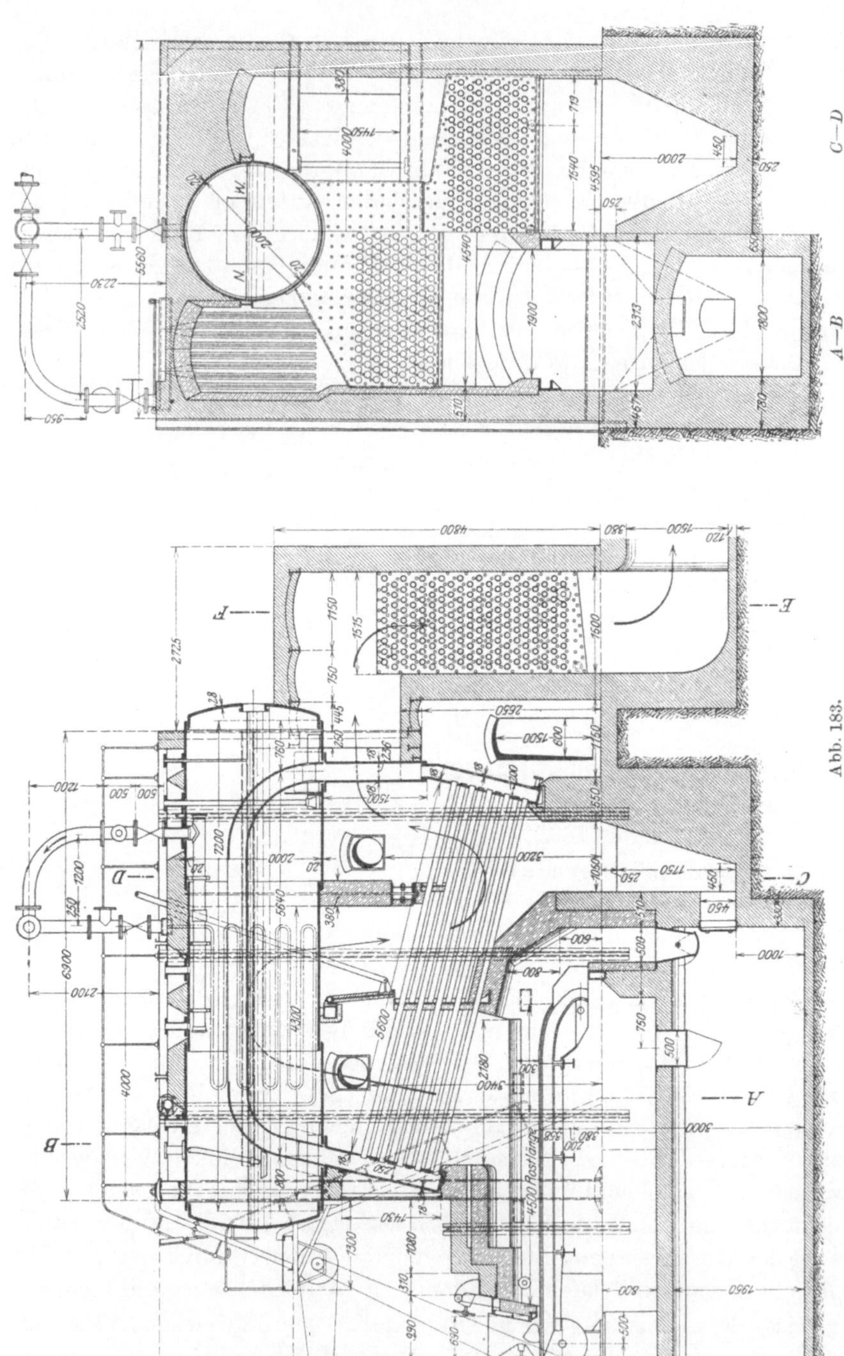

Abb. 183.

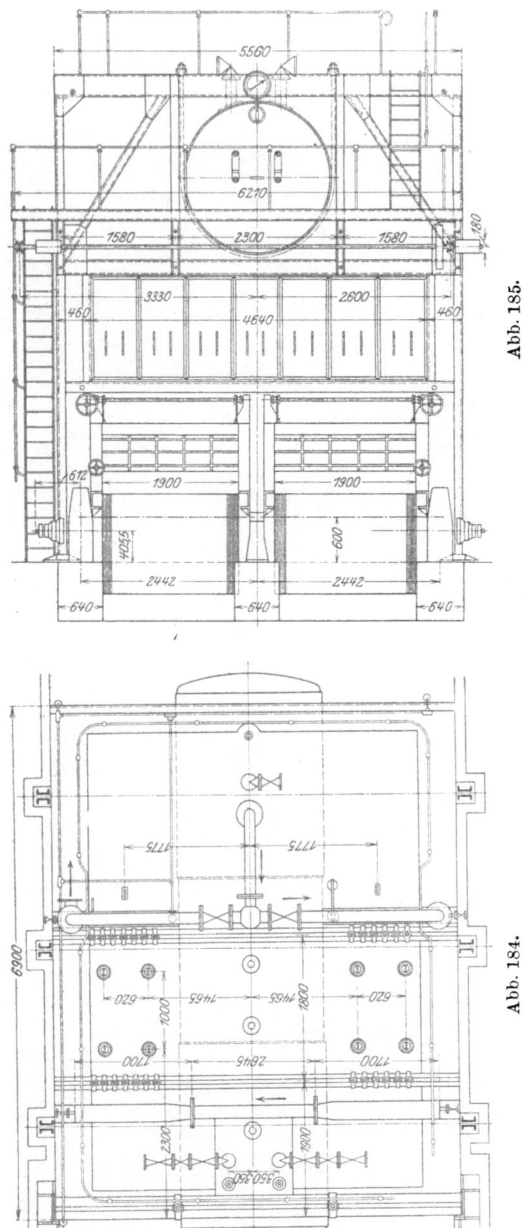

ohne eingelegten Dichtungsring erzielt (Abb. 179). Zum Einsetzen dieser Verschlußdeckel dienen einige größere kreisrunde Öffnungen (Abb. 180). Der an ihrem Deckel angebrachte Rand ist an zwei Seiten abgeschnitten, so daß man den Deckel in schräger Lage durch das Loch hindurchstecken kann. Nachdem das erfolgt ist, wird ein zur Abdichtung bestimmter geschlossener Kupferring durch das Loch hindurchgezwängt und in der Kammer auf den Deckel geschoben. Nach Aufsetzen der Kappe kann der Verschluß dann festgezogen werden.

Die Größe des gezeigten Kessels geht aus folgenden Angaben hervor: Kesselheizfläche 450 m², Überhitzerfläche 165 m², Vorwärmerfläche 205 m². Der höchste Betriebsdruck beträgt 12,4 at$_{ü}$.

Zweikammerkessel von A. Borsig, Berlin-Tegel.

(Abb. 187 bis 189.)

Die gezeichnete Kesselanlage für 12 at$_{ü}$ Höchstbetriebsdruck und 350° C Überhitzungstemperatur besteht aus zwei Kesseln von je 150 m² Heizfläche und etwa 40 m² Überhitzerfläche. Sind die beiden Torflügel T (s. Abb. 189) geschlossen, so ziehen die Gase, die den ersten Querzug durchstrichen haben, zu den Überhitzerkammern empor; aber nur

ein Teil der Gase strömt an der gesamten Überhitzerfläche entlang (vgl.
Abb. 187), die anderen verlassen die Kammern, nachdem sie den vorder-

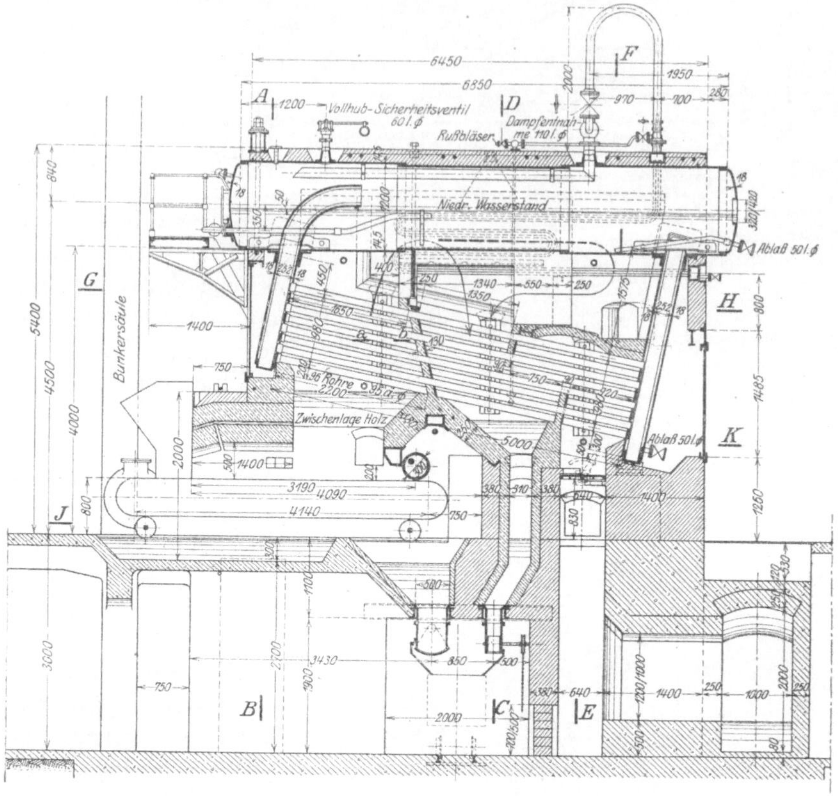

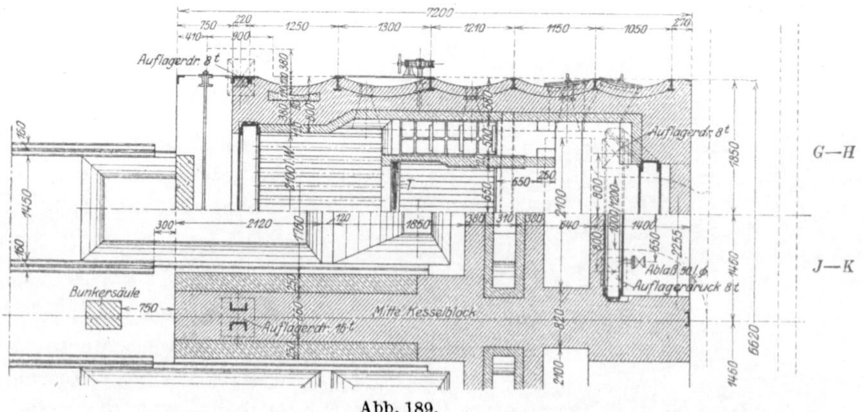

Abb. 187.

Abb. 189.

sten Teil der Überhitzer beheizt haben, und ziehen sogleich in den zweiten
Querzug. — Abb. 190 zeigt die Ausführung des Mauerwerks an den

Stellen, wo die Rahmen mit den Öffnungen zum Abblasen der Wasserrohre eingelassen sind. — In Abb. 191 ist eine für einen Oberkessel von
1800 mm Durchmesser bestimmte Haube
wiedergegeben, wie
sie Borsig über den
Hals der vorderen
Wasserkammer setzt,
um das aus dieser
emporströmende
Dampf - Wasser - Gemisch durch das
Wasser im Oberkessel
hindurchzuführen.
Für den Aufbau einer
solchen Haube ist
der Umstand maßgebend, daß die einzelnen Teile durch das
Mannloch des Oberkessels eingebracht
werden müssen.

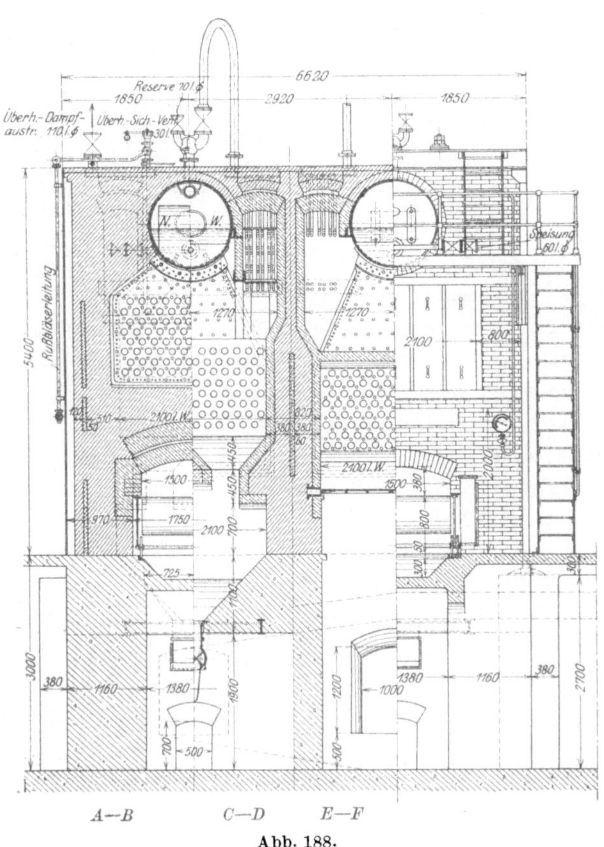

A—B C—D E—F

Abb. 188.

d) Hochleistungskammerkessel.

Mit Kammerkesseln ließen sich im
Dauerbetriebe zunächst nur mäßige
Heizflächenbeanspruchungen erreichen, die jedenfalls niedriger waren als die guter
Großraumkessel z. B. der Flammrohrkessel. Da es aber bei den Großanlagen, für welche sich der Kammerkessel besonders geeignet erwies,
immer mehr darauf ankam, die auf der Kesselgrundfläche erzeugte
Dampfmenge zu steigern, so war man bestrebt, den Kessel nach dieser
Richtung hin zu vervollkommnen. Welche Grundsätze dafür maßgebend
sind, geht aus Nachstehendem hervor:

1. Anwendung einer Feuerung, die die Herstellung sehr großer Rostflächen und dabei eine möglichst gleichmäßige und hohe Temperatur
im Feuerraum zu halten gestattet (Kettenrost, Halbgasfeuerungen).

2. Steigerung der Wärmeübertragung auf den Kesselinhalt einerseits
durch Erhöhung des Anteils, der durch Strahlung übertragen wird, andererseits durch Verbesserung der Wärmeabgabe, welche bei der Berührung
der Gase mit der Heizfläche erfolgt. Das Letztere erfordert gute Durch-

wirbelung der Gase, wie sie am besten bei Vertikalzügen durch häufigen Richtungswechsel erzielt werden kann, außerdem hohe Gasgeschwindigkeit in den Zugkanälen. Dabei wachsen allerdings die Strömungswiderstände in den Zügen derart, daß zu ihrer Überwindung in vielen Fällen die Anwendung künstlichen Zuges nötig ist. — Die strahlende Wirkung des Feuers läßt sich dadurch erhöhen, daß man einen möglichst großen Teil der Rostfläche unverdeckt unter das Rohrbündel legt. Um sehr große Rostflächen so unterbringen zu können, müssen die Kessel recht breit gebaut werden.

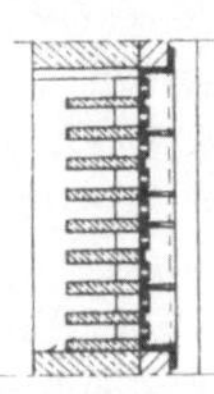

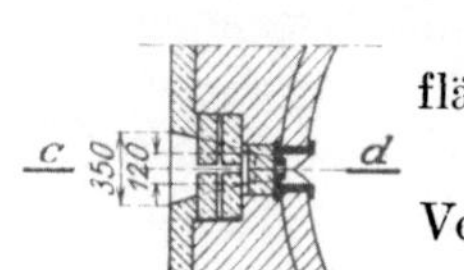

Schnitt *a—b*
der Abb. 187.

Abb. 190.

3. Führung der Gase derartig, daß alle Teile der Heizfläche im Gasstrom liegen.

4. Verbesserung des Wasserumlaufs im Kessel durch Verkürzung des Umlaufweges — Wasserrohre dazu auf 4,5 m, vereinzelt bis auf 3 m verkürzt — und durch Verminderung der Strömungswiderstände — daher weite Kammern, reichliche Querschnitte in den Kammeranschlüssen, besondere Wasserzuführung zu den untersten Rohrreihen.

5. Sorgfältigste Ausführung des Mauerwerks, um den Strahlungsverlust herabzumindern und das Eindringen kalter Luft durch Risse und klaffende Fugen zu vermeiden. Ihrer Entstehung kann am wirksamsten vorgebeugt werden dadurch, daß man das Mauerwerk möglichst vollständig vom Kesselgewicht entlastet.

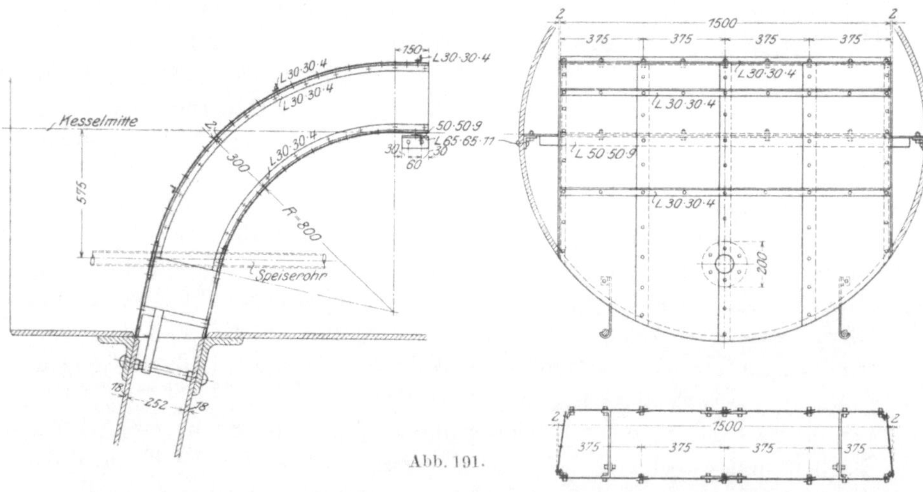

Abb. 191.

Durch die angeführten, auf eine Steigerung der Dampfentwicklung gerichteten Mittel wächst aber auch die Nässe des erzeugten Dampfes und außerdem die Temperatur der Abgase. Daher ist für solche Hochleistungskessel unbedingt erforderlich:

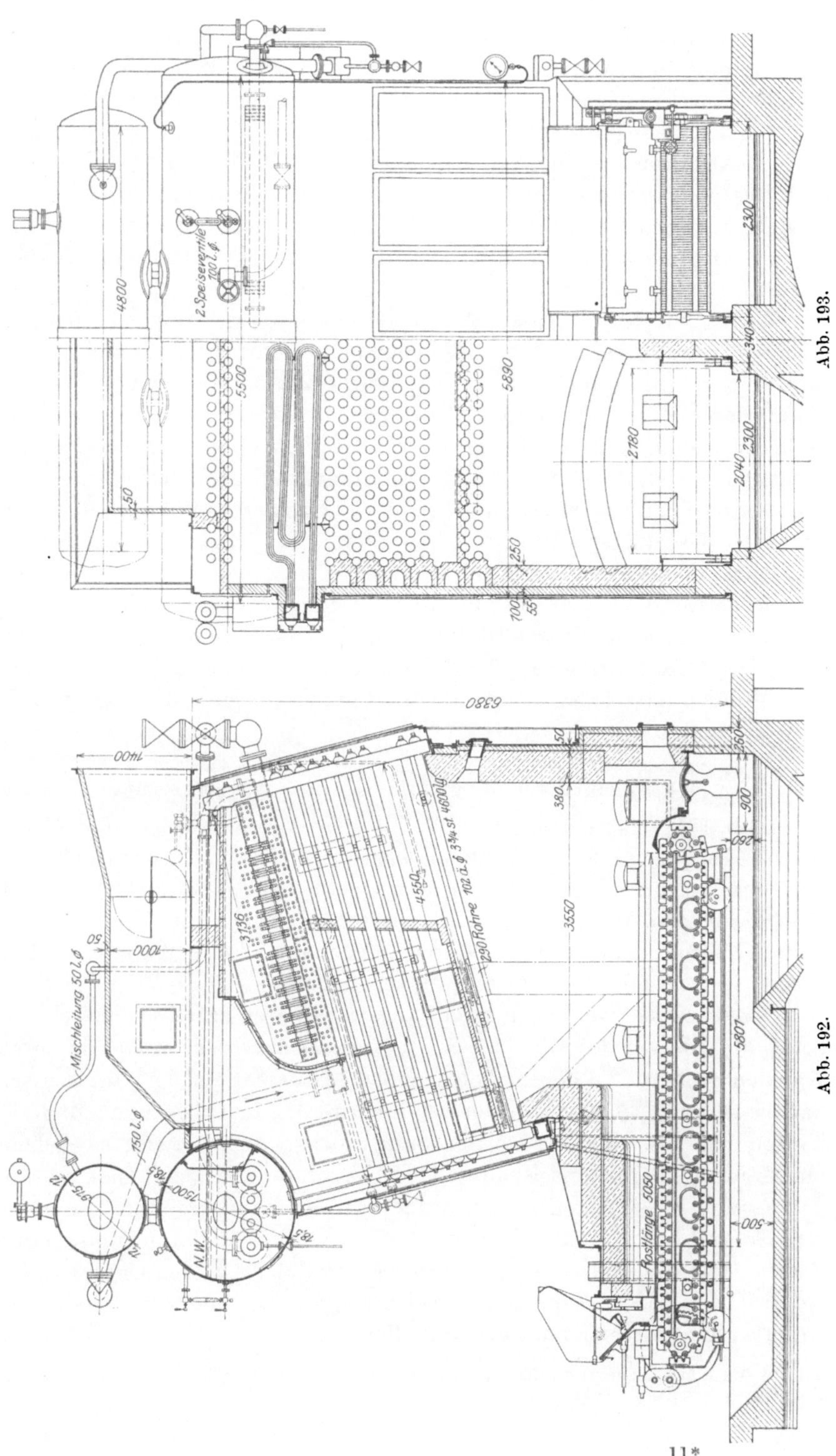

Abb. 193.

Abb. 192.

6. Anwendung von Dampfsammlern oder besonderen Einbauten in den Dampfraum, durch welche das in ziemlicher Menge mitgerissene Wasser am Eindringen in die Dampfentnahmeleitung verhindert wird.

7. Reichlich groß bemessene Überhitzer.

8. Abgasvorwärmer.

Die so entstandenen Bauarten hat man Hochleistungskessel[1]) genannt. Einen solchen zeigen die Abb. 192, 193 nach Ausführungen der Deutschen Babcock & Wilcox-Dampfkesselwerke, A.-G., Oberhausen (Rhld.).

Dampf und heißes Wasser steigen aus der hinteren Kammer empor und gelangen durch zwei über dem Rohrbündel getrennt liegende Rohrreihen in einen quergelegten Oberkessel. Aus diesem strömt der Dampf in einen Dampfsammler, sodann in den Überhitzer. — Die beiden unteren Rohrreihen sind in ihrer ganzen Länge der Wärmeausstrahlung des Feuers ausgesetzt. Die Feuergase werden zunächst in einem nach oben verjüngten Zuge quer durch den hinteren Teil des Rohrbündels aufwärts geführt, bestreichen dann den Überhitzer und darauf in weiteren zwei Querzügen die Rohre.

Um mit hohem Unterdruck in den Zügen arbeiten zu können, ist das Mauerwerksgehäuse ganz in einen Blechmantel eingeschlossen.

Der vorliegende Kessel ist für 15 at$_{ü}$ Höchstbetriebsdruck bestimmt und hat 500 m² Heizfläche, 175 m² Überhitzerfläche und 22 m² Rostfläche.

Mit dem Kessel können Dampfleistungen von $D : H = 35 \div 40 \, \text{kg/m}^2/\text{h}$ erzielt werden.

ε) Verbindung von Kammerkesseln mit Walzenkesseln.

Abb. 194 zeigt einen solchen, nach dem Erfinder benannten Mac-Nicol-Kessel. An einen Zweikammerkessel schließt sich ein mehrfacher Walzenkessel an. Dazu hat man den Oberkessel des Wasserrohrkessels über die hintere Wasserkammer hinaus verlängert und an die Rückseite dieser Kammer zwei engere Walzen angenietet. Diese Walzen werden durch Stutzen mit dem Oberkessel verbunden.

Die Heizgase werden in zwei Längszügen über das Rohrbündel, sodann am Mantel des Oberkessels entlang nach hinten, weiter in zwei Kanälen getrennt an den außenliegenden Mantelhälften der Unterkessel nach vorn und schließlich wieder vereinigt an den innenliegenden Mantelhälften der Unterkessel entlang zum Fuchs geführt; oder sie gehen am Mantel des Oberkessels entlang nur bis hinter den Querkanal, der an der hinteren Wasserkammer angeordnet ist, um die Rohrverschlüsse nötigenfalls während des Betriebes nachziehen zu können. Darauf werden die Gase mittels zweier Kulissenwände so geleitet, daß sie zu den Unterkesseln hinabziehen, wieder zum Oberkessel emporsteigen und endlich an den Unterkesseln vorbei zum Fuchs abfallen.

---

[1]) Vgl. Münzinger, Neuere Bestrebungen im Dampfkesselbau, Zeitschrift d. V. D. I. 1912, S. 1730.

Die Überhitzer werden vorn zu beiden Seiten des Oberkessels angeordnet, also unmittelbar hinter dem Rohrbündel in den Gasweg eingeschaltet.

Der Kessel vereinigt bis zu einem gewissen Grade in sich die Vorteile des Wasserrohrkessels und die des Walzenkessels. Durch das Rohrbündel entsteht ein geregelter Wasserumlauf und durch den Walzenkessel mit seinem großen Wasserinhalt werden größere Druckschwankungen bei unregelmäßiger Dampfentnahme verhindert. Ferner ist der erzeugte Dampf infolge der großen Verdampfungsoberfläche recht trocken.

Trotz dieser Vorzüge haben die Kessel keine weite Verbreitung gefunden, vornehmlich weil sie gegen Unreinigkeiten des Speisewassers ebenso empfindlich sind wie alle übrigen Wasserrohrkessel, dabei aber die Grundfläche schlechter ausnutzen als jene.

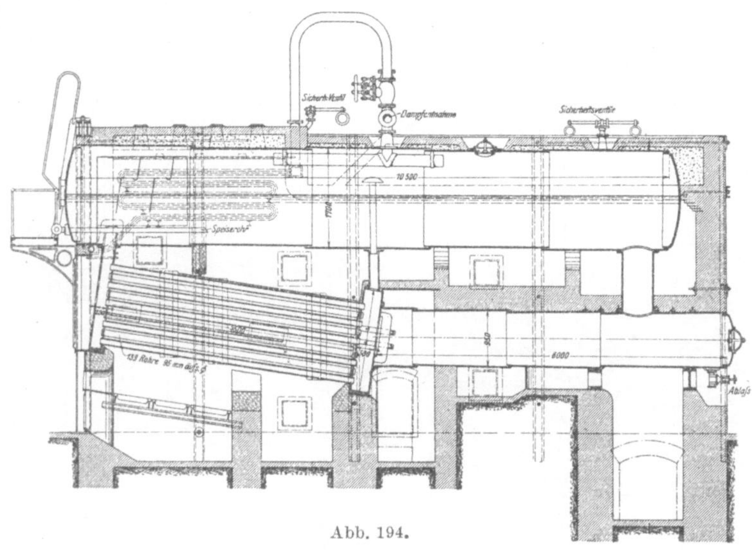

Abb. 194.

b) Steilrohrkessel.

Die weitere Entwicklung des Wasserrohrkessels führte schließlich dazu, die Rohre möglichst in senkrechter Lage einzubauen und die flachen Kammern mit ihren zahlreichen Verankerungen und Putzlochverschlüssen durch Walzenkessel zu ersetzen.

Fast alle größeren Kesselbaufirmen stellen jetzt Steilrohrkessel her, und zwar in sehr voneinander verschiedenen Konstruktionen. Im folgenden kann daher nur auf einige von ihnen näher eingegangen werden.

α) Steilrohrkessel mit geraden Rohren.
Garbekessel.
(Abb. 195 bis 197 und 198, 199.)

Die Konstruktion dieses Kessels rührt vom Ingenieur Garbe-Berlin her, der sich damit das Hauptverdienst um die Einführung der

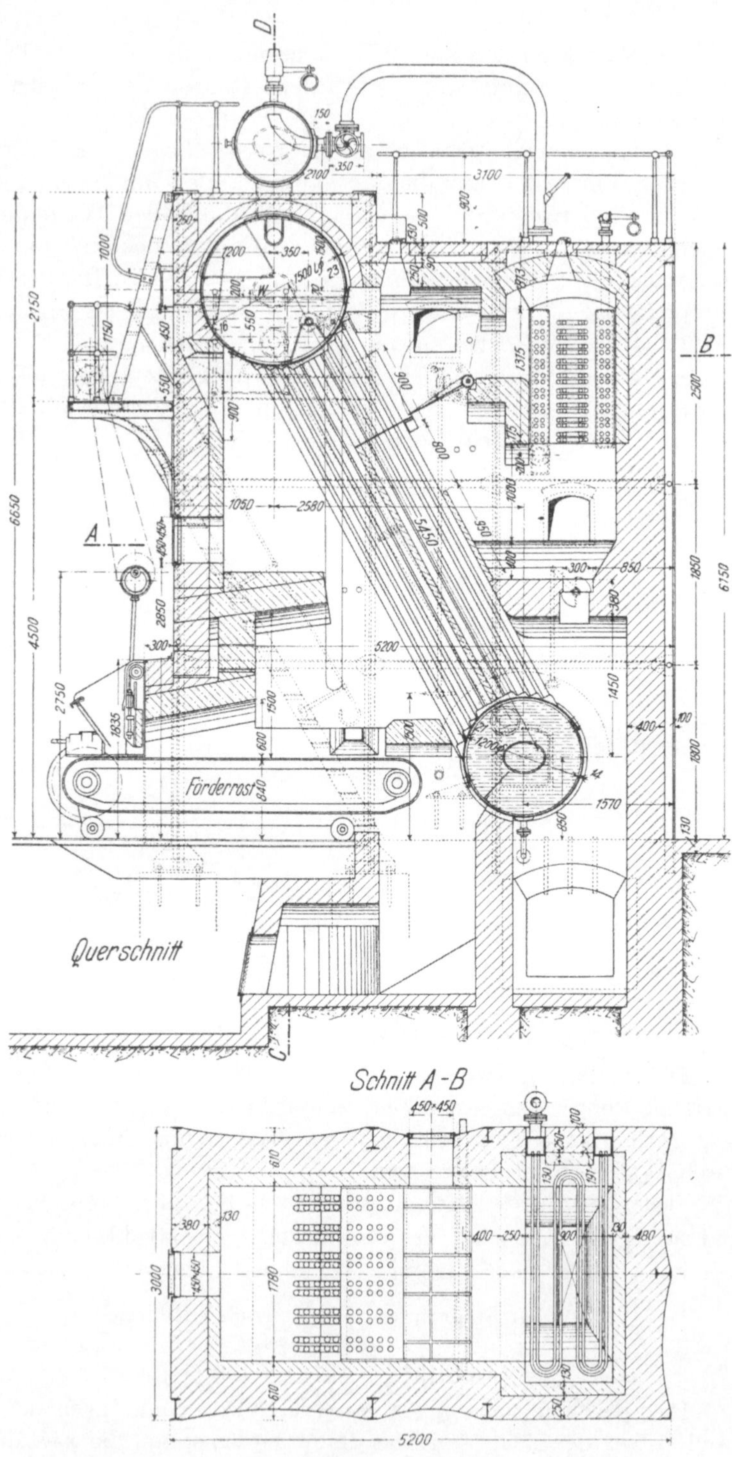

Abb. 195 bis 197.

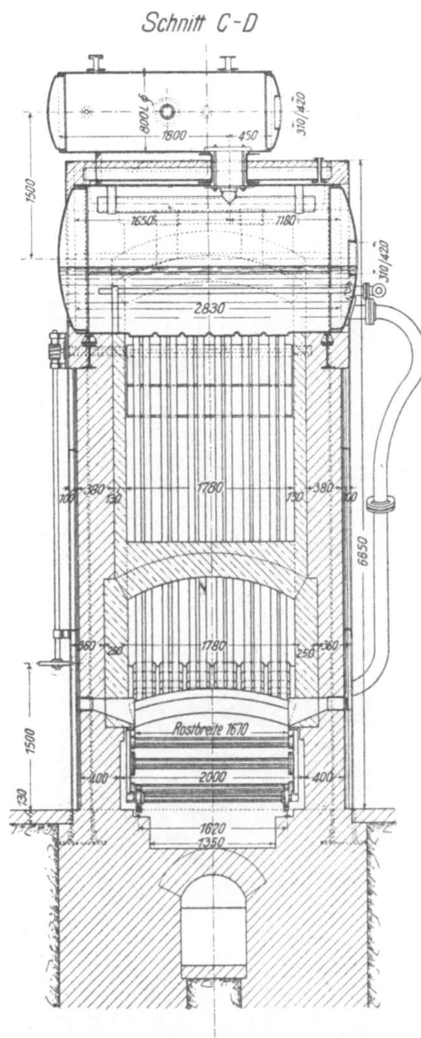

Steilrohrkessel in Deutschland erworben hat. Sein Kessel wird von verschiedenen deutschen Firmen, u. a. von Dürr & Co. in Ratingen gebaut.

Eine Besonderheit dieses Kessels sind die abgestuften Buckelplatten, in welche die Rohre am Ober- und Unterkessel befestigt sind. Sie ermöglichen, alle Rohrenden in dazu senkrechten Flächen einzuwalzen und lassen jedes Rohr, an welcher Stelle des Bündels es auch liegen mag, zur Auswechselung zugänglich (vgl. Abb. 200). Diese Garbeplatten werden von Thyssen & Co. in Mülheim a. Ruhr in verschiedenen Größen hergestellt.

Die Kessel werden mit einem Rohrbündel (Abb. 195 bis 197) und mit zwei Bündeln (Abb. 198, 199) ausgeführt.

Beim einfachen Garbekessel wird in die Mitte des Rohrbündels eine Schamottewand gelegt, so daß die Gase zuerst an den vor der Wand liegenden Rohren emporziehen. Oben durchqueren sie dann das ganze Rohrbündel, strömen weiter zum Überhitzer und beheizen zum Schluß die bisher noch nicht getroffenen Teile der hinter der Wand liegenden Rohre und den Unterkessel. Man versucht dadurch den Umlauf des Wassers im Kessel so zu gestalten, daß es in den vorderen Rohren emporsteigt und in der hinteren Hälfte des Rohrbündels wieder zum Unterkessel hinabfließt. Da aber bei starker Beanspruchung auch in den hinter der Wand liegenden Rohren eine lebhafte Verdampfung stattfinden kann, so ist der angestrebte Wasserumlauf nicht immer gesichert. Man hat daher vielfach beim einfachen Garbekessel ein 200 ÷ 300 mm weites, außerhalb des Mauerwerks liegendes Rücklaufrohr vom Ober- zum Unterkessel geführt. Das Wasser gelangt aus den Steigrohren mit großer Geschwindigkeit in den Oberkessel, der Wasserspiegel muß daher durch besondere Blecheinbauten beruhigt werden.

Einen weit gesicherten Wasserumlauf besitzt der Zweibündelkessel

(Abb. 198, 199). Bei diesem umspülen die Gase zuerst das vordere Rohrbündel, dann den Überhitzer und schließlich das hintere Rohrbündel.
Zuweilen wird vom vorderen Bündel durch Einlegen einer Schamotte

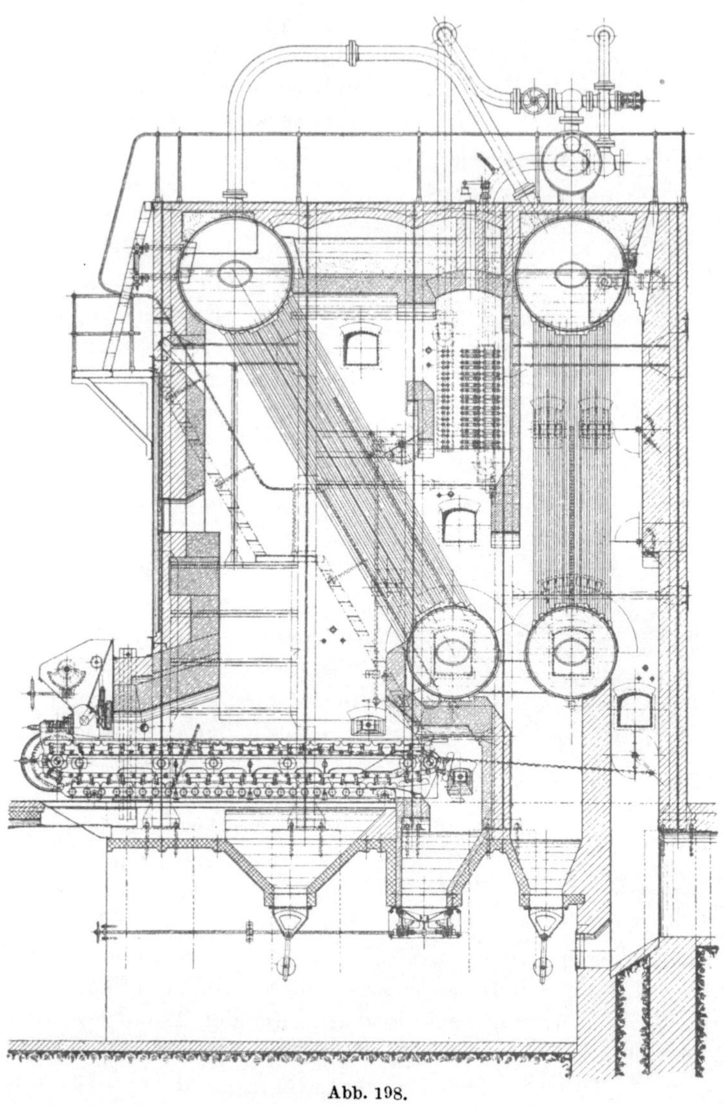

Abb. 198.

wand noch ein Teil der Rohre hinter den Überhitzer geschaltet.
Die Oberkessel wie die Unterkessel sind durch genügend weite Rohrstutzen miteinander verbunden, so daß ein einfacher Kreislauf durch
den Kessel in der Weise entsteht, daß das Wasser im vorderen Rohrbündel emporsteigt und im hinteren Rohrbündel wieder hinabsinkt. Das

Speisewasser wird in den hinteren Oberkessel gespeist, aus diesem wird auch der Dampf unter Einschaltung eines Dampfsammlers entnommen.

Der Einbündelkessel ist für Heizflächen bis zu 600 m² ausgeführt worden, wird aber jetzt wegen der sehr großen Nässe des in ihm erzeugten Dampfes nur noch wenig und dann nur für kleinere Heizflächen angewandt. Zweibündelkessel dagegen haben für Heizflächen bis zu etwa 800 m² sehr weite Verbreitung gefunden.

Konstruktion. Die Oberkessel erhalten meistens 1,5 m, die Unterkessel 1,2 m Durchmesser. Ihre Länge beträgt bis zu etwa 6,5 m. Die Kesselmitten eines Bündels erhalten 5 ÷ 6 m Abstand. Die Wasserrohre haben 53,5/60 mm Durchmesser.

Lagerung. Die Oberkessel werden auf einem genieteten Gestell gelagert, in welches die Mauerwerkswände eingesetzt werden. Rohrbündel und Unterkessel hängen am Oberkessel.

Dampfleistung. Nach vielfachen, von Dampfkesselüberwachungsvereinen angestellten Versuchen kann man mindestens folgende Leistungen der Garbekessel annehmen:

Einfacher Kessel:

Bei Verwendung von Braunkohle von etwa 2500 kcal normal 10 bis 20 kg, maximal bis 25 kg Dampf auf 1 m² Heizfläche.

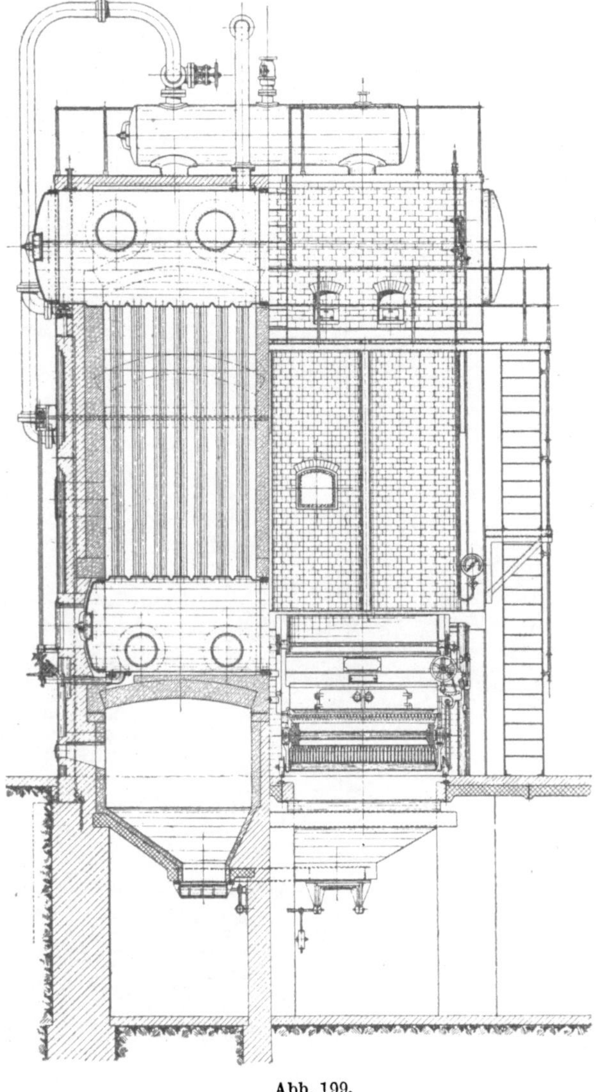

Abb. 199.

Bei Verwendung von Steinkohle von 6500 bis 7500 kcal normal 25 bis
30 kg, maximal bis 35 kg Dampf auf 1 m² Heizfläche bei einem
Wirkungsgrad des Kessels mit Überhitzer bis 73%.

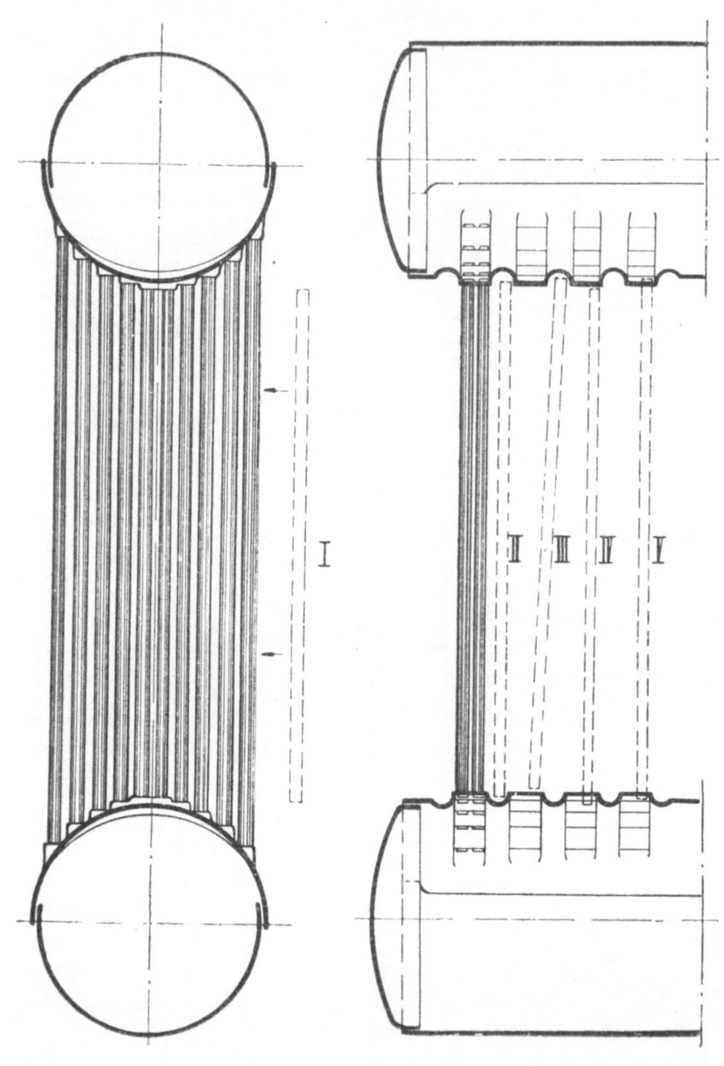

Abb 200.

Doppelter Garbekessel:
Bei Verwendung von Steinkohle normal 30 bis 35 kg auf 1 m² Heiz-
fläche, Wirkungsgrad 75 bis 80% von Kessel mit Überhitzer, mit
Rauchgasvorwärmer bis 86%.

Es sind auch verschiedentlich höhere Zahlen erreicht worden, so wurde bei einem Kessel von Dürr & Co. von 540 m² Heizfläche beim Feuern mit Naphtha mit einem Heizwert von 9726 kcal ein Wirkungsgrad des Kessels mit Überhitzer von 76,7%, mit Rauchgasvorwärmer so-

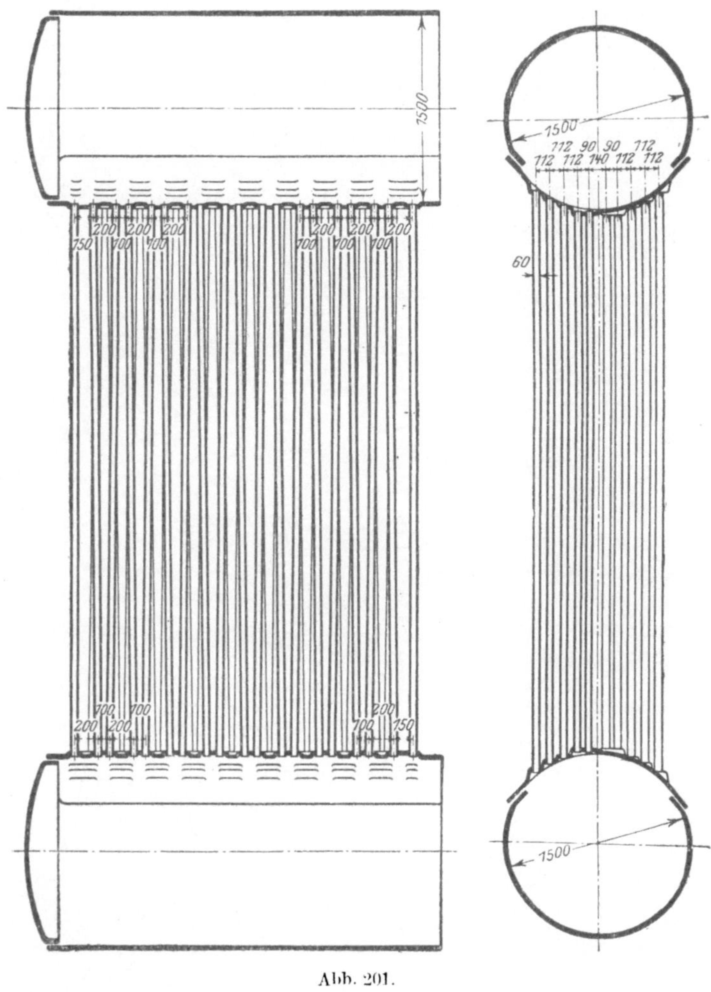

Abb. 201.

gar von 90,2% ermittelt bei einer Verdampfung von 44,8 kg Wasser auf 1 m² Heizfläche.

Die in Abb. 200 gezeigten Garbeplatten ergeben eine nicht günstige Rohranordnung, weil zwischen den Rohrgruppen weite Straßen vorhanden sind, durch die die Gase, namentlich in Querzügen, hindurchstreichen, ohne die einzelnen Rohre zu beaufschlagen. Diesem Mangel hilft die neue Garbeplatte (Abb. 201) ab, die vom Rheinischen Stahlwerk

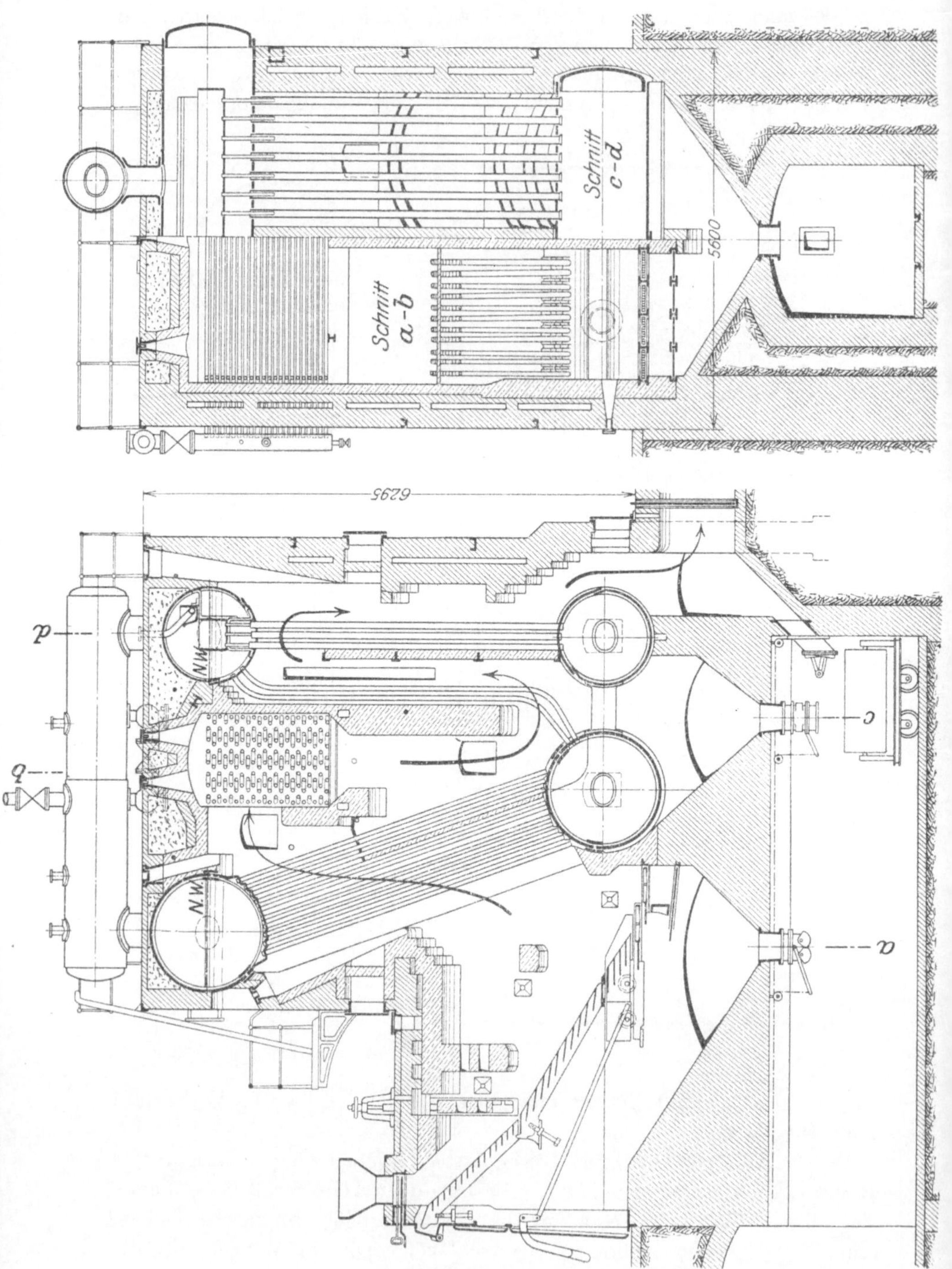
Schnitt c-d
Schnitt a-b
5600
6295
N.W.
N.W.
p
q
c
a

in Duisburg-Meiderich hergestellt wird. Durch die schräge Stellung
der Rohre werden nunmehr die freien Gassen vermieden, ohne daß aber
dadurch die Zugänglichkeit jedes einzelnen Rohres beeinträchtigt wird.

Ein Kessel, bei dem solche neuen Garbeplatten angewandt werden,
ist der in Abb. 202, 203 wiedergegebene

Garbekessel von Wegelin & Hübner, Halle a. S.

Das Wasser wird in den hinteren Oberkessel gespeist, gelangt dort
zunächst in eine Rinne und läuft aus dieser in dünner Schicht über in
eine zweite weitere Rinne, von deren Boden enge Abfallrohre in die senkrechten Wasserrohre der hinteren Bündels hineinführen. In diesen
Wasserrohren fällt es zum hinteren Unterkessel ab, fließt dann durch
zwei wagerechte Verbindungsstutzen in den vorderen Unterkessel, um
von einem Blecheinbau in diesem Kessel geleitet in den im ersten Zuge
liegenden schrägen Wasserrohren des vorderen Bündels emporzusteigen.
Die dabei entstandenen Dampfblasen können zum Dampfsammler emporsteigen, während durch die im zweiten Zuge liegenden Rohre des vorderen Bündels und die gebogenen Verbindungsrohre zwischen vorderem
Unterkessel und hinterem Oberkessel ein Zurückströmen des Wassers
nach dem hinteren Bündel ermöglicht wird. Da die Abfallrohre an der
zweiten Speiserinne enger als die Wasserrohre sind, in die sie herabhängen,
so kann das in den hinteren Oberkessel zurückgelangte Wasser durch die
ringförmigen Zwischenräume zwischen den Abfall- und den Wasserrohren nach unten abfließen und von neuem an dem Kreislauf teilnehmen.

Durch diese Anordnung des Wasserweges sollen die als Schlamm ausfallenden Unreinigkeiten des Wassers im hinteren Rohrbündel zurückgehalten werden, um den Ansatz in den der strahlenden Einwirkung des Feuers ausgesetzten Rohren des vorderen Bündels möglichst zu verringern, außerdem soll durch den großen Gewichtsunterschied des Wassers im hinteren und
im vorderen Bündel ein besonders lebhafter Wasserumlauf erzielt werden.

Der gezeichnete Kessel ist für einen Betriebsdruck bis zu 15 at$_{\ddot{u}}$
bestimmt, er besitzt 300 m² Heizfläche und 120 m² Überhitzerfläche.

Steilrohrkessel mit geraden Rohren der Linke-Hofmann-Werke, Breslau.
(Abb. 204 bis 208.)

Die Wasserrohre werden hier in Buckelplatten eingewalzt, die nach
Abb. 208 gestaltet sind. Damit alle Rohre möglichst gleichmäßig in
Querzügen von den Heizgasen getroffen werden, baut die Firma Scha-
mottesäulen in die Straßen zwischen den Rohrgruppen ein (vgl. den
Grundriß in Abb. 206).

Der Kessel wird sowohl mit einem, als auch mit zwei Rohrbündeln ausgeführt, dabei werden die Oberkessel stets durch je zwei
380 mm weite, nicht im Gasstrom liegende Rücklaufrohre verbunden.
Dadurch soll in jedem Rohrbündel ein gesonderter Wasserumlauf

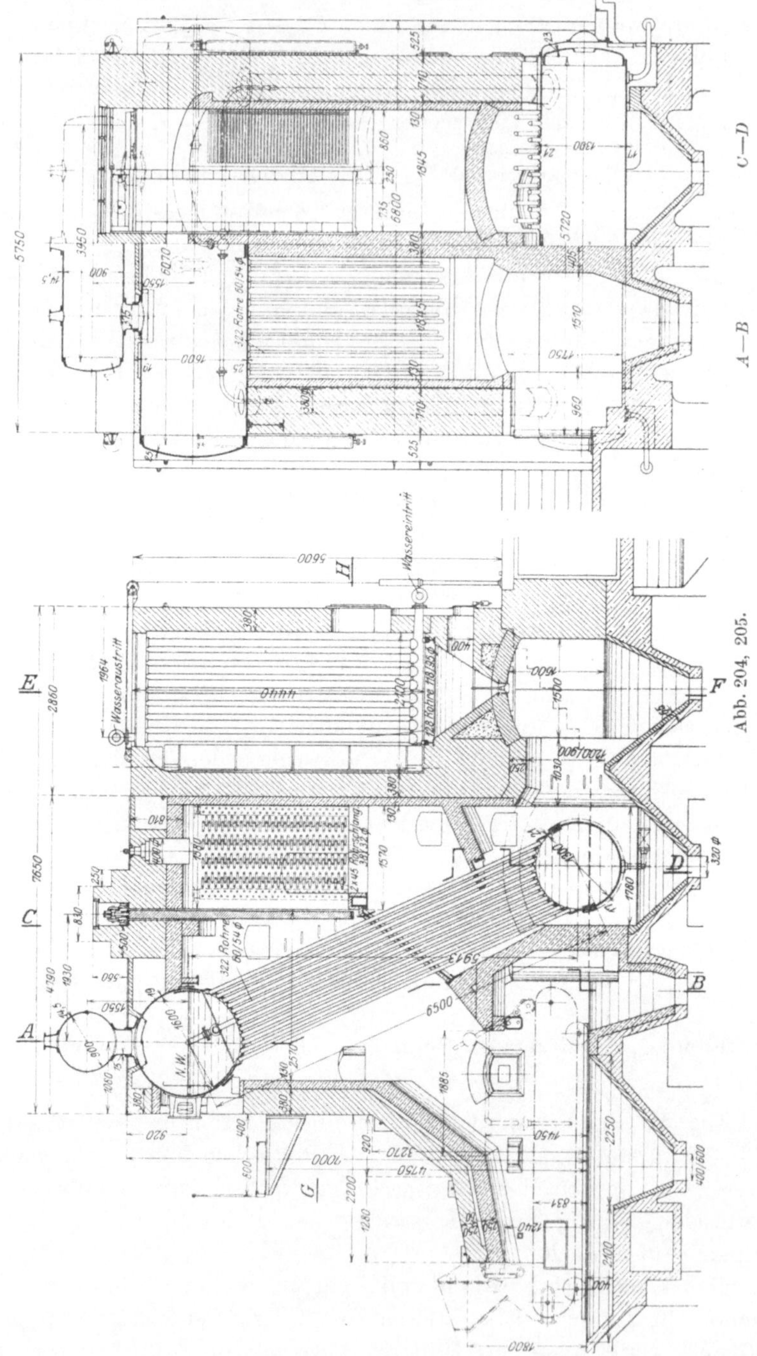

Abb. 204, 205.

gesichert und die 54/60 mm weiten Wasserrohre vom Gewicht des Unterkessels und des Wasserinhaltes entlastet werden.

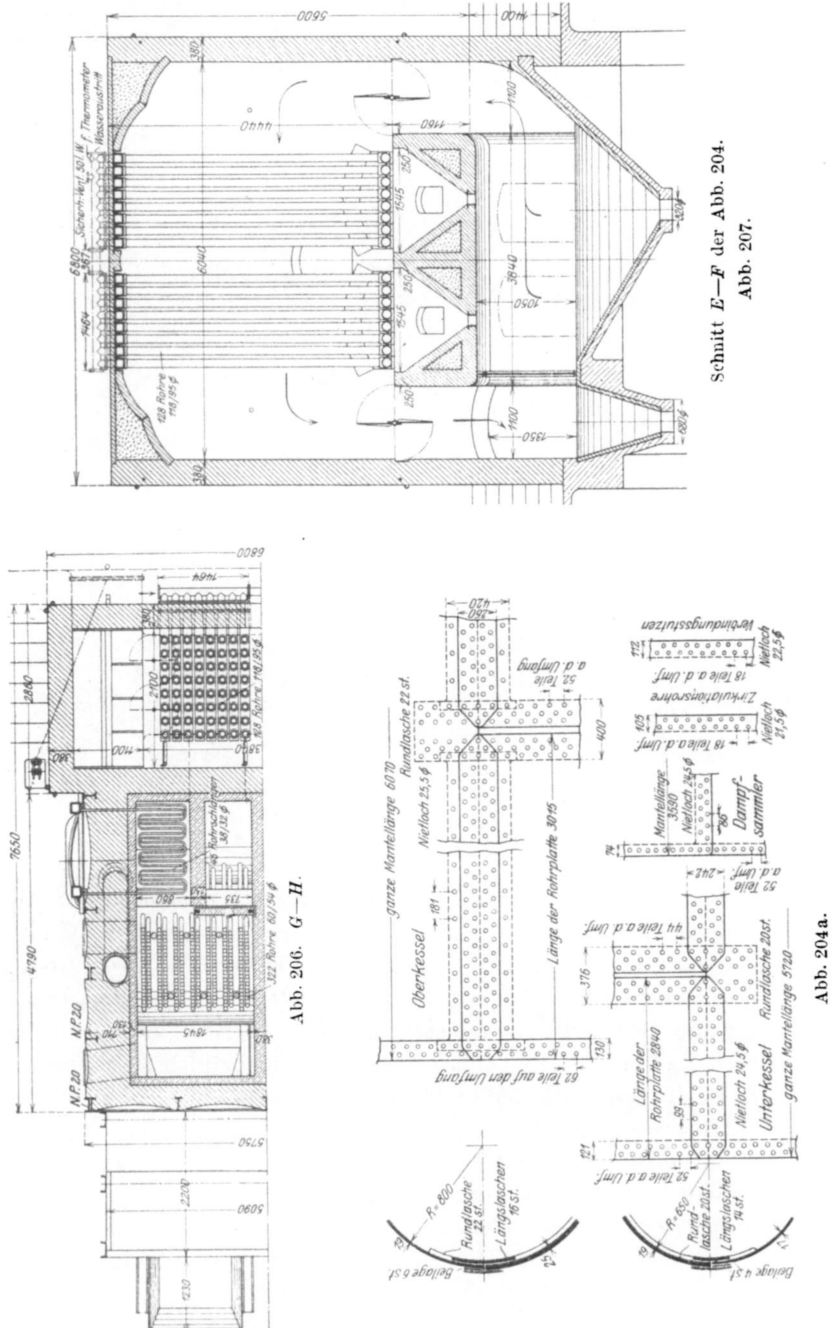

Schnitt *E—F* der Abb. 204. Abb. 207.

Abb. 206. *G—H.*

Abb. 204a.

Das Speisewasser wird dem Oberkessel — beim Zweibündelkessel dem hinteren Oberkessel — zugeführt und in dem Kessel so weitergeleitet, daß es zunächst in die seitlich liegenden Rücklaufrohre gelangt. Es hat also genügend Zeit, einen großen Teil der in ihm enthaltenen Unreinigkeiten auszuscheiden, ehe es in die am meisten an der Dampfbildung beteiligten Wasserrohre gelangt.

Der Überhitzer ist geteilt in zwei seitlichen Kammern untergebracht, die durch Schiebetüren verschlossen werden können. Sie sind aus Scha-

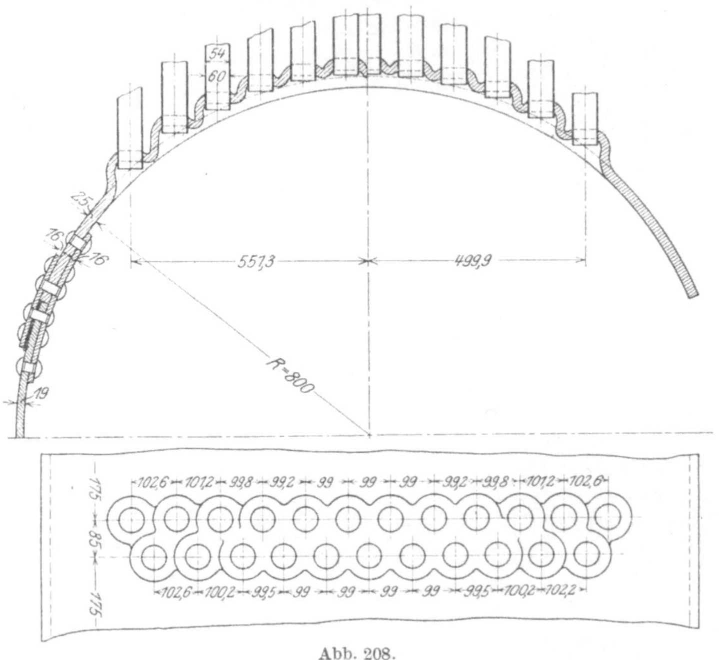

Abb. 208.

motteplatten zusammengesetzt und werden von oben eingehängt. Ihre Bewegungsrollen liegen außerhalb des Heizgasstromes. Die Türen können, ohne daß Mauerwerk zu entfernen wäre, nötigenfalls ausgewechselt werden.

Die Kessel werden gewöhnlich mit Einzelekonomisern ausgerüstet. Der Weg der Gase im Ekonomisergehäuse ist in Abb. 207 angegeben.

Der dargestellte Einbündelkessel ist für einen Höchstbetriebsdruck von 16 at$_{ü}$ gebaut. Er hat 11,24 m² Rostfläche, 300 m² Heizfläche, 90 m² Überhitzerfläche und 192 m² Vorwärmerfläche.

Bei einem im städtischen Elektrizitätswerk II zu Breslau vorgenommenen Abnahmeversuch wurde mit einem Zweibündelkessel von 410 m² Heizfläche bei Verfeuerung von Förderkohle von 6700 kcal Heizwert erreicht: eine Heizflächenbeanspruchung von 42,4 kg/m²/h und dabei ein Wirkungsgrad des Kessels von 69,89% des Überhitzers von 12,07% und des Vorwärmers von 5,72%, also insgesamt von 87,68%.

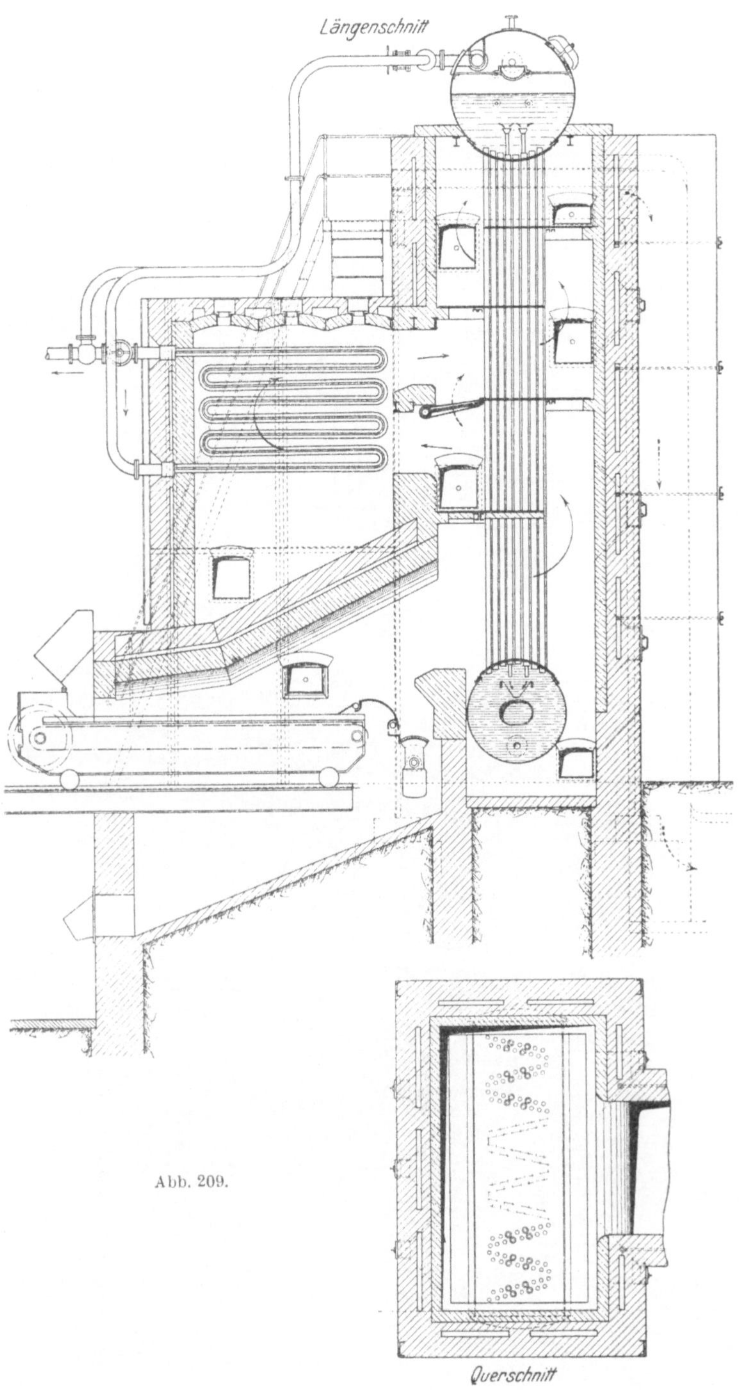

Abb. 209.

8120
Rostbreite 1980
Rostbreite 1980
2215
2200
2100
5860
4320

Temperaturregler
Förderrost
10070
10825
2500
1372
6378
830
4587
2550
1700
5570
8120

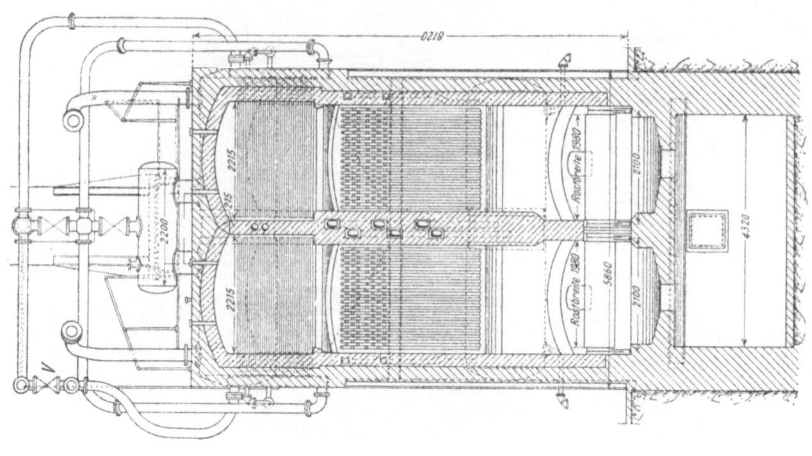

Abb. 210 u. 211.

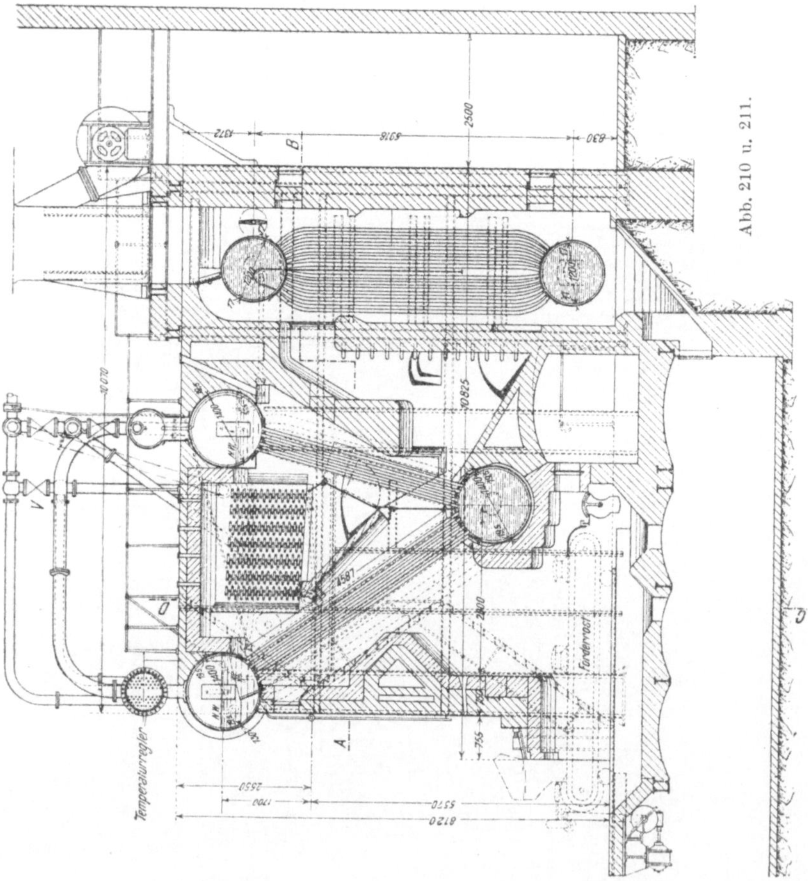

Kestnerkessel. (Abb. 209.)

Zwei senkrecht übereinander liegende Walzenkessel sind durch Rohre verbunden, die auf doppelten Zickzacklinien und daher gut zugänglich angeordnet sind. Damit die geraden Rohre in die zylindrischen Kesselmäntel sicher eingewalzt werden können, legt man die äußersten Rohre nicht mehr als etwa $^2/_3$ des Kesselhalbmessers neben die Kesselachse und fügt stärkere Rohrplatten in die Mäntel ein. Die Gase bestreichen das Rohrbündel in wellenförmiger Bahn, so daß sie immer senkrecht auf die Rohre treffen und gut durchgewirbelt werden. Dadurch wird für eine möglichst gute Wärmeübertragung und eine gleichmäßige Ausdehnung aller Rohre gesorgt. Der Wasserzuführung zum Unterkessel dienen besondere Abfallrohre, die in etwa dem vierten Teil der Wasserrohre eingesetzt sind. Das hinabströmende Wasser wird im Unterkessel auf einer Rinne aufgefangen, damit es den dort lagernden Schlamm nicht aufwirbelt.

Konstruktion. 270 m² Heizfläche wurden mit einem Kestnerkessel bei folgenden Abmessungen erreicht. Zwischen einem Oberkessel von

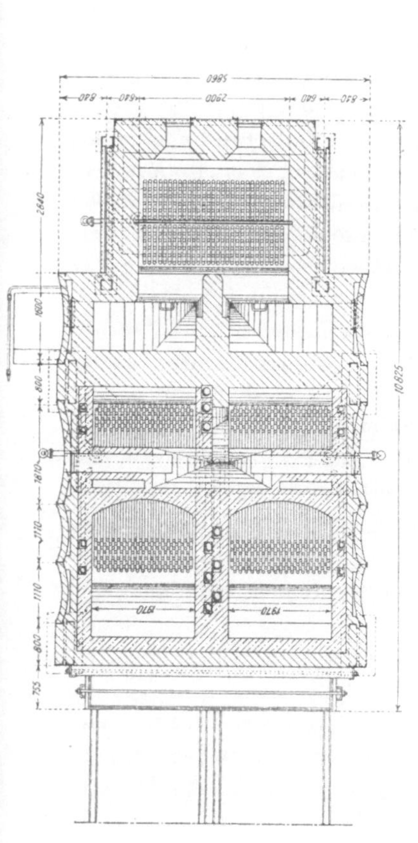
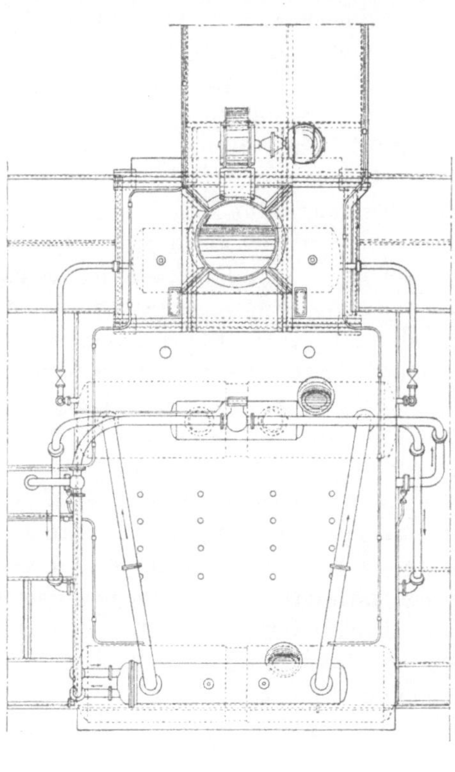

Abb. 212 u. 213.

1,8 m Durchmesser und 4,5 m Länge und einem Unterkessel von 1,5 m Durchmesser und 3,7 m Länge, deren Mitten etwa 8,5 m Abstand hatten, waren insgesamt 176 Wasserrohre angebracht, und zwar 132 einfache von 53,5/60 mm Durchmesser und 44 Doppelrohre von 76/83 mm Durchmesser im Außenrohr und 46/51 mm Durchmesser im Abfallrohr. Die Enden der letzteren ragten aus den Kesselmänteln um je 250 mm heraus.

Lagerung. Der Oberkessel liegt an beiden Enden auf den Seitenwänden des Kesselmauerwerks auf. Rohrbündel und Unterkessel hängen frei.

Der Kessel zeigt recht schwerwiegende Mängel: ungünstige Lage der Feuerung zum Kesselkörper, so daß nur sehr wenig Wärme durch Strahlung auf den Kessel übertragen werden kann, wenig gesicherter Wasserumlauf, keine Möglichkeit zur inneren Reinigung derjenigen Wasserrohre, in denen Abfallrohre eingebaut sind. Er hat daher nur wenig Anwendung gefunden.

Werner-Hartmann-Kessel (Abb. 210 bis 213).

Ein solcher, von der Sächsischen Maschinenfabrik, vormals R. Hartmann in Chemnitz erbauter Kessel von 400 m² Heizfläche und 190 m² Überhitzerfläche ist in Abb. 210 bis 213 dargestellt. Die Rohre der beiden Bündel sind an den beiden Oberkesseln und am Unterkessel in starke Rohrplatten eingewalzt. Das Speisewasser wird dem hinteren Oberkessel zugeführt. Zwischen den Oberkesseln und dem Unterkessel sind besondere, im Mauerwerk isoliert liegende Abfallrohre angebracht, die einen guten Wasserumlauf in beiden Bündeln gewährleisten. Mit dem Kessel ist in der dargestellten Ausführung ein 300 m² Vorwärmfläche aufweisender Rauchgasvorwärmer von bemerkenswerter Bauart verbunden. Er besteht aus einem senkrecht angeordneten Bündel enger schmiedeeiserner Rohre, deren Enden in Walzenkesseln befestigt sind. Das in die obere Walze eingeführte Wasser sinkt in der hinteren Hälfte des Rohrbündels hinab und steigt erwärmt in den vorderen Rohren wieder empor. Dann gelangt es im Oberkessel in eine besondere Kammer und von da in den Dampfkessel. Ein Teil der Steigrohre mündet aber nicht in die abgetrennte Kammer, sondern außerhalb derselben so, daß sich das warme mit dem frisch eingespeisten, kalten Speisewasser mischt. Auf diese Weise wird das letztere erwärmt, ehe es seinen Kreislauf durch die Vorwärmerrohre antritt. Dadurch soll das Niederschlagen von Schwitzwasser auf den Rohren und das Anrosten derselben verhindert werden (vgl. Abschnitt 34 A auf S. 270).

Zwischen den beiden Oberkesseln sind zwei getrennte Überhitzer angebracht, die sich nicht aus dem Gasstrom ausschalten lassen und daher vor dem Anfeuern vom vorderen Oberkessel aus mit Wasser gefüllt werden. Um den Grad der Überhitzung nach Bedarf erniedrigen zu können, ist über dem Oberkessel ein Temperaturregler (siehe Abschnitt 33 C auf S. 263) angeordnet.

Bei der Zugführung sind unzugängliche, innerhalb eines Rohrbündels liegende Führungswände vollständig vermieden, so daß die Rohre eines Bündels in annähernd gleicher Gastemperatur liegen und daher nur geringe Temperaturspannungen in ihnen auftreten können.

Die Oberkessel ruhen auf eisernen, in das Mauerwerk verlegten Ständern, der Unterkessel hängt frei an den Rohren.

Bei einer Beanspruchung von 30 kg/m² soll der Kessel mit Überhitzer und Vorwärmer einen Wirkungsgrad von 84% aufweisen.

Für den Betrieb mit Braunkohle ändert die Firma die Kesselkonstruktion etwas ab, um die Ablagerung von Flugasche auf den Heizflächen möglichst zu verhindern[1]).

Steilrohrkessel mit geraden Rohren von F. L. Oschatz, Meerane i. Sa.
(Abb. 214, 215.)

Zum Einwalzen der Rohre dienen hier ebenfalls glatte, zylindrische Rohrplatten. Sie weisen eine Stärke bis zu 38 mm auf. Die Wasserrohre haben 95 mm Außendurchmesser, sind also besonders weit. Damit sich alle Teile des Kessels frei ausdehnen können, ist nur der hintere Oberkessel fest aufgelagert, während die vordere obere Walze auf Rollen liegt. Die unteren Walzen hängen frei an den Rohren. Zwischen dem vorderen unteren Sieder und dem Mauerwerk ist ein nachgiebiges, gut isolierendes Polster eingelegt. — Die Gasführung ist so gewählt, daß jedes der vier Wasserrohrbündel in einem Längszuge liegt, während die Rohre, die zur Verbindung der Dampfräume in den Oberkesseln dienen, durch eine Schamottedecke geschützt von den Gasen nicht berührt werden. Nach Verlassen des letzten Rohrbündels und des hinteren Unterkessels steigen die Gase an der ersten Hälfte des unmittelbar hinter dem Kessel aufgebauten Rauchgasvorwärmers — im Gleichstrom mit dem Wasser — empor, um sodann an der zweiten Hälfte des Ekonomisers — im Gegenstrom zum Wasser — wieder nach abwärts zu strömen und in den Fuchs zu gelangen. —. Werden die Rohrbündel nach der Reihenfolge, in der sie vom Gasstrom getroffen werden, mit 1, 2, 3, 4 bezeichnet, und wird der Umstand berücksichtigt, daß sich im hinteren Oberkessel ein Blecheinbau befindet, der eine geschlossene Verbindungskammer der oberen Rohrmündungen des Bündels 3 mit denen der beiden vorderen Rohrreihen des Bündels 4 darstellt, so gilt für den Wasserumlauf folgendes: In den drei hinteren Rohrreihen des Bündels 4 fällt das frisch eingespeiste Wasser zusammen mit dem aus Bündel 2 zurückströmenden Wasser nach der hinteren unteren Walze ab. Von dort aus steigt es in den 2 vorderen Rohrreihen des Bündels 4 wieder hoch, wird durch den genannten Blecheinbau dem Bündel 3 zugeführt, fließt in diesem nach abwärts und gelangt so durch den vorderen Unterkessel in das Bündel 1,

---

[1]) Siehe Tetzner, Steilrohrkessel, Feuerungstechnik, II. Jahrg., S. 25.

das fast in seiner ganzen Länge der strahlenden Einwirkung des Feuers ausgesetzt ist. Nachdem der im Bündel 1 gebildete Dampf im vorderen

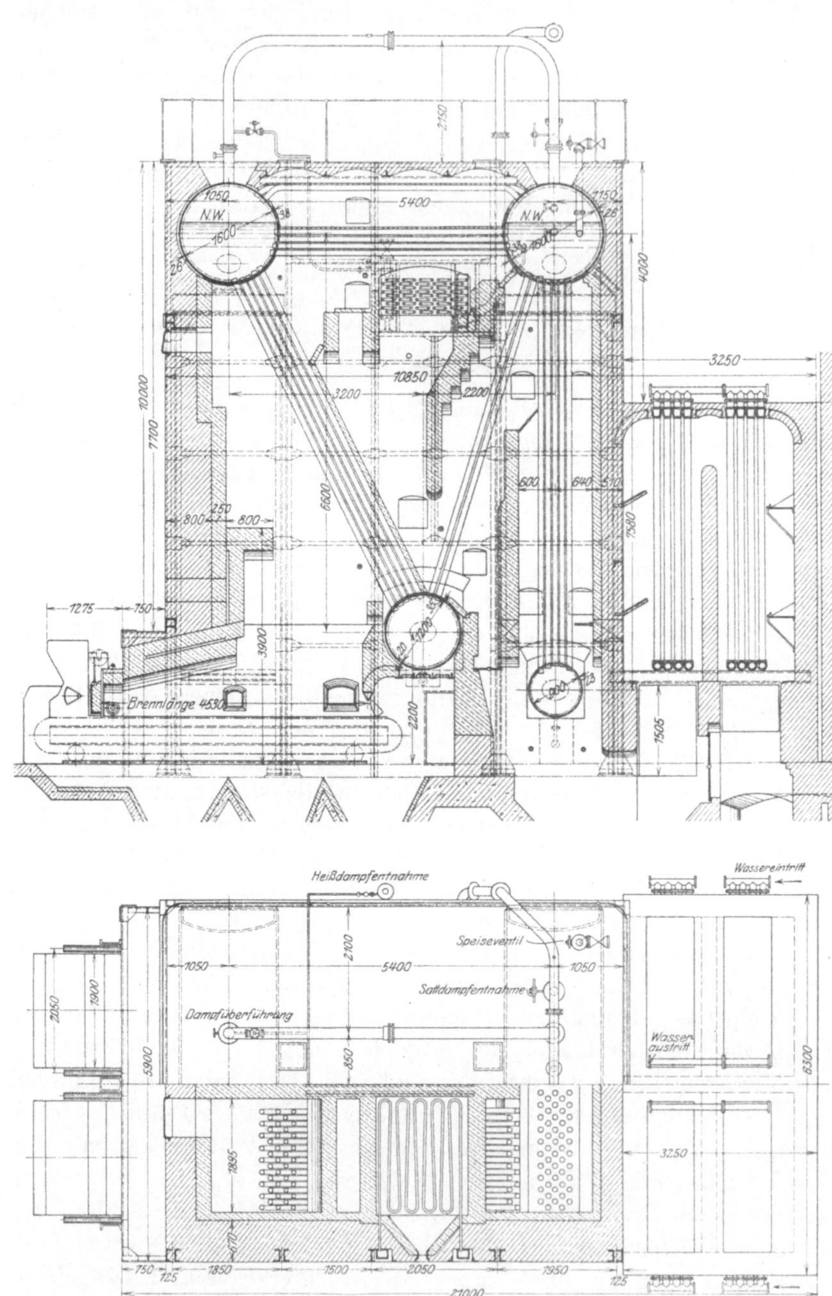

Abb. 214 u. 215.

Oberkessel ausgeschieden ist, strömt es durch Bündel 2 in die hintere obere Walze zurück. — Wasserstand und Dampfentnahme zum Überhitzer befinden sich am hinteren Oberkessel.

Für den abgebildeten Kessel gelten folgende Angaben: höchster Betriebsdruck 15 at$_{ü}$, Heizfläche 500 m², Rostfläche 17,21 m², Überhitzerfläche 50 m², Rauchgasvorwärmer von 288 m² Heizfläche. Die Firma hat Kessel mit Heizflächen bis zu 750 m² für Betriebsdrucke bis zu 18 at$_{ü}$ gebaut.

Bei Abnahmeversuchen wurden mehrfach Wirkungsgrade des Kessels ohne Vorwärmer von mehr als 82% festgestellt, mit Vorwärmer ergab sich der Wirkungsgrad in einem Falle zu 85,5% und zwar bei einer Heizflächenbeanspruchung von 42,8 kg/m²/h.

β) Steilrohrkessel mit gebogenen Rohren.

Um Rohre mit nicht allzu geringem Durchmesser verwenden zu können und dabei freie Hand bezüglich der Rohrteilung zu haben, ferner um die Rohre so zu gestalten, daß sie bei ungleichmäßiger Erwärmung des Bündels federnd Formänderungen gestatten, bevorzugt man beim Bau von Steilrohrkesseln vielfach die gekrümmten Rohre. Allerdings verzichtet man dabei meistens auf die Übersehbarkeit des Rohrinnern, auch bietet die Reinigung dieser Rohre von Kesselstein im allgemeinen so große Schwierigkeiten, daß solche Kessel am besten nur mit völlig reinem Wasser betrieben werden.

Steilrohrkessel von Walther & Co., A.-G. in Dellbrück bei Köln.

In Abb. 216 bis 218 ist ein Doppelkessel der Firma mit 288 m² Heizfläche, 75 m² Überhitzerfläche und 10 at Überdruck dargestellt. Der Kessel besitzt 2 Oberkessel und 2 Unterkessel, die durch an den Enden gebogene Rohre verbunden sind. Es sind besondere Fallrohre vorhanden, die in nicht geheizten Kammern im Seitenmauerwerk liegen, so daß auch bei starker Beanspruchung des Kessels für ein Nachströmen des Wassers zu den Unterkesseln und den Steigrohren gesorgt ist. Die Fallrohre verbinden die Enden der Ober- und Unterkessel auf jeder Seite durch je 2 Reihen Rohre. Im vorderen Oberkessel münden diese Abfallrohre in besondere durch mäßig hohe Blechwände abgeteilte Räume, in die das frische Kesselwasser eingespeist wird. Die beiden Ober- und die beiden Unterkessel sind durch gebogene Rohre miteinander verbunden. Der gemeinsame Dampfsammler liegt über dem hinteren Oberkessel. Der äußere Durchmesser der Verdampfrohre beträgt hier 76 mm. Da der Abstand der Rohre voneinander erheblich größer ist und die Rohre in Reihen hintereinander liegen, kann man durch die Zwischenräume hindurch jedes Rohr auswechseln.

Die Firma baut übrigens auch einen einfachen nur mit einem Rohrbündel versehenen Steilrohrkessel[1]), bei dem dann in der Mitte des Rohr-

---

[1]) Siehe Tetzner, Steilrohrkessel, Feuerungstechnik, II. Jahrg., Heft 2, S. 28.

Längenschnitt
Schnitt C - D
Förderrost
N.W.
N.W.

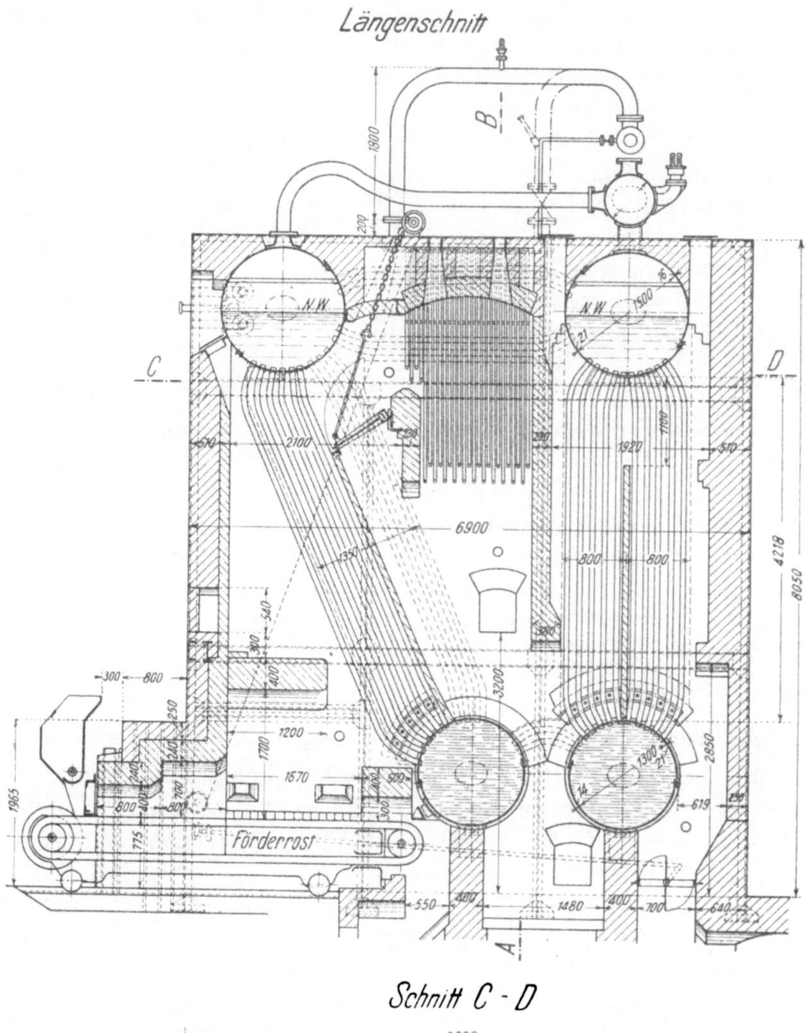

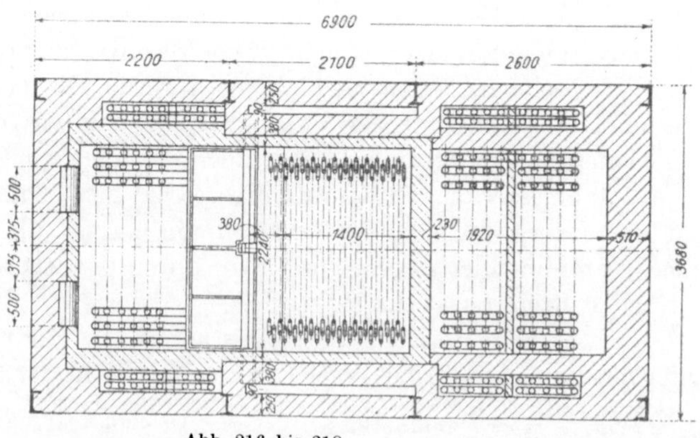

Abb. 216 bis 218.

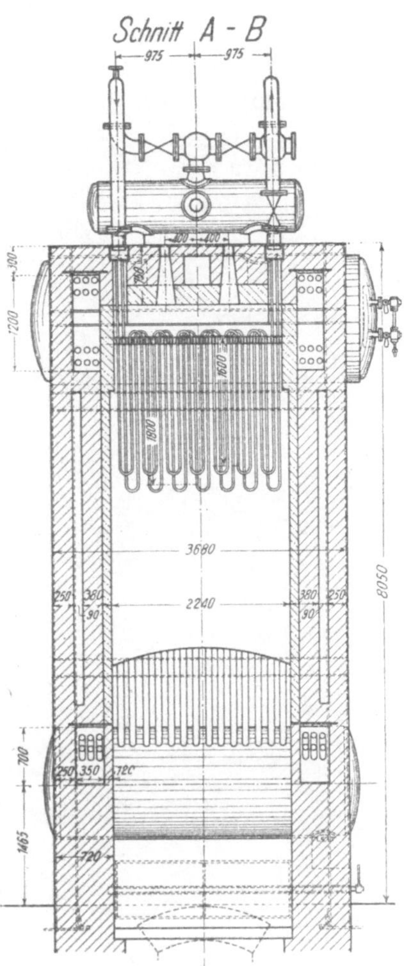

bündels eine aus Schamotte bestehende Trennungswand für die Züge vorhanden ist.

Stirlingkessel (Abb. 219)

werden in Deutschland von der Hannoverschen Maschinenbau-Aktien-Gesellschaft und von den Deutschen Babcock & Wilcox-Werken gebaut. Einen „Viertrommelkessel" der ersteren Firma zeigt Abb. 219. Die Anzahl der Trommeln schwankt zwischen drei und fünf und zwar sind vorhanden 2 Ober- und 1 Unterkessel oder 3 Ober- und 1 bis 2 Unterkessel. Die oberen Trommeln werden mit den unteren durch Rohre verbunden, die an den Enden alle mit demselben Halbmesser kreisförmig gebogen sind. Zur Verbindung der Dampfräume und der Wasserräume dienen ebenfalls gekrümmte Rohre. — Bei dem abgebildeten Kessel wird das frische Wasser in den letzten Oberkessel gespeist, von wo es durch das letzte Rohrbündel zum Unterkessel herabsinkt, um die beiden vorderen Bündel zu versorgen. Das in den vorderen Oberkesseln vom Dampf befreite Wasser kann zum hinteren Oberkessel zurückströmen und von dort aus wieder am Umlauf teilnehmen. Der Dampf wird dem mittleren Oberkessel entnommen und einem zwischen dem ersten und zweiten Zuge eingebauten Überhitzer, Bauart Prégardien, zugeführt.

Ein in der Zentrale Reisholz bei Düsseldorf des Rheinisch-Westfälischen Elektrizitätswerkes aufgestellter Stirlingkessel von 500 m² Heizfläche ergab bei einer Verdampfung von 31,14 kg/m² einen Wirkungsgrad für Kessel, Überhitzer und Vorwärmer von 87% und bei 38,77 kg Dampfleistung einen Wirkungsgrad von 85,2%.

Burkhardt-Kessel (Abb. 220, 221).

Der Kessel wird von J. Piedboeuf in Aachen und Düsseldorf gebaut. Bei dem dargestellten Kessel — 15 at$_{ü}$ höchster Betriebsdruck, 400 m² Heizfläche, 17,3 m² Rostfläche, 175 m² Überhitzerfläche, 320 m² Vorwärmerfläche — werden die beiden Oberkessel und beiden

Unterkessel durch sich kreuzende Rohrbündel verbunden. In ihnen steigt das heiße Wasser in die Oberkessel, um nach Abgabe des Dampfes durch andere, mehr nach außen liegende Abfallrohre in die Unter-

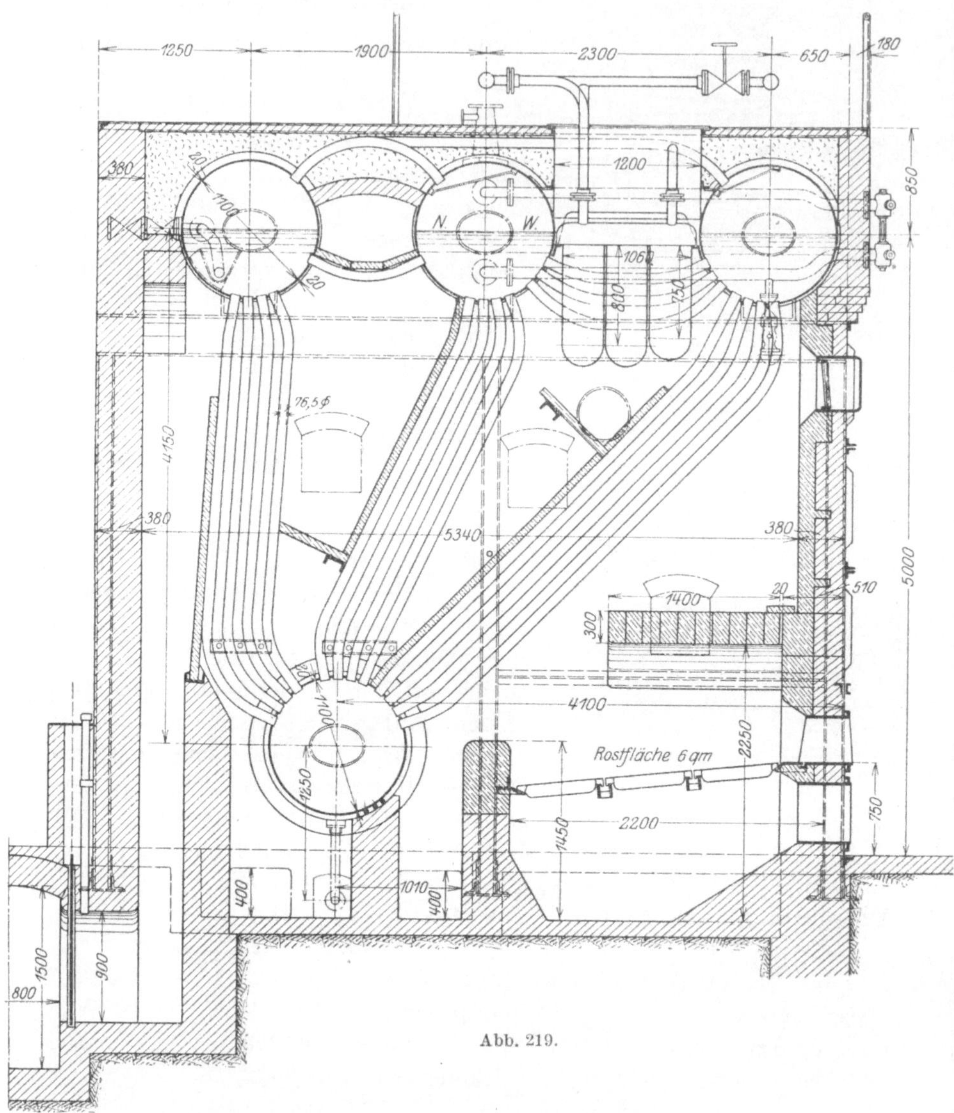

Abb. 219.

kessel zurückzugelangen. Die Mäntel der Oberkessel sind dem Rohrbündel gegenüber mit je einer Reihe von Verschlüssen versehen, durch welche man sämtliche Rohre in den Bündeln reinigen und nötigenfalls herausziehen kann. Ganz nach außen liegt auf jeder Seite ein aus geraden Rohren bestehender Vorwärmer. Diesen durchläuft das Speisewasser von oben nach unten, ehe es den unteren Kesseltrommeln zugeführt wird. — Die Gase steigen vom Rost senkrecht empor und treffen zunächst auf die Rohrbündel. Durch eingelegte kurze Schamottenwände werden sie auf alle Rohre gleichmäßig verteilt und infolge der Rohrkreuzungen gut durchgewirbelt. In zweiten Zügen gelangen die Gase sodann an den Abfallrohren entlang nach abwärts, schließlich an den Vorwärmern wieder nach oben und zum Schornstein. — Die Beheizung des Überhitzers wird durch Öffnungen ermöglicht, welche sich unter und über demselben in den Seitenwänden der Mittelkammer befinden. Die Menge der dazu vom Hauptgasstrom abzuzweigenden Gase und somit der Grad der Überhitzung kann durch verstellbare Klappen geregelt werden, die an den oberen Öffnungen angebracht sind. Die vom Überhitzer kommenden Gase umspülen dann entweder nur noch den Vorwärmer oder aber, wie beim gezeichneten Kessel erst noch die Abfallrohre.

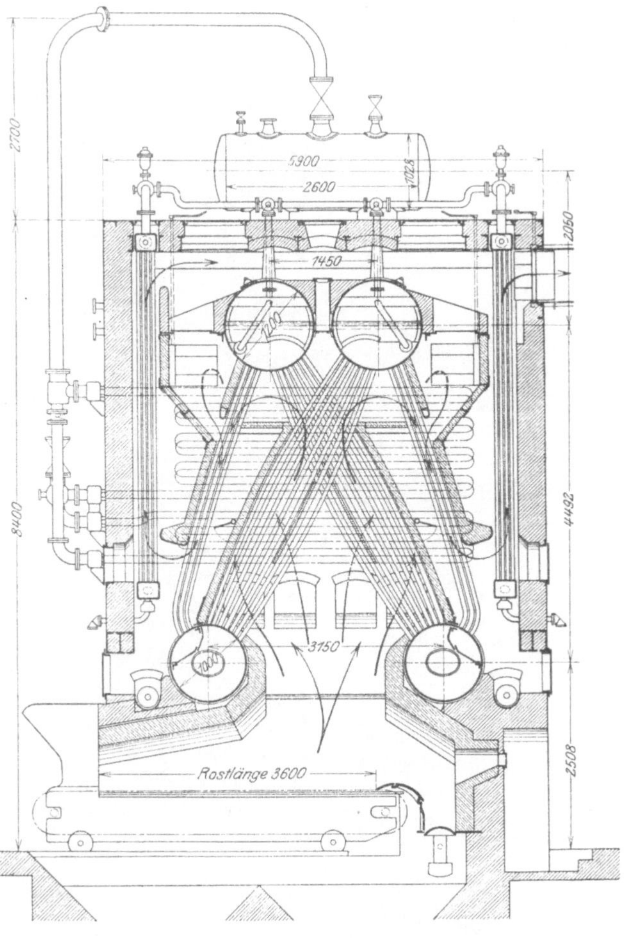

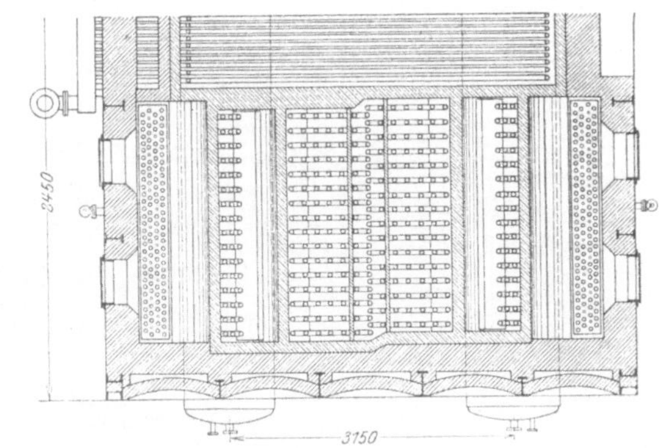

Abb. 220 u. 221.

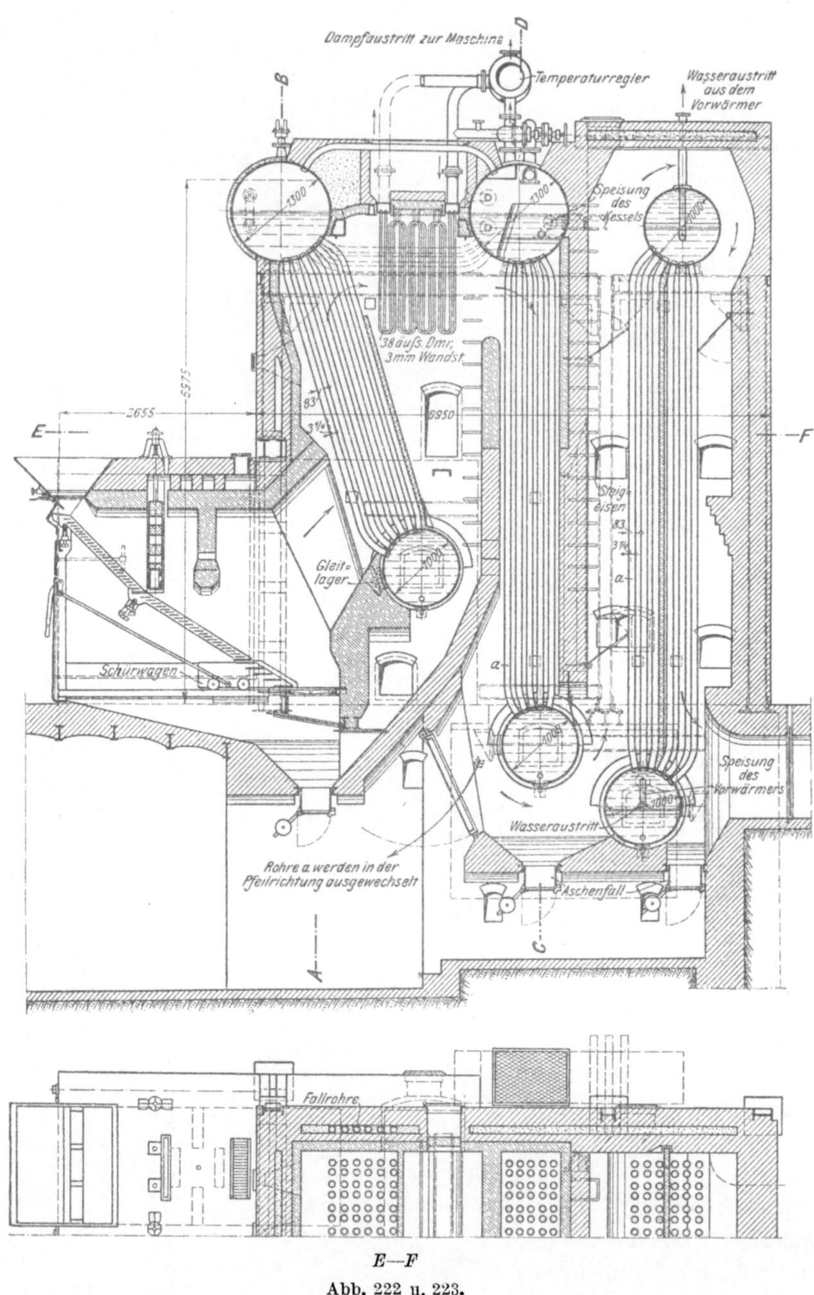

E—F

Abb. 222 u. 223.

Die eigenartige Ausbildung des Kessels gestattet es, die Gase so zu
führen, daß sie mit den Stirnwänden des Mauerwerks erst in Berührung
kommen, nachdem sie den größten Teil ihres Wärmeinhaltes an Kessel

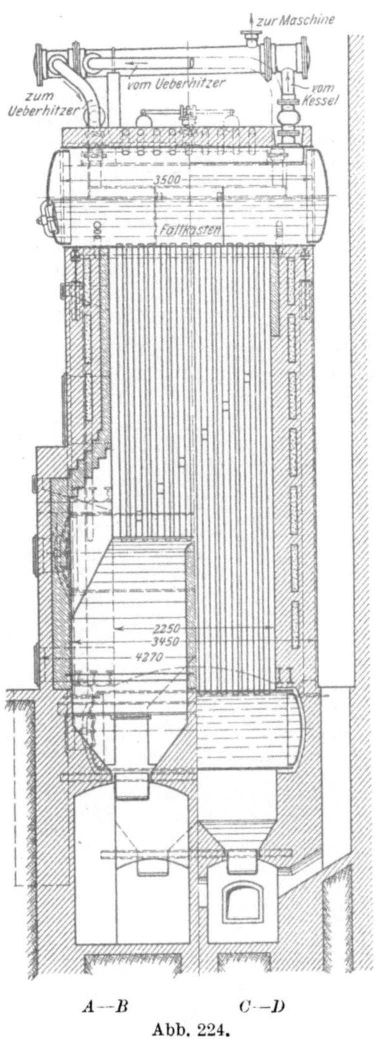

Abb. 224.

und Überhitzer abgegeben haben. Dies trägt nicht unwesentlich zur Verminderung des Strahlungsverlustes bei.

Steilrohrkessel von L. & C. Steinmüller in Gummersbach.

Die Firma baut außer einem reinen Steilrohrkessel (Abb. 222 bis 224) auch Kessel, die eine Verbindung von Steilrohrkessel mit Schrägrohrkessel darstellen und zwar den „Universalkessel" (Abb. 225 bis 227) und den „kammerlosen Steinmüllerkessel" (Abb. 228).

Der Steilrohrkessel besteht aus zwei Rohrbündeln mit Ober- und Unterkesseln und einem dahinter liegenden schmiedeeisernen Rauchgasvorwärmer.

Das Wasser tritt zunächst in die untere Trommel des Vorwärmers, steigt in den Rohren empor in die obere Trommel und gelangt von da in einen in der Mitte des hinteren Oberkessels liegenden Blechkasten. Von hier fällt es durch die mittleren Rohrreihen dieses Bündels in die untere Trommel, strömt hier nach den beiden Enden der Trommel und steigt, sich mit Dampf mischend, durch die äußeren Rohrreihen desselben Bündels zum zweiten Oberkessel zurück. Nachdem das Wasser hier den Dampf abgegeben hat, strömt es durch eine Anzahl seitlich im Mauerwerk liegender Rohre zum vorderen Oberkessel. Hier kann das Wasser durch im Mauerwerk liegende Abfallrohre in den vorderen Unterkessel fallen, während Dampf und Wasser in den von den Gasen umspülten Rohren des vorderen Rohrbündels zum vorderen Oberkessel strömen. Es ist also dafür gesorgt, daß sich die Steigrohre in beiden Rohrbündeln immer mit Wasser füllen und daß außerdem in das vordere, am meisten gefährdete Bündel Schlamm und Kesselstein nicht gelangen können. Diese werden, soweit sie nicht schon außerhalb des Kessels ausgeschieden sind, sich in den Fallrohren des zweiten Bündels ausscheiden und in der unteren Trommel absetzen, da hier die Geschwindigkeit des Wassers wegen des großen Querschnitts nur klein ist.

Der im vorderen Kesselelement freiwerdende Dampf gelangt durch eine Anzahl gebogener Rohre in den hinteren Oberkessel und kommt hier

in einen an den Enden
offenen Blechkasten. Aus
diesem Oberkessel wird
dann der Dampf durch
ein geschlitztes Dampf-
entnahmerohr entnom-
men und in den zwischen
den Oberkesseln liegenden
Überhitzer geführt. Der
Überhitzer kann nicht aus
dem Gasstrom ausgeschal-
tet werden. Die Tempe-
ratur des überhitzten
Dampfes läßt sich regeln
(vgl. Abschnitt 33 C,
S. 264).

In Fig. 225 bis 227
ist der Steinmüller-
Universalkessel wie-
dergegeben. Der Kessel
besteht aus einem kurz-
gebauten Schrägrohr-
kessel (Rohrlänge 3,1 m),
neben den auf beiden
Seiten je ein Steilrohr-
kesselelement angeordnet
ist. An den vier Ecken
des Kessels steht außer-
dem noch je ein als Vor-
wärmer dienendes Rohr-
bündel. Je zwei dieser
Vorwärmerbündel haben
längsdurchgehende ge-
meinsame Unter- und
Oberkessel. Das Wasser
wird in die Oberkessel
der beiden Vorwärmer
gespeist und aus den
unteren Trommeln ent-
nommen. Dann wird das
Wasser den beiden seit-
lich liegenden Steilrohr-
kesseln zugeführt, und
zwar in einen, in der Mitte

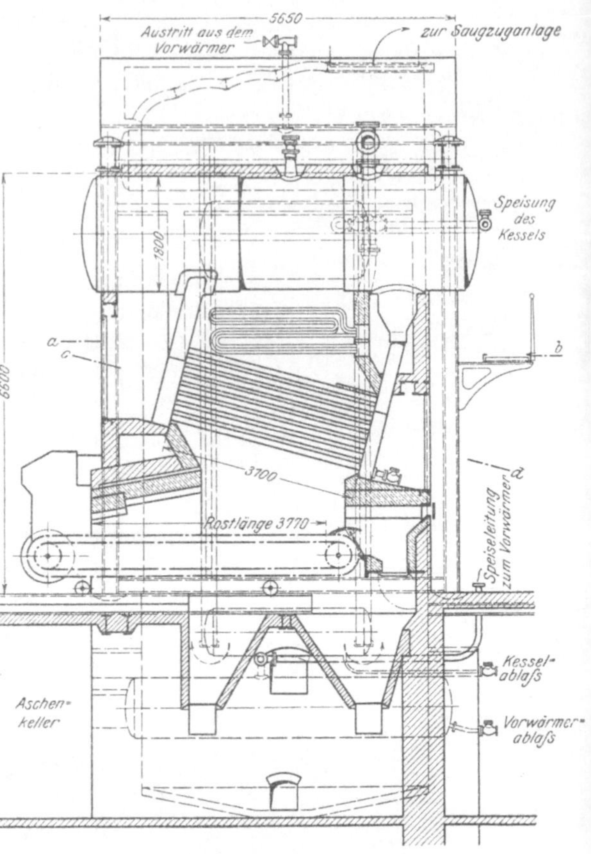

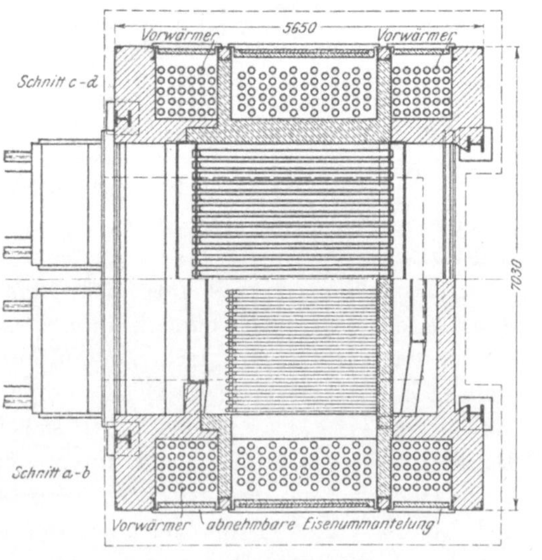

Abb. 225 bis 227.

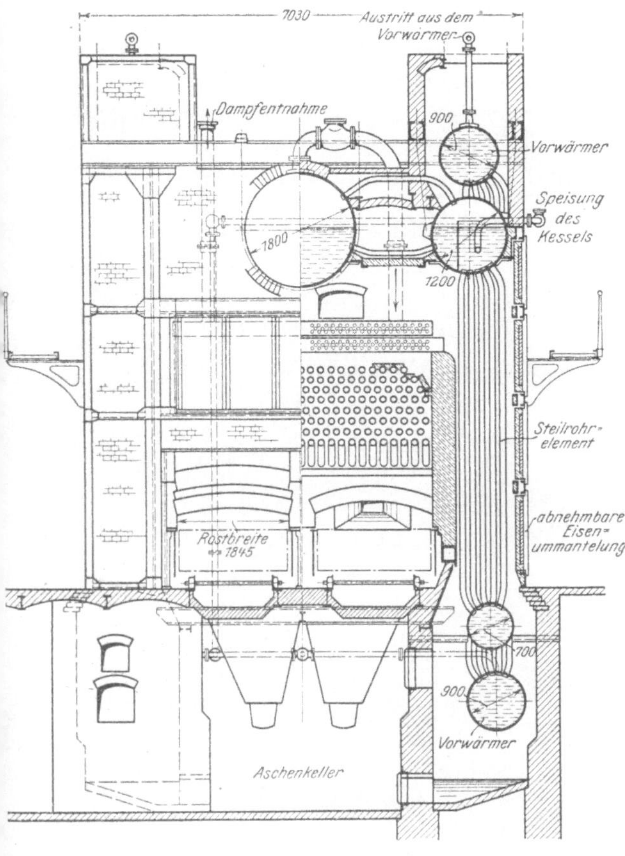

ihrer Oberkessel einge-
bauten Blechkasten.
Aus diesem fließt es
durch die mittleren, in
den Kasten einmünden-
den Rohre nach abwärts,
um vom Unterkessel aus
durch die nach beiden
Enden gelegenen Rohre
wieder emporzusteigen.
Nachdem es im Ober-
kessel den mitgeführten
Dampf abgegeben hat,
strömt es zum Ober-
kessel des Schrägrohr-
kessels und macht dort
den vom Zweikammer-
kessel her bekannten
Umlauf. Die Gase
ziehen in umgekehrter
Richtung: I. Zug: Kam-
merkessel und Über-
hitzer, aufwärts; II. Zug:
2 mal geteilt, Steilrohr-
kessel, abwärts; III. Zug:
4 mal geteilt, Rauchgas-
vorwärmer, aufwärts;
sodann in zwei Kanälen zum Schornstein. Der Dampf wird dem Oberkessel des Kammerkessels entnommen.

Der Kessel besitzt eine große, vom Feuer bestrahlte Heizfläche, ferner
bietet er den Vorteil, daß die Außenmauern nicht an den Feuerraum an-
grenzen und daher weniger Wärme durch Ausstrahlung verlorengeht.
Die äußere Ummantelung besteht aus eisernen Platten, die auf der
Innenseite mit Schamotte verkleidet sind. Dadurch wird erreicht,
daß die Rohre der Steilrohrelemente und der Vorwärmer leicht zugänglich sind, daß beim Anheizen weniger Wärme für die Erwärmung
des Mauerwerks nötig ist und die Wände gegen eindringende Luft doch
dicht sind.

Beim kammerlosen Steinmüllerkessel (Abb. 228) ist über dem
Rost ein Steilrohrkessel angeordnet, von dessen Rohrbündel die untersten
beiden Rohrreihen abgezweigt und als Schrägrohre gestaltet sind. Dadurch wird dem eigentlichen Steilrohrkessel eine Heizfläche vorgelagert,
welche die strahlende Wärme aus dem Feuer besser aufnehmen kann, als
das bei steilliegenden Rohren der Fall ist. Die schrägen Rohre sind vorn

senkrecht hochgebogen, infolgedessen federn sie gut bei Erwärmung und leiten das Dampfwassergemisch vorteilhafter, als es beim Kammerkessel geschieht, ohne plötzliche Richtungsänderung in den Oberkessel. — Nachdem die Gase das Steilrohrelement bestrichen haben, treffen sie auf den Überhitzer, über welchem der mittlere Oberkessel liegt. Sodann fallen sie an den Rohren eines zweiten Steilrohrelementes nach dem

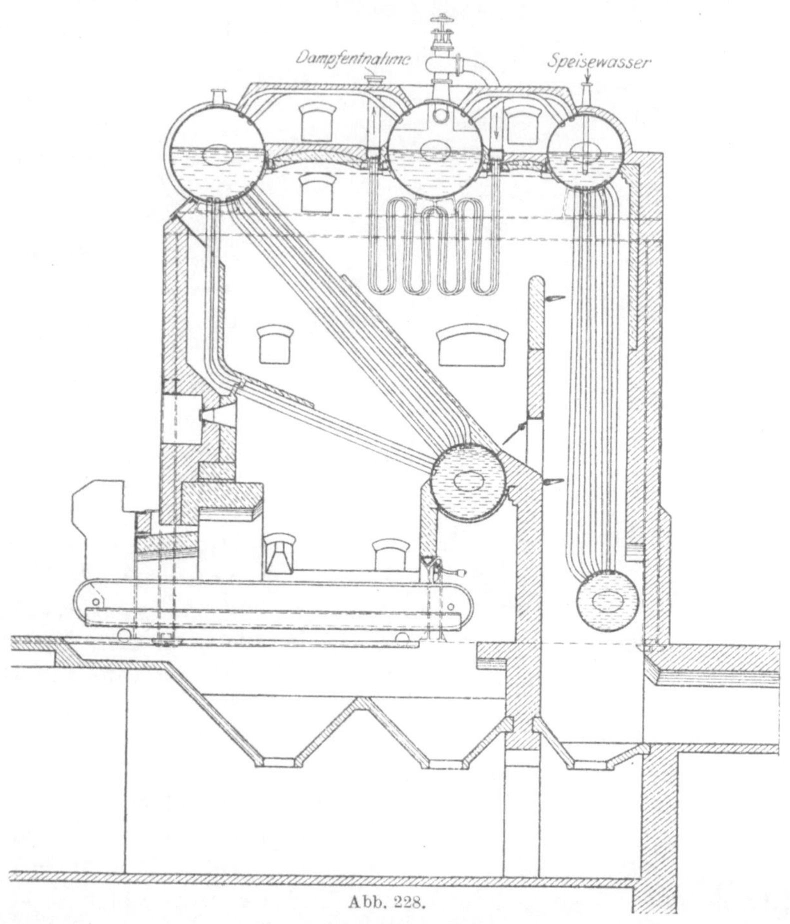

Abb. 228.

Fuchs hinab. Bemerkenswert ist die Form der Rohrbündel (Patent Steinmüller). Wie Abb. 229 zeigt, gestattet die dabei gewählte Rohranordnung die einzelnen Rohre vom geraden Ende aus auf die ganze Länge einzusehen, nachdem man von der anderen Seite aus eine Glühlampe eingeführt hat. Die Firma wendet daher jetzt solche Rohrbündel bei allen ihren Steilrohrkesselkonstruktionen an.

Die Wasserräume der drei Oberkessel sind durch wagerechte, nicht beheizte Rohre, ihre Dampfräume durch krumme Rohre miteinander

verbunden. Das Speisewasser wird in die obere Trommel des hinteren
Steilrohrelementes eingeführt, in dessen Rohren es hinabsinkt, um sich
dabei allmählich anzuwärmen und schließlich zu verdampfen. Ein Umlauf soll also in diesem Kessel nicht stattfinden. Um so lebhafter läuft
das Wasser im vorderen Steilrohrkessel um. Es fließt vom hinteren
Oberkessel durch den mittleren nach der oberen Trommel des vorderen
Kesselelementes, fällt dann durch besondere, den Heizgasen entzogene
Rohre (in der Abbildung nicht gezeichnet) zum vorderen Unterkessel
ab und steigt durch die schrägen und die
steilen Wasserrohre wieder empor.

Der in beiden Steilrohrelementen entstandene Dampf sammelt sich im Mittelkessel
und wird von da aus dem Überhitzer zugeführt. Dieser Mittelkessel eignet sich gut zur
Dampfentnahme, da dampferzeugende Rohre
an ihn nicht angeschlossen sind und daher der
Wasserspiegel dort stärkeren Schwankungen
nicht ausgesetzt ist. Für den Überhitzer bietet
der Mittelkessel den Vorteil, daß er bei Betriebsunterbrechungen die aus dem heißen
Mauerwerk ausstrahlende Wärme aufnehmen
und so die Überhitzerrohre vor Beschädigungen
bewahren kann.

Feuerung und Kessel sind so konstruiert,
daß der Kessel imstande ist, sehr hohe Spitzen-
belastungen herzugeben und daß sich die Dampferzeugung etwaigen Schwankungen in der
Dampfentnahme möglichst schnell anpassen läßt.

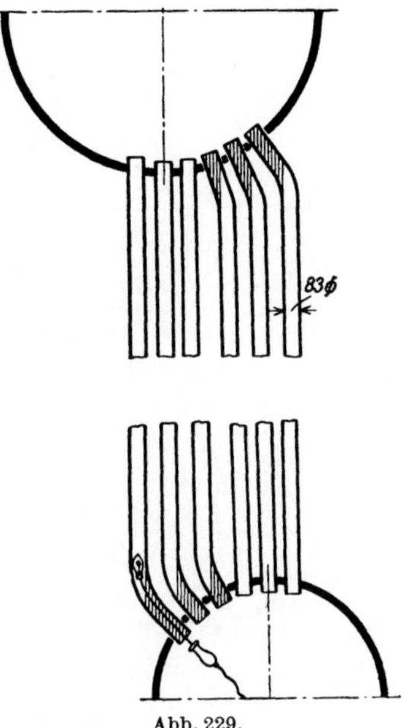

Abb. 229.

Großwasserraum-Steilrohrkessel, Patent Winands.

Abb. 230, 231 zeigen den Kessel, wie ihn Wagner & Eisenmann,
Obertürkheim a. Neckar ausführen. Mit einem Einbündelkessel
A-B-C ist ein stehender Walzenkessel D verbunden und zwar im Dampfraum durch die Rohrreihe E und im Wasserraum durch Rohre F und
Stutzen G. Das Innere des Walzenkessels D ist durch zwei wagerechte
Wände H_1 und H_2 in drei Räume P, M und U geteilt. Die Räume P
und U stehen durch eine Anzahl von Rohren K in Verbindung, die in
den Wänden H_1 und H_2 eingewalzt sind. In der Mitte von H_1 ist ein
oben offener Rohraufsatz I angeordnet, der außen Überlaufschalen O
trägt. Mitten in der Wand H_2 ist eine im Betriebe verschlossene Befahröffnung für Raum M angebracht.

Das Speisewasser gelangt auf dem aus Abb. 230 ersichtlichen Wege
in den unteren Teil des Raumes M und steigt in diesem allmählich hoch,
um schließlich über die Teller O hinweg in den mit Wasser gefüllten

Teil des Raumes P zu fließen. Von da an nimmt es auf dem Wege durch die Rohre K-U-G-B-C-A an dem Umlaufe teil und kehrt schließlich als Dampf durch die Rohre E oder als Wasser durch die Rohre F wieder in den Raum P zurück.

Durch diese Anordnung des Kessels sollen einerseits alle Unreinigkeiten des Wassers und die in ihm gelösten Gase von dem Steilrohrkessel ferngehalten, andererseits ein großer Wasservorrat geschaffen werden,

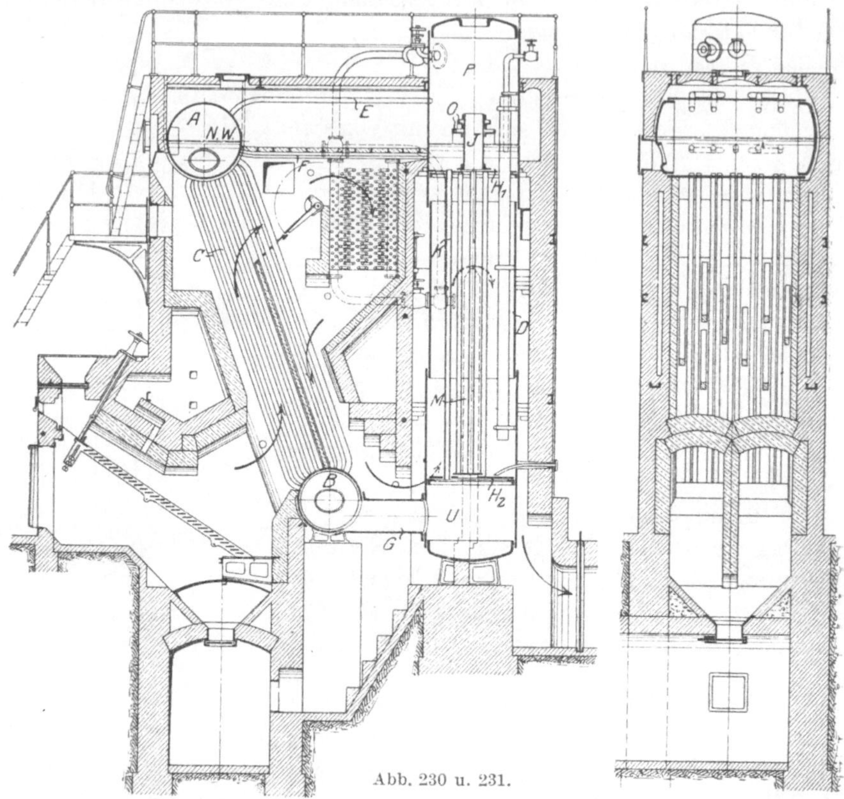

Abb. 230 u. 231.

der den Kessel auch für stark schwankende Betriebe geeignet macht. In welchem Umfange sich letzteres mit dem Kessel erreichen läßt, kann aus den Angaben der Firma Wagner & Eisenmann geschlossen werden, nach denen der Raum M bei einem Winandskessel von 300 m² Heizfläche 20 bis 30 m³ Wasser, also soviel wie ein großer Zweiflammrohrkessel faßt.

Nach Abnahmeversuchen ergibt der Kessel ohne Vorwärmer Wirkungsgrade von über 73% und mit Rauchgasvorwärmer von mehr als 81%, er gestattet mehrstündige Heizflächenbeanspruchungen von mehr als 43 kg/m²/h. — Die Firma hat Winandskessel in den Größen von 55 bis zu 750 m² Heizfläche gebaut.

Humboldt-Steilrohrkessel.
Abb. 232.

Abweichend von der Konstruktion der anderen Steilrohrkessel wendet die Maschinenbauanstalt Humboldt, Köln-Kalk, bei ihrem Kessel einen (bei größeren Ausführungen zwei) längs durchgehenden Oberkessel an. Dadurch soll der Wasserumlauf wesentlich gefördert und das zum Teil recht starke Aufwallen des Wassers, wie es in den vorderen Oberkesseln anderer Steilrohrkesselbauarten auftritt, vermieden werden. Dem

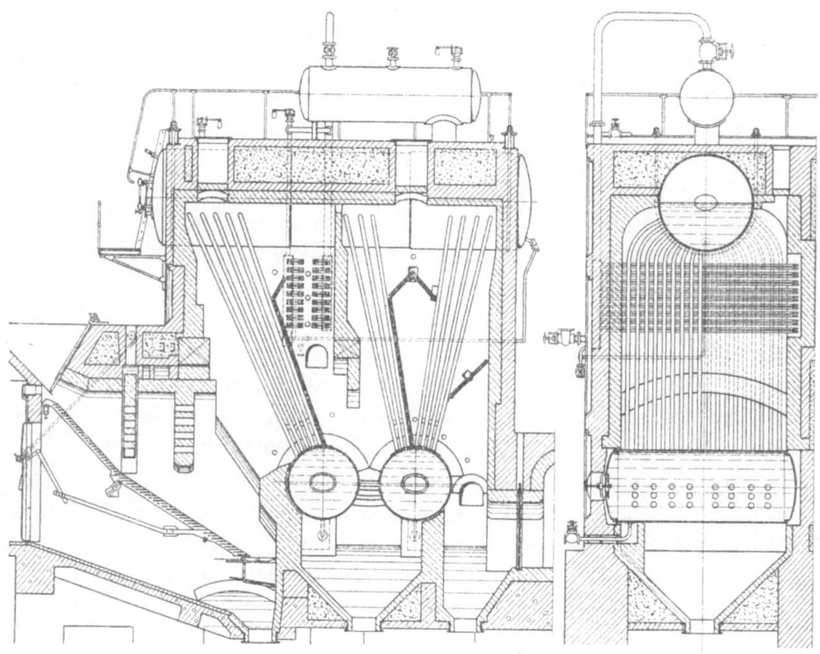

Abb. 232.

Kessel wird ein auch bei Belastungsschwankungen ruhiger Wasserspiegel nachgerühmt. Wasserstandsvorrichtung und Speiseventil können daher am vorderen Stirnboden des Oberkessels, also gut zugänglich, angebracht werden. Die Wasserrohre sind nur oben gekrümmt, um sie radial gerichtet in den Mantel des Oberkessels einsetzen zu können, am anderen Ende sind sie gerade in verstärkte Mantelplatten der Unterkessel eingewalzt.

Bei einem Abnahmeversuch, der unter Leitung der wärmewirtschaftlichen Abteilung des Rheinischen Dampfkessel-Überwachungs-Vereins zu Düsseldorf durchgeführt wurde, zeigte ein solcher Kessel von 300 m² Heizfläche, 10,16 m² Rostfläche und 70 m² Überhitzerfläche einen Wirkungsgrad von 77,07% und mit Rauchgasvorwärmer von 84,69%.

Steilrohrkessel der Germaniawerft Friedrich Krupp, A.-G. in Kiel-Gaarden.

Die Firma baut verschiedene Steilrohrkessel, und zwar nicht nur für Marinezwecke, sondern auch für ortsfeste Anlagen. Von den letzteren soll der in Abb. 233, 234 gezeichnete Kessel nachstehend behandelt werden.

Der Kessel ist ähnlich wie der bei der Kriegsmarine angewandte Schulzkessel gebaut. Vor allem sind die Züge, ebenso wie bei diesem, ohne Zuhilfenahme von Schamottewänden und eisernen Platten, lediglich dadurch hergestellt, daß die Rohre an den Stellen, wo den Gasen der Weg versperrt werden soll, zu dichten Wänden aneinander gefügt sind. Auf diese Weise wird der in Abb. 233 eingezeichnete Gasweg erzielt, auf dem die Gase, aus einem weiten, für die Flammenentwicklung sehr vorteilhaft gestalteten Verbrennungsraum emporsteigend, zunächst ein aus wenigen Rohrreihen bestehendes Bündel, dann den Überhitzer und schließlich ein starkes Rohrbündel bestreichen, ehe sie in den Schornstein ziehen. Die äußersten beiden Rohrreihen des im letzten Zuge liegenden Bündels sind ebenfalls so gebogen, daß sie sich dicht aneinander anschließen. Deswegen kann die Ummantelung, die sonst innen mit Schamotte ausgekleidet ist, an den Seitenwänden nur aus Blech hergestellt werden.

Die Versorgung der Unterkessel mit Wasser erfolgt durch je ein weites, außerhalb der Ummantelung gelegenes Abfallrohr. Alle Rohre sind stark gebogen und federn daher gut. Infolgedessen können sich ungleiche Erwärmungen der einzelnen Rohre eines Bündels, wie sie besonders bei sehr hohen Beanspruchungen eintreten, nicht schädlich bemerkbar machen. Andererseits ist die innere Reinigung der Rohre, die mit ziemlich kleinem Durchmesser ausgeführt werden, wegen ihrer gebogenen Form kaum ausführbar. Die Firma empfiehlt daher, den Kessel nur für völlig reines Wasser, wie es z. B. bei Turbinenbetrieb mit Oberflächenkondensation vorhanden ist, wenn das wegen der Verluste erforderliche Zusatzwasser in Verdampfern gereinigt wird. Die Auswechselung schadhafter Rohre ist dadurch, daß sie gegeneinander versetzt und mit geringen Zwischenräumen angeordnet sind, sehr schwierig. Nur bei der im ersten Feuer liegenden Reihe ist sie leicht auszuführen. Tritt an einem anderen Rohr ein Schaden ein, so müssen seine Einmündungsstellen im Ober- und Unterkessel durch eingeschlagene Stopfen verschlossen werden. Einer Beschädigung der Rohre wird dadurch vorgebeugt, daß sie aus bestem weichem Siemens-Martin-Eisen hergestellt **und** sehr sorgfältig in die Kesselmäntel eingewalzt werden. Die Rohrlöcher erhalten dazu mehrere umlaufende Rillen und die überstehenden Rohrenden werden aufgeweitet.

Der abgebildete Kessel besitzt 400 m² Heizfläche und 200 m² Überhitzerfläche. Er ist für 15 at Überdruck und 400° Überhitzungstemperatur bestimmt. Die Länge der Ober- und Unterkessel beträgt 3,3 m. Der Kessel gestattet Heizflächenbeanspruchungen bis zu etwa 50 kg/m² und, da er keine Einmauerung hat, somit bei steigender Rostbelastung wärmeaufnehmende, bei fallender Belastung dagegen wärmeausstrahlende

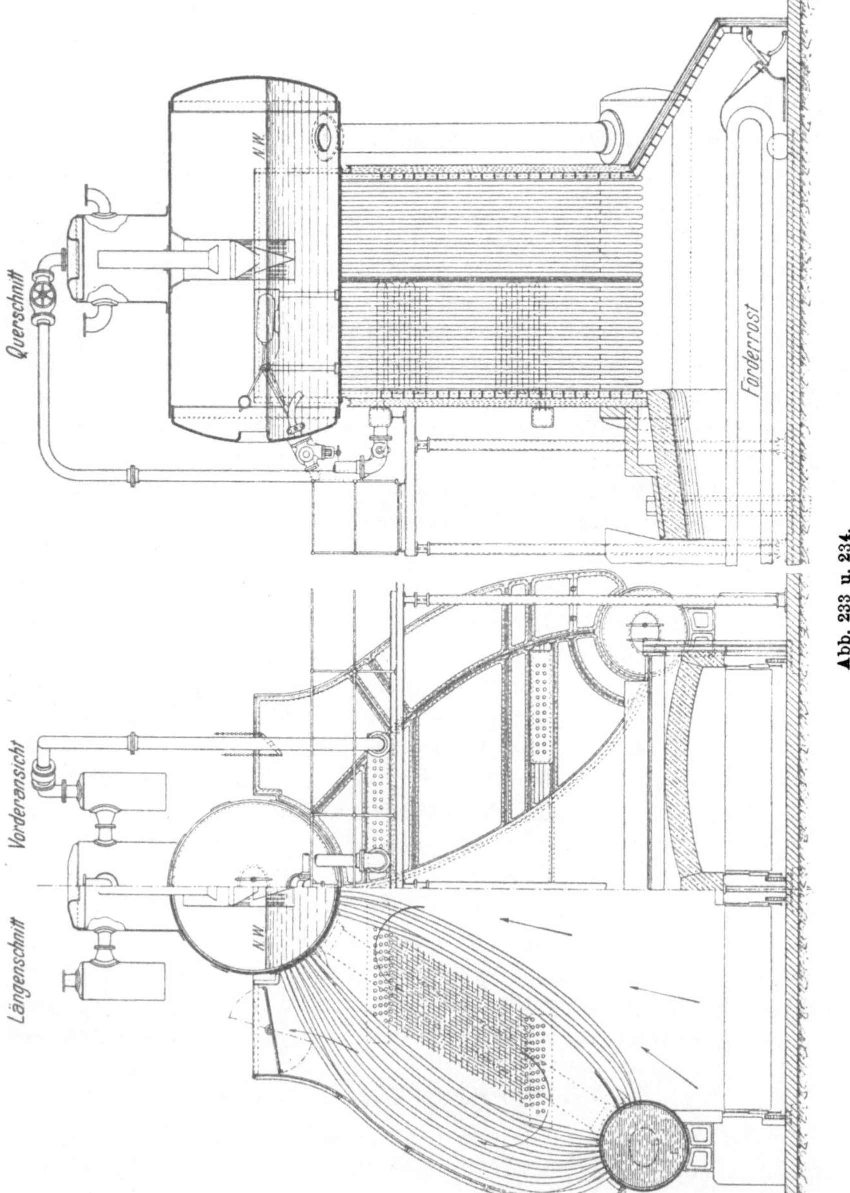

Mauerwerksmassen fehlen, so eignet er sich gut für schwankende Dampfleistungen. Dabei nutzt er die Grundfläche recht gut aus.

γ) Vorteile, Nachteile und Anwendung der Steilrohrkessel.

Vorteile. Sie lassen sich auch für sehr hohe Dampfdrucke einfach
und billig herstellen, da unrunde Kesselteile fehlen, Verankerungen also

nicht erforderlich sind. — Mit ihnen lassen sich sehr große Kesseleinheiten von vorzüglicher Leistungsfähigkeit und Grundflächenausnutzung herstellen. Zu den hohen Dampfleistungen trägt vor allem der durch die steile Lage der Rohre verbesserte Wasserumlauf, sodann auch der Umstand bei, daß Verengungen im Umlaufwege, wie bei den Kammerkesseln die engen Verbindungsstutzen zwischen Kammer und Oberkessel hier vollständig fehlen.

Nachteile. Auf die Schwierigkeiten, welche die innere Reinigung der Steilrohrkessel verursacht, wurde schon mehrfach hingewiesen. Ihre sonstigen Nachteile entstehen hauptsächlich durch die unter Umständen ziemlich häufigen Schäden an den Feuerungen, insbesondere am Feuerungsmauerwerk. Die dadurch entstehenden Unkosten und Betriebsstörungen lassen sich jedoch durch zweckmäßige Anlage der Feuerung und sorgfältigste Ausführung des Mauerwerks wesentlich einschränken.

Die Kessel erfordern im allgemeinen große Überhitzer, da sie sehr nassen Dampf liefern. Dem kann man aber durch Einschaltung von Wasserabscheidern bis zu einem gewissen Grade abhelfen.

Die Versorgung der im ersten Zuge liegenden Rohre mit Wasser ist bei manchen Konstruktionen nicht einwandfrei. Sie ist eigentlich nur dort als stets gesichert anzusehen, wo zwischen Ober- und Unterkessel genügend weite Abfallrohre vorhanden sind, in denen jede Dampfbildung ausgeschlossen ist.

Die bei den Steilrohrkesseln an sich sehr günstige Grundflächenausnutzung wird vielfach durch den vorgebauten Wanderrost nicht unerheblich verschlechtert. Einige der oben beschriebenen Bauarten zeigen jedoch, daß sich dieser Mangel vermeiden läßt.

Anwendung. Die Steilrohrkessel sind bei großen Dampfzentralen am Platze, besonders wenn der Dampf in Dampfturbinen gebraucht wird. Es ist dann aber gut, wenn außerdem noch Schrägrohrkessel vorhanden sind, in die das bei den Kondensations- und Rückkühlanlagen erforderliche Zusatzwasser, nachdem es gereinigt ist, gespeist wird. Bezüglich der Größe der Kessel bestehen keine strengen Grenzen. Bisher sind solche Kessel bis 2700 m² Heizfläche gebaut, obgleich es im allgemeinen nicht zu empfehlen ist, gar so große Einheiten zu wählen. Meistens geht man auch nicht viel über 500 m² und nur vereinzelt auf 1000 m² Heizfläche.

27. Die Kesselbaustoffe.[1]

Im Dampfkesselbau wurde früher allgemein Schweißeisen verwandt. Jetzt ist es jedoch fast vollständig durch Flußeisen verdrängt. Außerdem

---

[1] Diese Angaben sind ein Auszug aus den Materialvorschriften für Landdampfkessel, die eine Anlage I bilden zu den Allgemeinen polizeilichen Bestimmungen über die Anlegung von Landdampfkesseln. Erlaß des Reichskanzlers vom 17. Dezember 1908.

Vollständige Vorschriften betr. die Anlegung, Untersuchung und den Betrieb von Land- und Schiffsdampfkesseln mit Bau- und Materialvorschriften und Polizeiverordnung betr. bewegliche Kraftmaschinen sind zu beziehen von Otto Hammerschmidt in Hagen i. W.

kommt noch Kupfer — für Feuerbuchsen und Stehbolzen von Lokomotivkesseln — und Gußeisen — für Armaturstutzen — zur Anwendung. An
die Stelle des letzteren tritt aber ebenfalls mehr und mehr geschmiedetes
oder gegossenes Flußeisen (vgl. § 2 d. A. P. B. auf S. 350).

Schweißeisen.

Bei Blechen wird unterschieden:

Feuerblech: *Bördelblech:*

Jedes Blech ist seitens des Walzwerkes außer mit dem Stempel
des Werkes, mit einem dem Vordruck in Form und Größe gleichen
Qualitätsstempel zu bezeichnen.

Die Teile der Kesselwandungen, die im ersten Feuerzuge liegen,
sind aus Feuerblech zu fertigen. Zu allen anderen Kesselteilen kann
Bördelblech verwendet werden.

Feuerblech darf keine geringere Zugfestigkeit als 36 kg/mm² in der
Längsfaser und 34 kg/mm² in der Querfaser bei einer geringsten Dehnung
von 20% in der Längsfaser und 15% in der Querfaser haben.

Bördelblech darf keine geringere Zugfestigkeit als 35 kg/mm² in
der Längsfaser und 33 kg/mm² in der Querfaser bei einer geringsten
Dehnung von 15% in der Längsfaser und 12% in der Querfaser haben.

Die Zugfestigkeit darf bei keinem Bleche 40 kg/mm² überschreiten.

Bleche über 25 mm Dicke pflegen weniger Zugfestigkeit zu haben als aus
demselben Material gefertigte Bleche unter 25 mm Dicke, und zwar rechnet man,
daß auf je 2 mm Vergrößerung der Blechdicke die Festigkeit um 0,5 kg abnimmt.
Demgemäß wird man bei Verwendung von Blechen über 25 mm Dicke zu erwägen
haben, ob Feuerblech an Stelle von Bördelblech zu wählen ist.

Bei Nieteisen und Eisen für Anker und Stehbolzen soll die Zugfestigkeit 35 bis 40 kg/mm² betragen bei einer Dehnung von mindestens 20%.

Flußeisen.

Bleche:

Bleche aus Flußeisen, welches im Flammofen erzeugt worden
ist, haben folgende Bezeichnung zu tragen:

sofern ihre Festigkeit

41 kg/mm² nicht übersteigt: höher als 41 kg/mm² ist:

Bleche aus Thomaseisen haben folgende Bezeichnungen zu tragen:
sofern ihre Festigkeit

41 kg/mm² nicht übersteigt: höher als 41 kg/mm² ist:

Flußeisen darf keine geringere Zugfestigkeit als 34 kg/mm² und in der Regel keine höhere Zugfestigkeit als 51 kg/mm² haben. In bezug auf die Mindestdehnung aller Bleche ist folgende Zahlentafel maßgebend:

Festigkeit in kg/mm²	51—46	45	44	43	42	41—37	36	35	34
Geringste Dehnung in Prozenten	20	21	22	23	24	25	26	27	28

Bis auf weiteres kommen drei Blechsorten zur Anwendung, und zwar:
Blechsorte I mit 34 bis 41 kg/mm² (Berechnungsfestigkeit 36 kg/mm²)
    ,,   II ,, 40 ,, 47   ,, (,,   40   ,,)
    ,,   III ,, 44 ,, 51   ,, (,,   44   ,,)

Für diejenigen Teile des Kessels, welche gebördelt werden oder im ersten Feuerzuge liegen, dürfen nur Bleche der I. Sorte verwendet werden.

Für Teile, die nicht gebördelt werden oder nicht im ersten Feuerzuge liegen, können Bleche der II. oder III. Sorte verwendet werden.

Der Unterschied zwischen der Mindest- und Höchstfestigkeit darf bei einem einzelnen Bleche, sowie bei Blechen gleicher Sorte innerhalb einer Lieferung bei Blechlängen

bis   5 m höchstens . . . . . . 6 kg/mm²
über 5 m   ,, ... 7   ,,

betragen, jedoch nur innerhalb der festgesetzten Zugfestigkeitsgrenzen.
Nieteisen:
Zugfestigkeit 34 bis 41 kg/mm² bei einer Dehnung von mindestens 25% und einer Gütezahl (Festigkeit in kg/mm² + Dehnung in Prozenten) von mindestens 62.

Soweit Bleche von höherer Zugfestigkeit als 41 kg/mm² verwendet werden, darf das Nietmaterial entsprechend bis zu 47 kg/mm² Zugfestigkeit haben, wenn die Dehnung mindestens die gleiche wie in der Zahlentafel für Bleche ist. Für solches Nieteisen sind Prüfungsbescheinigungen beizubringen.

Anker und Stehbolzen:
Zugfestigkeit 34 bis 41 kg/mm² bei einer Dehnung von mindestens 25% und einer Gütezahl von mindestens 62.

Ausnahmsweise ist ein Material bis zu 47 kg/mm² Festigkeit zulässig, wenn die Dehnung mindestens die gleiche wie in der Zahlentafel für Bleche ist. Für solches Material sind Prüfungsbescheinigungen beizubringen.

Wasserrohre:

Die Rohre sollen einem Wasserdrucke von der dreifachen Höhe des Betriebsüberdrucks, mindestens aber von 30 at Überdruck widerstehen, ohne eine Formänderung oder Undichtigkeit zu zeigen. Die Rohre sind, während sie unter dem Probedrucke stehen, abzuhämmern, namentlich auch an der Schweißnaht. —

Die Bearbeitung der Flußeisenbleche muß mit besonderer Vorsicht geschehen. Die Bleche sind vor der Bearbeitung auszuglühen. Die Nietlöcher sollen, wenn irgend möglich, nur gebohrt werden. Die warm zu bearbeitenden Bleche müssen in Rotglühhitze und nicht im schwarz- oder blauwarmen Zustande bearbeitet werden. Die teilweise erwärmten Bleche müssen, wenn möglich, nach vollendeter Formgebung ausgeglüht werden, mindestens müssen sie langsam abkühlen, und es muß der Übergang von den warmen zu den kalten Stellen des Bleches ein allmählicher sein.

Kupfer.

Für Kupfer kann, wenn größere Festigkeit nicht nachgewiesen wird, eine Zugfestigkeit von 22 kg/mm² bei Temperaturen bis 120° C angenommen werden. Im Falle höherer Temperatur ist die Zugfestigkeit für je 20° C um 1 kg/mm² niedriger zu wählen.

Gegenüber überhitztem Wasserdampf von 250° C und mehr ist die Verwendung von Kupfer zu vermeiden.

Für kupferne Dampfrohrleitungen ist innerhalb der bezeichneten Grenze eine Beanspruchung von höchstens $^1/_{10}$ der Zugfestigkeit zulässig.

Die **Scherfestigkeit** des Schweißeisens, Flußeisens und des Kupfers kann zu 0,8 der Zugfestigkeit angenommen werden.

28. Die Festigkeit der Kessel.

A. Wandstärken.

a) Zylindrischer Kesselmantel.

Es bezeichne:

s die Blechstärke in cm;

d den inneren Durchmesser des Zylinders in cm;

p den größten Betriebsüberdruck in kg für 1 cm²;

K_z die Zugfestigkeit des Bleches in kg für 1 cm²;

$\mathfrak{S}$ den Sicherheitsgrad gegen Zerreißen;

φ das Güteverhältnis der Nietnaht, d. i. das Verhältnis der Festigkeit der Nietnaht zur Festigkeit des vollen Bleches.

Beim Zerreißen des Mantels kann nun entweder ein Längsriß oder ein Querriß entstehen.

Erste Annahme: Es entstehe ein Längsriß.

Wir betrachten ein Zylinderstück von der Länge l (Abb. 235), das in Gefahr ist, in zwei Halbzylinder zerrissen zu werden, die im Innern mit dem Drucke p für ein Quadratzentimeter gedrückt werden. Die ganze gedrückte Fläche ist gleich der Projektion des Halbzylinders, gleich $d \cdot l$. Dann ist die auf Zerreißen wirkende Kraft:

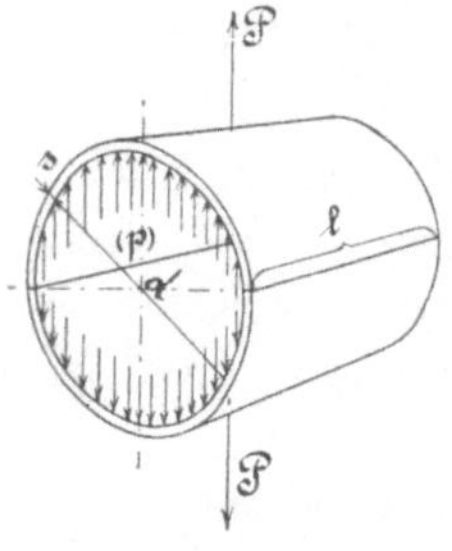

Abb. 235.

$$P = dl\,p\,.$$

Dem Zerreißen widersetzen sich zwei Blechquerschnitte in der Gesamtgröße $2\,s\,l$ mit einer Kraft:

$$2\,s\,l\,\frac{K_z}{\mathfrak{S}}\,.$$

Es muß also die Gleichung bestehen:

$$2\,s\,l\,\frac{K_z}{\mathfrak{S}} = d\,l\,p$$

oder

Gl. I.
$$s = \frac{d \cdot p \cdot \mathfrak{S}}{2\,K_z}\,.$$

Zweite Annahme: Es entstehe ein Querriß (Abb. 236).

Die hier in Betracht kommende, vom Dampfdruck gedrückte Fläche

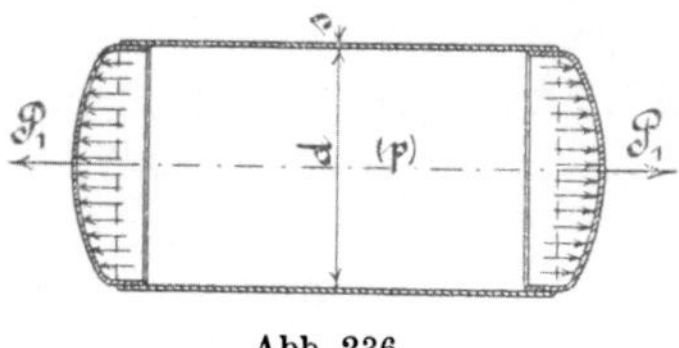

Abb. 236.

hat die Größe: $\dfrac{d^2\,\pi}{4}\,.$

Daraus ergibt sich die axial im Zylinder wirkende Kraft:

$$P_1 = \frac{d^2\,\pi}{4}\,p\,.$$

Dieser äußeren Kraft widersetzt sich eine Kreisringfläche, deren Größe genau genug gleich $d\,\pi\,s$ ist, mit der Widerstandskraft:

$$d\,\pi\,s\,\frac{K_z}{\mathfrak{S}}\,.$$

Daraus ergibt sich die Gleichung:

$$d\,\pi\,s\,\frac{K_z}{\mathfrak{S}} = \frac{d^2\,\pi}{4}\,p$$

oder

Gl. II.
$$s = \frac{d \cdot p \cdot \mathfrak{S}}{4\,K_z}\,.$$

s nach Gleichung II ist halb so groß als s nach Gleichung I, d. h.: Ein Querriß ist nur halb so wahrscheinlich als ein Längsriß. Deshalb macht man auch die Quernähte nur einreihig und zweireihig, die Längsnähte aber stets mindestens zweireihig. Ferner legt man daher mit Vorteil die kleine Achse der elliptischen Mannlöcher parallel zur Kesselachse.

Die Blechstärke berechnet man nach Gleichung I. Da das Blech aber durch die Nietnaht oder Schweißnaht[1]) geschwächt wird, so muß man $s\ \dfrac{1}{\varphi}$ mal so groß machen, als in Gl. I angegeben. Man bekommt also:

$$s = \frac{d \cdot p \cdot \mathfrak{S}}{2\,K_z \cdot \varphi}.$$

Hierzu addiert man noch eine Konstante $c = 0{,}1$ cm, weil das Blech leicht etwas rostet oder von dem Wasser angegriffen wird. Die fertige Formel lautet demnach:

$$s = \frac{d \cdot p \cdot \mathfrak{S}}{2\,K_z \cdot \varphi} + 0{,}1\ .$$

Bleche unter 7 mm sollen überhaupt nicht genommen werden.

Es ist zu wählen:

$K_z = 3300$ kg/cm² bei Schweißeisen,

$K_z = 3600$,,   ,, Flußeisen von 34 bis 41 kg/mm² Zugfestigkeit,

$K_z = 4000$,,   ,,   ,,   ,, 40 ,, 47   ,,   ,,

$K_z = 4400$,,   ,,   ,,   ,, 44 ,, 51   ,,   ,,

für Handnietung	für Maschinennietung	
$\mathfrak{S} = 4{,}75$	$\mathfrak{S} = 4{,}50$	bei überlappten oder einseitig gelaschten Nähten,
$\mathfrak{S} = 4{,}25$	$\mathfrak{S} = 4{,}00$	bei doppelt gelaschten Nähten,
$\mathfrak{S} = 4{,}35$	$\mathfrak{S} = 4{,}10$	bei doppelt gelaschten zweireihigen Nähten, deren eine Lasche nur einreihig genietet ist.

Bleche, bei denen eine höhere Zugfestigkeit als 36 kg/mm² in Anspruch genommen werden soll, dürfen zu Mantelteilen nur verwendet werden, wenn die Verarbeitung kalt oder rotwarm stattfindet, wenn ihre Verbindung in den Längsnähten durch Doppellaschennietung erfolgt und die Nietung maschinell hergestellt wird.

Es empfiehlt sich, die Nietlöcher zu bohren. Die Nietlöcher in Blechen über 41 kg/mm² Zugfestigkeit und in solchen über 27 mm Dicke müssen gebohrt werden derart, daß das Bohren der Löcher an den zum Kessel zusammengesetzten Blechen vorgenommen wird. Werden die Nietlöcher schwächerer Bleche gelocht, so ist zu den vorstehenden Werten von $\mathfrak{S}$ ein Zuschlag von 0,25 erforderlich. Bei gelochten und mindestens um

---

[1]) Die Preß- und Walzwerk-Aktiengesellschaft Düsseldorf-Reisholz stellt nach dem patentierten Verfahren des Geheimen Baurat Ehrhardt nahtlose Hohlzylinder für Kesselmäntel, glatte Flammrohre und Wellrohre her, die eine hohe Sicherheit gewähren. Bei Anwendung dieser Zylinder fällt das Güteverhältnis φ natürlich fort.

$1/_4$ des Durchmessers der Nietlöcher aufgebohrten Löchern kann dieser Zuschlag auf 0,1 ermäßigt werden[1]).

b) Flammrohre mit äußerem Überdruck.

Es bezeichne:

s_1 die Blechstärke in cm,

d_1 den inneren Durchmesser zylindrischer Flammrohre, bei konischen Flammrohren den mittleren inneren Durchmesser, bei Wellrohren den kleinsten inneren Durchmesser in cm,

p den größten Betriebsüberdruck in kg für 1 cm²,

l die Länge des Flammrohres in cm, zutreffendenfalls die größte Entfernung der wirksamen Versteifungen voneinander[2]),

$a = 100$ für Rohre mit überlappter Längsnaht
$a = 80$ für Rohre mit gelaschter oder geschweißter Längsnaht
} bei liegenden Flammrohren;

$a = 70$ für Rohre mit überlappter Längsnaht
$a = 50$ für Rohre mit gelaschter oder geschweißter Längsnaht
} bei stehenden Flammrohren.

Es kann dann die Blechstärke nach folgender, von v. Bach aufgestellter Formel berechnet werden:

$$s_1 = \frac{p \cdot d_1}{2400}\left(1 + \sqrt{1 + \frac{a}{p}\frac{l}{l + d_1}}\right) + 0{,}2\ \text{cm.}[3])$$

---

[1]) Für Schiffskessel ist in den Bauvorschriften noch folgendes festgesetzt:
Überschreitet die Plattendicke 12,5 mm, so sind die Rundnähte doppelt und bei 25,0 mm und darüber die mittleren Rundnähte dreifach zu nieten.

Sind in den Mantelblechen Stehbolzen angeordnet, so ist darauf zu achten, daß die Festigkeit des Bleches in den Stehbolzenreihen (auf die Länge eines Mantelschusses bezogen) nicht geringer wird als diejenige in der Längsnietung des Kesselmantels.

Die Dicke der Doppellasche muß mindestens $3/_4$ der Wanddicke des Kesselmantels betragen; einfache Laschen müssen mindestens 3 mm stärker als die Wanddicke des Kesselmantels gewählt werden.

Der Nietdurchmesser darf nicht größer als $2\,s$ und nicht kleiner als s sein, wobei die erste Grenze für dünne, die zweite für dicke Bleche gilt.

[2]) Versteifungen s. S. 226.

[3]) Für Schiffsdampfkessel gilt die Formel:

$$s_1 = 0{,}00375\,\sqrt{p \cdot d \cdot l}\ .$$

Wenn $\dfrac{p \cdot d}{l}$ größer als 5 ist, so wird die Blechstärke des Flammrohrs nach der folgenden Formel berechnet:

$$s_1 = \frac{p \cdot d}{1000} + \frac{l}{300}\ .$$

Für Wellrohre gilt:

$$s_1 = \frac{p \cdot d}{1200} + 0{,}2\ \text{cm,}$$

für Flammrohre nach dem Patent von Holmes:

$$s_1 = \frac{p \cdot d}{1010} + 0{,}2\ \text{cm.}$$

Quersiederohre versteifen das Flammrohr nicht wirksam, man wird daher, wenn nicht sonst noch Versteifungen vorhanden sind, die Länge l vom ersten bis dritten Querrohre rechnen.

Wellrohre und gerippte Rohre sind mit $l = 0$ zu berechnen, also nach der Formel:

$$s_1 = \frac{p \cdot d_1}{1200} + 0{,}2 \text{ cm.}$$

Die Blechstärke darf auch hier nicht unter 7 mm genommen werden.

c) Ebene Wände.

α) Durch Rundanker versteifte ebene Wände.

Es sei:

s_2 die Blechstärke in cm,

p der größte Betriebsüberdruck in kg für 1 cm²,

a der Abstand der Stehbolzen oder Anker innerhalb einer Reihe voneinander in cm (Abb. 237),

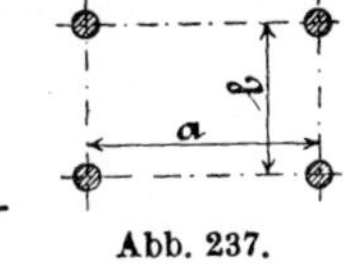

Abb. 237.

b der Abstand der Stehbolzen- oder Ankerreihen voneinander in cm,

c ein Zahlenwert,

dann ist für flußeiserne Wandungen:

(1)
$$s_2 = c \sqrt{p(a^2 + b^2)}\,.$$

Hierin ist zu wählen:

$c = 0{,}017$ bei Platten, in welche die Stehbolzen oder Anker eingeschraubt und vernietet sind, und welche von den Heizgasen und vom Wasser berührt werden,

$c = 0{,}015$, wenn solche Platten nicht von den Heizgasen berührt werden,

$c = 0{,}0155$ bei Platten, in welche die Stehbolzen oder Anker eingeschraubt und außen mit Muttern oder gedrehten Köpfen versehen sind, und welche von den Heizgasen und vom Wasser berührt werden,

$c = 0{,}0135$, wenn solche Platten nicht von den Heizgasen berührt werden,

$c = 0{,}014$ bei Platten, welche durch Ankerrohre versteift sind.

Bei Platten, deren Anker mit Muttern und Verstärkungsscheiben versehen sind, ist:

$c = 0{,}013$, sofern der Durchmesser der äußeren Verstärkungsscheibe $\frac{2}{5}$ der Ankerentfernung und die Scheibendicke $\frac{2}{3}$ der Plattendicke,

$c = 0{,}012$, sofern der Durchmesser der äußeren Verstärkungsscheibe $\frac{3}{5}$ der Ankerentfernung und die Scheibendicke $\frac{5}{6}$ der Plattendicke,

$c = 0{,}011$, sofern der Durchmesser der äußeren Verstärkungsscheibe $\frac{4}{5}$ der Ankerentfernung, auch diese mit der Platte vernietet und die Scheibendicke gleich der Plattendicke ist

und die Platten nicht vom Feuer berührt sind. Werden sie dagegen auf der einen Seite von den Heizgasen, auf der anderen Seite vom Dampf berührt, dann sind sie, falls sie nicht durch Flammenbleche geschützt werden, um $\frac{1}{10}$ stärker zu nehmen, als die Rechnung ergibt.

Bei unregelmäßig verteilten Verankerungen, wie in Abb. 238, ist:

(2)
$$s_2 = c \cdot \tfrac{1}{2}(e_1 + e_2)\sqrt{p}\,.$$

Durch Stehbolzen oder Anker unterstützte **Kupferplatten** erhalten die folgenden Wanddicken, und zwar bei regelmäßig verteilten Verankerungen (Abb. 237):

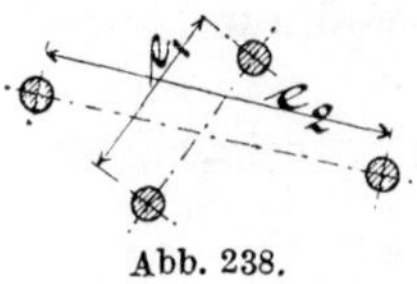

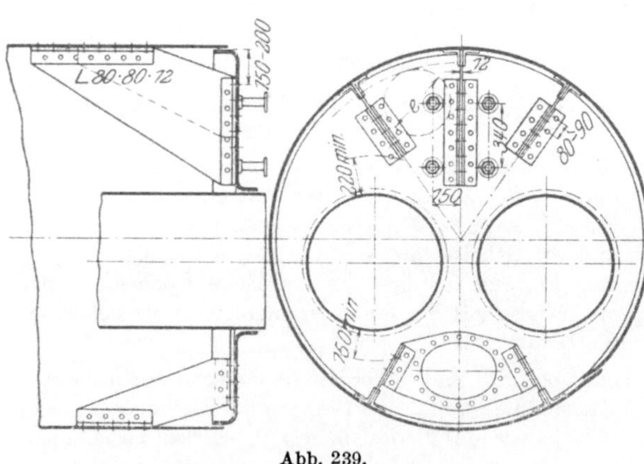

Abb. 238.

$$(3) \qquad s_2 = 58{,}3\,c\sqrt{\frac{p}{K_z}\,(a^2 + b^2)}\,,$$

bei unregelmäßig verteilten Verankerungen (Abb. 238):

$$(4) \qquad s_2 = 58{,}3\,c\,\tfrac{1}{2}(e_1 + e_2)\sqrt{\frac{p}{K_z}}\,.$$

K_z die Zugfestigkeit des Kupfers ist aus Abschnitt 27, S. 201 zu entnehmen und auf cm² bezogen hier einzusetzen.

β) Rechteckige Platten, die am Umfange befestigt sind.

Ist:

s_2 die Wandstärke in cm,
a die größere Rechteckseite in cm,
b die kleinere Rechteckseite in cm,
p der größte Betriebsüberdruck in kg/cm²,
k_z die zulässige Zugbeanspruchung des Bleches in kg/cm², wofür bis $^1/_4$ der rechnungsmäßigen Zugfestigkeit eingeführt werden kann, dann wird:

$$(5) \qquad s_2 = 0{,}53\,b\sqrt{\dfrac{p}{k_z\left[1 + \left(\dfrac{b}{a}\right)^2\right]}}\,.$$

γ) Durch Blechanker versteifte Böden.

Die Wandstärke wird berechnet nach der Formel:

$$(6) \quad s_2 = 0{,}017\,e\sqrt{p}\,.$$

Hierin bedeutet:

s_2 die Wandstärke in cm,
p den größten Betriebsüberdruck in kg/cm²,
e den Durchmesser eines Kreises, der den Rand der ebenen Fläche und die Mittellinien der Nietreihen der Versteifung berührt (Abb. 239).

Abb. 239.

δ) Gekrempte flache Böden.

Die Wandstärke gekrempter flacher Böden (Abb. 240) kann man nach v. Bach berechnen nach der Formel:

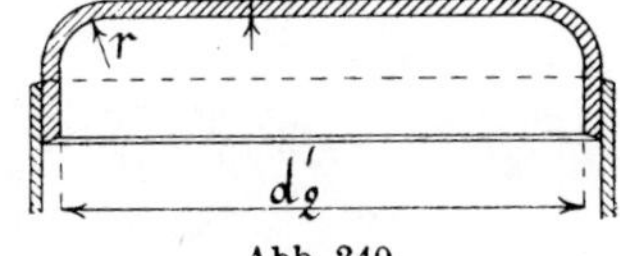

Abb. 240.

$$(7) \quad s_2 = \sqrt{\frac{3}{8} \cdot \frac{p}{K_z} \left[d_2' - r \left(1 + \frac{2\,r}{d_2'} \right) \right]},$$

worin bedeutet:

s_2 die Blechstärke in cm;

p den größten Betriebsüberdruck in kg für 1 cm²;

r den Wölbungshalbmesser der Krempe in cm;

d_2' den inneren Durchmesser des Bodens in cm;

K_z die Zugfestigkeit des Bleches in kg für 1 cm².

Bei Landdampfkesseln kann allgemein $K_z = 3600$ kg/cm² gesetzt werden, dann wird die Formel:

$$(8) \quad s_2 = \frac{1}{98} \left[d_2' - r \left(1 + \frac{2\,r}{d_2'} \right) \right] \sqrt{p}.$$

ε) Rohrwände von Heizrohrkesseln.

Die außerhalb des Rohrbündels liegenden Teile der Rohrwand müssen nach den für ebene Wandungen geltenden Bestimmungen verankert werden, falls die Größe der dem Dampfdruck ausgesetzten Fläche die Verankerung fordert.

Die innerhalb des Rohrbündels liegenden Teile der Rohrwand sind wie folgt zu bemessen:

bei Verwendung besonderer Anker oder mit Gewinde eingesetzter Ankerrohre sind die Gleichungen (1), (2), (3) oder (4) anzuwenden. Die Rohre können in diesem Falle einfach aufgewalzt sein, jedoch darf die Wandstärke der sicheren Befestigung der Rohre halber

bei Flußeisenplatten:

nicht unter $s = 5 + \dfrac{d}{8}$ für $d = 38$ bis etwa rund 100 mm,

bei Kupferplatten:

nicht unter $s = 10 + \dfrac{d}{5}$ für $d = 38$ bis etwa rund 75 mm

gewählt werden, worin d den äußeren Rohrdurchmesser an der Befestigungsstelle in mm bedeutet; ferner muß der Mindestquerschnitt des Steges zwischen zwei Rohrlöchern betragen:

bei Flußeisen:

180 mm² für $d = 38$ mm,

zunehmend auf etwa das 2,5fache für $d =$ rund 100 mm,

bei Kupferplatten:

340 mm² für $d = 38$ mm,

zunehmend auf etwa das 2,5fache für $d =$ rund 75 mm.

Bei nicht besonders verankerten Rohrwänden, deren
Rohre jedoch beiderseits umgebördelt oder in kegelförmig sich
nach außen erweiternden Löchern einge-
walzt sind, ist Sicherheit gegen Herausziehen
der Rohrenden zu erwarten, wenn die auf
ein Zentimeter Rohrumfang entfallende Belastung (vgl. Abb. 241):

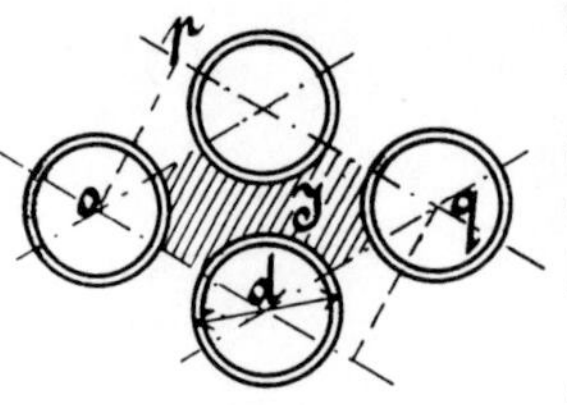

Abb. 241.

$$(9) \qquad \sigma = \frac{p \cdot \text{Fläche } J}{\pi d} \leqq 25,$$

also den Betrag von 25 kg nicht überschreitet, sachgemäße Ausführung vorausgesetzt.

Bei nicht besonders verankerten Rohrwänden, deren
Rohre in zylindrischen Löchern glatt eingewalzt sind, ist bei
einer Beanspruchung bis zu 7 at Betriebsüberdruck gleichfalls der
Betrag $\sigma = 25$ als zulässig zu erachten. Bei höheren Dampfspannungen darf jedoch σ den Betrag von 15 kg nicht überschreiten.

Wenn σ diese Beträge überschreitet, bedarf es einer Berechnung
des durch den Dampfdruck beanspruchten kleinen Feldes J nicht, sofern
die umseitig mit Rücksicht auf sichere Befestigung der Rohre geforderten Mindeststärken vorhanden sind.

In zweifelhaften Fällen kann dahingehende Prüfung durch die
Gleichung

$$(10) \qquad p = 360\left(1 - 0{,}7\,\frac{d}{e}\right)\left(\frac{s}{e}\right)^2 \cdot k_b$$

stattfinden. Hierin bedeuten:

s die Plattendicke in mm,
p den größten Betriebsüberdruck in at,
d den äußeren Rohrdurchmesser an der Befestigungsstelle in mm,
e die Seite des quadratischen Feldes in mm, welches durch die vier
   unterstützenden Rohre gebildet wird, oder das arithmetische Mittel
   aus den Seiten des Rechtecks, welches durch die vier Rohre bestimmt erscheint

$$\left(\text{in Abb. 241 ist } e = \frac{o\,p + p\,q}{2}\right),$$

k_b die eintretende Biegungsanstrengung des Bleches in kg/mm²,
die bis zur Höhe $= \dfrac{\text{Zugfestigkeit}}{4{,}5}$ zulässig erscheint.

Wird die Beanspruchung nach Gleichung (10) zu groß oder überschreitet σ die vorgeschriebenen Werte, so sind Anker oder Ankerrohre
anzuordnen.

Insbesondere sind Randrohre darauf zu prüfen, ob ihre Belastung
innerhalb der als zulässig bezeichneten Grenzen bleibt; im verneinenden

Falle ist ein Teil von ihnen nach Gleichung (1) als Ankerrohre auszubilden oder sonstige Verankerung anzuordnen.

Ist bei Feuerbüchsen die Decke nicht durch Anker oder in anderer Weise mit dem Kesselmantel verbunden, sondern durch Bügel- oder Deckenträger, welche auf den Rändern der Rohrplatten stehen, unterstützt, dann darf die Dicke der Rohrwand nicht geringer sein als

$$(11) \qquad s = \frac{p \cdot w \cdot b}{1900\,(b - d)}\,,$$

worin

w die äußere Weite der Feuerbüchse in mm,

b die Entfernung der Rohre voneinander, von Mitte zu Mitte gemessen, in mm,

d den inneren Durchmesser der Rohre in mm

bedeuten.

d) Gewölbte Böden.

α) Gewölbte Böden mit innerem Überdruck.

Es bezeichne:

s_3 die Blechstärke in cm;

p den größten Betriebsüberdruck in kg für 1 cm²;

R den Halbmesser des inneren Wölbungskreises in cm;

k_z die zulässige Belastung des Bleches in kg für 1 cm², und zwar:

bis zu 500 kg für 1 cm² bei Schweißeisen,

bis zu 650 kg für 1 cm² bei Flußeisen,

bis zu 400 kg für 1 cm² bei Kupfer, sofern die Temperatur desselben 200° C nicht überschreitet.

Bei gewölbten Böden mit Ein- oder Aushalsungen zur Befestigung der Flammrohre kann man mit k_z bis 750 kg gehen, wenn das Flammrohr in der Achsenrichtung ausreichend elastisch, der Temperaturunterschied zwischen Flammrohr und Mantel mäßig und der kleinste Abstand des Flammrohres von dem Mantel nicht zu knapp gewählt ist.

Wir denken uns den Boden zur Hohlkugel ergänzt (Abb. 242). Dann sind die durch den inneren Dampfdruck erzeugten, an den gegenüberliegenden Halbkugeln wirkenden Kräfte:

$$P = R^2 \pi p\,.$$

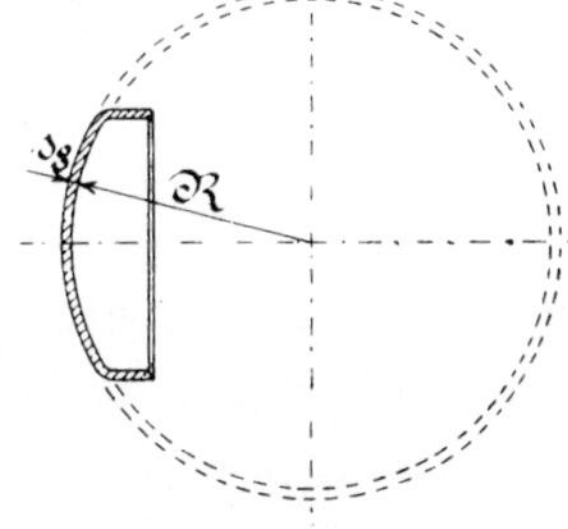

Abb. 242.

Die dem Zerreißen widerstrebende Kreisringfläche hat genau genug die Größe:

$$2\,R\,\pi\,s_3\,,$$

und die Widerstandskraft ist:

$$2\,R\,\pi\,s_3\,k_z\,.$$

Es ergibt sich also die Gleichung:

$$2 R \pi s_3 k_z = R^2 \pi p$$

oder

$$s_3 = \frac{R \cdot p}{2 k_z}.$$

β) Gewölbte Böden mit äußerem Überdruck.

Bezeichnet

r den äußeren Halbmesser der mittleren Wölbung in mm,

s die Stärke des Bodens in mm,

p_0 die Flüssigkeitspressung in at, bei welcher die Einbeulung zu erwarten steht, so kann die durch

$$(1) \qquad k_0 = \frac{1}{200} \, p_0 \frac{r}{s}$$

bestimmte Einbeulungsdruckspannung k_0 in kg/mm² aus der Gleichung

$$(2) \qquad k_0 = A - B \sqrt{\frac{r}{s}}$$

ermittelt werden, worin:

für kugelförmige, stark gehämmerte Kupferböden, welche aus dem Ganzen bestehen,

$$A = 25,5 \qquad\qquad B = 1,2$$

für geglühte Flußeisenböden, welche aus dem Ganzen bestehen,

$$A = 26 \qquad\qquad B = 1,15$$

für Flußeisenböden, welche aus einzelnen Segmenten mit Überlappungsnietung hergestellt sind,

$$A = 24,5 \qquad\qquad B = 1,15$$

zu setzen ist.

Die aus Gleichung

$$k = \frac{1}{200} \cdot p \cdot \frac{r}{s},$$

für den größten Betriebsdruck p at errechneten Werte von k sind bis zu folgenden Höchstwerten als z u l ä s s i g anzusehen:

gegenüber D r u c k :

für gehämmertes Kupfer bis 4 kg/mm², sofern die Temperatur 200° C nicht überschreitet,

für geglühtes Flußeisen bis 6,5 kg/mm²;

gegenüber E i n b e u l u n g :

bis 0,4 k_0 für beide Baustoffe

unter Bestimmung von k_0 aus Gleichung (2).

Wenn also der Boden gegen Einbeulung gesichert sein soll, so muß

$$k = \frac{1}{200}\, p\, \frac{r}{s} = 0,4\, k_0 = 0,4\left(A - B\sqrt{\frac{r}{s}}\right)$$

sein. Es ergibt sich dann

$$s = \frac{1}{2}\, r\, \frac{0,025\, A\, p + B^2 + B\sqrt{0,05\, A\, p + B^2}}{A^2}\,.$$

B. Nietverbindungen.

Alle Niete werden warm eingezogen. Da die warm eingezogenen Niete sich beim Erkalten zusammenziehen, können sie das Nietloch nicht ausfüllen, jedenfalls aber nicht mit Spannung an der Wand anliegen. Eine Inanspruchnahme solcher Niete auf Abscherung ist daher ausgeschlossen. Die Nietverbindung kann nur dadurch halten, daß durch das Zusammenziehen des Nietschaftes beim Erkalten die Bleche fest aufeinandergedrückt werden, wodurch ein bedeutender Reibungswiderstand entsteht, der noch dadurch unterstützt wird, daß die Unebenheiten der Bleche sich fest ineinander setzen.

Früher wurde stets nur mit der Abscherungsfestigkeit gerechnet. In den Bauvorschriften für Dampfkessel vom 17. Dezember 1908[1]) wird aber auch auf den Gleitungswiderstand der Nietverbindungen Rücksicht genommen. Es heißt dort:

„Die Nietnähte sollen stets so ausgeführt werden, daß der erforderliche Widerstand gegen Gleiten vorhanden ist und daß die Widerstandsfähigkeit der Niete gegen Abscheren sich nicht geringer ergibt als die in Rechnung zu ziehende Festigkeit des Bleches in der Nietnaht. Hierbei darf die Belastung eines Nietes durch die Scherkraft auf 1 mm² Nietquerschnitt höchstens 7 kg/mm² betragen, sofern keine höhere Zugfestigkeit des Nieteisens als 38 kg/mm² nachgewiesen wird.

Trifft diese Voraussetzung zu, so kann der für eine Belastung mit 7 kg/mm² berechnete Nietdurchmesser mit der Wurzel aus dem Quotienten, der sich aus der Zahl 38 und der nachgewiesenen Festigkeit ergibt, multipliziert werden."

Danach muß also noch mit dem Güteverhältnis φ der Nietnaht, d. i. das Verhältnis der Festigkeit des durch die Nietlöcher geschwächten Bleches zur Festigkeit des vollen Bleches,

$$\varphi = \frac{t - \delta}{t}$$

gerechnet werden.

Eigentlich brauchte man bei warm eingezogenen Nieten nicht mehr mit diesem Güteverhältnis zu rechnen, da die Schwächung des Bleches

---

1) Vgl. Anmerkung auf S. 198.

hier meist nicht in Betracht kommt. Bei einer einreihigen Überlappungsnietung wird bis Mitte der Nietreihe z. B. schon etwa die Hälfte der
durch die Nietreihe zu übertragenden Kraft von einem Bleche zum anderen
übertragen. Die übrigbleibende Hälfte der Kraft kann bei den üblichen
Nietteilungen durch den Blechquerschnitt in der Nietreihe (zwischen
den Nietlöchern) stets übertragen werden. Wenn man also, wie es üblich,
rechnet, daß durch den Blechquerschnitt in der Nietreihe die ganze Kraft
hindurchgehen muß, so hat man sehr sicher gerechnet. Wir wollen auch
hier den Bauvorschriften vom 17. Dezember 1908 entsprechend rechnen,
können uns aber die Rechnung dadurch erleichtern, daß wir für die einzelnen Vernietungsarten vorher mittlere Güteverhältnisse im allgemeinen
festsetzen. Weicht dann später in Wirklichkeit das Güteverhältnis einer
festgelegten Naht von dem vorher im allgemeinen festgesetzten etwas
ab, so hat das nach obigem eine so geringe Bedeutung, daß eine nochmalige Rechnung nicht erforderlich ist.

Es bezeichne:

s die Blechstärke in cm;

s_0 die Laschenstärke in cm;

δ die Nietstärke in cm;

t die Teilung in cm, d. h. den Abstand der Mitten zweier Niete;

e die Entfernung der Nietreihe vom Blechrande;

e_1 die Entfernung der Nietreihen voneinander bei mehrreihigen
Nietungen;

φ das Güteverhältnis der Nietnaht, d. i. das Verhältnis der
Festigkeit der Nietnaht zur Festigkeit des vollen Bleches;

n die Anzahl der auf eine Teilung entfallenden Nietquerschnitte;

Wg der Gleitungswiderstand oder die Kraft in kg, mit der 1 cm²
Nietquerschnitt belastet werden darf.

a) Überlappungsnietung.

Passende Werte ergeben folgende Formeln[1]):

$$\delta = \sqrt{5\,s} - 0{,}4 \ \text{cm},$$

oder genau genug

$$\delta = s + 0{,}8 \ \text{cm}[2])$$

$$e = 1{,}5\,\delta\,.$$

---

[1]) Nach C. v. Bach, Maschinenelemente.

[2]) Über die Wahl des Nietdurchmessers ist noch zu sagen, daß man sich natürlich nach dem in der Fabrik vorhandenen Lager der Niete richten muß. Kleine
Kesselschmieden haben häufig nur wenige Nietsorten, wie z. B. 16, 20, 23, 26 mm usw.,
größere Fabriken haben alle Nieten von 2 zu 2 mm steigend und noch andere alle
Nieten von 1 zu 1 mm steigend vorrätig. Mit der Hand können nur Niete bis 26,
höchstens 27 mm Durchmesser gut genietet werden.

α) Einreihige Nietung (Abb. 243).

$$t_1 = 2\,\delta + 0,8 \text{ cm}$$
$$\varphi = 0,56$$
$$n = 1$$
$$Wg = 600 \text{ bis } 700 \text{ kg.}$$

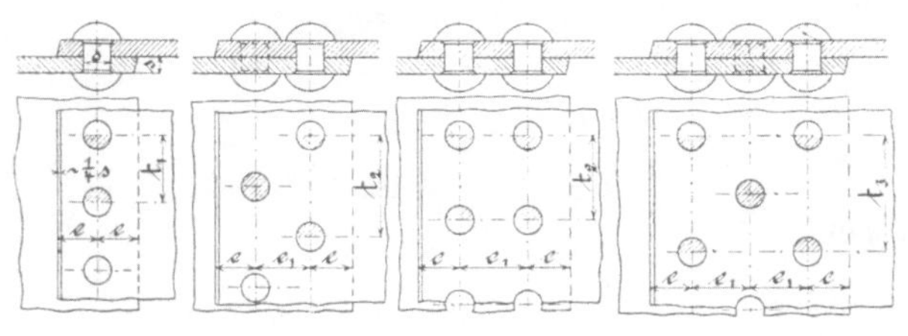

Abb. 243.   Abb. 244.   Abb. 245.   Abb. 246.

β) Zweireihige Nietung.

Zickzacknietung nach Abb. 244.   Parallelnietung nach Abb. 245 [1]).

$$t_2 = 2,6\,\delta + 1,5 \text{ cm} \qquad\qquad t_2 = 2,6\,\delta + 1 \text{ cm}$$
$$e_1 = 0,6\,t_2 \qquad\qquad\qquad\quad e_1 = 0,8\,t_2$$
$$\varphi = 0,70 \qquad\qquad\qquad\quad \varphi = 0,67$$
$$n = 2$$
$$Wg = 550 \text{ bis } 650 \text{ kg.}$$

γ) Dreireihige Nietung (Abb. 246).

$$t_3 = 3\,\delta + 2,2 \text{ cm}$$
$$e_1 = 0,5\,t_3$$
$$\varphi = 0,75$$
$$n = 3$$
$$Wg = 500 \text{ bis } 600 \text{ kg.}$$

b) Doppellaschennietung.

α) Einreihige Nietung (Abb. 247).

$$\delta = \sqrt{5\,s} - 0,5 \text{ cm,}$$

oder meistens genau genug:

$$\delta = s + 0,7 \text{ cm}$$
$$t_1' = 2,6\,\delta + 1 \text{ cm.}$$

---

[1]) Wenig gebräuchlich.

Für die Laschenstärke würde $s_0 = \dfrac{s}{2}$ genügen, es soll jedoch wegen leichteren Verstemmens genommen werden:

$$s_0 = \frac{2}{3}\,s\;;$$

ferner ist:

$$\varphi = 0{,}67$$
$$n = 2$$
$$Wg = 500 \text{ bis } 600 \text{ kg.}$$

β) Zweireihige Nietung (Abb. 248).

$$\delta = \sqrt{5\,s} - 0{,}6 \text{ cm,}$$

oder genau genug:

$$\delta = s + 0{,}6 \text{ cm}$$
$$t'_2 = 3{,}5\,\delta + 1{,}5 \text{ cm}$$

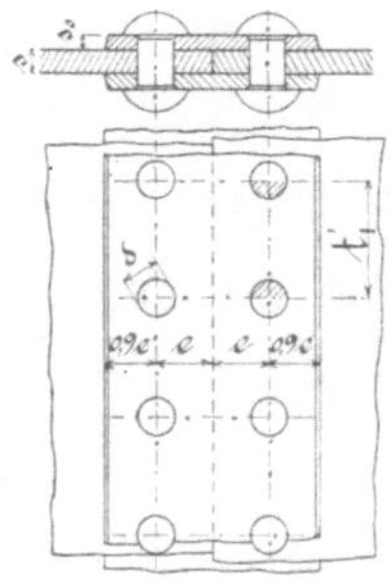

Abb. 247. 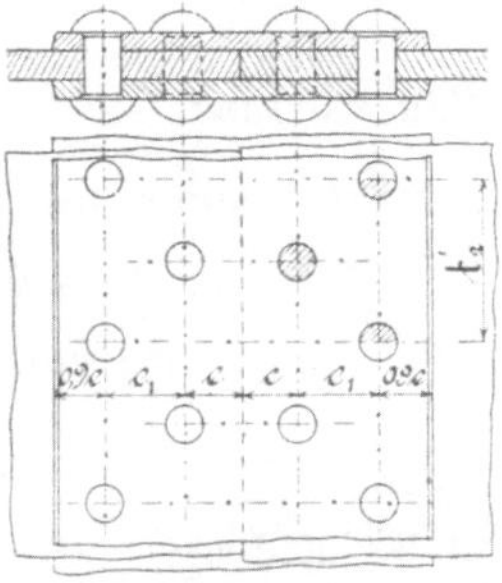   Abb. 248. 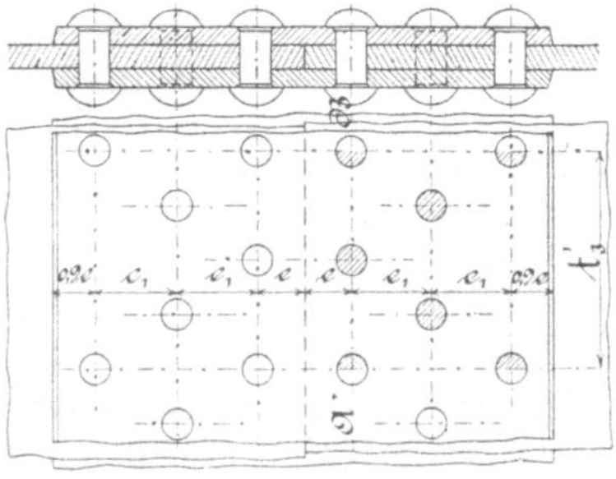   Abb. 249.

$$e_1 = 0{,}5\,t_2$$
$$s_0 = \frac{2}{3}\,s$$
$$n = 4$$
$$\varphi = 0{,}75$$
$$Wg = 475 \text{ bis } 575 \text{ kg.}$$

γ) Dreireihige Nietung (Abb. 249).

$$\delta = \sqrt{5\,s} - 0{,}7 \text{ cm,}$$

oder meistens genau genug:

$$\delta = s + 0{,}5 \text{ cm}$$
$$t'_3 = 6\,\delta + 2 \text{ cm}$$
$$e_1 = \frac{3}{8}\,t'_3\,.$$

In bezug auf die Laschenstärke ist folgendes zu beachten: Wenn der Querschnitt der beiden Laschen in der inneren Nietreihe AB (Abb. 249)

$\frac{5}{4}$ mal so groß sein soll, wie der Querschnitt des Bleches in der äußersten Nietreihe, so muß sein:

$$2\,(t_3' - 2\,\delta)\,s_0 = \tfrac{5}{4}\,(t_3' - \delta)\,s$$
$$2\,(6\,\delta + 2 - 2\,\delta)\,s_0 = \tfrac{5}{4}\,(6\,\delta + 2 - \delta)\,s$$
$$(8\,\delta + 4)\,s_0 = (6{,}25\,\delta + 2{,}5)\,s$$
$$s_0 = \frac{6{,}25\,\delta + 2{,}5}{8\,\delta + 4}\cdot s\,.$$

Für $\delta = 2{,}2$ cm wird $s_0 = 0{,}75\,s$,

für $\delta = 3{,}5$ cm wird $s_0 = 0{,}78\,s$.

Es wird daher immer genügen, wenn man nimmt:

$$\boldsymbol{s_0 = 0{,}8\,s}\ .$$

Ferner ist:

$$\boldsymbol{n = 10}$$
$$\boldsymbol{\varphi = 0{,}85}$$
$$\boldsymbol{Wg = 450 \text{ bis } 550 \text{ kg.}}$$

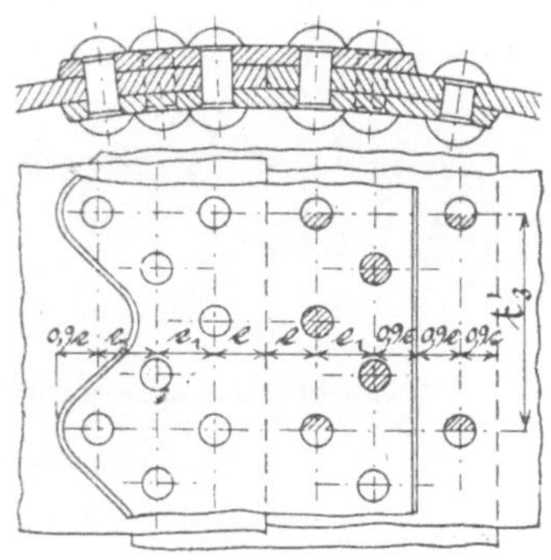

Abb. 250.

Damit die Laschen gut verstemmt werden können, darf jedoch die Teilung nicht größer als $8\,s_0$ sein. Wird die Teilung größer, so muß man die Laschen entweder ausschweifen (Abb. 250, linke Seite), was aber teuer ist, oder man macht die äußere Lasche so schmal, daß sie nur die beiden inneren Nietreihen faßt (Abb. 250, rechte Seite), dann kann man diese schmalere Lasche immer verstemmen. Im letzteren Falle wird $n = 9$ gegen 10 im ersten Falle, was nicht viel ausmacht.

Zuweilen wird auch die zweireihige Doppellaschennaht, wie in Abb. 251 angegeben, ausgeführt. Es ist dann:

$$\delta = s + 0{,}6 \text{ cm}$$
$$t_2'' = 5\,\delta + 1{,}5 \text{ cm}$$
$$e_1 = 0{,}4\,t_2''$$
$$s_0 = 0{,}8\,s$$
$$n = 6$$
$$\varphi = 0{,}82$$
$$Wg = 475 \text{ bis } 575 \text{ kg.}$$

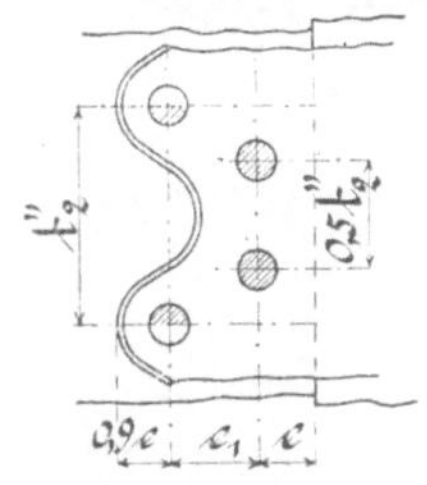

Abb. 251.

c) Der Rechnungsgang bei der Bestimmung der Nietnähte kann nun folgender sein:

Es wird nach der Formel

$$s = \frac{d \cdot p \cdot \mathfrak{S}}{2\,K_z\,\varphi} + 0{,}1$$

die Blechstärke bestimmt, dann unter Annahme einer bestimmten Längsnietung die Nietstärke δ , der Nietquerschnitt $\dfrac{\delta^2\,\pi}{4}$, die Teilung t für die

Längsnaht berechnet, sodann untersucht, ob die Belastung eines cm² des Nietquerschnittes nicht zu groß ausfällt. Darauf werden die übrigen Verhältnisse der Längsnaht und der Quernaht festgelegt, auch nachgesehen, ob die Quernaht in bezug auf Gleitungswiderstand nicht zu stark belastet ist.

Die Belastung eines cm² des Nietquerschnittes bestimmt sich wie folgt:

Längsnaht. Mit Bezug auf Abb. 235 ist, wenn man t an Stelle von l setzt, die auf der Länge der Teilung t auf den Halbzylinder wirkende Kraft:

$$P = d \cdot t \cdot p \ .$$

Diese Kraft verteilt sich auf zwei Querschnitte $s \cdot t$, auf einen kommt also die Kraft:

$$\frac{P}{2} = \frac{d \cdot t \cdot p}{2} \ .$$

Auf einen Nietquerschnitt kommt die Kraft:

$$\frac{d \cdot t \cdot p}{2 \cdot n} \ ,$$

auf 1 cm² Nietquerschnitt aber die Kraft:

$$Q = \frac{d \cdot t \cdot p}{2\,n\,\dfrac{\delta^2\,\pi}{4}} \ .$$

Diese Kraft darf höchstens gleich dem Gleitungswiderstande Wg sein.

Quernaht: Mit Bezug auf Abb. 236 ist die axial im Mantel wirkende Kraft:

$$P_1 = \frac{d^2\,\pi}{4}\,p \ .$$

Auf 1 cm am Umfange kommt die Kraft $\dfrac{P_1}{d\,\pi}$, auf t cm des Umfanges aber:

$$\frac{P_1}{d\,\pi}\,t = \frac{d^2\,\pi\,t\,p}{4\,d\,\pi} = \frac{d \cdot t \cdot p}{4} \ .$$

Die Kraft für einen Nietquerschnitt ist:

$$\frac{d \cdot t \cdot p}{4\,n}$$

und die Kraft für 1 cm² Nietquerschnitt:

$$Q_1 = \frac{d \cdot t \cdot p}{4\,n\,\dfrac{\delta^2\,\pi}{4}} \ .$$

Ergibt die Rechnung einen zu großen Wert für Q, so kann man sich häufig dadurch helfen, daß man die Niete 1 oder 2 mm stärker nimmt.

Ist die Belastung Q nur wenig größer als zulässig, so kann man bei Vergrößerung von δ auch t größer machen.

Beispiel 1: Es sei der Durchmesser eines Kessels $d = 160$ cm, der Überdruck $p = 8$ at. Das zur Verfügung stehende Flußeisenblech habe eine Festigkeit von $K_z = 3600$ kg pro cm². Es werde für die Längsnaht eine mit Hand genietete zweireihige Überlappungsnietung angenommen.

Dann ist:

$$s = \frac{160 \cdot 8 \cdot 4{,}75}{2 \cdot 3600 \cdot 0{,}7} + 0{,}1 = 1{,}307 \text{ cm},$$

dafür

$$s = 1{,}3 \text{ cm}.$$

Dann wird:

$$\delta = 1{,}3 + 0{,}8 = 2{,}1 \text{ cm}, \quad \text{dafür} \quad \delta = 2{,}2 \text{ cm}; \quad \frac{\delta^2 \pi}{4} = 3{,}8 \text{ cm}^2;$$

$$t_2 = 2{,}6 \cdot 2{,}2 + 1{,}5 = 7{,}2 \text{ cm};$$

$$Q = \frac{d \cdot t_2 \cdot p}{2\,n\,\dfrac{\delta^2 \pi}{4}} = \frac{160 \cdot 7{,}2 \cdot 8}{2 \cdot 2 \cdot 3{,}8} = 607 \text{ kg}.$$

Es genügt das, da die Verbindung gegen Gleiten genügend gesichert ist, wenn auf 1 cm² Nietquerschnitt nicht mehr als 650 kg Belastung kommt.

Beispiel 2: Es sei $d = 210$ cm; $p = 8$ at Überdruck. Dann ist bei einer Festigkeit des Bleches von 3600 kg/cm² und bei Annahme einer mit der Nietmaschine ausgeführten zweireihigen Überlappungsnietung in der Längsnaht:

$$s = \frac{210 \cdot 8 \cdot 4{,}5}{2 \cdot 3600 \cdot 0{,}7} + 0{,}1 = 1{,}6 \text{ cm},$$

$$\delta = 1{,}6 + 0{,}8 = 2{,}4 \text{ cm}; \quad \frac{\delta^2 \pi}{4} = 4{,}52 \text{ cm}^2;$$

$$t_2 = 2{,}6 \cdot 2{,}4 + 1{,}5 = 7{,}74 = \sim 7{,}7 \text{ cm};$$

$$Q = \frac{210 \cdot 7{,}7 \cdot 8}{2 \cdot 2 \cdot 4{,}52} = 715 \text{ kg},$$

also zuviel, da höchstens $Q = 650$ kg zulässig ist.

Wir könnten nun eine dreireihige Überlappungsnaht annehmen. Es wird dann:

$$s = \frac{210 \cdot 8 \cdot 4{,}5}{2 \cdot 3600 \cdot 0{,}75} + 0{,}1 = 1{,}5 \text{ cm}; \quad \delta = 1{,}5 + 0{,}8 = 2{,}3 \text{ cm}.$$

Angenommen, das in der Kesselschmiede vorhandene zunächstliegende Niet habe einen Durchmesser $\delta = 2{,}4$ cm, so wird:

$$\frac{\delta^2\,\pi}{4} = 4{,}52 \text{ cm}^2; \qquad t_3 = 3 \cdot 2{,}4 + 2{,}2 = 9{,}4 \text{ cm};$$

$$Q = \frac{210 \cdot 8 \cdot 9{,}4}{2 \cdot 3 \cdot 4{,}52} = 583 \text{ kg}.$$

Das ist zulässig. Für das Güteverhältnis der Nietnaht ergibt sich dann:

$$\varphi = \frac{t_3 - \delta}{t_3} = \frac{9{,}4 - 2{,}4}{9{,}4} = 0{,}745\,,$$

das ist angenähert der angenommene Wert.

Man könnte aber auch eine zweireihige Doppellaschennietung anwenden.

Es ist dann:

$$s = \frac{210 \cdot 8 \cdot 4}{2 \cdot 3600 \cdot 0{,}75} + 0{,}1 = 1{,}345 = \sim 1{,}4 \text{ cm};$$

$$\delta = 1{,}4 + 0{,}6 = 2{,}0 \text{ cm}; \qquad \frac{\delta^2\,\pi}{4} = 3{,}14 \text{ cm}^2;$$

$$t_2' = 3{,}5 \cdot 2 + 1{,}5 = 8{,}5 \text{ cm};$$

$$Q = \frac{210 \cdot 8{,}5 \cdot 8}{2 \cdot 4 \cdot 3{,}14} = 568 \text{ kg}.$$

Das ist zulässig.
Die Laschenstärke wird:

$$s_0 = \frac{2}{3}\,1{,}4 = 0{,}934 = \sim 1 \text{ cm}.$$

Wegen des Verstemmens darf t_2' höchstens gleich $8\,s_0$ sein. Es ist aber $t_2' = 8{,}5$ cm und $8\,s_0 = 8$ cm. Hier kann man sich helfen, indem man $s_0 = 1{,}1$ cm macht, also $8\,s_0 = 8{,}8$ cm bekommt.

Nehmen wir bei Anwendung einer zweireihigen Laschennietung als Längsnaht eine einreihige Überlappungsnaht als Quernaht, so wird:

$$t_1 = 2 \cdot 2 + 0{,}8 = 4{,}8 \text{ cm};$$

$$Q_1 = \frac{d \cdot t_1 \cdot p}{4\,n\,\dfrac{\delta^2\,\pi}{4}} = \frac{210 \cdot 4{,}8 \cdot 8}{4 \cdot 1 \cdot 3{,}14} = 642 \text{ kg}.$$

Das ist reichlich wenig.

Beispiel 3: Es sei $d = 220$ cm; $p = 13$ at.

Dann ist bei einer Festigkeit des Bleches von $K_z = 3600$ kg für 1 cm² und bei Annahme einer dreireihigen mit Nietmaschine genieteten Laschennietung

$$s = \frac{220 \cdot 13 \cdot 4}{2 \cdot 3600 \cdot 0,85} + 0,1 = 1,97 \text{ cm} = \infty 2 \text{ cm};$$

$$\delta = \sqrt{5\,s} - 0,7 = 3,16 - 0,7 = 2,46 = \infty 2,5 \text{ cm}.$$

Dasselbe erhält man aus $\delta = s + 0,5 = 2 + 0,5 = 2,5$ cm. Nehmen wir an, das nächstliegende auf Lager vorhandene Niet habe den Durchmesser 2,6 cm, so nehmen wir $\delta = 2,6$ cm. Dann ist:

$$\frac{\delta^2 \pi}{4} = 5,31 \text{ cm}^2; \qquad t_3' = 6 \cdot 2,6 + 2 = 17,6 \text{ cm};$$

$$Q = \frac{220 \cdot 17,6 \cdot 13}{2 \cdot 10 \cdot 5,31} = 473 \text{ kg},$$

während bis 550 kg gestattet ist.

Die Laschenstärke wird: $s_0 = 0,8 \cdot 2 = 1,6$ cm. t_3' dürfte aber höchstens gleich $8\,s_0 = 12,8$ cm sein, während es 17,6 cm beträgt. Es müssen daher die Laschen ausgeschnitten werden, wie in Abb. 250 links angegeben ist, oder die äußere Lasche muß, wie in Abb. 250 rechts angegeben, so schmal gemacht werden, daß sie nur zwei Nietreihen faßt. In letzterem Falle ist:

$$n = 9$$

und

$$Q = \frac{220 \cdot 17,6 \cdot 13}{2 \cdot 9 \cdot 5,31} = 526 \text{ kg},$$

also nicht zuviel.

Hier wird:

$$\varphi = \frac{17,6 - 2,6}{17,6} = 0,853 \,,$$

was mit der Annahme 0,85 sehr gut übereinstimmt.

Als Quernaht genügt eine einreihige Naht nicht. Es muß eine zweireihige Überlappungsnaht gewählt werden. Hierfür ist:

$$t_2 = 2,6 \cdot 2,6 + 1,5 \text{ cm} = 8,25 \text{ cm},$$

$$Q_1 = \frac{220 \cdot 8,25 \cdot 13}{4 \cdot 2 \cdot 5,31} = 555 \text{ kg},$$

was nicht zuviel ist.

C. Schweißungen.

Zuweilen werden Schweißnähte statt Nietnähte angewandt. Jedoch ist die Beurteilung ihrer richtigen und guten Ausführung eine schwierige, daher sind die Schweißungen im allgemeinen nicht so zuverlässig wie die Vernietungen. Als Güteverhältnis guter Schweißnähte rechnet man $\varphi = 0,70$. Bei Zylindern, die von außen gedrückt werden, kommt die

Unzuverlässigkeit der Schweißnähte weniger in Betracht, deshalb kann man sie bei Flammrohren sehr gut anwenden. Hier nimmt man mit Vorliebe Längsschweißnähte, weil man bei ihrer Anwendung das Rohr leicht rund bekommen kann. Bei innerem Drucke schweißt man hauptsächlich nur dann, wenn die Naht schwer zu nieten oder zu verstemmen ist. So werden häufig Vorköpfe, Dome, Verbindungsstutzen und Wasserkammern geschweißt. Jedes geschweißte Stück ist, wenn irgend möglich, gut auszuglühen.

D. Verschraubungen.

Schrauben werden im Kesselbau nur angewandt, wo Teile zeitweise gelöst werden müssen, wie zur Bodenbefestigung beim Lokomobilkessel mit ausziehbarem Rohrbündel, oder bei Ankern, oder wenn ein Nieten vollständig unmöglich ist.

Als Dichtungsmaterial benutzt man bei Teilen, die von den Feuergasen bestrichen werden, Asbest oder Kupfer, sonst vorteilhaft Gummi mit einer Einlage von Messingdrahtgewebe.

Berechnung der Schrauben: Es bezeichne:

P den Gesamtdruck auf die gedrückte Fläche in kg;

p den auf einen Schraubenkern entfallenden Teil des Gesamtdruckes P in kg;

k_z die Beanspruchung des Schraubenkernes in kg für das cm^2;

d_1 den Durchmesser des Schraubenkernes in cm. Dann muß sein:

$$p = \frac{d_1^2\,\pi}{4}\,k_z$$

oder

$$k_z = \frac{4}{\pi} \cdot \frac{p}{d_1^2} = 1{,}27\,\frac{p}{d_1^2}\;;$$

daraus wird:

$$d_1 = 1{,}13\,\frac{\sqrt{p}}{\sqrt{k_z}}\,.$$

Nun nehme man, gleichviel, ob die Schrauben aus Schweißeisen oder aus Flußeisen hergestellt sind:

1. bei guten Schrauben, guter Bearbeitung der Flächen und bei weichem Dichtungsmateriale $k_z = \sim 628$ kg also:

$$d_1 = \frac{1{,}13}{\sqrt{628}} \cdot \sqrt{p} = 0{,}045\,\sqrt{p}$$

und füge noch die Konstante 0,5 cm hinzu, so daß

(1)
$$\mathbf{d_1 = 0{,}045\,\sqrt{p} + 0{,}5\ cm}$$
wird;

2. wenn den unter 1. genannten Anforderungen weniger vollkommen entsprochen ist, $k_z = \sim 380$ kg, also:

$$d_1 = \frac{1{,}13}{\sqrt{380}} \cdot \sqrt{p} + 0{,}5 \text{ cm},$$

also:

(2) $$d_1 = 0{,}055\,\sqrt{p} + 0{,}5 \text{ cm}.$$

Wird der Nachweis geliefert, daß das Schraubenmaterial den in den Materialvorschriften für Landdampfkessel für das Nieteisen aufgestellten Anforderungen genügt, so kann der Koeffizient in Gleichung (1) bis auf 0,04 vermindert werden.

Die Gleichungen (1) und (2) liefern bei ihrer Anwendung auf das Whitworthsche System:

| Äußerer | | Kern- | Zulässige Belastung der Schraube | | |
| Durchmesser der Schraube | | | Koeffizient 0,04 | Koeffizient 0,045 | Koeffizient 0,055 |
engl. ″	mm	mm			
$\frac{1}{2}$	12,70	9,98	155 kg	122,5 kg	82 kg
$\frac{5}{8}$	15,88	12,93	393 ,,	310 ,,	208 ,,
$\frac{3}{4}$	19,05	15,80	729 ,,	576 ,,	386 ,,
$\frac{7}{8}$	21,23	18,62	1 159 ,,	916 ,,	613 ,,
1	25,40	21,34	1 669 ,,	1 318 ,,	883 ,,
$1\frac{1}{8}$	28,57	23,93	2 440 ,,	1 770 ,,	1 185 ,,
$1\frac{1}{4}$	31,75	27,10	3 053 ,,	2 412 ,,	1 614 ,,
$1\frac{3}{8}$	34,92	29,51	3 755 ,,	2 967 ,,	1 986 ,,
$1\frac{1}{2}$	38,10	32,69	4 792 ,,	3 786 ,,	2 535 ,,
$1\frac{5}{8}$	41,27	34,77	5 539 ,,	4 377 ,,	2 930 ,,
$1\frac{3}{4}$	44,45	37,95	6 785 ,,	5 361 ,,	3 589 ,,
$1\frac{7}{8}$	47,62	40,41	7 837 ,,	6 192 ,,	4 145 ,,
2	50,80	43,59	9 308 ,,	7 355 ,,	4 922 ,,
$2\frac{1}{4}$	57,15	49,02	12 111 ,,	9 569 ,,	6 406 ,,
$2\frac{1}{2}$	63,50	55,37	15 857 ,,	12 528 ,,	8 387 ,,
$2\frac{3}{4}$	69,85	60,55	19 286 ,,	15 237 ,,	10 201 ,,
3	76,20	66,90	23 947 ,,	18 923 ,,	12 667 ,,

Schrauben aus Flußeisen sollen kein scharfes, sondern möglichst abgerundetes Gewinde erhalten.

Bei Berechnung der Flanschenschrauben, sofern deren mehrere in unter sich gleichen Abständen zur Befestigung rechteckiger oder elliptischer Flächen verwendet werden, kann man annehmen, daß, wenn

    r den geringsten Abstand der Schrauben vom Schwerpunkte der gedrückten Fläche in cm,

    t die Schraubenteilung in cm bezeichnet,

die am stärksten belastete Schraube den Druck

$$p = \frac{P \cdot t}{2\,\pi\,r}$$

erhält.

Wenn Biegungsspannungen zu befürchten sind, wie namentlich bei unbearbeiteten Flächen, Durchbiegen der Flanschen, einseitig liegenden

Dichtungen usw., so ist diesen bei der Bemessung der Schrauben besonders Rechnung zu tragen.

Die Flanschen sind so stark zu machen, daß sie der Biegungsbeanspruchung sicher widerstehen können.

Schwächere Schrauben als solche von 16 mm äußerem Durchmesser sind tunlichst zu vermeiden; Schrauben von unter 13 mm äußerem Durchmesser sind nicht zulässig.

Bei Ankern und Stehbolzen nehme man höchstens folgende Beanspruchungen:

350 kg/cm² bei geschweißten Ankern und Stehbolzen aus Schweißeisen,
500 „ „ ungeschweißten „ „ „ „ „
600 „ „ „ „ „ „ „ Flußeisen,
300 „ „ Ankern u. Stehbolzen aus Kupfer für Dampftemperaturen bis 200° C

Es empfiehlt sich, die mit Muttern versehenen Längsanker mit Gewinde in die Stirnplatten oder Rohrplatten einzuschrauben, außerdem nicht nur außen, sondern auch innen mit Unterlegscheiben und mit Muttern zu versehen. Die Ankerröhren sind mit Gewinde einzuziehen und aufzuwalzen.

Bei der Versteifung feuerberührter ebener Flächen durch Stehbolzen sollte der Stehbolzenabstand im allgemeinen nicht größer als 200 mm sein.

E. Bügel- oder Deckenträger für Feuerbüchsdecken.

a) Landkessel.

Die freitragenden, nicht aufgehängten Träger sind wie ein Balken zu berechnen, der auf die Entfernung l (Abb. 253) frei aufliegt und an den Stützstellen der Decke durch die Kräfte belastet wird, welche sich für die auf ihn entfallenden Deckenfelder (Abb. 254) ergeben.

Dabei ist die Tragfähigkeit des Deckenblechs an sich außer Betracht zu lassen. Die Abmessung c_1 ist die Breite desjenigen Streifens der Decke, welcher nach dem Rande zu seine Belastung auf den Randträger absetzt; im Durchschnitt c_1 etwa $= \frac{2}{3} x$.

Unter den in Abb. 252 bis 254 angenommenen Verhältnissen ergibt sich mit p als größtem Betriebsdruck bei den beiden Randträgern für die die Stellen A belastende Kraft

$$P_a = \left(c_1 + \frac{c}{2}\right)\left(\frac{e_1}{2} + \frac{e}{2}\right) p$$

für die die Stellen B belastende Kraft

$$P_b = \left(c_1 + \frac{c}{2}\right) e\, p,$$

bei den beiden Mittelträgern:
für die die Stellen A belastende Kraft

$$P_a = c\left(\frac{e_1}{2} + \frac{e}{2}\right) p,$$

für die die Stellen B belastende Kraft

$$P_b = c \cdot e\,p\,,$$

die Auflagerkraft an den Trägerenden:

$$R = P_a + P_b\,,$$

das größte biegende Moment im Querschnitt bei B und in den Querschnitten der Strecke BB

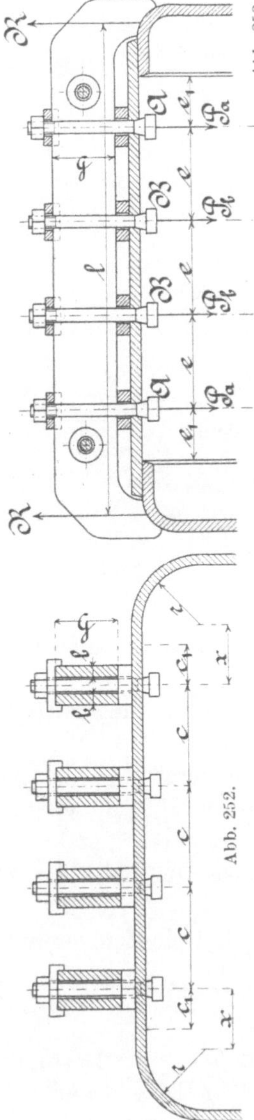

Abb. 253.

Abb. 254.

Abb. 252.

$$M_b = R\left(\frac{l}{2} - \frac{e}{2}\right) - P_a \cdot e\,,$$

und somit in

$$M_b \leqq \frac{J}{e'}\,k_b$$

die Gleichung zur Berechnung des Trägerquerschnittes, worin bedeutet:

J dessen Trägheitsmoment,
e' den Abstand der am stärksten beanspruchten Faser von der Nullachse,

für rechteckigen Querschnitt, wie in Abb. 254 angenommen, ist

$$\frac{J}{e'} = \frac{1}{6}\,2\,b \cdot h^2 = \frac{1}{3}\,b\,h^2\,,$$

k_b die zulässige Biegungsanstrengung, welche für zähe Baustoffe (Schweißeisen, Flußeisen, Flußstahl, Stahlguß) zu einem Viertel der Zugfestigkeit in Rechnung gestellt werden darf. Im Falle ein Nachweis der Zugfestigkeit nicht vorliegt, kann für die genannten Baustoffe $k_b = 900$ kg/cm² eingeführt werden.

Werden die Deckenträger aufgehängt, so sind dieselben den veränderten Belastungsverhältnissen entsprechend zu berechnen.

b) Schiffskessel.

Die Träger für die flachen Feuerkammerdecken werden, wenn sie aus Flußeisen bestehen, nach der folgenden Formel bestimmt:

$$b = \frac{p \cdot c \cdot e \cdot l}{k \cdot h^2},$$

worin

    b die Gesamtdicke des Trägers in mm,

    p den größten Betriebsüberdruck in at,

    c die Entfernung der Träger voneinander in mm,

    e die Entfernung der Stehbolzen voneinander im Träger in mm,

    l die innere Weite der Feuerkammer, in der Längsrichtung der Träger gemessen, in mm,

    h die Höhe des Trägers in mm,

    $k = 480$ bei einem Stehbolzen in jedem Träger,

    $= 360$,, zwei   ,,   ,,   ,,   ,,

    $= 240$,, drei   ,,   ,,   ,,   ,,

    $= 200$,, vier   ,,   ,,   ,,   ,,

    $= 160$,, fünf   ,,   ,,   ,,   ,,

    $= 140$,, sechs   ,,   ,,   ,,   ,,

bedeuten.

Die Stehbolzen werden hierbei als über die ganze Länge l gleichmäßig verteilt angenommen.

Die Randträger sind möglichst nahe dem Krümmungsmittelpunkt des Randes anzuordnen.

Werden die Deckenträger aus Schweißeisen hergestellt, so sind die nach obiger Formel berechneten Blechdicken b um 10% zu vergrößern.

Die Träger sind mit ihren Enden auf die senkrechten Wandungen der Feuerkammer aufzupassen und müssen etwa 40 mm über der Decke frei liegen.

Werden die Deckenträger aufgehängt, so sind sie den veränderten Belastungsverhältnissen entsprechend zu berechnen.

F. Schlußbemerkung.

Ist es gegebenenfalls nicht möglich, auf dem Wege der Rechnung die Widerstandsfähigkeit eines Kessels oder einzelner Teile desselben festzustellen, so ist der Weg des Versuchs zu beschreiten.

Die Druckprobe wird in solchen Fällen zur Festigkeitsprobe und ist dann mit dem zweifachen Betrage des beabsichtigten Betriebsüberdrucks auszuführen.

29. Verbindung einzelner Kesselteile.

A. Boden mit Mantel.

Die Verbindung wird gewöhnlich nach Abb. 255 ausgeführt. Dabei ist der innere Halbmesser der Krempe — r — gleich dem 1,5 bis 2fachen der Bodenstärke. Setzt man den Boden mit der Krempe nach außen ein, so erzielt man den Vorteil, daß sich die Nietung bequem maschinell ausführen läßt. Derartig ausgeführte Verbindungen kann man jedoch nur anwenden, wenn die Mäntel wie z. B. bei Lokomotiven, Lokomobilen

Abb. 255.

und Schiffskesseln nicht beheizt werden, sodann auch bei den Walzen der Steilrohrkessel; im allgemeinen bringen aber die nach außen gekehrten Krempen so viele Mängel mit sich — unvorteilhafte Beanspruchung des Bodens, Behinderung bei der Anbringung von Ausrüstungsstücken am vorderen Boden, schwierige Reinigung der dabei im Kesselinnern zwischen Boden und Mantel entstehenden Fuge —, daß man sie nur vereinzelt anwendet. — Bei ausziehbaren Kesseln werden noch Winkelringe (vgl. Abb. 256) zwischen Mantel und Boden eingenietet, was früher zur Verbindung ebener Böden mit den Kesselmänteln allgemein geschah.

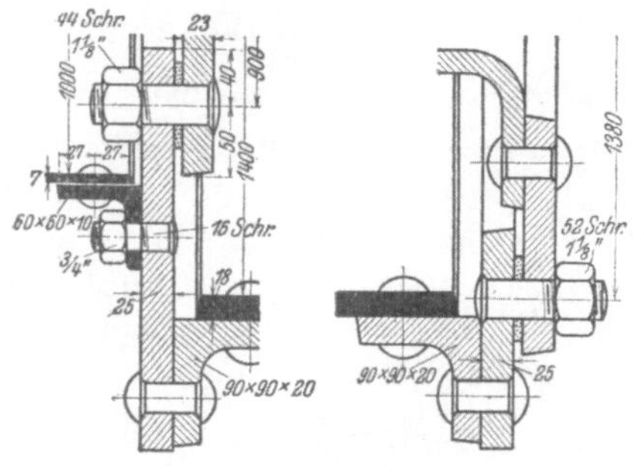

Abb. 256.

B. Boden mit Flammrohr.

Abb. 257. Das Flammrohr ist durch die Aushalsung des vorderen Bodens nach außen hindurchgeführt, dabei:

$$d = s_1 + 0{,}8 \text{ cm}; \qquad e = 1{,}5 \cdot d; \qquad r \geqq 1{,}5\, s_2 .$$

Abb. 258. Das Flammrohr ist in die Einhalsung des Bodens eingenietet. d_1, e, r wie oben. Diese Verbindung läßt sich sowohl am vorderen wie auch am hinteren Boden benutzen, sie ist besonders bei Wellrohren vorteilhaft, da dann das verhältnismäßig dünne Wellrohrblech gegen das steife Bodenblech gut verstemmt werden kann.

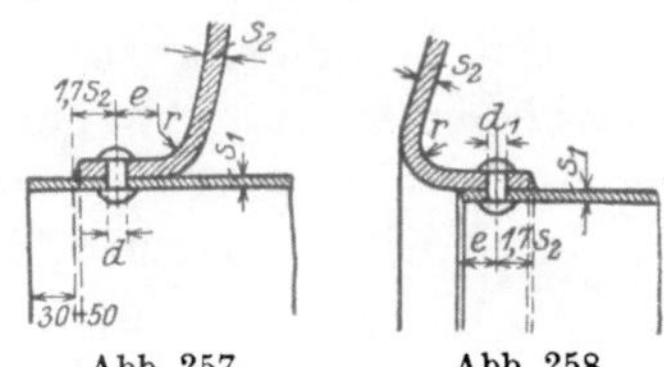

Abb. 257.   Abb. 258

Früher wurde vielfach an den letzten Flammrohrschuß ein Flansch angebördelt und an den Boden angenietet (vgl. Abb. 256, rechte Seite).

C. Dom mit Mantel.

Der Dommantel wird unten mit einer Krempe versehen, die auf den Kesselmantel aufgepaßt wird. Dazu wird die Längsnaht des ersteren, soweit sie in der Krempe liegt, fast immer geschweißt, ferner wird die Blechstärke des Dommantels·größer gewählt als es die Festigkeitsrechnung ergibt, und zwar für einen Domdurchmesser von 0,7 m etwa 10 bis 12 mm, für einen solchen von 0,8 m 12 ÷ 14 mm und für 0,9 m Durchmesser 14 ÷ 16 mm starkes Blech. Die Nietung, mit welcher man die Domkrempe auf dem Kesselmantel befestigt, wird bei Kesseldrucken von 8 at an zweireihig ausgeführt. — Dasselbe gilt sinngemäß auch für die Verbindungsstutzen zwischen zylindrischen Kesseln. Sie erhalten 0,4 ÷ 05 m Durchmesser und 10 ÷ 12 mm Blechstärke.

D. Feuerbuchse mit Mantel.

Bei Lokomotivkesseln wird die innere Feuerbuchse mit der äußeren mittels eines dazwischengelegten schmiedeeisernen Ringes und zweireihiger Nietung verbunden. Ähnliche Ausführungen finden sich auch bei stehenden Feuerbuchs- und bei Lokomobilkesseln, bei beiden aber außerdem noch die in Abb. 259 und 260 dargestellten u. a. m.

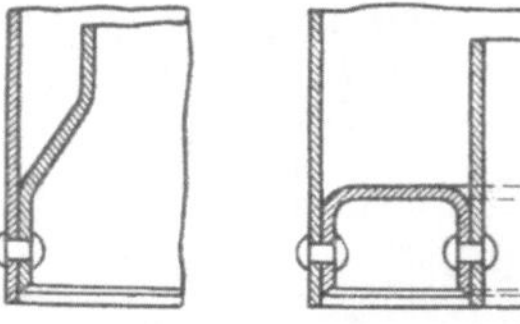

Abb. 259. Die Feuerbuchse legt sich durch zweifache Kröpfung an den Kesselmantel an. Häufig wird dabei zwischen Feuerbuchse und Mantel noch ein Flacheisenring mit eingenietet.

Abb. 259.   Abb. 260.

Abb. 260. Die Verbindung erfolgt mittels eines U-förmigen Ringes, der durch zweifaches Umbördeln aus einer Scheibe hergestellt ist. Ringe mit Z-Querschnitt, welche ebenfalls zur Herstellung dieser Verbindung benutzt werden, lassen sich bequemer einnieten.

30. Die Versteifungen.

A. Flammenrohrversteifungen.

Um bei Flammrohren mit verhältnismäßig geringer Wandstärke auszukommen, versieht man die Rohre stets mit Versteifungen. Von ihren recht verschiedenen Ausführungen sollen einige der hauptsächlichsten in nachstehendem angeführt werden.

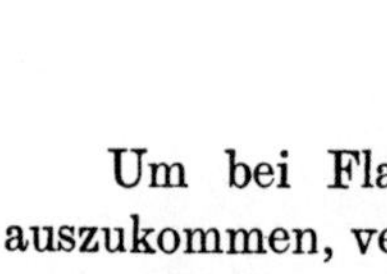

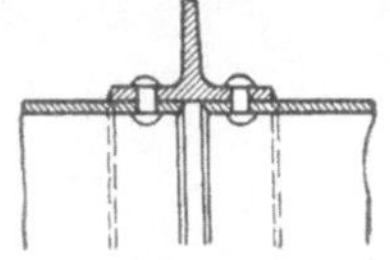

Abb. 261. Ein aufgenieteter T-Eisenring bildet die Verbindungslasche für zwei Schüsse. Diese Versteifung ist zu verwerfen, weil dabei an vielen Stellen das Blech

Abb. 261.

in doppelter Stärke, sowie die Nietköpfe dem Feuer ausgesetzt sind und außerdem das Rohr in der Längsrichtung sehr steif wird.

Abb. 262. Der ringförmige Wulst kann durch Einwalzen hergestellt werden oder dadurch, daß man die Enden zweier Schüsse aufweitet und zusammenschweißt.

Abb. 263. Die Enden der Schüsse werden nach dem Aufweiten zusammengenietet.

Abb. 264. Beim „Adamsonschen Versteifungsring" werden die Schüsse aufgeflanscht und, nachdem ein flacher Ring dazwischengelegt wurde, zusammengenietet. Man verstemmt dann nicht nur die Flanschen gegen den Ring, sondern auf der Feuerseite auch die beiden Kanten des Ringes. Der Adamsonring ist zur gebräuchlichsten Flammrohrversteifung geworden, weil er sich sehr bequem mit Maschine nieten läßt, die Nieten dem Feuer ganz entzogen liegen und das Rohr dabei genügend Federung in der Längsrichtung erhält.

Abb. 265. Das „Fox-Wellrohr" zeichnet sich durch große Steifigkeit und gute Längsfederung aus.

Abb. 266. Das „Morison-Wellrohr" besitzt statt der halbkreisförmigen Wellen solche, die eine Kettenlinie zeigen.

Im allgemeinen wird jetzt das Foxrohr wegen seiner besseren Federung vorgezogen. Wellrohre werden u. a. von **Schulz, Knaudt in Huckingen, Phönix in Hörde, Borsigwerk** und **Thyssen & Co. in Mülheim a. d. Ruhr** hergestellt, und zwar in solchen Längen, daß für jedes Flammrohr zwei Schüsse genügen.

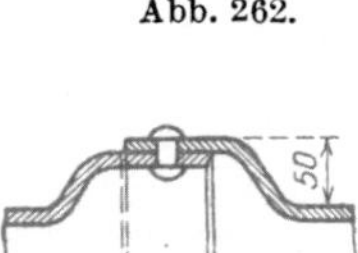

Abb. 262.

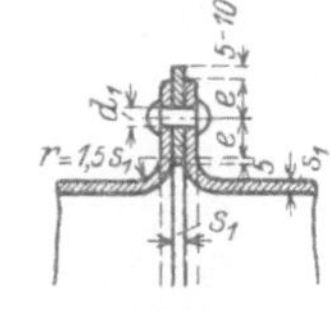

Abb. 263.

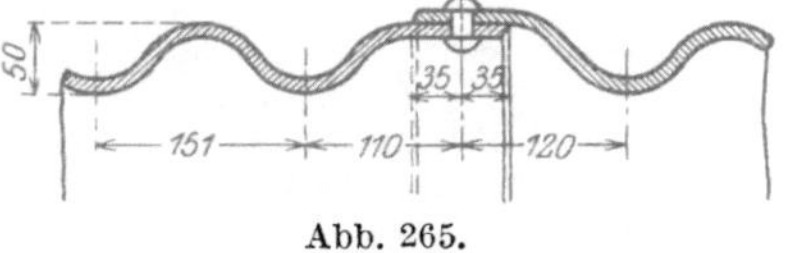

Abb. 264.

Abb. 265.

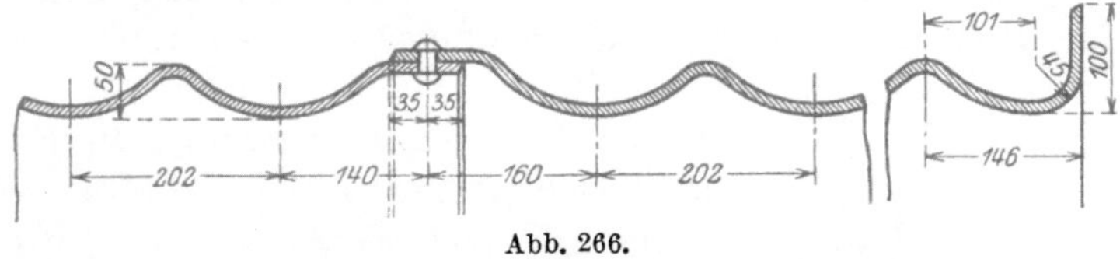

Abb. 266.

Die Höchstlängen richten sich nach dem Durchmesser und der Wandstärke. Letztere beträgt mindestens 10 mm, der kleinste innere Durchmesser etwa 0,7 m. Die Rohre werden von den Werken mit jeder gewünschten Form der Enden, zusammengezogen oder aufgeweitet, geliefert.

Die Gewichte der Wellrohre sind für die gebräuchlichsten Abmessungen oben auf der nächsten Seite zusammengestellt.

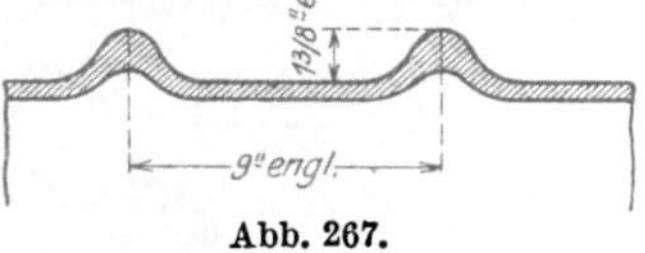

Abb. 267.

Abb. 267. Gerippte „Purvesrohre" werden zuweilen bei Schiffskesseln angewandt, bieten aber den Wellrohren gegenüber kaum einen Vorteil.

Bei dem Durch-messer von		700 800	750 850	800 900	850 950	900 1000	950 1050	1000 1100	1050 1150	1100 1200	1150 1250	1200 1300	1250 1350	1300 1400	mm
wiegt 1 lfd. m Wellrohr in normaler Blechdicke		210	235	250	265	280	295	310	335	360	375	390	415	435	kg
von		10	10	10	10	10	10	$10_{,5}$	$10_{,5}$	$10_{,5}$	$10_{,5}$	11	11	$11_{,5}$	mm
genügend bei einem Betriebsdrucke von		$12_{,3}$	$11_{,5}$	$10_{,9}$	$10_{,3}$	$9_{,8}$	$9_{,3}$	$9_{,4}$	9	$8_{,6}$	$8_{,3}$	$8_{,4}$	$8_{,1}$	$8_{,2}$	at

B. Verankerungen ebener Wände.

Bei Flammrohrkesseln wurden die ebenen Böden durch Eck- oder Konsolanker (Abb. 239) mit dem Kesselmantel verbunden. Derartige Verankerungen sind unnötig geworden, seitdem man für diese Kessel nur noch gewölbte Böden benutzt. Dagegen findet man ebene Böden noch in Heizrohrkesseln, sodann stets bei Lokomotiv-, Lokomobil- und schottischen Schiffskesseln. Dort werden sie, wenn man von den nur bei Lokomotiven

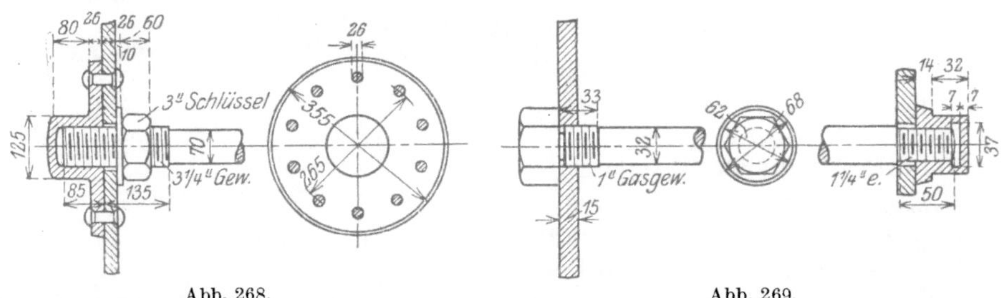

Abb. 268.　　　　　　　　　　　　Abb. 269.

gebräuchlichen eckankerartigen Verbindungen der Böden mit dem Mantel absieht, jetzt nur noch mittels Ankerrohren (siehe Abb. 154) und durchgehenden Rundankern gegeneinander versteift. Ausführungen solcher Anker zeigen die Abb. 268 und 269.

Abb. 268. Rundanker für Schiffskessel, Ausführung von E. Berninghaus in Duisburg. Damit eine größere Fläche der ebenen Wand gehalten wird, ist auf jeder Seite die äußere geschlossene Mutter mit einem Flansch versehen, der aufgenietet wird, und zwar geschieht das auf der einen Seite, nachdem die Mutter fest angezogen und der Anker dadurch gespannt worden ist.

Abb. 269. Der Rundanker hat an dem einen Ende einen Sechskantkopf; auf das andere Ende wird eine geschlossene Mutter mit kleinem Stemmflansch aufgeschraubt, so daß eine besondere Dichtungsscheibe überflüssig wird.

Die beiden nebenstehenden Abbildungen (270 und 271) zeigen Anker, wie sie bei Lokomobilkesseln angewandt werden.

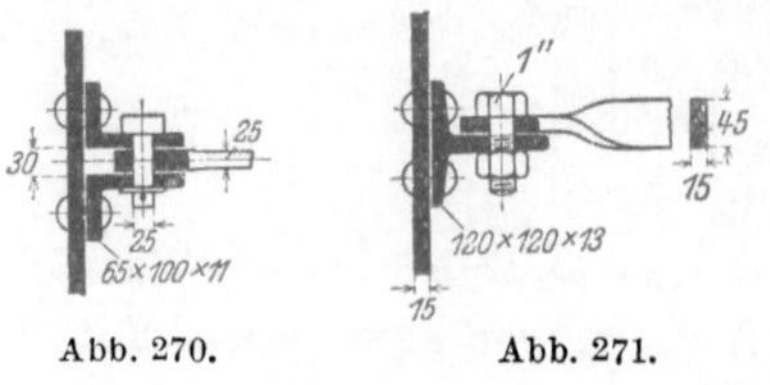

Abb. 270.　　　　　Abb. 271.

Zur Verankerung ebener Wände, die in geringem Abstand voneinanderliegen, dienen Stehbolzen. Abb. 272 zeigt einen kupfernen Stehbolzen, wie solche bei Lokomotivkesseln zur Versteifung der inneren Feuerbuchse gegen die äußere benutzt werden. Nachdem der Bolzen eingeschraubt ist, wird das in die Feuerbuchse ragende Ende vernietet und verstemmt, das äußere Ende dagegen neuerdings nur etwas aufgestaucht. Vor dem Einziehen versieht man die Stehbolzen mit einer 3 ÷ 5 mm starken An-

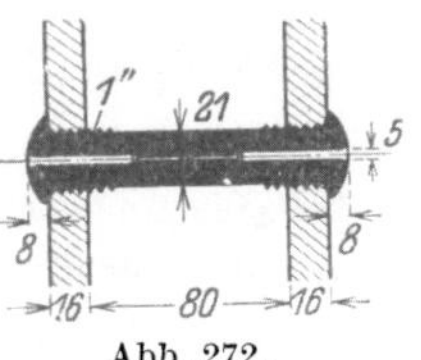
Abb. 272.

bohrung, die entweder nur von einem, und zwar dem nachher außen liegenden Ende oder von beiden Enden aus erfolgt oder aber ganz durchgeht. Das geschieht, um einen etwaigen Bruch des Bolzens von außen erkennen zu können. Solche Brüche treten am häufigsten dicht an der äußeren Wand auf. Auch die Decke der Lokomotivfeuerbuchse wird gegen den Mantel durch stehbolzenartige Deckenanker versteift.

Abb. 273. Eiserner Stehbolzen für Lokomobil-, Schiffskessel und Wasserkammern von Schrägrohrkesseln.

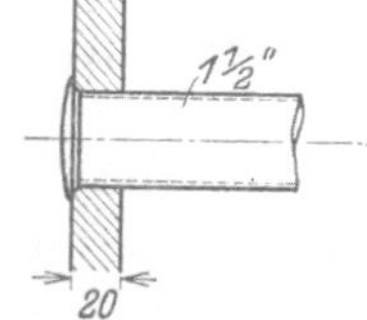
Abb. 273.

Abb. 274. Verankerung der Lokomotivfeuerbuchse mit dem Langkessel zwischen der untersten Rohrreihe und der obersten Stehbolzenreihe. Gewöhnlich sind 8 bis 10 solcher Anker in einem Kessel vorhanden.

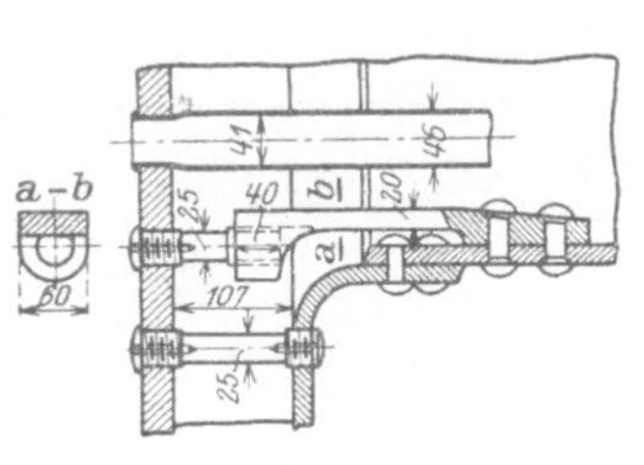
Abb. 274.

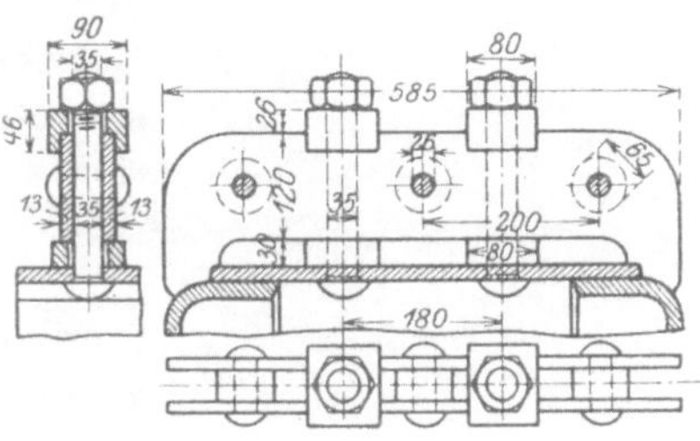
Abb. 275.

Abb. 275. Deckbarren für die Umkehrkammern der schottischen Schiffskessel und die Feuerbuchsen der Lokomobilkessel. Sie bestehen aus zwei zusammengenieteten Stehblechen, welche sich mit ihren umgebogenen Enden auf die senkrechten Wände stützen und an welchen die Decke mit zwei bis sechs Bolzen aufgehängt wird.

C. Versteifung der Kesselausschnitte.

Bei den Kesselausschnitten handelt es sich hauptsächlich um die Mannlöcher, die zum Einsteigen eines Mannes in den Kessel dienen sollen. Sie bekommen etwa elliptische Form, wobei die große Achse normal 400 mm, die kleine 300 mm beträgt. Wenn der Platz sehr beschränkt ist, darf man auf 380 · 280 mm heruntergehen.

Damit der Mantel des Kessels durch den Ausschnitt möglichst wenig geschwächt wird, ist es gut, die große Achse senkrecht zur Kesselachse zu legen. In der Ausführung findet man allerdings fast immer die große Achse parallel der Kesselachse liegend. Das dürfte zum Teil eine alte Gewohnheit sein, die wahrscheinlich von dem früher häufigen Baue dünnwandiger, enger, aber langer Kessel herrührt. Bei diesen Kesseln war diese Lage des Mannloches sehr berechtigt, da bei der großen Länge und verhältnismäßig geringen Biegungsfestigkeit solcher Röhren einem Einknicken in diesem Falle mehr vorgebeugt wurde. Zudem kam die größere Schwächung des Kesselmantels bei dem damals üblichen geringen inneren Drucke weniger in Betracht. Zum Teil legt man jetzt aber die große Achse des Mannloches wohl deshalb häufig parallel der Kesselachse, weil dann die Dichtung des Verschlusses leichter zu bewirken ist.

Dieser letzte Gesichtspunkt fällt bei den Mantelausschnitten im Dome fort, es steht also hier nichts im Wege, die große Achse senkrecht zur Kesselachse zu legen. Zuweilen macht man den Mantelausschnitt im Dome kreisrund vom Durchmesser 400 mm, mit Rücksichtnahme darauf, daß der Flansch des Domes als eine gewisse Verstärkung des Mantels anzusehen ist, zu empfehlen ist das jedoch nicht.

Durch den Mantelausschnitt (Abb. 276) wird der Kesselmantel geschwächt. Will man diese Schwächung vermeiden, so muß man den herausfallenden Querschnitt $a \cdot s$ durch den Querschnitt eines aufgenieteten, schmiedeeisernen Ringes ersetzen, dessen Größe $b \cdot c$ sich aus der Gleichung ergibt:

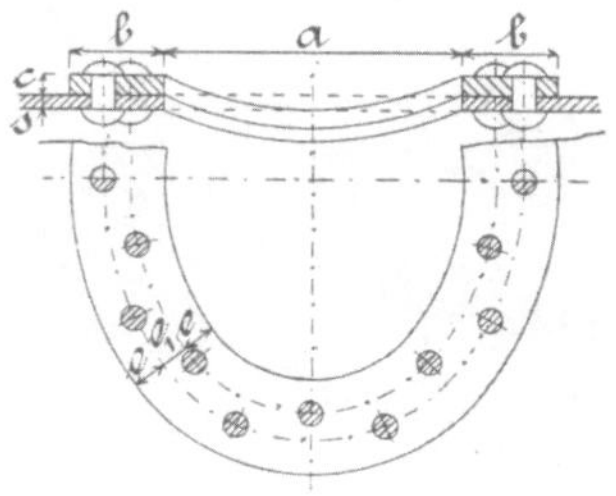

$$2\,b \cdot c = a \cdot s\,;$$

c wählt man dabei nicht zu groß, meistens zwischen 15 und 25 mm.

Da die Blechstärke s mit Berücksichtigung des Güteverhältnisses φ der Längsnaht

Abb. 276.

berechnet war, so kann man auch den Ring entsprechend schwächer nehmen und rechnen:

$$2\,b \cdot c = a \cdot \varphi \cdot s\,;$$

allerdings muß man dann nachher den Ring um die Nietstärke breiter machen.

Der Ring muß nun mit so vielen Nieten versehen werden, daß der erforderliche Gleitungswiderstand vorhanden ist. Bei den Nietnähten betrachteten wir ein Zylinderstück von der Länge t und bekamen die Kraft, die auf 1 cm² Nietquerschnitt entfiel, zu:

$$\frac{d \cdot t \cdot p}{2\,n\,\dfrac{\delta^2\,\pi}{4}}\,.$$

Hier tritt a an die Stelle von t, und es kommt demnach auf 1 cm² Nietquerschnitt die Kraft:

$$\frac{d \cdot a \cdot p}{2\,n\,\dfrac{\delta^2\,\pi}{4}}\,,$$

wenn n die Anzahl der Niete im halben Ringe bedeutet.

Da hier eine gleichmäßige Verteilung der Kraft auf die einzelnen Niete nicht zu erwarten ist, soll der Gleitungswiderstand für 1 cm² Nietquerschnitt nur zu 500 kg gerechnet werden, also entsteht die Gleichung:

$$\frac{d \cdot a \cdot p}{2\,n\,\dfrac{\delta^2\,\pi}{4}} = 500 \text{ kg},$$

und es ist die Anzahl der Niete in der einen Hälfte des Ringes:

$$n = \frac{d \cdot a \cdot p}{2 \cdot 500\,\dfrac{\delta^2\,\pi}{4}}\,.$$

Bei einem Mannloch im gewölbten Boden (z. B. Domboden) würde man die Gleichung bekommen:

$$2 \cdot b \cdot c = a \cdot s_3'\,,$$

worin bedeutet:

b und c die Querschnittsabmessungen des Versteifungsringes,

a die große Achse des elliptischen Mannloches (wegen der Kugelform des Bodens),

s_3' die berechnete Blechstärke des Bodens, ohne weitere Zugabe.

Man kann hier nicht die schließlich gewählte Blechstärke s_3 nehmen, da dieselbe bei Domböden von der berechneten häufig sehr stark abweicht.

Die Anzahl der erforderlichen Niete im halben Ringe ergibt sich wie folgt:

Man denke sich den gewölbten Boden zur ganzen Hohlkugel ergänzt (Abb. 277), dann wird die Kraft P, die die Kugel in 2 Halbkugeln zu zerlegen strebt:

$$P = R^2\,\pi \cdot p\,.$$

Von dieser Kraft kommt auf 1 cm Umfang:

$$\frac{P}{2\,R \cdot \pi} = \frac{R^2\,\pi \cdot p}{2\,R \cdot \pi} = \frac{R \cdot p}{2}\,,$$

also auf a cm Umfang:

$$\frac{R \cdot p \cdot a}{2}$$

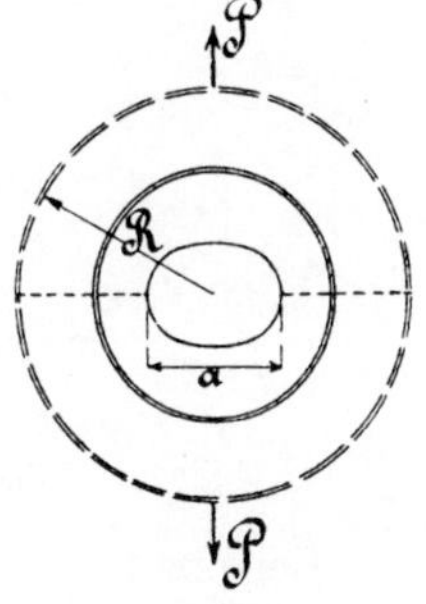

Abb. 277.

auf 1 cm² Nietquerschnitt bei n Nieten:

$$\frac{R \cdot p \cdot a}{2\,n\,\dfrac{\delta^2\,\pi}{4}}\,.$$

Dies kann gleich 500 gesetzt werden, so daß durch einfache Umstellung die Gleichung entsteht:

$$\boldsymbol{n = \frac{R \cdot p \cdot a}{2 \cdot 500\,\dfrac{\delta^2\,\pi}{4}}}\,.$$

Beispiel 1: Mannloch im Mantel. $d = 160$ cm; $p = 8$ Atmosphären Überdruck; $s = 1{,}3$ cm, berechnet mit $\varphi = 0{,}7$; $\delta = 2{,}2$ cm; $\dfrac{\delta^2\,\pi}{4} = 3{,}8$ cm². Dann ist:

$$2\,b \cdot c = a \cdot \varphi \cdot s = 30 \cdot 0{,}7 \cdot 1{,}3$$

$$b\,c = \frac{30 \cdot 0{,}7 \cdot 1{,}3}{2} = 13{,}7 \text{ cm}^2.$$

Mit $c = \underline{1{,}8 \text{ cm}}$ wird:

$$b = \frac{13{,}7}{1{,}8} = 7{,}6 \text{ cm}$$

dafür: $\qquad b = 7{,}6 + 2{,}2 = 9{,}8 \text{ cm} = \sim \underline{10 \text{ cm}}.$

Die Anzahl der Niete in der einen Hälfte des Ringes wird:

$$n = \frac{d \cdot a \cdot p}{2 \cdot 500\,\dfrac{\delta^2\,\pi}{4}} = \frac{160 \cdot 30 \cdot 8}{1000 \cdot 3{,}8} = 10{,}1 = \sim \underline{10 \text{ Stück.}}$$

Beispiel 2: Mannloch im Mantel. $d = 220$ cm; $p = 13$ Atmosphären Überdruck; $\varphi = 0{,}85$; $s = 2$ cm; $\delta = 2{,}6$ cm; $\dfrac{\delta^2\,\pi}{4} = 5{,}31$ cm².

$$2 \cdot b \cdot c = a \cdot \varphi \cdot s = 30 \cdot 0{,}85 \cdot 2$$

$$b\,c = \frac{30 \cdot 0{,}85 \cdot 2}{2} = 25{,}5 \text{ cm}^2.$$

Mit $c = \underline{2{,}5 \text{ cm}}$ wird:

$$b = \frac{25{,}5}{2{,}5} = 10{,}2 \text{ cm}.$$

Bei einer Anordnung der Niete in 3 Reihen müssen zwei Nietstärken dazu gerechnet werden, also wird:

$$b = 10,2 + 2 \cdot 2,6 = 15,4 = \sim 15,5 \text{ cm,}$$

$$n = \frac{220 \cdot 30 \cdot 13}{1000 \cdot 5,31} = 16,15.$$

Nimmt man statt dessen $n = 15$, so wird damit die Beanspruchung für 1 cm² Nietquerschnitt $\dfrac{220 \cdot 30 \cdot 13}{2 \cdot 15 \cdot 5,31} = 538$, was auch jedenfalls noch zulässig ist.

Die Verschlußdeckel der Mannlöcher legt man in das Innere der Kessel, damit sie vom Dampfdrucke fest an die Dichtungsflächen angedrückt werden. In die Deckel werden je zwei $1\frac{1}{8}''$ Schrauben eingenietet, die außen an zwei starken Bügeln befestigt werden. Es empfiehlt sich, die Schraubenbolzen bei hoher Dampfspannung mit Gewinde in die Deckel einzusetzen und zu vernieten. Die Bügel stützen sich auf den Rand des Mannloches. Die Dichtung zwischen Deckel und Kesselblech wird meistens durch runde oder durch flache, mit Gewebe umgebene Gummischnüre bewirkt, deren rechteckiger Querschnitt etwa die Größe 6 · 23 mm hat.

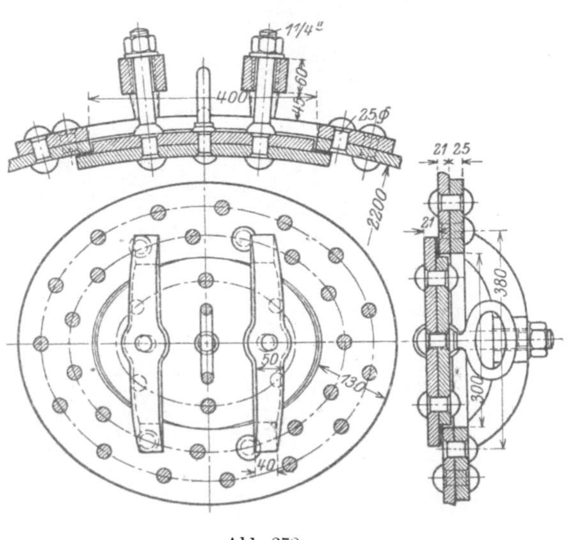

Abb. 278.

Abb. 278. Mannlochverschluß im Kesselmantel. Derartig ausgeführte Verschlüsse lassen sich nur schwer abdichten, da der Deckel entsprechend dem Manteldurchmesser gekrümmt hergestellt werden muß. Sie werden heute nur noch selten angewandt und sind durch Verschlüsse mit ebener Dichtungsfläche (Abb. 279 und 280), die fertig bezogen und auf den Mantel aufgenietet werden, verdrängt worden.

Abb. 279. Ausführuug: Schulz, Knaudt & Co., Huckingen

Abb. 280. Ausführung: Thyssen & Co., Mühlheim a. Ruhr.

Dieser Verschluß gewährt wegen der Einhalsung an der Mannlochöffnung besonders große Sicherheit. —

Die Kesselböden und die Domböden werden jetzt fast ausnahmlos mit eingepreßtem Mannloch hergestellt.

Abb. 281 stellt einen Mannlochverschluß im Domboden mit ebenem Deckel dar, während bei den in Abb. 282 und 283 dargestellten Verschlüssen gewölbt gepreßte, daher steifere Deckel und aus Blech hergestellte, daher leichtere Bügel verwandt sind.

Abb. 282. Ausführung: Schulz, Knaudt.

Abb. 283. Ausführung: Thyssen.

Außerdem werden noch an nicht befahrbaren Kesselteilen kleinere Putz-

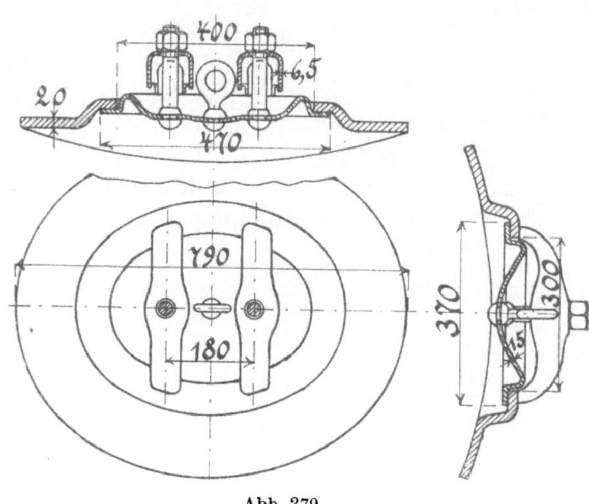

Abb. 279.

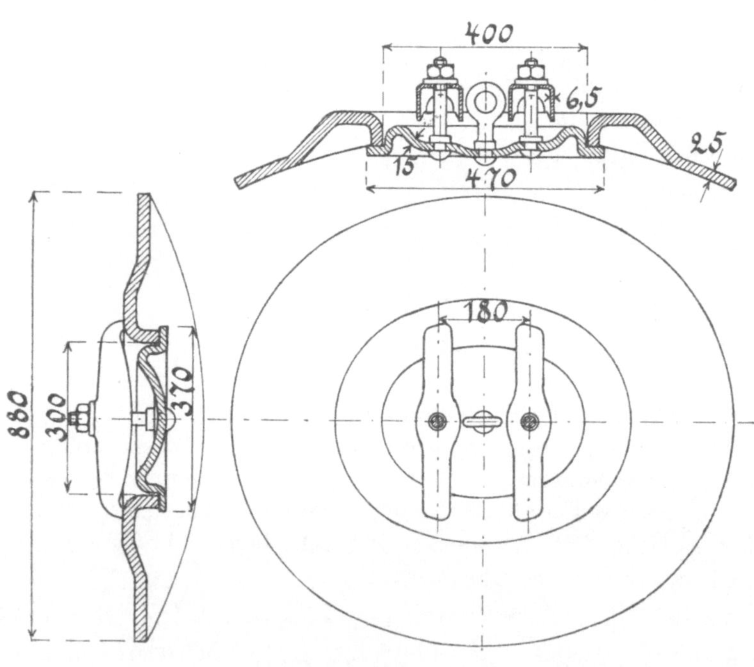

Abb. 280.

öffnungen, sogenannte Handlocher angebracht. Sie werden ähnlich wie die Mannlöcher ausgeführt, jedoch erhält der Deckel gewöhnlich nur eine Verschlußschraube.

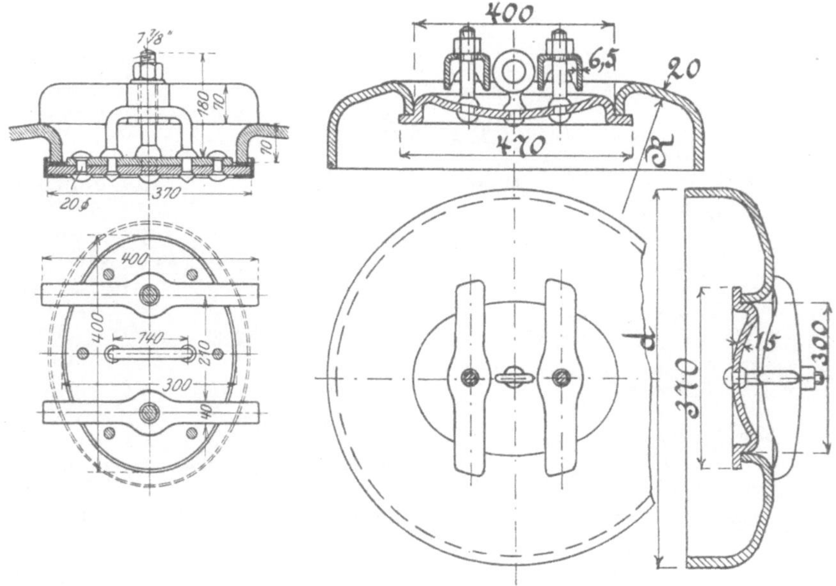

Abb. 282.

31. Die Blechabwicklungen.

Die Blechabwicklungen sind nötig, damit die zum Baue der Kessel erforderlichen Bleche ihrer Größe nach bestimmt und danach im Hüttenwerke bestellt werden können. Zur Abwicklung kommen hauptsächlich Zylinder und Kreiskegel. Es muß natürlich die neutrale Faserschicht abgewickelt werden. Hat man also einen Blechzylinder abzuwickeln, dessen

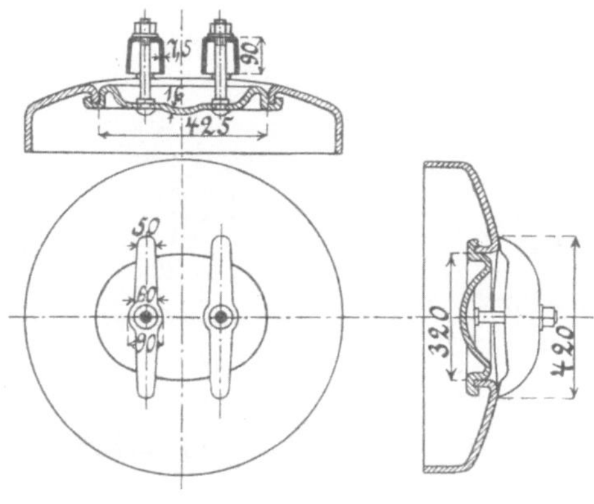

Abb. 283.

innerer Durchmesser d und dessen Wandstärke s ist, so bekommt das Blech in der Abwicklung die Länge: $(d + s)\,\pi$.

Nicht so einfach ist die Abwicklung eines Kegelschusses. Abb. 284 stellt die Ansicht, Abb. 285 die Abwicklung eines Kegelschusses dar.

Es bezeichne:

D den größeren mittleren Durchmesser des Kegelschusses;
d den kleineren mittleren Durchmesser des Kegelschusses;
l die Länge des Schusses;
R die Erzeugende des ganzen Kegels.

Aus der Ähnlichkeit der Dreiecke in Abb. 284 ergibt sich:

$$\frac{R}{D} = \frac{l}{D-d}$$

also

(1)
$$R = \frac{l \cdot D}{D-d}.$$

Ist: H die Pfeilhöhe des größeren Bogens des abgewickelten Schusses, S die halbe Sehne, so ist nach Abb. 285:

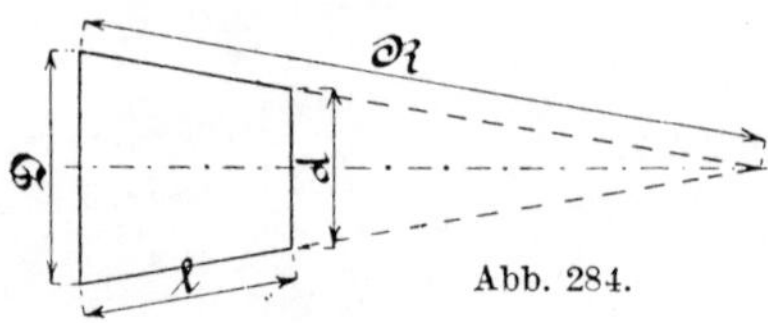

Abb. 284.

(2) $\qquad H = R - \sqrt{R^2 - S^2}$

und

(3) $\qquad S^2 = (2R - H)\,H$.

Ist der Bogen flach, so kann man angenähert die Sehne S durch den Bogen $\dfrac{D\pi}{2}$ ersetzen, dann wird aus Gleichung (3) mit Berücksichtigung von Gleichung (1):

(4) $\qquad \left(\dfrac{D\pi}{2}\right)^2 = \left(\dfrac{2\,l\,D}{D-d} - H\right) H$.

In der Regel ist H gegen $\dfrac{2\,l\,D}{D-d}$ so klein, daß man $-H$ in Gl. (4) vernachlässigen kann, und man erhält:

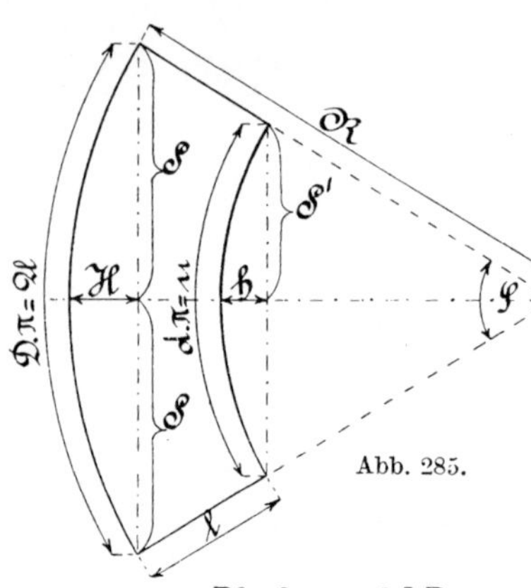

Abb. 285.

(4a) $\qquad \dfrac{D^2\pi^2}{4} = \dfrac{2\,l\,D}{D-d}\,H \qquad$ oder $\qquad \dfrac{D\pi^2}{4} = \dfrac{2\,l}{D-d}\,H$;

daraus:

(5)
$$H = \frac{D\pi^2(D-d)}{4 \cdot 2 \cdot l} \; ;$$

(6)
$$H = 1{,}235\,\frac{D(D-d)}{l}.$$

Oder setzt man in Gl. (5)

$$D = \frac{U}{\pi} \qquad \text{und} \qquad d = \frac{u}{\pi},$$

so wird:

(7)
$$H = \frac{U\pi^2(U-u)}{\pi \cdot 8 \cdot l \cdot \pi} = \frac{U(U-u)}{8\,l}.$$

Diese letzte Formel ist in den Werkstätten sehr gebräuchlich. Sie ist vollkommen genau genug, wenn sich H nicht größer als $0{,}2\,D$ ergibt. Darüber hinaus ist es meistens möglich, die Pfeilhöhe zeichnerisch zu finden. Nötigenfalls läßt sie sich stets durch genaue Rechnung ermitteln, indem man $R = \dfrac{l \cdot D}{D-d}$ ausrechnet, dann $\sphericalangle\varphi$ (Abb. 285) ermittelt aus

$$\frac{\varphi}{360} = \frac{D\,\pi}{2\,R\,\pi} = \frac{D}{2\,R}, \quad \text{damit } S = R \cdot \sin\frac{\varphi}{2} \text{ und dann } H = R - \sqrt{R^2 - S^2}$$

bestimmt.

Ein weit größerer Fehler liegt darin, daß man die Bogenlänge als Sehnenlänge gebraucht und abträgt. Die Sehne wird dadurch zu lang. Schon bei einer Pfeilhöhe von $H = 0{,}1\,D$ ist der gemachte Fehler unzulässig groß. Man wird also etwa von $H = 0{,}08\,D$ bis $H = 0{,}2\,D$ wenigstens S genau ausrechnen, oder was auch vollkommen genügen wird, die zunächst unrichtig aufgetragene Sehnenlänge $2\,S = U$ um ebensoviel verkürzen als $2\,S$ kürzer als der gezeichnete Bogen wird. Die Länge $2\,S$ kann man durch Abtragen mit kleiner Zirkelspannung genau genug auf den Bogen legen und den Unterschied zwischen dieser Länge und dem Bogen feststellen.

Die Pfeilhöhe des kleineren Bogens ergibt sich aus:

$$\frac{h}{H} = \frac{S'}{S} = \frac{u}{U} = \frac{d\,\pi}{D\,\pi} = \frac{d}{D}$$

zu

$$(8) \qquad h = \frac{d}{D}\,H \quad \text{oder} \quad h = \frac{u}{U} \cdot H.$$

Handelt es sich um die Abwicklung solcher Schüsse, die ineinander gesteckt sind und bei denen der mittlere Durchmesser derselbe bleibt, so sei der größte innere Durchmesser d (Abb. 286). Es tritt also $d + s$ an Stelle von D und $d - s$ an Stelle von d. Dann wird aus Gleichung (6):

$$H = 1{,}235\,\frac{(d + s)\,[d + s - (d - s)]}{l}$$

$$= 1{,}235\,\frac{2\,s\,(d + s)}{l}.$$

$$(9) \qquad H = 2{,}47\,\frac{s\,(d + s)}{l}.$$

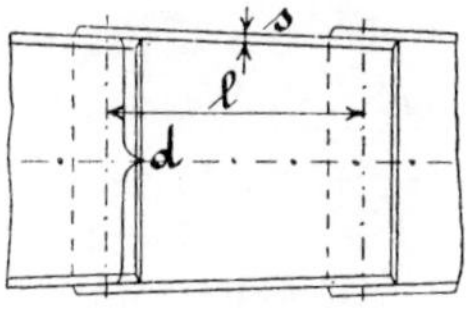

Abb. 286.

Soll der Mantel x mal abgewickelt werden, wobei x praktisch immer nur ein echter Bruch, z, B. $\frac{1}{2}$, $\frac{1}{3}$, $\frac{2}{3}$ usw., sein kann, so muß die Pfeilhöhe mit x^2 (angenähert) multipliziert werden, es wird also in diesem Falle:

$$(6\,\text{a}) \qquad H = 1{,}235\,\frac{D\,(D - d)}{l} \cdot x^2$$

$$(7\,\text{a}) \qquad H = \frac{U\,(U - u)}{8\,l} \cdot x^2$$

$$(9\,\text{a}) \qquad H = 2{,}47\,\frac{s\,(d + s)}{l} \cdot x^2.$$

Was nun die Verzeichnung des Bogens selbst anbetrifft, so kann man diesen auf dem Bleche meistens leicht mit Hilfe einer gebogenen Latte verzeichnen. Bei der Verzeichnung auf dem Papiere, oder auch auf dem Bleche, kann man den Bogen bei kleinen Pfeilhöhen durch zwei gerade Linien ersetzen, wie das in Fig. 4 auf Tafel XIV geschehen ist. Bei etwas größerer Pfeilhöhe kann man sich außer dem mittleren Bogenpunkte noch zwei Punkte bestimmen und den Bogen durch vier gerade Linien ersetzen. So ist es geschehen in Fig. 5 auf Tafel XIV. Nötigenfalls müssen noch mehr Punkte des Bogens bestimmt werden, die leicht gefunden werden, wenn man berücksichtigt, daß die Pfeilhöhe H_1 der Hälfte des Bogens angenähert gleich $\dfrac{1}{2^2} = \dfrac{1}{4}$ der Pfeilhöhe des ganzen Bogens ist; in Fig. 14 auf Tafel XIV ist also $H_1 = \dfrac{1}{4} H$. Genauer findet man Punkte des Kreises, wenn man von den Endpunkten A und B der Sehne nach dem Endpunkte C der Pfeilhöhe (Tafel XIV, Fig. 14) Strahlen AC und BC zieht, die mit der Sehne die Winkel α und β einschließen. Man schlägt von A und B aus zwei beliebige aber gleiche Kreisbogen, teilt sie zwischen AB und AC bzw. zwischen BA und BC in gleiche Teile und trägt dieselben gleichen Teile auf die Verlängerungen der Bogen. Es entstehen dann die Punkte 1, 2, 3 bzw. 1′, 2′, 3′ usw. Die Strahlen von A durch 1, 2, 3 usw. treffen die Strahlen von B durch 1′, 2′, 3′ usw. in Punkten I, II, III usw. des gesuchten Kreises.

Beweis: Der Winkel α wird um ebensoviel verkleinert, wie β vergrößert wird, also ist der Winkel zwischen den Strahlen bei I gleich dem bei II und III und gleich dem bei C. Das ist nur möglich, wenn diese Winkel Peripheriewinkel eines Kreises über derselben Sehne AB sind. Die Kurve C, I, II, III, B ist also ein Kreis.

In den meisten Fällen dürfte es übrigens genügen, die Einteilung in gleiche Teile statt auf dem Kreisbogen auf der Mittellinie cC vorzunehmen. Auf diese Weise ist der Bogen acb bestimmt.

Ein weiteres einfaches und genügend genaues Verfahren ist das folgende:

Es wird mit der Pfeilhöhe EC als Radius ein Viertelkreis CD geschlagen (Abb. 287), der in einige gleiche Teile, hier 3, geteilt wird. In ebenso viele Teile wird ED und die halbe Sehne EB geteilt. Die entsprechenden Teilpunkte sind in Abb. 268 mit 1, 2, 1′, 2′, 1″, 2″ bezeichnet. Mit den Verbindungslinien a und b der Punkte 1′ 1 und 2′ 2 werden von 1″ und 2″ aus Kreise geschlagen, die den gesuchten Kreis berühren.

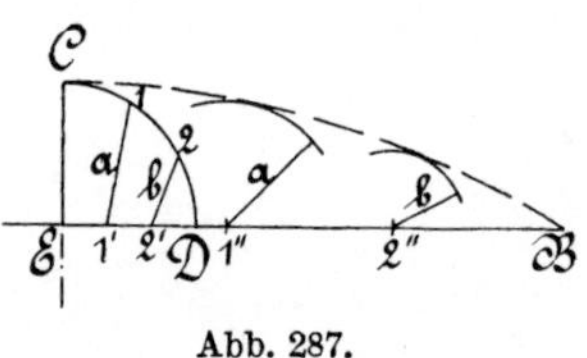

Abb. 287.

Beispiele: Auf Tafel XIV sind mehrere Kesselschüsse und ein Verbindungsstutzen des in Fig. 2 auf Tafel VII dargestellten mehrfachen Walzenkessels abgewickelt. Fig. 1 stellt den vorderen Teil des Oberkessels dar, der unten ein mit der Walzrichtung lang gelegtes Blech hat, und dessen obere Hälfte aus zwei Schüssen besteht. Der vordere halbe Schuß ist zylindrisch, die Abwicklung zeigt Fig. 3, eine besondere Erklärung erscheint überflüssig. In Fig. 4 ist der darauf folgende obere halbe Schuß abgewickelt, der konisch ist.

Hier ist:

$$U = 1011 \cdot \pi = 3175 \text{ mm}$$
$$u = 989\,\pi = 3106 \text{ mm}; \quad U - u = 69 \text{ mm}$$
$$l = 1390 \text{ mm}; \quad x = \tfrac{1}{2};$$
$$H = \frac{U\,(U - u)}{8\,l}\,x^2 = \frac{3175 \cdot 69}{8 \cdot 1390 \cdot 2^2} = \sim 5 \text{ mm};$$
$$h = \frac{u}{U}\,H = \frac{3106}{3175} \cdot 5 = 4{,}9 \text{ dafür auch } 5 \text{ mm.}$$

In Fig. 2 ist der hintere Verbindungsstutzen mit den zugehörigen Kesselschüssen dargestellt. Fig. 5 zeigt die Abwicklung des oberen Schusses.

Hier ist:

$$U = 1011\,\pi = 3175 \text{ mm}$$
$$u = 989\,\pi = 3106 \text{ mm}; \quad U - u = 69 \text{ mm}$$
$$l = 1740 \text{ mm}; \quad x = 1;$$
$$H = \frac{3175 \cdot 69}{8 \cdot 1740} = 15{,}7 = \sim 16 \text{ mm};$$
$$h = \frac{u}{U}\,H = \frac{3106}{3175}\,15{,}7 = 15{,}35 = \sim 15 \text{ mm.}$$

In Fig. 6 ist der Verbindungsstutzen abgewickelt. Zur größeren Deutlichkeit ist derselbe hier doppelt so groß als in Fig. 2 gezeichnet. Zunächst sind die Durchdringungskurven des mittleren Zylinders des Stutzens mit den Kegelschüssen konstruiert. Punkte dieser Kurven erhält man dadurch, daß man in den Schnittpunkten M_1 und M_2 der Mittellinien der Schüsse und des Stutzens Mittelpunkte von Kugeln annimmt, die sich in den Figuren als Kreise projizieren. Ein solcher größter Kugelkreis ist in Fig. 6 z. B. $v\,x\,x_1\,w$. Die hierzu gehörige Kugel schneidet den unteren Kegelschuß in zwei Kreisen, die hier als die geraden, zur Achse des Kegelschusses senkrechten Linien $x\,y$ und $x_1\,y_1$ erscheinen. Die Schnittlinie derselben Kugel mit dem senkrechten Zylinder ist ein Kreis, der durch die gerade Linie $v\,w$ dargestellt wird. Die Schnittpunkte y und y_1 der Linien $x\,y$, $x_1\,y_1$ und $v\,w$ sind Punkte der gesuchten Durchdringungskurve des Stutzens mit dem Kegelschusse.

Man zeichnet nun den Kreis, der den Grundriß der Mittelschicht des Stutzens darstellt, wie Fig. 6 zeigt, und teilt diesen Kreis in eine Anzahl (hier 12) gleicher Teile. Durch die entstehenden Punkte 1, 2, 3, 4 usw. werden die Erzeugenden 1 1', 2 2', 3 3' des Zylinders gezeichnet, welche die eben gezeichneten Durchdringungskurven in den Punkten 1', 2', 3' usw. treffen und hier ihre Begrenzung finden. Wird der Zylinder jetzt aufgerollt, so kommen diese Punkte in die Lagen 1'', 2'', 3'' usw. Die durch diese Punkte gelegte Kurve ist die abgewickelte Durchdringungskurve. Von letzterer aus muß noch ein gewisses Stück wegen der Umbördelung des Stutzenrandes angetragen werden. Nimmt man für dieses

Stück die Entfernung vom Blechrande bis zum mittleren Zylinder, hier 84 mm, so hat man gegen das theoretisch erforderliche Maß etwas (hier etwa 12 mm) zugegeben, was sehr angemessen erscheint, da etwas durch das Umbördeln am Umfange verloren geht und außerdem später noch eine Stemmkante angearbeitet werden muß.

In Fig. 10 und 11 ist die Abwicklung eines Domes dargestellt. Wir haben es hier mit der Durchdringung zweier senkrecht zueinander stehenden Zylinder zu tun. Die Konstruktion kann sehr gut gleich auf dem für den Dom erforderlichen Bleche vorgenommen werden (Fig. 11). Zeichnet man den Querschnitt des Kessels, so ist der Kreisbogen $p\,q$ (Fig. 11) ohne weiteres die Durchdringungslinie des Kesselmantels mit dem Dommantel, die Erzeugenden des den letzteren darstellenden Zylinders finden also im Kreise $p\,q$ ihre Begrenzung in den Punkten 0′, 1′, 2′, 3′ usw. Bei der Aufrollung des Zylinders sind diese Punkte leicht auf die Erzeugenden 0, 1, 2, 3 usw. zu projizieren, so daß die abgewickelte Durchdringungskurve 0″, 1″, 2″ usw. entsteht. Von letzterer aus wird für die Umbördelung wieder etwas (hier 65 mm) angetragen. Der Dom soll mit einer einreihigen Längsnietnaht versehen werden. Da die Armaturstutzen gewöhnlich in senkrechte Ebenen gelegt werden, die lang und quer durch den Kessel gehen, so ist die Teilung des Dommantels mitten zwischen diese Ebenen gelegt.

Nach rechts und links muß nun noch die Überlappung für die Nietnaht angetragen werden, so daß die ganze Länge des Bleches $610 \cdot \pi + 2 \cdot 27 = 1970$ mm wird.

Um die Länge der senkrechten Nietnaht zu bestimmen, muß man die Lage n'' des untersten Nietes festlegen, und zwar derart, daß der Kopf dieses Nietes etwa da aufhört, wo die Umbördelung beginnt.

Vom Mittelpunkte m für den Abrundungskreis (Fig. 10) lotet man hinüber nach dem mittleren Dommantel in Fig. 11 und bekommt Punkt m'. Von hier aus trägt man $m'\,n$ (= Radius des Nietkopfes) nach oben und überträgt Punkt n mit Hilfe des Kreises $n\,n'$ auf die 0-Linie nach n'. Bei der Abwicklung kommt dann n' nach n'', dem Mittelpunkte des unteren Nietes. Natürlich kann man diesen Punkt 2 bis 3 mm nach oben oder unten verlegen.

In Fig. 12, 13 und 14, Tafel XIV ist ein konischer Vorkopf abgewickelt, wie er z. B. beim kombinierten Flammrohr- und Heizrohrkessel am vorderen Boden des Oberkessels angebracht wird, um die Wasserstandsgläser und vielleicht das Manometer aufzunehmen. Der Boden des Vorkopfes soll in diesem Falle aufgeschweißt sein. Bei der Abwicklung des Mantels handelt es sich zunächst um die Durchdringung eines Kegels mit einer Kugel. Der Deutlichkeit wegen ist der mittlere Kegelmantel und der äußere Kugelmantel in Fig. 13 noch einmal herausgezeichnet.

Es muß zunächst wieder die Durchdringungskurve gezeichnet werden, was hier wieder ähnlich wie bei dem Stutzen (Fig. 6) mit Hilfe von Kugeln geschehen kann. Der Mittelpunkt M der Hilfskugeln kann hier aber wechseln, er muß nur auf der Mittellinie des Kegels liegen. Eine solche Kugel habe den größten Kugelkreis $x\,y\,z$ (Fig. 13), der den größten Kreis des kugeligen Kesselbodens in den Punkten y und z und die Kegelgrenzlinie im Punkte x schneidet. Schnittlinien zwischen Hilfskugeln und Boden, bzw. Hilfskugel und Kegel sind die sich hier als gerade Linien darstellenden Kreise $y\,z$ bzw. $x\,x'$. Beide Linien schneiden sich im Punkte x' der gesuchten Durchdringungskurve. Die letztere ist aber in den meisten Fällen der Praxis, so auch hier, so wenig gekrümmt, daß man dafür meistens die gerade Verbindungslinie zwischen $6''$ und $0''$ nehmen kann.

Man wickelt nun zunächst den geraden Kegel $A\,B\,b\,a$ ab, der bis dahin reicht, wo die Umbördelung beginnt. Hier bekommt man:

$$U = (520 + 12)\,\pi = 1671 \text{ mm}$$
$$u = (420 + 12)\,\pi = 1357 \text{ mm}$$
$$U - u = 314 \text{ mm}; \quad l = 590 \text{ mm}$$
$$H = \frac{U(U-u)}{8\,l} = \frac{1671 \cdot 314}{8 \cdot 590} = 111 \text{ mm}$$
$$h = \frac{d}{D} \cdot H = \frac{432}{532} \cdot 111 = \sim 90 \text{ mm}.$$

H ist schon etwas groß. Diese Berechnung sollte nur gelten bis $H = 0,2\,D = 0,2 \cdot 532 = 106,4$ mm in diesem Falle. Wir wollen deshalb H hier einmal genau ausrechnen.

Es wird nach S. 236 und 237:

$$R = \frac{l \cdot D}{D - d} = \frac{590 \cdot 532}{100} = 3138,8 \text{ mm}$$
$$\frac{\varphi}{360} = \frac{D}{2\,R}; \quad \varphi = \frac{360 \cdot D}{2\,R} = \frac{360 \cdot 532}{6277,6} = \sim 30,5°$$
$$S = R \sin\frac{\varphi}{2} = 3138,8 \cdot \sin 15,25° = 3138,8 \cdot 0,263 = 825,50 \text{ mm}$$

$2\,S = 1651$ mm gegen 1671 mm Umfang.

$$H = R - \sqrt{R^2 - S^2} = 3138,8 - \sqrt{3138,8^2 - 825,5^2} = 110,5 \text{ mm},$$

also praktisch noch dasselbe wie oben. Wir können deshalb auch für $h = \sim 90$ wie oben nehmen. Es wird dagegen die Sehne $a\,b$:

$$2\,S' = 1651\,\frac{432}{532} = 1340,6 = \sim 1341 \text{ mm},$$

während der Umfang $u = 1357$ mm betrug.

Man kann also wohl die Pfeilhöhen hier noch nach der einfachen Formel berechnen, die Sehnen müssen aber genauer bestimmt werden (siehe Ausführung auf S. 237). Nachdem der gerade Kegel in Fig. 14 abgewickelt ist, werden in Fig. 13 die Kegelerzeugenden $1'1'$, $2'2'$ usw. bis zum Schnitt mit der Durchdringungskurve $6''\,0''$ gezogen, die erforderlichen Verlängerungen $1'1''$, $2'2''$ usw. der Erzeugenden 1, 2, 3 usw.

gewonnen und in Fig. 14 abgetragen[1]). Hierdurch bekommt man die abgewickelte Durchdringungskurve. Es bleibt nur noch übrig, für die Umbördelung entsprechende Stücke in Fig. 14 hinzuzutragen.

Es dürfte sich empfehlen, die Abwicklung solcher Stutzen nicht auf dem Bleche in der Werkstatt, sondern auf dem Reißbrett auszuführen und durch Zeichnung die Maße zu bestimmen, die für das Aufzeichnen auf das Blech erforderlich sind. Dabei ist zu beachten, daß außer den Begrenzungslinien auch die abgewickelte Durchdringungskurve zwischen Kegel und Kugel durch Maße bestimmt werden muß.

Schon bei sorgfältiger Zeichnung im Maßstab 1 : 5 lassen sich die Maße nach Zeichnung genau genug bestimmen. Es steht aber nichts im Wege, auch einen größeren Maßstab, vielleicht 1 : 3, zu verwenden. Weitere Abwicklungen hier auszuführen, verbietet der Umfang dieses Buches. Eine größere Anzahl interessanter Beispiele findet sich in der „Vorschule für das Maschinenzeichnen von Brahtz, Kirsch und Kracht". Verlag der Ruhfusschen Buchhandlung, Dortmund.

32. Walzwerkstabellen.

A. Auszug aus der Liste über schmiedeeiserne Siederöhren der Gelsenkirchener Bergwerks-Aktien-Gesellschaft, Abteilung: Düsseldorf, Röhrenwerke.

Äußerer Durchmesser		Gewöhnliche Wandstärke	Gewicht für 1 m	Äußerer Durchmesser		Gewöhnliche Wandstärke	Gewicht für 1 m
Zoll engl.	mm	mm	kg	Zoll engl.	mm	mm	kg
$1\frac{1}{2}$	38	$2\frac{1}{4}$	1,97	$6\frac{1}{4}$	159	$4\frac{1}{2}$	17,00
$1\frac{5}{8}$	$41\frac{1}{2}$	$2\frac{1}{4}$	2,17	$6\frac{1}{2}$	165	$4\frac{1}{2}$	17,65
$1\frac{3}{4}$	$44\frac{1}{2}$	$2\frac{1}{4}$	2,32	$6\frac{3}{4}$	171	$4\frac{1}{2}$	18,31
$1\frac{7}{8}$	$47\frac{1}{2}$	$2\frac{1}{4}$	2,49	7	178	$4\frac{1}{2}$	19,08
2	51	$2\frac{1}{2}$	2,97	$7\frac{1}{2}$	191	$5\frac{1}{2}$	24,93
$2\frac{1}{8}$	54	$2\frac{1}{2}$	3,15	8	203	$5\frac{1}{2}$	26,60
$2\frac{1}{4}$	57	$2\frac{3}{4}$	3,65	$8\frac{1}{2}$	216	$6\frac{1}{2}$	33,20
$2\frac{3}{8}$	60	3	4,20	9	229	$6\frac{1}{2}$	35,30
$2\frac{1}{2}$	$63\frac{1}{2}$	3	4,45	$9\frac{1}{2}$	241	$6\frac{1}{2}$	37,20
$2\frac{3}{4}$	70	3	4,90	10	254	$6\frac{1}{2}$	39,50
3	76	3	5,35	$10\frac{1}{2}$	267	7	44,50
$3\frac{1}{4}$	83	$3\frac{1}{4}$	6,35	11	279	$7\frac{1}{2}$	49,60
$3\frac{1}{2}$	89	$3\frac{1}{4}$	6,78	$11\frac{1}{2}$	292	$7\frac{1}{2}$	52,10
$3\frac{3}{4}$	95	$3\frac{1}{4}$	7,30	12	305	$7\frac{1}{2}$	54,70
4	102	$3\frac{3}{4}$	9,01	$12\frac{1}{2}$	318	8	60,50
$4\frac{1}{4}$	108	$3\frac{3}{4}$	9,56	13	330	8	63,10
$4\frac{1}{2}$	114	$3\frac{3}{4}$	10,10	$13\frac{1}{2}$	343	8	65,70
$4\frac{3}{4}$	121	4	11,46	14	355	8	68,00
5	127	4	12,03	$14\frac{1}{2}$	368	8	70,60
$5\frac{1}{4}$	133	4	12,65	15	381	8	73,10
$5\frac{1}{2}$	140	$4\frac{1}{2}$	14,90	16	406	8	78,00
$5\frac{3}{4}$	146	$4\frac{1}{2}$	15,56				
6	152	$4\frac{1}{2}$	16,22				

[1]) Strenggenommen müßte man erst die wirklichen Längen der Stücke 1′1″, 2′2″ usw. durch Herumdrehen dieser Stücke auf die Linie bB suchen, jedoch gibt das in d i e s e m F a l l e keinen meßbaren Unterschied.

Die Rohre können mit beliebig stärkerer Wand geliefert werden, und zwar die ersten 4 Rohre bis 7 mm, die übrigen bis 10 mm stärker, als in der Tabelle angegeben. Alle Rohre werden mit Wasserdruck, den Materialvorschriften entsprechend (siehe S. 201) geprüft und auf Verlangen an einem Ende etwas aufgeweitet.

B. Umgezogene Kesselböden.

a) Vom Blechwalzwerk Schulz Knaudt, Huckingen (Kreis Düsseldorf).

α) Glatte Böden.

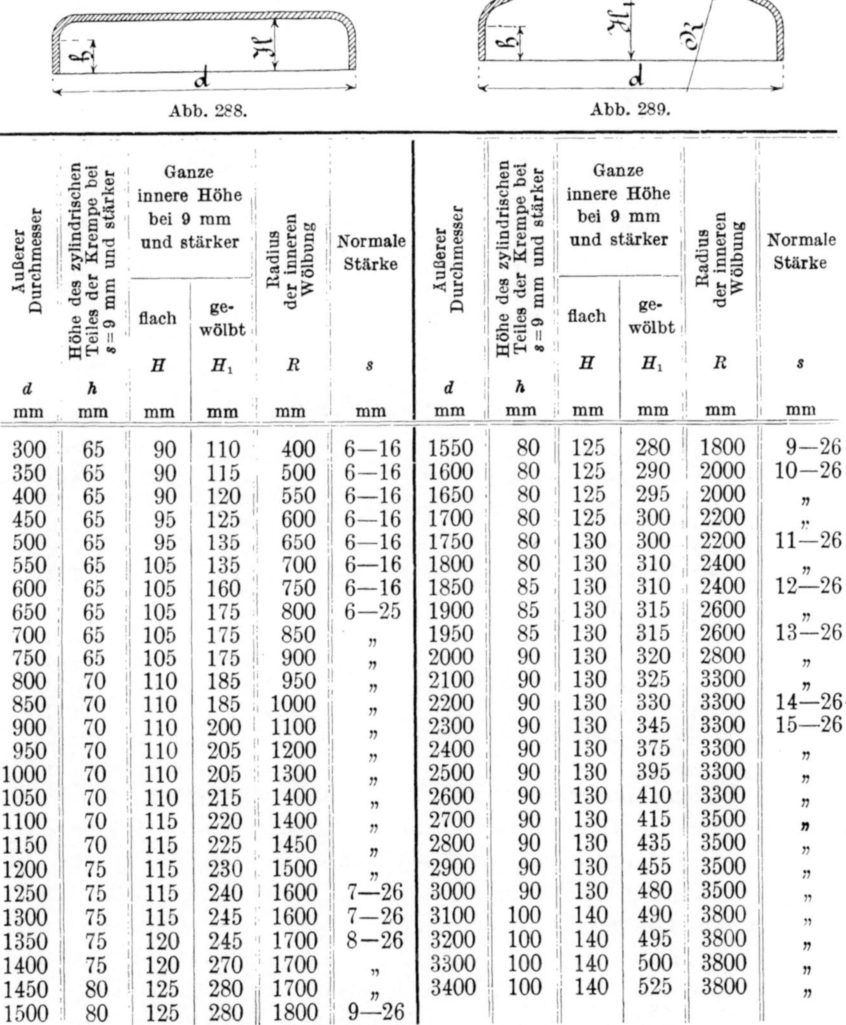

Abb. 288. Abb. 289.

Äußerer Durchmesser	Höhe des zylindrischen Teiles der Krempe bei $s = 9$ mm und stärker	Ganze innere Höhe bei 9 mm und stärker		Radius der inneren Wölbung	Normale Stärke
		flach	gewölbt		
d	h	H	H_1	R	s
mm	mm	mm	mm	mm	mm
300	65	90	110	400	6—16
350	65	90	115	500	6—16
400	65	90	120	550	6—16
450	65	95	125	600	6—16
500	65	95	135	650	6—16
550	65	105	135	700	6—16
600	65	105	160	750	6—16
650	65	105	175	800	6—25
700	65	105	175	850	„
750	65	105	175	900	„
800	70	110	185	950	„
850	70	110	185	1000	„
900	70	110	200	1100	„
950	70	110	205	1200	„
1000	70	110	205	1300	„
1050	70	110	215	1400	„
1100	70	115	220	1400	„
1150	70	115	225	1450	„
1200	75	115	230	1500	„
1250	75	115	240	1600	7—26
1300	75	115	245	1600	7—26
1350	75	120	245	1700	8—26
1400	75	120	270	1700	„
1450	80	125	280	1700	„
1500	80	125	280	1800	9—26

Äußerer Durchmesser	Höhe des zylindrischen Teiles der Krempe bei $s = 9$ mm und stärker	Ganze innere Höhe bei 9 mm und stärker		Radius der inneren Wölbung	Normale Stärke
		flach	gewölbt		
d	h	H	H_1	R	s
mm	mm	mm	mm	mm	mm
1550	80	125	280	1800	9—26
1600	80	125	290	2000	10—26
1650	80	125	295	2000	„
1700	80	125	300	2200	„
1750	80	130	300	2200	11—26
1800	80	130	310	2400	„
1850	85	130	310	2400	12—26
1900	85	130	315	2600	„
1950	85	130	315	2600	13—26
2000	90	130	320	2800	„
2100	90	130	325	3300	„
2200	90	130	330	3300	14—26
2300	90	130	345	3300	15—26
2400	90	130	375	3300	„
2500	90	130	395	3300	„
2600	90	130	410	3300	„
2700	90	130	415	3500	„
2800	90	130	435	3500	„
2900	90	130	455	3500	„
3000	90	130	480	3500	„
3100	100	140	490	3800	„
3200	100	140	495	3800	„
3300	100	140	500	3800	„
3400	100	140	525	3800	„

Die Wandstärken werden auch in anderen Größen ausgeführt, bedingen dann aber höhere Preise.

β) Gewölbte Böden mit Ein- und Aushalsungen für Zweiflammrohrkessel (äußerer Bord für einfache Naht).

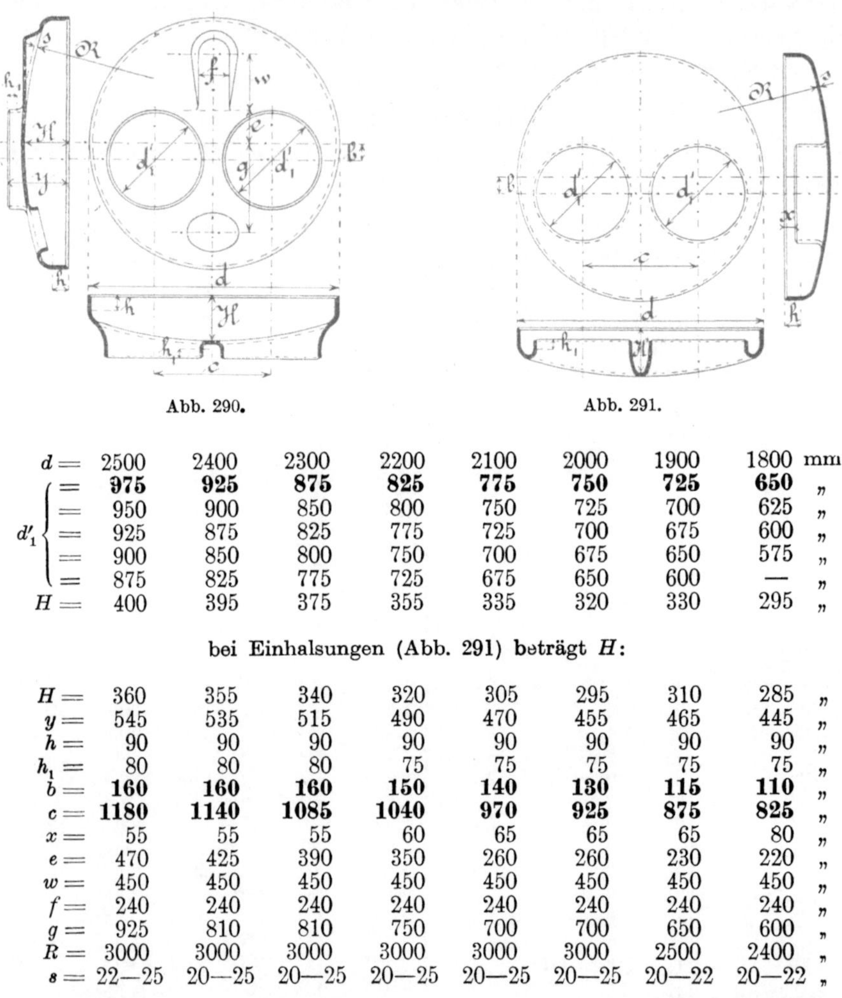

Abb. 290.   Abb. 291.

$d =$	2500	2400	2300	2200	2100	2000	1900	1800	mm
$=$	**975**	**925**	**875**	**825**	**775**	**750**	**725**	**650**	„
$=$	950	900	850	800	750	725	700	625	„
d'_1 $=$	925	875	825	775	725	700	675	600	„
$=$	900	850	800	750	700	675	650	575	„
$=$	875	825	775	725	675	650	600	—	„
$H =$	400	395	375	355	335	320	330	295	„

bei Einhalsungen (Abb. 291) beträgt H:

$H =$	360	355	340	320	305	295	310	285	„
$y =$	545	535	515	490	470	455	465	445	„
$h =$	90	90	90	90	90	90	90	90	„
$h_1 =$	80	80	80	75	75	75	75	75	„
$b =$	**160**	**160**	**160**	**150**	**140**	**130**	**115**	**110**	„
$c =$	**1180**	**1140**	**1085**	**1040**	**970**	**925**	**875**	**825**	„
$x =$	55	55	55	60	65	65	65	80	„
$e =$	470	425	390	350	260	260	230	220	„
$w =$	450	450	450	450	450	450	450	450	„
$f =$	240	240	240	240	240	240	240	240	„
$g =$	925	810	810	750	700	700	650	600	„
$R =$	3000	3000	3000	3000	3000	3000	2500	2400	„
$s =$	22—25	20—25	20—25	20—25	20—25	20—25	20—22	20—22	„

Die Böden, die den fettgedruckten Zahlen entsprechen, stellen die gangbarsten Sorten dar und werden von der Firma stets auf Lager gehalten.

Alle Böden werden mit gedrehten Kanten geliefert und genügen für einen Betriebsüberdruck von 12 at. Unter Beibehaltung des äußeren Durchmessers können die Lochdurchmesser und Mittelentfernungen nach Wunsch entsprechend geändert werden. Die Böden werden je nach Wunsch mit oder ohne Wasserstandsfläche, Speisestutzenfläche und Mannloch geliefert. Größe des Mannlochs 300 × 400 mm oder 320 × 425 mm. Die Böden werden auch für doppelte Naht geliefert. In diesem Falle sind die Abmessungen H, h, y und x um je 35 mm größer.

γ) Gewölbte Böden mit Ein- und Aushalsungen für Einflammrohrkessel.

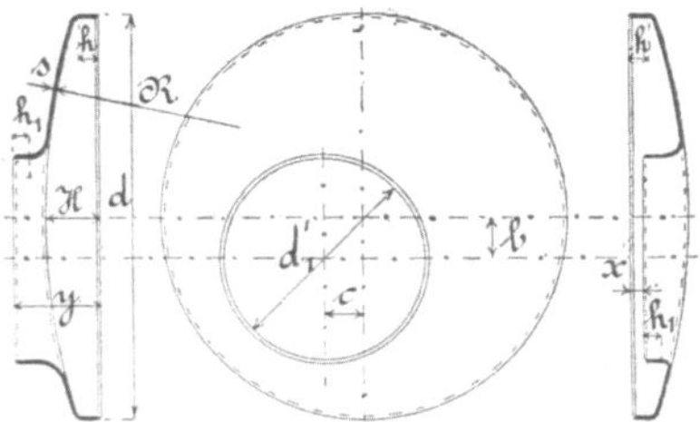

Abb. 292.

d	$b\,c\,d'_1$	H	y	x	h	h_1	R	s
mm	mm	mm	mm	mm	mm	mm	mm	mm
1300		230	340	45	75	70	1600	15—20
1350	beliebig, je-	235	340	45	75	70	1700	15—20
1400	doch muß	235	340	45	75	70	1700	15—20
1450	die lichte	235	350	45	75	70	1700	15—20
1500	Weite zwi-	270	365	50	80	70	1800	16—23
1550	schen Bord	270	375	55	80	70	1800	16—23
1600	des Bodens	270	390	65	80	70	2000	17—23
1650	und Bord des	275	390	65	80	75	2000	17—23
1700	Rohrloches	275	400	65	80	75	2200	17—24
1750	mindestens	275	400	65	80	75	2200	17—24
1800	100 mm be-	275	400	70	80	75	2400	18—25
1850	tragen.	275	405	70	85	75	2400	18—25
1900		290	410	75	85	75	2600	18—25
1950		300	410	75	85	75	2600	18—25
2000		300	410	75	90	80	2800	18—25
2100		310	410	75	90	80	3000	18—25
2200		325	410	75	90	80	3000	18—25
2300		345	420	75	90	80	3000	18—25
2400		365	425	75	90	80	3000	18—25
2500		385	430	75	90	80	3000	18—25

Die Bodenkrempen können für doppelte Nietnaht erhöht werden.

δ) Gewölbte Böden mit eingezogener Rohröffnung für Wellrohrkessel.

d	1400	1600	1800	2000	2200	2300
d'_1	815	985	1140	1280	1430	1430
w	700	800	950	1100	1250	1300
w_1	800	900	1050	1200	1350	1400
H	230	250	255	255	300	320
h	80	80	80	80	80	80
x	100	125	125	125	160	160
b	105	125	100	100	140	140
c	105	125	145	150	180	180
s	18	19	19	23	23	23

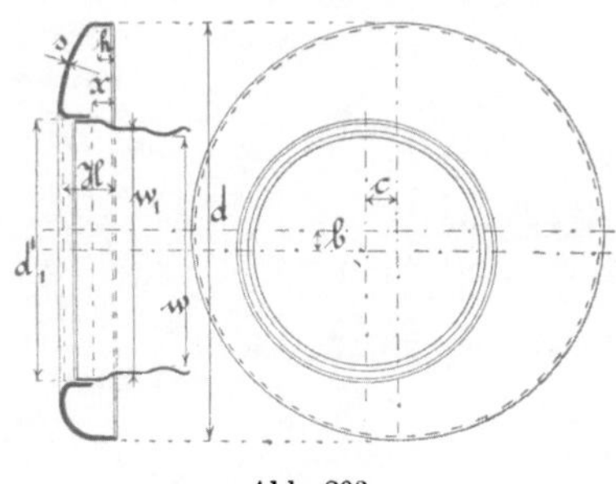

Abb. 293.

Das gerade Stück der Einhalsung beträgt 70 mm.

Die Stemmkanten für Rohr- und Mantelflansch werden gedreht geliefert. Die Böden genügen für einen Betriebsüberdruck von 12 at.

Auf Wunsch kann der zylindrische Mantelflansch mit 125 mm Breite angefertigt werden, wodurch sich H, h und x um 45 mm erhöht.

ε) Gewölbte Böden für Dreiflammrohrkessel.

Hierzu Abb. 298 und 299 auf Seite 251.

$$d = 2500 \qquad 2600 \qquad 2700 \qquad 2800 \qquad 2900 \qquad 3000$$
$$R = 3000 \qquad 3000 \qquad 3300 \qquad 3300 \qquad 3300 \qquad 3300$$
$$s = 22\text{—}28 \quad 22\text{—}28 \quad 22\text{—}28 \quad 22\text{—}28 \quad 22\text{—}28 \quad 22\text{—}28$$

d_1' und d_2' können nach Wunsch ausgeführt werden.

Die Kanten der Krempen stehen parallel zur Nietnaht des Kesselmantels.

ζ) Böden für Heizrohrkessel.

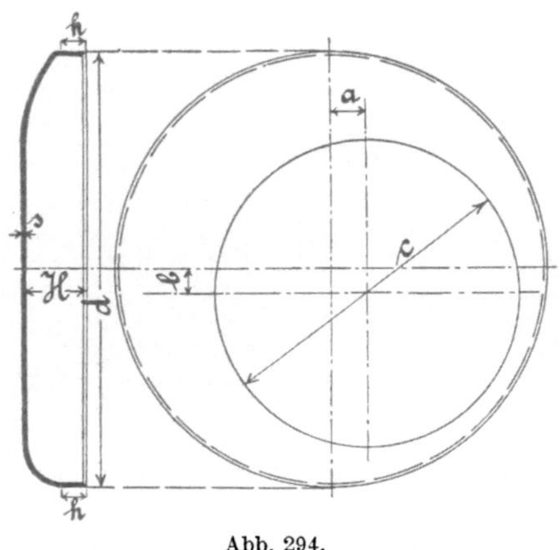

Abb. 294.

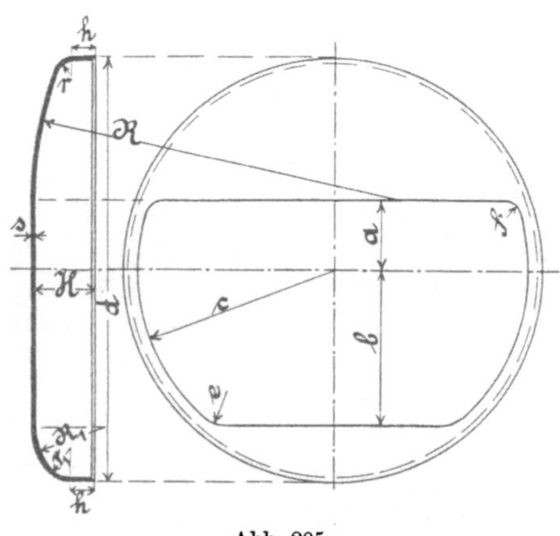

Abb. 295.

d	H	h	s	a	b	c	Gewicht ca. kg
1400	255	125	18	105	105	900	300
1600	275	125	19	125	125	1100	410
1800	280	125	19	145	100	1260	570
2000	280	125	23	150	100	1400	820
2200	325	125	23	180	140	1560	1000
2300	345	125	23	180	140	1660	1100

d	2000	2100	2200	2300	2400
H	310	350	355	360	360
h	135	135	140	145	145
a	450	475	500	525	550
b	825	825	850	850	900
c	875	925	975	1025	1075

Blechstärke:	Annäherndes Gewicht in kg:				
25	975	1050	1125	1200	1275
26	1015	1090	1170	1250	1325
27	1045	1130	1215	1300	1375
28	1080	1180	1260	1350	1425
29	1120	1220	1305	1400	1475
30	1160	1260	1350	1450	1525

b) Böden von Thyssen & Co., Mülheim a. d. Ruhr.

α) Gewölbte Böden mit Ein- und Aushalsungen für Zweiflammrohrkessel. Abb. 296 und 297.

(Äußerer Bord für einfache Naht.)

	d = 1800	1900		2000		2100		2200			2300	2400	2500
d_1' ausgehalst	675	725	700	775	—	825	775	875	825	—	925	1000	1075
	650	700	—	750	—	800	—	850	—	—	900	975	1050
	625	675	—	725	—	775	—	825	—	—	875	950	1025
	600	650	—	700	—	750	—	800	—	—	850	925	1000
	—	625	—	675	—	725	—	775	—	—	825	900	975
	—	600	—	650	—	700	—	750	—	—	800	—	—
	—	—	—	—	—	—	—	725	—	—	—	—	—
d_1' eingehalst	650	700	700	750	775	800	775	850	825	725	925	950	1025
	625	675	—	725	725	775	—	825	800	—	900	925	1000
	600	650	—	700	—	750	—	800	—	—	875	900	975
	575	625	—	675	—	725	—	775	—	—	850	875	950
	—	600	—	650	—	700	—	750	—	—	825	850	925
	—	—	—	—	—	—	—	725	—	—	800	—	900
	—	—	—	—	—	—	—	—	—	—	775	—	875
	—	—	—	—	—	—	—	—	—	—	750	—	—
	—	—	—	—	—	—	—	—	—	—	725	—	—
$s =$	16—22	17—23	18—19	18—24	19—21	19—24	20—21	19—25	22—23	19—21	20—25	21—26	22—27
$H =$	290	310	300	325	310	320	310	345	330	330	370	365	385
$h =$	90	100	100	100	100	100	100	100	100	100	100	100	100
$h_1 =$	75	75	75	80	80	80	80	80	80	80	80	90	90
$y =$	420	435	425	455	—	460	450	470	460	—	510	525	525
$x =$	50	60	55	60	60	65	65	60	70	70	65	55	45[1]
$c =$	825	875	850	925	900	970	925	1040	992	1070	1085	1180	1225
$b =$	110	115	115	130	125	140	145	150	150	100	140	100	100
$R =$	2400	2500	2800	2700	3000	3000	3300	3000	3300	3300	3000	3200	3300
$w =$	750	800	780	825	825	855	935	895	980	895	950	1050	1065
$f =$	230	240	240	240	240	240	240	265	240	240	265	265	265
bei Aushalsung $a =$	570	580	—	620	—	650	—	720	—	—	720	725	800
bei Aushalsung $e =$	570	580	—	610	—	650	—	685	—	—	730	775	800
bei Einhalsung $a =$	575	625	—	650	—	700	—	775	—	—	785	775	810
bei Einhalsung $e =$	515	535	—	570	—	590	—	600	—	—	640	700	810
$g =$	220	220	—	230	—	240	—	250	—	—	250	250	260

[1] Bei $d_1' = 1025$ ist $x = 55$, bei $d_1' = 925$, 900 und 875 ist $x = 70$.

β) **Glatte Böden.**   Abb. 288 und 289 (S. 243).

d	s	R	s = 6—11 mm			s = 12—15 mm			s = 16—19 mm			s = 20—23 mm			s = 24—26 mm			s = 27—30 mm		
			h	H	H_1	h	H	H_1	h	H	H_1	h	H	H_1	h	H	H_1	h	H	H_1
mm	mm	mm	mm	mm	mm	mm	mm	mm	mm	mm	mm	mm	mm	mm	mm	mm	mm	mm	mm	mm
350	6—16	425	60	85	125	70	95	135	80	105	145	—	—	—	—	—	—	—	—	—
400	6—18	450	"	90	130	"	100	140	"	110	150	—	—	—	—	—	—	—	—	—
450	"	500	"	"	140	"	"	150	"	"	160	—	—	—	—	—	—	—	—	—
470	"	525	"	"	"	"	"	"	"	"	"	—	—	—	—	—	—	—	—	—
500	6—20	550	"	"	145	"	"	155	"	"	165	90	120	175	—	—	—	—	—	—
550	"	600	"	95	"	"	105	"	"	115	"	"	125	"	—	—	—	—	—	—
600	"	650	"	"	155	"	"	165	"	"	175	"	"	185	—	—	—	—	—	—
630	6—22	700	"	100	"	"	110	"	"	120	"	"	130	"	—	—	—	—	—	—
650	6—25	"	"	"	160	"	"	170	"	"	180	"	"	190	100	140	200	—	—	—
700	"	800	"	"	"	"	"	"	"	"	"	"	"	"	"	"	"	—	—	—
750	"	850	"	"	"	"	"	"	"	"	"	"	"	"	"	"	"	—	—	—
785	"	900	"	"	170	"	"	180	"	"	190	"	"	200	"	"	210	—	—	—
800	"	"	"	"	175	"	"	185	"	"	195	"	"	205	"	"	215	—	—	—
850	"	925	"	"	180	"	"	190	"	"	200	"	"	210	"	"	220	—	—	—
863	"	"	"	"	"	"	"	"	"	"	"	"	"	"	"	"	"	—	—	—
900	"	950	"	"	185	"	"	195	"	"	205	"	"	215	"	"	225	—	—	—
940	"	1050	"	"	"	"	"	"	"	"	"	"	"	"	"	"	"	—	—	—
950	"	1100	"	"	"	"	"	"	"	"	"	"	"	"	"	"	"	—	—	—
1000	"	1200	"	"	"	"	"	"	"	"	"	"	"	"	"	"	"	—	—	—
1050	"	"	"	"	"	"	"	"	"	"	"	"	"	"	"	"	"	—	—	—
1100	"	1400	70	115	210	"	115	210	"	125	220	"	135	230	"	145	240	—	—	—
1150	"	"	"	"	"	"	"	"	"	"	"	"	"	"	"	"	"	—	—	—
1200	"	1500	"	"	215	"	"	215	"	"	225	"	"	235	"	"	245	—	—	—
1250	"	1700	"	"	220	"	"	220	"	"	230	"	"	240	"	"	250	—	—	—
1300	"	"	"	"	225	"	"	225	"	"	235	"	"	245	"	"	255	—	—	—
1350	7—25	"	"	"	230	"	"	230	"	"	240	"	"	250	"	"	260	—	—	—
1400	"	"	"	"	235	"	"	235	"	"	245	"	"	255	"	"	265	—	—	—
1410	"	"	"	"	"	"	"	"	"	"	"	"	"	"	"	"	"	—	—	—
1450	"	1800	"	"	240	"	"	240	"	"	250	"	"	260	"	"	270	—	—	—
1500	7—26	"	"	"	245	"	"	245	"	"	255	"	"	265	"	"	275	—	—	—
1550	"	2000	"	"	260	"	"	260	"	"	270	"	"	280	"	"	290	—	—	—
1570	"	"	"	"	"	"	"	"	"	"	"	"	"	"	"	"	"	—	—	—

1600	"	2200	"	"	"	"	"	"	"	"	"	"	"	"	"	"	"	—	—	—
1650	"	"	80	125	275	80	125	275	"	"	275	"	"	285	"	"	295	—	—	—
1700	"	2700	"	"	"	"	"	"	"	"	"	"	"	"	"	"	"	—	—	—
1725	8—26	"	"	"	"	"	"	"	"	"	"	"	"	"	"	"	"	—	—	—
1750	9—26	2800	80	125	280	80	125	280	80	125	280	90	135	290	100	145	300	—	—	—
1800	"	"	"	"	"	"	"	"	"	"	"	"	"	"	"	"	"	—	—	—
1828	"	"	"	"	"	"	"	"	"	"	"	"	"	"	"	"	"	—	—	—
1850	"	"	"	"	285	"	"	285	"	"	285	"	"	295	"	"	305	—	—	—
1885	"	"	"	"	"	"	"	"	"	"	"	"	"	"	"	"	"	—	—	—
1900	"	"	"	"	"	"	"	"	"	"	"	"	"	"	"	"	"	—	—	—
1950	"	"	"	"	"	"	"	"	"	"	"	"	"	"	"	"	"	—	—	—
2000	9—28	3000	"	"	"	"	"	"	"	"	"	"	"	"	"	"	"	100	145	305
2050	"	"	"	"	"	"	"	"	"	"	"	"	"	"	"	"	"	"	"	"
2100	"	3300	"	"	300	"	"	300	"	"	300	"	"	310	"	"	320	"	"	320
2150	"	"	90	130	315	90	130	315	90	130	315	"	"	315	"	"	325	"	"	325
2200	"	"	"	"	325	"	"	325	"	"	325	"	"	325	"	"	335	"	"	335
2250	"	"	"	"	335	"	"	335	"	"	335	"	"	335	"	"	345	"	"	345
2300	10—28	"	"	135	340	"	135	340	"	135	340	"	"	340	"	"	350	"	"	350
2350	"	"	"	"	345	"	"	345	"	"	345	"	"	345	"	"	355	"	"	355
2400	"	"	"	"	350	"	"	350	"	"	350	"	"	350	"	"	360	"	"	360
2450	"	"	"	"	355	"	"	355	"	"	355	"	"	355	"	"	365	"	"	365
2500	12—28	"	—	—	—	"	"	360	"	"	360	"	"	360	"	"	370	"	"	370
2550	"	"	—	—	—	"	"	370	"	"	370	"	"	370	"	"	380	"	"	380
2600	13—28	3500	—	—	—	"	"	375	"	"	375	"	"	375	"	"	385	"	"	385
2650	"	"	—	—	—	"	"	385	"	"	385	"	"	385	"	"	395	"	"	395
2700	13—30	"	—	—	—	"	"	395	"	"	395	"	"	395	"	"	405	"	"	405
2750	"	"	—	—	—	100	145	415	100	145	415	100	145	415	"	"	415	"	"	415
2800	"	"	—	—	—	"	"	425	"	"	425	"	"	425	"	"	425	"	"	425
2850	"	"	—	—	—	"	"	435	"	"	435	"	"	435	"	"	435	"	"	435
2900	"	"	—	—	—	"	"	445	"	"	445	"	"	445	"	"	445	"	"	445
2950	"	"	—	—	—	"	"	455	"	"	455	"	"	455	"	"	455	"	"	455
3000	"	"	—	—	—	"	"	465	"	"	465	"	"	465	"	"	465	"	"	465
3050	"	"	—	—	—	"	"	"	"	"	"	"	"	"	"	"	"	"	"	"
3100	"	3800	—	—	—	"	"	470	"	"	470	"	"	470	"	"	470	"	"	470
3150	"	"	—	—	—	"	"	480	"	"	480	"	"	480	"	"	480	"	"	480
3200	"	4000	—	—	—	"	"	490	"	"	490	"	"	490	"	"	490	"	"	490
3250	15—30	"	—	—	—	"	"	"	"	"	"	"	"	"	"	"	"	"	"	"
3300	"	"	—	—	—	"	"	"	"	"	"	"	"	"	"	"	"	"	"	"
3350	"	"	—	—	—	"	"	500	"	"	500	"	"	500	"	"	500	"	"	500
3400	"	"	—	—	—	"	"	"	"	"	"	"	"	"	"	"	"	"	"	"

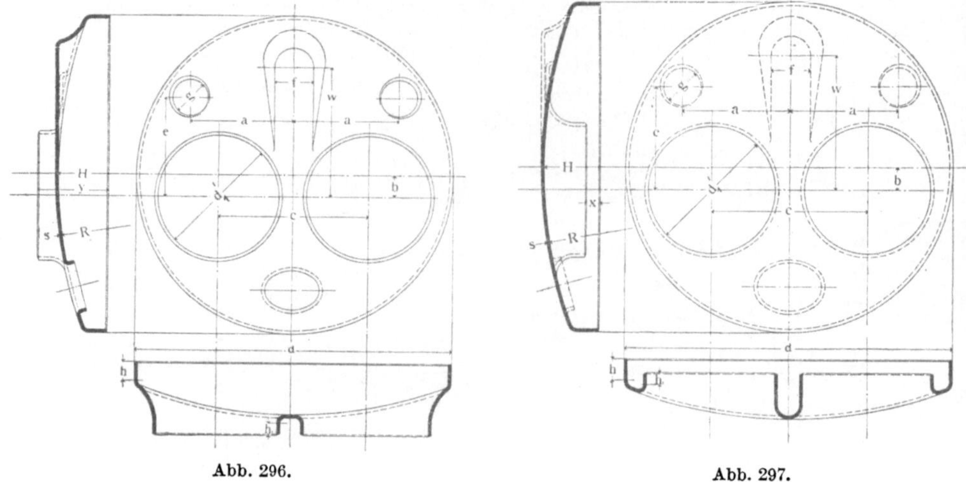

Abb. 296.
Abb. 297.

Die Böden auf Seite 247 werden auch für doppelte Rundnaht hergestellt, dabei wird H, h, x und y um je 30 mm größer.

Die Böden können alle mit ausgepreßter Wasserstandsfläche, ausgepreßter rechts- und linksseitiger Speisestutzenfläche (D. R. G. M.), eingehalstem Mannloch 320 · 425 mm groß, angefertigt werden.

Zu diesen Mannlöchern werden passende, aus Blech gepreßte Deckel und Bügel mitgeliefert.

Alle Böden werden mit abgedrehten Stemmkanten und die Mannlocheinhalsung mit abgedrehter Dichtungsfläche geliefert.

γ) Gewölbte Böden mit Ein- und Aushalsungen für Einflammrohrkessel.
Abb. 292.   (Äußerer Bord für einfache Naht.)

	$d =$ 1300	1400	1500		1600		1700		1800
d_1' aus-gehalst	$=$ 675	725	775	750	825	800	875	850	900
	$=$ 650	700	750	—	800	—	850	—	875
	$=$ 625	675	725	—	775	—	825	—	825
	$=$ 600	—	—	—	—	—	—	—	—
d_1' ein-gehalst	$=$ 675	725	775	750	825	800	875	850	900
	$=$ 650	700	750	—	800	—	850	—	850
	$=$ 625	675	725	—	775	—	825	—	800
	$=$ 600	—	—	—	—	—	—	—	—
$s =$	13—17	14—18	14—18	15	15—19	16	16—20	17	18
$H =$	270	285	305	250	290	245	285	245	250
$h =$	90	90	90	90	90	90	90	90	90
$h_1 =$	75	75	75	75	75	75	75	75	75
$y =$	395	415	430	405	415	380	430	380	385
$x =$	45	45	50	50	60	60	50	55	60
$c =$	130	130	140	150	150	150	160	160	170
$b =$	130	140	150	160	160	160	170	170	180
$R =$	1400	1500	1800	2000	2000	2200	2200	2700	2800

Dieselben Böden werden auch für doppelte Rundnaht hergestellt, dabei wird H, h, x und y um je 30 mm größer. Sie werden auf Wunsch auch mit seitlich angebrachtem eingehalsten Mannloch 320 · 425 mm groß versehen, dazu passende, aus Blech gepreßte Deckel und Bügel werden dann mitgeliefert.

δ) Böden für Dreiflammrohrkessel.

Ausgehalst, Abb. 298.

d mm	s mm	d'_1 mm	d'_2 mm	H mm	h mm	h_1 mm	y mm	a mm	b mm	c mm	w mm	f mm	R mm
2500	22—26	900	725	400—445	100—145	80	550—595	750	30	1280	910	265	3000

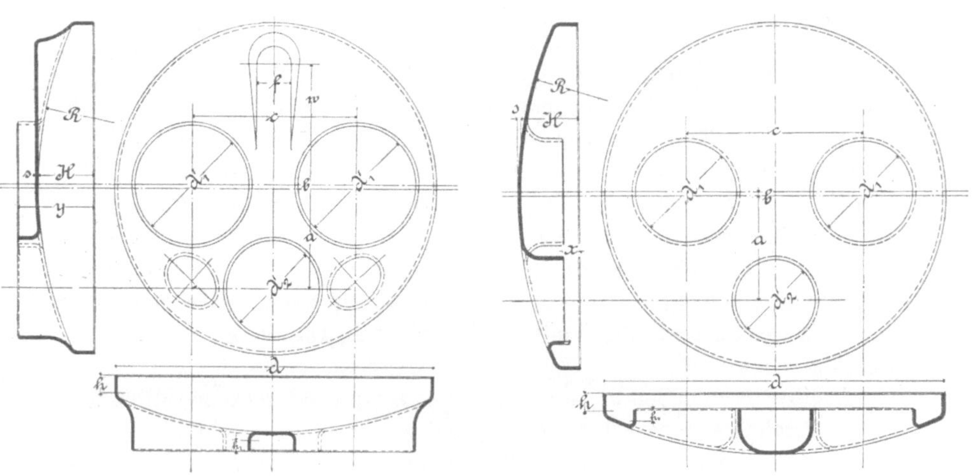

Eingehalst, Abb. 299.

d mm	s mm	d'_1 mm	d'_2 mm	H mm	h mm	h_1 mm	x mm	a mm	b mm	c mm	R mm
2500	22—26	725	580	420—445	100—145	80	95—140	750	30	1280	3000

Die Böden können mit eingehalstem rechts-, links- oder beiderseitigem Mannloch 320 · 425 mm groß, die ausgehalsten Böden auch mit ausgepreßter Wasserstandsfläche geliefert werden.

Alle Böden werden mit abgedrehten Stemmkanten und die Mannlocheinhalsungen mit abgedrehter Dichtungsfläche geliefert.

Sämtliche Böden für Ein-, Zwei- und Dreiflammrohrkessel können auch mit Mannloch oder Reinigungsloch 300 · 405 mm mit Deckel und Bügel, oder 280 · 380 mm, 250 · 350 mm, 240 · 340 mm ohne Deckel und Bügel geliefert werden.

ε) Böden für Heizrohrkessel. Abb. 295 (S. 246).

| d | s | H | h | R | R_1 | r | r_1 | a | b | c | e | f |
mm	mm	mm	mm	mm	mm	mm	mm	mm	mm	mm	mm	mm
2000	25	315—335	130—150	1200	190	45	0	475	775	925	100	200
2100	25	310—330	130—150	2000	380	45	140	300	780	980	200	100
2200	25	340—360	130—150	1450	250	50	160	320	800	1000	200	100
2300	26	340—360	130—150	2000	400	50	160	510	850	1075	200	100
2400	26	345—365	130—150	1375	400	50	160	650	920	1100	200	100

C. Domböden mit eingepreßtem Mannloch.

Die Firma Schulz Knaudt & Co., Huckingen (Kreis Düsseldorf), liefert solche Böden nach Abb. 282, und zwar nach folgender Tabelle ($d =$ äußerer Durchmesser, $R =$ innerer Krümmungsradius):

| $d =$ | 500 | 600 | 650 | 700 | 750 | 800 | 850 | 900 | 950 |
| $R =$ | 650 | 750 | 800 | 850 | 900 | 950 | 1000 | 1100 | 1200 |

Die Dichtungsfläche am Boden wird abgedreht. Domböden mit hiervon abweichenden Abmessungen werden durch Handarbeit hergestellt.

Die Firma Thyssen & Co. in Mülheim a. d. Ruhr liefert jeden gewünschten Domboden mit Mannloch $320 \cdot 425$ mm und dazu passenden gepreßten Deckeln und Bügeln in den Größen ihrer Normalböden von 600 mm Durchmesser aufwärts. Auf Verlangen werden die Domböden auch mit eingehalstem Mannloch $300 \cdot 405$ mm oder $280 \cdot 380$ mm oder $250 \cdot 350$ mm oder $240 \cdot 340$ mm groß geliefert; für die erste Größe können passende Deckel und Bügel mitgeliefert werden, für die anderen Größen dagegen nicht.

Da die Mannlocheinhalsung durch das Auspressen mehrere Millimeter in der Blechdicke verliert, wird empfohlen, die Böden nicht allzu dünn zu nehmen, damit die Dichtungsfläche nicht zu schmal wird.

VII. Abschnitt.

Die als Hilfsheizflächen dienenden Vorrichtungen.

33. Die Überhitzer.[1]

A. Allgemeines.

Um den erzeugten Dampf zu überhitzen, wird er nach Verlassen des Kessels durch ein zweckentsprechend gestaltetes Rohrbündel —

---

[1] Genaueres über Überhitzer findet man in den Mitteilungen über Forschungsarbeiten, herausgegeben vom Vereine deutscher Ingenieure, Heft 14 bis 16 „Berner: Die Erzeugung des überhitzten Wasserdampfes".

den Überhitzer — geschickt, das der Einwirkung der Heizgase ausgesetzt
ist. Dazu stellt man entweder, für mehrere Kessel gemeinsam, in einem
besonderen Mauerwerk einen „Zentralüberhitzer“ auf oder verbindet
jeden Kessel mit einem „Einzelüberhitzer“.

a) Die Zentralüberhitzer (Abb. 300, Ausführung Büttner-Uerdingen)
erfordern eine besondere Feuerung. Daraus ergeben sich mancherlei
schwere Nachteile. Sie sind darauf zurückzuführen, daß der durch-

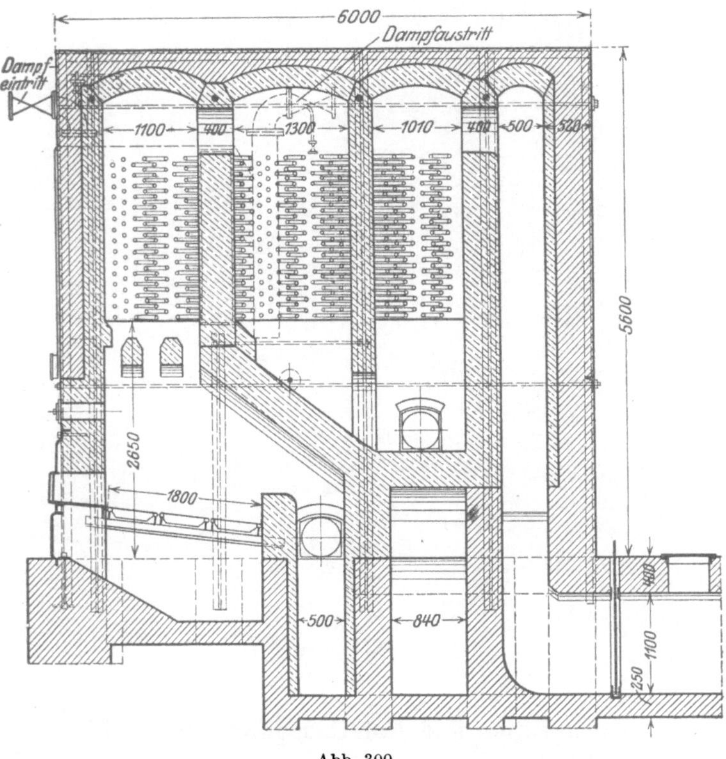

Abb. 300.

strömende Dampf die Überhitzerrohre nicht so kühlt, daß man sie der
unmittelbaren Einwirkung des Feuers aussetzen kann. Man ist daher
gezwungen, den Feuerraum völlig abzudecken und die entwickelten Heizgase erst noch durch Mischung mit Luft abzukühlen, ehe sie an den Überhitzer geleitet werden. Dadurch aber werden einerseits häufig Instandsetzungen des Feuerungsmauerwerkes erforderlich, andererseits ist infolge des besonders großen Luftüberschusses nur eine mangelhafte Wärmeausnutzung möglich. Da die Zentralüberhitzer ferner eine besondere
Bedienung nötig machen, so ist ihre Verwendung, trotzdem sie die Überhitzungstemperatur auch bei wechselnder Dampfmenge in den gewünsch
ten Grenzen zu halten gestatten, nur in ganz wenigen Fällen vorteilhaft.

Ein solcher Fall kann z. B. vorliegen, wenn eine vorhandene, aus mehreren
Kesseln bestehende Anlage beim Aufstellen einer neuen Dampfmaschine
nachträglich mit Überhitzer versehen werden soll.

b) Die Einzel- oder Kesselzugüberhitzer werden in die Züge der
einzelnen Kessel eingebaut. Da das bei vielen Kesselbauarten ohne
wesentliche Vergrößerung der wärmeausstrahlenden Mauerwerksflächen
möglich ist und meistens eine bessere Wärmeausnutzung zur Folge hat,
so haben die Kesselzugüberhitzer jetzt bei Kesseln, in denen Dampf für
Kraftzwecke erzeugt wird, die ausgedehnteste Anwendung gefunden.

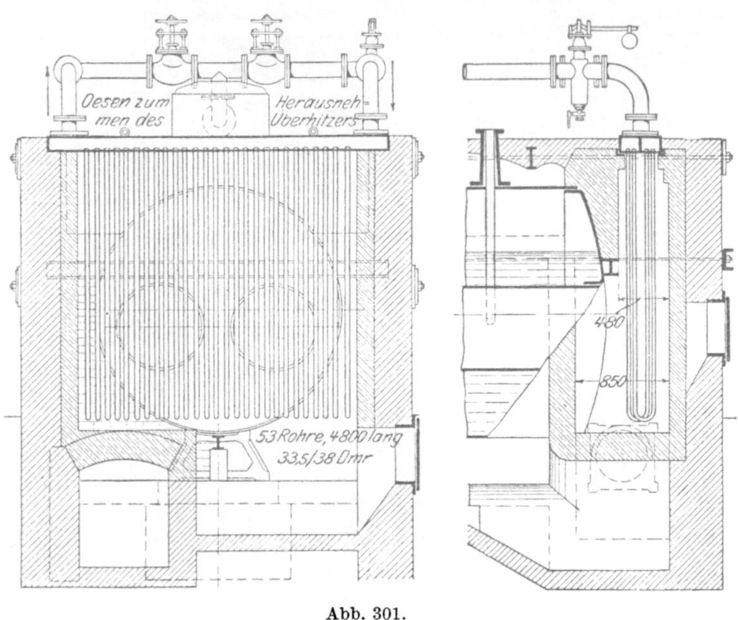

Abb. 301.

B. Konstruktion und Unterbringung der Überhitzer.

Als Baustoff kommt für die Überhitzerrohre fast nur noch Schmiedeeisen zur Verwendung, die Sammelkammern dagegen stellen einige Firmen noch aus Stahlguß her. Die Rohre erhalten fast durchgehends
30 bis 45 mm äußeren Durchmesser und Wandstärken von 4 bis 5 mm.
Sie werden parallel geschaltet und meistens entweder U-förmig oder zu
ebenen Rohrschlangen, seltener als Rohrspiralen gebogen eingebaut.
Die U-förmig gebogenen Überhitzerrohre werden gewöhnlich hängend
angeordnet. Sie gewähren den Vorteil, daß man den Überhitzer zur
Instandsetzung leicht herausnehmen kann, dagegen ist die hängende
Anordnung für die Entwässerung des Überhitzers ungünstig. Abb. 301
zeigt einen solchen, hinter einem Flammrohrkessel eingebauten Überhitzer. Als Nachteile dieser Anordnung sind anzuführen, daß nicht die

gesamte Überhitzerfläche im Gasstrom liegt und daß der Überhitzer nicht ausgeschaltet werden kann.

Diese Mängel sind bei dem in Abb. 302 wiedergegebenen, an einem Doppelkessel verwandten Überhitzer nicht vorhanden. Einzel-

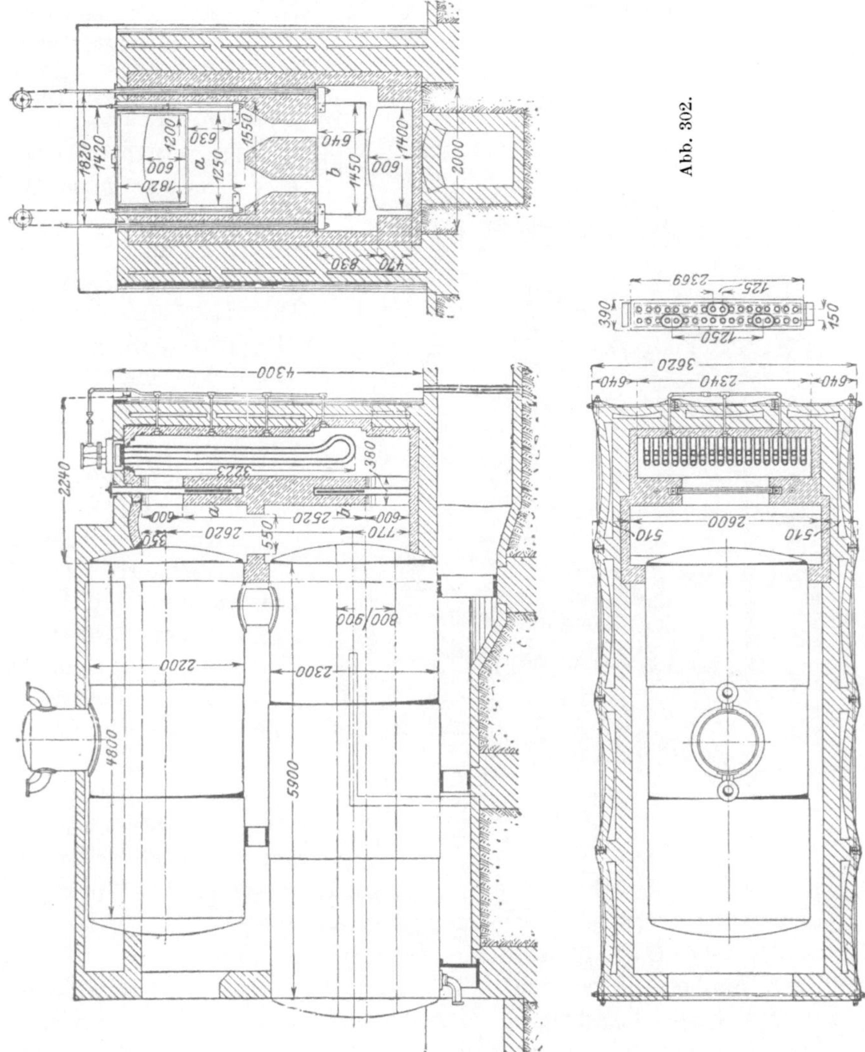

heiten seiner Bauart — Patent Szamatolski — sind aus Abb. 303 ersichtlich.

Die Rohre gehen von einer genieteten Kammer aus, die durch Stehbolzen versteift wird. Über den Rohrmündungen sind Lenkkappen K_1—K_4 angeordnet, so daß der durch einen Stutzen in die Kammer eintretende Dampf durch die Rohre

1, 2, 3 in die Kappe K_1, dann durch 4 und 5 nach K_2, durch 6 und 7 nach K_3, durch 8 nach K_4 und schließlich durch 9 zum Ausgangsstutzen B gelangt. Der Dampf hat somit bei mehrmaligen Richtungsänderungen einen ziemlich langen Weg durch den Überhitzer zurückzulegen, wodurch eine gleichmäßige und hohe Überhitzung erzielt werden soll. Die Durchflußgeschwindigkeit des Dampfes wird nach dem Ende zu durch die abnehmende Anzahl der gleichzeitig durchflossenen Rohre gesteigert, was für die Kühlung der Rohre von Vorteil ist. Demgegenüber wird der Strömungswiderstand wesentlich höher sein als bei einem Überhitzer mit parallel geschalteten Rohren.

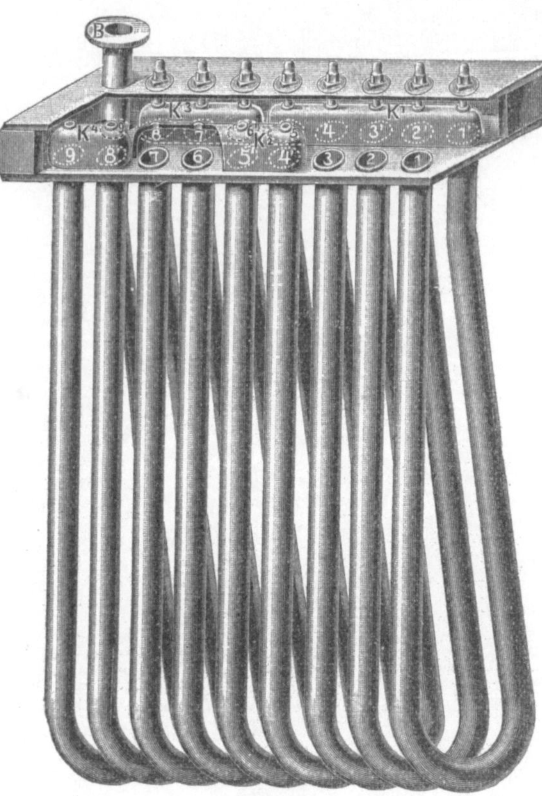

Abb. 303.

Wie schlangenförmige Rohre beim Aufbau der Überhitzer Verwendung finden können, geht hervor aus Abb. 183, 187, 193, 206, 209, 215, 218, 220, 222, 225, 228, Taf. V, VI, XI, XII, XIII, ferner aus den Abb. 304 und 305.

Abb. 304 Überhitzer mit hängenden Rohrschlangen, Bauart C. Melzer, Halle a. S. Die Zuführung des Gasstromes zum Überhitzer kann durch zwei senkrecht bewegliche Schamotteschieber geregelt werden. Für den Fall, daß der Kessel längere Zeit ohne Überhitzer betrieben werden soll, ist ein besonderer Verschluß der Überhitzerkammer vorgesehen. Er erfolgt durch Einschieben der wagerecht liegenden Platten x.

Abb. 305 Überhitzer Borsigscher Ausführung. Bei ihm dienen, ähnlich wie bei den in Taf. V und VI enthaltenen, Drehklappen zum Regeln des Gasstromes. Von den letztgenannten Konstruktionen unterscheidet er sich vor allem dadurch, daß die Rohrschlangen bei ihm in senkrechten Ebenen nebeneinander und nicht wie in Taf. V und VI in wagerechten Ebenen übereinander liegen.

Ein Überhitzer mit Spiralrohren ist in Abb. 306 dargestellt, er wird von verschiedenen Firmen, wie K. & Th. Möller in Brackwede, Hannoversche Maschinenbau-Aktien-Gesellschaft in Hannover-Linden usw. gebaut. Die Spiralrohre werden, parallel geschaltet, sowohl liegend als auch

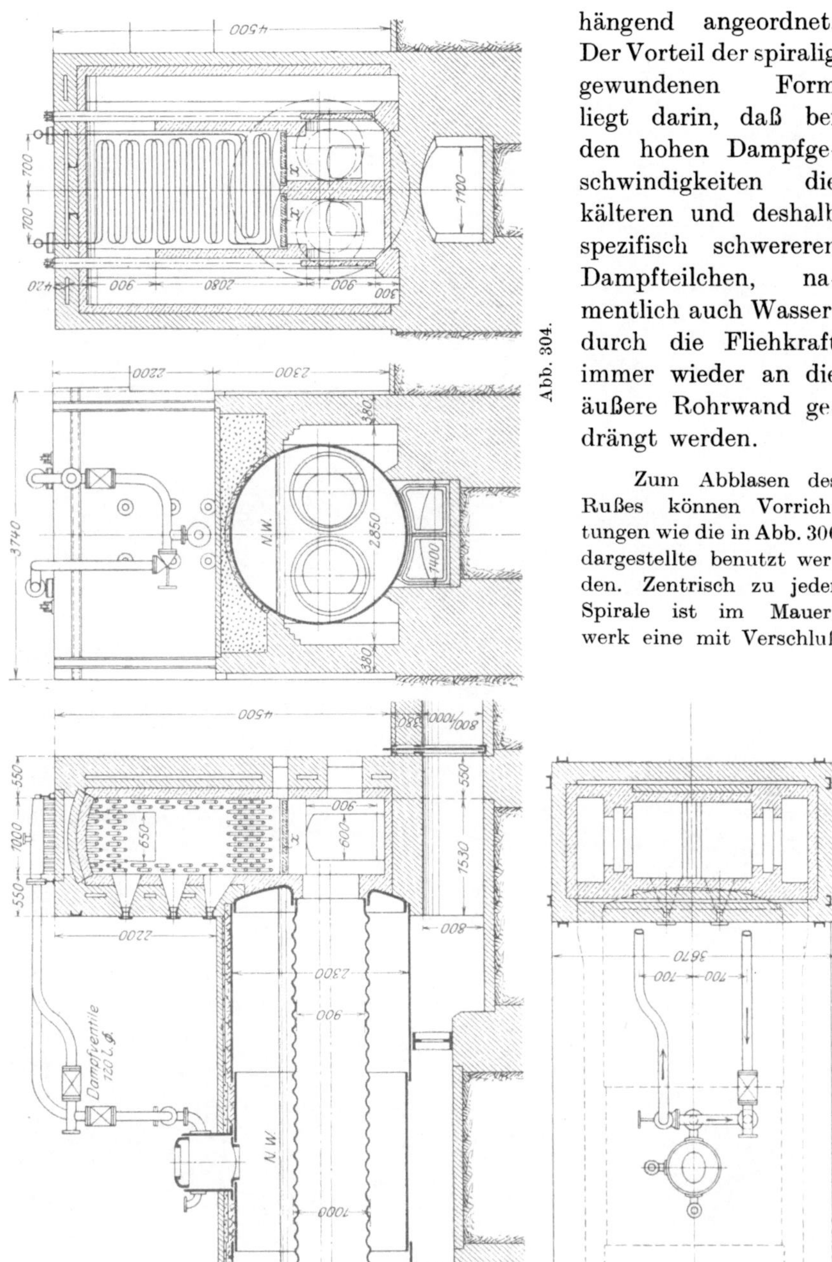

Abb. 304.

hängend angeordnet. Der Vorteil der spiralig gewundenen Form liegt darin, daß bei den hohen Dampfgeschwindigkeiten die kälteren und deshalb spezifisch schwereren Dampfteilchen, namentlich auch Wasser, durch die Fliehkraft immer wieder an die äußere Rohrwand gedrängt werden.

Zum Abblasen des Rußes können Vorrichtungen wie die in Abb. 306 dargestellte benutzt werden. Zentrisch zu jeder Spirale ist im Mauerwerk eine mit Verschluß

versehene Öffnung a angebracht, durch die das Strahlrohr b eingeführt wird. Von der Heißdampfkammer aus wird dem Strahlrohr durch Ventil d und Schlauch c Dampf zugeführt, der durch einige am Ende des Strahlrohres angebrachte Löcher austritt und das Spiralrohr abbläst.

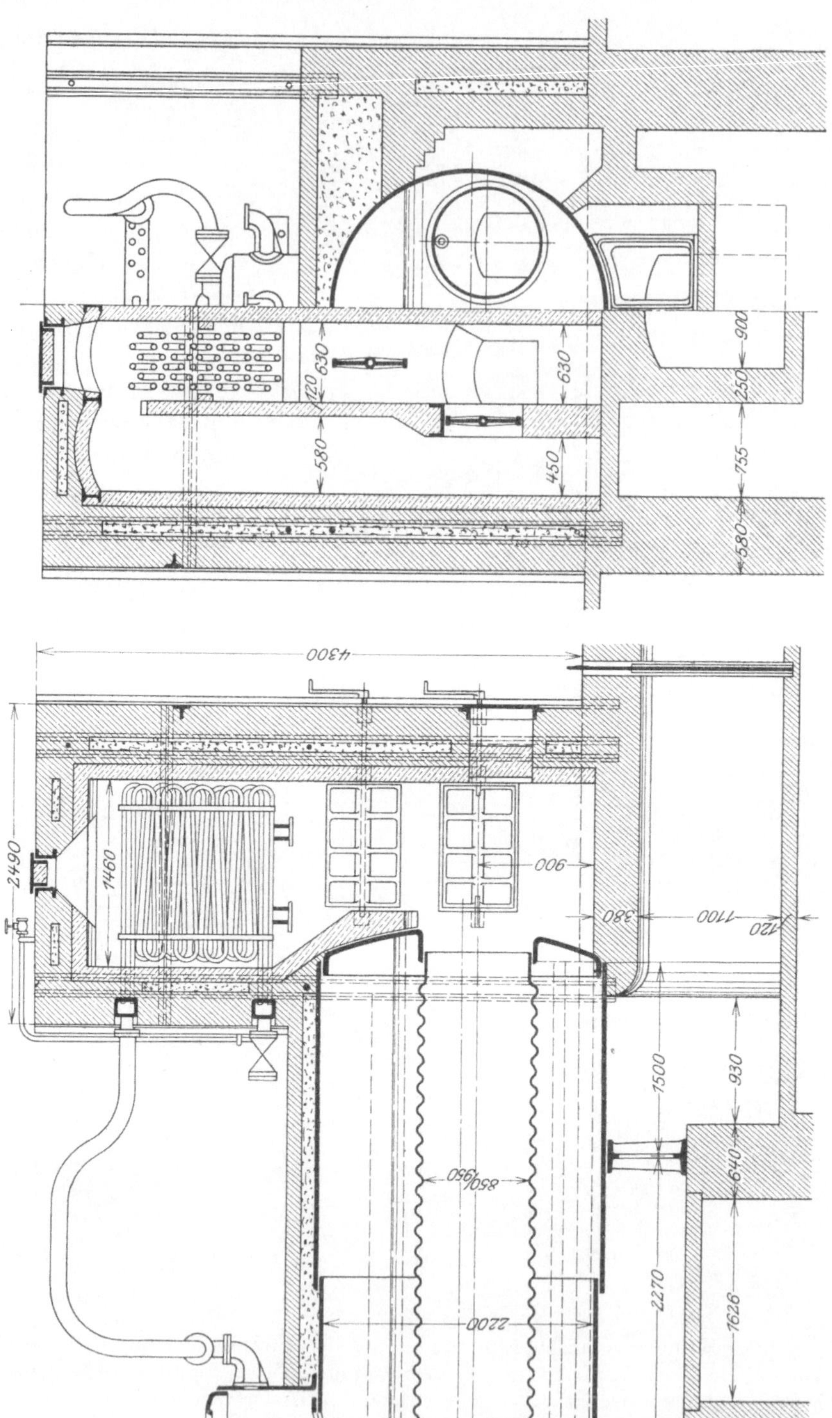

Abb. 305.

Die Ablagerung von Ruß und Flugasche findet bei **liegenden Rohren** in erhöhtem Maße als bei **hängenden** statt. Da sie von wesentlichem Einfluß auf den Wärmedurchgang ist, so werden die Überhitzerrohre allgemein ein- bis zweimal täglich mittels Dampf-, besser noch Preßluftstrahles abgeblasen.

Die Rohrreihen sollen gegeneinander versetzt sein, dann werden die Gase gut durchgewirbelt und alle Rohre von ihnen getroffen.

Zur Verbindung der einzelnen Rohre zu einem Überhitzer dienen Dampfkammern, die aus Stahlguß oder Flußeisen bestehen. Die gegossenen Kammern sind in der Regel röhrenförmig (Tafel VI), während die schmiedeeisernen jetzt fast stets nahtlos gezogen mit rechteckigem Querschnitt hergestellt werden.

Die **Dampfkammer** kann nun liegen:
1. ganz innerhalb des Mauerwerkes,
2. im Mauerwerke selbst,
3. ganz außerhalb des Mauerwerkes.

Im ersten Fall ist die Kammer Beschädigungen durch Einwirkung der Rauchgase ausgesetzt, dagegen fallen alle Ausstrahlungsverluste fort. Liegt die Kammer ganz außerhalb des Mauerwerkes, so ist sie selbst gut geschützt, aber die Ausstrahlungsverluste sind groß und die vielen Durchdringungsstellen der Rohre mit dem Mauerwerke werden leicht undicht. Am besten erscheint die unter 2. genannte Anordnung. Die Befestigungsstellen der Rohre lassen sich hier so legen, daß sie der Einwirkung der heißesten Gase etwas entzogen sind, und Ausstrahlung kann nur nach einer Seite hin erfolgen.

Die **Befestigung der Rohre** an der Kammer erfolgt:

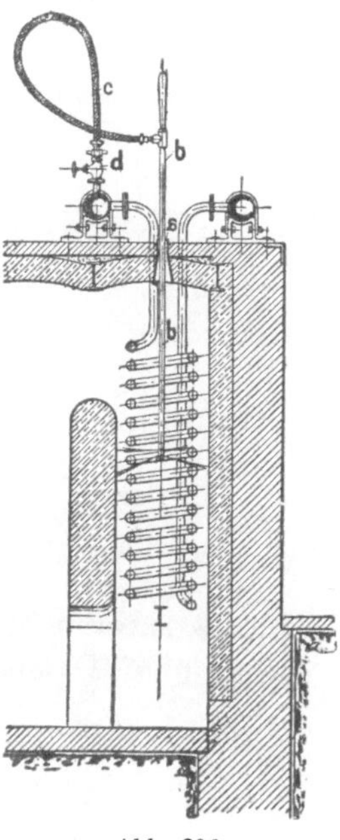

Abb. 306.

1. durch Flansch, nur bei gegossenen Kammern üblich;
2. durch Einwalzen mit oder ohne Umbördelung, nur bei schmiedeeisernen Kammern möglich und hier sehr gebräuchlich;
3. durch Einschrauben mit oder ohne Aufwalzung und Umbördelung.

Die meisten Firmen befestigen die Rohre jetzt durch Einwalzen. Die Abb. 307 u. 308 zeigen Ausführungen der Rheinischen Dampfkessel- und Maschinenfabrik Büttner in Uerdingen a. Rh. Die Überhitzerrohre sind eingewalzt und die Enden noch etwas aufgeweitet. Das gleiche ist der Fall bei dem in Abb. 309 bis 311 gezeigten Überhitzer. Bei den Dampfstutzen ist in den Einwalzlöchern eine Rille eingedreht.

Als **Ausrüstung eines Überhitzers** werden behördlicherseits verlangt[1]):
ein Sicherheitsventil und
eine Entwässerungseinrichtung.
Die Letztere ist von besonderer Wichtigkeit, da es sonst bei Inbetriebnahme des Überhitzers ziemlich lange dauert, bis das gewünschte Maß der

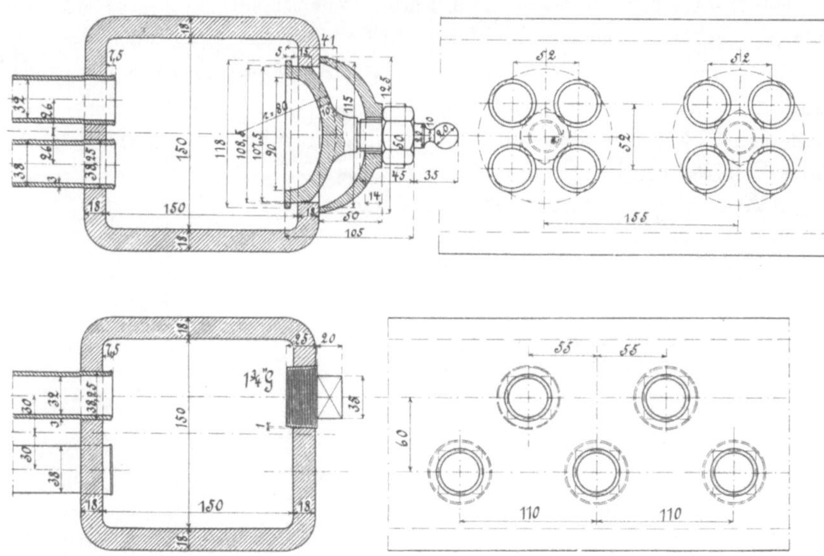

Abb. 307 u. 308.

Überhitzung erreicht wird und außerdem aus dem Überhitzer mitgerissenes
Wasser für die Dampfmaschine gefährlich werden kann. Wo es, wie z. B. bei

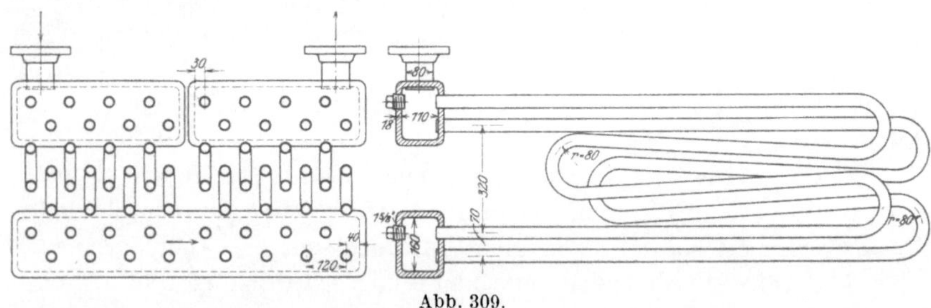

Abb. 309.

hängenden Rohren, nicht möglich ist, die Entwässerung von einem Punkte
aus vorzunehmen, soll sie durch eine Ausblasevorrichtung ersetzt werden.

Außer den vorgeschriebenen Ausrüstungsstücken wird am Dampfaustritt stets ein Thermometer, zuweilen auch ein Manometer angebracht.
Ferner werden, mit wenigen durch die Kesselbauart bedingten Aus-

---

[1]) H. Jaeger, Bestimmungen über Anlegung und Betrieb der Dampfkessel,
Carl Heymanns Verlag, Berlin, 1910, S. 44.

nahmen, **Absperrorgane** vor und hinter dem Überhitzer in die Dampfleitung eingebaut. Bei den Ausführungen, bei denen sich der Überhitzer
nicht aus dem Gasstrom ausschalten läßt (vgl. Taf. XIII und Abb. 219, 222,
225, 228, 233), sind diese Absperrorgane notwendig, damit man den Überhitzer beim Anheizen zunächst mit Wasser füllen kann. Dadurch werden
einerseits die Überhitzerrohre vor dem Verbrennen geschützt, andererseits
wird die Anheizzeit infolge der vergrößerten Kesselheizfläche verringert.

Die Führung der Heizgase kann
im Gleichstrom oder im Gegenstrom zur Durchflußrichtung des
Dampfes erfolgen. Der Gegenstrom ist zwar der wirksamere,
doch ist die Dauerhaftigkeit der
Rohre dabei eine sehr geringe.
Es wird deshalb meistens gemischte

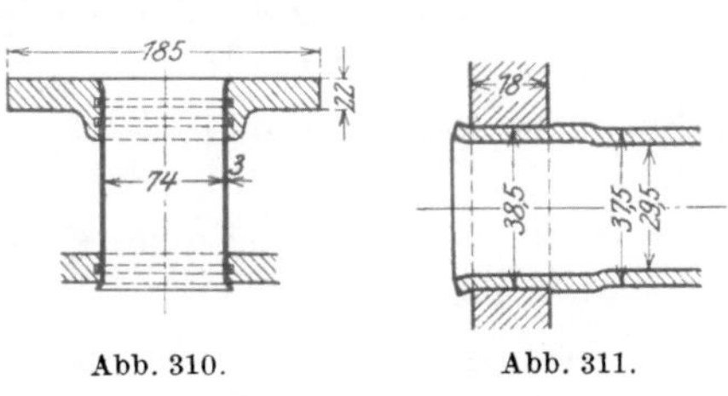

Abb. 310.   Abb. 311.

Strömung angewandt. Da man somit gezwungen ist, von der größtmög-
lichen Erhöhung des Wärmedurchgangs abzusehen, so ist es besonders
wichtig, die Heizgase so zu führen, daß kein Teil der Überhitzerfläche
außerhalb des Gasstromes liegt.

Die bauliche Anordnung der Überhitzer in den Kesselzügen ist schon
bei den einzelnen Kesselbauarten besprochen worden. Allgemein kann
man vier Anordnungen unterscheiden, die sich wieder in zwei Gruppen
zusammenfassen lassen. Zu ihrer näheren Erörterung mögen die Abb. 312
bis 315 dienen, in denen eine gerade Linie die Kesselheizfläche und eine
gewellte die Überhitzerfläche bedeutet.

Gruppe a.
Parallelschaltung von Kessel und Überhitzer.

Nur ein Teil der Rauchgasmenge bestreicht die Überhitzerfläche.

Anordnung 1 (Abb. 312).

Die Heizgase bestreichen
auf der Strecke *a* Kesselheizfläche. Auf der Strecke *b*

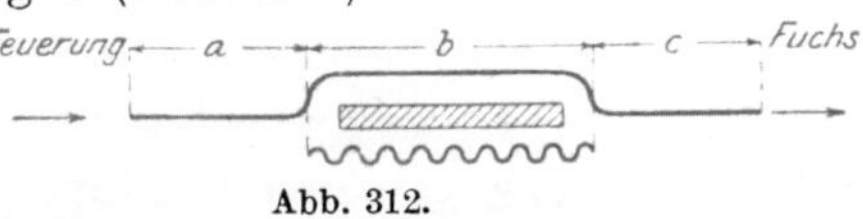

Abb. 312.

bestreicht ein Teil der Gase Kesselheizfläche, der andere Teil die Überhitzerfläche. Beide Teile vereinigen sich wieder, so daß auf der Strecke *c*
von den Gasen nur Kesselheizfläche bestrichen wird.

Anordnung 2 (Abb. 313).

Die Heizgase bestreichen
auf der Strecke *a* nur Kesselheizfläche, dann teilen sie sich
in zwei Ströme, von denen

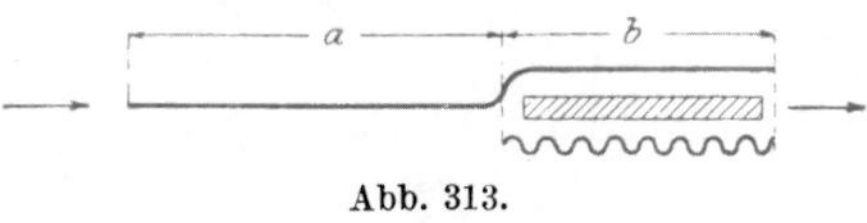

Abb. 313.

einer noch Kesselheizfläche, der andere die Überhitzerfläche berührt.

Gruppe b.
Hintereinanderschaltung von Kessel und Überhitzer.

Die ganze Rauchgasmenge bestreicht die Überhitzerfläche.

Anordnung 3 (Abb. 314).

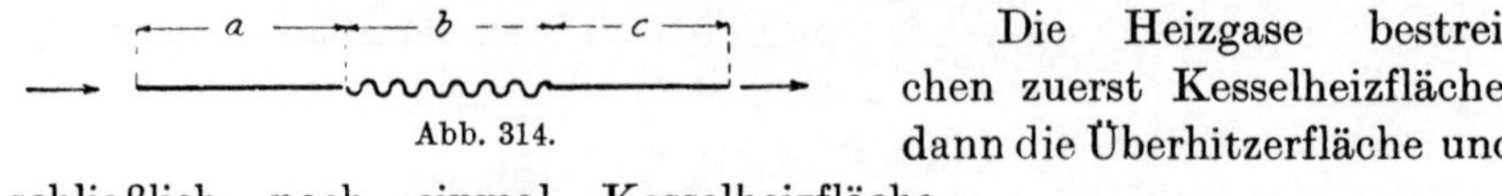

Abb. 314.

Die Heizgase bestreichen zuerst Kesselheizfläche, dann die Überhitzerfläche und schließlich noch einmal Kesselheizfläche.

Anordnung 4 (Abb. 315).

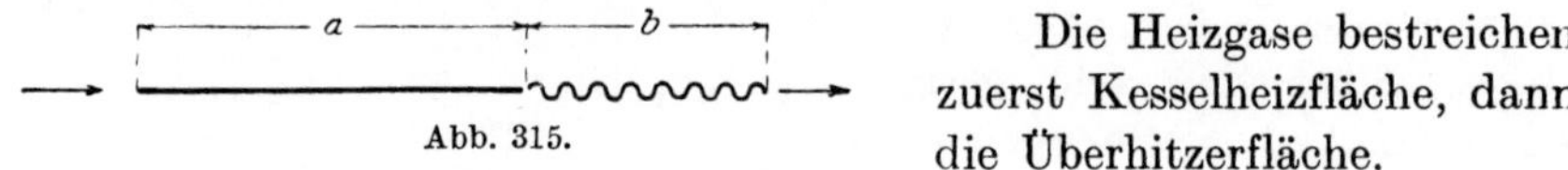

Abb. 315.

Die Heizgase bestreichen zuerst Kesselheizfläche, dann die Überhitzerfläche.

Die Anordnungen der Gruppe *a* verlangen mehr Überhitzerfläche als die der Gruppe *b*, doch kann man bei ihnen die Dampftemperatur, die bei den Kesselzugüberhitzern mit dem Anstrengungsgrade des Kessels steigt und fällt, durch Veränderung der am Überhitzer vorbeigeführten Rauchgasmenge auf einfache Weise regeln, während dazu bei Gruppe *b* ein besonderer Umführungskanal notwendig ist.

C. Regelung der Überhitzungstemperatur.

Die Regelung der Überhitzungstemperatur hat besonders seit Einführung der Dampfturbine allgemeinere Bedeutung erlangt und deshalb weitere Durchbildung erfahren. Eine Übersicht über die hauptsächlichsten dazu angewandten Verfahren soll nachstehend gegeben werden:

Regelung durch Veränderung der Heizgasmenge.

Der Überhitzer liegt so, daß er durch Einstellen von Klappen oder Schiebern ganz oder teilweise vom Gasstrom abgeschlossen werden kann (vgl. Taf. V, VI, X, XI und XII). Diese Art der Regelung war wegen ihrer Einfachheit sehr gebräuchlich, ist jedoch neuerdings, namentlich bei hoch beanspruchten Kesseln, durch andere Verfahren verdrängt worden, und zwar hauptsächlich wegen der häufigen Beschädigungen, denen die in den heißen Gasen liegenden Klappen ausgesetzt sind.

Regelung durch Veränderung der Überhitzerfläche.

Der Überhitzer kann teilweise oder ganz aus dem Kesselzuge herausgehoben werden (Ausführung der Firma L. Koch in Sieghütte-Siegen[1]). Eine weitere Verbreitung hat das Verfahren nicht gefunden.

---

[1] Zeitschrift des Vereines Deutscher Ingenieure 1902, Seite 717.

Regelung durch Mischung von gesättigtem und überhitztem Dampf.

Diese Regelung hat sich als recht mangelhaft erwiesen, vor allem, weil ein einigermaßen gleichmäßiges Gemisch nur sehr schwer zu erzielen ist. Wird nun gar der gesättigte und der überhitzte Dampf aus demselben Kessel entnommen, so ist es dabei erforderlich, daß dem Überhitzer um so weniger Dampf zugeführt, er also um so weniger gekühlt wird, je höherer Erwärmung er ausgesetzt ist.

Regelung durch Abkühlung des überhitzten Dampfes.

Der überhitzte Dampf wird ganz oder zum Teil durch einen Temperaturregler geführt, in welchem er die zu viel aufgenommene Wärme entweder an Sattdampf (wie beim Werner-Hartmannkessel Seite 180) oder an das Speisewasser (Ausführung A. Borsig, Berlin-Tegel) abgibt, oder er wird zur Abkühlung durch den Wasserraum des Kessels hindurchgeleitet, wie beim Kessel von Babcock & Wilcox (S. 156).

Dies hat vor allem den Vorteil, daß die Überhitzerfläche stets voll ausgenutzt werden kann. Es gestattet ferner, die Überhitzer so groß zu bemessen, daß sie auch bei mäßiger Kesselbeanspruchung eine hinreichende Überhitzung ergeben.

Der am Werner-Hartmannkessel (Abb. 199—202) verwandte Temperaturregler wird folgendermaßen betrieben.

Aus dem vorderen Oberkessel steigt der ziemlich nasse Dampf zu einem darüberliegenden, nach Art eines Röhrenvorwärmers gebauten Temperaturregler empor, umspült dessen Rohre und strömt dann durch zwei weite Rohre zum hinteren Oberkessel. Von hier gelangt der gesamte Dampf in den Dampfsammler und darauf in die beiden getrennten Überhitzer. Der dem einen Überhitzer entströmende Dampf wird dann durch die Rohre des Temperaturreglers geführt, gibt dort einen Teil seiner Wärme

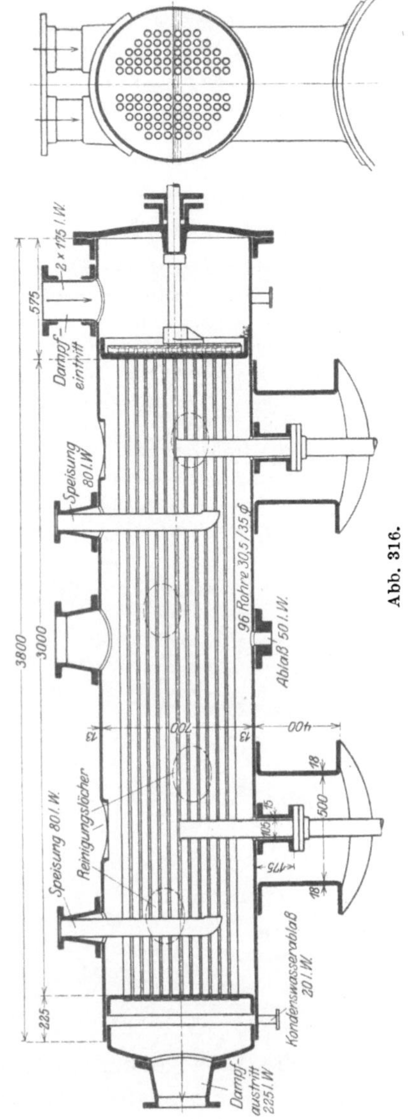

an den die Rohre umspülenden Sattdampf ab und wird schließlich mit dem vom anderen Überhitzer kommenden Dampf zusammengeführt. Mit Hilfe des Zwischenventils V kann man die Menge des dem Regler zuströmenden Dampfes verändern und damit die Dampftemperatur regeln.

Abb. 316 zeigt den Borsigschen Temperaturregler.

Er ist bis zu einer durch Überlaufrohre bestimmten Höhe mit Wasser gefüllt. Der Dampf strömt ebenfalls durch die Rohre. Zur Regelung der Dampftemperatur dient ein auf der Eintrittsseite vor den Rohröffnungen angebrachter Drehschieber, mittels dessen die Anzahl der im Dampfraum und der im Wasserraum liegenden, für den Dampfdurchfluß freigegebenen Rohre verändert werden kann.

Die Wirkungsweise des von Babcock & Wilcox verwandten Reglers geht aus Taf. XIII hervor.

Der Sattdampf wird aus dem Dampfsammler durch die Rohre a, a_1 und a_2 einem die halbe Kesselbreite einnehmenden Sammelrohr b des Überhitzers zugeführt, gelangt durch die von b ausgehenden Rohre (die Hälfte der gesamten Rohranzahl) nach dem unteren Sammler c, der über die ganze Kesselbreite durchgeführt ist. Aus diesem steigt er durch die andere Hälfte der Rohre zum Sammler d empor. Der nunmehr überhitzte Dampf durchläuft nun die Rohre e_1 und e_2 und geht zum Teil durch f zur Dampfentnahme, der andere Teil aber geht durch g_1 und g_2 zu Rippenrohren, die in den Oberkesseln liegen. Nachdem er diese durchströmt und sich dabei abgekühlt hat, gelangt er durch die Rohre h_1 und h_2 ebenfalls zur Dampfentnahme. Die Steuerung des Dampfes geschieht durch ein besonderes Dreiwegeventil V.

Regelung durch Veränderung der vom Sattdampf mitgeführten Feuchtigkeit.

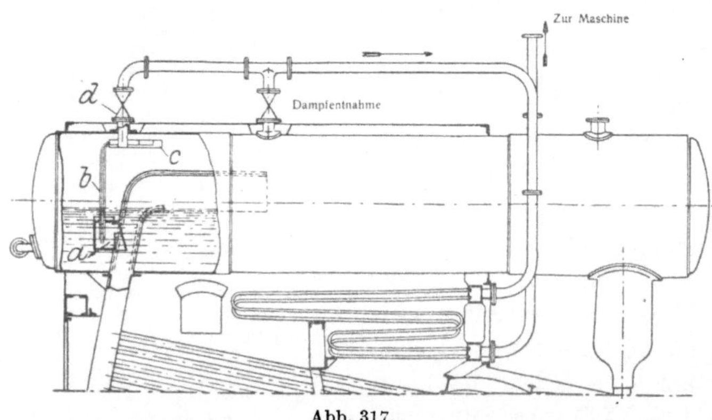

Abb. 317.

Um die Überhitzungstemperatur zu erniedrigen, wird der Feuchtigkeitsgehalt des Rohdampfes durch Zusatz einer entsprechenden Wassermenge erhöht. Hierauf beruhen die neuerdings von L. & C. Steinmüller gebauten Temperaturregler (Abb. 317).

Unter der geschlossenen Glocke a einer in den Oberkessel eingebauten Dubiau-Rohrpumpe wird ein geringer Teil des durch den vorderen Kammerhals ausströmenden Dampfes aufgefangen. Durch die unten schräg abgeschnittenen Röhrchen b entweicht dieser Dampf in den Teller c, wobei er kleine Wassermengen dorthin emporhebt. Aus dem durchlöcherten Boden des Tellers fällt das Wasser in Regenform nieder, wird, wenn der Schieber d geöffnet ist, von dem ausströmenden Dampfe mitgerissen und dem Überhitzer in fein verteiltem Zustande zugeführt. Um jeden Ansatz von Kesselstein im Überhitzer zu vermeiden, ändert die Firma in den Fällen, wo kein Kondensat gespeis t wird, die Einrichtung so ab, daß das zur Dampfbefeuchtung erforderliche Wasser in einem kleinen Kondensator erzeugt wir d. Die Regelung der Heißdampftemperatur erfolgt durch Einstellen des Schiebers d.

Durch dieses Verfahren werden die gleichen Vorteile, wie bei dem vorher besprochenen erreicht.

D. Berechnung der Überhitzer.

Es sei

H' m² die den Heizgasen ausgesetzte Oberfläche des Überhitzers.

D kg die stündliche Dampfmenge,

w Gewichtsprozente des Feuchtigkeitsgehaltes im Rohdampf,

r kcal die Verdampfungswärme bei der vorhandenen Dampfspannung,

$t°$ C die Temperatur des Rohdampfes,

$t'°$ C die Temperatur des Heißdampfes,

c_{pm} kcal mittlere spez. Wärme des Heißdampfes zwischen den Temperaturen t und t' (siehe Tabelle auf S. 7),

$t_e°$ C die Temperatur der Gase beim Eintritt in den Überhitzer,

$t_a°$ C die Temperatur der Gase beim Austritt aus dem Überhitzer,

k kcal die Wärmedurchgangszahl für die Überhitzerfläche,

$\vartheta_m°$ C der mittlere Temperaturunterschied zwischen Heizgas und Dampf,

B kg die stündliche Brennstoffmenge,

G kg die Gasmenge aus 1 kg Brennstoff,

c_{pg} kcal die mittlere spez. Wärme der Heizgase,

η der Wirkungsgrad für die Wärmeabgabe der Heizgase an die Überhitzerfläche.

Dann berechnet sich die **erforderliche Überhitzerfläche** wie folgt:

Im Überhitzer ist zunächst das vom Rohdampf mitgerissene Wasser zu verdampfen. Dafür sind je kg Dampf aufzuwenden:

$$\frac{w}{100} \cdot r \text{ kcal (Trocknung des Rohdampfes).}$$

Darauf ist der Dampf zu überhitzen, was

$$c_{pm}(t' - t) \text{ kcal (Überhitzung)}$$

je kg Dampf erfordert.

Es sind daher stündlich vom Überhitzer aufzunehmen:

$$D\left[\frac{w}{100} \cdot r + c_{pm}(t' - t)\right] \text{ kcal.}$$

Durch 1 m² Überhitzerfläche gehen nun bei 1° Temperaturunterschied zwischen Heizgas und Dampf stündlich k kcal, bei dem vorhandenen Unterschied $\vartheta_m°$ also $k \cdot \vartheta_m$ kcal hindurch, demnach an der ganzen Überhitzerfläche:

$$H' \cdot k \cdot \vartheta_m \, .$$

Da diese Wärmemenge vom Dampf aufgenommen wird, so ist:

$$H' \cdot k \cdot \vartheta_m = D \cdot \left[\frac{w}{100} \cdot r + c_{pm}(t' - t) \right]$$

oder

$$\boldsymbol{H'} = \boldsymbol{D} \cdot \frac{\dfrac{w}{100} \cdot r + c_{pm}(t' - t)}{k \cdot \vartheta_m} \, .$$

Hierin ist zu setzen für w:

$$
\begin{aligned}
w &= 2 \div 3\% \ \text{für Flammrohrkessel} \\
  &= 3 \div 5\% \ \text{,, Kammerkessel} \\
  &= 4 \div 6\% \ \text{,, Steilrohrkessel} \\
  &= 10 \div 15\% \ \text{,, Hochleistungen}
\end{aligned}
$$

a) für Kesselzugüberhitzern

für k:

$$
\begin{aligned}
k &= 12 \div 13 \ \text{kcal} \quad \text{bei} \ 15 \div 18 \ \text{kg Kesselbeanspruchung} \\
  &= 13 \div 15 \ \text{kcal} \quad \text{,,} \ 18 \div 20 \ \text{kg} \qquad\qquad\quad \text{,,} \\
  &= 15 \div 18 \ \text{kcal} \quad \text{,,} \ 20 \div 25 \ \text{kg} \qquad\qquad\quad \text{,,} \\
  &= 18 \div 20 \ \text{kcal} \quad \text{,,} \ 25 \div 30 \ \text{kg} \qquad\qquad\quad \text{,,}
\end{aligned}
$$

b) für Zentralüberhitzer

$$k = 20 \div 25 \ \text{kcal}$$

für ϑ_m mit hinreichender Annäherung

$$\vartheta_m = \frac{t_e + t_a}{2} - \frac{t' + t}{2} \ \text{[1]}.$$

Zur Auswertung dieser Gleichung mögen folgende Erfahrungswerte dienen:

a) **bei Kesselzugüberhitzern.** t_e kann je nach der Zuglänge vor dem Überhitzer und der Kesselbeanspruchung geschätzt werden etwa zu:

$$
\begin{aligned}
t_e &= 450 \div 600°\,\text{C für Flammrohrkessel} \\
    &= 550 \div 700°\,\text{C ,, Doppelkessel} \\
    &= 500 \div 650°\,\text{C ,, Kammerkessel} \\
    &= 400 \div 550°\,\text{C ,, Steilrohrkessel.}
\end{aligned}
$$

Da nun die von den Heizgasen beim Durchstreichen des Überhitzers also bei Verminderung ihrer Temperatur von t_e auf $t_a°$ C, abgegebene Wärme nach Abzug des Strahlungsverlustes von der durchströmenden Dampfmenge aufgenommen wird, so ist:

$$\eta \cdot B \cdot G \cdot c_{pg} \cdot (t_e - t_a) = D \cdot \left[\frac{w}{100} \cdot r + c_{pm}(t' - t) \right]$$

---

[1] Genauere Ermittlung des Temperaturunterschiedes siehe Fuchs in Mitteilungen über Forschungsarbeiten, Heft 22.

oder

$$t_a = t_e - \frac{D}{B} \cdot \frac{\dfrac{w}{100} \cdot r + c_{pm}(t' - t)}{\eta \cdot G \cdot c_{pg}} \, .$$

Darin kann, unter Annahme eines Strahlungsverlustes von 5%, $\eta = 0{,}95$ und für c_{pg} der Mittelwert 0,24 gesetzt werden.

b) bei **Zentralüberhitzern** kann angenommen werden:

$$t_e = 900^\circ\,\mathrm{C} \quad\text{und}\quad t_a = 350^\circ\,\mathrm{C}.$$

Die stündliche Brennstoffmenge für Zentralüberhitzer ergibt sich aus vorstehendem zu

$$B = D \cdot \frac{\dfrac{w}{100} \cdot r + c_{pm}(t' - t)}{\eta \cdot G\, c_{pg}(t_e - t_a)} \, ,$$

darin ist, entsprechend einem Strahlungsverlust von 10%, $\eta = 0{,}90$ zu setzen und G für den Luftüberschuß zu berechnen, bei welchem sich eine Verbrennungstemperatur von 900° C ergibt.

Der Querschnitt der Überhitzerrohre ist so zu bemessen, daß der durchströmende Dampf bei Spannungen unter 10 at Überdruck einen Spannungsabfall Δp von nicht mehr als 0,25 at und für höhere Spannungen von nicht mehr als 0,3 at erleidet.

Bezeichnet man mit

γ kg/m³ das spezifische Gewicht des Heißdampfes bei der mittleren Temperatur $t_m = \dfrac{t + t'}{2}$,

l m die Länge des Dampfweges im Überhitzer,

d m den lichten Durchmesser eines Überhitzerrohres,

f m² den Gesamtquerschnitt der gleichzeitig durchflossenen Rohre,

s_m m/sek die Durchflußgeschwindigkeit des Dampfes,

v m³/kg das spez. Volumen des Dampfes bei der Temperatur t_m,

dann ist nach Gutermuth und Eberle

$$(1) \qquad \Delta p = \frac{10{.}5}{10^8} \cdot \gamma \cdot \frac{l}{d}\, s_m^2 \, .$$

Ferner ist

$$(2) \qquad s_m = \frac{D \cdot v}{3600 \cdot f}$$

Man verfährt nun so, daß man sich zunächst aus der allgemeinen Zustandsgleichung des überhitzten Dampfes v und $\gamma = \dfrac{1}{v}$ berechnet. Diese Gleichung ist nach R. Linde, wenn man den absoluten Dampfdruck in kg/m² einsetzt

$$p \cdot v = 47{,}1(273 + t_m) - 0{,}016 \cdot p \, .$$

Dann wird, unter Annahme eines Rohrdurchmessers d, aus Gleichung (1)

s_m, und schließlich aus Gleichung (2) f und damit die erforderliche Anzahl der Rohre gefunden.

Die angegebenen Grenzen für den Spannungsabfall werden im allgemeinen nicht überschritten, wenn man den Rohrquerschnitt so groß wählt, daß der Dampf bei Kesselzugüberhitzern mit 9 bis 12 m und bei Zentralüberhitzern mit 15 bis 20 m Geschwindigkeit in die Rohre eintritt.

34. Die Vorwärmer.

Durch die Vorwärmung des Speisewassers kann einerseits Wärme, die sonst verloren gehen würde, für den Kesselbetrieb nutzbar gemacht und somit der Wirkungsgrad der Anlage erhöht werden, andererseits trägt sie zur Schonung des Kesselkörpers bei, da bei Speisung vorgewärmten Wassers weniger große Temperaturunterschiede im Kessel und infolgedessen nicht so leicht durch Wärmespannungen hervorgerufene Undichtheiten an den Nietverbindungen auftreten, auch der Kessel im Innern weniger leicht verrostet.

Das Speisewasser kann erwärmt werden:

1. Durch Heizgase (Abgase),
2. durch Dampf (Abdampf und auch Frischdampf).

A. Abgasvorwärmer.

Die durch Abgase geheizten Vorwärmer bestehen gewöhnlich aus einem in die Druckleitung der Speisepumpe eingebauten Rohrsystem, welches von Mauerwerk umgeben ist und von den Abgasen des Kessels bestrichen werden kann. Die für die Anlegung, den Betrieb und die Unterhaltung solcher Vorwärmer aufzuwendenden Kosten machen sie im allgemeinen nur dann vorteilhaft, wenn die Temperatur der Abgase mehr als 300° beträgt. Dabei ist ferner in Rücksicht zu ziehen, daß der für den Kessel zur Verfügung stehende Schornsteinzug durch Einbau des Vorwärmers nicht unerheblich vermindert wird. Trotzdem wird es in vielen Fällen günstiger sein, einen Kessel mit Abgasvorwärmer auszurüsten, als seine Heizfläche so zu vergrößern, daß der Gasweg länger und die Abgastemperatur dadurch niedriger wird. Der Grund hierfür liegt darin, daß der Unterschied zwischen der Gas- und der Wassertemperatur am Vorwärmer größer ist als am letzten Teil der Kesselheizfläche, daß sich also am Vorwärmer ein größerer Wärmedurchgang erzielen läßt.

Die Abgasvorwärmer wurden früher allgemein als Zentralvorwärmer — ein Vorwärmer gemeinsam für eine Anzahl von Kesseln — angelegt. Bei Hochleistungskesseln ist man jedoch dazu übergegangen, jeden Kessel für sich mit einem Vorwärmer zu versehen, hauptsächlich weil solche Einzelvorwärmer eine gleichmäßigere Vorwärmung ermöglichen.

Das Rohrsystem der Abgasvorwärmer besteht entweder aus gußeisernen oder aus schmiedeeisernen Rohren.

a) Gußeiserne Abgasvorwärmer sind am verbreitetsten in der Form des Greenschen Economisers (Abb. 318). Derselbe besteht aus geraden Rohren von 85 bis 100 mm lichtem Durchmesser bei 2,7 bis 4 m

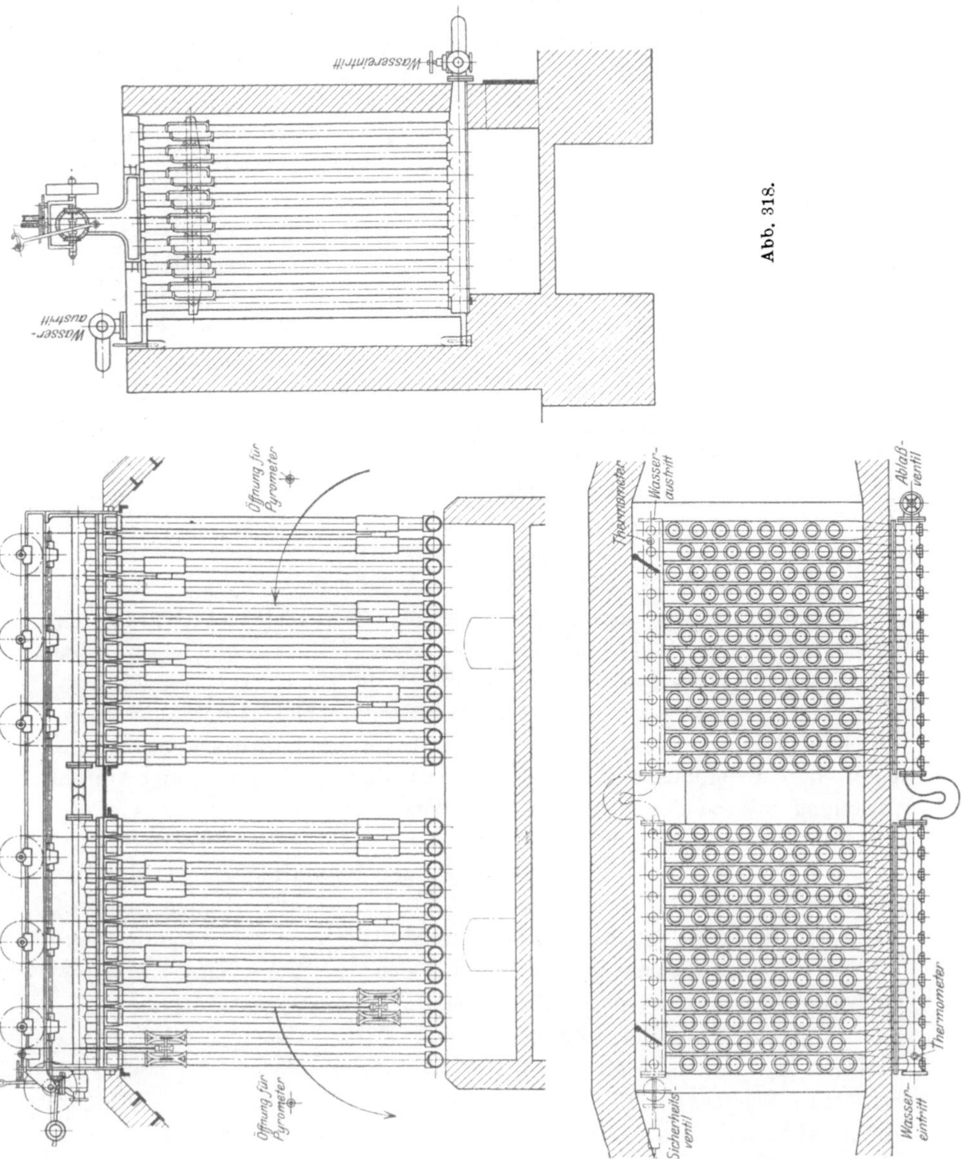

Länge, welche oben und unten in querliegende Kästen hydraulisch eingepreßt sind. Je 6 bis 12 Rohre werden auf diese Weise zu einem Rohrelement vereinigt. In den Oberkästen ist über jedem Rohr eine mit Innenverschluß versehene Reinigungsöffnung angebracht. Die Außenfläche der Rohre wird mittels scharfkantiger Ringschaber reingehalten, welche durch maschinellen Antrieb langsam auf und ab bewegt werden. Dies ist notwendig, da der Rußansatz sonst die Wärmeübertragung erheblich verschlechtern würde. Der Antrieb der Schaber erfolgt durch Transmission, besondere Dampfmaschine oder elektrisch und erfordert $^1/_3$ bis 3 PS. Um die Rohre und die Schaber besichtigen zu können, läßt man zwischen je 8 bis 12 Rohrelementen einen etwa 400 mm breiten Zwischenraum, außerdem ordnet man bei kleineren Ausführungen an der einen Seite, bei größeren in der Mitte einen ebenso breiten Gang an. Der Letztere wird im Betriebe durch Zugklappen (Defektoren) geschlossen, da sonst ein Teil der Gase nicht die Rohre bestreichen würde. Bei der gezeichneten Ausführung sind die Unterkästen und die Oberkästen durch je ein längs laufendes Rohr miteinander verbunden, so daß das auf der Seite des Gasaustritts eingeführte Wasser zunächst in die Unterkästen gelangt, dann in den Rohren langsam nach den Oberkästen emporsteigt, um auf der Seite des Gaseintritts den Economiser zu verlassen. Statt dessen hat man das Wasser auch so geführt, daß es im Gegenstrom zu den Gasen die einzelnen Rohrelemente nacheinander durchläuft. Da hierdurch jedoch eine wesentliche Verbesserung des Wirkungsgrades nicht erzielt wurde, so wird die erstgenannte Anordnung wegen ihrer Einfachheit weitaus am häufigsten ausgeführt.

Ein besonderer Übelstand zeigt sich bei allen Abgasvorwärmern, wenn das Wasser sehr kalt in diese eintritt. Es schlägt sich dann außen auf dem Teil der Rohre, welcher zuerst vom Wasser durchlaufen wird, aus den Gasen Schwitzwasser nieder, so daß die Rohre dort, je nach dem Feuchtigkeitsgehalt des verfeuerten Brennstoffs, mehr oder weniger stark abrosten würden. Um das zu verhindern, wärmt man das Wasser, ehe es in den Economiser gelangt, entweder durch Abdampf oder durch Mischung mit bereits vorgewärmtem Wasser möglichst bis auf 40° an. Die Anordnung, welche die Firma **Green** dazu wählt, ist in Abb. 319 wiedergegeben. — Den Economisern **wird** oft der Vorwurf gemacht, daß sie Anlaß zum Eindringen von Nebenluft in den Abgaskanal geben. Dies kann der Fall sein, wenn die Oberkästen nicht besonders sorgfältig aneinander gepaßt und die Löcher, durch welche die Antriebsketten für die Rußschaber hindurchgehen, zu weit sind.

b) Schmiedeeiserne Abgasvorwärmer haben sich im allgemeinen nicht so gut bewährt. Ihre Rohre rosten und verziehen sich leicht, so daß man Schaber nicht anbringen kann. Der Rußansatz muß daher durch Abblasen mittels Dampfstrahles entfernt werden. Man verwendet sie jetzt fast nur noch als Einzelvorwärmer an Steilrohrkesseln, wie das schon beim Werner-Hartmann-, Steinmüller- und Burkhardt-Kessel erwähnt wurde. Sie bieten hier den Vorteil, daß ihr Einbau ohne nennenswerte Vergrößerung der wärmeausstrahlenden Mauerwerksflächen möglich ist, haben sich aber auch nur dann als brauchbar erwiesen, wenn das

Wasser mit höheren Temperaturen, völlig enthärtet und entlüftet, also
als reines Kondensat hineinkommt.

Ein schmiedeeiserner Vorwärmer besonderer Bauart ist der in Abb. 320

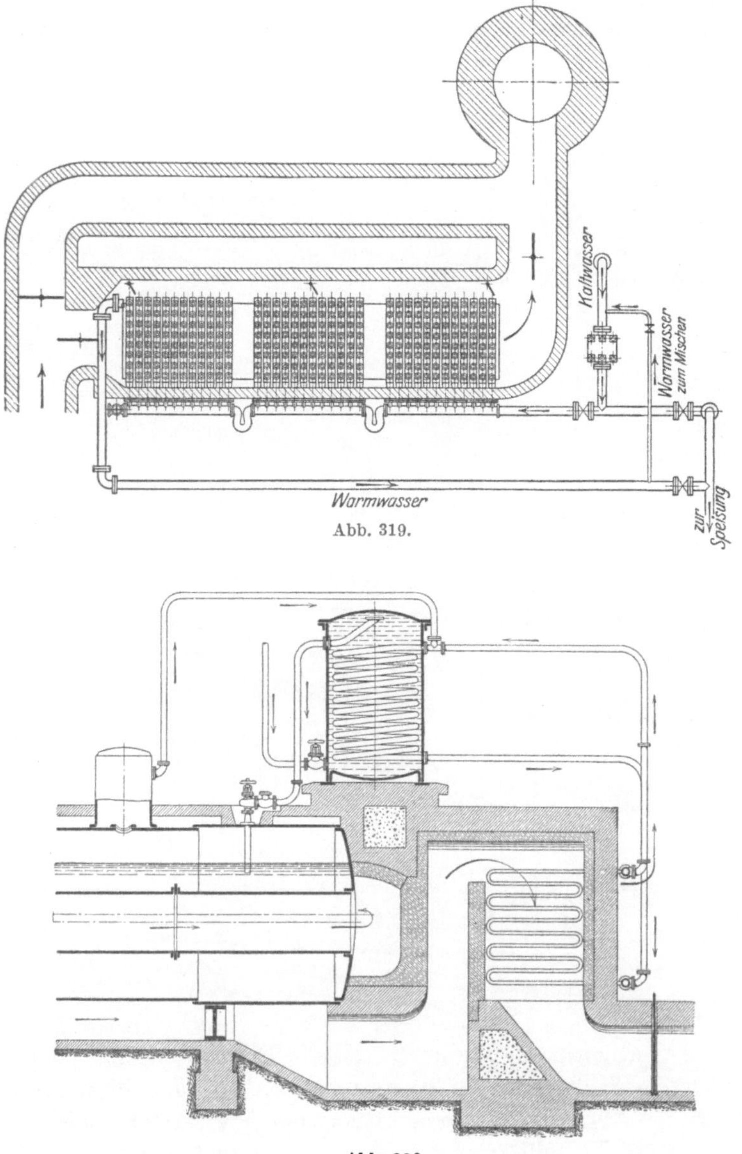

Abb. 319.

Abb. 320.

dargestellte Schmidtsche Rauchgasvorwärmer, der von der Aschers-
lebener Maschinenfabrik vielfach ausgeführt wurde. Bei ihm übertragen
die Rauchgase ihre Wärme nicht unmittelbar auf das Speisewasser, son-

dern auf die aus Kondensat bestehende Füllung des Abgasvorwärmers. Dieselbe steigt dabei im Gegenstrom zu den Heizgasen empor, strömt nach Verlassen des Vorwärmers einer Rohrschlange zu, die sich in einem in die Speiseleitung eingebautem Gefäß befindet, gibt auf dem Wege durch die Schlange die aus den Gasen aufgenommene Wärme an das Speisewasser ab, um schließlich wieder dem Abgasvorwärmer zuzufließen und den

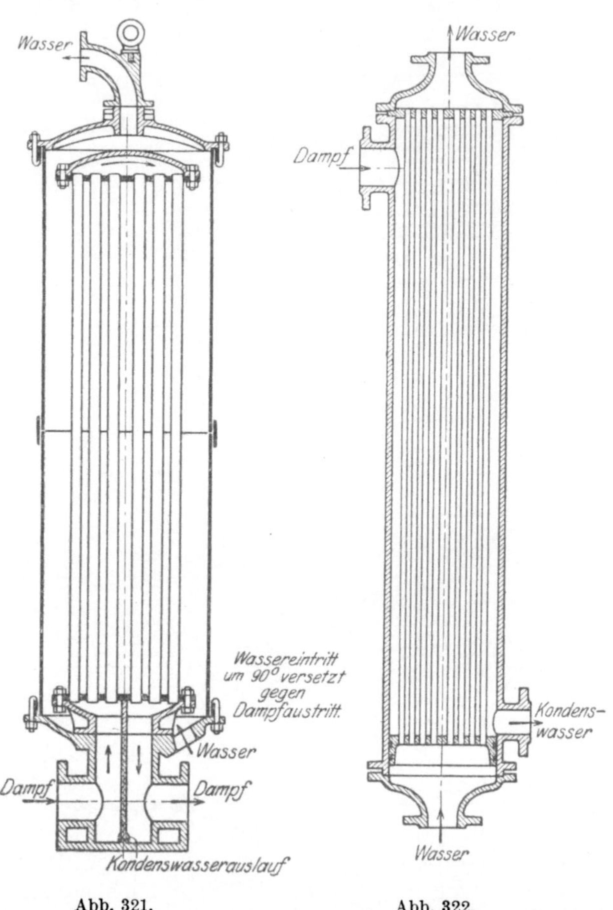

Abb. 321.   Abb. 322.

Kreislauf von neuem zu beginnen. Ist die Ringleitung des Vorwärmers bei längerem Stillstande des Kessels entleert worden, so werden beim Anfeuern die Abgase zunächst nicht über den Vorwärmer geleitet. Nachdem sodann im Kessel Dampf entstanden ist, strömt dieser durch ein vom Dom abgehendes Verbindungsrohr der Ringleitung zu und wird darin kondensieren. Auf diese Weise füllt sich der Vorwärmer wieder, so daß er dann in Betrieb genommen werden kann. Durch das Verbindungsrohr ist auch für einen ständigen Druckausgleich zwischen Kessel und Ringleitung gesorgt. — Als Nachteil dieser Bauart ist anzuführen, daß bei ihr die Strahlungsverluste größer sind als bei den Abgasvorwärmern mit unmittelbarer Erwärmung des Speisewassers.

B. Dampfgeheizte Vorwärmer.

Die durch Dampf geheizten Vorwärmer sind so eingerichtet, daß sich in ihnen der Dampf nicht mit dem Wasser mischen kann, sondern seine Wärme durch Gefäßwände hindurch an dasselbe abgibt. Sie werden jetzt fast ausschließlich als geschlossene zylindrische, von einem Bündel gerader Rohre durchzogene Gefäße gebaut. Den Rohren gibt man gewöhnlich einen äußeren Durchmesser von 38 bis 70 mm. Bei der Anordnung des Rohrbündels ist darauf Rücksicht zu nehmen, daß es sich frei ausdehnen und gut von Schlamm gereinigt werden kann. Zur Reinigung muß sich das Vorwärmergefäß auseinandernehmen lassen. Die äußeren Wandungen des Vorwärmers und die Rohrböden werden aus

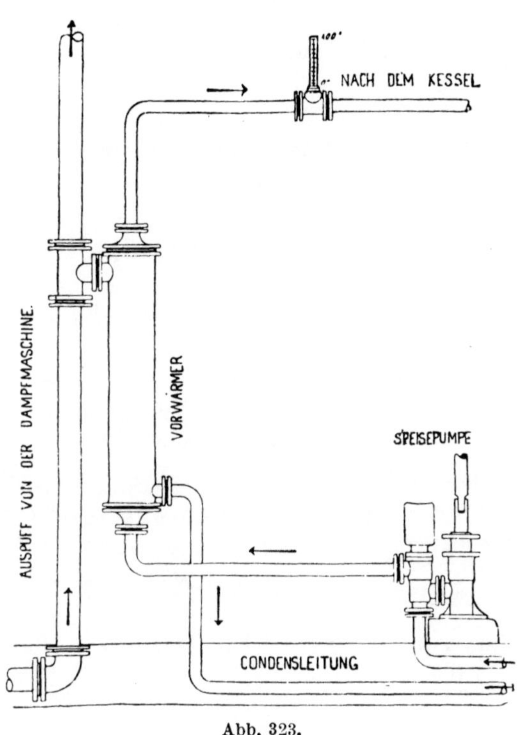

Abb. 323.

Gußeisen oder Schmiedeeisen, die Rohre aus Kupfer, Messing oder ebenfalls aus Schmiedeeisen hergestellt. — Das Wasser wird auch durch diese Vorwärmer von der Pumpe hindurchgedrückt, während ihnen die Wärme dadurch zugeführt wird, daß sie gewöhnlich an die Abdampfleitung von Auspuffmaschinen angeschlossen, seltener zwischen Niederdruckzylinder und Kondensator eingebaut und nur ganz ausnahmsweise mit Frischdampf versorgt werden.

Röhrenwärmer von A. L. G. Dehne in Halle a. S. (Abb. 321).

Der Dampf strömt durch die Hälfte der Röhren nach oben und durch die andere Hälfte nach unten. Das Wasser umgibt die Rohre. Diese Anordnung hat den Vorteil geringeren Strahlungsverlustes, da der äußere Mantel nicht mit dem Dampf, sondern mit dem kälteren Wasser in Berührung steht.

Röhrenvorwärmer von F. Mattick in Pulsnitz i. Sa. (Abb. 322 u. 323).

Er ist abweichend von der erstgenannten Bauart so eingerichtet, daß das Wasser durch die Rohre und der Dampf außen an ihnen entlang geführt wird. Dadurch wird die Reinigung des Vorwärmers erleichtert. — Abb. 323 zeigt seine Anordnung in der Rohrleitung. Sie ist derartig, daß sich der Vorwärmer den benötigten Dampf selbst ansaugt, infolgedessen wird aller Dampf an ihm vorbeiströmen, solange die Speisung unterbrochen ist.

C. Berechnung der Vorwärmer.

a) Abgasvorwärmer.

Größe der Vorwärmfläche.

Ist $t_2\,°$ C　die Temperatur der Abgase am Anfange der Vorwärmfläche,

$\quad t_3\,°$ C　die Temperatur der Abgase am Ende der Vorwärmfläche,

$\quad t_0\,°$ C　die Temperatur des Wassers beim Eintritt in den Vorwärmer,

$\quad t_0'\,°$ C　die Temperatur des Wassers beim Verlassen des Vorwärmers,

$\quad D$ kg　die stündlich erforderliche Speisewassermenge,

$\quad H_v$ m²　die Vorwärmfläche,

$\quad k_v$ kcal　die Wärmedurchgangszahl, d. i. die Wärmemenge, die durch 1 m² Vorwärmfläche in 1 Stunde bei 1° C Temperaturunterschied zwischen Gas und Wasser hindurchgeht,

so läßt sich der an der gesamten Vorwärmfläche zwischen den Abgasen und dem Wasser vorhandene mittlere Temperaturunterschied angenähert berechnen zu:

$$\varDelta = \frac{t_2 + t_3}{2} - \frac{t_0 + t_0'}{2}.$$

Zur Erwärmung von D kg Wasser sind nun

$$D(t_0' - t_0)\ \text{kcal}$$

erforderlich. Durch die Vorwärmfläche H_v gehen stündlich

$$H_v \cdot k_v \cdot \varDelta\ \text{kcal.}$$

Daher ist:

$$D(t_0' - t_0) = H_v \cdot k_v \cdot \varDelta \quad \text{oder} \quad \boldsymbol{H_v = \frac{D(t_0' - t_0)}{k_v \cdot \varDelta}}.$$

Die Wärmedurchgangszahl k_v ist vor allem von der Gasmenge abhängig, die stündlich an der Vorwärmfläche vorbeistreicht, sodann aber auch von der Beschaffenheit der Wandung, durch welche hindurch die Wärme auf das Wasser übertragen wird. Sie kann in Rechnung gestellt werden:

Für gußeiserne Rohre, die durch Rußschaber sauber gehalten werden, mit

$$k_v = 10$$

und für schmiedeeiserne Rohre, unter der Voraussetzung, daß reines Kondensat gespeist wird, mit

$$k_v = 15 \; .$$

Die Größe des Abgasvorwärmers ist nun so zu wählen, daß die Gase nicht unter die Temperatur abgekühlt werden, bei der sie noch genügend Auftrieb zur Zugerzeugung besitzen. Im allgemeinen geht man daher mit t_3 nicht unter $200°$ C. Daraus aber läßt sich die Temperatur t_0' berechnen, welche im Vorwärmer erreicht werden kann, und zwar aus der Gleichung:

$$\eta \cdot B \cdot (1 + m\, L_{kg}) \cdot c_p (t_2 - t_3) = D \cdot (t_0' - t_0) \; .$$

Hierin bedeutet $\eta \, (= 0{,}8$ bis $0{,}9)$ den Wirkungsgrad des Vorwärmers, der von seinem Strahlungsverlust abhängt, während die Bezeichnungen B, m, L_{kg} aus Abschnitt 8 auf S. 20 ersichtlich sind. Ohne genaue Kenntnis der zu verfeuernden Kohle kann man im Mittel setzen:

$$\frac{t_2 - t_3}{t_0' - t_0} = \frac{D}{\eta \cdot B \cdot (1 + m\, L_{kg}) \cdot c_p} \backsim 2 \; ,$$

oder annehmen, daß bei einer Gasabkühlung von $2°$ C eine Wasservorwärmung um $1°$ C erreicht wird.

Beispiel: Eine stündliche Speisewassermenge von $D = 4000$ kg mit einer Temperatur von $t_0 = 30°$ soll durch einen Greenschen Economiser vorgewärmt werden, dabei sollen sich die mit $t_2 = 360°$ zur Verfügung stehenden Abgase nicht unter $t_3 = 200°$ abkühlen.

Der Temperaturabfall der Gase soll $t_2 - t_3 = 360 - 200 = 160°$ betragen, dem entspricht nach obigem eine Temperaturzunahme des Wassers $t_0' - t_0 = \dfrac{t_2 - t_3}{2} = \dfrac{160}{2} = 80°$, mithin wird das Wasser auf $t_0' = t_0 + 80 = 30 + 80 = 110°$ erwärmt. Daraus folgt:

$$\varDelta = \frac{360 + 200}{2} - \frac{30 + 110}{2} = 210° \; .$$

Die Vorwärmfläche ist daher, für $k_v = 10$:

$$H_v = \frac{4000 \cdot (110 - 30)}{10 \cdot 210} = 152{,}4 \backsim 152 \text{ m}^2 .$$

Die dazu erforderliche **Anzahl von Vorwärmerrohren** ist unter Annahme einer bestimmten **Wassergeschwindigkeit beim Durchtritt durch die Rohre** zu berechnen. Sie beträgt bei **gußeisernen Vorwärmern**, bei denen das Wasser alle Rohre gleichzeitig durchfließt, etwa $0{,}001$ m/sek; dagegen bei **schmiedeeisernen Rohren** bis zu $0{,}01$ m.

Wird die Wassergeschwindigkeit für das vorliegende Beispiel zu

0,001 m angenommen und soll der Durchmesser der Rohre 100/115 mm betragen, so ist die Rohranzahl:

$$n = \frac{4}{\dfrac{\pi \cdot 0,1^2}{4} \cdot 0,001 \cdot 3600} = \sim 142 \; .$$

Da aber wegen des Antriebes der Rußschaber die Anzahl der Rohre durch 4 teilbar sein muß, so wird gewählt

$$n = 144 \; .$$

Soll jedes Rohrelement 6 Rohre fassen, so sind also 24 solcher Elemente nötig, die in 2 Gruppen von je 12 Elementen hintereinander angeordnet werden.

Die Rohrlänge l m ergibt sich aus

$$152 = 144 \cdot \pi \cdot 0,115 \cdot l \quad \text{zu} \quad l = \frac{152}{144 \cdot 0,36} = 2,93 \sim 3 \text{ m.}$$

Der Wasserinhalt des Vorwärmers (W kg) ergibt sich demnach, wenn man den Inhalt des Ober- und des Unterkastens eines Rohrelementes zusammen etwa gleich dem eines Vorwärmerrohres setzt, zu:

$$W = (144 + 24) \cdot \frac{\pi \cdot 1^2}{4} \cdot 30 = 3958 \sim = D \; .$$

Dies trifft bei vielen Ausführungen und zwar sowohl mit gußeisernen als auch mit schmiedeeisernen Rohren zu. Allgemein beträgt der **Wasserinhalt der Abgaswärmer etwa 0,5 bis 1,25 der stündlichen Speisewassermenge.**

Der Abstand der Rohrmitten eines Elementes ist so zu wählen, daß **die Geschwindigkeit der Gase beim Durchstreichen des Vorwärmers nicht geringer als 6 m/sek wird.**

b) Durch Dampf geheizte Vorwärmer.

Die Größe der Vorwärmfläche ergibt sich zu

$$H_v = \frac{Q}{k \cdot \varDelta} \; ,$$

worin Q die Wärmemenge bedeutet, die zum Erwärmen der stündlich in den Vorwärmer mit $t_0°$ eintretenden Wassermenge auf eine Temperatur $t_0'°$ nötig ist. Diese Wassermenge ist so zu bestimmen, daß häufigere Unterbrechungen der Speisung berücksichtigt werden. Sie wird daher, wenn anzunehmen ist, daß die Speisung durchschnittlich in der Stunde $60 - z$ Minuten lang ruht, berechnet zu:

$$D' = D \cdot \frac{60}{z} \; .$$

Demnach ist:

$$H_v = \frac{D' \cdot (t_0' - t_0)}{k \cdot \Delta}$$

zu machen.

Für die Wärmedurchgangszahl gilt hier nach Hausbrand:

$$k = 750 \cdot \sqrt{s_d + s_d'} \cdot \sqrt[3]{0{,}007 + s_w} \,,$$

wenn die Vorwärmerrohre aus Kupfer oder Messing bestehen, dagegen bei eisernen Rohren das 0,85fache dieses Wertes. — In der Formel bedeuten:

s_d m/sek die Geschwindigkeit, mit welcher der Dampf in seinem Eintrittszustande den Vorwärmer durchströmt. Sie wird mit Rücksicht auf den Strömungswiderstand vielfach gewählt zu

$$s_d = 7 \text{ bis } 12 \text{ m,}$$

um aber den Wärmedurchgang zu steigern neuerdings bis zu

$$s_d = 20 \text{ m.}$$

s_d' m/sek die Geschwindgkeit, mit welcher der Dampf den Vorwärmer verläßt. Sie kann bei größeren Dampfgeschwindigkeiten bis zu $0{,}75 \cdot s_d$ betragen.

s_w m/sek die Durchflußgeschwindigkeit des Wassers. Man wählt dafür, wenn das Wasser die Röhren umspült, um dem ausfallenden Schlamm Gelegenheit zum Absetzen zu geben:

$$s_w = 0{,}001 \text{ bis } 0{,}004 \,,$$

und wenn das Wasser durch die Röhren fließt,

$$s_w = 0{,}01 \text{ bis } 0{,}03 \text{ m,}$$

bei modernen Ausführungen sogar bis zu 0,1 m.

Die danach für k errechneten Werte liegen etwa zwischen 300 und 1000 Wärmeeinheiten.

Der mittlere Temperaturunterschied zwischen Dampf und Wasser ist

$$\Delta = t_d - \frac{t_0 + t_0'}{2} \,,$$

wenn angenommen wird, daß die Dampftemperatur t_d im Vorwärmer annähernd gleich bleibt.

Erfahrungsgemäß macht man vielfach die Vorwärmfläche gleich $^1/_{12}$ bis $^1/_{15}$ der Kesselheizfläche und den Wasserinhalt des Vorwärmers gleich $^1/_4$ bis $^1/_{10}$ der stündlichen Speisewassermenge.

Beispiel: Ein Einflammrohrkessel, dessen stündliche Dampfleistung 540 kg beträgt, soll mit einem Abdampfvorwärmer versehen werden, bei dem der Dampf durch die Rohre geführt wird. Für die Berechnung des Vorwärmers werden folgende Angaben gemacht:

Die Speisung ruht in der Hälfte der Betriebszeit. Die Temperatur des Dampfes beträgt beim Eintritt in den Vorwärmer 115° und die des Wassers 20°. Letztere soll bis auf 80° gesteigert werden.

Der Vorwärmer ist dann für eine **stündlich** durchfließende Wassermenge $D' = \dfrac{540 \cdot 60}{30} = 1080$ kg zu berechnen. Die Dampfeintrittsgeschwindigkeit sei $s_d = 7$ m, sie gehe herunter auf $s'_d = 0,2 \cdot s_d = 0,2 \cdot 7 = 1,4$ m. Die Wassergeschwindigkeit betrage $s_w = 0,003$ m. Dann wird, wenn eiserne Röhren eingebaut werden:

$$k = 0{,}85 \cdot 750 \cdot \sqrt{7 + 1,4} \cdot \sqrt[3]{0,007 + 0,003} = 397,5 \sim 400$$

und

$$\varDelta = 115 - \frac{20 + 80}{2} = 65 \,,$$

somit

$$\boldsymbol{H_v} = \frac{1080 \cdot (80 - 20)}{400 \cdot 65} = \textbf{2,49} \sim \textbf{2,5 m}^2.$$

Der **Gesamtquerschnitt der Rohre** wird, da sich aus der Dampftabelle auf S. 12 für Dampf von 115° ein spezifisches Volumen von fast genau 1 m³/kg ergibt:

$$\frac{D \cdot v_s}{s_d \cdot 3600} = \frac{540 \cdot 1}{7 \cdot 3600} = 0,0214 \text{ m}^2.$$

Wählt man Rohre von 49/54 mm Durchmesser, so sind notwendig:

$$\frac{0,0214}{\pi \cdot \dfrac{0,049^2}{4}} \sim 12 \text{ Rohre.}$$

Die Länge der Rohre ergibt sich zu:

$$\frac{2,5}{12 \cdot 0,049 \cdot \pi} = 1,35 \text{ m.}$$

Der innere Manteldurchmesser d in m ergibt sich aus:

$$\left(\frac{\pi \cdot d^2}{4} - 12 \cdot \frac{\pi \cdot 0,054^2}{4} \right) \cdot s_w \cdot 3600 = \frac{D'}{1000}$$

oder

$$\frac{\pi \cdot d^2}{4} = 12 \cdot 0,0023 + \frac{1080}{1000 \cdot 0,003 \cdot 3600}$$

zu $\qquad\qquad d = 403$ mm, gewählt 400 mm.

Der Wasserinhalt des Vorwärmers wird dann etwa gleich dem vierten Teil der stündlich erforderlichen Speisewassermenge.

Achter Abschnitt.

Aufstellung und Ausrüstung der Kessel.

35. Die Lagerung der Kessel.

Das Gewicht eines Kessels kann durch Unterstützung oder Aufhängung abgefangen werden.

Die Unterstützung erfolgt jetzt fast ausnahmslos durch gußeiserne Lagergestelle. Ihre Auflagerfläche ist so groß zu bemessen, daß das darunterliegende Mauerwerk mit nicht mehr als 7 kg/cm² Druck beansprucht wird. Von den verschiedenen Formen dieser Lagergestelle sind die gebräuchlichsten in Abb. 324 bis 328 dargestellt.

Abb. 324 zeigt einen Kesselstuhl, wie sie bei Batteriekesseln und Flammrohrkesseln angewandt werden.

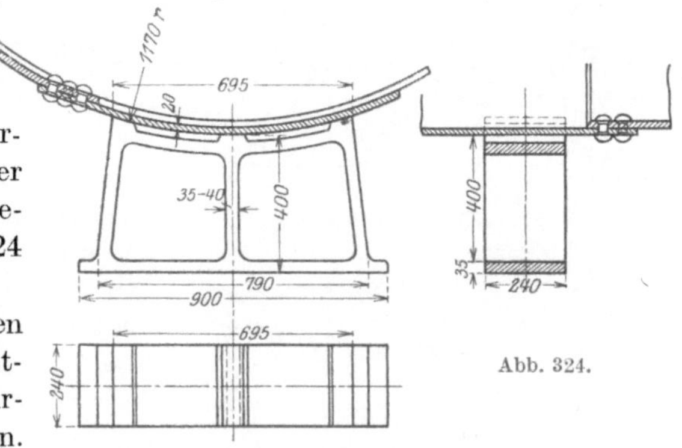

Abb. 324.

Kesselstühle, welche dabei in der Nähe einer Rundnaht des Kesselmantels aufgestellt werden sollen, werden stets unter den Außenschuß gesetzt. Man will dadurch einem Öffnen der Naht unter der Wirkung des Auflagerdruckes vorbeugen und vor allem die Naht für etwa erforderliches Nachstemmen zugänglich lassen.

In Abb. 325 ist die Form des Kesselstuhles wiedergegeben, die gewählt wird, wenn ein solcher bei Flammrohrkesseln vorn unmittelbar am Ablaßstutzen (vgl. Taf. IV, V, VI) angebracht wird.

Unter langen Kesseln werden zuweilen nur ein oder zwei Kesselstühle fest aufgestellt, die übrigen dagegen auf Rollen gelagert, vgl. Abb. 326, Ausführung der Vereinigten Maschinenfabriken Augsburg-Nürnberg A.-G.

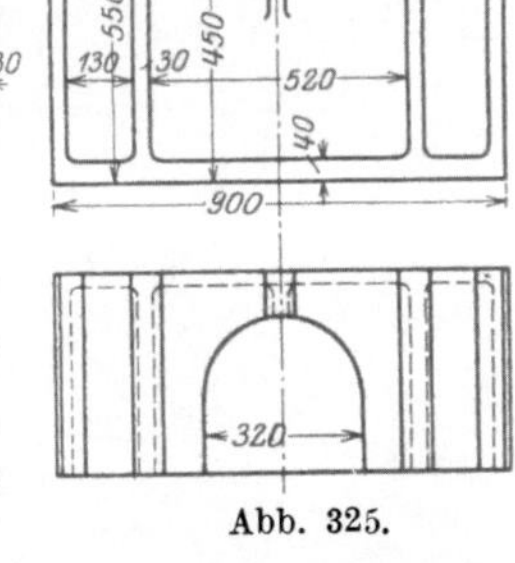

Abb. 325.

Abb. 327 und 328 stellen die Oberkessellagerung beim Burkhardt-Kessel in der Piedboeufschen Ausführung dar. Sie zeigen, wie der Kesselstuhl bei Steilrohrkesseln zur Anwendung gelangt. Hat ein Steilrohrkessel zwei durch Stutzen starr verbundene Oberkessel, so wird allgemein nur einer von ihnen fest aufgelagert, während die Lagerböcke unter dem anderen auf Rollen gesetzt werden.

Unter der hinteren Wasserkammer der Schrägrohrkessel werden gewöhnlich Lagerplatten, ähnlich der in Abb. 329 gezeichneten, angebracht.

Die Aufhängung kommt hauptsächlich bei Walzenkesseln und Wasserrohrkesseln zur Anwendung und kann durch seitlich angenietete gegossene Trageklauen (siehe Abb. 330), durch Hängeeisen (Abb. 331, 332) oder umgelegte Bänder aus Rund- oder Flacheisen (Taf. XI, XII, XIII) erfolgen, die entweder fest oder federnd (Abb. 331) an querliegenden Trägern aufgehängt werden.

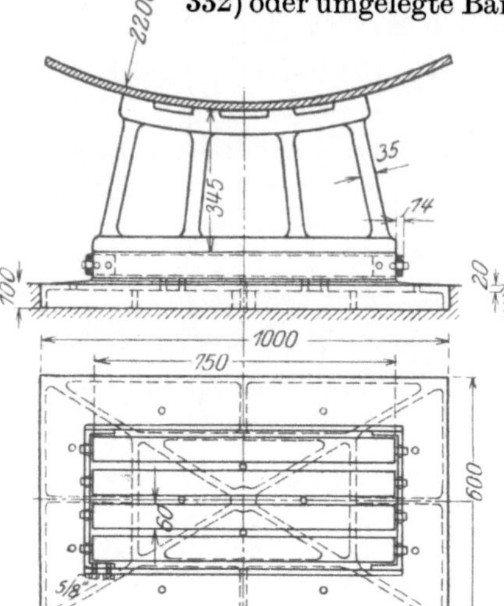

Abb. 326.

Bei den Steilrohrkesseln hängen die Rohrbündel samt der unteren Trommel meistens frei herunter. Liegt das Bündel schräg, so lehnt sich die Trommel gewöhnlich gegen Führungsschienen. Wie das ausgeführt wird, zeigt Abb. 333, 334 an dem Unterkessel eines von der J. Piedboeuf G. m. b. H. in Düsseldorf-Oberbilk erbauten Burkhardtkessels.

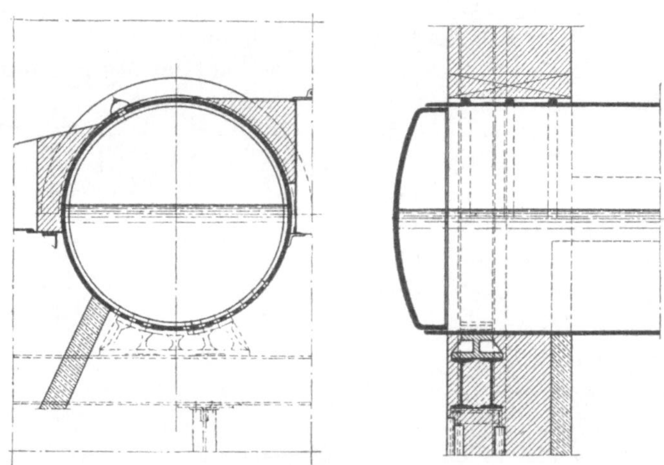

Abb. 327 u. 328.

36. Das Kesselmauerwerk.

Die Umfassungswände des Mauerwerks, mit dem man einen Kessel zwecks Bildung von Zugkanälen (vgl. Abschnitt 23 auf S. 99) und zur Verringerung der Wärmeausstrahlung umgibt, wird aus gewöhnlichen Ziegelsteinen in Kalkmörtel, die Grundmauern dagegen in Zementmörtel hergestellt. Die Kesselwandung darf nirgends mit Kalkmörtel in Berührung kommen, da sie sonst stark anrostet. An den Stellen, wo sich Kesselwand und Mauerwerk berühren, darf daher nur Lehm, Schamotte oder Portlandzement als Mörtel benutzt werden. Überall da, wo das Mauerwerk der Einwirkung heißer Gase von mehr als etwa 450° dauernd ausgesetzt ist, soll es ein Schamottefutter erhalten, das mindestens $^1/_2$ Stein stark in Schamottemörtel auszuführen ist. Für Feuerbrücken und Feuergewölbe sind Formsteine zu verwenden, die durch Aufschleifen aneinanderzupassen und mit besonders dünnen Fugen zu vermauern sind.

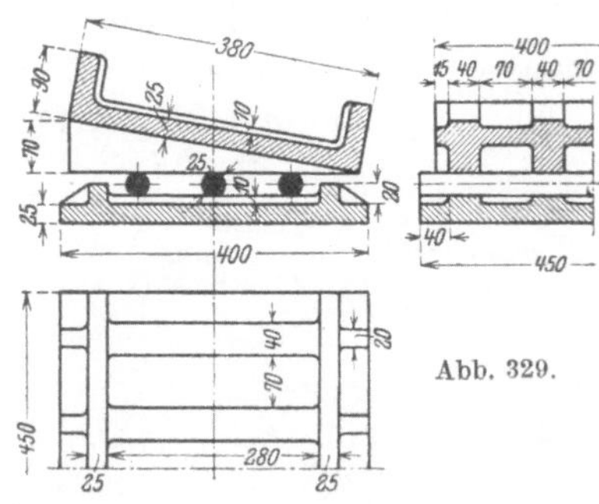

Abb. 329.

Die Aschentrichter (s. S. 101) können mit Vorteil aus Eisenbeton hergestellt werden, doch müssen

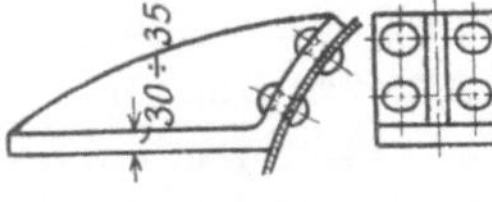

Abb. 330.

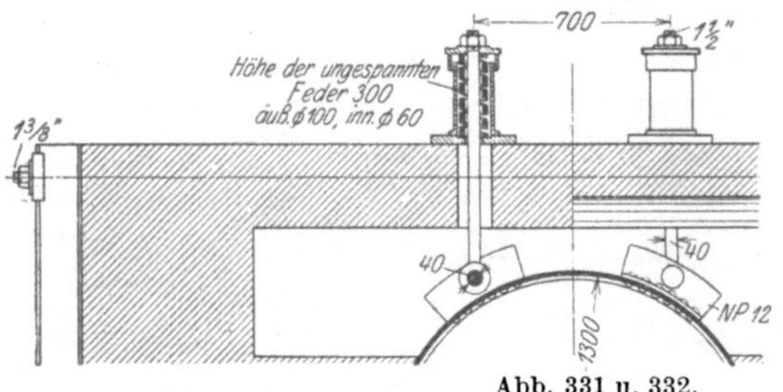
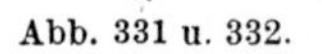
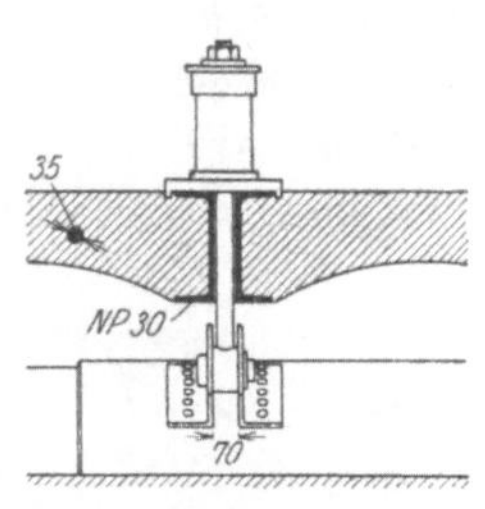

Abb. 331 u. 332.

sie dann auf der Innenseite eine Futterrollschicht aus Hartbrandklinkern oder Schamottesteinen erhalten.

Die Außenmauern des Kesselmauerwerks müssen nach § 16 der A. P. B. (s. S. 358) einen Mindestabstand von 80 mm von den Kesselhauswänden haben. Sie werden $1^1/_2$ bis $2^1/_2$ Stein stark gemacht.

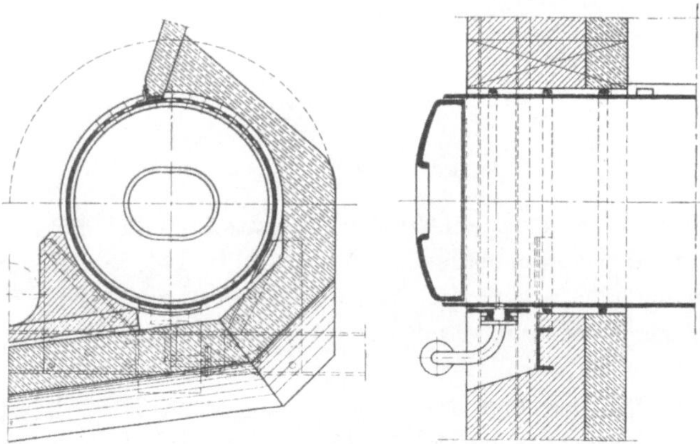

Abb. 333 u. 334.

Zur Verminderung der Wärmeausstrahlung verblendet man sie zuweilen mit weißen Glasurziegeln oder man fügt eine ruhende Luftschicht von

50 ÷ 100 mm Stärke (Taf. VII, Fig. 2 und Taf. IX), besser eine $^1/_4$ bis $^1/_2$ Stein starke Isolierschicht ein, die mit Asche, Schlackenwolle, Kieselgurerde u. ä. ausgefüllt wird. Die Dichtigkeit und Haltbarkeit der Seitenmauern wird ganz besonders erhöht durch Anwendung stehender Gewölbe, sogenannten Bogenmauerwerks (Abb. 335, 336). Anwen-

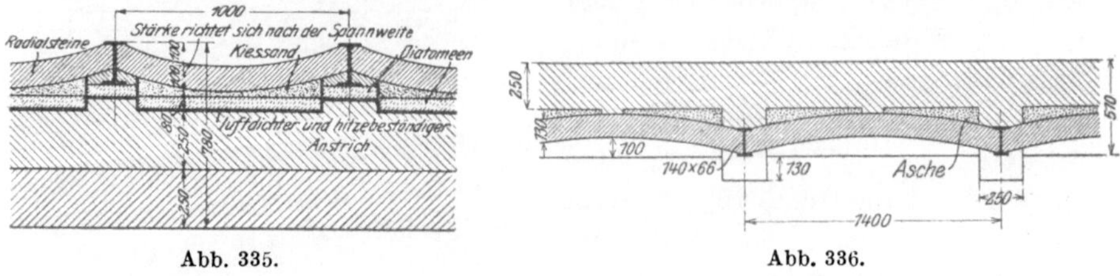

Abb. 335.   Abb. 336.

dungen des Bogenmauerwerks finden sich in Abb. 60, 189, 195, 207, 212, 221, 302 und Taf. X.

Die Zwischenmauern oder Trennungswände zwischen zwei Kesseln mit gemeinsamem Mauerwerk sind nach § 16 der A. P. B. (s. S. 358) mindestens 340 mm stark herzustellen.

Die Scheidewände zwischen Zugkanälen werden im allgemeinen als $^1/_2$ Stein starke Mauerzungen ausgeführt, bei Wasserrohrkesseln dagegen entweder aus etwa 100 mm starken Schamotteformsteinen, aus 20 mm starken gußeisernen Formstücken oder aus beiden zusammengesetzt. Abb. 337 bis 339 zeigen den Aufbau einer zu den Rohren senkrechten, Abb. 340 den einer mit den

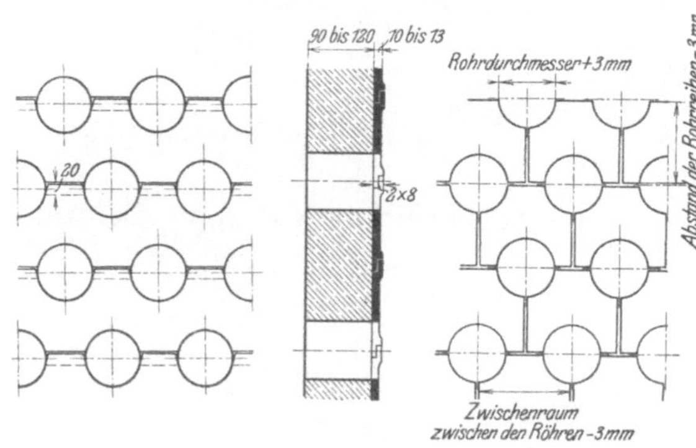

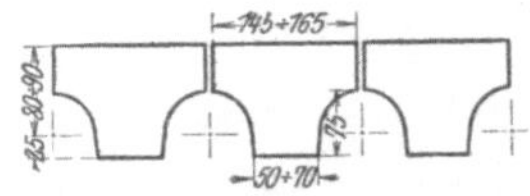

Abb. 337 bis 339.   Abb. 340.

Rohren gleichlaufenden Zwischenwand. — Bei Kesseln, die mit Einzelkammern eingemauert sind (vgl. Abb. 144, S. 124), sollen die herabhängenden senkrechten Scheidewände unmittelbar unter der Decke Öffnungen erhalten, damit die Ansammlung explosibler Gase in den oberen Kammern verhindert wird.

Die Abdeckung der Zugkanäle soll so erfolgen, daß der Kessel dadurch möglichst wenig belastet wird. Ganz wird das vermieden bei der Ausführung nach Abb. 341a, bei welcher über dem Kessel eine besondere tragende Decke angeordnet ist. Der größeren Billigkeit wegen wird meistens jedoch die Ausführung nach Abb. 341b gewählt. Bei ihr besteht die Füllung am besten aus Sand, da Asche in Verbindung mit Tropfwasser leicht Anrostungen veranlassen kann. Ferner empfiehlt es sich, mindestens über die Stelle, wo das Seitenmauerwerk an den Kessel stößt, Lehm aufzugeben, um das Herabrieseln des Sandes in die Zugkanäle zu verhindern.

Die Feuergewölbe sollen nicht von oben belastet werden. Es ist daher zweckmäßig, besondere Entlastungsgewölbe darüber anzuordnen. Vergleiche dazu Abb. 342[1]), für welche folgendes gilt: Je nach der Spannweite S wird $H = \frac{1}{10} \div \frac{1}{7} \cdot S$; $h = 250 \div 350$ mm, $d = 20 \div 50$ mm und $b = 380 \div 510$ mm.

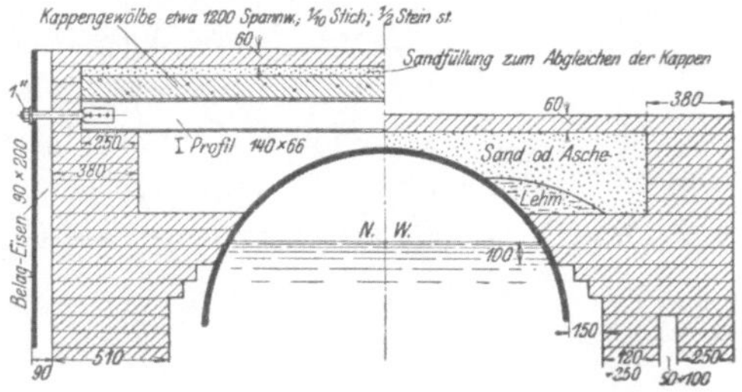

Der Fuchskanal erhält gewöhnlich 1 Stein starke Seitenwände, zwischen denen oben eine $\frac{1}{2}$ bis 1 Stein starke Deckenkappe und unten eine Rollschicht eingesetzt ist.

Verankerungen. Um zu verhindern, daß das Mauerwerk besonders dort, wo es hohen Temperaturen ausgesetzt ist, aufreißt, hält man es durch Anker zusammen. Dazu werden an den Seitenwänden

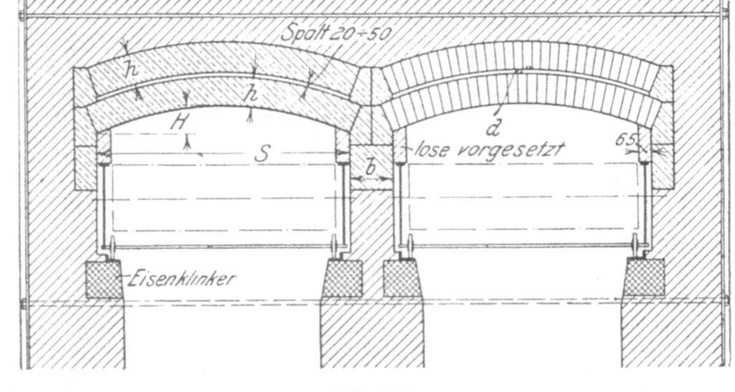

Abb. 341 a.　　　　Abb. 341 b.

und an den Ekken passende Profileisen aufgestellt, die durch Längs- und Queranker von etwa 1″ Durchmesser miteinander verbunden werden. Abb. 343 zeigt eine gegossene Eckschiene.

Abb. 342.

Die Anker sind in nicht zu heiße Stellen des Mauerwerks zu verlegen, da sie sonst infolge der eintretenden Ausdehnung unwirksam wären. Der Seitenschub von Gewölben ist stets durch Anker aufzunehmen (vgl. Abb. 342). — Bei dem sehr hohen Mauerwerk der Steilrohrkessel genügen Verankerungen, wie die soeben genannten, nicht, vielmehr ist dazu ein zusammengenietetes Gestell erforderlich, in welches die Mauerwerkswände eingesetzt werden. Dieses Gestell (vgl. Abb. 344) muß als ein in sich ge-

---

[1]) Siehe **Münzinger**, Erfahrungen im Bau und Betrieb hochbeanspruchter Kesselanlagen. Zeitschrift d. V. D. I. 1916, S. 1020.

schlossenes Ganzes hergestellt werden, damit die Kesselfundamente nur durch das Gewicht des Kesselkörpers, des Gestelles und des Mauerwerks in senkrechter Richtung beansprucht werden. Dazu sind kräftige Ständer erforderlich, die so aufzustellen sind, daß sie die Außenwände des Kesselgehäuses genügend weit unterteilen, um diese Wände durch wagerecht, senkrecht und diagonal zwischen den Ständern eingesetzte Streben aus Profil- oder Flacheisen sicher versteifen zu können.

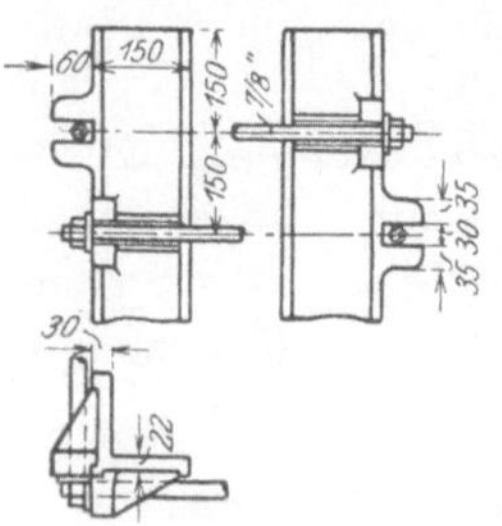

Abb. 343.

Blechummanteltes Mauerwerk (vgl. Abb. 192, 193) wird neuerdings mit gutem Erfolge für die Außenwände von Wasserrohrkesseln angewendet. Es besteht aus 1 bis 1$^1/_2$ Stein starken Schamottewänden, welche nach außen mit einer 50 ÷ 100 mm starken Diatomitschicht und darüber mit einem etwa 5 mm starken Eisenblechmantel verkleidet sind. Es ist zwar teurer als gewöhnliches Mauerwerk, zeichnet

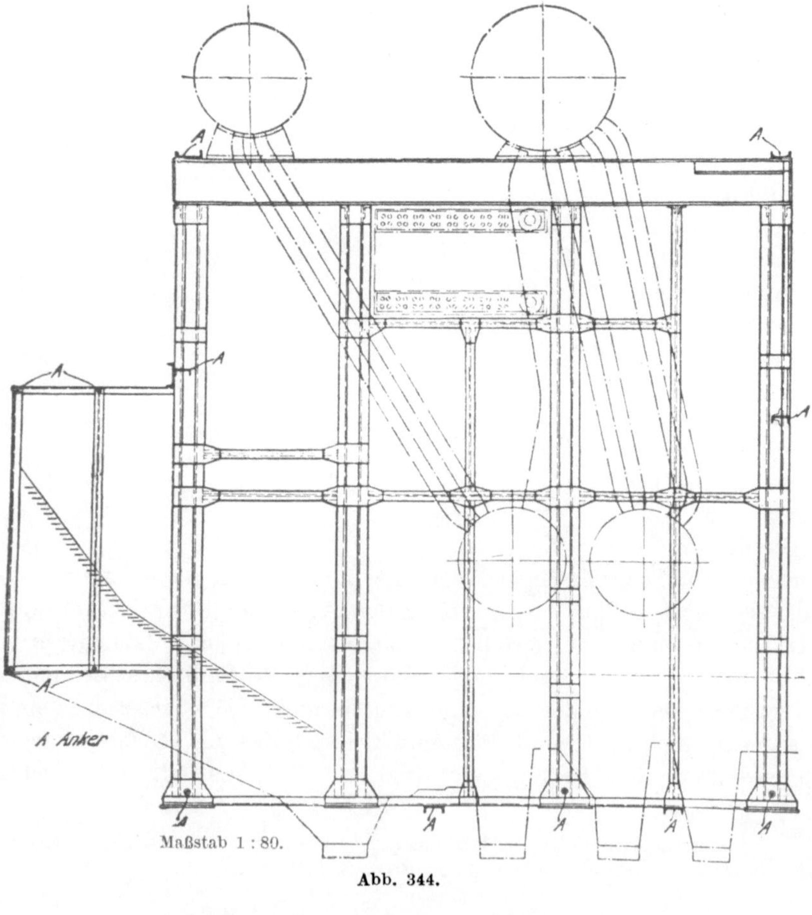

Maßstab 1 : 80.

Abb. 344.

sich aber vor diesem durch geringeren Raumbedarf und geringeres Gewicht aus. — Das letztere ist ganz besonders der Fall, wenn Hohlsteine zur Herstellung der Schamottewand benutzt werden, wie das vielfach geschieht. — Dabei ist es von sehr guter Dichtigkeit und erfordert wenig Instandsetzungen.

37. Die Kesselausrüstung.

Um den Kesselbetrieb möglichst gefahrlos zu gestalten, ist es notwendig, daß jeder Kessel mit ganz bestimmten Vorrichtungen versehen wird. Ihre Zahl und Art ist im Abschnitt III der A. P. B. (s. S. 351) genau vorgeschrieben.

Im folgenden sollen diese gesetzlich verlangten „Sicherheitsvorrichtungen" und im Zusammenhang damit diejenigen Einrichtungen behandelt werden, welche sich sonst im Betriebe eingeführt haben, um die Wartung der Kessel zu erleichtern.

A. Einrichtungen zum Speisen der Kessel.
a) Die Speisepumpen.
(Vgl. § 4 der A. P. B. auf S. 351.)

Die Zuführung des Speisewassers zum Kessel geschieht mittels Kolben-, Zentrifugal- und Dampfstrahlpumpen, und zwar können entweder eine oder mehrere solcher Pumpen zusammen eine „Speisevorrichtung" bilden.

Die Größe jeder Speisevorrichtung ist so zu bemessen, daß sie imstande ist, dem Kessel doppelt soviel Wasser zuzuführen, als seiner normalen Verdampfungsfähigkeit[1]) entspricht.

Kolbenpumpen werden zur Kesselspeisung mit verschiedenen Antriebsarten angewandt. Man bezeichnet sie danach als Hand-, Maschinen-, Transmissions- und Dampfpumpen. Handpumpen kommen, gemäß den gesetzlichen Bestimmungen, nur für kleine Kessel in Betracht, bei denen das Produkt aus der Heizfläche in Quadratmeter und der Dampfspannung in at Überdruck die Zahl 120 nicht übersteigt. — Die Maschinenpumpen werden durch Exzenter von der Kurbelwelle der Dampfmaschine angetrieben. Sie zeichnen sich durch Einfachheit aus und sind daher besonders für Lokomobilen und kleine ortsfeste Anlagen geeignet. Die meist mit Riemenantrieb versehenen Transmissionspumpen sind zwar ebenso wie die vorgenannten von der Dampfmaschine abhängig, lassen sich aber durch Anbringung einer Losscheibe leicht ausrückbar herstellen, auch kann man sie so aufstellen, daß sie für den Heizer bequem erreichbar sind. Bei den Dampfpumpen ist eine besondere kleine Dampfmaschine mit der Pumpe zu einem Ganzen vereinigt. Von den mannigfachen Ausführungen haben sich die ohne Schwungrad am

---

[1]) Vgl. J a e g e r, Bestimmungen über Anlegung und Betrieb von Dampfkesseln. Berlin, Heymann, 1910.

besten bewährt, vor allem weil sich bei ihnen die Leistung durch Drosselung des Dampfes den Betriebsverhältnissen gut anpassen läßt. Sie haben in mittleren und großen Anlagen besonders in der Form der „Duplexpumpe" weite Verbreitung gefunden. Zentrifugalpumpen werden mit Elektromotor oder Dampfturbine unmittelbar gekuppelt, neuerdings in Großbetrieben zur Kesselspeisung benutzt. Besonderen Vorteil gewährt der zuletzt genannte Antrieb, da das aus dem Abdampf der Turbine ölfrei gewonnene Kondensat wieder als Speisewasser dienen kann.

Dampfstrahlpumpen oder Injektoren zeichnen sich vor allem dadurch aus, daß bei ihnen hin und her bewegte oder umlaufende Maschinenteile vollkommen fehlen. Da außerdem von dem Wärmeinhalt der für ihren Betrieb aufzuwendenden Dampfmenge nur sehr wenig verlorengeht, so ist es erklärlich, warum auf Lokomotiven Injektoren fast ausschließlich als Speisevorrichtungen benutzt werden. Aber auch bei ortsfesten Anlagen hat ihnen der geringe Platzbedarf und billige Anschaffungspreis vielfache Anwendung verschafft. Allerdings werden sie dort hauptsächlich als zweite Speisevorrichtung gebraucht, vornehmlich weil sich ihre Leistung nicht regeln läßt.

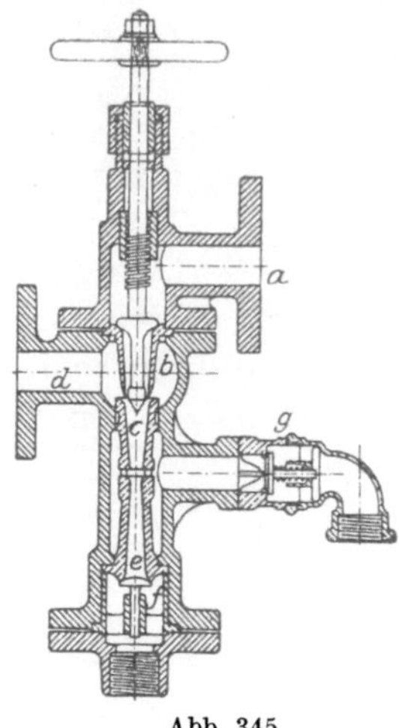

Abb. 345.

Die Wirkungsweise eines Injektors ist etwa folgende:

Aus der regelbaren Strahldüse *b* (Abb. 345) tritt der bei *a* zuströmende Triebdampf mit großer Geschwindigkeit aus. Dadurch wird in der um *b* angeordneten Kammer eine gewisse Luftverdünnung erzeugt und das Wasser aus der Saugleitung *d* angesaugt. Es trifft mit dem Dampf in der Mischdüse *c* zusammen und wirkt dabei kondensierend auf ihn ein. Dies steigert die Luftverdünnung so weit, daß nach kurzer Zeit ein Wasserstrahl mit großer Geschwindigkeit aus der Mischdüse *c* in die Fangdüse *e* überströmt. In dieser sich allmählich erweiternden Düse wird nun die Geschwindigkeit des Strahles entsprechend der Vergrößerung des Querschnittes immer geringer, dagegen der Druck größer, so daß der Strahl schließlich imstande ist, das bei *f* angebrachte Rückschlagventil zu öffnen und in den Kessel einzutreten. Zwischen den Düsen *c* und *e* ist eine Unterbrechung der Strahlleitung vorhanden, durch die beim Anlassen überschüssiger Dampf und Wasser austreten und durch das „Schlabberventil" *g* in eine Abflußleitung gelangen können.

Um auch bei größeren Saughöhen und heißem Speisewasser ein zuverlässiges Arbeiten der Injektoren zu erzielen, hat man „Doppelinjektoren" gebaut, in denen das Wasser durch zwei Düsensysteme nacheinander geführt wird. Dabei wirkt das erste im wesentlichen saugend, während durch die nochmalige Einwirkung des Dampfstrahles im zweiten der Wasserdruck auf das zur Überwindung der Widerstände in der Druckleitung notwendige Maß gesteigert wird.

Ein solcher Doppelinjektor ist der in Abb. 346 dargestellte Körtingsche Universalinjektor.

Um ihn in Betrieb zu setzen, wird der Handhebel langsam von einer Seite zur anderen bewegt. Dabei hebt sich zunächst das Dampfventil V. Das hierdurch angesaugte Wasser fließt zunächst durch den Kanal M und den Durchgang im Hahnküken E ins Freie, und zwar so lange, bis sich dieser Weg bei fortschreitender Bewegung des Hebels schließt. Von da an strömt das Wasser in das Düsensystem F_1, um durch den Kanal M_1 wiederum ins Freie zu gelangen, bis auch hier der Abschluß erfolgt und gleichzeitig das Dampfventil V_1 völlig geöffnet ist. Nunmehr tritt es durch das Ventil G in die Speiseleitung ein.

Sehr empfindlich sind die gewöhnlichen Injektoren gegen jede auch noch so kurze Unterbrechung in der Speisewasserzuführung. Ihre Wirksamkeit hört dann sofort auf und kann erst wieder herbeigeführt werden, wenn man den Dampf abstellt und sie darauf von neuem in Betrieb setzt. Dieser Mangel macht sich auch bei ortsfesten Anlagen zuweilen recht störend bemerkbar. Er ist beseitigt bei den Restarting oder wiederansaugenden Injektoren, und zwar dadurch, daß man die Mischdüse so einrichtet, daß der Dampf ins Freie entweichen kann, solange er nicht durch zuströmendes Wasser kondensiert wird. Dem Dampfstrahl ist es dann möglich, ununterbrochen die zum Wiederansaugen des Wassers erforderliche Luftverdünnung zu erzeugen.

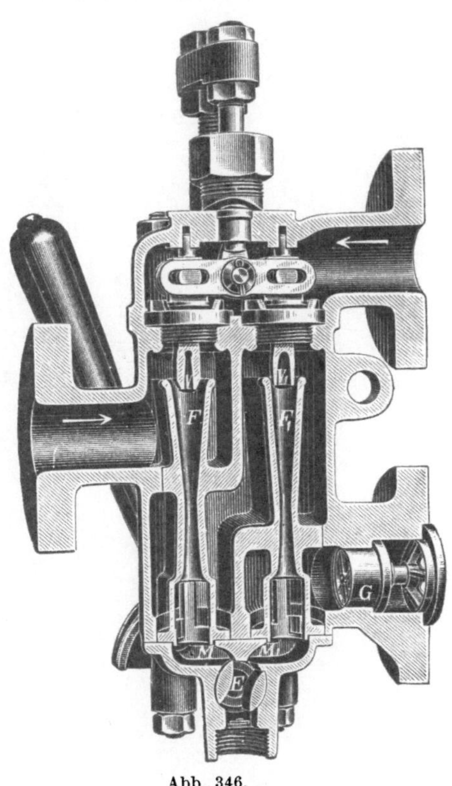

Abb. 346.

Abb. 347 bis 349 zeigt den von Schäffer & Budenberg in Buckau-Magdeburg gebauten Restarting-Injektor.

Der Dampfeinlaß wird hier durch einen Handhebel betätigt, welcher mittels eines exzentrischen Zapfens das Dampfventil a öffnet und zugleich die Reglerspitze b verstellt. Die Mischdüse ist mit einer Klappe versehen, die sich öffnet, wenn durch Abreißen des Wasserstrahles und Aufhören der Kondensation in der Düse ein gewisser Überdruck entsteht. Der überschüssige Dampf strömt dann ins Schlabberrohr ab. Sobald aber der Injektor wieder saugt, schließt sich auch die Klappe wieder und der Injektor arbeitet richtig weiter.

Die Injektoren sind für Saughöhen bis zu 6 m geeignet. Die Temperatur des Speisewassers betrage nicht über 50° C. Für ihre Anbringung ist folgendes zu beachten: Der Dampf soll dem Injektor durch eine besondere Leitung zugeführt und dem Kessel möglichst trocken entnommen werden. Alle Rohranschlüsse sollen mindestens so weit wie die Ansätze am Injektor sein. Das Saugrohr soll durchaus dicht sein. Machen mechanische Verunreinigungen des Wassers die Anbringung eines Saugkorbes nötig, so ist derselbe möglichst weit zu bemessen. Das Druckrohr sei möglichst kurz und ohne scharfe Krümmungen.

b) Kondenswasserrückleiter.

Um den Wärmeinhalt von Kondenswässern für den Kesselbetrieb möglichst vollkommen nutzbar zu machen, werden Vorrichtungen angewandt, durch welche das Wasser schnellstens in den Kessel zurückbefördert wird. Vielfach dienen dazu geschlossene Gefäße, denen das Wasser zuläuft, um, wenn sich eine gewisse Menge angesammelt hat, von zuströmendem Frischdampf in den Kessel gedrückt zu werden. Der abwechselnde Wasser- und Dampfzutritt wird durch Umsteuerung von Abschlußorganen mittels eines Schwimmers erreicht. Kondenswasserrückleiter sind in allen Betrieben am Platze, in denen größere Mengen ölfreien Kondenswassers aus Heizungen, Dampfmänteln von Kochgefäßen u. ä. m. entfallen.

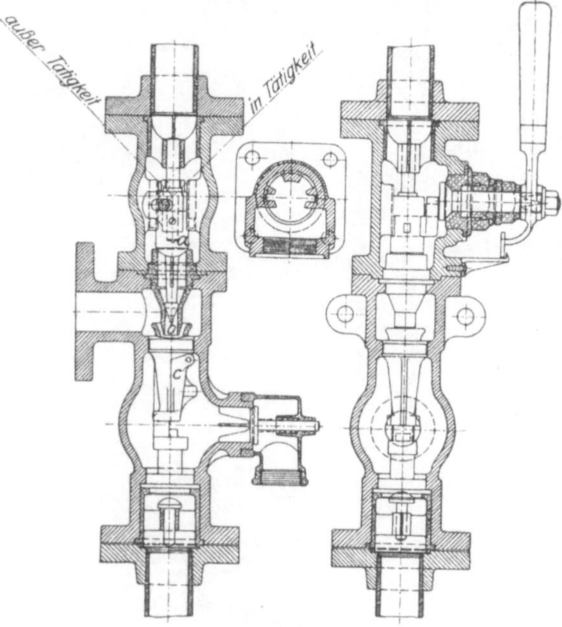

Abb. 347 bis 349.

c) Speiseventil.

(Vgl. § 5, Abs. 1 der A. P. B. auf S. 351.)

Das Speisen des Kessels geschieht durch ein selbsttätiges Ventil, das Speiseventil, hindurch, das sich unter dem Druck der Pumpe öffnet und unter dem Druck im Kessel schließt. Um einen guten Abschluß des Ventils zu sichern, erhält der Ventilkegel oben eine Führung (Abb. 350). Noch zweckmäßiger ist es, das Ventilgehäuse so zu bauen, daß der Wasserstrom senkrecht zur Kegelfläche gerichtet ist (Abb. 351, Ausführung nach Rosenkranz).

Zuweilen werden die Speiseventile noch mit loser Spindel und Handrad versehen, um den Kegel während der Betriebspausen auf den Sitz niederhalten zu können. Die Einrichtung ist unnötig, seitdem die Anbringung eines besonderen Absperrorganes zwischen Kessel und Speiseventil allgemein zu erfolgen hat (siehe Abschnitt B auf S. 301).

Werden mehrere Kessel durch eine gemeinsame Leitung gespeist, so kann eine Absperrvorrichtung über dem Kegel des Speiseventils mit Vorteil zum An- und Abstellen der Speisung benutzt werden. Sie ist dann aber am besten durch einen mit Gewicht auf Hebel belasteten Druckstift auszuführen, so daß sich mittels einer am Hebel angreifenden Kette die Absperrung leicht aus- und einschalten läßt (Abb. 352).

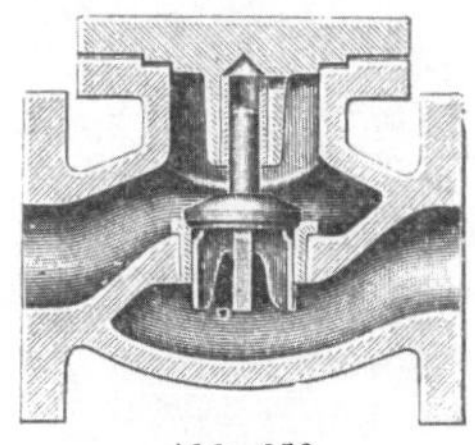

Abb. 350.

Die Bestimmung des Ventildurchmessers kann, wie folgt, geschehen:

Es bezeichne

D in kg   die stündliche Dampfmenge bei flottem Betriebe,

c in m/sek die Geschwindigkeit des Wassers im Ventile,

d in mm   den Ventildurchmesser.

Läßt man dann, um die Abnutzung des Ventiles möglichst gering zu halten, für seinen Hub nicht mehr als $0{,}15\,d$ zu und nimmt man ferner

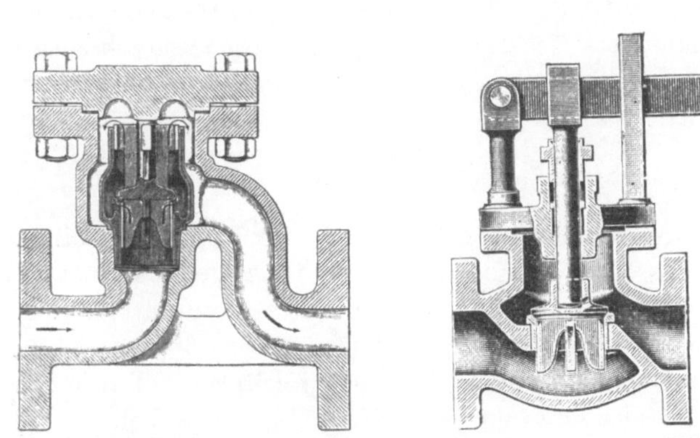

Abb. 351.   Abb. 352.

an, daß die Pumpen nicht ununterbrochen speisen, sondern die stündlich erforderliche D kg Wasser in einer halben Stunde in den Kessel befördern sollen, so ergibt sich:

$$\pi \cdot \frac{d}{100} \cdot \frac{0{,}15\,d}{100} \cdot 10\,c = \frac{D}{30 \cdot 60} \quad \text{oder} \quad \frac{\pi\,d^2}{4} \cdot \frac{4 \cdot 0{,}15 \cdot 10\,c}{10\,000} = \frac{D}{1800},$$

daraus folgt:

$$\frac{\boldsymbol{\pi} \cdot \boldsymbol{d^2}}{4} = \frac{D}{1{,}08\,c} \backsim \frac{\boldsymbol{D}}{\boldsymbol{c}}.$$

Für c wählt man zunehmend mit der Kesselgröße

$$c = 0{,}5 \text{ bis } 0{,}8 \text{ m.}$$

d) Speiseleitung.

(Vgl. § 5, Abs. 2 der A. P. B. auf S. 351.)

Den behördlichen Vorschriften wird durch die „Hochspeisung" entsprochen, bei der das Speiserohr, das sich im Kessel an die äußere Speiseleitung anschließt, etwa 100 bis 200 mm unter dem festgesetzten niedrigsten Wasserstande endigt. Bei undichtem Speiseventil kann dann der Wasserspiegel im Kessel während einer Betriebspause nur wenig unterhalb der höchsten Stelle der Feuerzüge sinken.

Welche Vorteile die Hochspeisung bezüglich der Ausscheidung der im Wasser enthaltenen Gase bietet, wurde schon auf S. 125 besprochen. Diese Ausscheidung wird wesentlich gefördert, wenn an das Speiserohr besondere Einrichtungen angeschlossen werden, in denen das Frischwasser in dünner Schicht durch den Dampfraum geführt wird, ehe es in den Wasserraum gelangt. Man benutzt dazu mehrere übereinander liegende Überlaufschalen („Vapor" von Chr. Hülsmeyer, Düsseldorf und „Petrefakt" von P. Horweg & Co., Düsseldorf) oder Rinnen („Antilithor" von O. Bührung & Wagner, Mannheim und „Hydropur" der Hydrowacht G. m. b. H., Düsseldorf). Bei der schnellen Erwärmung des Wassers fällt auch ein großer Teil des Kesselsteinbildner aus. Sie setzen sich zum Teil an den Rinnen als feste Kruste an, die übrigen lose ausgeschiedenen werden aufgefangen und in geschlossener Leitung in die Nähe des Ablaßstutzens geführt.

c) Speiseregler.

Die Heizer verfahren vielfach so, daß sie immer erst mit der Speisung beginnen, wenn der Wasserspiegel im Kessel fast bis auf den festgesetzten niedrigsten Stand gesunken ist und daß sie die Wasserzuführung dann so lange fortsetzen, bis der erfahrungsgemäß zulässige höchste Wasserstand erreicht ist. Dadurch können auch bei gleichbleibender Dampfentnahme nicht unerhebliche Schwankungen im Druck, im Feuchtigkeitsgehalt des Dampfes und in der Überhitzungstemperatur hervorgerufen werden. Diese für die Verwendung des Dampfes und den Wirkungsgrad der Kesselanlage ungünstigen Schwankungen lassen sich am wirksamsten durch selbsttätige Regelung der Speisewasserzuführung verhindern. Sie wirkt so, daß der Wasserspiegel im Kessel seine Höhe nur in ganz engen Grenzen um einen „normalen" Stand verändert. Durch solche daher auch als „Wasserstandsregler" bezeichneten Einrichtungen wird der Heizer wesentlich entlastet, was besonders bei hochbeanspruchten Kesseln von Vorteil ist. Keinesfalls wird er aber dadurch der Pflicht enthoben,

den Wasserstand zu beobachten, da sonst jedes Versagen des Speise-
reglers eine schwere Gefahr für den Betrieb bedeuten würde. Die

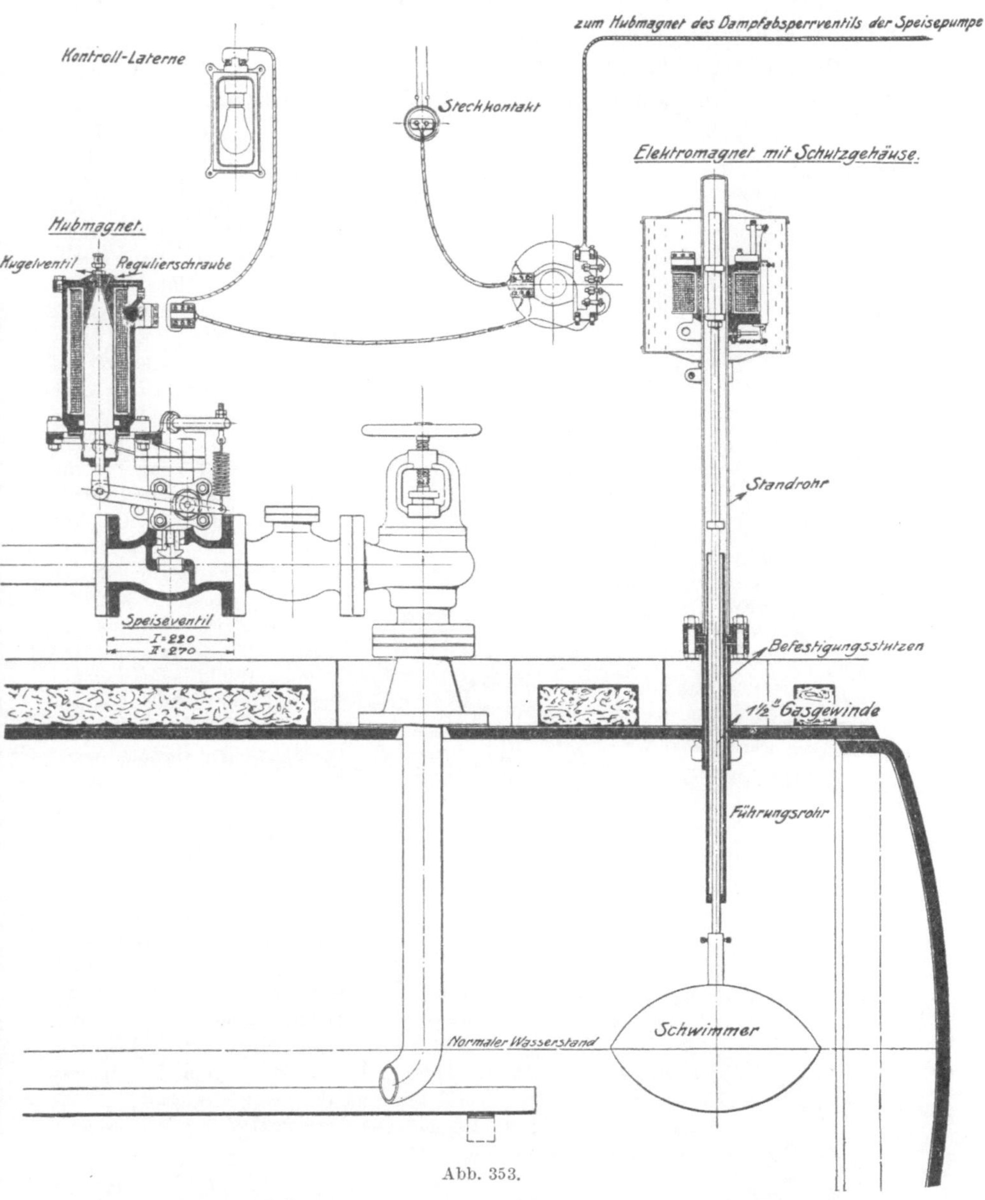

Abb. 353.

angestrebte Wirkung erreichen die in ziemlich vielen verschiedenen Bauarten ausgeführten Speiseregler durch Beeinflussung des Speiseventils
und des Dampfabsperrventils an der Speisepumpe. Werden mehrere

19*

Kessel durch eine gemeinsame Leitung gespeist, so begnügt man sich meistens mit einer Einwirkung auf das Speiseventil.

Einrichtung und Wirkungsweise solcher Regler soll im folgenden an einigen Bauarten gezeigt werden.

Wasserstandsregler, Bauart Reubold, ausgeführt von der Hannoverschen Maschinenbau-Aktien-Gesellschaft (Abb. 353).

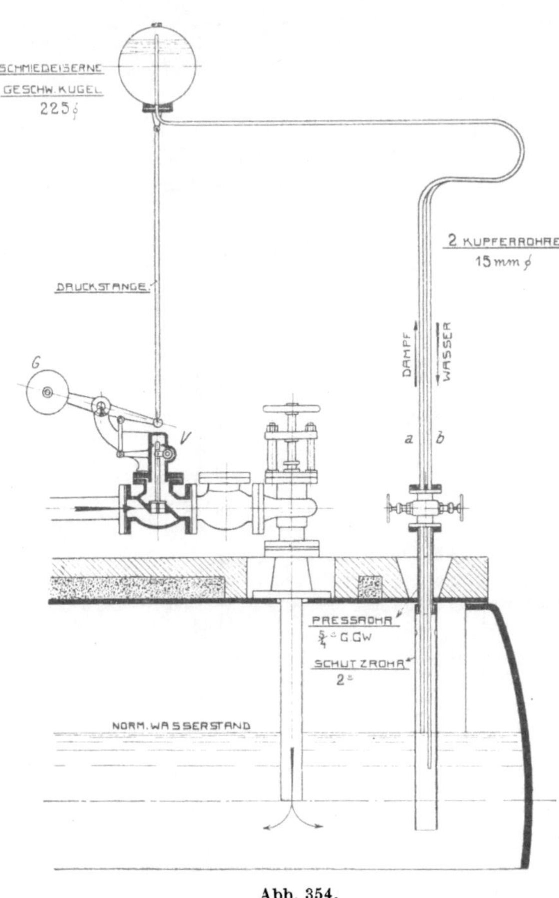

Abb. 354.

Der Antrieb erfolgt durch einen Schwimmer, dessen Stange oben einen weichen Eisenkern trägt. Bei normalem Wasserstande steht der Eisenkern etwas oberhalb der Wicklung eines Elektromagneten, der durch einen konstanten Strom von etwa $20 \div 25$ Watt magnetisiert wird und dessen Erregungsverhältnisse so bemessen sind, daß die Anziehungskraft seiner Schenkel nicht ausreicht, um einen durch Federkraft gehaltenen Anker anzuziehen. Sinkt aber das Wasser im Kessel und damit der Schwimmer, so schließt der Eisenkern den magnetischen Kreis des Elektromagneten und bewirkt eine Verstärkung seines Feldes. Der Anker wird dann kräftig von den Schenkeln angezogen. Dabei schließt er einen Kontakt, wodurch ein elektrischer Strom zu den Hubmagneten geleitet wird, von dem der eine ein Absperrventil in der Speiseleitung, der andere ein solches in der Dampfzuleitung an der Pumpe öffnet. Gleichzeitig leuchtet eine am Heizerstande angebrachte Signallampe auf. Sobald der Wasserstand wieder steigt, wird durch Heben des Eisenkernes der Strom der Hubmagnete ausgeschaltet, die Ventile schließen und die Lampe erlischt.

Der Regler kann auch mit einer Alarmglocke ausgestattet werden, welche bei jeder Störung seines Betriebes ertönt.

Wasserstandsregler der Emil Hannemann G. m. b. H. in Frohnau bei Berlin.

Bei der in Abb. 354 dargestellten Bauart wird bei normalem Wasserstande das Absperrventil V durch das Gewicht einer mit Wasser gefüllten Hohlkugel geschlossen gehalten. Sinkt nun der Wasserspiegel im Kessel, so tritt durch das enge Rohr *a* Dampf in den oberen Teil der Kugel, während zugleich das in ihr enthaltene Wasser durch das Rohr *b* abfließt. Das Gegengewicht *G* öffnet jetzt das Ventil *V* und die Speisung beginnt. Sie dauert so lange, bis der steigende Wasserspiegel die untere Öffnung des Rohres *a* schließt, der dann in der Kugel kondensierende Dampf Wasser ansaugt und dadurch das Ventil *V* wieder geschlossen wird.

Einen wesentlich anders gebauten Regler derselben Firma zeigt Abb. 355 bis 357. Der kleine Schwimmer *k* steuert hier ein Ventil *i*, und zwar so, daß es in der Tieflage eine Leitung *h* verschließt, welche vom Schornstein ausgeht. In der Luftleitung *e* herrscht dann der gewöhnliche Luftdruck, da der Luftzutritt bei *g* offen ist. Wird *i* dagegen angehoben, so wird *h* geöffnet und *g* geschlossen, so daß dann der Schornsteinzug in der Leitung *e* Unterdruck erzeugt. Diese Luftleitung führt nun zu einem Gehäuse *d*, dessen Oberteil geschlossen, während der Unterteil offen ist. Zwischen beiden Teilen ist eine Membrane eingespannt. Sie trägt unten eine Stange, welche an einem Doppelhebel *b* angreift. Sein kurzer Arm verstellt die Spindel eines Doppelabsperrventils in der Speiseleitung. — Bei tiefem Wasserstande im Kessel wird somit auf beiden Seiten der Membrane im Gehäuse *d* der gleiche Druck herrschen. Sie wird dann so viel nachgeben, daß der belastete Doppelhebel *b* das Absperrventil *a* offen halten

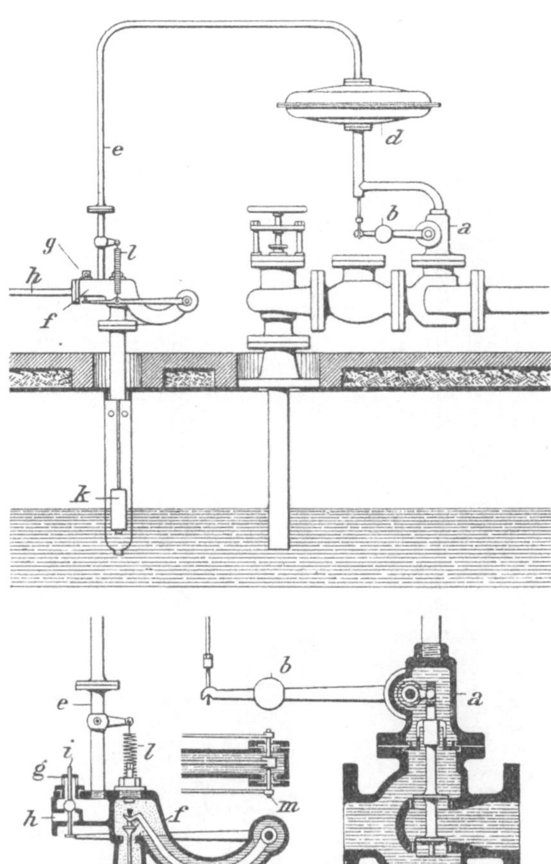

Abb. 355 bis 357.

und die Speisung erfolgen kann. Steigt nun der Wasserstand um wenige Millimeter, so wird *i* so eingestellt, daß der Schornsteinzug auf die obere Membranseite einwirkt. Dadurch wird die Membrane hochgesaugt und das Ventil *a* allmählich wieder geschlossen.

Wasserstandsregler, Bauart Garbe, ausgeführt von Schäffer & Budenberg in Buckau-Magdeburg (Abb. 358, 359).

Das Gefäß *A* steht mit dem Kessel in Verbindung, so, daß das Wasser in beiden gleichhoch steht. Auf *A* sind angebracht: ein doppelwandiges Rohr *B*, ferner zwei Stützen, welche das Steuerungsgehäuse *C* tragen. An dieses schließt sich eine Dampfzuleitung *d*, ein zu den betätigten Absperrventilen führendes

Rohr f und ein Auspuffrohr g an. Die Verbindung zwischen den Rohren d und f kann durch den Kolbenschieber e und die zwischen f und g durch das Ventil h abgesperrt werden. Beide Absperrorgane werden durch das im Innern von B geführte Expansionsrohr verstellt.

Bei normalem Wasserstande ist der Mantelraum in B mit Wasser angefüllt und das Expansionsrohr steht so, daß der Kolbenschieber e den Weg vom Rohr d nach f freigibt, während das Ventil h geschlossen ist. Dann herrscht im Rohr f der volle Dampfdruck, und die Membranabsperrventile i und k (Abb. 360) in der Dampfzuleitung zur Pumpe und in der Speiseleitung sind geschlossen. Sinkt nun der Wasserspiegel im Kessel, so entleert sich der Mantel des Doppelrohres B vom Wasser und füllt sich mit Dampf an. Dadurch dehnt sich das Expansionsrohr so weit, daß es die Verbindung zwischen den Rohren d und f mittels des Kolbenschiebers e verschließt und das Ventil h öffnet. Dann tritt Dampf aus dem Rohre f durch das Auspuffrohr g ins Freie, die Membranen über den Absperrventilen werden entlastet und die Speisung beginnt. Im Verlauf derselben steigt das Wasser im Kessel und im Gefäß A bis es den Mantelraum des Rohres B unten abschließt. Dann kondensiert der dort eingeschlossene Dampf, wodurch Wasser hochgesaugt und der Mantel schließlich wieder damit angefüllt wird. Das Expansionsrohr kühlt sich dann ab und stellt dadurch im Steuergehäuse C den ursprünglichen Zustand wieder her.

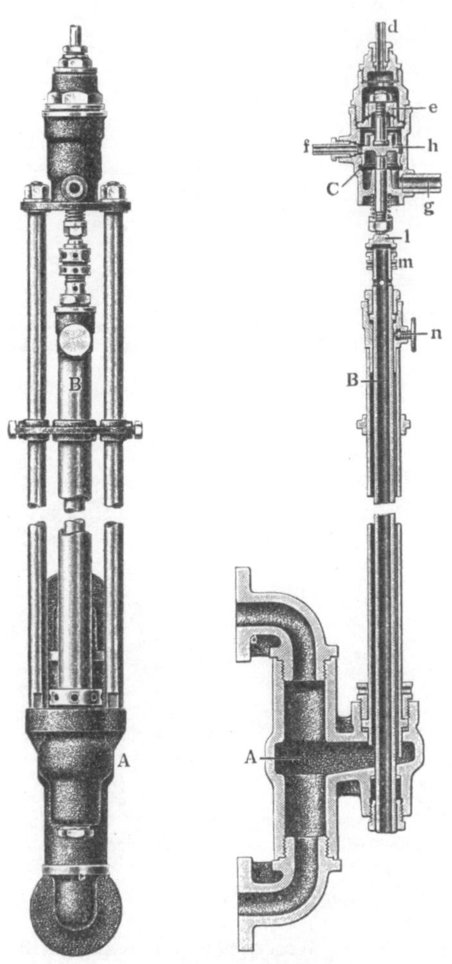

Abb. 358 u. 359.

f) Speiserufer.

Da durch Wassermangel die schwersten Gefahren für den Keselbetrieb entstehen können, so ist man vielfach bemüht gewesen, durch besondere Einrichtungen rechtzeitig auf die beim Unterschreiten eines bestimmten Wasserstandes eintretende Gefahr aufmerksam zu machen. Auf welche Weise man diese Absicht zu erreichen versucht, sollen die nachstehend beschriebenen Ausführungen solcher Vorrichtungen zeigen.

Der Blacksche Speiserufer ist in Abb. 361, 362 in der Aus-

führung der Firma Schäffer & Budenberg, Buckau-Magdeburg wiedergegeben.

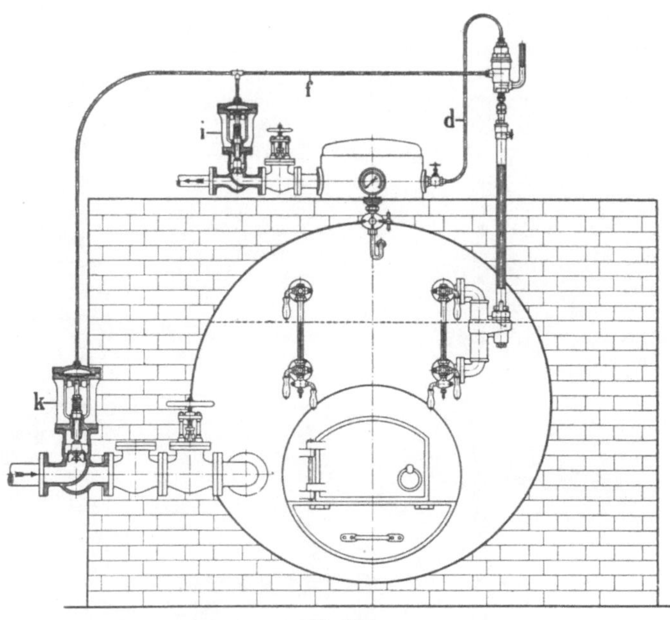

Abb. 360.

Er besteht aus einem Einhängerohr, das im Kesselinnern bis zum festgesetzten
niedrigsten Wasserstande reicht. Oben trägt das Rohr eine Dampfpfeife. Der Zugang zu
dieser wird durch einen Pfropfen
aus leicht schmelzbarem Metall verschlossen. Bei normalem Wasserstande ist das Rohr und die an demselben angebrachte Kühlschlange
ganz mit Wasser gefüllt. Sinkt dagegen der Wasserspiegel bis unter
das zulässige Maß, so tritt Dampf
in das Rohr ein. Der Pfropfen
schmilzt dann und die Dampfpfeife ertönt.

Der Wolffsche Speise-
rufer (Abb. 363) wird ebenfalls von Schäffer & Budenberg ausgeführt.

In das obere erweiterte Ende
des Einhängerohres ist hier ein geschlossenes Gefäß eingebaut, das
mit Quecksilber angefüllt ist. Wird
nun beim Unterschreiten des niedrigsten Wasserstandes das sonst
im Rohr befindliche abgekühlte
Wasser durch Dampf verdrängt,

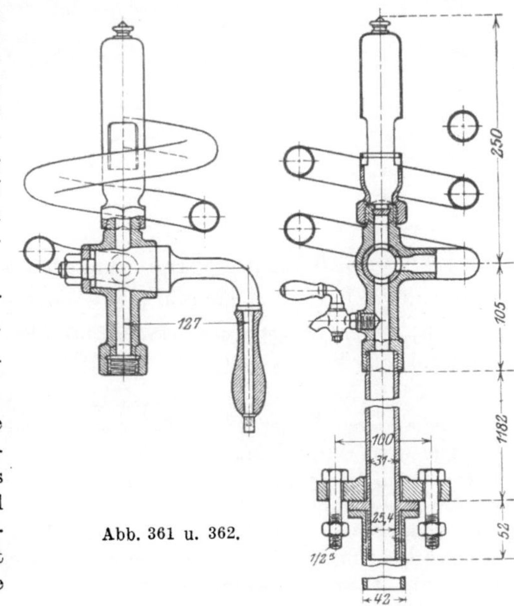

Abb. 361 u. 362.

so dehnt sich das Quecksilber so weit aus, daß es einen darüber angebrachten Platindraht erreicht. Dadurch wird dann ein elektrischer Strom geschlossen, der an beliebiger Stelle Klingeln in Bewegung setzen kann. — Wird daraufhin gespeist, so füllt sich das Rohr bald wieder mit Wasser, das Quecksilber zieht sich dann zusammen und das Klingeln hört auf.

Der am Rohr seitlich angebrachte Hahn dient zum Durchblasen des Rohres und zum Probieren der Vorrichtung.

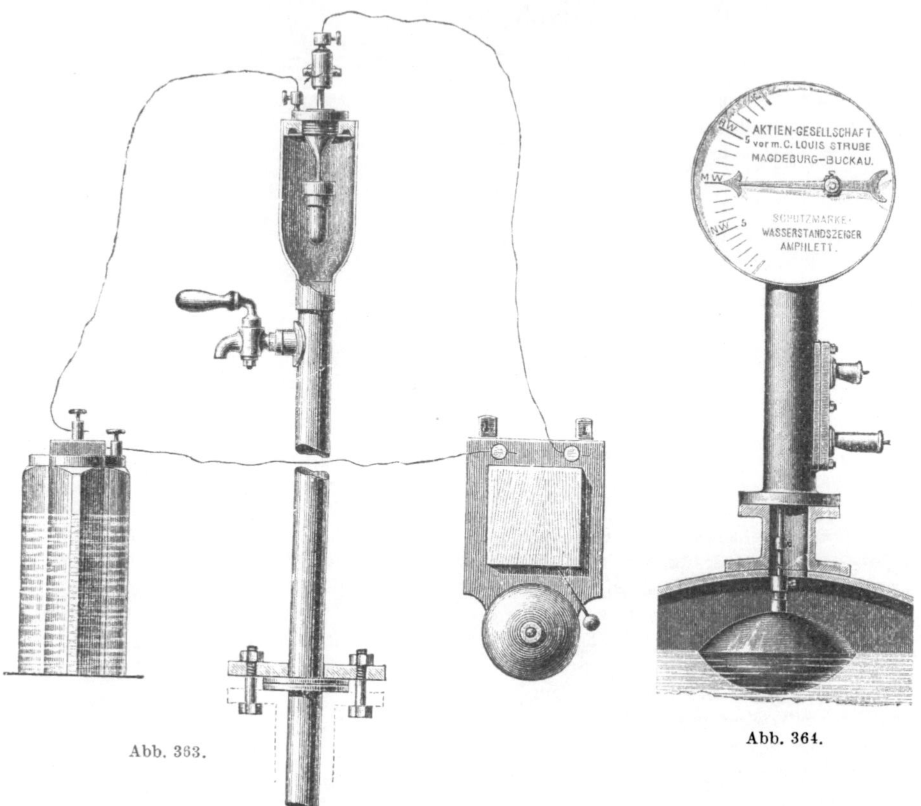

Abb. 363.

Abb. 364.

Der Wasssertandszeiger Amphlett (Abb. 364) ist zu den Speiserufern zu zählen, da er ebenfalls ein Warnungssignal ertönen läßt, sobald der festgesetzte niedrigste Wasserstand erreicht ist. Er ist folgendermaßen eingerichtet:

Ein Schwimmer überträgt mittels einer Zahnstange die Bewegung des Wasserspiegels auf einen Zeiger, so daß der Wasserstand auch aus größerer Entfernung erkennbar wird. Unterhalb des Zifferblattes sind an der Stange zwei Knaggen befestigt, welche je ein Dampfventil und dadurch eine über jedem Ventil seitlich am Gehäuse angebrachte Dampfpfeife betätigen können. Die eine höher abgestimmte Pfeife ertönt, wenn der Wasserspiegel das höchst zulässige Maß erreicht hat, die andere, wenn er bis zur Wasserstandsmarke gesunken ist. Zuweilen wird das Zifferblatt noch mit geeigneten Kontakteinrichtungen versehen, durch welche in beiden Fällen elektrische Läutewerke in Tätigkeit gesetzt werden.

B. Absperrvorrichtungen.

(Vgl. § 6, Abs. 1 und 2 der A. P. B. auf S. 352.)

An der Stelle, wo der Dampf aus dem Kessel entnommen wird, ist möglichst nahe am Kesselkörper ein Absperrventil anzubringen, an welches sich die Dampfleitung anschließt. Es wird meistens als Durchgangsventil (Abb. 365) ausgeführt. Der Dampf soll unter den Ventilteller treten, damit man die Spindel auch unter Druck neu verpacken kann.

Der Durchmesser des Ventiles läßt sich, wie folgt, berechnen:

Es bezeichnen:

D in kg die Dampfmenge, die bei flottem Betriebe stündlich durch das Ventil strömen soll,

c in m/sek die Dampfgeschwindigkeit,

γ_s in kg/m³ das Dampfgewicht beim höchsten zulässigen Betriebsdruck,

d in mm den Ventildurchmesser.

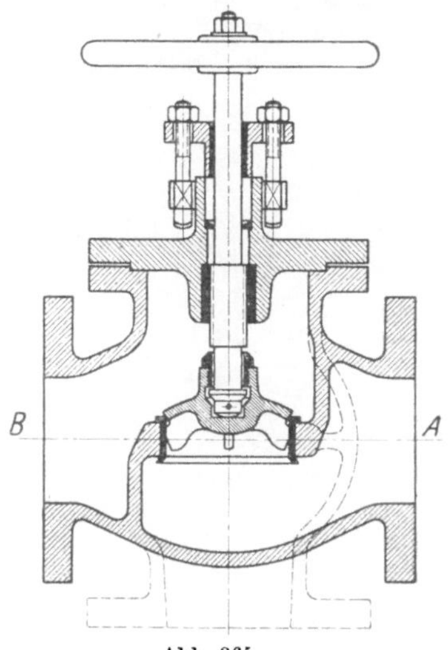

Abb. 365.

Rechnet man nun, der ungleichmäßigen Dampfentnahme wegen, mit der zweifachen oder, um runde Zahlen zu erhalten, mit der 2,16 fachen Dampfmenge, so ergibt sich die Gleichung:

$$\frac{\pi \cdot d^2}{4 \cdot 1000000} \cdot c = \frac{2,16\,D}{\gamma_s \cdot 3600} \qquad \text{oder} \qquad \frac{\pi\,d^2}{4} = \frac{600\,D}{\gamma_s \cdot c}.$$

Für c wählt man gewöhnlich 20 bis 30 m und bei sehr langen Leitungen 10 bis 15 m.

Hochüberhitzter Dampf macht die Verwendung von Ventilen erforderlich, bei denen Gehäuse und Deckel aus Stahlguß bestehen und bei denen im Sitz und Kegel Dichtungsringe aus wärmebeständiger Nickellegierung oder Reinnickel eingetrieben sind (vgl. Abb. 366) [1].

Den gewöhnlichen Absperrventilen haftet vor allem der Mangel an, daß sie infolge der scharfen Richtungsänderungen, denen der Dampfstrom im Ventilgehäuse unterworfen ist, einen beträchtlichen Druckabfall verursachen. Um das zu vermeiden, hat man vielfach versucht, die Ventile durch andere Absperrorgane zu ersetzen. Einen sehr bemerkenswerten Erfolg nach dieser Richtung stellt das „Ideal"-Ventil, Patent Marscheider-Salingré dar, das von A. Borsig Berlin-Tegel gebaut wird.

---

[1] Schäffer & Budenberg, Buckau-Magdeburg.

Es ist ein Klappventil (Abb. 367), durch welches der Dampf strömen kann, ohne dabei irgendeine Richtungsänderung zu erfahren. Mittels eines Kniehebelverschlusses läßt sich das Ventil leicht öffnen und schließen. Auch das Einschleifen

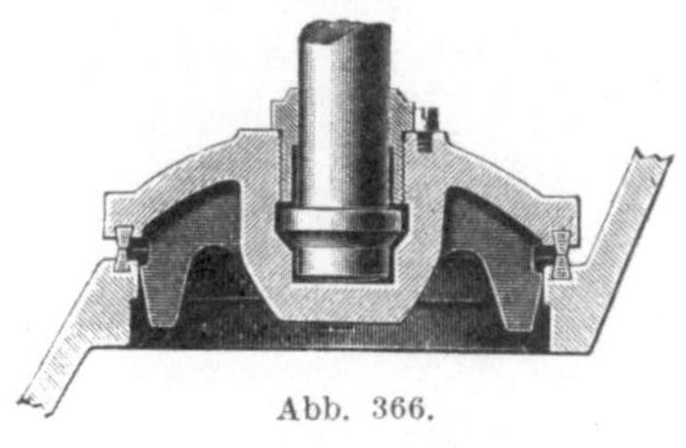

Abb. 366.

macht keine besonderen Schwierigkeiten, wie aus Abb. 368 hervorgehen dürfte. Nachdem dazu der Aufsatz wie bei einem gewöhnlichen Ventil abgenommen wurde, kann der Führungsschlitten und der Druckhebel entfernt werden, sodann wird ein besonders geformter Schlüssel auf den Drehzapfen des Tellers aufgesteckt. Mit seinem umgebogenen Ende greift der Schlüssel in eine Öffnung eines Lochkranzes auf dem Ventilteller ein. Das obere Ende des Schlüssels kann dann hin und her bewegt und so die zum Einschleifen des Tellers erforderliche Drehung ausgeführt werden. Zum Aufgeben des Schleifmittels kann der Teller genügend weit herausgeklappt werden (siehe punktierte Stellung in Abb. 369).

Nach Versuchen der Firma Borsig beträgt der Druckverlust im Idealventil $^1/_{10}$ von dem in einem gewöhnlichen Absperrventil.

Ein Absperrorgan, das fast gar keinen Druckverlust verursacht, ist

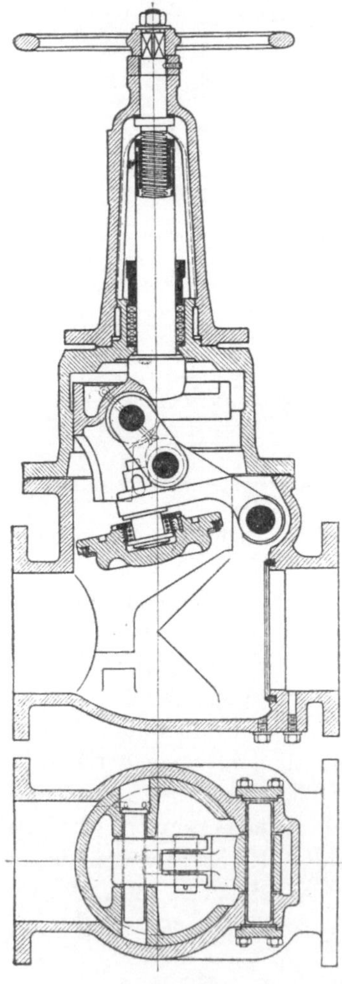

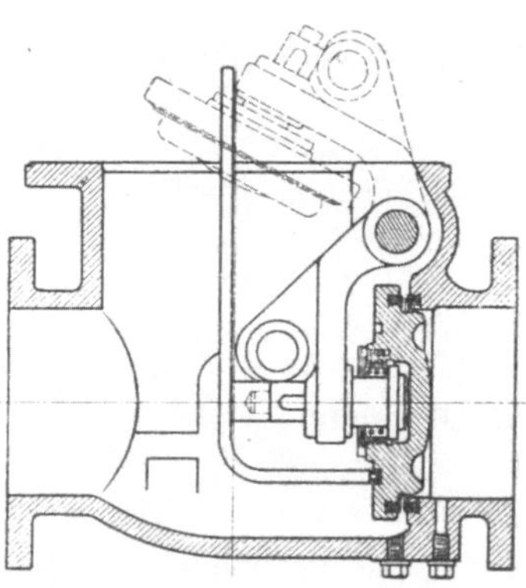

Abb. 368.

der Drehschieber von M. Spuhr, Essen-Ruhr.

Wie aus Abb. 369 erkenntlich, besteht er aus einem mit Flanschen zusammengesetzten Gehäuse, das eine Scheibe einschließt. An ihrem Umfange ist eine Schnecken-

Abb. 367.

verzahnung angebracht, in die eine zur Betätigung des Schiebers dienende Spindel eingreift. Die Scheibe hat zwei Löcher, von denen das eine, für den Durchgang des Dampfes bestimmte, denselben lichten Durchmesser wie die Rohrleitung hat, während das andere etwas weiter ist und zur Aufnahme des eigentlichen Abschlußorganes dient. Dieses ist als zweiteiliger Kolben ausgebildet, dessen Stirnflächen durch die zwischen den Kolbenhälften eingelegte Spiralfeder nach beiden Gehäuseseiten abdichten. In der Abbildung sind mit n, n_1, n_2 die in der Scheibe, dem Gehäuse und dem Kolben eingesetzten Dichtungsringe bezeichnet, die für Heißdampf aus Nickellegierung, sonst aus Rotguß hergestellt werden.

Außer den fast 0 betragenden Druckverlust gewährt der Drehschieber noch folgende Vorteile:

Leichtes, allmähliches Öffnen und Schließen,

für beiderseitige Durchströmrichtungen geeignet,

begrenzter Hub,

beim Öffnen und Schließen werden etwa auf die Dichtungsflächen gelangte Fremdkörper weggestrichen.

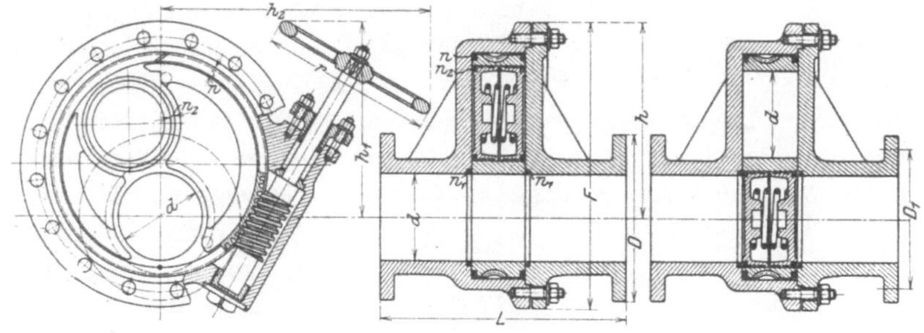

Abb. 369.

Maßtafel zu Abb. 369.

d	D	D_1	L	F	h	h_1	h_2	r
40	140	110	230	175	113	155	190	130
50	160	125	250	195	128	155	190	130
65	180	140	280	265	174	230	275	175
80	200	160	310	305	202	280	335	220
100	240	190	350	365	257	295	365	220
125	270	220	400	440	297	380	460	280
150	300	250	450	500	342	385	500	280
175	330	280	500	580	397	437	600	350
200	360	310	550	635	437	437	600	350

Bei gußeisernen Rohrleitungen wird zuweilen behördlicherseits der Einbau selbsttätiger Absperrventile, sogenannter Rohrbruchventile gefordert. Abb. 370 zeigt ein solches Ventil in der Ausführung der Dreyer, Rosenkranz & Droop, G. m. b. H. in Hannover.

Bei einem Rohrbruch wird auf der Ausströmungsseite eine plötzliche Druckverminderung eintreten, so daß der durch das Ventil strömende Dampf den Ventil-

teller T mitreißen und an den Sitz drücken wird. Hier wird er solange fest-
gehalten, bis durch Schließen des unmittelbar vor dem Rohrbruchventil angebrachten Absperrventils der Druck bei E fällt. Der Hebel H dient zum Probieren des Ventiles, sodann gestattet er, es als Schnellschlußventil zu benutzen,
besonders wenn von dem Hebel ein Drahtzug o. ä. nach dem Heizerstande
geführt ist. Durch Verschieben des Gewichtes G auf dem Hebel läßt sich der
frühere oder spätere Eintritt des Selbstschlusses erzielen.

In besonderen Fällen werden die Rohrleitungen zweier Kesselgruppen
miteinander verbunden, deren Betriebsdruck nicht übereinstimmen.

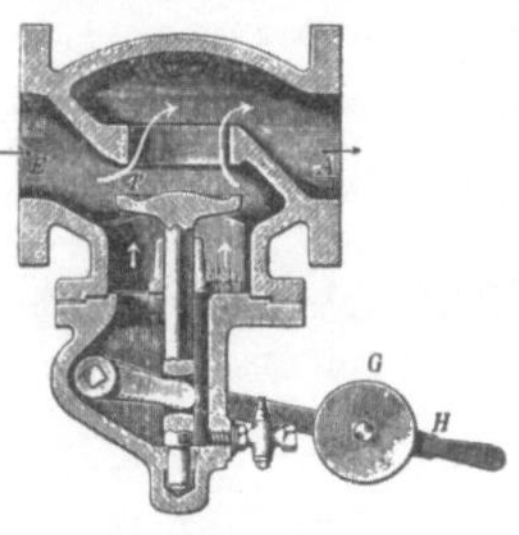

Abb. 370.

Dies kann z. B. vorteilhaft sein, wenn aus der
Kesselgruppe mit hohem Druck (Gruppe H) zeitweilig überschüssiger Dampf zur Verfügung steht,
während gerade von den mit niedrigerem Druck
arbeitenden Kesseln (Gruppe N) viel Dampf
— zum Betriebe von Dampffässern — verlangt
wird. — Um dann bei der Verbindung beider
Rohrleitungen ein Überströmen des Dampfes von
Gruppe H nach N zu verhüten, wird gefordert,
daß in die von Gruppe N ausgehende Anschluß-
leitung ein **Rückschlagventil** eingebaut wird. Statt der Ventile
werden dazu meistens **Rückschlagklappen** benutzt. Andererseits ist
es notwendig, den Druck des Dampfes aus Kesselgruppe H auf die

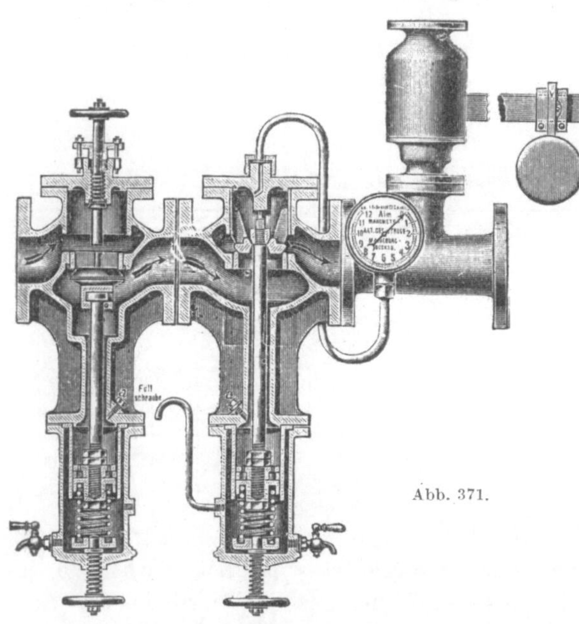

Abb. 371.

niedrigere Spannung
überzuführen, die im
gemeinsamen Rohr-
netz herrschen soll.
Dies geschieht durch
ein **Reduzierven-
til**, das im Anschluß-
rohr der Gruppe H
angebracht wird. In
solchen Ventilen wird
die Druckverminde-
rung durch Drosse-
lung des Dampfes
erreicht und zwar
sollen sie die Drosse-
lung selbsttätig so
regeln, daß Druck-
schwankungen auf
der Hochdruckseite
möglichst wenig Ein-
fluß auf die Höhe des reduzierten Druckes haben. Für den vorliegenden
Zweck haben sich Druckreglereinrichtungen besonders bewährt, bei welchen
dem eigentlichen Reduzierventil ein anderes Ventil vorgeschaltet ist,

das den Dampf aus Gruppe *H* erst von einer bestimmten Spannung an austreten läßt. Abb. 371 zeigt eine solche Einrichtung in der Ausführung der C. Louis Strube Akt.-Ges. in Magdeburg-Buckau.

Der eintretende Dampf wird den Kegel des ersten Ventiles öffnen, sobald sein Druck imstande ist, die auf den Kegel wirkende Federbelastung zu überwinden. Er strömt dann weiter in das Reduzierventil. In diesem befindet sich ein Kegel, der mit einem Kolben gleichen Durchmessers fest verbunden und dadurch vom Drucke des eintretenden Dampfes entlastet ist. Unter dem in einem Wassersack angeordneten Kolben ist eine Feder angebracht. Die Stellung des Ventilkegels wird somit abhängen von dem Verhältnis des reduzierten Dampfdruckes, der ihn von oben her (also auf Schluß) belastet, zu der Federspannung, die von unten auf ihn einwirkt, ihn also offen hält. Der Kegel wird daher geöffnet bleiben, solange der reduzierte Druck ein bestimmtes, durch Anspannen der Feder zu regelndes Maß nicht überschreitet. Bei der dargestellten Ausführung ist hinter dem Reduzierventil noch ein Sicherheitsventil angebracht, das durch sein Abblasen auf etwa in der Reglereinrichtung eingetretene Störungen aufmerksam machen soll.

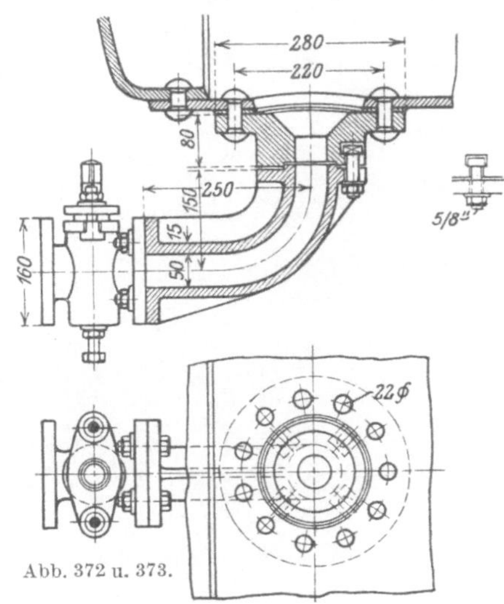
Abb. 372 u. 373.

Das zwischen Speiseventil und Kessel vorgeschriebene Absperrventil wird unmittelbar hinter das erstgenannte, möglichst nahe, am Kesselkörper in die Speiseleitung eingebaut und zwar am besten so, daß das Speisewasser unter den Ventilkegel eintritt. Bei etwa erfolgender Lösung des Kegels von der Absperrspindel kann dann der Betrieb ungestört fortgesetzt werden. Der Durchmesser dieses Absperrventils wird gewöhnlich gleich dem des Speiseventils gewählt.

C. Entleerungsvorrichtung.

(Vgl. § 6, Abs. 3 der A. P. B., S. 352.)

Zum Ablassen des Kesselinhaltes werden Hähne, Ventile, neuerdings auch Schieber (Spuhr-Drehschieber s. Abb. 369) benutzt.

Die Hähne werden dazu am besten als Stopfbuchshähne (Abb. 372, 373)[1] ausgeführt und entweder ganz oder doch wenigstens die Küken aus Rotguß hergestellt. Um das etwa festgesetzte Küken anlüften zu können, wird darunter im Gehäuse eine Druckschraube angebracht. — Will man den Kesselinhalt zum Entfernen des Schlammes nur zum Teil, etwa bis zum Niedrigwasserspiegel, ablassen, so bereitet das Schließen des Hahnes oft große Schwierigkeiten und läßt sich nur unter Gefahr eines am Ge-

---

[1] K. & Th. Möller, Brackwede.

häuse oder Rohrkrümmer eintretenden Bruches ausführen. Da dieser
Übelstand darauf zurückzuführen ist, daß sich das Küken beim Entleeren
höher erwärmt und daher mehr ausdehnt als das Gehäuse, so hat man zu
seiner Beseitigung entweder die Küken hohl gemacht und mit Wasser-
kühlung versehen oder die Gehäuse doppelwandig hergestellt, so daß sie
durch heißes Wasser oder Dampf angewärmt werden können.

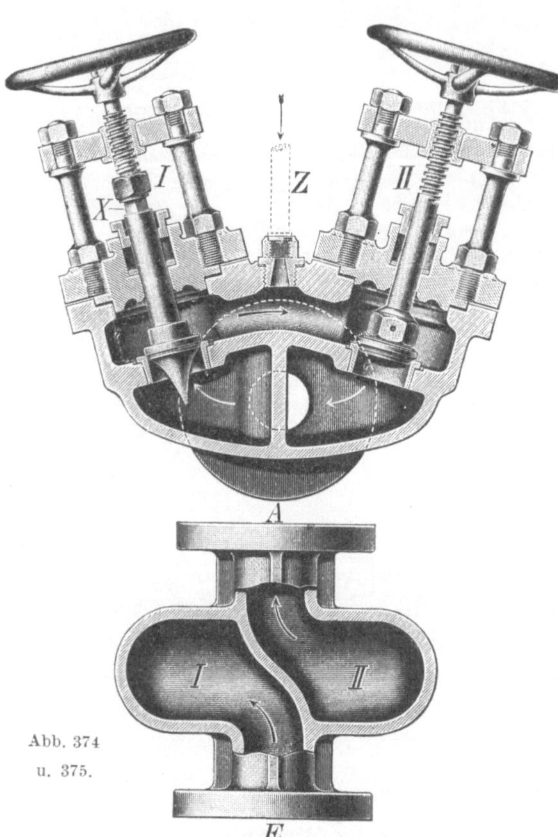

Abb. 374
u. 375.

Als Ablaßvorrich-
tung eingebaute Absperr-
ventile bieten den Nach-
teil, daß sie, nach erfolg-
tem Abschlämmen nicht
leicht wieder dicht ge-
schlossen werden können,
da sich Unreinigkeiten
zwischen Sitz und Kegel
einklemmen. Man baut
daher mit Vorteil hinter
ein solches Absperrventil
noch einen Hahn ein.
Das Abschlämmen läßt
sich dann gefahrlos aus-
führen, so daß sich der
Heizer nicht scheuen wird,
es regelmäßig in nicht allzu
langen Zwischenräumen
vorzunehmen. Das gleiche
wird durch Doppelventile
(Abb. 374, 375) und durch
selbsttätig schließende
Abschlämmventile (Abb.
376, 377) erreicht.

Das abgebildete Doppel-
ventil wird von der Firma
Dreyer, Rosenkranz &
Droop in Hannover gebaut. Es wird mit dem Flansch E an den Ablaßstutzen
des Dampfkessels angeschlossen. Das von dortaus eintretende Wasser gelangt
in die Kammer I und bei geöffneten Ventilen durch einen Verbindungskanal in
die Kammer II, die zum Ausgang A führt. Der Kegel des Ventiles I ist zuge-
spitzt, um den durchtretenden Wasserstrom gut zu zerteilen. Ist I geschlossen, so
kann Ventil II nötigenfalls auseinander genommen und in Stand gesetzt werden.
Durch das bei Z angeschlossene Dampfrohr ist es möglich, den Verbindungskanal
und die Kammer II mit Dampf durchzublasen und so Ventilsitz und Kegel II
von anhängendem Schlamm zu reinigen.

Abb. 376, 377 zeigt ein Abschlämmventil, Bauart Baltes, wie es unter
anderem von der Dinglerschen Maschinenfabrik in Zweibrücken geliefert
wird. Das durch Druck auf einen Handhebel geöffnete Ventil schließt sich wieder
unter der Wirkung einer Feder und des Druckes im Kessel. Ein auf der Ventil-

spindel angebrachtes Handrad gestattet es, den Kegel zu drehen, um den etwa
zwischen die Dichtungsflächen eingedrungenen Schmutz zerreiben und das Ventil
abdichten zu können. Das Ventil wird auch als Durchgangsventil ausgeführt, ferner
so eingerichtet, daß es durch Fußtritt geöffnet werden kann (vgl. Abb. 378).

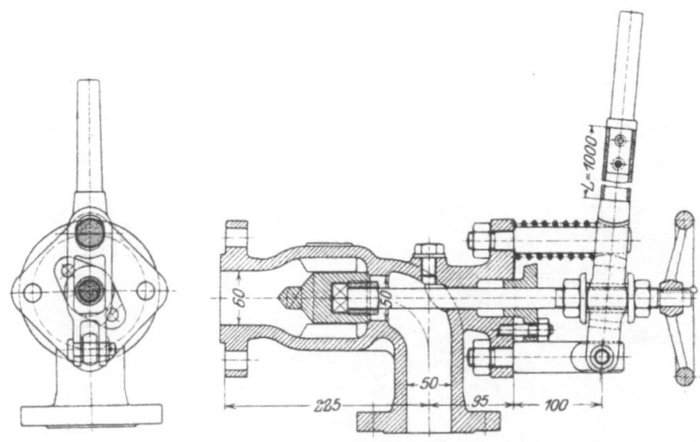

Abb. 376 u. 377.

Damit alles Wasser aus dem Kessel ablaufen kann, soll die Ablaßvorrichtung an der tiefsten Stelle des Kessels angebracht werden. Sie
darf jedoch nicht in den Kesselzügen oder im heißen Mauerwerk liegen,
da sonst der sich darin
ansammelnde Schlamm
festbrennen würde.

Der Durchmesser
des Ablaßrohres soll
nicht zu groß, etwa
gleich dem des Speise-
ventils, gewählt werden.

D. Wasserstands-
vorrichtungen.

(Vgl. § 7 der A. P. B.,
S. 352.)

a) Die Wasserstands-
gläser

zeichnen sich vor den
gesetzlich ebenfalls zu-
gelassenen Probiervor-

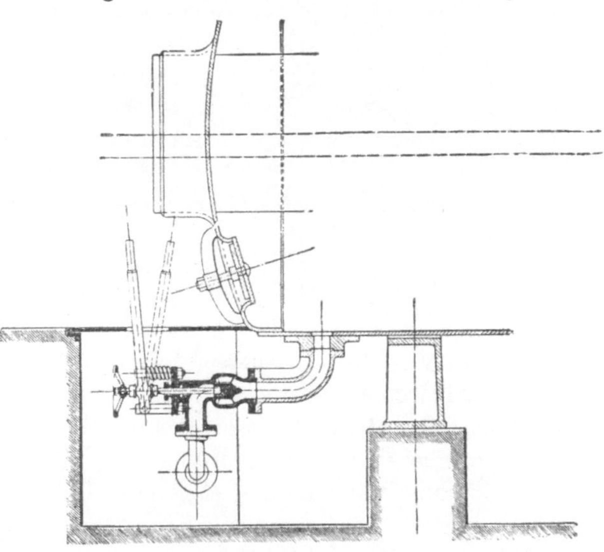

Abb. 378.

richtungen dadurch aus, daß sie, sorgfältige Wertung vorausgesetzt, die
genaue Höhe des Wasserspiegels im Kessel dauernd ohne weiteres erkennen lassen. Dazu setzt man am Dampfraum und am Wasserraum
des Kessels je ein wagerechtes Rohr an und verbindet beider Enden
wiederum durch ein Rohr. Dieses eigentliche Wasserstandsrohr liegt

meistens senkrecht, zuweilen aber auch schräg. Letzteres ist z. B. fast
stets bei ausziehbaren Feuerbuchskesseln der Fall, weil sich bei dieser
Kesselbauart genügend lange, senkrechte Wasserstandsrohre nicht anbringen lassen (vgl. Taf. VII). Um nun den Wasserspiegel beobachten
zu können, wird in das Wasserstandsrohr eine Glasröhre oder eine
ebene Glasplatte dicht eingefügt. Damit sich die Wasserstandsgläser
bei längeren Betriebspausen oder
zur Instandsetzung entleeren lassen,
wird in das Rohr, welches das Wasser
und in das, welches den Dampf zuführt, je ein Absperrorgan eingesetzt. Ein drittes, unter dem Wasserstandsrohr angebrachtes Absperrorgan ermöglicht es, den Dampf-
weg und den Wasserweg getrennt
durchzublasen und etwa eingetretene
Verstopfungen festzustellen. Vor
jedem Zuführungsrohr ist eine Verschraubung angebracht, so daß man
die Rohre zur Beseitigung von Verstopfungen durchstoßen kann.

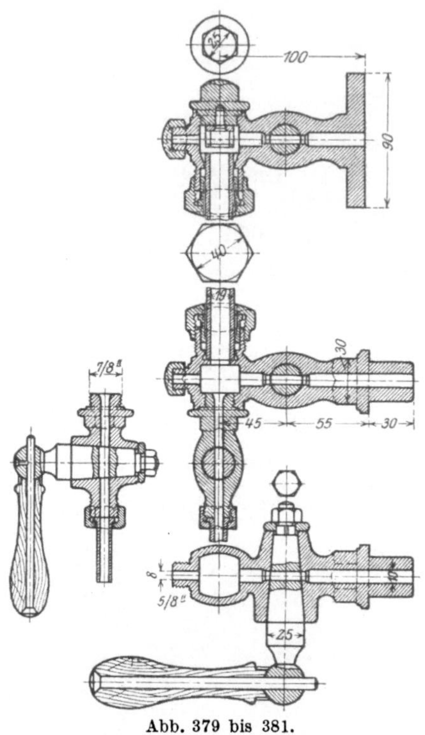

Abb. 379 bis 381.

Als Absperrorgane benutzte
man früher allgemein Hähne. Bei
diesen macht sich jedoch der Einfluß
unreinen Kesselwassers am unan-
genehmsten bemerkbar. Sie werden
dadurch leicht undicht oder gar un-
gangbar. Infolgedessen wendet man
bei höheren Kesseldrücken jetzt
vielfach Ventile oder Verschluß-
klappen an, welche man mit auswechselbaren Dichtungsflächen aus
Hartgummi versieht. Andererseits ist man bemüht, das Undichtwerden
der Abschlußorgane dadurch zu verhindern, daß man die Wasserstandsköpfe aus einem Metall herstellt, das von den Beimengungen des Kesselwassers möglichst wenig angegriffen wird. Dieser Bedingung entspricht
am besten zinkfreie Bronze. Gegenüber alkalischen Wässern hat sich
auch Stahlguß als äußerst widerstandsfähig erwiesen.

Über Einzelheiten der Wasserstandsvorrichtungen geben die nachstehend behandelten Ausführungen Aufschluß.

**Wasserstandsglas mit Absperrhähnen von Dreyer, Rosen-
kranz & Droop in Hannover** (Abb. 379 bis 381).

Die Verschraubung am oberen Ende des Wasserstandsrohres dient zum Einsetzen der Glasröhre. Zum Abdichten der Röhre sind Stopfbüchsen vorgesehen,
in welche je ein Gummiring eingelegt wird. Da solche Ringe bei Erwärmung weich

werden, und dann beim Anziehen der Stopfbüchsverschraubung durch die etwa vorhandene Fuge zwischen dem Grundring des Gehäuses und der Glasröhre herausquellen, so sind niemals Glasröhren von zu kleinem Außendurchmesser einzusetzen. Andernfalls treten leicht Verstopfungen an den Enden der Glasröhre ein.

Wasserstandsglas mit selbstschließenden Klappenverschlüssen von Schumann & Co. in Leipzig-Plagwitz (Abb. 382 bis 384).

Die Klappe k, in welche ein Dichtungspfropfen eingesetzt ist, steckt lose auf der Spindel s, kann jedoch von dieser mitgenommen werden, wenn man an dem

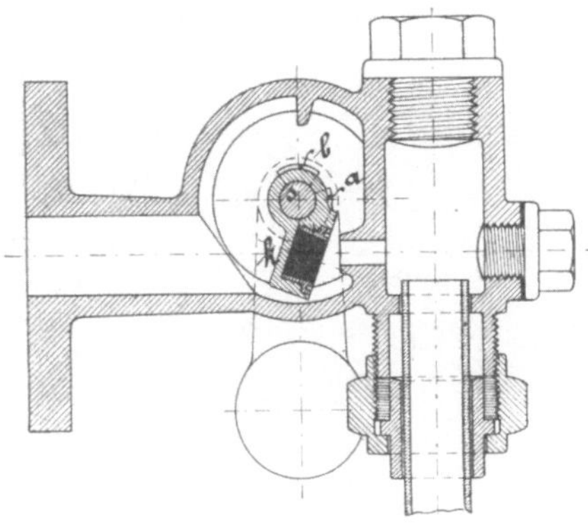

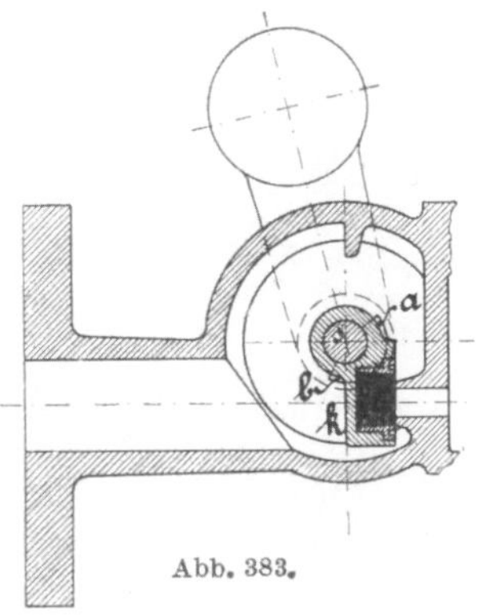

Abb. 382.

Abb. 383.

außen auf der Spindel fest angebrachten eisernen Handgriff dreht. Das Mitnehmen erfolgt, sobald sich der im Innern des Gehäuses liegende Knaggen b der Spindel gegen den Anschlag a der Klappe legt. Abb. 382 zeigt die Klappe k in der Betriebsstellung. Sie hängt dann frei nach unten und läßt den Weg zur Glasröhre offen. Zerspringt das Glas, so schleudert der austretende Dampf oder Wasserstrom die Klappe auf die Austrittsöffnung. Abb. 383 zeigt die Klappe zwangsweise geschlossen, während sie in Abb. 384 zum Durchstoßen der Zuleitung geöffnet ist.

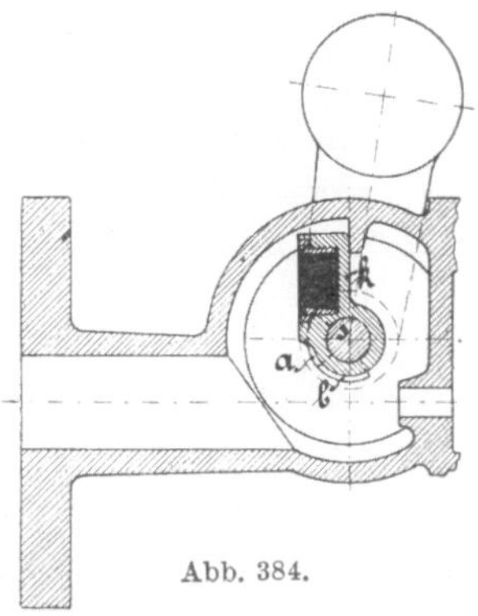

Abb. 384.

Da es besonders darauf ankommt, das Austreten des Wassers beim Zerspringen eines Glases zu verhüten, so wird bei vielen Ausführungen nur der untere Wasserstandskopf mit Selbstschluß ausgestattet, indem man dort ein Kegel- oder Kugelventil einsetzt.

Wasserstand mit leicht auswechselbarem Glase von Theodor Maas in Mannheim (Abb. 385).

Die Glasröhre steckt in einem besonderen Glashalter, der zwischen die Wasserstandsköpfe eingespannt wird. Dazu dient eine Stellschraube, die durch den oberen Kopf hindurchgeführt ist. Hält man einen betriebsfertigen Glashalter vorrätig, so kann beim Zerspringen des Glases in kürzester Zeit ein neues eingesetzt werden. Leider treten an den kugeligen Dichtungsflächen zwischen den Glashaltern und den Wasserstandsköpfen leicht Undichtheiten auf. Diesem Mangel ist es zuzuschreiben, daß derartige Einrichtungen eine allgemeinere Verbreitung nicht gefunden haben.

Doppelwasserstand von Dreyer, Rosenkranz & Droop in Hannover (Abb. 386 bis 389). Zwei Wasserstandsvorrichtungen sind an einem gemeinsamen Gußkörper angebracht, der durch zwei Rohre von je 90 mm lichtem Durchmesser mit dem Kessel verbunden ist. Dies entspricht den behördlichen Anforderungen, nach denen die Verbin-

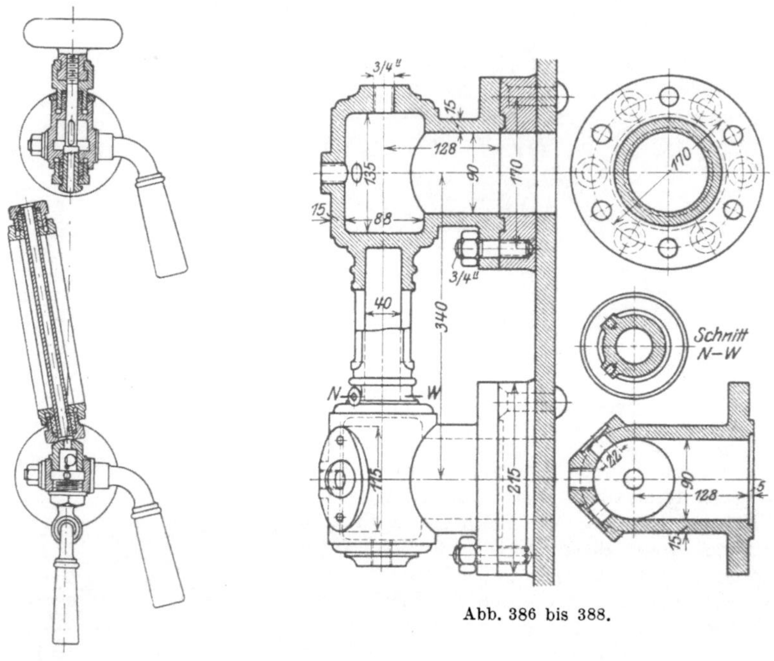

Abb. 385.

Abb. 386 bis 388.

dungsrohre im vorliegenden Falle mindestens je 6000 mm² Querschnitt haben sollen.

Wasserstandsschutzhüllen.

Um eine längere Haltbarkeit der Glasröhren in den Wasserstandsvorrichtungen zu gewährleisten, ist es notwendig, daß sie aus einer geeigneten Glassorte hergestellt, nicht mit Spannungen behaftet und daher gegen einseitige Abkühlung wenig empfindlich sind[1]), ferner aber,

---

[1]) Das Glaswerk Schott & Genossen in Jena stellt Wasserstandsgläser aus sogenanntem Durax-Glase her, die nach angestellten Versuchen beim plötzlichen Bespritzen mit ziemlich kaltem Wasser erst zerspringen, wenn der Dampfdruck im Innern des Glases bis auf etwa 25 bis 27 at gestiegen ist. Bei den gebräuchlichen Dampfpressungen bis etwa 12 at ist ein Zerspringen dieser Gläser beim Bespritzen mit kaltem Wasser also nicht zu erwarten.

daß sie sorgfältig eingesetzt und bei der Inbetriebnahme langsam angewärmt werden. Ein Zerbrechen des Glases kann dann nur durch mechanische Vorgänge oder infolge allmählicher Abnutzung eintreten, der die Gläser im Innern durch die Einwirkung des Kesselinhaltes ausgesetzt sind. Diese ist im Dampfraum größer als im Wasserraum, was man darauf zurückführt, daß im oberen Wasserstandskopf beständig Dampf kondensiert und das Kondenswasser fortwährend an dem Glase herniederrieselt.

Da sich somit das Zerspringen der Gläser nicht völlig verhindern läßt, so ist es notwendig, der dabei durch die fortgeschleuderten Glassplitter für den Heizer entstehenden Gefahr vorzubeugen, indem man das Glas mit einer Schutzhülle umgibt. Den an sie zu stellenden Anforderungen: größtmögliche Sicherheit beim Zerspringen der Glasröhre und dabei möglichst geringe Behinderung bei der Beobachtung des Wasserspiegels, genügen am besten Hüllen, die aus starkem Glase hergestellt werden.

Schutzvorrichtung von Hans Reisert in Köln-Braunsfeld (Abb. 390).

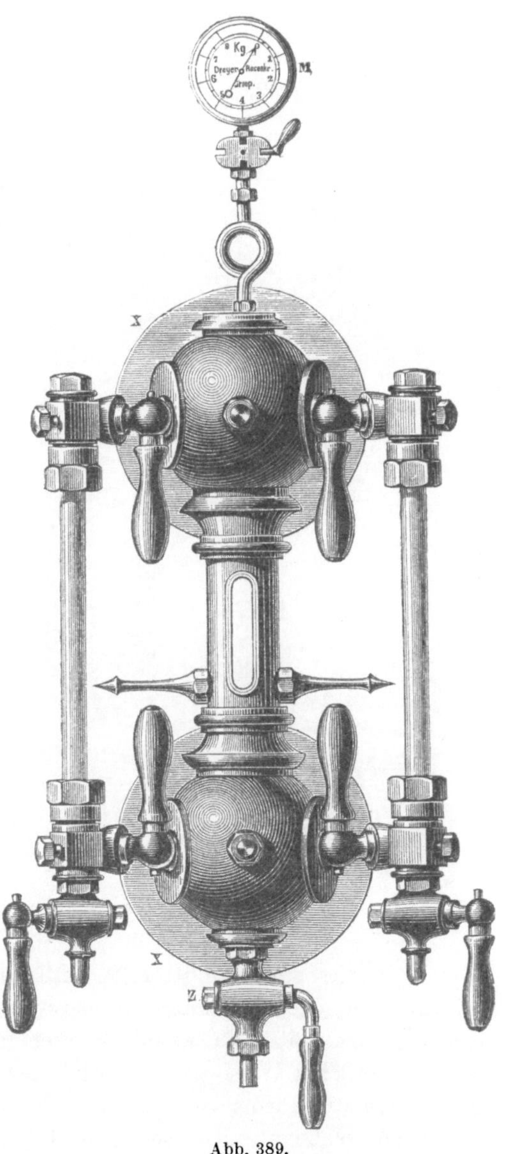

Abb. 389.

Drei ebene, in einem Rahmen gehaltene Glastafeln sind an der oberen Stopfbüchsenmutter des Wasserstandes aufgehängt und können beim Zerspringen der Wasserstandsröhre, wie dargestellt, nachgeben. Beim Zurückpendeln legt sich der Rahmen mit einer Feder gegen die untere Stopfbüchsenmutter, so daß auch dann der Stoß gemildert wird.

Drahtglas-Schutzhülse der Aktien-Gesellschaft für Glasindustrie vorm. Friedr. Siemens in Dresden (Abb. 391, 392).

Die mit eingeschmolzenem Drahtgeflecht versehene Glashülse stützt sich auf die untere Reinigungsschraube und wird mittels zwei elastischer Metallschnüre an Querstücken befestigt, die hinter den Stopfbüchsenmuttern liegen.

Vorrichtungen, welche die Erkennung des Wasserspiegels erleichtern.

Die Firma E. Rockstroh in Görlitz liefert Schutzvorrichtungen, bei denen hinter das Wasserstandsglas ein halbzylindrisch gebogenes Blech zu liegen kommt, das nach vorn durch eine Glasplatte abgeschlossen wird. Auf dem innen weiß email-

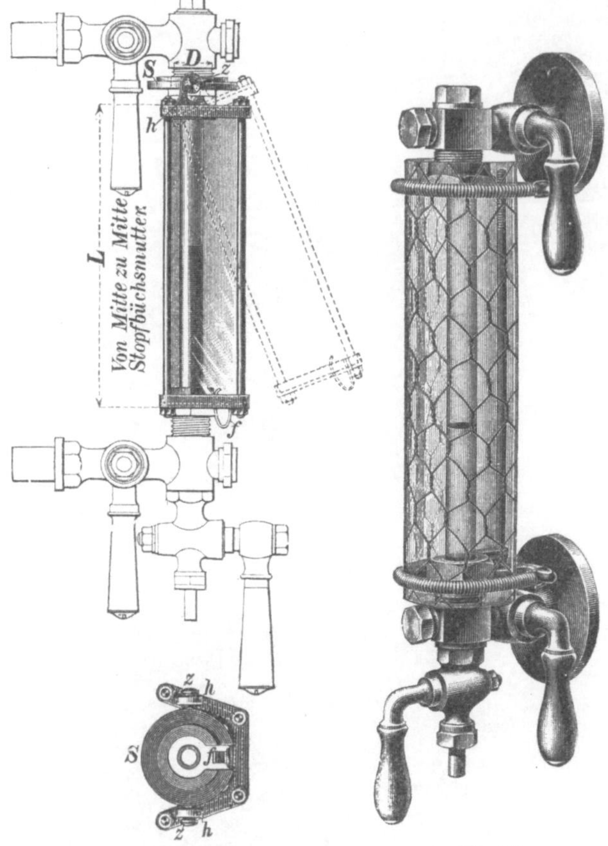

Abb. 390.

Abb. 391.

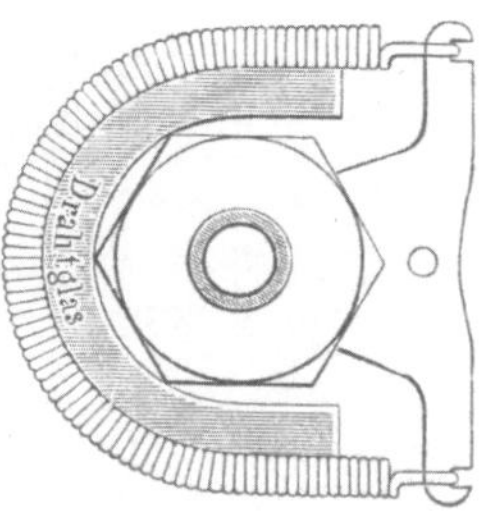

Abb. 392.

lierten Bleche sind unmittelbar hinter der Wasserstandsröhre schräge schwarze Striche angebracht, die vergrößert und mehr gerade gestellt erscheinen, soweit das Glas mit Wasser gefüllt ist.

In ähnlicher Weise tragen auch eingeschmolzene blaue Längsstreifen, mit denen die Firma Schott & Genossen in Jena die von ihr hergestellten Wasserstandsgläser versieht, zur leichteren Erkennung des Wasserstandes bei.

Der Klingersche Reflexions-Wasserstandsanzeiger läßt das Wasser im Glase schwarz und den Dampf silberglänzend erscheinen. Dies wird dadurch erreicht, daß man an Stelle der Glasröhre ein Metallgehäuse einsetzt, welches nach vorn durch ein flaches, auf der Innenseite mit

Rillen versehenes, starkes Glas abgeschlossen wird (vgl. Abb. 393). Wo Dampf mit dieser Glasplatte in Berührung ist, werden die einfallenden Lichtstrahlen vollständig reflektiert, wo aber die Rillen des Glases mit Wasser ausgefüllt sind, gelangen die Lichtstrahlen an die hintere Gehäusewand, so daß deren schwarze Färbung sichtbar wird. Ein Bruch des Glases kommt hier wegen seiner größeren Stärke kaum vor, so daß die Anbringung einer Schutzhülse unnötig ist. Die Vorrichtung wird von Rich. Klinger in Gumpoldskirchen bei Wien geliefert, und zwar entweder als vollständiger Wasserstand oder mit Rohransätzen zum Einbauen in beliebige Wasserstandsköpfe. Letzteres ist beispielsweise erfolgt bei dem in Abb. 394 dargestellten Wasserstande von C. L. Scheer & Co. in Feuerbach-Stuttgart.

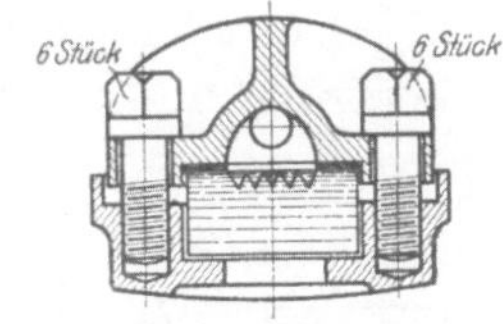

Abb. 393.

Besonders bemerkenswert sind an dieser Ausführung die Ventilverschlüsse. Der mit Dichtungseinlage ausgestattete Kegel b wird mittels der Spindel e bewegt, die dabei keine steigende, sondern nur eine drehende Bewegung macht. Dazu ist die Spindel e mittels des Halteringes d mit dem Gehäuseoberteil verbunden, während der Kegel b mit seinen zwei Rippen c in den Nuten a des Gehäuses geführt wird. Der lose auf der Spindel steckende Ventilkegel f dient einerseits für den Selbstschluß, andererseits als Hilfsverschluß, durch welchen das Auswechseln der Dichtungsplatte im Kegel b während des Betriebes ermöglicht wird.

Wasserstandsanzeiger für hohe Kessel, hergestellt von der Hannoverschen Maschinenbau-Akt.-Ges. (Abb. 395).

Der Schwimmer b überträgt die Bewegung des hochliegenden Wasserspiegels auf ein dünnes Kupferrohr d; dessen unteres Ende ragt in ein Gehäuse f hinein, das in Augenhöhe liegt. Da das Gehäuse von einer Glühlampe e durchleuchtet wird, so ist der Stand des Wassers im Kessel auch aus größerer Entfernung gut erkennbar.

Elektrischer Schreib-Wasserstandsanzeiger Patent Bodenburg (Abb. 396).

Auf dem Dampfkessel wird ein oben geschlossenes Standrohr dampfdicht angebracht, in dem sich die Stange eines auf dem Kesselwasser ruhenden Schwimmers reibungslos auf und nieder bewegen kann. Das Standrohr liegt zwischen den flachen Schenkeln eines Elektromagneten, der um eine wagerechte Achse drehbar neben dem Rohr gelagert ist. Standrohr und Schwimmerstange sind unmagnetisch, dagegen trägt die Stange oben einen Eisenanker, der sich ebenfalls ohne jede Reibung im Standrohr zu bewegen vermag. Der Anker steht zwischen den Schenkeln des Magneten, schließt also dauernd das Magnetfeld. Dadurch werden die Schenkel ständig in der

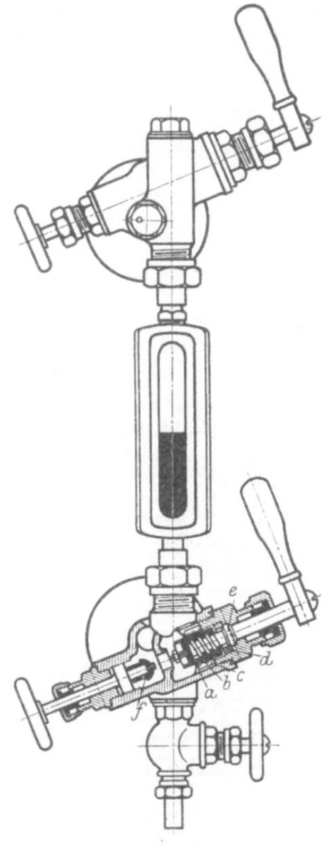

Abb. 394.

Höhe gehalten, die der Anker jeweils einnimmt. Durch den Elektromagneten werden somit die Veränderungen in der Höhenlage des Wasserspiegels in eine schwingende Bewegung umgesetzt. Diese Bewegung wird nun auf ein Hebelwerk mit Schreibstift übertragen und auf einer mit Papier bespannten Uhrtrommel aufgezeichnet.

Die Einrichtung ermöglicht eine dauernde, sehr wichtige Betriebskontrolle und spornt den Heizer an, auf die gleichmäßige Innehaltung eines „normalen" Wasserspiegels besonders acht zu geben. Sie wird von der Hannoverschen Maschinenbau-Akt.-Ges. so gebaut, daß sie an irgendeine vorhandene Lichtleitung angeschlossen werden kann.

b) Die Probiervorrichtungen.

Als solche werden Hähne oder Ventile [Abb. 397 und 398][1]), zwei bis vier an der Zahl, in verschiedenen Höhen, die unterste Vorrichtung genau in der Ebene des festgesetzten niedrigsten Wasserstandes am Kessel angebracht. Da man mit ihrer Hilfe die Höhe des Wasserspiegels aber nur recht ungenau ermitteln kann, so finden solche Probiervorrichtungen immer weniger Verwendung. Auch fahrbare Kessel, die früher stets mit Probierhähnen ausgerüstet wurden, erhalten statt deren jetzt meistens ein zweites Wasserstandsglas.

E. Sicherheitsventil.
(Vgl. § 9 der A. P. B. auf S. 354.)

Die Sicherheitsventile sind so anzubringen, daß sie vom Dampfraum des Kessels nicht absperrbar sind. Man unterscheidet offene (Abb. 399) und geschlossene (Abb. 400) Ventile. Erstere gewähren den Vorteil, daß der Ventilkegel ohne weiteres zugänglich ist, während geschlossene den ausströmenden Dampf nicht in das Kesselhaus entweichen lassen.

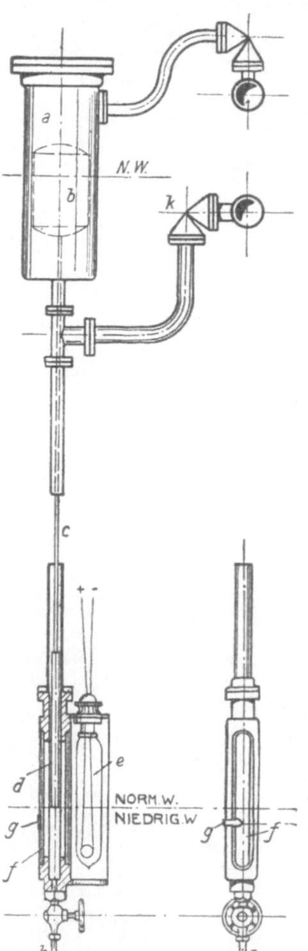

Abb. 395.

Die Belastung der Sicherheitsventile erfolgt entweder durch Gewichte oder Federn, die gewöhnlich an einem Hebel angreifen. Solche federbelasteten Ventile sind weniger empfindlich gegen Erschütterungen und eignen sich daher besonders für bewegliche Kessel. Bei feststehenden dagegen werden fast ausnahmslos Sicherheitsventile mit Gewicht am Hebel angewandt. Für

---

[1]) Dreyer, Rosenkranz & Droop in Hannover.

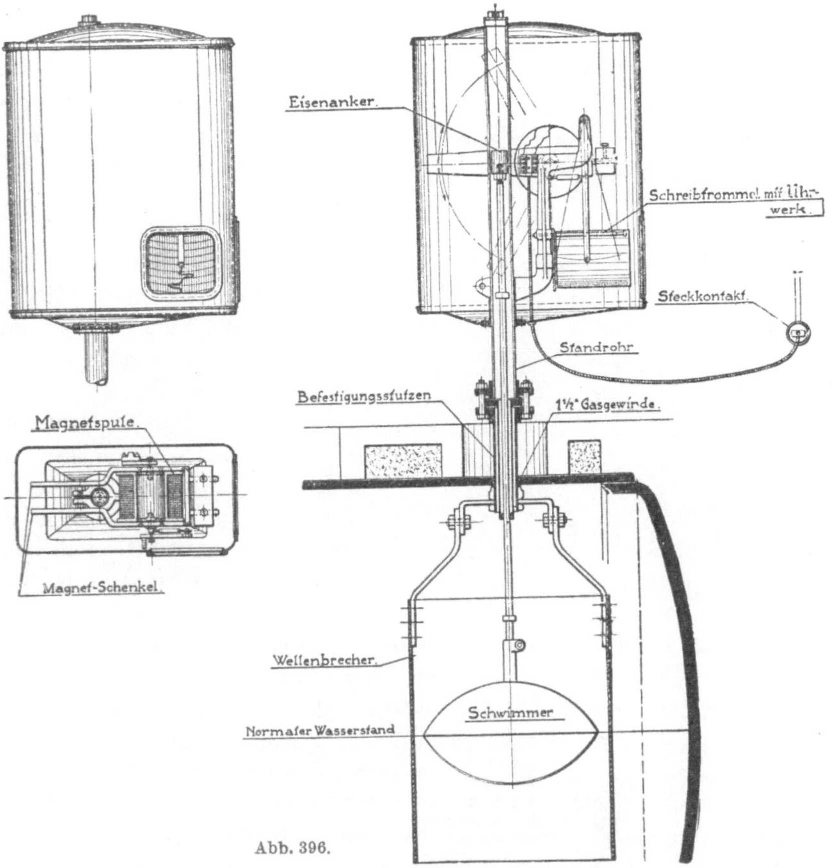

Abb. 396.

unmittelbare Belastung des Ventilkegels kommen bei den heutigen Dampf-
drucken nur Federn in Frage. Derartig belastete Ventile finden sich an
Schiffskesseln, sodann an
Überhitzern [Abb. 401][1]).

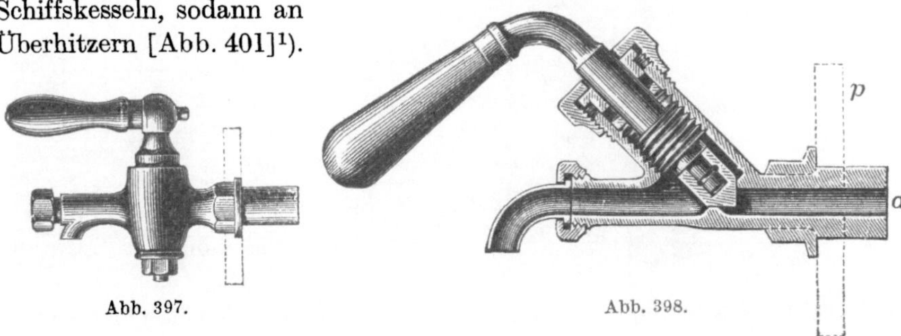

Abb. 397. Abb. 398.

Der Ventilsitz muß im Gehäuse fest eingepreßt sein, damit er sich
nicht lockern und Dampf zwischen Sitz und Gehäuse austreten lassen

1) Schäffer & Budenberg, Magdeburg-Buckau.

kann. Da konische Dichtungsflächen das Ecken und Festklemmen des Ventilkegels begünstigen, so stattet man die Sicherheitsventile allgemein mit Tellerventilen aus. Ihre ebenen Sitzflächen erhalten eine Breite von 1,5 bis 2 mm. Der Druck-

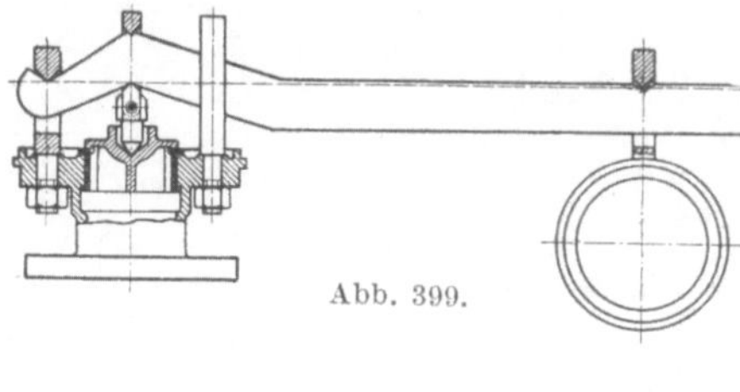

Abb. 399.

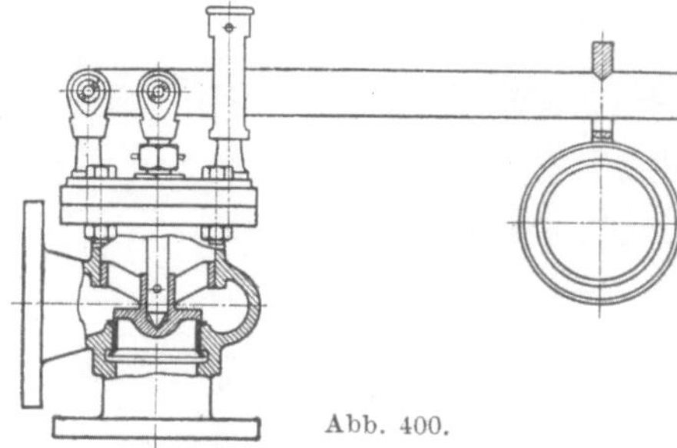

Abb. 400.

punkt, in welchem die Last auf den Ventilteller übertragen wird, darf nicht höher als die Sitzfläche liegen, weil der Druckstift sonst, sobald sich der Teller beim Austreten des Dampfes etwas einseitig anhebt, eine Vergrößerung der Schrägstellung bewirken, ihn also festklemmen würde.

Der Belastungshebel wird mit Übersetzungen von 1:7 bis 1:10 ausgeführt. In seinem Drehpunkt und im Angriffspunkt des Druckstiftes wurden früher Bolzengelenke eingesetzt (vgl. Abb. 400). Da in solchen Gelenken jedoch die Reibung bald ziemlich groß wird, so lagert man die Hebel jetzt meistens auf Schneiden. Diese sollen, wie in Abb. 399 angegeben, in einer Geraden liegen, weil anderenfalls das der Berechnung zugrunde gelegte Verhältnis der wirksamen Hebelarme zueinander nicht gewahrt bleiben würde, sobald der Hebel angehoben wird.

Der Querschnitt des Ventiles wird gewöhnlich folgendermaßen bestimmt:

Ist

F in mm² der Gesamtquerschnitt der Sicherheitsventile eines Kessels,

H in m² die Heizfläche des Kessels,

p in at Überdruck der höchste genehmigte Dampfdruck,

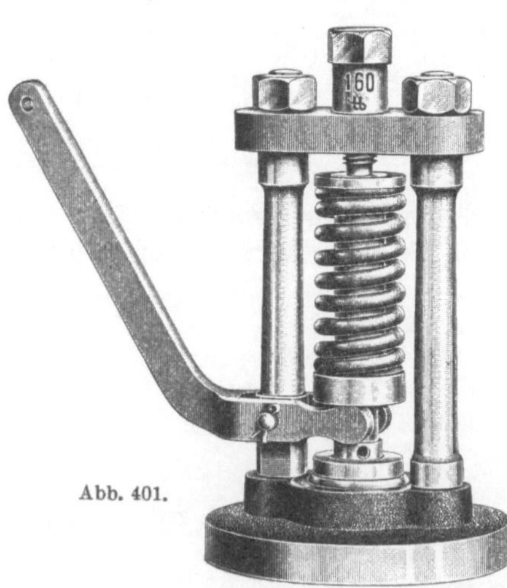

Abb. 401.

v_s in m³/kg das spezifische Volumen des Dampfes beim Druck p (s. Dampftabelle S. 12),

so ist:

$$F = 15 \cdot H \cdot \sqrt{\frac{1000 \cdot v_s}{p}}.$$

Der daraus errechnete Querschnitt ist auf zwei Ventile zu verteilen, sobald

$$\frac{F \cdot p}{100} > 600$$

ist. Die Anordnung zweier Ventile empfiehlt sich stets, wenn sich für ein Ventil ein Durchmesser von mehr als 100 mm ergibt.

Da sich die bisher geschilderten Sicherheitsventile beim Abblasen nur ganz wenig öffnen, so sind sie mehr als Alarmvorrichtungen anzusehen. Jedenfalls lassen sich mit ihnen bei plötzlich unterbrochener Dampfentnahme größere Spannungsüberschreitungen kaum verhindern. Dies ist nur möglich, wenn man die Ventile so einrichtet, daß der Teller unter der Wirkung des ausströmenden Dampfes hoch aushebt — Hochhubventile —, und zwar möglichst so weit, daß für den Dampfaustritt eine Öffnung entsteht, die

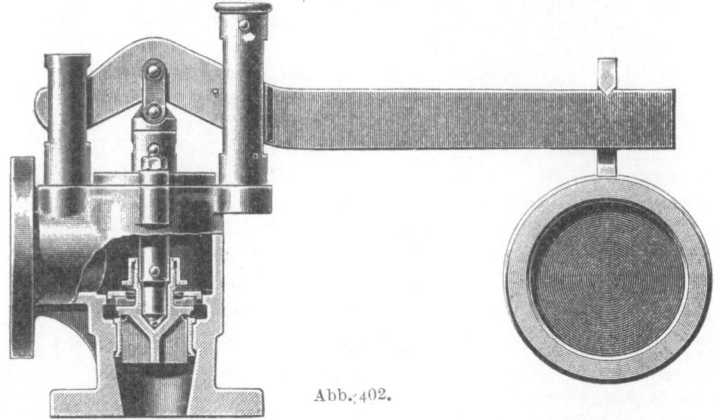

Abb. 402.

gleich dem vollen Ventilquerschnitt ist. Letzteres tritt ein, wenn der Ventilhub gleich dem vierten Teil des Durchmessers wird — Vollhubventile.

Entsprechend ihrer wesentlich höheren Leistungsfähigkeit, kann man den Querschnitt der Vollhubventile geringer bemessen als den gewöhnlicher Sicherheitsventile, und zwar kommt man gewöhnlich mit

$$F_{vh} = 5 \cdot H \cdot \sqrt{\frac{1000 \cdot v_s}{p}}$$

aus. Dieser Umstand ist für große Kesseleinheiten von besonderer Wichtigkeit. Selbstverständlich gilt er nur für Ventile, die so gebaut sind, daß auch wirklich der volle Hub erreicht wird. Einige dazu geeignete Konstruktionen werden in folgendem besprochen:

Hochhubventil „Absolut" von Schäffer & Budenberg in Buckau-Magdeburg (Abb. 402).

Oberhalb des eigentlichen Ventiltellers ist ein ringförmiger Teller angebracht, der mit dem Gehäuse eine Ringkammer bildet. Bei geringer Drucküberschreitung hebt sich das Ventil nur wenig und warnt durch das Geräusch des ausströmenden Dampfes den Heizer. Wird der Überdruck aber größer, so steigt der Druck in der Ringkammer und das Ventil hebt sich sehr stark. Bei einer Drucküberschreitung von $^1/_2$ oder $^1/_4$ at ist das Ventil annähernd ganz offen. Dieser Fall tritt aber nicht ein, wenn die Ventilgröße nach der von der Firma herausgegebenen Tabelle gewählt wird. Durch eine Ringverschraubung, die über der Hubvergrößerungsplatte, und zwar über einer ringförmigen Durchbrechung in der letzteren angebracht ist, läßt sich das Maß der Undichtigkeit zwischen dem obenerwähnten Ringraume und der Atmosphäre einstellen.

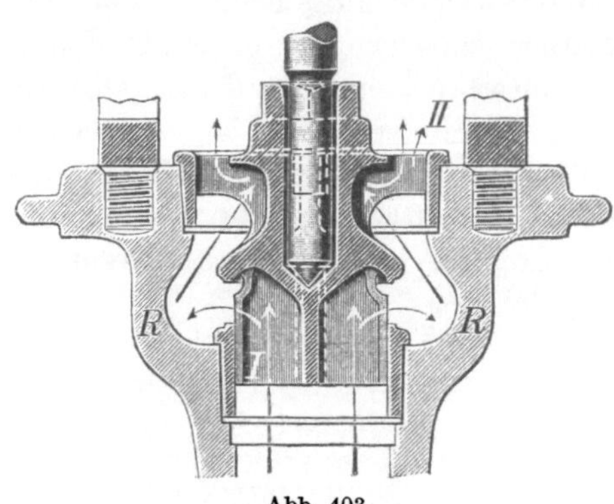

Abb. 403.

Hochhubventil von Dreyer, Rosenkranz & Droop in Hannover (Abb. 403).

Während sich das soeben beschriebene Hochhubventil im wesentlichen durch den unter der Hubplatte auftretenden Druck hebt, beruht im vorliegenden Falle das Heben des Ventiltellers mehr auf der Strahlwirkung des Dampfes. Abb. 403 zeigt deutlich, wie die Strahlwirkung durch geeignete Gestaltung des Gehäuses und des Ventiltellers zustande kommt. Schon bei sehr geringer Drucküberschreitung hebt sich das Ventil langsam, um, wenn jene etwa 0,25—0,35 at beträgt, seinen Vollhub zu erreichen. Das Ventil ist sowohl bei *I* wie auch bei *II* gut geführt, was bei Hochhubventilen besonders vorteilhaft ist.

Abb. 404.

Wegen der großen Dampfmenge, welche die Vollhubventile abführen, ist es zweckmäßig, sie stets als geschlossene Ventile einzurichten und den Dampf zum Dache des Kesselhauses hinauszuleiten. Damit man aber trotzdem leicht an das Ventil gelangen kann, wird das Anschlußstück an die Rohrleitung als abnehmbare Haube ausgebildet (vgl. Abb. 404).

Da nach den gesetzlichen Bestimmungen eine Überschreitung der festgesetzten höchsten Dampfspannung um $^1/_{10}$ ihres Betrages zulässig ist, so lassen die Vollhubventile, die sich schon bei etwa 0,3 at Überspannung ganz öffnen, unnötig viel Dampf entweichen. Um diesem zu großen Dampfverlust zu begegnen, wendet die Firma Dreyer, Rosenkranz & Droop eine Rollgewichtsbremse an, wie sie in Abb. 404 wiedergegeben ist.

Das Rollgewicht berührt den Belastungshebel zunächst nicht, übt somit bei geringen, schnell vorübergehenden Spannungsüberschreitungen keinerlei Einfluß aus. Wächst dagegen der Ventilhub über ein bestimmtes, der Erhebung gewöhnlicher Sicherheitsventile etwa gleichkommendes Maß, so legt sich der Hebel von unten gegen das Rollgewicht. Dieses kann aufwärts schwingen, also bei weiterem Ansteigen der Dampfspannung allmählich nachgeben. Dabei wächst sein wirksamer Hebelarm und damit die Bremswirkung. Die Bremse kann nun so bemessen und eingestellt werden, daß der volle Ventilhub erst erreicht wird, wenn die zulässige Überschreitung von 10% eingetreten ist.

F. Manometer.

(Vgl. § 10 der A. P. B. auf S. 355.)

Zum Messen des Dampfdruckes im Kessel werden ausschließlich Federmanometer benutzt. Nach der Form der Feder unterscheidet man:

Plattenfeder- und Röhrenfedermanometer.

Die Plattenfedermanometer (Abb. 405). Der Dampf drückt von unten gegen ein mit kreisförmigen Wellen versehenes, stählernes Blech, das durch Metallüberzug oder Anstrich

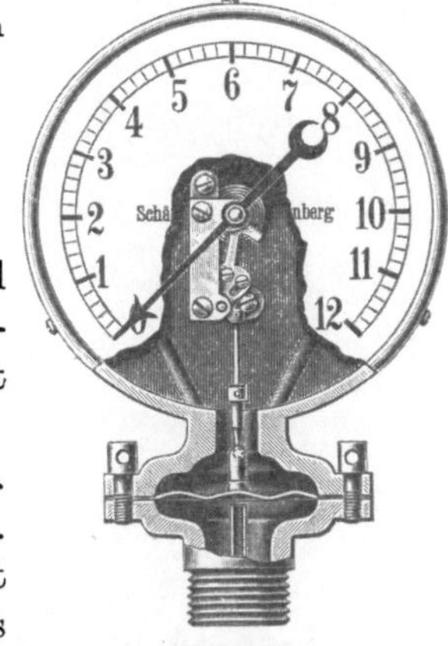

Abb. 405.

gegen Rosten geschützt ist. In der Mitte dieser Plattenfeder ist eine kleine Schubstange befestigt, welche die Durchbiegung der Feder mittels Winkelhebels und Zahnbogens auf die Zeigerachse überträgt. Durch

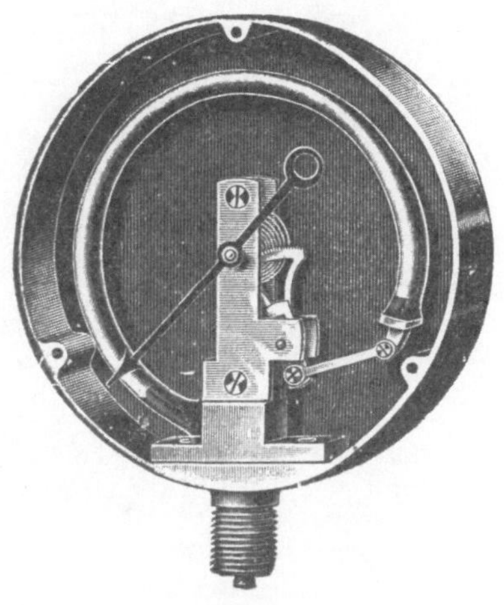

Abb. 406.

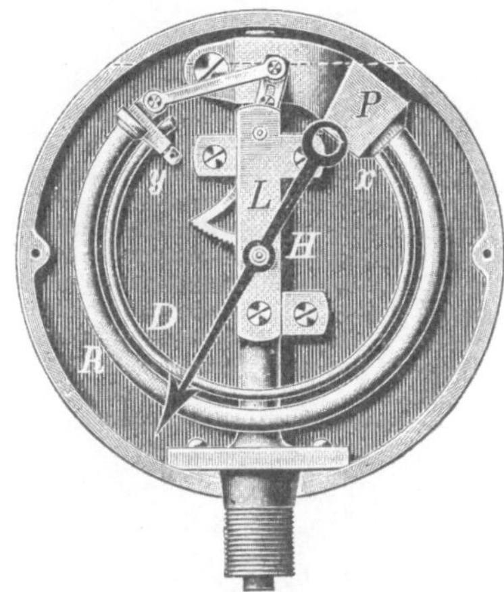

Abb. 407.

eine bei allen Federmanometern auf dieser Achse angebrachte Spiralfeder soll toter Gang vermieden werden.

Die Röhrenfedermanometer (Abb. 406). Der Dampfdruck gelangt hier in eine „Bourdonsche Röhrenfeder", das ist eine aus hartgezogener Metallegierung oder aus Stahl hergestellte Röhre, die etwa kreisförmig gekrümmt ist. Ihr Querschnitt ist oval und liegt mit seiner kleinen Achse in der Richtung des Krümmungshalbmessers. Am freien Ende ist sie geschlossen. Unter der Einwirkung des Druckes hat nun diese federnde Röhre das Bestreben, sich gerade zu richten. Dabei führt ihr freies Ende Bewegungen aus, die durch eine Lenkstange auf einen zweiarmigen Hebel und von diesem mittels Zahnbogens auf die Zeigerachse übertragen werden.

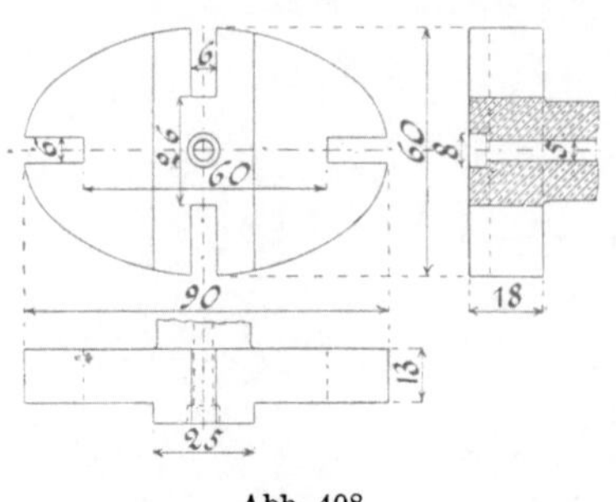

Abb. 408.

Besonders bemerkenswert ist die in Abb. 407 dargestellte Bauart, welche von der Firma Dreyer, Rosenkranz & Droop herrührt. Das mit Glyzerin gefüllte Federrohr kann sich wegen seiner hängenden Anordnung nicht entleeren, so daß der Dampf nicht hineingelangen kann. Zur Unterstützung der Federkraft ist die Bourdonröhre mit einer Feder D aus Stahldraht verbunden.

Bei der Anbringung der Manometer ist zu berücksichtigen, daß die Federn bei den Dampftemperaturen leicht bleibende Formänderungen erfahren können. Man hat also dafür zu sorgen, daß der Dampf mit den Federn möglichst nicht in Berührung kommt. Zu diesem Zweck wird das Verbindungsrohr zwischen Kessel und Manometer derart U-förmig oder trompetenförmig (vgl. Abb. 389) ge-

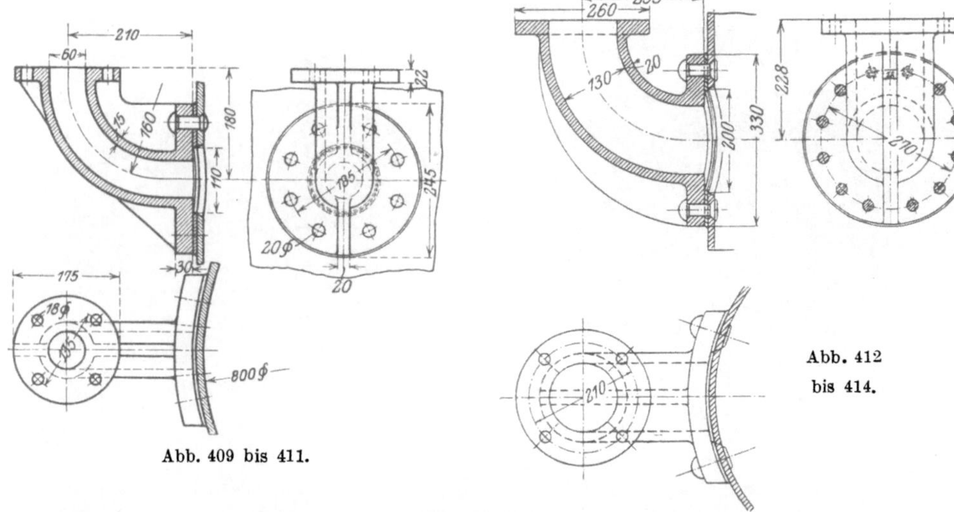

Abb. 409 bis 411.

Abb. 412 bis 414.

bogen, daß ein Wassersack entsteht, in dem das aus dem Dampfe kondensierte Wasser stehen bleibt. Wird zwischen dem Trompetenrohr und dem Manometer ein Dreiwegehahn eingebaut, so kann man gelegentlich das Verbindungsrohr mit Dampf durchblasen und auch das Manometer vom Druck entlasten, und zwar läßt sich dies bei einiger Sorgfalt so vornehmen, daß daraus kein Schaden für die Manometerfeder entsteht. Auf die vordere Öffnung des Hahngehäuses wird zweckmäßig der zur Anbringung des Prüfungsmanometers [1]) dienende **Kontrollflansch** (Abb. 408) aufgesetzt. Ein solcher Kontrollflansch ist in Preußen und in den meisten anderen deutschen Staaten vorgeschrieben. Ausnahmen hiervon bilden: Bayern (runder Flansch von 37 mm Durchmesser), Braunschweig

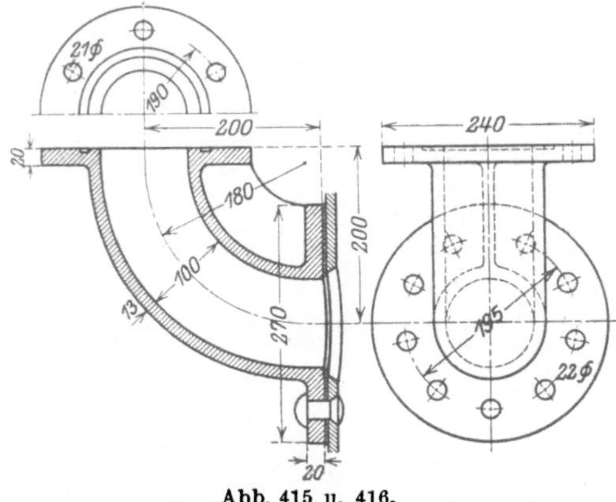

Abb. 415 u. 416.

(runder Flansch von 45 mm Durchmesser) und Sachsen (Innengewinde von $1/_2''$ engl.), doch gelten diese Ausnahmen nicht für bewegliche und für Schiffskessel.

G. Anbringung der Ausrüstung am Kessel.

Die Anbringung der Ausrüstungsstücke geschieht gewöhnlich mit Hilfe von gußeisernen oder schmiedeeisernen Rohrstutzen. Aus Guß-

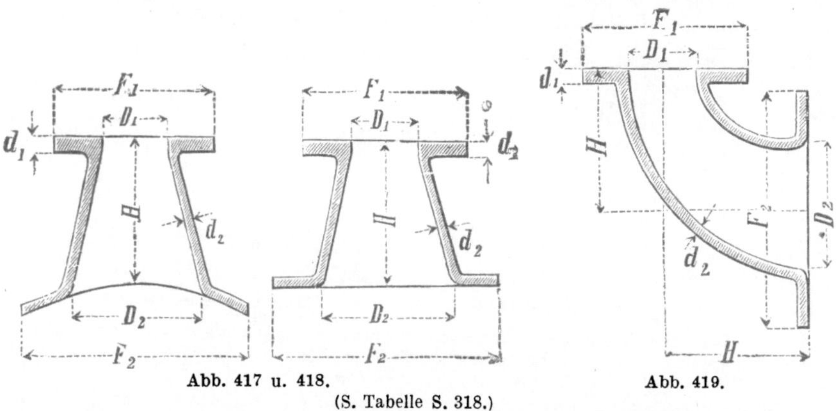

Abb. 417 u. 418. Abb. 419.
(S. Tabelle S. 318.)

eisen oder Temperguß hergestellte Stutzen dürfen nur verwandt werden, wenn ihre Lichtweite 250 mm nicht übersteigt und der Kesseldruck nicht mehr als 10 at Überdruck beträgt (vgl. § 2 der A. P. B. auf S. 350).

Die Stutzen werden am Kesselkörper durch Nietung befestigt. Dabei wird unter den Flansch gegossener Stutzen ein etwa 5 mm starkes Blech

---

[1]) Vgl. § 14 der A. P. B. auf S. 357.

Tabelle zu den Abb. 417 bis 419.

D₁	F₁	d₁	H	d₂	D₂	F₂	Ge-wicht ca. kg
			Millimeter				
25	110	15	125	10	76	210	4,5
30	120	15	130	10	84	220	5
35	130	15	135	10	91	230	6
40	140	15	140	10	98	240	7
45	150	15	145	10	105	250	8
50	160	16	150	11	112	260	9
55	170	16	155	11	119	270	10
60	175	17	160	11	126	275	11
65	180	17	165	11	133	280	12
70	185	18	170	11	140	285	13
80	200	19	180	12	146	300	16
90	215	19	190	12	152	315	17
100	230	20	200	12	165	330	18
110	245	20	210	12	178	345	20
120	260	20	220	12	191	360	22
130	275	21	230	13	204	375	24,5
140	285	21	240	13	218	385	27
150	290	22	250	13	231	390	30
175	320	22	275	13	235	420	37
200	350	24	300	13	260	450	45
225	370	24	325	13	290	470	52
250	400	25	350	13	320	500	62
275	425	25	375	13	350	525	74
300	450	25	400	13	380	550	85

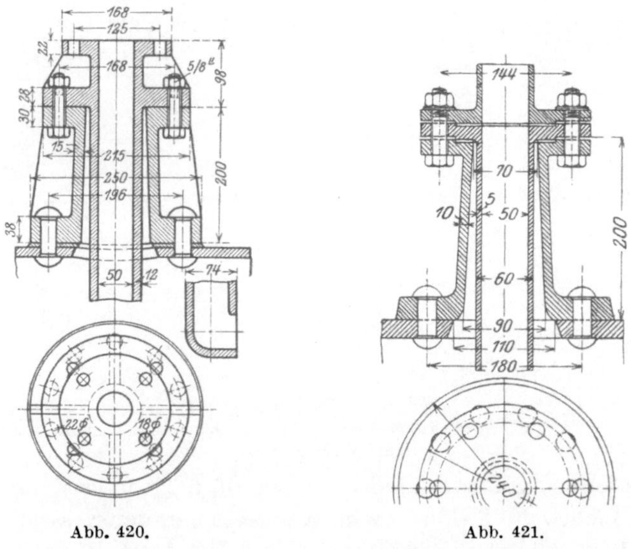

Abb. 420.   Abb. 421.

aus weichem Flußeisen gelegt, das nach dem Nieten verstemmt wird.
Aus gewalztem Schmiedeeisen hergestellte Stutzen machen eine solche
Zwischenlage unnötig, da ihre Flanschen selbst verstemmt werden können.

Die Nietung läßt sich nicht mit der Maschine ausführen, deshalb werden
dazu in der Regel Niete von nicht mehr als 23 mm Stärke benutzt.

Bei Gußeisen müssen die aufzunietenden Flanschen besonders kräftig
sein. Sie werden daher meistens 30 bis 35 mm stark gemacht, während die

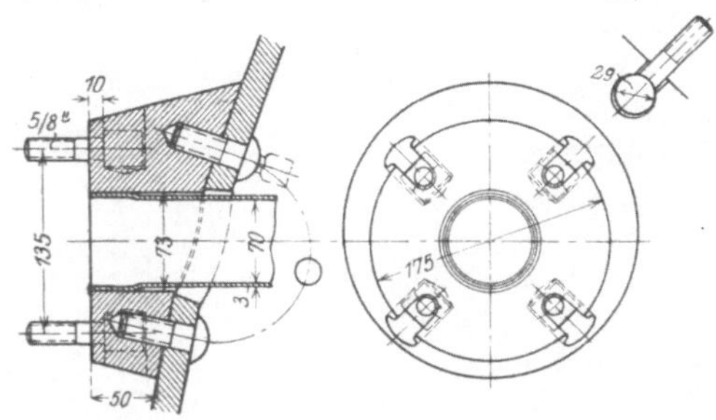

Abb. 422 u. 423.

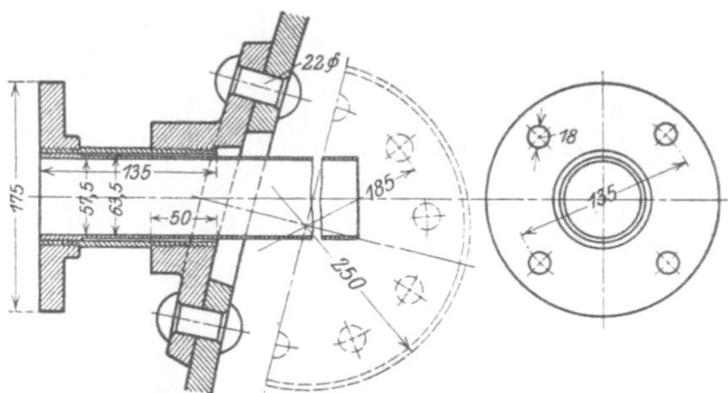

Abb. 424 u. 425.

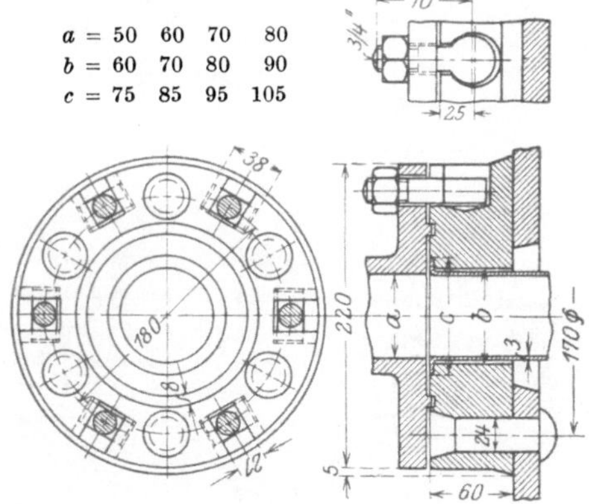

Abb. 426 u. 427.

Stärke des Mantels 15 bis 20 mm und die der oberen Flanschen 20 bis
25 mm beträgt. Außerdem werden die Flanschen gegen den Mantel häufig
noch mit Rippen versteift (vgl. Abb. 409 bis 411 und 412 bis 414).

Bei Stutzen aus Formflußeisen (Ausführungsbeispiel in Abb. 415, 416) kommt man mit etwa $^3/_4$ dieser Wandstärken aus.

Für die Ausführung gerader (Abb. 417 und 418) und gekrümmter (Abb. 419) Stutzen aus Schmiedeeisen gibt die auf S. 318 abgedruckte

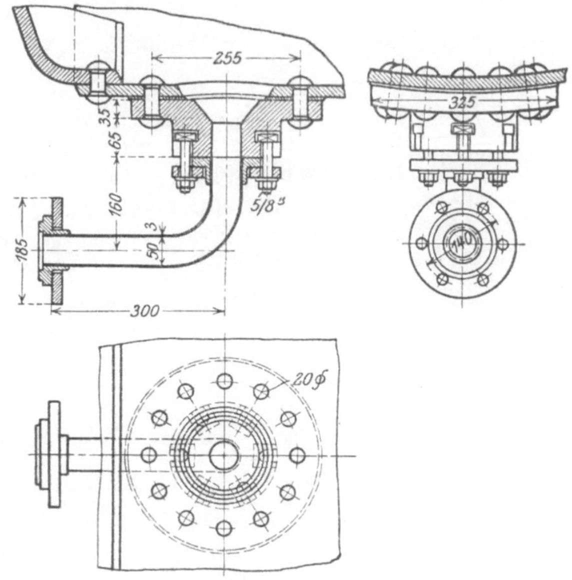

Abb. 428 bis 430.

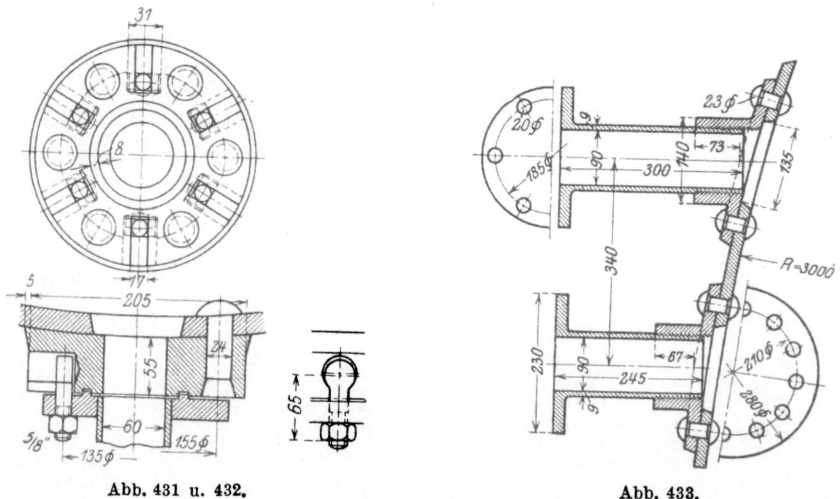

Abb. 431 u. 432.   Abb. 433.

Tabelle der Firma A. Leinweber & Co. in Gleiwitz, welche solche Stutzen herstellt, einen Anhalt.

Speisestutzen. Abb. 420 zeigt einen solchen aus Gußeisen, Abb. 421 einen aus Schmiedeeisen, wie sie auf den Mantel liegender Kessel gesetzt werden, während in Abb. 422, 423; 424, 425; 426, 427 schmiedeeiserne, an Kesselböden angebrachte Stutzen dargestellt sind.

Ablaßstutzen aus Gußeisen (Abb. 372, 373), Formflußeisen (Abb. 428 bis 430) und Schmiedeeisen (Abb. 431, 432). Der mittels eingelegter Schrauben angesetzte Rohrkrümmer wurde früher aus Gußeisen (Abb. 372) oder Kupfer wird jetzt dagegen meistens aus Schmiedeeisen (Abb. 428) hergestellt.

Wasserstandsstutzen werden meistens in Schmiedeeisen ausgeführt. Beispiele finden sich in Abb. 433, 434, 435.

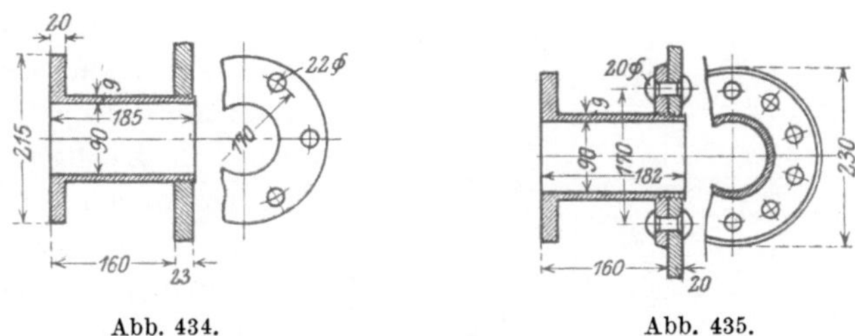

<table>
<tr><td>Abb. 434.</td><td>Abb. 435.</td></tr>
</table>

Das Manometer bringt man an einem engen Rohr von $^3/_4$ bis 1″ Außendurchmesser an. Letzteres wird entweder oben in den gußeisernen Wasserstandskörper oder, bei ebenem Kesselboden, in diesen eingeschraubt und mit Gegenmutter versehen. Bei gewölbtem Boden setzt man das Manometerrohr mit Flansch an einen kurzen Stutzen an, der ebenso wie ein Wasserstandsstutzen befestigt wird.

Neunter Abschnitt.

Hilfseinrichtungen.

38. Wärmespeicher.

Auf die Bedeutung des Wasserinhaltes eines Kessels als Wärmespeicher wurde schon im Abschnitt 3 D, S. 9 und 25 B, S. 121 hingewiesen. Nach den dortigen Ausführungen hängt die Größe der Speicherwirkung von der Menge des mit Dampftemperatur im Kessel enthaltenen Wassers ab, sodann aber auch von dem Maße der Druckschwankungen, die man im Kessel zulassen kann. Dieses Maß ist im allgemeinen so gering, daß man auch bei den besten Großraumkesseln nur eine beschränkte Speicherwirkung erzielt. Jedenfalls ließe sie sich viel mehr ausnutzen, wenn man aus dem Wasservorrat Dampf bis zu einer Druckerniedrigung auf beispielsweise 1 bis 2 at$_ü$ entnehmen könnte. Solcher niedrig gespannter Dampf läßt sich aber sowohl zu Kraftzwecken, wie auch in gemischten Betrieben an Stelle zeitlich fehlenden Abdampfes zu Koch-, Heiz- und Trockenzwecken sehr gut verwerten.

Aus diesen Erwägungen heraus ist der Dampfspeicher des Dr. Ing. Joh. Ruths, Stockholm entstanden. Er teilt dem Kessel nur noch die Rolle des Dampferzeugers zu, während er das Aufbewahren des Dampfes einem besonderen Behälter überträgt, der bis zu 90 bis 95% mit Wasser aufgefüllt werden soll. In diesem speichert er überschüssigen Dampf bei allmählichem Anwachsen des Druckes auf, um ihn unter langsamer Druckabnahme in Zeiten von Dampfmangel wieder abzugeben. Dabei läßt er zwischen dem Höchstdruck, bis zu dem der Dampfspeicher aufgeladen, und dem niedrigsten Druck, bis zu dem entladen werden soll, weite Grenzen zu, und zwar von etwa 7 bis herunter zu 1,5 at$_ü$. Welche günstigen Ergebnisse sich damit erreichen lassen, soll an Hand der Schaubilder in Abb. 436 und 437 gezeigt werden, die einer Druckschrift der Aktiebolaget Vaporackumulator, Stockholm über den Ruths-Dampfspeicher entnommen sind.

Abb. 436 zeigt den Wasserinhalt dreier Kesselbauarten in Abhängigkeit von der Heizflächengröße. Diese Angaben sollen bei der Erörterung des folgenden Beispieles verwendet werden:

Inwieweit lassen sich die Schwankungen im Dampfbedarf einer Fabrik, die stündlich mindestens 4000 kg, höchstens 14 000 kg und im Mittel 8800 kg Dampf

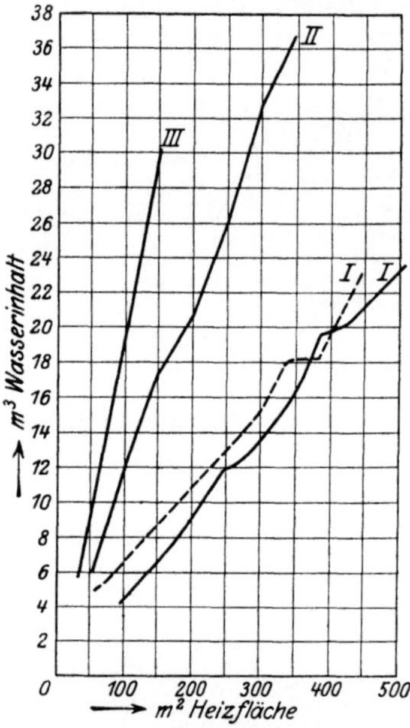

→ m² Heizfläche

I Wasserrohrkessel (Bauart Babcock & Wilcox und Steinmüller).
II Mac-Nicol-Kessel.
III Flammrohrkessel.

Abb. 436.

verbraucht durch den im Wasserraum der Kessel aufgespeicherten Wärmevorrat decken, falls ausnahmsweise ein Druckabfall bis zu 20% des gewöhnlichen Betriebsdruckes zugelassen wird? Dabei sollen Kesselanlagen verglichen werden, die bestehen aus:

. B) Flammrohrkesseln mit einem Betriebsdruck von 10 at abs.
C) Mac-Nicol-Kesseln   „   „   „   „ 14 „   „
D) Wasserrohrkesseln   „   „   „   „ 20 „   „

Der nach obigem zuzulassende Abfall des Betriebsdruckes beträgt rund:

B) 2   C) 3   D) 4 at.

Wird eine Heizflächenbeanspruchung zugelassen bis zu:

B) 26   C) 26   D) 35 kg/m²/h,

so werden benötigt:

$$\text{B) } \frac{14\,000}{26} = 539^1) \qquad \text{C) } 539^2) \qquad \text{D) } 400^3) \text{ m}^2 \text{ Heizfläche.}$$

Nach Abb. 436 ergibt sich dann für den Wasservorrat in den Kesseln:

$$\text{B) } 106 \qquad\qquad \text{C) } 56 \qquad\qquad \text{D) } 19 \text{ m}^3.$$

Dann aber folgt die aus dem Wasservorrat bei einer Druckentlastung vom gewöhnlichen Betriebsdruck p_1 auf einen um B) 2, C) 3, D) 4 at niedrigeren Druck p_2 zu gewinnende Dampfmenge x kg aus der Gleichung

$$W \cdot q_1 = (W - x)\, q_2 + x \cdot \lambda_2$$

oder

$$x = W \cdot \frac{q_1 - q_2}{\lambda_2 - q_2}.$$

Hierin bedeutet:

W in kg den Wasserinhalt der Kesselanlage,

q_1 „ kcal die Flüssigkeitswärme beim Drucke p_1,

q_2 „ „ „ „ „ „ p_2,

λ_2 „ „ Gesamtwärme des Dampfes „ „ p_2.

Somit berechnet sich die erreichbare Speicherwirkung zu:

$$\text{B) } \quad x = 106\,000 \cdot \frac{181,2 - 171,2}{660,9 - 171,2} \sim 2165 \text{ kg}$$

$$\text{C) } \quad = 56\,000 \cdot \frac{197,0 - 185,4}{665,2 - 185,4} \sim 1354 \text{ kg}$$

$$\text{D) } \quad = 19\,000 \cdot \frac{215,4 - 203,7}{670,3 - 203,7} \sim 476 \text{ kg}$$

Wie weit aus diesen Mengen der im Betriebe auftretende Mehrbedarf an Dampf gedeckt werden kann, läßt sich nach dem Schaubild Abb. 437 beurteilen, in dem die wirkliche Dampfverbrauchskurve des in Rede stehenden Betriebes aufgezeichnet ist. Die errechneten Dampfmengen x kg sind dazu im Maßstab des Schaubildes als Rechtecke kg/h $\times$ h aufgetragen. Vergleicht man mit diesen Rechtecken B, C, D die Flächenstücke, die unter und über der Geraden mittlerer Belastung liegen, so zeigt es sich, daß der eintretende Mehrverbrauch an Dampf in keinem Falle aus dem Wärmespeicher im Kessel allein, sondern nur bestritten werden kann, wenn es gelingt, die Wärmezufuhr aus der Feuerung mit der erforderlichen Schnelligkeit zu steigern. Betrachtet man dagegen die in Abb. 437 ebenfalls eingezeichnete Fläche A, die ein Ladungsvermögen eines Ruthsspeichers von 16 000 kg Dampf versinnbildlicht, so wird es augenscheinlich, daß eine mit einem solchen Dampfspeicher verbundene Kesselanlage die durch die Kurve dargestellten Betriebsschwankungen ohne jede Änderung im Feuerungsbetriebe überwinden kann. Der Heizer

---

¹) angenommen 5 gleichgroße Kessel.
²) angenommen 2 gleichgroße Kessel.
³) angenommen 1 Kessel.

kann dabei dauernd den Kesselbetrieb für die mittlere Belastung einstellen. Da sich diese nicht in kürzeren Zeiträumen zu ändern pflegt, so können oft mehrere Tage vergehen, ehe er die Zugstärke neu einzustellen nötig hat.

Natürlich machen die hohen Anforderungen, die man im allgemeinen an das Ladungsvermögen solcher Speicher stellen muß, entsprechend große Abmessungen derselben notwendig. Sie werden im allgemeinen für 5000 bis 20 000 kg Aufnahmefähigkeit ausgeführt. Das entspricht nach den Angaben in der oben angeführten Druckschrift einem Speichervolumen von 50 bis 200 bzw. 150 bis 600 m³, je nach der Höhe des für den Speicherbehälter zugelassenen Höchst- und Mindestdruckes.

Die Behälter erhalten die Form großer Walzen mit halbkugeligen Böden. Durch Isolierung mit einer etwa 100 mm starken Schicht aus Kieselguhr, Korkplatten oder aus Magnesia können die Abkühlungsverluste so gering gehalten werden, daß man die Speicher im Freien aufstellen kann. — Den Bau eines Speichers veranschaulicht Abb. 438. B ist der aus Kesselblech zusammengenietete Behälter. IK abnehmbare Isolierkappen, mit denen die Nietungen abgedeckt werden.

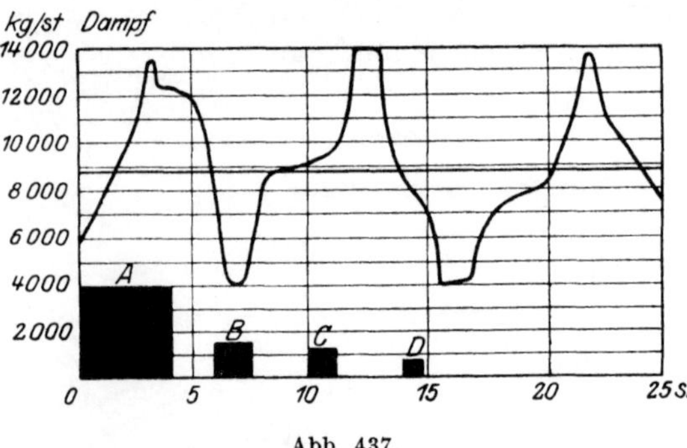

Abb. 437.

E eine mit mehrfachem Anstrich versehene Blechverkleidung. D Befahröffnung, M Mannloch, A Ablaßhahn, T Thermometerstutzen, V Lufthahn mit Vakuumventil, SS Sicherheitsventile, W Wasserstandsanzeiger, G Manometer, R Wasserstandsregler, der durch die Druckleitung L_1 mit der Speisepumpe und durch die Ablaßleitung L_2 mit dem Speisewasserbehälter in Verbindung steht. Der Behälter ist nur an einer Stelle fest gelagert, während zwei weitere Lager auf Rollen und das vierte auf einer Pendelstütze ruht. — Der Speicher wird durch eine geeignete Leitung L_3 parallel zur Hauptdampfleitung der Fabrik angeschlossen. Ist in L_3 Dampf im Überschuß vorhanden, so steigt der Druck dort etwas über den Speicherdruck an, dann öffnet sich das Rückschlagventil X_1, so daß der Dampf durch den Absperrschieber Y_1 in den Speicher strömen kann. Er gelangt dort in das Verteilungsrohr Z, an das die einzelnen Lademundstücke P angeschlossen sind. Jede Strahldüse P steckt in einem Diffusorrohr Q. Diese sind so gestaltet, daß durch sie beim Laden ein lebhafter Wasserumlauf zum Zwecke des Temperaturausgleiches hervorgerufen wird. Ist in L_3 dagegen zu wenig Dampf vorhanden, so sinkt dort der Druck ein wenig unter den Speicherdruck. Dann öffnet sich das Rückschlagventil X_2 und der bei Druckentlastung aus dem Wasservorrat entstehende

Dampf strömt durch das nach Art einer Lavaldüse ausgebildete Sicherheitsrohr F und den Absperrschieber Y_2 aus. Rohr F ist notwendig, um die Dampfentnahme nach oben zu begrenzen und dadurch das Mitreißen von Wasser in die Leitung zu verhüten.

Soll überhitzter Dampf aufgespeichert werden, so wird dem Speicher ein Gefäß vorgeschaltet, in welchem der zuströmende Dampf seine Überhitzungswärme an eine große Zahl gußeiserner Platten abgeben, während der Entladedampf dort wieder Überhitzungswärme aufnehmen kann.

Die Wirkungsweise eines solchen Speichers im Fabrikbetriebe soll näher an einem in Abb. 439 enthaltenen Schaltungsschema der Speicheranlage in der Zellstoff-Fabrik A. B. Edsvalla Bruk, Edsvalla (Schweden) erörtert werden.

Vier Wasserrohrkessel von je 134 m² Heizfläche mit 8 at$_ü$ Betriebsdruck versorgen eine Dampfleitung L_1, an die drei große

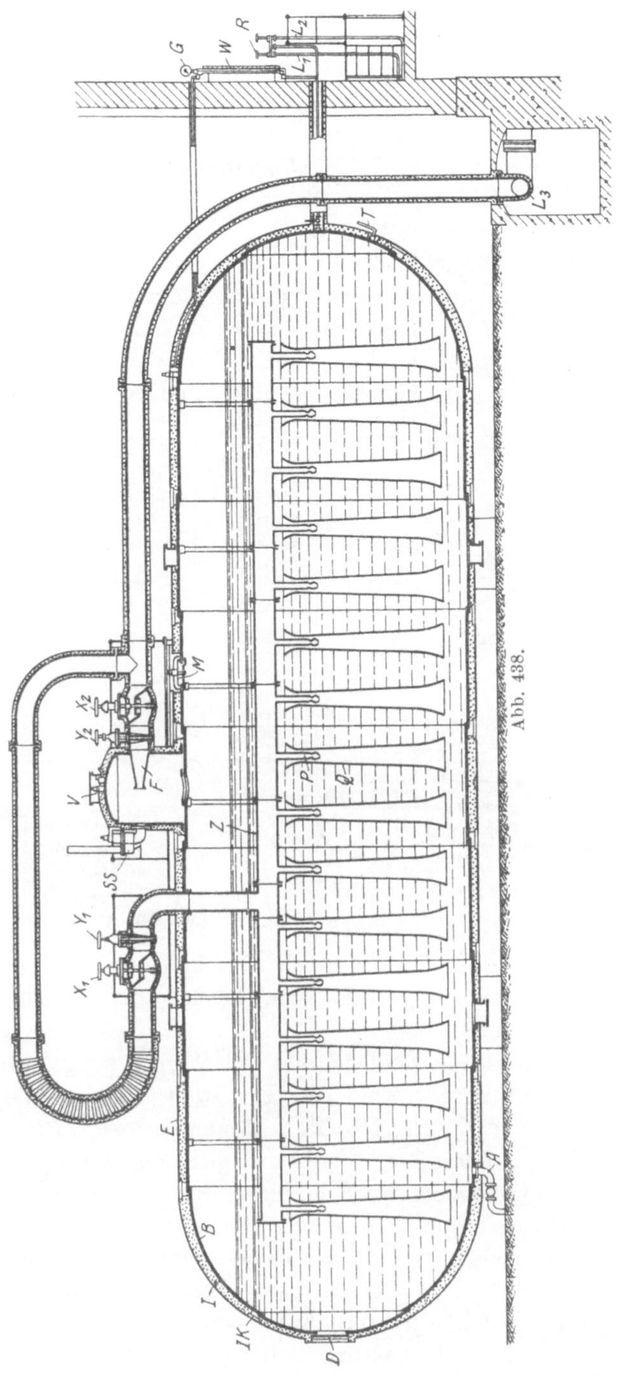

Zellstoffkocher, deren Betriebsdruck ebenfalls 8 at$_{ü}$ beträgt, angeschlossen
sind, ferner einen Rohrstrang L_2, der Dampf von 1,5 at$_{ü}$ einer Spiritus-
fabrik, einer Bleicherei und einer Papiermaschine zuführt. Der Speicher
ist durch das Rohr L_s an das Leitungsnetz angeschlossen. Er hat 125 m³
Inhalt und arbeitet zwischen 6 und 1,7 at$_{ü}$, wobei 7000 kg Dampf abgegeben werden. In die Verbindungsleitung L ist ein Spezialventil X
eingebaut, dessen Stellung von drei verschiedenen Stellen aus
durch hydraulische Fernsteuerung mittels eines Servomotors beeinflußt
wird, nämlich:

1. vom Kesseldruck p_1 durch die Hilfsleitung l_1 derart, daß sich das
Ventil beim Ansteigen des Druckes öffnet,

2. vom Druck p_2 hinter dem Ventil durch die Hilfsleitung l, und
zwar so, daß es geöffnet wird, wenn dieser Druck auf 1,45 at$_{ü}$ gesunken ist.

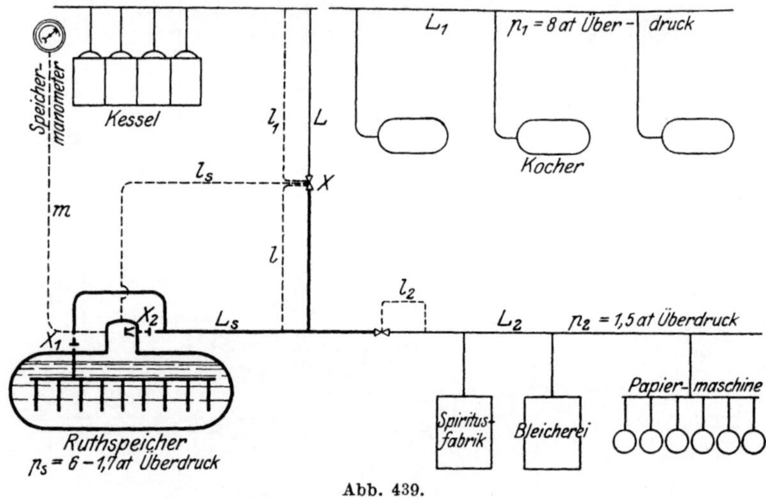

Abb. 439.

3. vom Dampfspeicherdruck p_s durch die Hilfsleitung l_s, indem
es geschlossen wird, kurz bevor der Höchstdruck im Speicher erreicht ist.

R ist ein Reduzierventil, das ein Ansteigen des Druckes über 1,5 at$_{ü}$
in Leitung L_2 verhindert. Das Rohr m führt den Speicherdruck einem im
Kesselhause angebrachten Manometer zu. Das ist notwendig, da das
Kesselmanometer ständig den gleichen Druck anzeigen wird, so daß der
Heizer danach den Feuerungsbetrieb nicht regeln kann. — In dem vorstehend besprochenen Fall wurden mit dem Speicher so bedeutende Erfolge erzielt — Verkürzung der Anheizzeit der Kocher um $1\frac{1}{2}$ Stunden,
etwa 15% Kohlenersparnis —, daß sich die Speicheranlage in etwa einem
Jahr bezahlt gemacht hat.

Allgemein hat man mit den Speichern bis jetzt nach den verschiedensten Richtungen hin so günstige Erfahrungen gemacht, daß dieses

„Schwungrad in der Wärmewirtschaft" eingehendste Beachtung von Seiten der Betriebsingenieure und auch der Kesselkonstrukteure verdient.

39. Die Reinigung des Kesselspeisewassers.

Jedes in der Natur vorkommende Wasser nimmt aus dem Boden, den es durchströmt, Salze, Humus und sonstige Substanzen auf und ist deshalb stets mit Bestandteilen verunreinigt, die beim Verdampfen des Wassers als feste kristallinische Ausscheidungen (Kesselstein) oder als Schlamm zurückbleiben.

Beide üben eine mehr oder weniger schädliche Wirkung aus, indem sie zum Ausglühen und dadurch bewirkter Schwächung einzelner Kesselbleche oder gar zu Explosionen Veranlassung geben können, auf jeden Fall aber einen bedeutenden Wärmeverlust und damit einen Mehrverbrauch an Kohlen, außerdem auch Kosten für die Kesselreinigung bedingen.

Es ist daher in vielen Fällen vorteilhaft oder gar notwendig, das Wasser, welches zur Speisung von Dampfkesseln benutzt werden soll, vorher einer Reinigung zu unterwerfen. Letztere kann je nach Art der Verunreinigungen eine mechanische oder eine chemische sein.

A. Mechanische Reinigung.

Mechanische Beimengungen, die schwerer als Wasser und in nicht zu feiner Verteilung vorhanden sind, setzen sich sehr schnell zu Boden und werden deshalb schon durch Stehen im Klärgefäß abgeschieden. Andere Bestandteile hingegen, die annähernd das gleiche spezifische Gewicht wie Wasser haben, oder aber solche, die in äußerst feiner Verteilung im Wasser vorhanden sind, wie z. B. Ton, müssen aus ihm durch Filtration entfernt werden, wozu man sich einer Kies- oder Koksschicht bedient.

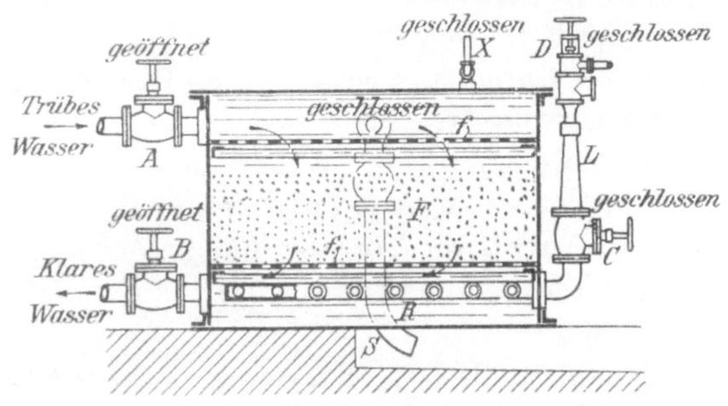

Abb. 440.

Die Korngröße des genannten Filtermaterials wählt man am zweckmäßigsten von $\frac{1}{2}$ bis 3 mm, und die Filtration wird so geleitet, daß das Wasser erst die gröberen und alsdann die feineren Schichten durchströmt.

Ein sehr brauchbares Filter wird von der Firma Hans Reisert in Köln a. Rh. geliefert (Abb. 440 und 441).

Das zu filtrierende Wasser kommt durch die Leitung *A*, durchströmt die zwischen zwei Sieben befindliche Kiesschicht F und tritt bei B gereinigt aus (Abb. 440).

Zur Reinigung des Filters wird A geschlossen und Wasser durch B in den Raum R gelassen (Abb. 441). Es durchströmt das Filter in entgegengesetzter Richtung und fließt durch einen Überlauf ab. Zugleich wird der Dampfstrahl-Luftkompressor L angestellt. Die nun durch das untere Sieb gehende Preßluft mischt sich mit dem aufsteigenden Wasser, wühlt den Schlamm vom Filter auf und reißt ihn mit fort. Während des Auswaschens muß der Entlüftungshahn X geöffnet sein.

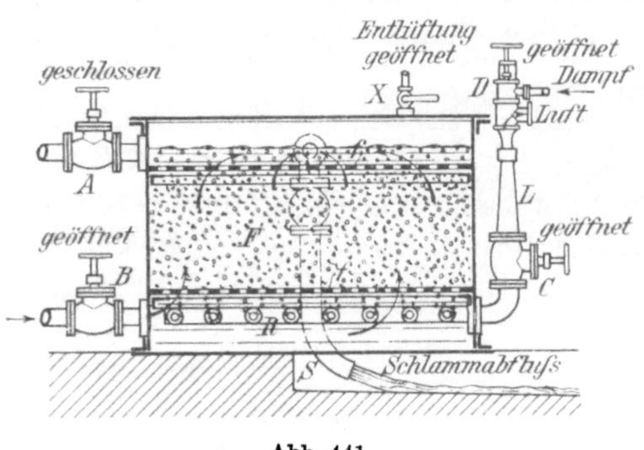

Abb. 441.

Die Filter sind so groß zu wählen, daß bei einer $2\frac{1}{2}$fachen stündlichen Durchschnittsleistung der Speisepumpe das zu klärende Wasser eine Geschwindigkeit von 1,2 mm in der Sekunde durch den vollen Querschnitt des Filters nicht überschreitet. In Wirklichkeit ist dabei die Geschwindigkeit wegen des Umströmens des Filtermaterials bedeutend größer.

Das idealste Material zur Speisung der Dampfkessel ist das destillierte Wasser, und als solches wäre das Kondenswasser der Dampfmaschinen zu betrachten, wenn dasselbe nicht durch die Schmieröle der Maschine selbst verunreinigt würde. Diese Öle aber wirken fast noch schädlicher als die oben genannten mineralischen Verunreinigungen. Tierische und pflanzliche Fette und Öle zerlegen sich nämlich unter hohem Drucke und bei Temperaturen, wie sie im Dampfkessel vorhanden sind, in ihre Bestandteile, Fettsäuren und Glyzerin, und erstere greifen, wie alle Säuren, das Kesselblech stark an. Außerdem aber verbinden sich die Fettsäuren mit den Alkalien zu Seifen und veranlassen so ein starkes Schäumen des Wassers. Der letztere Vorgang findet stets dann statt, wenn das Kondenswasser, wie es in der Praxis meistens der Fall ist, mit Rohwasser vermischt wird.

Die Mineralöle zersetzen sich in der vorgedachten Weise nicht, da sie ausschließlich aus Kohlenwasserstoffen bestehen, dagegen bilden sie im Kessel gerade an den zumeist gefährdeten Stellen der Feuerplatten feste, die Wärme schlecht leitende Krusten, die schon bei einer Stärke von 1 bis 2 mm ein Erglühen der Feuerplatten bewirken können.

Zur Abscheidung des Öles genügt aber die oben beschriebene Art der Filtration nicht, vielmehr sind dazu andere Methoden erforderlich.

Die einfachsten Filter zur Abscheidung der Öle sind Gefäße, die mit Holzwolle gefüllt sind, und zwar läßt man das Wasser durch zwei oder mehrere Filter je nach der Größe der Kesselanlage hindurchgehen. Bei einer bestimmten Kesselanlage von etwa 600 m² Heizfläche genügten drei Filtergefäße von je 1,2 m Durchmesser und 2,5 m Höhe.

Sehr günstige Erfahrungen hat man mit dem Badeschwamm als Filtermaterial gemacht. In die erweiterte Rohrleitung werden in Abständen drei Filterabteilungen gebildet, die durch je zwei Drahtsiebe begrenzt sind. Die Abteilungen werden mit Badeschwamm, der sehr große Mengen Öl aufsaugen kann, gefüllt. Von Zeit zu Zeit wird das öligste Filter herausgenommen, und es wird dieses durch Filter II, dieses durch Filter III ersetzt und für letzteres eine frische Füllung genommen. Für einen stündlichen Speisewasserverbrauch von 300 kg genügt ein Filterquerschnitt von 1 dm². Die Schwämme können von neuem benutzt werden, sobald das Öl herausgepreßt ist und die Schwämme in Seifenwasser ausgekocht sind.

Um fein emulgiertes Öl aus Kondenswasser auszuscheiden, wendet man zwei verschiedene Methoden an. Man kann es nämlich durch Zusatz von Chemikalien oder durch elektrische Einwirkung niederschlagen. Setzt man dem Rohwasser nämlich schwefelsaure Tonerde und Soda zu, so wird Tonerdehydrat Al (OH)$_3$ von gallertartiger Beschaffenheit ganz fein verteilt ausgeschieden, das die schwebenden Öltröpfchen einhüllt und niederschlägt. Wird das Wasser darauf sorgfältig filtriert, z. B. durch eine Dehnesche Filterpresse (s. S. 337) getrieben, so kann man eine sehr weitgehende Beseitigung des Öles erreichen. Die Gleichung, nach der sich die Bildung des Tonerdehydrates vollzieht:

$$Al_2 (SO_4)_3 + 3 Na_2 CO_3 + 3 H_2O = 3 Na_2 SO_4 + Al (OH)_3 + 3 CO_2$$

zeigt aber, daß bei diesem Verfahren Glaubersalz und Kohlensäure in das Wasser gelangen. Namentlich die letztere kann im Kessel schädliche Wirkungen hervorrufen, wie weiter unten gezeigt werden wird. Besondere Sorgfalt in der Überwachung des Verfahrens ist außerdem notwendig, um das Verbleiben überschüssiger schwefelsaurer Tonerde im Wasser zu verhüten, die ebenso wie andere im Kesselwasser gelöste Salze häufiges Abschlämmen des Kessels nötig machen würde. — Die völlige Entfernung des Öles aus dem Wasser gelingt ebenfalls mit Hilfe elektrischer Entöler, wie solche von der Hannoverschen Maschinenbau-Akt.-Ges. gebaut werden[1]. Durch Einwirkung von Gleichstrom auf das Wasser scheidet sich das Öl flockig aus, so daß es in einem dahinter geschalteten Kiesfilter zurückbleibt.

B. Chemische Reinigung.

Außer den bereits im vorhergehenden erwähnten mechanischen Verunreinigungen enthält jedes in der Natur vorkommende Wasser noch Sauerstoff, Kohlensäure, Humussäuren, Salpetersäure und Chlorverbin-

---

[1]) Hanomag-Nachrichten 1915, S. 58.

dungen, die das Kesselblech angreifen, sowie mehr oder weniger Salze, unter denen diejenigen des Calciums und des Magnesiums hauptsächlich in Betracht kommen.

Die Kalksalze sind im Wasser als schwefelsaurer und als doppeltkohlensaurer Kalk gelöst vorhanden, von denen der letztere jedoch beim Kochen in unlöslichen einfachkohlensauren Kalk umgewandelt wird, während die überschüssige Kohlensäure entweicht. Der kohlensaure Kalk kann daher durch Erhitzen des Wassers und darauffolgendes Stehenlassen oder Filtrieren entfernt werden. Der schwefelsaure Kalk hingegen bleibt unverändert und scheidet sich mit zunehmender Verdampfung des Wassers als fester Belag an den Kesselwandungen ab. Selbstverständlich würde auch der kohlensaure Kalk, falls derselbe nicht entfernt würde, zugleich mit dem schwefelsauren Kalke (Gips) niedergeschlagen werden. Ebenso verhält es sich mit dem Magnesiasalze, das sich zumeist als kohlensaure Magnesia, aber auch als Chlormagnesium im Wasser gelöst vorfindet. Diese Ausscheidungen an den Kesselwänden, die je nach ihrer chemischen Zusammensetzung eine mehr oder weniger harte und feste Kruste bilden, führen den Namen Kesselstein. Sie sind sehr schlechte Wärmeleiter und können infolgedessen zu den schon früher erörterten Störungen im Dampfkesselbetriebe Veranlassung geben.

Ein Wasser, das sehr viel Kalk- und Magnesiasalze enthält, heißt hartes Wasser, und als Maß für die Härte, die in Graden ausgedrückt wird, dient der Gehalt an Calciumoxyd oder die demselben gleichwertige Menge von Magnesiumoxyd. Die Härtegrade sind jedoch in den verschiedenen Staaten verschieden.

> Ein Gehalt von 1 Teil CaO in 100 000 Teilen Wasser ist 1 deutscher Härtegrad.
>
> Ein Gehalt von 1 Teil $CaCO_3$ in 100 000 Teilen Wasser ist 1 französischer Härtegrad.
>
> Ein Gehalt von 1 Teil $CaCO_3$ in 70 000 Teilen Wasser ist 1 englischer Härtegrad.

Danach ist:

1 deutscher	= 1,25 englischer	= 1,79 französischer Härtegrad		
0,8 ,,	= 1,00 ,,	= 1,43	,,	,,
0,56 ,,	= 0,70 ,,	= 1,00	,,	,,

Ob und in welcher Weise die Reinigung des Kesselspeisewassers von Kesselsteinbildnern notwendig ist, hängt von der Bauart, der Betriebsart und der Anstrengung des Kessels ab. Im allgemeinen erscheint die Reinigung bei Großwasserraumkesseln notwendig, wenn die Härte des Wassers mehr als 12 deutsche Härtegrade beträgt. Bei schwer zugänglichen, also besonders bei Wasserrohrkesseln erscheint eine Reinigung dringend geboten bei 6 bis 7 deutschen Härtegraden.

Das Prinzip der chemischen Wasserreinigung besteht nun darin, die im Wasser löslichen Salze durch Einwirkung von Chemikalien in unlösliche Salze zu zerlegen. Da der schwefelsaure Kalk nur durch chemische Umsetzung in unlösliche Kalksalze verwandelt werden kann, so wird man bei Anwesenheit namhafter Mengen dieses Salzes stets die chemische Reinigung anwenden. Die so entstandenen, im Wasser unlöslichen Salze entfernt man aus dem Wasser durch Absetzenlassen oder durch Filtrieren. Zur besseren Einwirkung der Chemikalien wird das Wasser häufig noch vorgewärmt. Als Chemikalien verwendet man hauptsächlich gebrannten Kalk (CaO), und zwar entweder als Kalkwasser oder als Kalkmilch, beides Verbindungen des Calciumoxydes mit Wasser nach der Formel $Ca(OH)_2$, ferner Soda, d. h. kohlensaures Natron (Na_2CO_3), und Ätznatron ($NaOH$), und vereinzelt kohlensaures Baryt ($BaCO_3$).

a) Reinigung mittels Ätzkalkes oder gelöschten Kalkes [$Ca(OH)_2$].

Da basische und saure Verbindungen sich zu neutralen Salzen zu vereinigen streben, so wird sich beim Vermischen von doppeltkohlensaurem Kalke (saure Verbindung) mit gelöschtem Kalke (basische Verbindung) neutraler kohlensaurer Kalk bilden nach der Formel:

$$H_2Ca(CO_3)_2 + Ca(OH)_2 = 2\,CaCO_3 + 2\,H_2O\,,$$

doppeltkohlens.   Kalkhydrat   kohlensaurer   Wasser
Kalk   Kalk

und dieselbe Umsetzung erfolgt mit dem Magnesiasalze nach der Formel:

$$H_2Mg(CO_3)_2 + 2\,Ca(OH)_2 = Mg(OH)_2 + 2\,CaCO_3 + 2\,H_2O\,.$$

doppeltkohlens.   Kalkhydrat   Magnesium-   kohlensaurer   Wasser
Magnesia   hydrat   Kalk

Wie aus den vorstehenden Formeln ersichtlich, ist zur Fällung der Magnesia doppelt soviel Ätzkalk erforderlich, als zur Fällung der äquivalenten Kalkmenge, da die Magnesia nicht als neutrales kohlensaures Salz, sondern nur als Ätzmagnesia $Mg(OH)_2$ im Wasser unlöslich ist.

. Noch anders steht es mit dem schwefelsauren Kalke. Dieser ist bereits ein neutrales Salz, und beim Vermischen desselben mit Ätzkalk würde keine Veränderung bewirkt werden.

b) Reinigung mittels Soda (Na_2CO_3).

Beim Vermischen von doppeltkohlensaurem Kalke mit kohlensaurem Natron (Soda) wird sich zwar eine gewisse Menge neutralen kohlensauren Kalkes und doppeltkohlensaures Natron bilden, allein diese Umsetzung ist bei normaler Temperatur keine vollständige. Erst bei Erwärmung des Wassers erfolgt die Zersetzung nach der Formel:

$$H_2Ca(CO_3)_2 + Na_2CO_3 = CaCO_3 + 2\,HNaCO_3\,.$$

doppeltkohlens.   Soda   kohlens.   doppeltkohlens.
Kalk   Kalk   Natron

Schwefelsaurer Kalk aber und Soda setzen sich fast quantitativ um in kohlensauren Kalk und schwefelsaures Natron nach der Formel:

$$CaSO_4 + Na_2CO_3 = CaCO_3 + Na_2SO_4 \ .$$

$\quad$ schwefels. $\qquad$ Soda $\qquad$ kohlens. $\qquad$ schwefels.
$\quad\ $ Kalk $\qquad\qquad\qquad\quad$ Kalk $\qquad\quad$ Natron

Das bei Anwendung von Soda durch Umsetzung mit saurem kohlensauren Kalke sich bildende doppeltkohlensaure Natron wird im Kessel beim Sieden zerlegt nach der Formel:

$$2\,HNaCO_3 = Na_2CO_3 + H_2O + CO_2 \ .$$

$\quad$ doppeltkohlens. $\qquad$ Soda $\qquad$ Wasser $\quad$ Kohlen-
$\qquad$ Natron $\qquad\qquad\qquad\qquad\qquad\quad$ säure

Die Kohlensäure entweicht mit dem Dampfe, die Soda bleibt in Lösung und macht das Wasser alkalisch, auch das schwefelsaure Natron bleibt in Lösung und ist vollkommen unschädlich, da es erst bei sehr weitgehender Konzentration auskristallisiert. Um die Kristallisation zu vermeiden, genügt in allen Fällen ein vollständiges Abblasen des Kessels nach einem 80 bis 100 tägigen Betriebe. Andererseits kann man die im Kessel wieder entstandene Soda für die Reinigung des Rohwassers nutzbar machen, wie das bei dem „Regenerativverfahren" geschieht. Dieses hat als Neckarverfahren in der Ausführung der Ph. Müller G. m. b. H., Stuttgart Verbreitung gefunden. Dabei geht vom tiefsten Punkt des Kessels eine Leitung aus, in der ständig mit Schlamm durchsetztes, sodahaltiges Wasser dem Fällbehälter (vgl. dazu Abb. 442) zugeführt wird. Es vermischt sich dort mit dem Rohwasser, dem dann aus einem Standgefäß noch etwas frische Sodalauge zufließt. Wird die Menge des zurückgeleiteten Kesselwassers und der frisch zugesetzten Sodalauge genau eingeregelt, so kann man bei geeigneten Wässern einerseits eine sehr weitgehende Enthärtung erzielen, andererseits eine zu hohe Anreicherung von Soda im Kesselinhalt dauernd vermeiden.

Zuweilen ist etwas Chlormagnesium im Wasser enthalten, dasselbe wird durch Soda zersetzt nach der Formel:

$$MgCl_2 + Na_2CO_3 = MgCO_3 + 2\,NaCl \ .$$

$\quad$ Chlor- $\qquad\qquad$ Soda $\qquad$ kohlens. $\qquad$ Kochsalz
$\quad$ magnesium $\qquad\qquad\qquad\ $ Magnesia

Die kohlensaure Magnesia ist zwar nicht unlöslich, aber doch im Wasser ziemlich schwer löslich und sollte deshalb bei diesem Verfahren zum größten Teile abgeschieden werden. In der Praxis aber, wo zugleich noch die verschiedensten Substanzen im Wasser gelöst enthalten sind, die das Lösungsvermögen der kohlensauren Magnesia beeinflussen, ist die Abscheidung der letzteren keine so vollständige. Das unveränderte Chlormagnesium aber zersetzt sich unter hohem Drucke und bei hoher Temperatur im Dampfkessel in Magnesiumoxyd und Salzsäure nach der Gleichung:

$$MgCl_2 + H_2O = 2\,HCl + MgO \ .$$

Die hier auftretende freie Salzsäure würde aber die Kesselwände stark angreifen, weshalb die vollständige Beseitigung des Chlormagnesiums durchaus erforderlich ist. Dieses geschieht durch Anwendung von Ätznatron.

c) Reinigung mittels Ätznatron $[Na(OH)]$.

Doppeltkohlensaurer Kalk und Ätznatron setzen sich um zu einfachkohlensaurem Kalke und kohlensaurem Natron unter Abscheidung von Wasser nach der Gleichung:

$$H_2Ca(CO_3)_2 + 2\,NaOH = CaCO_3 + Na_2CO_3 + 2\,H_2O\,,$$

doppeltkohlens.　　Ätznatron　　kohlens.　　Soda　　Wasser
Kalk　　　　　　　　　　　　　Kalk

und die gleiche Umsetzung erfolgt mit doppeltkohlensaurer Magnesia nach der Gleichung:

$$H_2Mg(CO_3)_2 + 2\,NaOH = MgCO_3 + Na_2CO_3 + 2\,H_2O\,.$$

doppeltkohlens.　　Ätznatron　　kohlens.　　Soda　　Wasser
Magnesia　　　　　　　　　　　Magnesia

Das gebildete kohlensaure Natron (Soda) bleibt in Lösung und zersetzt noch etwa vorhandenen Gips. Diese Reinigung ist daher dann zu empfehlen, wenn das Wasser vorzugsweise doppeltkohlensauren Kalk und daneben etwas Gips enthält. Chlormagnesium wird durch Ätznatron zersetzt in Ätzmagnesia und Kochsalz (Chlornatrium):

$$MgCl_2 + 2\,NaOH = Mg(OH)_2 + 2\,NaCl\,.$$

Chlor-　　Ätznatron　　Ätzmagnesia　　Kochsalz
magnesium

Die Art und Menge der hier aufgeführten und anzuwendenden Chemikalien kann nur auf Grund einer genauen chemischen Untersuchung des Wassers festgestellt werden. Ist vorzugsweise schwefelsaurer Kalk vorhanden, so genügt die Anwendung von Soda; bei vorherrschend doppeltkohlensaurem Kalke ist das billigste Fällungsmittel der Ätzkalk, in zweiter Linie Soda, während bei Gegenwart von Gips und doppeltkohlensauren Kalk- und Magnesiasalzen eine Neutralisation mit Natronlauge und außerdem Zusatz von Soda erforderlich ist.

d) Reinigung mit kohlensaurem Baryt $[BaCO_3]$.

Die Karbonate werden dabei wie gewöhnlich durch Kalk ausgefällt. Die Sulfate des Kalkes und der Magnesia werden aber durch das kohlensaure Baryt gefällt nach der Formel:

$$CaSO_4 + BaCO_3 = CaCO_3 + BaSO_4\,.$$

Gips　　kohlens.　　kohlens.　　schwefels.
Baryt　　Kalk　　Baryt

Es bilden sich hier nur im Wasser unlösliche Verbindungen, die sich vollkommen abscheiden, so daß das Wasser wirklich rein wird, keine Ausschwitzungen an den Armaturen stattfinden und die Armaturen nicht durch die Gegenwart von Soda angegriffen werden. Außerdem hat das Verfahren noch den Vorteil, daß das kohlensaure Baryt nicht genau abgemessen werden muß, sondern in beliebigem Überschuß zugesetzt werden kann, da dasselbe an sich unlöslich ist. Da keine im Wasser gelösten Salze in den Kessel kommen, braucht das Wasser auch nicht von Zeit zu Zeit abgelassen zu werden, wodurch manche Wärmeverluste vermieden werden.

e) Das Permutitverfahren.

Das Permutit ist ein Aluminatsilicat, welches durch Zusammenschmelzen von Feldspat, Kaolin, Ton, Sand und Soda und nachherigem Auswaschen mit heißem Wasser zwecks Hydratisierung und Entfernung löslicher Silikate entstanden ist. Das zu reinigende Wasser wird in einfachen Gefäßen durch eine starke Schicht von Permutit filtriert, wobei das Natrium desselben sich mit dem im Wasser enthaltenen Kalzium oder Magnesium austauscht und dadurch das Wasser enthärtet. Bezeichnet man das Permutit mit P, so findet die Reaktion nach folgenden Gleichungen statt:

$$P - Na_2 + CaH_2(CO_3)_2 = P - Ca + 2\,NaHCO_3\,,$$

Natrium-   doppeltkohlens.   Permutit-   doppeltkohlens.
Permutit   Kalk   Kalk   Natron

$$P - Na_2 + MgH_2(CO_3)_2 = P - Mg + 2\,NaHCO_3\,,$$

Natrium-   doppeltkohlens.   Permutit-   doppeltkohlens.
Permutit   Magnesia   Magnesium   Natron

$$P - Na_2 + CaSO_4 = P - Ca + 2\,Na_2SO_4\,.$$

Natrium-   schwefels.   Permutit-   schwefels. Natron
Permutit   Kalk   Kalk   (Glaubersalz)

Nach einiger Zeit kann durch Auswaschen des Filters mit heißer Kochsalzlösung das Permutit wieder regeneriert werden nach der Formel:

$$P - Ca + 2\,NaCl = P - Na_2 + CaCl_2 \quad \text{oder}$$
$$P - Mg + 2\,NaCl = P - Na_2 + MgCl_2\,.$$

Als Vorteil des Verfahrens ist anzusehen, daß das Wasser vollkommen enthärtet wird, daß sich keine Schlammassen bilden, daß die erforderlichen Apparate sehr einfach sind, daß man keine genau der Zusammensetzung des Wassers entsprechend abgemessene Mengen von Chemikalien zusetzen muß, und daß das Permutit sehr haltbar ist. Es muß nur wegen des durch Spülung entstehenden geringen Verschleißes von Zeit zu Zeit etwas neues Permutit zugefügt werden.

Als Nachteil wird angesehen, daß das doppeltkohlensaure Natron und das schwefelsaure Natron mit in den Kessel gelangt.

C. Einrichtungen zur chemischen Reinigung des Wassers.

Die Befreiung des Wassers von Kesselsteinbildnern geschieht am besten, ehe es in den Kessel gelangt. Dazu wird das Wasser in einer besonderen Reinigungsanlage der Einwirkung der Chemikalien ausgesetzt und, wenn dabei unlösliche Stoffe ausgeschieden wurden, noch auf mechanischem Wege von diesen befreit.

Wo es an Platz für die Aufstellung eines Wasserreinigers fehlt oder die Anlagekosten zu hoch erscheinen, kann man die Reinigung unter Umständen auch im Kessel vornehmen. Letzteres macht aber ein regelmäßiges Abschlämmen des Kessels unbedingt erforderlich.

In folgendem soll auf einige zur chemischen Reinigung des Speisewassers dienende Einrichtungen näher eingegangen werden.

Der Wasserreiniger von Hans Reisert, Köln-Braunsfeld wird in verschiedenen Arten ausgeführt. Abb. 442 zeigt eine Ausführungsform, bei der die Kesselsteinbildner, nachdem sie durch Zusatz von Kalk und Soda gefällt sind, teils durch Absetzenlassen, teils durch Filtrieren beseitigt werden.

Der Reiniger besteht aus dem Verteiler $C — R — J$, Kalksättiger S, Sodastandgefäß B, Reaktionsgefäß D und Kiesfilter F.

Das Rohwasser gelangt durch die Leitung H in den Verteiler, und zwar gewöhnlich nur in dessen mittlere Kammer R. Durch den Hahn C_1 kann es jedoch zeitweilig auch in die Kammer C, zur Bereitung der Sodalösung, abgelassen werden. Im allgemeinen wird das aber nur erfolgen, wenn dazu gereinigtes Wasser nicht zur Verfügung steht. Das Auflösen einer bestimmten, nach der Analyse des Wassers angegebenen Sodamenge wird in der Kammer C einmal täglich vorgenommen. Der Kammer J wird Rohwasser zugeführt, wenn darin Kalkmilch hergestellt werden soll.

Aus der mittleren Kammer R kann das Wasser durch die drei in ihrem Boden angebrachten Ventile Q, P, V dem Sodastandgefäß B, dem Reaktionsgefäß D und dem Kalksättiger S zugeführt werden. Diese Ventile lassen sich genau einstellen und da sie in gleicher Höhe liegen, so bleiben die ihnen entströmenden Wassermengen nach erfolgter Einstellung stets in gleichem Verhältnis zueinander. Da ferner aus dem Sodastandgefäß und dem Kalksättiger stets ebensoviel Flüssigkeit abfließt, wie ihnen zugeführt wird, so findet die Mischung des Rohwassers mit Sodalösung und Kalkwasser auch bei wechselndem Stande des Wassers in R stets in gleichem Verhältnis statt, sie regelt sich also selbsttätig.

Das Sodastandgefäß B wird nach vorausgegangener Entleerung durch den Hahn G und das anschließende Rohr täglich mit frischer Sodalösung gefüllt. Tritt darauf von Q her Rohwasser ruhig oben ein, so wird es sich nicht mit der Sodalösung mischen, vielmehr wird diese infolge ihres größeren spezifischen Gewichtes allmählich nach unten hin verdrängt und durch das von B abgehende Rohr N dem Gefäß D zugeführt werden. Je mehr nun von der schwereren Sodalösung aus B abfließt und durch Rohwasser ersetzt wird, um so höher wird der Flüssigkeitsspiegel in B steigen, da sich ja das spezifische Gewicht der Füllung im Rohre N nicht verändert. Nach dem Stande eines in B angebrachten Schwimmers s, welcher auf dem vom Hahn G ausgehenden Rohr geführt ist, kann somit beurteilt werden, wieviel Sodalösung noch in B vorhanden ist.

Aus dem Kalksättiger S wird vor Beginn jeder Arbeitsschicht durch den Hahn L der aus ausgelaugten Kalkresten bestehende Bodensatz abgelassen; sodann

H
Rohwasser
C1
J1
C
Soda
R
Wasser
Kalk
J
G
Q
P
V
K
s
N
U
Gesättigtes
Kalkwasser
B
D
E
S
Reinwasser
T
M
v
Luft
l
Dampf
d
F
Y
X
O
W
Schlamm
L

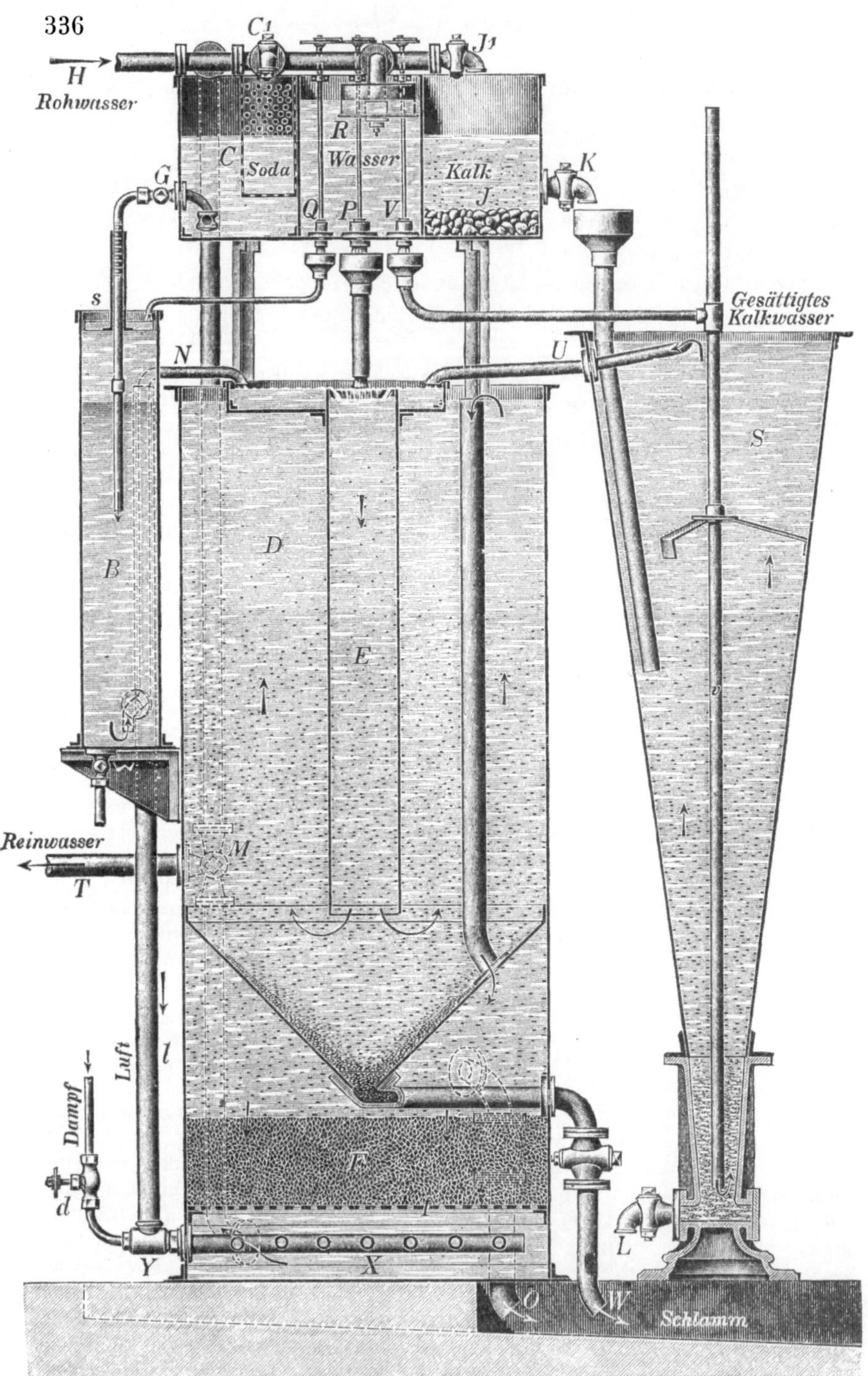

Abb. 442.

H
Wasser
4,5 m
A
B
A. L. G. Dehne Halle a/S.
C
gereinigtes Wasser
A. L. G. Dehne Halle a/S.
Lauge
E
F
A. L. G. Dehne Halle a/S.
D
Dampfkessel
Abdampf
Abdampf

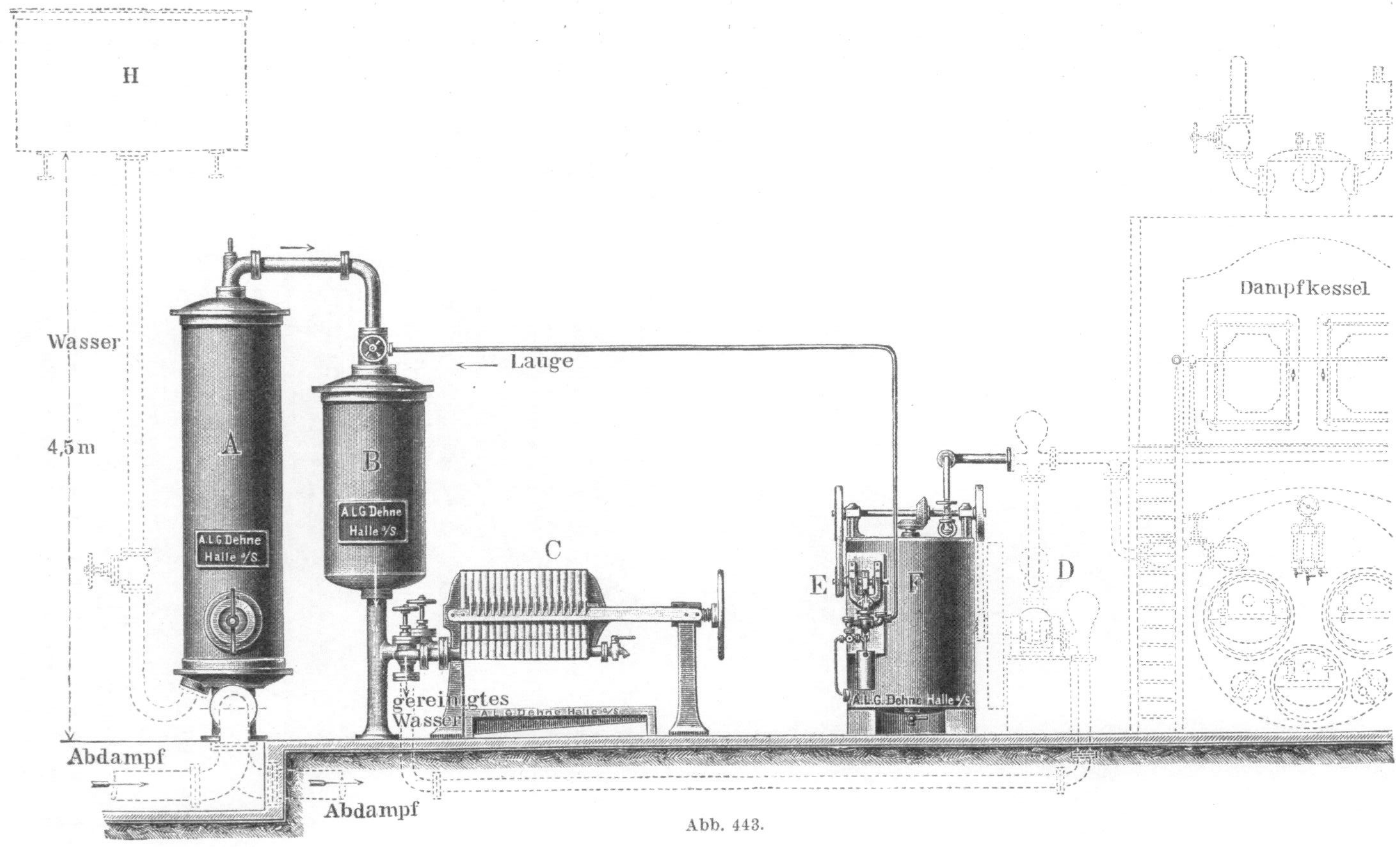

Abb. 443.

durch den Hahn K und das anschließende Rohr Kalkmilch zugesetzt. Läßt man nun von V her durch das Rohr v Wasser einfließen, so wühlt es die in den unteren Teil des Sättigers hinabgesunkene Kalkmilch auf, nimmt beim Emporsteigen Kalkteilchen mit, läßt sie aber infolge des nach oben erweiterten Gefäßes und der dadurch geringer werdenden Geschwindigkeit bald wieder fallen. Auf diese Weise

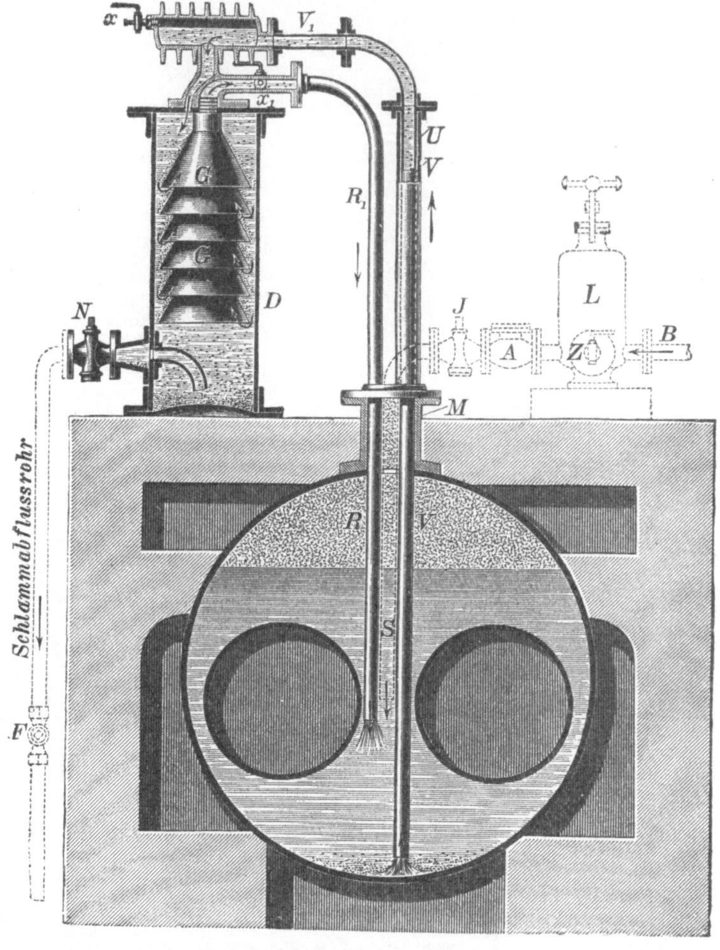

Abb. 444.

wird erreicht, daß schließlich aus dem Rohre U gesättigtes, aber klares Kalkwasser abfließt.

Die Sodalösung und das Kalkwasser treffen nun mit dem von P zufließenden Rohwasser in einem Teller zusammen, der oben im Gefäß D angeordnet ist. An diesen Teller schließt sich das Mischrohr E an, in welchem das Gemisch hinabfließt, um darauf in dem eigentlichen Reaktionsraum D wieder ganz langsam aufwärts zu steigen. Hierbei wird ein großer Teil des ausfallenden Schlammes zu Boden sinken; der angesammelte Schlamm kann durch Hahn und Rohr W von Zeit zu Zeit abgelassen werden. Schließlich gelangt das Wasser durch ein Überlaufrohr in den Raum oberhalb des Filters F, durchfließt dasselbe und verläßt dann den Reiniger durch das Rohr T.

Wasserreinigungsanlage von A. L. Dehne, Halle a. S. (Abb. 443).

Das Rohwasser kommt vom Hochbehälter H oder aus einer Druckleitung und gelangt, durch den Vorwärmer A auf etwa 70° C angewärmt, in das Fällgefäß B, in welchem die Kesselsteinbildner ausgeschieden werden. Im Laugengefäß F werden die zuzusetzenden Chemikalien, entweder Ätzkalk, Soda oder Ätznatron gelöst. Die gewonnene Lauge wird durch die von der Speisepumpe D angetriebene Laugenpumpe E dem Fällgefäß B zugeführt. Von B aus gelangt das Wasser in die Filterpresse C und wird dann, völlig klar, von der Pumpe D in den Kessel befördert.

Dervaux-Schlammfänger von H. Reisert, Köln-Braunsfeld (Abb. 444). Wie weiter oben schon erwähnt wurde, ist es, bei Vornahme der Wasserreinigung im Kessel, erforderlich, den dort ausgefallenen Schlamm regelmäßig zu entfernen. Dies wird von dem vorliegenden Schlammfänger selbsttätig ausgeführt.

Dazu ist auf dem Kessel ein Gefäß D aufgestellt, von dem zwei in den Kessel geführte Rohre V und R ausgehen. Das Rohr V reicht fast bis zum unteren Scheitel des Kesselmantels und ist außerhalb des Kessels mit einem Dampfmantel U versehen, während das kürzere Rohr R dort nicht vor Abkühlung geschützt wird. Dadurch wird erreicht, daß das Wasser in V emporsteigt und nach Durchströmen des Gefäßes D in R wieder abfällt. In D sind nun Blecheinsätze G derart angeordnet, daß das durch V zugeführte Wasser den mitgerissenen Schlamm in D absetzt, der dann durch den Hahn N bequem entfernt werden kann.

Die zuzusetzenden Chemikalien werden entweder in den etwa vorhandenen Speisebehälter oder in einen besonderen Topf L gegeben, der dazu in die Speiseleitung eingebaut wird.

D. Reinigung des Wassers von gelösten Gasen.

Die zerstörende Wirkung, welche die aus dem Wasser bei zunehmender Temperatur ausscheidenden Luft- und Kohlensäuremengen auf eiserne Wandungen durch Rostbildung ausüben, haben zu Einrichtungen Anlaß gegeben, die das Kesselspeisewasser von solchen Gasen befreien und nachher vor der Wiederaufnahme von Luft schützen sollen. Solche Schutzeinrichtungen haben weitere Verbreitung gefunden, seitdem man Turbinenkondensat zur Kesselspeisung verwendet. Der Grund dafür dürfte darin zu suchen sein, daß dieses Kondensat völlig weich ist und man das die unvermeidlichen Verluste deckende Zusatzwasser mit Rücksicht auf die schlechte Reinigungsmöglichkeit der in solchen Dampfanlagen verwendeten Steilrohrkessel ebenfalls möglichst vollkommen enthärtet. Solches fast völlig reine Wasser besitzt aber eine erhöhte Lösungsfähigkeit für Gase, außerdem fehlt in den Kesseln dann jede Kesselsteinschicht, die die Wandungen vor Rostangriff schützen könnte.

Die Entgasung des Wassers kann erfolgen a) auf mechanischem Wege, b) durch Einwirkung von Chemikalien, c) durch Wärmezufuhr.

a) Entgasung auf mechanischem Wege.

Dazu werden vielfach Einrichtungen benutzt, die als Windkessel in die Speise-Druckleitungen eingebaut werden. In diesen Entlüftern hat das vorgewärmte Wasser Gelegenheit, in dünner Schicht über geeignet gestaltete Wände herabzurieseln und sich dabei von den mitgeführten Gasen zu trennen. Letztere werden, sobald sich eine gewisse Menge angesammelt hat, durch selbsttätige Ventile ins Freie abgelassen (Entlüfter Aerex der Atlaswerke, Bremen; Entlüfter von Siegmon-Schmidt Söhne, Hamburg)[1].

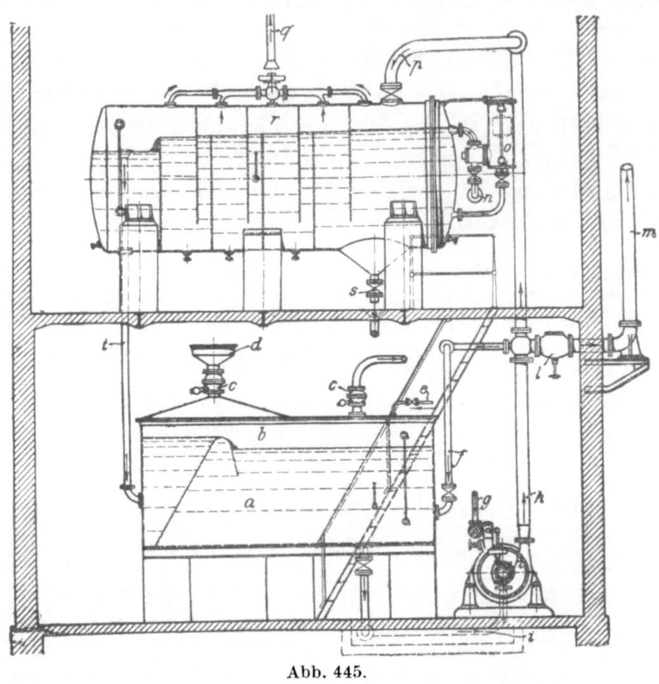

Abb. 445.

a Speisewasserbehälter mit Gasschutz, b Schutzpolster, c Sicherheitsventil, d O_2- und CO_2-Absorptionsfilter, e Frischdampf, f Turbinenabdampf, g Frischdampfzufuhr, h Turbine für den Speisepumpenantrieb, i Speisewassersaugleitung, k Abdampfleitung, l Sicherheitsventil, m Notauspuff, n Rohwasser, o Wasserstandsregler, p Turbinenabdampf, q Gasabzug, r Entgaser, s Schlammablaß, t entgastes Wasser.

Wirksamer hat sich die Entlüftung bei Unterdruck erwiesen. Balcke, Bochum, zerstäubt dazu das Wasser in einem Gefäß, in dem durch eine angeschlossene Gasabsaugepumpe Unterdruck gehalten wird, während die Deutschen Sanitätswerke, Frankfurt a. Main, die Saugleitung der Pumpe an eine Einrichtung anschließen, in der das Wasser in stehenden, etwa 5 m hohen Rohren im Wirbelstrom emporsteigt. Im Kopf dieser Rohre sammeln sich die Gase und werden von hier aus durch eine besondere Pumpe abgesogen.

---

[1] Zeitschrift des V. D. I. 1919, S. 509.

b) Entgasung durch Einwirkung von Chemikalien.

Schickt man das Wasser durch eine aus Eisenspänen oder Eisenpulver gebildete Filterschicht, so wird der im Wasser gelöste Sauerstoff an Eisen gebunden. Die entstandenen Oxydflocken können dann in einem gewöhnlichen Filter zurückgehalten werden. (Eisenspanfilter von L. C. Steinmüller, Gummersbach; Eisenpulverfilter von Chr. Hülsmeyer, Düsseldorf.)

c) Entgasung durch Wärmezufuhr.

Abb. 445 zeigt eine solche Anlage in der Ausführung der Balcke A.-G., Bochum.

Ein Schwimmerregler o läßt das Rohwasser in ein geschlossenes Gefäß r eintreten. Dort wird es zunächst durch einströmenden Dampf plötzlich erwärmt und

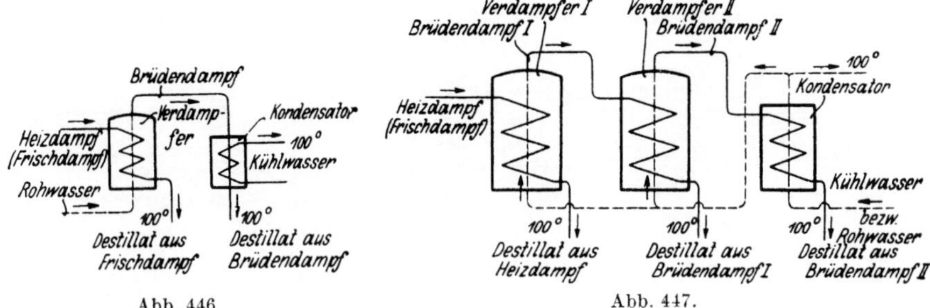

Abb. 446. Abb. 447.

legt dann durch Leitbleche und Scheidewände geführt langsam seinen Weg durch das Entgasergefäß zurück. Dabei scheiden sich die Luftblasen aus und sammeln sich im oberen Teil der Entgaserkammern, um nach außen zu entweichen. Das entgaste Wasser fließt schließlich einem geschlossenen Speisewasserbehälter a zu, in den über die Wasseroberfläche Dampf eingelassen wird. Das so gebildete Dampfpolster b von sehr niedriger Spannung — etwa 5 cm W.-S. — verhindert den Eintritt atmosphärischer Luft. Für den Fall,

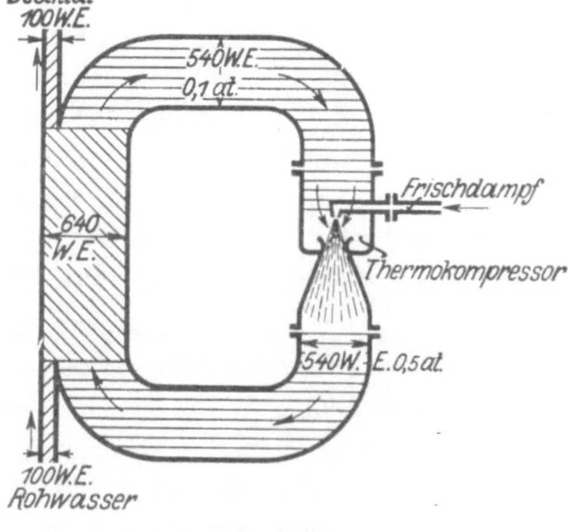

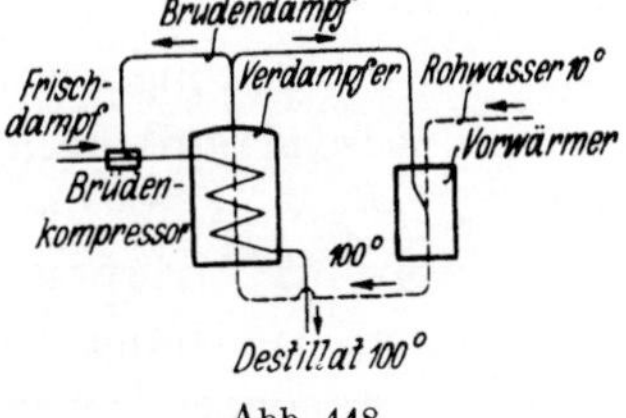

Abb. 448. Abb. 449.

daß durch eine Störung im Dampfzufluß das Dampfpolster kondensieren und dadurch Unterdruck im Behälter entstehen sollte, ist ein Sicherheitsventil c vorgesehen, das sich dann öffnet und Luft eintreten läßt. Diese zuströmende Luft muß aber das Filter d durchlaufen, in dem ihr Sauerstoff und Kohlensäure entzogen wird.

E. Reinigung des Wassers durch Verdampfen.

Die völlige Abscheidung aller Fremdstoffe aus dem Wasser kann nur durch Verdampfen und darauf erfolgendes Niederschlagen des erzeugten Wasserdampfes erreicht werden. Dieses kostspielige Verfahren ließ sich früher schon auf Seedampfern zur Bereitung von Kesselspeisewasser nicht umgehen. Für größere Landanlagen hat es allgemeinere Bedeutung erlangt, seitdem man immer schwieriger zu reinigende Kessel anwandte und man nach Einführung der Dampfturbine nur nötig hatte, das etwa

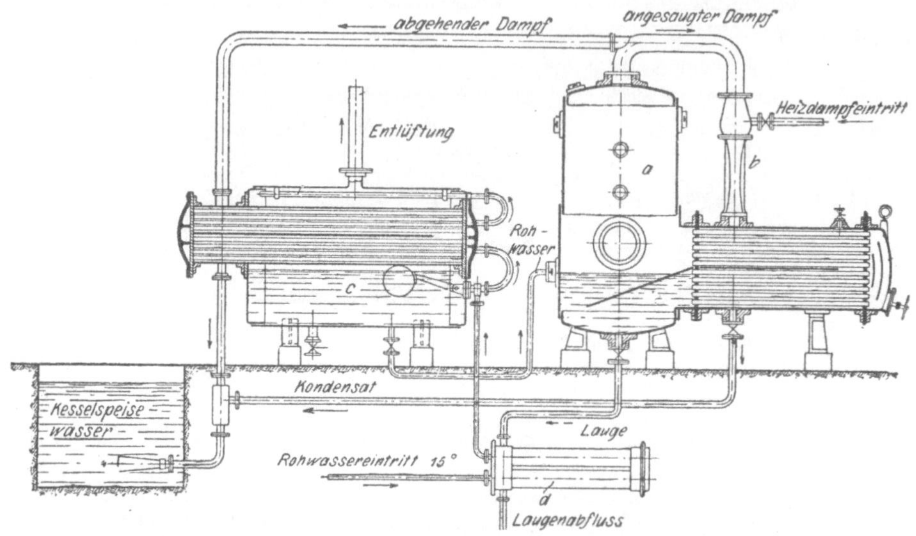

Abb. 450.

5 bis höchstens 15% der gesamten Speisewassermenge betragende Zusatzwasser zu reinigen.

Eine einfache Verdampferanlage ist in Abb. 446[1]) schematisch dargestellt. Frischdampf tritt mit vollem Kesseldruck in den Heizraum des Verdampfers ein und fließt als Kondensat ab. Die im Verdampfer erzeugten Brüdendämpfe werden dann in dem angeschlossenen Oberflächenkondensator niedergeschlagen. Die Einrichtung ist recht einfach, ergibt aber einen schlechten Wirkungsgrad, da die gesamte Verdampfungswärme der Brüden mit dem Kühlwasser verloren geht. 1 kg Frischdampf erzeugt daher hierbei höchstens 0,9 kg Destillat. Der Wirkungsgrad kann durch Hintereinanderschaltung mehrerer Verdampfer (Abb. 447[1]) verbessert werden, doch geht auch bei den Mehrkörperverdampfungen immer die Verdampfungswärme der im letzten Verdampfer entstandenen Brüden verloren. Ein wesentlicher Fortschritt wurde erst durch die Einführung des Brüdenkompressors erzielt, eines mit Frischdampf betriebenen

---

[1]) Klein, Zeitschrift für Dampfkessel- und Maschinenbetrieb, 1921, S. 34 u. ff.

Strahlapparates, der die im Verdampfer gebildeten Brüden absaugt, um sie wiederum als Heizdampf in den Verdampfer zu führen (Abb. 448[1]). Der Wärmekreislauf, der so entsteht, ist im Sankey-Diagramm in Abb. 449[1]) veranschaulicht. Der zuströmende Frischdampf expandiert im Kompressor auf etwa 0,5 at$_{ü}$, saugt dabei die Brüden an und verdichtet sie auf denselben Druck. Mit Brüdenkompressor ausgestattete Verdampfer sind daher „Niederdruckverdampfer". Ihr Wirkungsgrad ist ein so günstiger, daß sie mit 1 kg Frischdampf 3,5 bis 4 kg Destillat erheben. Ihre praktische Ausführung soll an einigen Bauarten hierunter gezeigt werden.

Abb. 450. Verdampfer der Akt.-Ges. Golzern, Grimma[2]).

Das Wasser durchläuft zuerst einen Vorwärmer d, in dem es durch das aus dem Verdampfer ständig abfließende Schlammwasser etwas Wärme aufnimmt. Dann wird es durch einen Schwimmerregler in die Rohre des Kondensators eingelassen. Dieser ist in ein geschlossenes Gefäß c eingebaut, in dem oben ein mit feinen Löchern versehenes Rohr angebracht ist. Dort hinein gelangt das Wasser, nach dem es durch das Rohrsystem des Kondensators geströmt ist. Es tritt in feinen Strahlen aus, berieselt beim Herabfließen den Kondensatormantel und sammelt sich dann in dem unterhalb des Kondensators

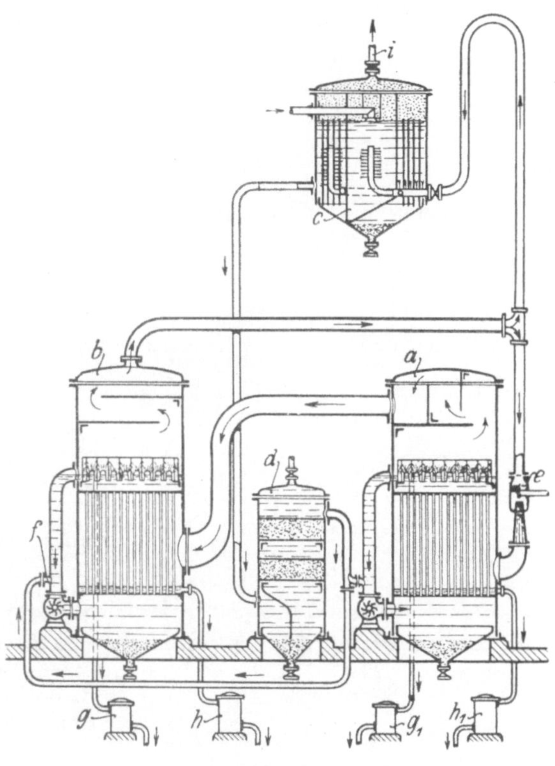

Abb. 451.

a Verdampfer I, b Verdampfer II, c Plattenkocher, d Nachentkalker, e Brüdenkompressor, f Umwälzerpumpe, g und g_1 Schlammwasserabscheider, h und h_1 Destillatabscheider, i Gasabzug.

gelegenen Teile von c. Die beim Herabrieseln des hoch vorgewärmten Wassers ausscheidenden Luftblasen entweichen aus dem Entlüftungsrohre, das oben auf dem Mantel des Gefäßes c aufgesetzt ist. Das entlüftete Wasser fließt dann in den Verdampfer a, den es zum geringen Teil als Schlammwasser (in Abb. 450 als Lauge bezeichnet), im übrigen als Brüdendampf verläßt. Der größere Teil des Brüdendampfes wird vom Thermokompressor b angesaugt, um als Heizdampf für a zu dienen, die anderen Brüden werden in c niedergeschlagen.

Abb. 451. Balcke-Verdampfungsanlage mit Vorreiniger.

----

[1]) Klein, Zeitschrift für Dampfkessel- und Maschinenbetrieb, 1921, S. 34 u. ff.
[2]) H. Schröder, Zeitschrift für Dampfkessel- und Maschinenbetrieb 1917, S. 51.

Das Rohwasser tritt in den Plattenkocher v ein, in dem es durch Brüdendampf auf 100° erwärmt und aufgekocht wird. Dabei scheidet sich die Karbonathärte und die gelöste Luft aus. Letztere entweicht durch den Gasabzug i. Die Karbonate fallen zum Teil als Schlamm aus, zum anderen Teil setzen sie sich an die lose eingehängten Platten ab, die von Zeit zu Zeit zur Reinigung herausgenommen werden. Das Wasser gelangt dann in einen Nachentkalker d, in dem mitgerissene Kalkteilchen zurückgehalten. werden. Nunmehr kann es den Verdampfern a und b zugeführt werden, ohne daß eine Verschmutzung ihrer Heizflächen zu befürchten ist. Die noch nicht entfernten schwefelsauren Salze und die Chloride sind nämlich im Gegensatz zu den Karbonaten in so hohem Grade löslich, daß sie nicht ausfallen, wenn eine zu starke Anreicherung dieser Salze im Verdampferinhalt verhindert wird. Das geschieht durch über den Rohrbündeln der Verdampfer eingebaute Absetzelemente, an denen das Schlammwasser von dem übrigen Wasser getrennt wird, um durch die selbsttätigen Vorrichtungen g und g_1 dauernd abgelassen zu werden. — Das aus dem Nachentkalker in die Verdampfer gelangende Wasser wird von den Umwälzern f erfaßt und nimmt dann an dem Kreislauf durch den Verdampfer teil. Es strömt dabei aus dem Unterteil desselben durch die Rohre nach dem Oberteil. Nachdem dort ein Teil als Schlammwasser abgeschieden ist, fällt es in einem außerhalb des Verdampfers liegenden Rohr wieder zum Umwälzer ab. Die in a entstandenen Brüden strömen als Heizdampf nach b über und fließen von dort als Kondensat ab. Die in b erzeugten Brüden strömen zum geringen Teil nach dem Plattenkocher, hauptsächlich aber zum Brüdenkompressor, um wieder den Verdampfer a zu beheizen. Sie werden dort mit dem zugeführten Frischdampf niedergeschlagen.

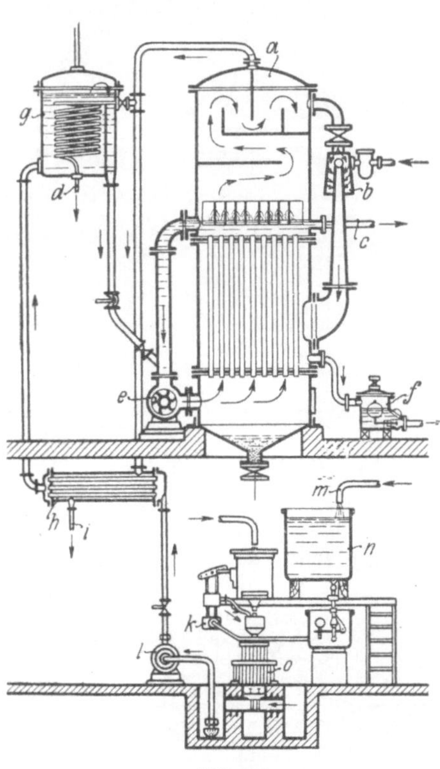

Abb. 452.

a Verdampfer, b Brüdenkompressor, c Laugenabfluß, d Destillatabfluß, e Umwälzer, f Destillatableiter, g Entgaser, h durch Brüdendampf geheizter Röhrenvorwärmer, i Destillatabfluß, k Impfpumpe, l Zubringerpumpe, m Rohwassereintritt, n Säurebehälter, o Rieseler.

Abb. 452. Balcke-Verdampfer mit Impfanlage.

An Stelle des Aufkochens wird hier eine Vorbehandlung des Wassers nach dem Balcke-Impfverfahren vorgenommen. Dabei wird dem Wasser fortlaufend eine nach seiner Zusammensetzung vorher genau berechnete Menge Salzsäure (Impfsäure) zugesetzt, die bis auf einen ganz geringen Rest alle Karbonate in Chloride überführen soll, nach:

$$\text{Ca (Mg) CO}_3 + 2\,\text{HCl} = \text{Ca (Mg) Cl}_2 + \text{H}_2\text{O} + \text{CO}_2.$$

Sowohl das Chlorkalzium wie auch das Chlormagnesium besitzen die sehr hohe Wasserlöslichkeit bis zu 4 kg in 1 l, so daß keine Ausscheidung dieser Salze im Verdampfer zu befürchten ist. — Im übrigen unterscheidet sich die Anlage von der vorher besprochenen nur durch die abweichende Bauart des Entgasers und das Fehlen des zweiten Verdampfers, an dessen Stelle hier der Vorwärmer h getreten ist.

40. Die Kesselhausbekohlung.

Für die Wirtschaftlichkeit einer Kesselanlage ist die billige und sichere Anfuhr des Brennstoffs von wesentlicher Bedeutung. Es ist deshalb besonders bei größeren Anlagen Wert auf Anschluß an Eisenbahn oder Wasserstraßen zu legen. Ferner ist es wichtig, Vorratsräume für größere Brennstoffmengen zu schaffen, damit man im Falle von Störungen in der Kohlenzufuhr, den Betrieb nicht einzustellen braucht. Weiter gab die Einführung der mechanischen Feuerungen Anlaß zu dem Bestreben, den

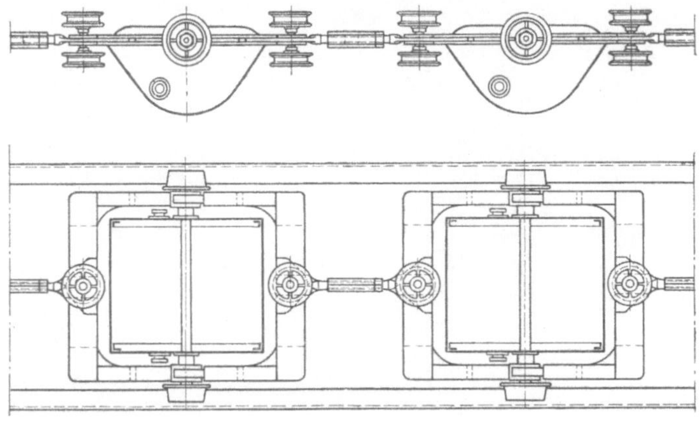

Abb. 453 u. 454.

Brennstoff durch maschinelle Einrichtungen jeder einzelnen Feuerung zuzuführen.

So entstanden die modernen Kesselbekohlungsanlagen, bei denen die Kohlen aus dem Fahrzeug durch mechanische Einrichtungen entweder dem Kohlenlager und von dort aus nach Bedarf dem Kesselhause zugeführt oder sogleich in hochliegende Bunker gebracht werden, aus denen sie in die Schüttrichter der Feuerungen herabfallen. Dadurch ist es möglich, an Bedienungsmannschaften zu sparen, und den Heizer so zu entlasten, daß er seine Aufmerksamkeit dauernd auf die Vorgänge in der Feuerung und im Kessel richten kann. Legt man ferner die Kohlenbunker über den Heizerstand, so lassen sich größere Kohlenmengen lagern, ohne daß dazu besondere Grundfläche erforderlich ist. Diese Vorteile sind von so großer Bedeutung, daß sich die mechanische Kesselbekohlung nicht allein im Großbetriebe, sondern auch in weniger großen Anlagen mit erheblichem Nutzen anwenden läßt.

Man benutzt dazu hauptsächlich Elevatoren, Transportschnecken, Transportbänder, Becherketten (conveyer) (Abb. 453 u. 454) und Hängebahnen, die sämtlich fast ausschließlich elektrisch angetrieben werden.

Transport-Schnecke
Elevator
Transport-Schnecke
Kohlen-Silo
mech. Feuerung „Katapult"
Motor

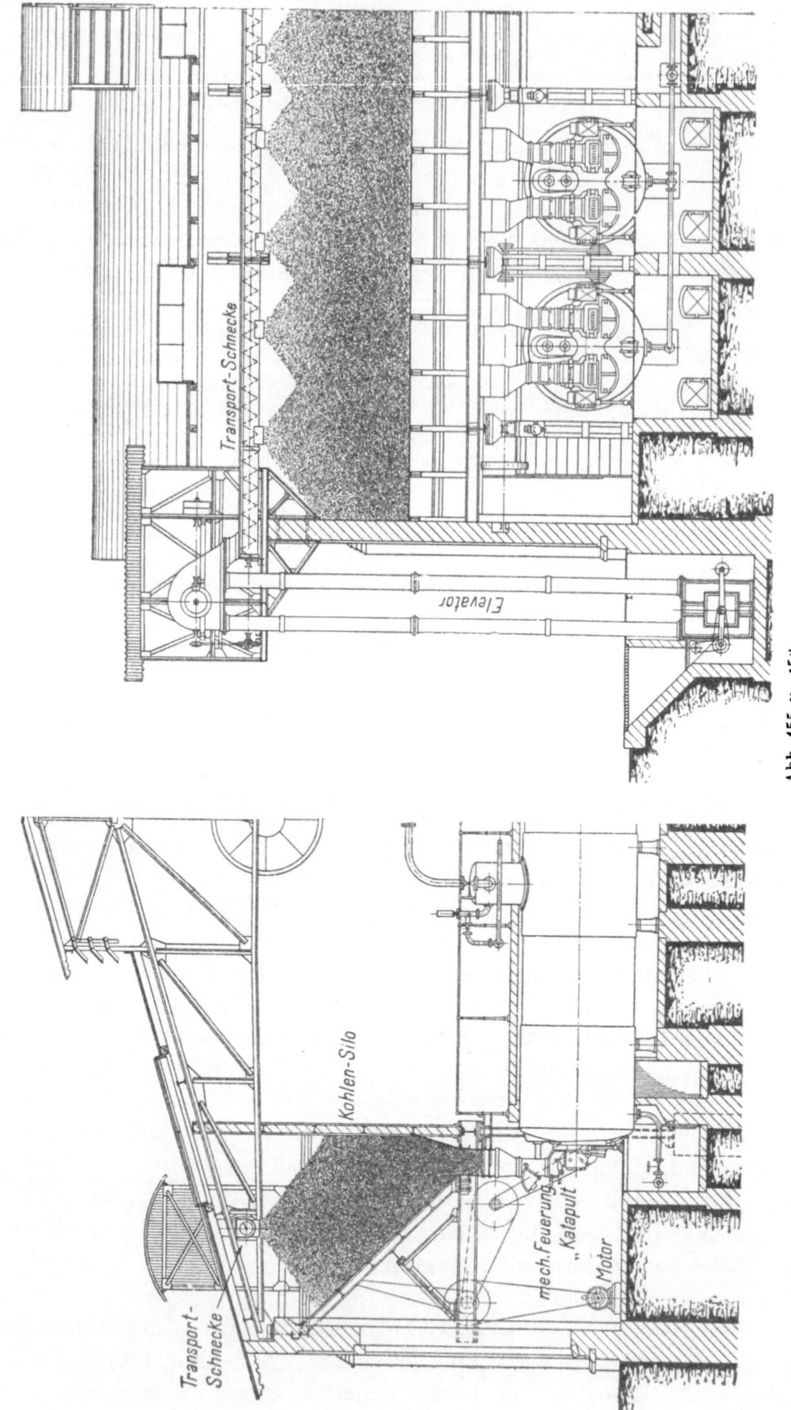

Abb. 455 u. 456.

Elevatoren bestehen aus Bechern, die meistens an zwei endlosen Ketten befestigt sind. Sie führen die Kohle aus einem unter Flur liegenden Schöpftrog zu den Bunkern empor. Bei kleineren Anlagen kann die Kohle

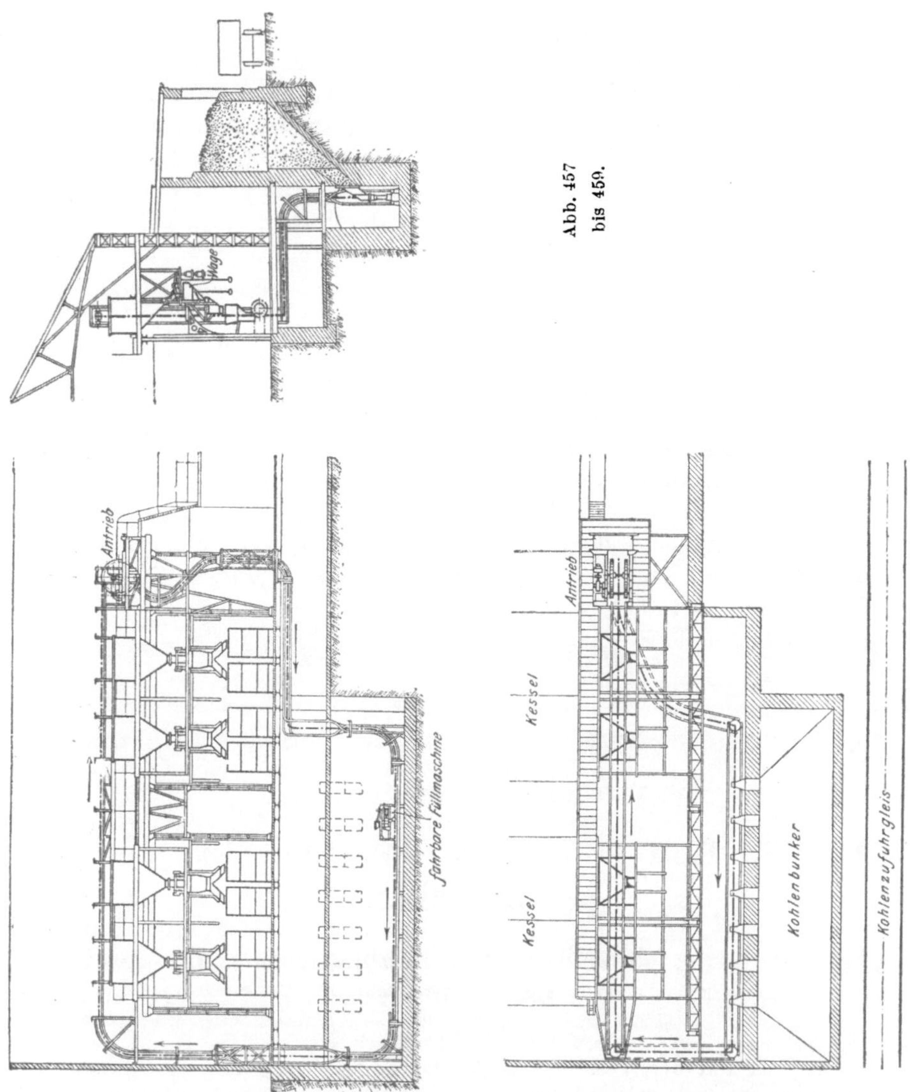

dann durch mehrere Auslaufrinnen, die sich an die Abwurfstelle anschließen, in den Bunkern verteilt werden, während man dazu bei größerer Kesselanzahl wagerecht oder wenig geneigt liegende Transportschnecken oder Transportbänder benutzt.

Abb. 455, 456 zeigt eine mit Elevator und Verteilungsschnecke ausgestattete Bekohlungsanlage in der Ausführung der Firma J. A. Topf & Söhne in Erfurt.

Statt der Elevatoren wendet man vielfach Becherketten, conveyer, an. (Abb. 453, 454.) Sie bestehen aus einer Anzahl endlos hintereinander geschalteter, auf je 2 Rädern ruhender Rahmen, in welchen die Fördergefäße (Becher) pendelnd gelagert sind. Die Becher stellen sich durch ihr Eigengewicht stets so ein, daß ein selbsttätiges Umkippen und damit eine Entleerung ausgeschlossen ist. Dies ist erforderlich, da Rahmen und Kupplungen so gebaut werden, daß eine Beweglichkeit nach der Seite und in der dazu senkrechten Ebene möglich ist, die Kette daher sowohl senkrechte als auch wagerechte Kurven durchfahren kann. Die Räder werden dabei zwischen je zwei Schienen geführt. Abb. 457 bis 459 zeigen eine Bekohlungsanlage mit Becherkette, ausgeführt von Carl Schenk in Darmstadt.

Letztgenannte Firma wendet auch in vielen Fällen Elektrohängebahnen zur Kesselbekohlung an. Diese sind von besonderem Vorteil, wenn die Kohlen von einem in größerer Entfernung vom Kesselhause gelegenen Lager herbeizuführen sind. Die Wagen werden u. a. von der Firma so ausgeführt, daß sie auch auf Schmalspurgleis fahren und so an die Stelle des Lagers geschoben werden können, an welcher die Kohle entnommen werden soll. Die beladenen Wagen werden gehoben und auf der Hängebahn zum Kesselhause befördert. Dort werden sie über die Schüttrichter der Feuerungen hinweggeführt, so daß sie ihren Inhalt unmittelbar in jene entleeren können.

Zehnter Abschnitt.

Vorschriften über Anlegung und Betrieb von Kesseln.[1]

41. Allgemeine polizeiliche Bestimmungen über die Anlegung von Landdampfkesseln.[2]

(Vom 17. Dezember 1908.)

Auf Grund des § 24 Abs. 2 der Gewerbeordnung hat der Bundesrat nachstehende „Allgemeine polizeiliche Bestimmungen über die Anlegung von Landdampfkesseln" erlassen.

---

[1] Ausführliche Vorschriften betr. die Anlegung, Untersuchung und den Betrieb von Land- und Schiffsdampfkesseln mit Bau- und Materialvorschriften und Polizeiverordnung betr. bewegliche Kraftmaschinen sind erschienen im Verlage von Otto Hammerschmidt in Hagen i. W.

[2] Die hiervon abweichenden, für Schiffskessel erlassenen Bestimmungen sind in Fußanmerkungen enthalten.

I. Geltungsbereich der Bestimmungen.

§ 1.

1. Als Dampfkessel im Sinne der nachstehenden Bestimmungen gelten alle geschlossenen Gefäße, die den Zweck haben, Wasserdampf von höherer als der atmosphärischen Spannung zur Verwendung außerhalb des Dampfentwicklers zu erzeugen.

2. Als Landdampfkessel (Dampfkessel) gelten außer den an Land benutzten feststehenden und beweglichen Dampfkesseln auch die vorübergehend auf schwimmenden und im Wasser beweglichen Bauten aufgestellten Dampfkessel[1]).

3. Den Bestimmungen für Landdampfkessel werden nicht unterworfen:

a) Behälter, in denen Dampf, der einem anderen Dampfentwickler entnommen ist, durch Einwirkung von Feuer besonders erhitzt wird (Dampfüberhitzer);

b) Kessel, die mit einer Einrichtung versehen sind, welche verhindert, daß die Dampfspannung $\frac{1}{2}$ Atmosphäre Überdruck übersteigen kann (Niederdruckkessel). Als Einrichtungen dieser Art gelten:

α) ein unverschließbares, vom Wasserraum ausgehendes Standrohr von nicht über 5000 Millimeter Höhe und mindestens 80 Millimeter Lichtweite;

β) ein vom Dampfraum ausgehendes, nicht abschließbares Rohr in Heberform oder mit mehreren auf und ab steigenden Schenkeln, dessen aufsteigende Äste bei Wasserfüllung zusammen nicht über 5000 Millimeter, bei Quecksilberfüllung nicht über 370 Millimeter Länge haben dürfen, wobei die Lichtweite dieser Rohre so bemessen werden muß, daß auf 1 Quadratmeter Heizfläche (§ 3 Abs. 3) ein Rohrquerschnitt von mindestens 350 Quadratmillimeter entfällt. Die Lichtweite der Rohre muß mindestens 30 Millimeter betragen und braucht 80 Millimeter nicht zu überschreiten;

γ) jede andere von der Zentralbehörde des zuständigen Bundesstaats genehmigte Sicherheitsvorrichtung.

c) Zwergkessel, das heißt Dampfentwickler, deren Heizfläche $\frac{1}{10}$ Quadratmeter und deren Dampfspannung 2 Atmosphären Überdruck nicht übersteigt, sofern sie mit einem zuverlässigen Sicherheitsventil ausgerüstet sind.

4. Für die Kessel in Eisenbahnlokomotiven bleiben die auf Grund der Artikel 42 und 43 der Reichsverfassung erlassenen besonderen Bestimmungen in Kraft.

---

[1]) Für Schiffsdampfkessel lauten die Bestimmungen hier:

2. Als Schiffsdampfkessel (Schiffskessel) gelten alle auf schwimmenden und im Wasser beweglichen Bauten aufgestellten, dauernd mit ihnen verbundenen Dampfkessel.

3. Den Bestimmungen für Schiffskessel werden nicht unterworfen:

a) die Schiffskessel der Kriegsmarine; die Vorschriften über den Bau, die Ausrüstung, Prüfung und Aufstellung dieser Kessel erläßt der Staatssekretär des Reichs-Marineamts;

b) Schiffskessel, die für das Ausland gebaut werden, auch wenn solche Kessel behufs ihrer Erprobung im Deutschen Reiche in Betrieb genommen werden;

c) Schiffskessel fremder Staaten, die vorübergehend in deutschen Gewässern betrieben werden;

d) Behälter, in denen Dampf, der einem anderen Dampfentwickler entnommen ist, durch Einwirkung von Feuer besonders erhitzt wird (Dampfüberhitzer);

e) Wie bei Landkesseln unter b;

f) Wie bei Landkesseln unter c.

Anmerkung. Die in Bäckereibetrieben benutzten Kleinkessel (Schwül-, Rasche- oder Dämpfeinrichtungen) unterliegen ohne Ansehung ihrer Größe den Bestimmungen über Dampfkesselanlagen, sobald sie absperrbar sind, so daß in ihnen ein höherer als der atmosphärische Druck entstehen kann. (Min.-Erl. v. 9. IX. 1908.) Ausgenommen würden nur sein die Zwergkessel gemäß vorstehendem § 1, Ziffer 3 c.

II. Bau.

§ 2. Kesselwandungen.

1. Jeder Dampfkessel muß in bezug auf Baustoff, Ausführung und Ausrüstung den anerkannten Regeln der Wissenschaft und Technik entsprechen. Als solche Regeln gelten bis auf weiteres die in den Anlagen I und II zusammengestellten Grundsätze, welche entsprechend den Bedürfnissen der Praxis und den Ergebnissen der Wissenschaft auf Antrag oder nach Anhörung einer durch Vereinbarung der verbündeten Regierungen anerkannten Sachverständigenkommission fortgebildet werden.

2. Die von den Heizgasen berührten Teile der Wandungen der Dampfkessel dürfen nicht aus Gußeisen oder Temperguß hergestellt werden; andere nur, sofern ihre lichten Querschnitte kreisförmig sind und ihre lichte Weite 250 Millimeter nicht übersteigt. Für höhere Dampfspannungen als 10 Atmosphären Überdruck ist Gußeisen oder Temperguß in keinem Teile der Kesselwandungen gestattet. Formflußeisen darf für alle nicht im ersten Feuerzuge liegenden Teile der Wandungen benutzt werden. Auf Gehäusewandungen von Dampfzylindern, die mit dem Dampfkessel verbunden sind, finden die vorstehenden Bestimmungen keine Anwendung.

3. Als Wandungen der Dampfkessel gelten die Wandungen derjenigen Räume, welche zwischen den Absperrventilen (§ 6 Abs. 1, 2 und 3) liegen. Den Kesselwandungen sind die mit ihnen verbundenen Anschlußteile gleich zu achten.

4. Die Verwendung von Messingblech ist nur für Feuerrohre gestattet, deren lichte Weite 80 Millimeter nicht übersteigt.

§ 3. Feuerzüge.

1. Die Feuerzüge der Dampfkessel müssen an ihrer höchsten Stelle mindestens 100 Millimeter unter dem festgesetzten niedrigsten Wasserstande liegen. Bei Dampfkesseln, deren Wasseroberfläche kleiner als das 1,3fache der gesamten Rostfläche ist, muß dieser Abstand mindestens 150 Millimeter betragen[1]). Bei Innenzügen ist der Mindestabstand über den von den Heizgasen berührten Blechen zu messen.

2. Die Bestimmungen über die Höhenlage der Feuerzüge finden keine Anwendung auf Dampfkessel, deren von den Heizgasen berührte Wandungen ausschließlich aus Wasserrohren von weniger als 100 Millimeter Lichtweite oder aus derartigen Rohren und den zu ihrer Verbindung angewendeten Rohrstücken bestehen, sowie auf solche Feuerzüge, in welchen ein Erglühen des mit dem Dampfraum in Berührung stehenden Teiles der Wandungen nicht zu befürchten ist. Die Gefahr des Erglühens ist in der Regel als ausgeschlossen zu betrachten, wenn die vom Wasser bespülte Kesselfläche, welche von den Heizgasen vor Erreichung der vom Dampfe bespülten Kesselfläche bestrichen wird, bei natürlichem Luftzuge mindestens zwanzigmal,

---

[1]) Bei den Bestimmungen für Schiffskessel ist hier eingeschaltet:
Die vorgeschriebenen Mindestabstände müssen auch dann noch gewahrt werden, wenn sich der Schiffskörper um 4° nach den Seiten neigt.

bei künstlichem Luftzuge mindestens vierzigmal so groß ist als die gesamte Rostfläche. Bei Dampfkesseln ohne Rost ist der 4 fache Betrag des Querschnitts des ersten Feuerzugs, unter Ausschluß des verengten Querschnitts über der Feuerbrücke, als der Rostfläche gleichstehend zu erachten.

3. Als Heizfläche der Dampfkessel gilt der auf der Feuerseite[1]) gemessene Flächeninhalt der einerseits von den Heizgasen, andererseits vom Wasser berührten Wandungen.

4. Als künstlicher Luftzug gilt jeder durch andere Mittel als den Schornsteinzug erreichte Luftzug, welcher bei saugender Wirkung in der Regel mehr als 25 Millimeter Wassersäule, gemessen hinter dem letzten Feuerzuge, bei Preßluft mehr als 30 Millimeter Wassersäule, gemessen unter dem Roste, beträgt.

III. Ausrüstung.

§ 4. Speisevorrichtungen.

1. Jeder Dampfkessel muß mit mindestens zwei zuverlässigen Vorrichtungen zur Speisung versehen sein, die nicht von derselben Betriebsvorrichtung abhängig sind. Mehrere zu einem Betriebe vereinigte Dampfkessel werden hierbei als ein Kessel angesehen.

2. Jede der Speisevorrichtungen muß imstande sein, dem Kessel doppelt soviel Wasser zuzuführen, als seiner normalen Verdampfungsfähigkeit entspricht. Bei Pumpen, die unmittelbar von der Hauptbetriebsmaschine angetrieben werden (Maschinenspeisepumpen), genügt das $1\frac{1}{2}$ fache der normalen Verdampfungsfähigkeit. Zwei oder mehrere Speisevorrichtungen, die zusammen die geforderte Leistung ergeben, sind als eine Speisevorrichtung anzusehen. Maschinenspeisepumpen werden, wenn die Kessel beim Stillstande der Maschine auch noch anderen Zwecken dienen, nur dann als zweite Speisevorrichtung angesehen, wenn es dem regelmäßigen Betrieb entspricht, daß die Maschinen zum Speisen in Gang gesetzt werden[2]).

3. Handpumpen sind nur zulässig, wenn das Produkt aus der Heizfläche in Quadratmeter und der Dampfspannung in Atmosphären Überdruck die Zahl 120 nicht übersteigt.

4. Die unmittelbare Benutzung einer Wasserleitung an Stelle einer der Speisevorrichtungen ist zulässig, wenn der nutzbare Druck der Wasserleitung am Kessel jederzeit mindestens 2 Atmosphären höher als der genehmigte Dampfdruck im Kessel ist.

§ 5. Speiseventile und Speiseleitungen.

1. In jeder zum Dampfkessel führenden Speiseleitung muß möglichst nahe am Kesselkörper ein Speiseventil (Rückschlagventil) angebracht sein, das bei Abstellung der Speisevorrichtungen durch den Druck des Kesselwassers geschlossen wird[3]).

2. Die Speiseleitung muß möglichst so beschaffen sein, daß sich der Dampfkessel bei undichtem Rückschlagventil nicht durch die Speiseleitung entleeren kann. Haben Speisevorrichtungen gemeinschaftliche Sauge- oder Druckleitung, so muß jede Speisevorrichtung von der gemeinschaftlichen

---

[1]) Bei Schiffskesseln: Wasserseite.

[2]) Bei Schiffskesseln folgt hier: Eine der Speisevorrichtungen der Hauptkessel kann auch als Speisevorrichtung für Hilfskessel dienen, wenn die Druckleitungen der Pumpe voneinander getrennt sind.

[3]) Bei Schiffskesseln ist diesem Satz vorgeschaltet: Schiffskessel müssen mindestens zwei Speiseleitungen erhalten.

Leitung abschließbar sein[1]). Übereinanderliegende Verbundkessel mit getrennten Wasserräumen sowie Dampfkessel mit verschieden hohem Betriebsdrucke müssen je für sich gespeist werden können.

§ 6. Absperr- und Entleerungsvorrichtungen.

1. Jeder Dampfkessel muß mit einer Vorrichtung versehen sein, durch die er von der Dampfleitung abgesperrt werden kann. Wenn mehrere Kessel, die für verschiedene Dampfspannung genehmigt sind, ihre Dämpfe in gemeinschaftliche Dampfleitungen abgeben, so müssen die Anschlüsse der Kessel mit niedrigerem Drucke an die gemeinsame Dampfleitung unter Zwischenschaltung eines Rückschlagventils erfolgen. Durch die Anwendung von Druckminderventilen oder Druckreglern wird das Rückschlagventil nicht entbehrlich gemacht.

2. Jeder Dampfkessel muß zwischen dem Speiseventil und dem Kesselkörper eine Absperrvorrichtung erhalten, auch wenn das Speiseventil abschließbar ist.

3. Jeder Dampfkessel muß mit einer zuverlässigen Vorrichtung versehen werden, durch die er entleert werden kann.

4. Die Speiseabsperrvorrichtungen und die Entleerungsvorrichtungen müssen gegen die Einwirkung der Heizgase geschützt sein und ebenso wie alle anderen Absperrvorrichtungen (§ 5 Abs. 2, § 6 Abs. 1) so angebracht werden, daß der verantwortliche Wärter sie leicht bedienen kann.

§ 7. Wasserstandsvorrichtungen.

1. Jeder Dampfkessel muß mit mindestens zwei geeigneten Vorrichtungen zur Erkennung seines Wasserstandes versehen sein, von denen wenigstens die eine ein Wasserstandsglas sein muß. Schwimmer und Schmelzpfropfen sowie Spindelventile, die nicht durchstoßbar sind oder sich ganz herausdrehen lassen, sind als zweite Vorrichtung nicht zulässig. Die Vorrichtungen müssen gesonderte Verbindungen mit dem Innern des Kessels haben. Es ist jedoch gestattet, sie an einem gemeinschaftlichen Körper anzubringen, oder, falls zwei Wasserstandsgläser gesondert voneinander durch Rohre mit dem Kessel verbunden werden, die Dampfrohre durch eine gemeinsame Öffnung in den Kessel zu führen, wenn die Öffnung mindestens dem Gesamtquerschnitte beider Rohre gleich ist[2]).

---

[1]) Von hier ab heißt es bei Schiffskesseln:
Speiseleitungen, die mit einer von der Hauptmaschine oder von einer Transmission aus angetriebenen Pumpe zusammenhängen, müssen mit einem Sicherheitsventile versehen sein. Schiffskessel mit verschieden hohem Betriebsdrucke müssen je für sich gespeist werden können.

[2]) Bei Schiffskesseln heißt es:
1. Jeder Schiffskessel muß mit mindestens drei geeigneten Vorrichtungen zur Erkennung seines Wasserstandes versehen sein, von denen wenigstens zwei Wasserstandsgläser sein müssen. Letztere sind in einer zur Längsrichtung des Schiffes rechtwinkligen Ebene in gleicher Höhe und Entfernung von der Kesselmitte, möglichst weit von ihr nach rechts und links abstehend, anzubringen. Bei Seeschiffskesseln kann der Abstand der Wasserstandsgläser voneinander bis auf 1000 Millimeter eingeschränkt werden, falls nicht der Kesseldurchmesser oder andere Verhältnisse ein noch geringeres Maß bedingen. Wird bei Schiffskesseln mit Feuerungen an beiden Enden nur eine der beiden Feuerungsseiten mit den vorgeschriebenen drei Wasserstandsvorrichtungen versehen, so muß an der anderen Seite mindestens ein Wasserstandsglas möglichst nahe der Kesselmitte angebracht werden. Schwimmer und Schmelzpfropfen werden nicht als Wasserstandsvorrichtungen gerechnet; Spindelventile, die nicht durchstoßbar sind oder sich ganz herausdrehen lassen, sind nicht zulässig.

2. Werden die Wasserstandsvorrichtungen an einem gemeinschaftlichen Körper angebracht, so müssen dessen Verbindungen mit dem Wasser- und Dampfraume mindestens je 6000 Quadratmillimeter lichten Querschnitt haben[1]). Werden die Wasserstandsvorrichtungen einzeln durch Rohre mit dem Kessel verbunden, so müssen die Verbindungsrohre ohne scharfe Krümmungen geführt sein, unter Vermeidung von Wasser- und Dampfsäcken. Gerade, nach dem Kessel durchstoßbare Verbindungsrohre müssen mindestens 20 Millimeter, gebogene Verbindungsrohre bei Kesseln bis zu 25 Quadratmeter Heizfläche mindestens 35 Millimeter, über 25 Quadratmeter Heizfläche mindestens 45 Millimeter lichten Durchmesser haben. Verbindungsrohre sind gegen die Einwirkung der Heizgase zu schützen. Gebogene Zuleitungsrohre im Innern des Kessels zum Anschluß an die Wasserstandsvorrichtungen sind nicht gestattet.

3. Die Lichtweiten der Wasserstandsgläser sowie die Bohrungen der Wasserstandsvorrichtungen müssen mindestens 8 Millimeter betragen. Die Hähne und Ventile der Wasserstandsvorrichtungen müssen so eingerichtet sein, daß man während des Betriebs in gerader Richtung durch die Vorrichtungen hindurchstoßen kann. Wasserstandshahnköpfe müssen so ausgeführt sein, daß das Dichtungsmaterial nicht in das Glas gepreßt werden kann.

4. Alle Hahnkegel der Wasserstandsvorrichtungen müssen sich ganz durchdrehen lassen. Die Durchgangsrichtung muß bei allen Hähnen deutlich auf dem Hahnkopfe gekennzeichnet sein. Die Bohrung der Hahnkegel an Wasserstandsvorrichtungen muß so beschaffen sein, daß sich der Durchgangsquerschnitt beim Nachschleifen nicht vermindert.

5. Werden Probierhähne oder Probierventile als zweite Vorrichtung angewendet, so ist die unterste dieser Vorrichtungen in der Ebene des festgesetzten niedrigsten Wasserstandes anzubringen[2]). Die Höhenlage der Wasserstandsgläser ist so zu wählen, daß der höchste Punkt der Feuerzüge mindestens 30 Millimeter unterhalb der unteren sichtbaren Begrenzung des Wasserstandsglases liegt[3]). Dieses Erfordernis gilt nicht für Kessel, deren von den Heizgasen berührte Wandungen ausschließlich aus Wasserrohren von weniger als 100 Millimeter Lichtweite oder aus solchen Rohren und den zu ihrer Verbindung angewendeten Rohrstücken bestehen.

6. Es müssen Einrichtungen für ständige, genügende Beleuchtung der Wasserstandsvorrichtungen während des Betriebs der Dampfkessel vorhanden sein. Die Wasserstandsvorrichtungen müssen im Gesichtskreise des für die Speisung verantwortlichen Wärters liegen und von seinem Standorte leicht zugänglich sein.

<h3 style="text-align:center">§ 8. Wasserstandsmarke.</h3>

1. Der für den Dampfkessel festgesetzte niedrigste Wasserstand ist durch eine an der Kesselwandung anzubringende feste Strichmarke von etwa

---

[1]) Bei Schiffskesseln heißt es unter 2 bis hierher:
Die Vorrichtungen müssen gesonderte Verbindungen mit dem Kessel haben. Es ist jedoch gestattet, falls die Verbindung von Wasserstandsgläsern mit dem Dampfraume des Kessels durch Rohre hergestellt wird, diese durch eine gemeinsame Öffnung in den Kessel zu führen, wenn die Öffnung mindestens dem Gesamtquerschnitte beider Rohre gleich ist.

[2]) An Stelle dieses ersten Satzes steht bei Schiffskesseln:
Werden Probierhähne oder Probierventile angewendet, so müssen sie so am Kessel angebracht werden. daß sie in ihrer Wirksamkeit durch die Neigungen des Schiffes möglichst wenig beeinflußt werden.

[3]) Hier ist bei Schiffskesseln eingeschaltet:
Dabei darf der niedrigste Wasserstand nicht höher als in der Mitte des Glases liegen.

30 Millimeter Länge, die von den Buchstaben N. W. begrenzt wird, dauernd kenntlich zu machen. Die Strichmarke ist bei der Bauprüfung des Dampfkessels unter Berücksichtigung des dem Kessel bei der Aufstellung etwa zu gebenden Gefälls festzulegen. Ihre Höhenlage ist durch Angabe ihres Abstandes von einem jederzeit erreichbaren Kesselteil in der über die Abnahmeprüfung aufzunehmenden Bescheinigung dann zu sichern, wenn die Marke nicht sichtbar bleibt.

2. Werden die Wasserstandsvorrichtungen unmittelbar an der Kesselwandung angebracht, so ist neben oder hinter jedem Wasserstandsglas in Höhe der Strichmarke ein Schild mit der Bezeichnung „Niedrigster Wasserstand" mit einem bis nahe an das Wasserstandsglas reichenden wagerechten Zeiger anzubringen. Werden die Wasserstandsvorrichtungen an besonderen Wasserstandskörpern oder Rohren befestigt, so ist mit diesen in Höhe der Strichmarke neben oder hinter jedem Wasserstandsglase das vorbezeichnete Schild mit dem Zeiger zu verbinden[1]). Für Dampfkessel mit weniger als 25 Quadratmeter Heizfläche kann, wenn es an Platz mangelt, die Bezeichnung „Niedrigster Wasserstand" in N. W. abgekürzt werden. Die Schilder sind dauerhaft, aber weder mit den Schrauben der Armaturgegenstände noch an der Bekleidung zu befestigen.

§ 9. Sicherheitsventil.

1. Jeder feststehende Dampfkessel ist mit wenigstens einem[2]) zuverlässigen Sicherheitsventil, jeder bewegliche Dampfkessel mindestens mit zwei solchen Ventilen zu versehen. Die Sicherheitsventile müssen zugänglich und so beschaffen sein, daß sie jederzeit gelüftet und auf ihrem Sitz gedreht werden können. Bei Ventilen, die durch Hebel und Gewicht belastet werden, darf der auf jedes Ventil durch den Dampf ausgeübte Druck 600 Kilogramm nicht überschreiten. Die Belastungsgewichte der Ventile müssen je aus einem Stücke bestehen. Sind zwei Ventile vorgeschrieben, so muß ihre Belastung unabhängig voneinander erfolgen. Der Dampf darf den Ventilen nicht durch Rohre zugeführt werden, die innerhalb des Kessels liegen. Geschlossene Ventilgehäuse müssen in ihrem tiefsten Punkte mit einer nicht abschließbaren Entwässerungsvorrichtung versehen sein. Bei Hebelventilen ist die Stellung des Gewichts durch Splinte, bei Federventilen die Spannung der Federn durch Sperrhülsen oder feste Scheiben zu sichern[3]).

2. Die Sicherheitsventile dürfen höchstens so belastet werden, daß sie bei Eintritt der für den Kessel festgesetzten Dampfspannung den Dampf

---

[1]) Von hier ab lauten die Bestimmungen für Schiffskessel:

3. An jedem Schiffskessel ist an der Außenwand oder, sofern die Wasserstandsgläser durch Rohre mit den Kesseln verbunden werden, an den Wasserstandskörpern die Lage der höchsten Feuerzüge nach der Richtung der Schiffsbreite in leicht erkennbarer, dauerhafter Weise durch die auf einem Schilde anzubringende Bezeichnung „Höchster Feuerzug" kenntlich zu machen. Bei Kesseln, deren von den Heizgasen berührte Wandungen ausschließlich aus Wasserrohren von weniger als 100 Millimeter Lichtweite oder aus derartigen Rohren und den zu ihrer Verbindung angewendeten Rohrstücken bestehen, bedarf es der Anbringung eines Schildes nicht.

4. Für Schiffskessel mit weniger als 25 Quadratmeter Heizfläche kann, wenn es an Platz mangelt, die Bezeichnung „Niedrigster Wasserstand" in N. W. und „Höchster Feuerzug" in H. F. abgekürzt werden. Die Schilder sind dauerhaft, aber weder mit den Schrauben der Armaturgegenstände noch an der Bekleidung zu befestigen.

[2]) Bei Schiffskesseln „zwei".

[3]) Bei Schiffskesseln kommt hierzu:
Geteilte Scheiben sind nur zulässig, wenn sie unter Verschluß gehalten werden.

entweichen lassen. Ihr Querschnitt[1]) muß bei normalem Betrieb imstande sein, so viel Dampf abzuführen, daß die festgesetzte Dampfspannung höchstens um $1/_{10}$ ihres Betrags überschritten wird. Sind zwei Sicherheitsventile vorgeschrieben oder bedingt die Größe des Kessels mehrere Ventile, so muß ihr Gesamtquerschnitt dieser Anforderung entsprechen. Änderungen in den Belastungsverhältnissen, die den Druck des Ventilkegels gegen den Sitz erhöhen, dürfen nur durch die amtlichen Sachverständigen vorgenommen werden[2]). Über jede Änderung der bei der amtlichen Abnahme festgesetzten Belastung ist von dem dazu Berechtigten ein Vermerk in das Revisionsbuch (§ 19) aufzunehmen.

§ 10. Manometer.

Mit dem Dampfraume jedes Dampfkessels muß ein zuverlässiges nach Atmosphären (§ 12) geteiltes Manometer verbunden sein[3]). Dieser Bestimmung wird auch durch Anschluß des Manometers an den Dampfraum eines dem § 7 Abs. 2 entsprechenden besonderen Wasserstandskörpers genügt. An dem Zifferblatte des Manometers ist die festgesetzte höchste Dampfspannung durch eine unveränderliche, in die Augen fallende Marke zu bezeichnen. Das Manometer muß die Ablesung des bei der Druckprobe anzuwendenden Probedrucks (§§ 12 und 13) gestatten. Es muß so angebracht sein, daß es gegen die vom Kessel ausstrahlende Hitze möglichst geschützt ist und daß seine Angaben vom Kesselwärter jederzeit ohne Schwierigkeiten beobachtet werden können. Die Leitung zum Manometer muß mit einem Wassersacke versehen und zum Ausblasen eingerichtet sein[4]).

§ 11. Fabrikschild.

1. An jedem Dampfkessel muß die festgesetzte höchste Dampfspannung, der Name und Wohnort des Fabrikanten, die laufende Fabriknummer und das Jahr der Anfertigung[5]) auf eine leicht erkennbare und dauerhafte Weise angegeben sein.

2. Diese Angaben sind auf einem metallenen Schilde (Fabrikschild) anzubringen, das mit versenkt vernieteten kupfernen Stiftschrauben so am

---

[1]) Bei Schiffskesseln „Gesamtquerschnitt".

[2]) Hier folgt bei Schiffskesseln:
jedoch dürfen auf Seeschiffen in längerer Fahrt federbelastete Ventile von dem leitenden Maschinisten unter Anwendung eines Kontrollmanometers berichtigt werden. Der Maschinist ist jedoch verpflichtet, der zur regelmäßigen Beaufsichtigung des Kessels zuständigen Stelle hiervon ungesäumt schriftliche Mitteilung zu machen.

3. Wenigstens einem Ventil ist, mit Ausnahme der Kessel auf Seeschiffen, eine solche Stellung zu geben, daß die vorgeschriebene Belastung von Deck aus mit Leichtigkeit untersucht werden kann.

[3]) Für Schiffskessel werden zwei Manometer verlangt.

[4]) Hier folgt bei Schiffskesseln noch:

2. Die Manometer müssen so angebracht werden, daß sich das eine im Gesichtskreise des Kesselwärters, das andere, mit Ausnahme bei Seeschiffen, an einer vom Deck aus leicht sichtbaren Stelle befinden muß. Sind auf einem Schiffe mehrere Kessel vorhanden, deren Dampfräume miteinander in Verbindung stehen, so genügt es, wenn außer einem an jedem einzelnen Kessel befindlichen Manometer die miteinander verbundenen Dampfräume ein gemeinsames Manometer erhalten, welches vom Deck — bei Seeschiffen vom Maschinistenstand — aus sichtbar ist. Bei Schiffskesseln mit Feuerungen an beiden Enden muß an jedem Ende ein Manometer angebracht sein.

[5]) Für Schiffskessel kommt noch hinzu:
und der Mindestabstand des festgesetzten niedrigsten Wasserstandes von der höchsten Stelle der Feuerzüge in Millimeter.

Kessel befestigt werden muß, daß es auch nach der Ummantelung oder Einmauerung des letzteren sichtbar bleibt.

IV. Prüfung.

§ 12. Bauprüfung, Druckprobe und Abnahme neu oder erneut zu genehmigender Dampfkessel.

1. Jeder neu oder erneut zu genehmigende Dampfkessel ist vor der Inbetriebnahme von einem zuständigen Sachverständigen einer Bauprüfung, einer Prüfung mit Wasserdruck und der nach § 24 Abs. 3 der Gewerbeordnung vorgeschriebenen Abnahmeprüfung zu unterziehen. Die Bauprüfung und Druckprobe müssen vor der Einmauerung oder Ummantelung des Kessels ausgeführt werden; sie sind möglichst miteinander zu verbinden. Die Bauprüfung kann jedoch auf Antrag des Fabrikanten auch während der Herstellung des Dampfkessels vorgenommen werden. Bei neu zu genehmigenden Dampfkesseln kann, wenn seit der letzten inneren Untersuchung noch nicht zwei Jahre verflossen sind, nach dem Ermessen des Sachverständigen von der Durchführung dieser Bestimmungen insoweit abgesehen werden, als eine erneute Prüfung für die Erneuerung der Genehmigung nicht erforderlich ist.

2. Die Bauprüfung erstreckt sich auf die planmäßige Ausführung der Abmessungen, den Baustoff und die Beschaffenheit des Kesselkörpers. Bei ihrer Ausführung ist der Dampfkessel äußerlich und, soweit es seine Bauart gestattet, auch innerlich zu untersuchen. Vor Ausführung der Prüfung ist dem Sachverständigen bei neuen Dampfkesseln der Nachweis darüber zu erbringen, daß der zu den Wandungen des Kessels verwendete Baustoff nach Maßgabe der Anlage I [1]) geprüft worden ist. Über die Bauprüfung hat der Sachverständige ein Zeugnis nach Maßgabe der Anlage III [1]) auszustellen und mit diesem den Materialnachweis und — falls nicht eine bereits genehmigte Zeichnung vorgelegt wird — die den Abmessungen des Dampfkessels zugrunde gelegte Zeichnung zu verbinden. Vom Lieferer sind im letzten Falle zwei Zeichnungen des Dampfkessels zur Verfügung des Sachverständigen zu halten. Bei erneut zu genehmigenden Dampfkesseln hat der Sachverständige in dem Zeugnis über die Bauprüfung zugleich ein Gutachten darüber abzugeben, mit welcher Dampfspannung der Kessel zum Betriebe geeignet erscheint.

3. Die Wasserdruckprobe erfolgt bei Dampfkesseln bis zu 10 Atmosphären Überdruck mit dem $1\frac{1}{2}$ fachen Betrage des beabsichtigten Überdrucks, mindestens aber mit 1 Atmosphäre Mehrdruck, bei Dampfkesseln über 10 Atmosphären Überdruck mit einem Drucke, der den beabsichtigten um 5 Atmosphären übersteigt. Die Kesselwandungen müssen während der ganzen Dauer der Untersuchung dem Probedrucke widerstehen, ohne undicht zu werden oder bleibende Formveränderungen aufzuweisen. Sie sind für undicht zu erachten, wenn das Wasser bei dem Probedruck in anderer Form als der von feinen Perlen durch die Fugen dringt. Über die Prüfung mit Wasserdruck hat der Sachverständige ein Zeugnis nach Maßgabe der Anlage IV [2]) auszustellen.

---

[1]) Die hierzu erforderlichen Vordrucke über die Bau- und Materialprüfung, sowie zur Wasserdruckprobe sind von der Verlagsbuchhandlung von Otto Hammerschmidt, Hagen i. W. zu beziehen.

[2]) Die hierzu erforderlichen Vordrucke sind zu beziehen von der Verlagsbuchhandlung von Otto Hammerschmidt in Hagen i. W.

4. Unter dem Atmosphärendrucke wird der Druck von einem Kilogramm auf das Quadratzentimeter verstanden.

5. Nachdem die Bauprüfung und die Wasserdruckprobe mit befriedigendem Erfolge stattgefunden haben, sind die Niete des Fabrikschildes (§ 11) von dem zuständigen Sachverständigen mit dem amtlichen Stempel zu versehen, der in dem Prüfungszeugnis über die Wasserdruckprobe (Anlage IV)[1]) abzudrucken ist. Einer Erneuerung des Stempels bedarf es bei alten, erneut zu genehmigenden Dampfkesseln nicht, wenn der alte Stempel noch gut erhalten ist und mit dem amtlichen Stempel des Sachverständigen übereinstimmt.

6. Die endgültige Abnahme der Dampfkesselanlage muß unter Dampf erfolgen. Dabei ist zu untersuchen, ob die Ausführung der Anlage den Bedingungen der erteilten Genehmigung entspricht. Nach dem befriedigenden Ausfalle dieser Untersuchung und der Behändigung der Abnahmebescheinigung (Anlage V)[1]) oder einer Zwischenbescheinigung darf die Kesselanlage ohne weiteres in Betrieb genommen werden, soweit die baupolizeiliche Abnahme der etwa zur Kesselanlage gehörigen Baulichkeiten stattgefunden und zu keinen Bedenken Anlaß gegeben hat.

§ 13. Druckproben nach Hauptausbesserungen.

1. Dampfkessel, die eine Hauptausbesserung erfahren haben oder durch Wassermangel oder Brandschaden überhitzt worden sind[2]), müssen vor der Wiederinbetriebnahme von einem zuständigen Sachverständigen einer Prüfung mit Wasserdruck in gleicher Höhe wie bei neu aufzustellenden Dampfkesseln unterzogen werden. Der völligen Bloßlegung des Kessels bedarf es in solchem Falle in der Regel nicht.

2. Von der Außerbetriebsetzung eines Dampfkessels zum Zwecke einer Hauptausbesserung des Kesselkörpers hat der Kesselbesitzer oder sein Stellvertreter der zur regelmäßigen Prüfung des Dampfkessels zuständigen Stelle Anzeige zu erstatten. Die gleiche Pflicht liegt dem Kesselbesitzer oder seinem Vertreter ob, wenn ein Dampfkessel durch Wassermangel oder Brandschaden überhitzt worden ist[3]).

§ 14. Prüfungsmanometer.

1. Der bei der Prüfung ausgeübte Druck muß durch ein von dem zuständigen Sachverständigen amtlich geführtes Doppelmanometer festgestellt werden.

2. An jedem Dampfkessel muß sich in der Nähe des Manometers (§ 10) am Manometerrohr ein mit einem Dreiweghahn versehener Stutzen zur Anbringung des amtlichen Manometers befinden. Dieser Stutzen muß bei

---

[1]) Die hierzu erforderlichen Vordrucke sind zu beziehen von der Verlagsbuchhandlung von Otto Hammerschmidt in Hagen i. W.

[2]) Für Schiffskessel kommt hinzu:
oder plötzlich im Betrieb unter Wasser gesetzt und abgekühlt worden sind.

[3]) Hier heißt es bei den Bestimmungen für Schiffskessel weiter:
oder plötzlich im Betrieb unter Wasser gesetzt und abgekühlt wird.

3. Auf Seeschiffskessel finden diese Bestimmungen mit der Maßgabe Anwendung, daß der leitende Maschinist bei Hauptausbesserungen oder Beschädigungen der im Abs. 1 genannten Art während der Fahrt oder bei dem Aufenthalte des Schiffes außerhalb des Deutschen Reiches zur Ausführung der Druckprobe verpflichtet ist, jedoch ungesäumt entsprechende Anzeige an die zur regelmäßigen Beaufsichtigung des Schiffskessels zuständige Stelle zu erstatten hat. Diese hat zu entscheiden, ob die Druckprobe nach Rückkehr des Schiffes in einen deutschen Hafen amtlich zu wiederholen ist.

beweglichen Kesseln einen ovalen Flansch von 60 Millimeter Länge und 25 Millimeter Breite besitzen. Die Weite der Schlitze zur Einlegung der Befestigungsschrauben und die Öffnung des Stutzens muß 7 Millimeter, die Länge der Schlitze 20 Millimeter betragen.

Anmerkung. Zu § 14 ist zu bemerken, daß es in Preußen mit Rücksicht auf die vorhandenen Kontrollmanometer auch bei feststehenden Dampfkesseln bei der bisher üblichen, nur für bewegliche und Schiffskessel einheitlich vereinbarten Form des Kontrollflansches sein Bewenden behalten muß. (Min.-Erl. v. 28. I. 1909, H.-M.-Bl. S. 102.)

V. Aufstellung[1]).

§ 15. Aufstellungsort.

1. Dampfkessel für mehr als 6 Atmosphären Überdruck und solche, bei welchen das Produkt aus der Heizfläche (§ 3 Abs. 3) in Quadratmeter und der Dampfspannung in Atmosphären Überdruck für einen oder mehrere gleichzeitig in Betrieb befindliche Kessel zusammen mehr als 30 beträgt, dürfen unter Räumen, die häufig von Menschen betreten werden, nicht aufgestellt werden. Das gleiche gilt für die Aufstellung von Dampfkesseln über Räumen, die häufig von Menschen betreten werden, mit Ausnahme der Aufstellung über Kellerräumen. Innerhalb von Betriebsstätten und in besonderen Kesselräumen ist die Aufstellung solcher Dampfkessel unzulässig, wenn die Räume mit fester Wölbung oder fester Balkendecke versehen sind. Feste Konstruktionsteile über einem Teile des Kesselraums, die den Zwecken der Rostbeschickung dienen, sind nicht als feste Balkendecken anzusehen. Trockeneinrichtungen oberhalb des Dampfkessels sowie das Trocknen auf dem Kessel sind nicht zulässig. Bei eingemauerten Dampfkesseln, deren Plattform betreten wird, muß oberhalb derselben eine mittlere verkehrsfreie Höhe von mindestens 1800 Millimeter vorhanden sein.

2. Dampfkessel, die in Bergwerken unterirdisch oder auf Kraftfahrzeugen aufgestellt werden, und solche, welche ausschließlich aus Wasserrohren von weniger als 100 Millimeter Lichtweite oder aus derartigen Rohren und den zu ihrer Verbindung angewendeten Rohrstücken bestehen, unterliegen den vorstehenden Bestimmungen nicht, Dampfkessel letzterer Art auch dann nicht, wenn sie mit Schlammsammlern und Oberkesseln, die nur als Dampfsammler dienen, versehen sind. Auf Wasserkammerrohrkessel mit Rohren unter 100 Millimeter Lichtweite finden die Bestimmungen des Abs. 1 dann keine Anwendung, wenn ihre Rohre nahtlos hergestellt sind, die Wandungen ihrer Oberkessel von den Heizgasen nicht berührt werden und ihr Dampfdruck 6 Atmosphären Überdruck nicht übersteigt.

§ 16. Kesselmauerung.

Zwischen dem Mauerwerke, das den Feuerraum und die Feuerzüge feststehender Dampfkessel einschließt, und den dieses umgebenden Wänden muß ein Zwischenraum von mindestens 80 Millimeter verbleiben, der oben

---

[1]) In den Bestimmungen für Schiffskessel steht unter Aufstellung nur:

§ 15.

Die Schiffskessel sind sorgfältig im Schiffe zu lagern und gegen seitliche Verschiebung und Drehung sowie gegen Verschiebung nach vorn und hinten gehörig zu sichern.

abgedeckt und an den Enden verschlossen werden darf. Die Feuerzüge müssen durch genügend weite Einfahröffnungen zugänglich und in der Regel so groß bemessen sein, daß sie befahrbar sind. Werden die Feuerzüge benachbarter Kessel durch eine gemeinsame Mauer getrennt, so ist diese mindestens 340 Millimeter dick herzustellen. Das Kesselmauerwerk darf nicht zur Unterstützung von Gebäudeteilen benutzt werden.

VI. Bewegliche Dampfkessel und Kleinkessel.

§ 17. Bewegliche Dampfkessel.

Als bewegliche Dampfkessel gelten solche, deren Benutzung an wechselnden Betriebsstätten erfolgt. Als bewegliche Dampfkessel dürfen nur solche Dampfentwickler betrieben werden, zu deren Aufstellung und Inbetriebnahme die Herstellung von Mauerwerk, das den Kessel umgibt, nicht erforderlich ist.

§ 18. Kleinkessel.

Kleinkessel, das sind Dampfentwickler, bei denen das Produkt aus der Heizfläche in Quadratmeter und der Dampfspannung in Atmosphären Überdruck die Zahl 2 nicht übersteigt, gelten hinsichtlich ihres Aufstellungsorts als bewegliche Kessel, auch wenn sie von Mauerwerk umgeben sind und an einem Betriebsorte zu dauernder Benutzung aufgestellt werden.

VII. Allgemeine Bestimmungen.

§ 19. Aufbewahrung der Kesselpapiere.

1. Zu jedem Dampfkessel gehören:
a) eine Ausfertigung der Urkunde über seine Genehmigung nach Maßgabe der Anlage VI [1]) nebst den zugehörigen Zeichnungen und Beschreibungen[2]).
   Mit der Urkunde sind die Bescheinigungen über die Bauprüfung, die Wasserdruckprobe und die Abnahme (§ 12) zu verbinden. Letztere Bescheinigung muß einen Vermerk über die zulässige Belastung der Sicherheitsventile enthalten. Gelangen in einer Anlage mehrere Dampfkessel von gleicher Größe, Form, Ausrüstung und Dampfspannung gleichzeitig zur Aufstellung, so ist für diese nur eine Urkunde erforderlich.
b) ein Revisionsbuch nach Maßgabe der Anlage VII [3]), das die Angaben des Fabrikschildes (§ 11) enthält. Die Bescheinigungen über die im § 13 vorgeschriebenen Prüfungen und die periodischen Unter-

---

[1]) Exemplare dieses Vordruckes zur Urkunde über die Genehmigung eines Dampfkessels sind in vorschriftsmäßiger Ausführung zu beziehen aus der Verlagsbuchhandlung von Otto Hammerschmidt in Hagen i. W.

[2]) Bei Schiffskesseln ist hier noch eingeschaltet:
Die Urkunde muß einen Lageplan über die Aufstellung des Schiffskessels im Schiffe enthalten, der wenigstens den Schiffsteil, der zum Einbau des Kessels dient, mit den benachbarten Räumen sowie die Art der Befestigung und Lagerung des Kessels und die Armaturen umfaßt.

[3]) Exemplare eines Revisionsbuches für Land- und Schiffskessel und für bewegliche Kessel (Lokomobile), letztere in der Mitte gebogen und in Etui gesteckt, sind in vorschriftsmäßiger Ausführung zu beziehen aus der Verlagsbuchhandlung von Otto Hammerschmidt in Hagen i. W.

suchungen müssen in das Revisionsbuch eingetragen oder ihm derart beigefügt werden, daß sie nicht in Verlust geraten können.

2. Die Genehmigungsurkunde nebst den zugehörigen Anlagen oder beglaubigte Abschriften dieser Papiere sowie das Revisionsbuch sind an der Betriebsstätte des Dampfkessels aufzubewahren und jedem zur Aufsicht zuständigen Beamten oder Sachverständigen auf Verlangen vorzulegen. Auf die Dampfkessel von Kraftfahrzeugen und Feuerspritzen findet diese Bestimmung keine Anwendung, wenn ihr Betrieb den Polizeibehörden und den zuständigen Kesselsachverständigen ihres Heimatsorts angemeldet ist.

§ 20. Entbindung von einzelnen Bestimmungen[1]).

1. Bei Kleinkesseln (§ 18) ist es zulässig:

a) von der Anbringung einer zweiten Speisevorrichtung,

b) von dem Speiseventil (Rückschlagventil),

c) von der Anbringung einer zweiten Wasserstandsvorrichtung abzusehen,

d) nur ein Sicherheitsventil anzuwenden, auch wenn der Kessel beweglich betrieben wird,

e) die Lichtweiten der Wasserstandsgläser und die Bohrungen der Wasserstandsvorrichtungen auf 6 Millimeter zu ermäßigen.

2. Im übrigen sind die Zentralbehörden der einzelnen Bundesstaaten befugt, in einzelnen Fällen und für einzelne Kesselarten von der Beachtung der Bestimmungen der §§ 2 bis 19 und § 21 zu entbinden.

§ 21. Übergangsbestimmungen.

1. Bei Dampfkesseln, die zur Zeit des Inkrafttretens dieser Bestimmung auf Grund der bisher geltenden Vorschriften genehmigt sind, kann eine Abänderung ihres Baues, ihrer Ausrüstung oder Aufstellung nach Maßgabe dieser Bestimmungen so lange nicht gefordert werden, als sie einer erneuten Genehmigung nicht bedürfen.

----

[1]) Bei den Bestimmungen über Schiffskessel ist dies § 17, welcher lautet:

1. Bei Schiffskesseln, deren Heizfläche 7,5 Quadratmeter nicht übersteigt, ist es zulässig:

a) nur ein Speiseventil anzubringen,

b) von dem zweiten Manometer abzusehen,

c) nur ein Wasserstandsglas und Probierhähne oder Probierventile anzubringen,

d) den Mindestabstand des festgesetzten niedrigsten Wasserstandes über der höchsten Stelle der Feuerzüge für Schiffskessel auf 100 Millimeter zu ermäßigen, wenn die Wasseroberfläche des Kessels größer als das 1,3fache der gesamten Rostfläche ist.

Die gleichen Erleichterungen sind zulässig bei Schiffskesseln der in § 3 Abs. 2 bezeichneten Art, auch wenn sie mit Wasserkammern und Oberkessel versehen sind, sofern ihre Heizfläche 10 Quadratmeter nicht übersteigt.

2. Bei Schiffskesseln, deren Heizfläche 25 Quadratmeter nicht übersteigt, ist es zulässig:

a) nur ein Speiseventil anzubringen,

b) von der dritten Wasserstandsvorrichtung neben den beiden Wasserstandsgläsern abzusehen.

3. Für Dampfkessel auf Baggern, Prähmen, Schuten und dergleichen, deren Heizfläche 15 Quadratmeter nicht übersteigt, können die Materialvorschriften für Landdampfkessel Anwendung finden.

4. Die Zentralbehörden der einzelnen Bundesstaaten sind befugt, in einzelnen Fällen und für einzelne Kesselarten von der Beachtung der Bestimmung der §§ 2 bis 15 zu entbinden.

2. Im übrigen finden die vorstehenden Bestimmungen für die Fälle der erneuten Genehmigung von Dampfkesseln mit der Maßgabe Anwendung, daß dabei von der Durchführung der Bestimmungen des § 2 Abs. 1 und 4 und des § 7 Abs. 5 zweiter Satz abgesehen werden kann. Bei der Genehmigung alter Dampfkessel, deren Materialbeschaffenheit nicht nachgewiesen wird, ist eine Festigkeit von höchstens 30 Kilogramm auf das Quadratmillimeter anzunehmen.

§ 22. Schlußbestimmungen.

1. Die Bekanntmachung, betreffend allgemeine polizeiliche Bestimmungen über die Anlegung von Dampfkesseln, vom 5. August 1890, wird aufgehoben, insoweit sie nicht für bestehende Dampfkesselanlagen Geltung behält.

2. Die Bestimmungen des § 21 Abs. 2 über die zulässige Materialbeanspruchung alter Dampfkessel treten sofort in Kraft. Im übrigen treten die vorstehenden Bestimmungen erst ein Jahr nach ihrer Veröffentlichung in Wirksamkeit. Dampfkessel, die bereits vor diesem Zeitpunkte nach den vorstehenden Bestimmungen gebaut und angelegt werden, sind nicht zu beanstanden.

Berlin, den 17. Dezember 1908.

Der Reichskanzler.
In Vertretung:
von Bethmann Hollweg.

42. Anweisung betreffend Genehmigung und Untersuchung der Dampfkessel [1].

(Vom 16. Dezember 1909.)

Auszug.

V. Regelmäßige technische Untersuchungen.

§ 28.

I. Jeder zum Betrieb aufgestellte Dampfkessel, er mag unausgesetzt oder nur in bestimmten Zeitabschnitten oder unter gewissen Voraussetzungen (z. B. als Reservekessel) betrieben werden, ist von Zeit zu Zeit einer technischen Untersuchung zu unterziehen. Das gleiche gilt von den Reserveteilen (§ 7).

II. Dieser Vorschrift unterliegen Dampfkessel dann nicht mehr, wenn ihre Genehmigung durch dreijährigen Nichtgebrauch (§ 18) oder durch ausdrücklichen der Polizeibehörde und dem zuständigen Kesselprüfer erklärten Verzicht erloschen ist. Endlich ruhen die Untersuchungen in dem durch § 31 Abs. VII vorgesehenen Falle.

III. Eine Entbindung von den wiederkehrenden Untersuchungen, die dauernde Verlängerung der Prüfungsfristen oder die Genehmigung zu einmaligen Fristüberschreitungen über sechs Monate hinaus (§ 31 Abs. VI) kann nur durch Verfügung des Ministers für Handel und Gewerbe erfolgen.

§ 29.

Die technische Untersuchung bezweckt die Prüfung:
1. der fortdauernden Übereinstimmung der Kesselanlage mit den bestehenden gesetzlichen und polizeilichen Vorschriften und mit dem Inhalte der Genehmigungsurkunde;

---

[1] Gilt für Preußen.

2. ihres betriebsfähigen Zustandes;
3. ihrer sachgemäßen Wartung.

§ 31.

I. Die amtliche Untersuchung der Dampfkessel ist eine äußere oder eine innere oder eine Prüfung durch Wasserdruck. Für die nachgenannten Untersuchungsfristen sind die Etatsjahre, d. h. der Zeitraum zwischen dem ersten April des einen und des folgenden Jahres maßgebend.

II. Die regelmäßige äußere Untersuchung findet bei feststehenden Dampfkesseln alle zwei Jahre, bei beweglichen und Schiffsdampfkesseln alle Jahre statt. Bei letzteren muß der Kessel im Betriebe sein, bei feststehenden und beweglichen Dampfkesseln ist der Zeitpunkt der Untersuchung so zu wählen, daß der Kessel voraussichtlich im Betrieb angetroffen wird. Die regelmäßige äußere Untersuchung kommt bei den feststehenden und den beweglichen Kesseln in denjenigen Jahren, in denen eine regelmäßige innere Untersuchung oder Wasserdruckprobe vorgenommen wird, als selbständige Untersuchung in Fortfall.

III. Die regelmäßige innere Untersuchung ist bei feststehenden Kesseln alle vier Jahre, bei beweglichen alle drei Jahre und bei Schiffsdampfkesseln alle zwei Jahre vorzunehmen.

IV. Die regelmäßige Wasserdruckprobe findet bei feststehenden Kesseln mindestens alle acht Jahre, bei beweglichen und Schiffsdampfkesseln mindestens alle sechs Jahre statt und ist mit der in demselben Jahre fälligen inneren Untersuchung möglichst zu verbinden. Müssen die Revisionstermine aus besonderen Gründen einmal in verschiedene Jahre gelegt werden, so sind sie bei der nächsten Gelegenheit wieder zu vereinigen. Ausnahmen von letzterer Regel sind bei Kesseln von Mitgliedern solcher Dampfkesselüberwachungsvereine zulässig, welche für die inneren Untersuchungen Fristen einhalten, die mit der nach dem vorstehenden Absatz III vorgeschriebenen Frist für die innere Untersuchung nicht im Einklange stehen.

V. Die innere Untersuchung kann nach Ermessen des Prüfers durch eine Wasserdruckprobe ergänzt werden. Sie ist stets durch eine Wasserdruckprobe zu ergänzen bei Kesselkörpern, welche ihrer Bauart halber nicht genügend besichtigt werden können.

43. Dienstvorschriften für Kesselwärter.

(Herausgegeben vom Zentralverbande der Preußischen Dampfkessel-überwachungs-Vereine.)

Allgemeines.

1. Die Kesselanlage ist stets rein, gut erleuchtet und von allen nicht dahingehörigen Gegenständen freizuhalten.
2. Der Kesselwärter darf Unbefugten den Aufenthalt in den Kesselanlagen nicht gestatten.
3. Der Kesselwärter ist für die Wartung des Kessels verantwortlich; er darf den Kessel während des Betriebes nicht ohne Aufsicht lassen.

Inbetriebsetzung des Kessels.

4. Vor dem Füllen des Kessels ist festzustellen, ob er im Innern gereinigt ist und Fremdkörper aus ihm entfernt sind. Alle zu ihm

gehörigen Vorrichtungen müssen gangbar und deren Zuführungen zum Kessel frei sein.

5. Das Anheizen soll langsam und erst erfolgen, nachdem der Kessel mindestens bis zur Höhe des festgesetzten niedrigsten Wasserstandes gefüllt ist.

6. Während des Anheizens ist das Dampfventil geschlossen und der Dampfraum mit der äußeren Luft in offener Verbindung zu erhalten. Auch das Nachziehen der Dichtungen hat während dieser Zeit zu erfolgen.

7. Die Wasserstandsvorrichtungen sind vor und während des Anheizens zu prüfen, das Manometer ist stetig zu beobachten.

Betrieb des Kessels.

8. Hähne und Ventile sind langsam zu öffnen und zu schließen.

9. Der Wasserstand soll möglichst gleichmäßig gehalten werden und darf nicht unter die Marke des festgesetzten niedrigsten Standes sinken.

10. Die Wasserstandsvorrichtungen sind unter Benutzung aller Hähne oder Ventile täglich recht oft zu prüfen. Unregelmäßigkeiten, insbesondere Verstopfungen sind, sofort zu beseitigen.

11. Die Speisevorrichtungen sind täglich sämtlich zu benutzen und stets in brauchbarem Zustande zu erhalten.

12. Das Manometer ist zeitweise vorsichtig auf seine Gangbarkeit zu prüfen.

13. Der Dampfdruck soll die festgesetzte höchste Spannung nicht überschreiten.

14. Die Sicherheitsventile sind täglich durch vorsichtiges Anheben zu lüften. Jede Änderung der Belastung der Sicherheitsventile ist untersagt.

15. Beim jedesmaligen Öffnen der Feuertüren ist der Zug zu vermindern.

16. Vor und während Stillstandspausen ist der Kessel aufzuspeisen und der Zug zu vermindern.

17. Beim Schichtwechsel darf der abtretende Kesselwärter sich erst dann entfernen, wenn der antretende Wärter alles in ordnungsmäßigem Zustande übernommen hat.

18. Sinkt das Wasser unter die Marke des niedrigsten Standes, so ist die Einwirkung des Feuers aufzuheben und dem Vorgesetzten unverzüglich Anzeige zu erstatten.

19. Steigt der Dampfdruck zu hoch, so ist der Kessel zu speisen und der Zug zu vermindern. Genügt dies nicht, so ist die Einwirkung des Feuers aufzuheben.

20. Bei Beendigung des Kesselbetriebes hat der Kesselwärter den Dampf tunlichst wegzuarbeiten, das Feuer allmählich zu mäßigen

und eingehen zu lassen bzw. vom Kessel abzusperren, den Rauchschieber zu schließen und den Kessel aufzuspeisen.

21. Bei außergewöhnlichen Erscheinungen, Undichtheiten, Beulen, Erglühen von Kesselteilen usw. ist die Einwirkung des Feuers sofort aufzuheben und dem Vorgesetzten unverzüglich Meldung zu erstatten.

22. Das Decken (Bänken) des Feuers nach Beendigung der Arbeitszeit ist nur gestattet, wenn der Kessel unter Aufsicht bleibt. Außerdem darf der Rauchschieber nicht ganz geschlossen und der Rost nicht ganz bedeckt werden.

Außerbetriebsetzung des Kessels.

23. Das vollständige Entleeren des Kessels darf erst vorgenommen werden, nachdem das Feuer entfernt und das Mauerwerk genügend abgekühlt ist. Muß die Entleerung unter Dampfdruck erfolgen, so darf dies nur mit höchstens 1 Atmosphäre Überdruck geschehen.

24. Das Einlassen von kaltem Wasser in den eben entleerten, heißen Kessel ist streng untersagt.

25. Bei Frostwetter sind außer Betrieb zu setzende Kessel und deren Rohrleitungen gegen Einfrieren zu schützen.

Reinigung des Kessels.

26. Kesselstein und Schlamm sind aus dem Kessel oft und gründlich zu entfernen. Das Abklopfen des Kesselsteins darf nicht mit zu scharfen Werkzeugen ausgeführt werden.

27. Die Züge und die Kesselwandungen sind oft und gründlich von Flugasche und Ruß zu reinigen.

28. Der zu befahrende Kessel muß von den mit ihm verbundenen und im Betriebe befindlichen Kesseln in allen Rohrverbindungen durch genügend starke Blindflanschen oder durch Abnehmen von Zwischenstücken sichtbar abgetrennt werden. Die Feuerungseinrichtungen sind sicher abzusperren.

29. Der Kesselwärter hat sich von der stattgehabten gründlichen Reinigung des Kessels und der Züge persönlich zu überzeugen. Dabei sind die Kesselwandungen genau zu besichtigen und ist der Zustand des Kesselmauerwerks zu untersuchen. Unregelmäßigkeiten sind sofort zur Anzeige zu bringen und zu beseitigen.

Elfter Abschnitt.

Beispiele für die Berechnung von Dampfkesseln.

44. Mehrfacher Walzenkessel (Taf. VII, Fig. 2).

Es ist ein Batteriekessel zu entwerfen, der bei mäßigem Betriebe stündlich $D = 840$ kg Dampf von $p = 10$ at Überdruck liefert. Brennstoff: Steinkohle.

Heizfläche H.

Mit Batteriekesseln läßt sich bei mäßigem Betriebe eine Heizflächenbeanspruchung $\dfrac{D}{H} = 12$ kg erzielen (vgl. Tabelle auf S. 32). Danach ergibt sich

$$H = \frac{D}{\left(\dfrac{D}{H}\right)} = \frac{840}{12} = 70 \text{ m}^2.$$

Rostfläche R.

Die Größe der Rostfläche berechnet sich aus der stündlichen Brennstoffmenge B. Sie ist, wenn gemäß Tabelle auf S. 33 hier für Steinkohle eine $d = 5{,}5$ fache Verdampfung zugrunde gelegt wird, zu

$$B = \frac{D}{d} = \frac{840}{5{,}5} = 152{,}7 \sim 153 \text{ kg.}$$

Da es im allgemeinen zu vermeiden ist, mit der Rostbelastung $\dfrac{B}{R}$ bei Steinkohle unter 70 kg herunterzugehen (Tabelle auf S. 32), so folgt:

$$R = \frac{B}{\left(\dfrac{B}{R}\right)} = \frac{153}{70} = 2{,}19 \sim 2{,}2 \text{ m}^2.$$

Wird eine Rostbreite von 1,4 m gewählt, so ist der Rost

$$l = \frac{2{,}2}{1{,}4} \sim 1{,}6 \text{ m}$$

lang zu machen.

Hauptabmessungen des Kessels.

Es werde ein Kessel mit zwei Oberkesseln und zwei Unterkesseln angenommen (Abb. 460). Der Durchmesser des Oberkessels kann genommen werden zu:

$$d_1 = 0{,}12 \sqrt{H} = 0{,}12 \sqrt{70} = 0{,}12 \cdot 8{,}366 = 1{,}004$$

$$d_1 = 1 \text{ m} = 1000 \text{ mm.}$$

Der Durchmesser des Unterkessels wird:

$$d_2 = d_1 - 200 \text{ mm} = 800 \text{ mm.}$$

Die Entfernung von Mitte Oberkessel bis Mitte Oberkessel wird:

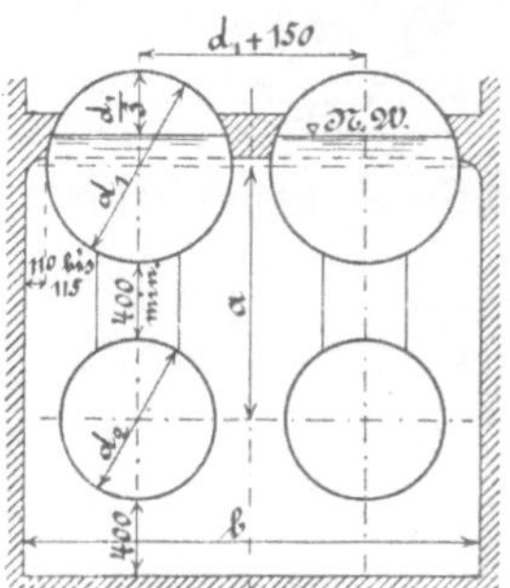

Abb. 460.

$$d_1 + 150 = 1150 \text{ mm.}$$

Der Abstand der Längsmauern voneinander wird:

$$b = 2\,d_1 + 400 = 2400 \text{ mm.}$$

Die kleinste Entfernung von Mitte Oberkessel zu Mitte Unterkessel wird:

$$a = \frac{d_1 + d_2}{2} + 400 = 1300 \text{ mm.}$$

Die Breite der Feuerbrücke sei: 0,38 m. Es sei nun l_1 die Länge des Mantels des Oberkessels und l_2 die Länge des Mantels des Unterkessels, gerechnet bis Hinterkante des Mantels des Oberkessels.

Von der Feuerbrücke bis zum Mantel des Unterkessels nehmen wir etwa 0,5 m, hier der Abrundung wegen 0,52 m, dann ist die Länge des Unterkessels

$$l_2 = l_1 - 1{,}6 - 0{,}38 - 0{,}52$$

$$l_2 = l_1 - 2{,}5 \text{ m.}$$

Die Entfernung vom Niedrigwasserspiegel bis zum Scheitel des Kessels sei $\frac{1}{3} d_1 = \frac{1}{3} 1000 = 333$, dafür rund 335 mm, dann ist von Mitte Kessel bis Niedrigwasserspiegel $500 - 335 = 165$ mm. Da die Oberkante des Zuges 100 mm unter diesem Wasserspiegel liegen soll, so bleibt von Mitte Kessel bis Oberkante Zug 65 mm. Dann ist der von den Gasen bestrichene Umfang des Oberkessels:

$$U_1 = \frac{d_1 \pi}{2} + 2 \cdot 0{,}065 = 1{,}57 + 0{,}130 = 1{,}7 \text{ m}$$

und der entsprechende Umfang des Unterkessels:

$$U_2 = d_2 \pi = 0{,}8\,\pi = 2{,}513 \text{ m.}$$

Vorläufig kann man nun recht gut die vom Mauerwerke verdeckten Flächen gegen die Flächen der Verbindungsstutzen und der Böden vernachlässigen und bekommt für die eine Kesselhälfte:

$$\frac{H}{2} = 35 = U_1 l_1 + U_2 l_2 = 1{,}7\,l_1 + 2{,}513\,(l_1 - 2{,}5)$$

$$35 = 4{,}213\,l_1 - 2{,}513 \cdot 2{,}5 = 4{,}213\,l_1 - 6{,}283\;.$$

Daraus ergibt sich:

$$l_1 = \frac{35 + 6{,}283}{4{,}213} = \frac{41{,}283}{4{,}213} = 9{,}8 \text{ m}$$

und

$$l_2 = 9{,}8 - 2{,}5 = 7{,}3 \text{ m.}$$

Festigkeitsberechnungen.

Oberkessel: Baustoff: Flußeisen, Blechsorte I, $K_z = 3600 \text{ kg/cm}^2$.

Die Blechstärke wird bei Annahme einer zweireihigen, von Hand genieteten Überlappungslängsnaht:

$$s_1 = \frac{d \cdot p \cdot \mathfrak{S}}{2\,K_z \cdot \varphi} + 0{,}1 = \frac{100 \cdot 10 \cdot 4{,}75}{2 \cdot 3600 \cdot 0{,}7} + 0{,}1 = 0{,}942 + 0{,}1 = 1{,}042 \text{ cm,}$$

dafür:
$$s_1 = 1{,}1 \text{ cm;}$$

die Feuerplatte bekomme eine Stärke von **1,2 cm.**

Die Nietstärke wird:

$$\delta = s_1 + 0{,}8 = 1{,}9 \text{ cm,}$$

dafür nehmen wir:
$$\boldsymbol{\delta = 2 \text{ cm.}}$$

Ferner wird die Entfernung der Niete vom Blechrande:

$$e = 1{,}5\,\delta = 1{,}5 \cdot 2 = 3 \text{ cm,}$$

die Teilung der doppelten Längsnaht:

$$t_2 = 2{,}6\,\delta + 1{,}5 = 6{,}7 \text{ cm,}$$

der Nietquerschnitt:

$$\frac{\delta^2\,\pi}{4} = \frac{2^2\,\pi}{4} = 3{,}14 \text{ cm}^2.$$

Die auf 1 cm² Nietquerschnitt entfallende Kraft ist:

$$Q = \frac{d \cdot t_2 \cdot p}{2\,n\,\dfrac{\delta^2\,\pi}{4}} = \frac{100 \cdot 6{,}7 \cdot 10}{2 \cdot 2 \cdot 3{,}14} = 533 \text{ kg,}$$

was gering genug ist, da der Gleitungswiderstand hier 550 bis 650 kg gerechnet werden kann.

Die Entfernung der beiden Nietreihen voneinander ist:

$$e_1 = 0{,}6\,t_2 = 4 \text{ cm,}$$

die Teilung der einreihigen Quernaht:

$$t_1 = 2\,\delta + 0{,}8 = 4{,}8 \text{ cm.}$$

Unterkessel: Die Blechstärke wird:

$$s_2 = \frac{80 \cdot 10 \cdot 4{,}75}{2 \cdot 3600 \cdot 0{,}7} + 0{,}1 = 0{,}753 + 0{,}1 = 0{,}85\ .$$

Dafür wegen der Schwächung durch die Ausschnitte für die Verbindungsstutzen:

$$s_2 = 0{,}95 \text{ cm.}$$

Die Nietstärke wird:

$$\delta = s + 0{,}8 \text{ cm} = 1{,}75 = \sim 1{,}8 \text{ cm,}$$

die Entfernung der Nietnaht vom Blechrande:

$$e = 1{,}5 \cdot 1{,}8 = 2{,}7 \text{ cm,}$$

die Teilung der doppelten Längsnaht:

$$t_2 = 2{,}6\,\delta + 1{,}5 = 6{,}18 = \sim 6{,}2 \text{ cm,}$$

der Nietquerschnitt:

$$\frac{\delta^2\,\pi}{4} = 2{,}54 \text{ cm}^2.$$

Die auf 1 cm² Nietquerschnitt entfallende Kraft ist:

$$Q = \frac{d \cdot t_2 \cdot p}{2\,n\,\dfrac{\delta^2\,\pi}{4}} = \frac{80 \cdot 6{,}2 \cdot 10}{4 \cdot 2{,}54} = 488 \text{ kg.}$$

was nicht zuviel ist.

Die Teilung der einreihigen Quernaht wird:

$$t_1 = 2\,\delta + 0{,}8 = 4{,}4 \text{ cm,}$$

die Entfernung der beiden Nietreihen der Längsnaht:

$$e_1 = 0{,}6\,t_2 = 0{,}6 \cdot 6{,}2 = 3{,}7 \text{ cm.}$$

Die Böden des Oberkessels (Taf. VII, Fig. 2d). Nach der Tabelle von Thyssen & Co. (S. 248) erhalten die Böden einen Krümmungsradius von $R = 1200$ mm. Ihre Blechstärke wird also:

$$s_3 = \frac{p \cdot R}{2 \cdot k_z} = \frac{10 \cdot 120}{2 \cdot 650} = 0{,}92 \text{ cm.}$$

Da an beiden Böden Auflagerkonsole, am vorderen außerdem noch der Wasserstand angebracht werden soll, wird die Blechstärke gewählt zu

$$s_3 = 1{,}2 \text{ cm.}$$

Die Böden des Unterkessels (Taf. VII, Fig. 2e). Die Tabelle ergibt einen Krümmungsradius $R = 900$ m. Daher wird

$$s_4 = \frac{p \cdot R}{2 \cdot k_z} = \frac{10 \cdot 90}{2 \cdot 650} = 0{,}69 \text{ cm.}$$

Am hinteren Boden soll nun aber ein Mannloch angebracht werden, während der vordere Boden der Einwirkung sehr heißer Gase ausgesetzt wird. In Anbetracht dessen wird gewählt:

$$s_4 = 1{,}2 \text{ cm.}$$

Der Dampfsammler. Dieser verbindet die Dampfräume der beiden Oberkessel miteinander. Die Wandstärke wird bei doppelter, von Hand genieteter Längsnaht:

$$s_5 = \frac{70 \cdot 10 \cdot 4,75}{2 \cdot 3600 \cdot 0,7} + 0,1 = 0,66 + 0,1 = 0,76 = \sim 0,8 \text{ cm.}$$

Die Nietstärke wird:

$$\delta = s + 0,8 \text{ cm} = 0,8 + 0,8 = 1,6 \text{ cm,}$$

die Entfernung der Nietnaht vom Blechrande:

$$e = 1,5 \cdot 1,6 = 2,4 \text{ cm,}$$

die Teilung der doppelten Längsnaht:

$$t_2 = 2,6\,\delta + 1,5 \text{ cm} = 2,6 \cdot 1,6 + 1,5 = 4,16 = \sim 4,2 \text{ cm.}$$

Der nötige Gleitungswiderstand ist hier sicher vorhanden.
Für die Rundnaht wird:

$$t_1 = 2\,\delta + 0,8 \text{ cm} = 2 \cdot 1,6 + 0,8 = 4 \text{ cm.}$$

Die Stärke des Bodenbleches werde aus praktischen Gründen $s_6 = 1$ **cm** genommen, während die Rechnung nur

$$s_6 = \frac{10 \cdot 80}{2 \cdot 650} = 0,615 \text{ cm}$$

ergibt.

Die Verbindungsstutzen zur Verbindung der Ober- und Unterkessel und zur Verbindung der Oberkessel mit dem Dampfsammler bekommen eine Wandstärke von **1,2 cm.**

Schußeinteilung.

Oberkessel. Die unmittelbar über dem Rost liegende Feuerplatte rage noch etwa 0,9 m über die Feuerbrücke hinaus, dann wird ihre Länge: Rostlänge + Stärke der Feuerbrückenwand + 0,9 m = 1,6 + 0,38 + 0,9 = 2,88 m; oder von Mitte bis Mitte Rundnaht 2,88 — 2 · 0,03 = 2,82 m. Nun ist die Mantellänge zwischen den Mitten der ersten und letzten Rundnaht:

$$9,8 - 2 \cdot 0,03 = 9,74 \text{ m,}$$

es bleibt somit für die übrigen Schüsse eine Länge:

$$9,74 - 2,82 = 6,92 \text{ m.}$$

Werden dafür vier Schüsse gewählt, so würde jeder von Mitte zu Mitte Rundnaht eine Länge von

$$\frac{6,92}{4} = 1,73 \text{ m}$$

erhalten, oder von Rand zu Rand

$$1,73 + 0,06 = 1,79 \text{ m.}$$

Rundet man dieses Maß auf 1800 mm ab, so muß die Feuerplatte eine Länge von

$$9740 - 4(1800 - 60) + 60 = 2840 \text{ mm}$$

von Rand zu Rand erhalten. Die beiden Mantelbleche, welche oberhalb der Feuerplatte einzunieten sind, werden je

$$\frac{2840 - 60}{2} + 60 = 1450 \text{ mm}$$

von Rand zu Rand lang.

Unterkessel. Nach der Zeichnung erhalten die Unterkessel von Mitte des vorderen Stutzens ab gerechnet eine Länge von 6800 mm. Vorn gilt dieses Maß bereits bis Mitte Nietnaht, hinten ist für die Entfernung von Mitte Niet bis zum Rande 27 mm abzuziehen. Somit wird die Mantellänge von Mitte der zweiten Rundnaht bis zur Mitte der Naht am hinteren Boden 6800 — 27 = 6773 mm. Dafür werden mit Rücksicht auf zweckmäßige Anordnung des hinteren Stutzens 5 Schüsse gewählt, und zwar 4 Schüsse mit je 1355 und 1 Schuß mit 1353 mm Länge. Mit den Überlappungen messen also 4 Schüsse je 1409 und 1 Schuß 1407 mm in der Länge.

Der vor dem vorderen Verbindungsstutzen liegende — sechste — Schuß wird, um den Dampfblasen das Entweichen in den Oberkessel zu erleichtern, nach vorn auf 700 mm verengt. Um nun dadurch die Heizfläche nicht zu verkleinern, wird er etwas länger gemacht, als der errechneten Kessellänge entspricht, und zwar wird er 1,2 m lang.

Die Züge.

Der Fuchs erhält einen Querschnitt gleich dem vierten Teil der Rostfläche = 2,2 : 4 = 0,55 m². Wird seine Höhe gleich 0,8 m angenommen, so wäre er 0,7 m breit zu machen.

Die Entfernung zwischen der Feuerbrücke und der hinteren Mauer ergibt sich zu 9,8 + 0,7 — (1,6 + 0,38) — 0,45 = 8,07 m. Nimmt man nun im ganzen 6 Zwischenwände an, drei hängend und drei stehend, von je 120 mm Stärke, so wird jede so abgeteilte Kammer

$$\frac{8070 - 6 \cdot 120}{7} = 1050 \text{ mm}$$

lang. Damit erhält der Zug an der engsten Stelle in Höhe der Unterkesselmitte einen Querschnitt von:

$$1,05 \cdot (2,4 - 2 \cdot 0,8) = 1,05 \cdot 0,8 = 0,84 \text{ m}^2,$$

er wird also 0,84 : 0,56 = 1,5 mal so groß wie der Fuchsquerschnitt. Soll der Zugquerschnitt über den Zwischenwänden etwa ebensoviel betragen, dann sind diese Wände wie folgt abzugrenzen:

Stehende Zwischenwand. Liegt die Oberkante der Wand o m unter der Mitte der Oberkessel und wird davon abgesehen, daß die obere Zug-

abdeckung etwas höher als diese Kesselmitte liegt, dann gilt für den Zugquerschnitt oberhalb der Wand:

$$o \cdot 2{,}4 - \frac{\pi \cdot 1^2}{4} = 0{,}84 \ .$$

Daraus folgt

$$o = \frac{0{,}84 + 0{,}7854}{2{,}4} = 0{,}677 \sim 0{,}7 \ \text{m}.$$

Hängende Zwischenwand. Aus konstruktiven Gründen legt man die
Unterkante dieser Wände nicht tiefer als die Mitte der Unterkessel. Macht
man nun die Kesselstühle im Mittel 300 mm hoch, so daß also die Sohle
der Kammern 700 mm unter der Unterkesselmitte liegen würde, so
erhält der Zug unter der Wand einen Querschnitt von

$$0{,}7 \cdot 2{,}4 - \frac{\pi \cdot 0{,}8^2}{4} = 1{,}18 \ \text{m}^2.$$

Er wird somit sehr reichlich bemessen, was aber im Hinblick auf die
Aschenablagerung vorteilhaft ist.

Ausrüstung.

Das Sicherheitsventil: Nach S. 312 gilt für den Querschnitt des
Ventils:

$$F = 15 \cdot H \cdot \sqrt{\frac{1000 \cdot v_s}{p}} = 15 \cdot 70 \cdot \sqrt{\frac{1000 \cdot 0{,}1815}{10}} = 4473 \ \text{mm}^2.$$

Dem entspricht ein Durchmesser

$$d = 75 \ \text{mm}.$$

Das Absperrventil: Seine Querschnittsfläche berechnet sich nach
S. 297 zu

$$\frac{\pi \cdot d^2}{4} = \frac{600 \cdot D}{\gamma_s \cdot c} \ .$$

Nimmt man nach der Tabelle auf S. 32 eine Heizflächenbeanspruchung von 20 kg als erreichbar an, so würde die stündliche Dampfmenge
$D = 20 \cdot 70 = 1400$ kg. Aus der Dampftabelle auf S. 12 ergibt sich für
$\gamma_s = 5{,}51$ kg/m³. Wählt man nun noch die Dampfgeschwindigkeit
$c = 25$ m, dann wird

$$\frac{\pi \cdot d^2}{4} = \frac{600 \cdot 1400}{5{,}51 \cdot 25} = 6098 \ \text{mm}^2$$

und

$$\boldsymbol{d = 88{,}1 \sim 90 \ \text{mm}.}$$

Das Speiseventil. Nach vorstehendem ist bei flottem Betriebe
$D = 1400$ kg, also nach S. 289:

$$\frac{\pi \cdot d^2}{4} = \frac{D}{c} = \frac{1400}{0{,}5} = 2800 \ \text{mm}^2$$

oder

$$d = \sim 60 \ \text{mm}.$$

Der Ablaßstutzen. Da beide Unterkessel mit Ablaßstutzen zu versehen sind, gilt für den Durchmesser dieser Stutzen, wenn sie zusammen ungefähr ebensoviel Querschnittsfläche haben sollen wie das Speiseventil:

$$\frac{\pi \cdot d^2}{4} = \frac{2800}{2} = 1400$$

oder

$$d = \sim 40 \text{ mm.}$$

Genaue Berechnung der Heizfläche.

Da alle Schüsse mit Ausnahme desjenigen über dem Roste konisch sind, so können wir rechnen:

für den äußeren Durchmesser des Oberkessels durchweg 1,011 m,
für den äußeren Durchmesser des Unterkessels hinten 0,8095 m,
für den Durchmesser des ersten Schusses am Unterkessel 0,770 m.

Es soll nun zuerst die Heizfläche der einen Hälfte des Kessels berechnet werden.

Es ist die Heizfläche am Mantel des Oberkessels:

$$\left(\frac{1,011\,\pi}{2} + 2 \cdot 0,065\right) 9,8 = 16,827 \,,$$

am Mantel des Unterkessels, hinten:

$$0,8095 \cdot \pi \, (6,8 - 0,45) = 16,142 \,,$$

am Mantel des Unterkessels, vorderer Schuß:

$$0,770\,\pi \cdot 1,2 = 2,902 \,,$$

an den Mänteln der Verbindungsstutzen:

$$(0,45 + 2 \cdot 0,012)\,\pi \cdot 0,88 = 1,310 \,,$$

am Oberkesselboden:

$$\frac{1^2\,\pi}{4 \cdot 2} + 0,065 \cdot 1 = 0,457 \,,$$

am Unterkesselboden:

$$\frac{0,7^2\,\pi}{4} = 0,385$$

zusammen 38,023 m².

Hiervon geht die Fläche ab, die durch die Verbindungsstutzen fortgenommen wird, und die Fläche, die von dem Mauerwerke der Zwischenwände und der Schutzkappe am Vorderschusse des Unterkessels verdeckt wird:

Es geht also ab:
durch die Verbindungsstutzen:

$$4 \cdot \frac{0{,}474^4\,\pi}{4} = 0{,}705 \;,$$

durch Verdecken am Oberkessel:

$$3 \cdot 0{,}12 \left(\frac{1{,}011\,\pi}{2} + 2 \cdot 0{,}065 \right) = 0{,}618 \;,$$

durch Verdecken am Unterkessel:

$$4 \cdot 0{,}120 \cdot 0{,}8095\,\pi = 1{,}220 \;,$$
$$\tfrac{1}{3} \cdot 0{,}120 \cdot 0{,}770\,\pi = 0{,}157 \;,$$
$$0{,}65 \cdot 0{,}2 = 0{,}130$$
$$\overline{\text{zusammen}\quad 2{,}830\ \text{m}^2.}$$

Es bleiben also:

$$38{,}023 - 2{,}830 = 35{,}193\ \text{m}^2,$$

und für den ganzen Kessel ergibt sich die Heizfläche zu:

$$\boldsymbol{H} = 2 \cdot 35{,}193 = \boldsymbol{70{,}386\ \text{m}^2.}$$

45. Einflammrohrkessel. (Hierzu Abb. 461 bis 464.)

Es ist ein Einflammrohr-Wellrohrkessel zu berechnen, der stündlich $D = 600$ kg Dampf von $p = 8$ at Überdruck liefert. Brennstoff: Steinkohle.

Heizfläche $\boldsymbol{H}$.

Als Dampfleistung mäßig beanspruchter Einflammrohrkessel kann nach der Tabelle auf S. 32 15 kg je m² Heizfläche und Stunde angenommen werden. Dann wird

$$H = \frac{D}{\left(\dfrac{D}{H}\right)} = \frac{600}{15} = 40\ \text{m}^2.$$

Rostfläche $\boldsymbol{R}$.

Ergibt die verfeuerte Steinkohle eine 6fache Verdampfung (Tabelle auf S. 33), so werden stündlich

$$B = \frac{D}{6} = \frac{600}{6} = 100\ \text{kg}$$

Kohle verbrannt.

Dazu ist eine Rostfläche von

$$R = \frac{B}{70} = \frac{100}{70} = \sim 1{,}43\ \text{m}^2\ \text{erforderlich,}$$

wenn in Anbetracht späterer größerer Anstrengung des Kessels mit der sehr niedrigen Rostbelastung von 70 kg Steinkohle je m² Rostfläche und Stunde (s. Tabelle S. 32) gerechnet wird.

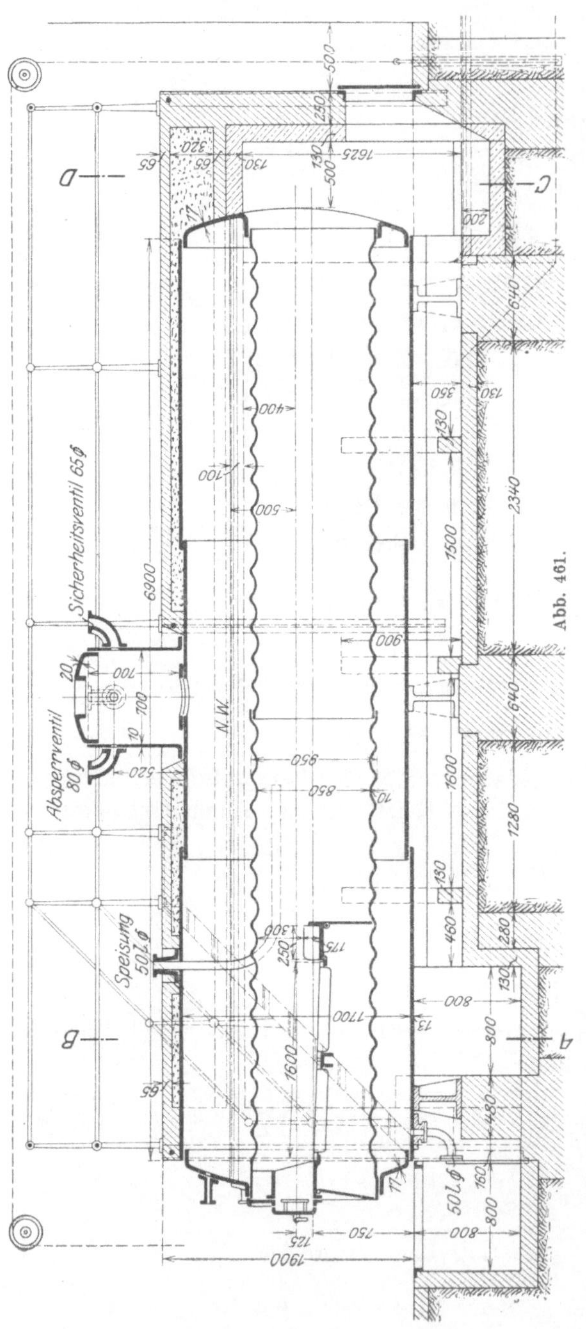

Hauptabmessungen des Kessels.

Wenn nicht besondere Bedingungen wegen des Platzes gestellt sind, so kann man den Durchmesser eines Einflammrohrkessels zu

$$d = 0{,}26 \sqrt{H} \text{ Meter}$$

annehmen.

Hier wird dann:

$$d = 0{,}26 \sqrt{40} = 1{,}64$$
gewählt **1,7 m.**

Der Flammrohrdurchmesser kann dann zu

$$d_1 = \frac{d}{2} = \frac{1{,}7}{2} = 0{,}85 \text{ m}$$

angenommen werden, gewählt Wellrohr von 850/950 mm Durchmesser. Wir nehmen gewölbte Böden und wählen den vorderen mit Aushalsung, den hinteren Boden mit Einhalsung nach der Tabelle von Schulz Knaudt (S. 245), mit $d_1' = 950$ mm, $b = c = 125$ mm, $H = 275$ mm, $y = 400$ mm, $x = 65$ mm, $h = 80$ mm, $h_1 = 75$ mm, $R = 2200$ mm.

Nehmen wir vorläufig die Blechstärke des Wellrohres s_w zu 10 mm an, so wird sein mittlerer innerer Durchmesser

$$d_{1m} = \frac{850 + 950 - 20}{2}$$
$$= 0{,}89 \text{ m.}$$

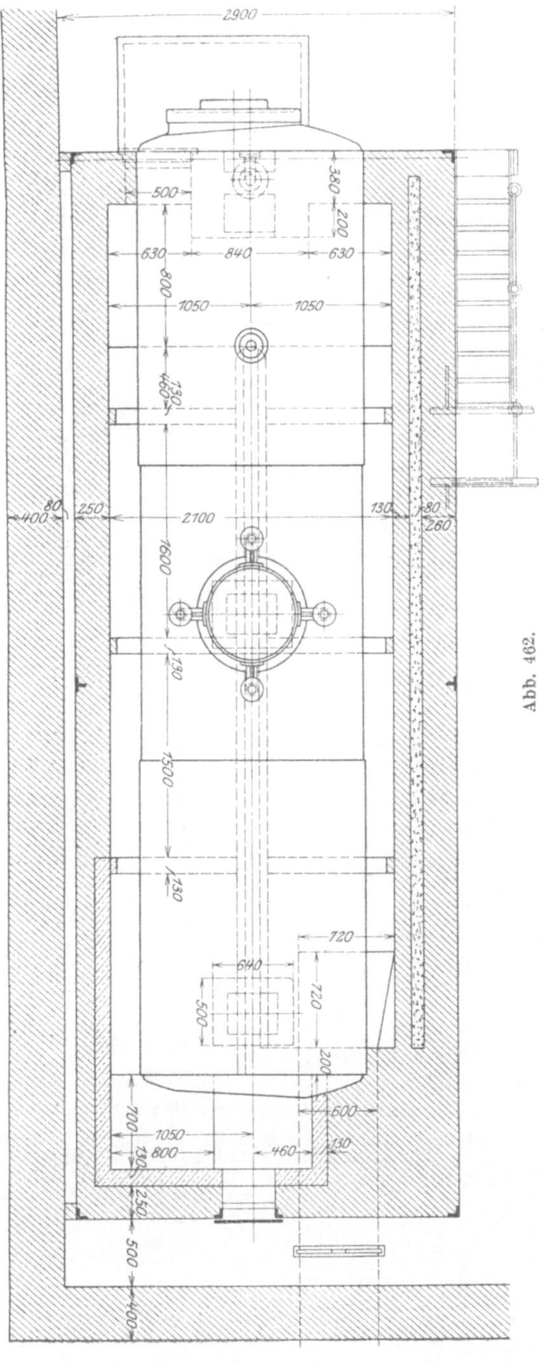

Hiermit wird die Rostlänge:

$$l_r = \frac{1{,}43}{0{,}89} = 1{,}6 \text{ m.}$$

Setzen wir die Feuerbrückenlänge $l_f = 0{,}25$ m, so wird die Länge des Rostes mit Feuerbrücke:

$$l'_r = l_r + l_f = 1{,}85 \text{ m.}$$

Die Zugführung sei nun folgende:

    I. Flammrohr,

   II. eine Seite des Mantels nach vorn,

 III. andere Seite des Mantels nach hinten.

Der Niedrigwasserspiegel liege um 150 mm über Flammrohrscheitel oder

$$\frac{950}{2} - 125 + 150 = 500 \text{ mm}$$

über der Mitte des Kessels. Die Oberkanten der Seitenzüge liegen um 100 mm tiefer, also 400 mm über Kesselmitte. Zeichnet man nun den Querschnitt des Kessels in einfachen Linien im Maßstabe 1 : 10 auf, so findet man, daß von der Kesselmitte bis zur Oberkante der Seitenzüge noch eine Manteloberfläche von etwa 415 mm Höhe liegt.

Die Größe des letzten Zuges kann man zu

$$\frac{1}{4} R = \frac{1}{4} \cdot 1{,}43 = 0{,}36 \text{ m}^2$$

annehmen. Diese Größe müßte auch der vorn unter

dem Kessel durchgehende Verbindungskanal mindestens erhalten. Mit Rücksicht auf den Richtungswechsel der Gase an dieser Stelle wollen wir aber dort lieber einen Aschensack anordnen und daher dem Kanal einen weit größeren Querschnitt nämlich $0,8 \times 0,8$ m geben.

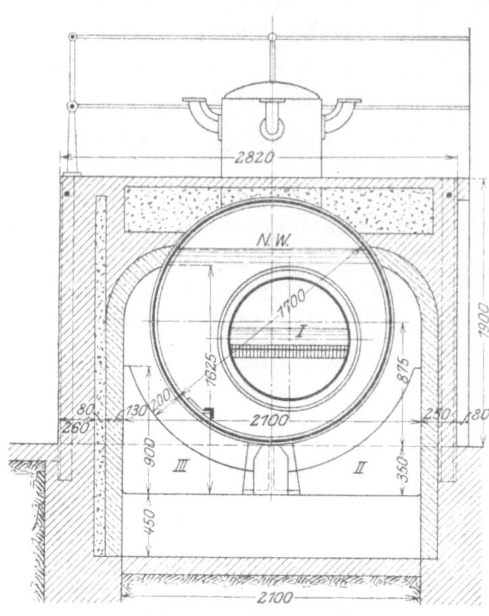

Schnitt *A—B* der Abb. 461.
Abb. 463.

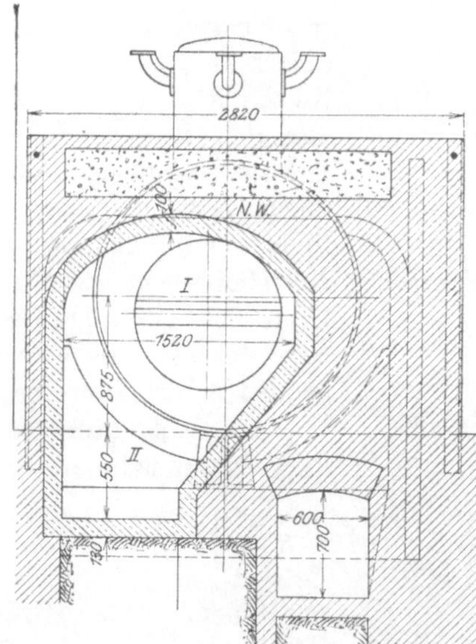

Schnitt *C—D* (nach vorn gesehen) der Abb. 461.
Abb. 464.

Ist L die Länge des Kessels[1]) und berücksichtigt man, daß vorn eine Mantellänge von 0,38 m, hinten auf etwa $^2/_3$ des Umfanges eine solche von 0,2, also zusammen

$$0,38 + \frac{2}{3} \cdot 0,2 = 0,51 \text{ m}$$

vom Mauerwerk verdeckt wird, so kann man genau genug die Heizfläche des Mantels rechnen:

$$H_m = 0,6\, d\, \pi\, (L - 0,51)$$
$$= 0,6 \cdot 1,7\, \pi\, L - 0,6 \cdot 1,7\, \pi \cdot 0,51$$
$$= (3,2\, L - 1,63)\ \text{m}^2\,.$$

Die Heizfläche des Flammrohres wird, wenn man berücksichtigt, daß Wellrohr eine 14% größere Heizfläche ergibt als glattes Rohr, dessen innerer Durchmesser gleich dem mittleren inneren Durchmesser d_{1m} des Wellrohres ist, und wenn man ferner die von der Feuerung verdeckte Fläche abzieht, etwa:

$$H_f = 1,14 \cdot (d_{1m}\, \pi\, L - \cdot \frac{d_{1m} \cdot \pi}{2}\, l_r')$$
$$= 1,14\, (0,89 \cdot \pi\, L - \frac{0,89 \cdot \pi}{2}\, 1,85)$$
$$= (3,19 \cdot L - 2,94)\, m^2\,.$$

Die Heizfläche des hinteren Bodens kann man rechnen nach Abb. 464 zu:

---

[1]) Der Einfachheit halber rechnen wir als Länge L immer die eigentliche Mantellänge, dann wird allerdings bei gewölbten Böden die Heizfläche des Kessels etwas größer als bei ebenen Böden.

$$H_b = 0,5 \cdot \frac{d^2 \cdot \pi}{4} - \frac{d_1^2 \cdot \pi}{4} \, , \text{ da } d_1 = d'_1 - 2 \cdot s_w = 0,95 - 0,02 = 0,93 \text{ m}$$

ist, so wird:

$$H_b = 0,5 \cdot \frac{1,7^2 \cdot \pi}{4} - \frac{0,93^2 \cdot \pi}{4} = 1,14 - 0,68 = 0,46 \text{ m}^2 \, .$$

Da die gesamte Heizfläche 40 m² betragen soll, so ist

$$H = H_m + H_f + H_b = 40$$

oder

$$40 = 3,2\, L - 1,63 + 3,19\, L - 2,94 + 0,46$$
$$= 6,39\, L - 4,11$$

und daher

$$L = \frac{44,11}{6,39} = \boldsymbol{6,9\, m.}$$

Genauer würde man folgendermaßen rechnen: Es ist:
Der Umfang des Mantels bis zur Decke der Seitenzüge:

$$
\begin{aligned}
0,5 \cdot 1,7 \cdot \pi \;\; &= 2,67 \\
+\, 2 \cdot 0,415 \;\; &= 0,83 \\
\hline
U_m \;\; &= 3,50 \text{ m.}
\end{aligned}
$$

Der in Rechnung zu stellende Umfang des Wellrohres

$$U_f = 1,14 \cdot 0,89 \cdot \pi = 3,19 \text{ m,}$$

die Heizfläche des hinteren Bodens

$$H_b = 0,46 \text{ m}^2,$$

die vom Rost verdeckte Fläche

$$H_r = 2,94 \text{ m}^2.$$

Vom Mantel wird verdeckt:
vorn eine Länge von 0,38 m, hinten auf ²/₃ des Umfanges eine solche von
0,2 m oder rund 0,13 m, außerdem unten durch die Mauerzunge, mit der
oberen Breite von 0,12 m, eine Fläche

$$H_z = 0,12\, (L - 0,38 - 0,13 - 0,8 - 0,2) = 0,12\, (L - 1,51) \text{ m}^2,$$

ferner durch das Mauerwerk um den Ablaßstutzen und den dahinter
liegenden Kesselstuhl:

$$H_a = 0,2 \cdot 0,84 = 0,17 \text{ m}^2.$$

Dann ist

$$H = 40 = U_m \cdot (L - 0,38 - 0,13) + U_f \cdot L - H_r + H_b - H_z - H_a$$
$$40 = 3,5 \cdot (L - 0,51) + 3,19 \cdot L - 2,94 + 0,46 - 0,12\, (L - 1,51) - 0,17$$
$$= 6,57\, L - 4,26$$

oder

$$L = 6,74 \text{ m.}$$

Die Differenz von $6,9 - 6,74 = 0,16$ m ist dadurch zu erklären, daß bei den gewählten Boden- und Flammrohrmaßen der niedrigste Wasserstand und damit auch die Abdeckung der Züge etwas höher liegen, als wenn man das sonst übliche Maß $\dfrac{d}{4}$ für die Höhe von N. W. über Kesselmitte gewählt hätte.

Festigkeitsberechnungen.

Kesselmantel: Baustoff: Flußeisen, Blechsorte I mit $K_z = 3600$ kg für 1 cm².

Angenommen zweireihige mit Maschine genietete Überlappungsnietung in der Längsnaht.

Blechstärke:

$$ s = \frac{d \cdot p \cdot \mathfrak{S}}{2 K_z \cdot \varphi} + 0.1 = \frac{170 \cdot 8 \cdot 4,5}{2 \cdot 3600 \cdot 0,7} + 0,1 = 1,31 \text{ cm,} $$

dafür

$$ s = 1,3 \text{ cm.} $$

Nietstärke:

$$ \delta = 1,3 + 0,8 = 2,1 = \sim 2,2 \text{ cm.} $$

Nietquerschnitt:

$$ \frac{\delta^2 \pi}{4} = 3,8 \text{ cm}^2. $$

Nietteilung für doppelreihige Längsnaht:

$$ t_2 = 2,6\,\delta + 1,5 \text{ cm} = 2,6 \cdot 2,2 + 1,5 = 7,2 \text{ cm.} $$

Dann kommt auf 1 cm² Nietquerschnitt die ein Gleiten anstrebende Kraft:

$$ Q = \frac{d \cdot t_2 \cdot p}{2\,n\,\dfrac{\delta^2 \pi}{4}} = \frac{170 \cdot 7,2 \cdot 8}{2 \cdot 2 \cdot 3,8} = 644 \text{ kg,} $$

was zulässig ist.

Die Teilung für die einreihige Rundnaht:

$$ t_1 = 2\,\delta + 0,8 \text{ cm} = 2 \cdot 2,2 + 0,8 = 5,2 \text{ cm.} $$

Für die Rundnaht würde die auf 1 cm² Nietquerschnitt entfallende Kraft sein:

$$ Q_1 = \frac{d \cdot t_1\,p}{4\,n\,\dfrac{\delta^2 \pi}{4}} = \frac{170 \cdot 5,2 \cdot 8}{4 \cdot 1 \cdot 3,8} = 465 \text{ kg,} $$

während bis 700 kg zulässig ist.

Die Entfernung der Nietreihen bei der doppelten Naht:

$$ e_1 = 0,6\,t_2 = 0,6 \cdot 7,2 = 4,3 \text{ cm.} $$

Die Randentfernung:

$$e = 1,5\,\delta = 1,5 \cdot 2,2 = \mathbf{3,3\ cm.}$$

Flammrohr: Baustoff: Flußeisen, Blechsorte I. Da das Flammrohr aus Wellrohr hergestellt werden soll, so wird seine Blechstärke

$$s_1 = \frac{p \cdot d_1}{1200} + 0,2 = \frac{8 \cdot 85}{1200} + 0,2 = 0,77\ \text{cm}$$

dafür

$$s_1 = \mathbf{1,0\ cm.}$$

Nietstärke:

$$\delta = 1,0 + 0,8 = \mathbf{1,8\ cm.}$$

Nietteilung:

$$t_1 = 2\,\delta + 0,8 = 2 \cdot 1,8 + 0,8 = \mathbf{4,4\ cm.}$$

Randentfernung:

$$e = 1,5\,\delta = 1,5 \cdot 1,8 = \mathbf{2,7\ cm.}$$

Kesselboden: Baustoff: Flußeisen, Blechsorte I.

Blechstärke:

$$s_2 = \frac{p \cdot R}{2 \cdot k_z} = \frac{8 \cdot 220}{2 \cdot 650} = 1,36\ \text{cm,}\ {}^1)$$

dafür aber nach Tabelle von Schulz Knaudt:

$$s_2 = \mathbf{1,7\ cm.}$$

Dom: Baustoff: Flußeisen, Blechsorte I mit $K_z = 3600$ kg/cm².

Es werde der Durchmesser $d_2 = 700$ mm, die Höhe des Dommantels $= 700$ mm genommen.

Blechstärke:

$$s_3 = \frac{d_2 \cdot p \cdot \mathfrak{S}}{2\,K_z\,\varphi} + 0,1 = \frac{70 \cdot 8 \cdot 4,5}{2 \cdot 3600 \cdot 0,56} + 0,1 = 0,73\ \text{cm,}$$

dafür

$$s_3 = \mathbf{1,0\ cm.}$$

Nietstärke:

$$\delta = s_3 + 0,8\ \text{cm} = \mathbf{1,8\ cm.}$$

Nietteilung:

$$t_1 = 2\,\delta + 0,8\ \text{cm} = \mathbf{4,4\ cm.}$$

Randentfernung:

$$e = 1,5\,\delta = \mathbf{2,7\ cm.}$$

Der erforderliche Widerstand gegen Gleiten ist hier sicher vorhanden.

Domboden: Baustoff: Flußeisen, Blechsorte I.

Der Boden werde am Mannlochrande mit einer Umbördelung versehen und bekomme die Blechstärke:

$$s_4 = \mathbf{20\ mm.}$$

${}^1)$ Nach den Bauvorschriften für Landkessel, Absatz VII, kann man bei solchen durch Aus- oder Einhalsung versteiften Böden mit k_z bis 750 kg gehen.

Versteifungsring am Mannloch im Kesselmantel. (Abb. 276.)

Das Mantelblech war mit $\varphi = 0{,}7$ berechnet, also wird:

$$2\,b \cdot c = a \cdot \varphi \cdot s \ .$$

Mit $c = 20$ mm wird:

$$2 \cdot b \cdot 20 = 300 \cdot 0{,}7 \cdot 13 \ ,$$

$$b = \frac{300 \cdot 0{,}7 \cdot 13}{40} = 68{,}3 = \sim 68 \text{ mm.}$$

Wegen der Schwächung des Ringes durch die Nietlöcher muß man

$$b = 68 + 22 = \textbf{90 mm}$$

machen.

Anzahl der Niete im halben Ringe:

$$n = \frac{d \cdot a \cdot p}{1000 \, \dfrac{\delta^2 \, \pi}{4}} = \frac{160 \cdot 30 \cdot 8}{1000 \cdot 3{,}8} = 10{,}1 \text{ dafür } \textbf{10.}$$

Man macht nun vielleicht (Abb. 276):

$$e = \textbf{30} \ ; \quad e_1 = \textbf{30} \ .$$

Einteilung der Mantelschüsse.

Der 6900 mm lange Kesselmantel kann bequem aus 3 Schüssen zusammengesetzt werden. Will man die Schüsse gleich breit machen, so ist zunächst zur Mantellänge noch für jede nicht an einem Boden liegende Rundnaht eine Überlappungsbreite hinzuzurechnen, also hier $6900 + 2 \cdot 66$ $= 7032$ mm und diese Länge dann gleichmäßig auf die Schüsse zu verteilen. Also Schußbreite

$$\frac{7032}{3} = 2344 \text{ mm.}$$

Die Länge der für einen Schuß zu verwendenden Blechtafel wird im bearbeiteten Zustande:

a) bei einem Außenschuß mit dem Durchmesser $(1700 + 13)$ mm in der Mittelschicht und bei der Überlappungsbreite in der zweireihigen Längsnaht von $(33 + 43 + 33)$ mm

$$\pi \cdot 1713 + 109 = 5488 \text{ mm,}$$

b) bei dem in der Mitte liegenden Innenschuß, dessen mittlerer Durchmesser $(1700 - 13)$ mm ist:

$$\pi \cdot 1687 + 109 = 5406 \text{ mm.}$$

Ausrüstung.

Das Sicherheitsventil. Es wird nach S. 312

$$F = 15 \cdot H \cdot \sqrt{\frac{1000 \cdot v_s}{p}} = 15 \cdot 40 \sqrt{\frac{1000 \cdot 0{,}2194}{8}} = 3142 \text{ mm}^2$$

und danach $\qquad\qquad\qquad\qquad d \sim 65$ mm.

Das Absperrventil. Die stündliche Dampfmenge kann bei flottem Betriebe gerechnet werden zu (vgl. Tabelle S. 32):

$$D = 25 \cdot H = 25 \cdot 40 = 1000 \text{ kg.}$$

Dann wird, wenn $c = 25$ m gesetzt wird,

$$\frac{\pi \cdot d^2}{4} = \frac{600 \cdot D}{\gamma_s \cdot c} = \frac{600 \cdot 1000}{4,56 \cdot 25} = 5263 \text{ mm}^2,$$

also

$$d = 81,9 \backsim 80 \text{ mm.}$$

Das Speiseventil. Für $c = 0,5$ m (s. S. 289) wird

$$\frac{\pi \cdot d^2}{4} = \frac{D}{c} = \frac{1000}{0,5} = 2000 \text{ mm}^2$$

und

$$d = 50,5 = \backsim 50 \text{ mm.}$$

Die Ablaßvorrichtung. Die Weite des Ablaßstutzens wird gleich der des Speiseventils gewählt, also

$$d = 50 \text{ mm.}$$

46. Zweiflammrohrkessel. (Hierzu Tafel IV.)

Für eine stündliche Dampfmenge $D = 950$ kg und eine Dampfspannung von 8,5 at Überdruck ist ein Zweiflammrohrkessel zu berechnen.

Die Rostfläche soll unter Berücksichtigung nachstehender Angaben bestimmt werden:

Brennstoff: Steinkohle mit folgender Zusammensetzung: 70,6% C, 5,1% H, 0,7% S, 16,4% O, 3% Feuchtigkeit, 4,3% Asche. Wirkungsgrad: der Feuerung $\eta_1 = 0,9$, der Heizfläche $\eta_2 = 0,7$.

Vorwärmung: Das Wasser gelangt mit $t_0 = 60°$ C in den Kessel.

Heizfläche H.

Mit Zweiflammrohrkesseln läßt sich bei mäßigem Betriebe eine Dampfleistung von 16 kg je m² Heizfläche und Stunde erzielen (Tabelle auf S. 32). Danach wird

$$H = \frac{D}{16} = \frac{950}{16} = 59,3 = \backsim 60 \text{ m}^2.$$

Rostfläche R.

Für die Größe der Rostfläche gilt

$$R = \frac{B}{\left(\dfrac{B}{R}\right)} \cdot$$

Der danach zur Berechnung der Rostfläche erforderliche Wert $\left(\dfrac{B}{R}\right)$, die Rostbelastung, kann wie bei den früheren Rechnungsbeispielen nach der Tabelle auf S. 32 angenommen werden. Dagegen ist es hier möglich, die stündliche Brennstoffmenge zu berechnen.

Nach Abschnitt 15 B auf S. 35 ist nämlich:

$$\eta = \frac{D \cdot \lambda_k}{B \cdot W} \qquad \text{oder} \qquad B = \frac{D \cdot \lambda_k}{\eta \cdot W} \,.$$

Darin bedeutet λ_k die Wärmemenge, welche jedem kg Wasser, das in den Kessel gelangt, zuzuführen ist, ehe es als Dampf den Kessel verläßt. Im vorliegenden Fall tritt nun das Wasser auf $60°$ vorgewärmt in den Kessel, so daß also jedes kg Wasser $q_0 = \infty\,60$ kcal mitbringt. Wäre das nicht der Fall, so wäre zur Dampfbildung je kg eine Wärmemenge von $\lambda = q + r$ voll aufzuwenden. Hier sind dazu also nur $q - q_0 + r$ kcal erforderlich. Das träfe aber nur zu, wenn der dem Kessel entströmende Dampf völlig trocken wäre. Nun enthält der in Flammrohrkesseln erzeugte Dampf erfahrungsgemäß etwa 2 bis 3% Nässe — angenommen 3% — so daß in 1 kg Rohdampf $x = 0,97$ kg Trockendampf vorhanden wäre. Wird das ebenfalls berücksichtigt, so folgt nach Abschnitt 3 B auf S. 6:

$$\lambda_k = q - q_0 + x \cdot r$$

und wenn noch die Werte für q und r bei einem Dampfdruck von 9,5 at abs. aus der Dampftabelle (S. 12) entnommen werden:

$$\lambda_k = 178,6 - 60 + 0,97 \cdot 484,5 = \infty\,589 \text{ kcal.}$$

Der Gesamtwirkungsgrad η ist nach Abschnitt 15 B auf S. 35:

$$\eta = \eta_1 \cdot \eta_2 = 0,9 \cdot 0,7 = 0,63 \,.$$

Der Heizwert W der zu verfeuernden Steinkohle ist nach Abschnitt 7 auf S. 19:

$$W = 8100 \cdot c + 29\,000\left(h - \frac{o}{8}\right) + 2500 \cdot s - 600 \cdot w$$

$$= 8100 \cdot 0,706 + 29\,000\left(0{.}051 - \frac{0,164}{8}\right) + 2500 \cdot 0,007 - 600 \cdot 0,03$$

$$= 6602,6 = \infty\,6600 \text{ kcal.}$$

Es wird daher:

$$B = \frac{950 \cdot 589}{0,63 \cdot 6600} = \infty\,135 \text{ kg.}$$

was einer $d = \dfrac{D}{B} = \dfrac{950}{135} = 7$ fachen Verdampfung entsprechen würde.

Wird nun, wie bei den früheren Rechnungsbeispielen, eine Rostbelastung von 70 kg gewählt, so ergibt sich die erforderliche Größe der Rostfläche:

$$R = \frac{135}{70} = 1,93 \text{ m}^2.$$

Hauptabmessungen des Kessels.

Den Durchmesser eines Zweiflammrohrkessels wählt man vorteilhaft:

$$d = 0{,}24\,\sqrt{H}\ .$$

Hiernach wird:

$$\boldsymbol{d} = 0{,}24\,\sqrt{60} = 1{,}86\ \text{m} = \sim\!\boldsymbol{1{,}9}\ \textbf{m.}$$

Der äußere Flammrohrdurchmesser wird:

$$\boldsymbol{d_1'} = \frac{d}{2} - 0{,}25 = 0{,}95 - 0{,}25 = \boldsymbol{0{,}70}\ \textbf{m.}$$

Werden gepreßte Böden mit Ein- oder Aushalsungen für die Flammrohre genommen, so kann man die Flammrohrdurchmesser aus den Tabellen der Walzwerke entnehmen.

Rechnet man vorläufig auf eine Flammrohrwandstärke von 10 mm, so ist der innere Flammrohrdurchmesser:

$$\boldsymbol{d_1} = 0{,}70 - 0{,}02 = \boldsymbol{0{,}68}\ \textbf{m.}$$

Hiermit wird die Rostlänge:

$$l_r = \frac{1{,}93}{2 \cdot 0{,}68} = 1{,}42\ \text{m, dafür } 1{,}4\ \text{m.}$$

Setzt man die Feuerbrückenlänge $l_f = 0{,}25$ m, so wird die Länge des Rostes mit Feuerbrücke $l_r' = l_r + l_f = \textbf{1{,}65 m.}$

Die Zugführung sei nun folgende:

I. Beide Flammrohre, II. eine Seite des Mantels nach vorn, III. andere Seite des Mantels nach hinten.

Die Böden werden nach Tabelle von Thyssen & Co. in Mülheim a. d. Ruhr genommen mit

$$b = 115\ \text{mm}; \quad c = 850\ \text{mm}; \quad R = 2800\ \text{mm}; \quad w = 780\ \text{mm};$$
$$H = 300\ \text{mm}; \quad h_1 = 75\ \text{mm}; \quad h = 100\ \text{mm}; \quad y = 425\ \text{mm}.$$

Für den hinteren Boden ergibt sich noch $x = 55$ mm. Eine Speisestutzenfläche soll nicht angepreßt sein. Setzt man den oberen Wasserstandsstutzen um w über die Mitte der Flammrohre[1]) und rechnet von dort bis zum Niedrigwasserspiegel 220 mm, so wird die Entfernung von Mitte Kessel bis zum Niedrigwasserspiegel:

$$w - b - 220 = 780 - 115 - 220 = 445\ \text{mm.}$$

Die Decke der Seitenzüge liegt 100 mm tiefer als der Niedrigwasserspiegel, also über Mitte Kessel:

$$445 - 100 = 345\ \text{mm.}$$

---

[1]) Es ist nicht durchaus nötig, daß die Mitte des oberen Wasserstandsstutzen um w (siehe Abb. 296) über der Mitte der Flammrohre, also gerade auf der Mitte der Abrundung in der am vorderen Boden angebrachten Wasserstandsfläche liegt.

Mitten unter dem Kessel liegt eine Mauerzunge von 0,12 m Stärke, diese ist vorn auf eine gewisse Länge ausgespart, damit die Gase vom einen zum anderen Seitenzuge gehen können. Soll der Querschnitt dieser Öffnung

$$\tfrac{1}{4} R = \tfrac{1}{4} 1,93 = 0,48 \text{ m}^2$$

groß sein, so wird bei 0,40 m Höhe die Breite der Öffnung

$$\frac{0,48}{0,40} = 1,2 \text{ m}.$$

Die Heizfläche des Kessels setzt sich zusammen:

1. Heizfläche des Mantels:

$$H_m = 0,6\,d\,\pi\,(L - 0,38 - 0,125) = 0,6 \cdot 1,9\,\pi\,L - 0,6 \cdot 1,9\,\pi \cdot 0,505$$
$$= 3,58\,L - 1,81\;.$$

2. Heizfläche der Flammrohre:

$$H_f = 2\,d_1\,\pi\,L - d_1\,\pi\,(l_r + l_f) = 2 \cdot 0,68\,\pi\,L - 0,68\,\pi \cdot 1,65 = 4,27\,L - 3,52\;.$$

3. Heizfläche des hinteren Bodens:

$$H_b = 0,75\,\frac{d^2\,\pi}{4} - 2\,\frac{d_1^2\,\pi}{4} = 0,75\,\frac{1,9^2\,\pi}{4} - 2\,\frac{0,68^2\,\pi}{4} = 2,12 - 0,73\;.$$

Es ist also:

$$H = 60 = H_m + H_f + H_b\,,$$

also:

$$60 = 3,58\,L - 1,81 + 4,27\,L - 3,52 + 2,12 - 0,73 = 7,85\,L - 3,94$$
$$7,85\,L = 60 + 3,94$$
$$L = \frac{63,94}{7,85} = 8,15 = \sim 8,2 \text{ m}.$$

Oder man rechnet wie folgt:

Es ist der Umfang des Mantels bis Oberkante Kanal

$$0,5 \cdot 1,9\,\pi = 2,98$$
$$+2 \quad \cdot 0,345 = 0,69$$
$$\overline{U_m = 3,67 \text{ m},}$$

der Umfang der Flammrohre:

$$U_f = 2 \cdot 0,68 \cdot \pi = 4,27 \text{ m}.$$

Ferner ist die Heizfläche des hinteren Bodens:

$$\frac{1,9^2\,\pi}{4} \cdot 0,5 \quad = 1,42 \text{ m}^2$$
$$+1,85 \cdot 0,345 = 0,64 \;,,$$
$$\overline{2,06 \text{ m}^2}$$
$$-\frac{0,68^2\,\pi}{4} \cdot 2 = 0,73 \;,,$$
$$\overline{H_b = 1,33 \text{ m}^2.}$$

Die vom Roste verdeckte Fläche ist:

$$H_r = 2 \cdot 0.5 \cdot 0.68 \cdot \pi \cdot 1.65 = 3.52 \text{ m}^2.$$

Am äußeren Mantel wird verdeckt:
Vorn eine Mantellänge von 0,38 m, hinten eine solche von

$$\frac{0.25}{2} = 0.125 \text{ m},$$

also zusammen eine Länge von

$$0.38 + 0.125 = 0.505 \text{ m},$$

außerdem unten durch die Mauerwerkszunge, wenn L die Länge des Kesselmantels ist, eine Fläche

$$H_z = 0.12\,(L - 0.38 - 1.2) = 0.12\,(L - 1.58) \;.$$

Damit ist:

$$H = 60 = U_m\,(L - 0.505) + U_f L - H_r + H_b - H_z$$
$$60 = 3.67\,(L - 0.505) + 4.27\,L - 3.52 + 1.33 - 0.12\,(L - 1.58)$$
$$60 = (3.67 + 4.27 - 0.12)\,L - 0.505 \cdot 3.67 - 3.52 + 1.33 + 0.12 \cdot 1.58$$
$$60 = 7.82\,L - 3.85$$
$$L = \frac{60 + 3.85}{7.82} = \sim 8.2 \text{ m.}$$

Festigkeitsberechnungen.

Kesselmantel: Baustoff: Flußeisen, Blechsorte I mit $K_z = 3600$ kg je cm². Angenommen zweireihige mit Maschine genietete Überlappungsnietung in der Längsnaht.

Blechstärke:

$$s = \frac{d \cdot p \cdot \mathfrak{S}}{2\,K_z \cdot \varphi} + 0.1 = \frac{190 \cdot 8.5 \cdot 4.5}{2 \cdot 3600 \cdot 0.7} + 0.1 = 1.44 + 0.1 = 1.54 \text{ cm,}$$

dafür

$$s = 1.6 \text{ cm.}$$

Nietstärke:

$$\delta = \sqrt{5\,s} - 0.4 \text{ cm} = \sqrt{5 \cdot 1.6} - 0.4 = 2.4 \text{ cm}$$

oder

$$\delta = s + 0.8 = 1.6 + 0.8 = 2.4 \text{ cm.}$$

Nietquerschnitt:

$$\frac{\delta^2\,\pi}{4} = 4.52 \text{ cm}^2.$$

Nietteilung für die doppelreihige Längsnaht:

$$t_2 = 2.6\,\delta + 1.5 \text{ cm} = 6.24 + 1.5 = 7.74 = \sim 7.8 \text{ cm.}$$

Dann kommt auf 1 cm² Nietquerschnitt die ein Gleiten anstrebende Kraft:

$$Q = \frac{d \cdot t_2 \cdot p}{2\,n\,\dfrac{\delta^2\,\pi}{4}} = \frac{190 \cdot 7{,}8 \cdot 8{,}5}{2 \cdot 2 \cdot 4{,}52} = 697 \text{ kg,}$$

während bei zweireihiger Nietnaht diese Kraft nur 550 bis 650 kg betragen sollte.

Es dürfte daher hier besser sein, ein stärkeres Niet zu wählen. Nehmen wir an, wir hätten auf Lager alle vorkommenden Niete von 2 zu 2 mm steigend in geraden Zahlen, so nehmen wir hier nicht $\delta = 2{,}5$ cm, sondern $\delta = 2{,}6$ **cm**. Da nun die Kraft Q nicht sehr viel zu groß ist, so können wir die Teilung nach der größeren Nietstärke $\delta = 2{,}6$ cm nehmen und bekommen:

$$\frac{\delta^2\,\pi}{4} = 5{,}3; \quad t_2 = 2{,}6 \cdot 2{,}6 + 1{,}5 = 8{,}2 \text{ cm;}$$

damit wird:

$$Q = \frac{190 \cdot 8{,}2 \cdot 8{,}5}{2 \cdot 2 \cdot 5{,}3} = 625 \text{ kg,}$$

was zulässig ist.

Die Teilung für die einreihige Rundnaht wird:

$$t_1 = 2\,\delta + 0{,}8 \text{ cm} = 6 \text{ cm,}$$

damit die auf 1 cm² Nietquerschnitt kommende Kraft:

$$Q_1 = \frac{d \cdot t_1 \cdot p}{4 \cdot n \cdot \dfrac{\delta^2\,\pi}{4}} = \frac{190 \cdot 6 \cdot 8{,}5}{4 \cdot 1 \cdot 5{,}3} = 457 \text{ kg,}$$

also sehr wenig.

Ferner wird die Entfernung der Nietreihen bei der doppelten Längsnaht:

$$e_1 = 0{,}6\,t_2 = 0{,}6 \cdot 8{,}2 = 4{,}9 \text{ cm} = \sim \!\textbf{5 cm,}$$

die Randentfernung:

$$e = 1{,}5\,\delta = 3{,}9 \text{ cm} = \sim \!\textbf{4 cm.}$$

Flammrohr: Baustoff: Flußeisen, Blechsorte I.

Blechstärke: Für eine ungefähre Länge $l = 1$ m von wirksamer Versteifung zu wirksamer Versteifung und bei Annahme geschweißter Rohre wird:

$$s_1 = \frac{p \cdot d_1}{2400}\left(1 + \sqrt{1 + \frac{a}{p}\,\frac{l}{l + d_1}}\right) + 0{,}2\,,$$

$$s_1 = \frac{8{,}5 \cdot 68}{2400}\left(1 + \sqrt{1 + \frac{80}{8{,}5}\,\frac{100}{100 + 68}}\right) + 0{,}2 = 0{,}86 + 0{,}2 = 1{,}06 = \sim \!\textbf{1,1 cm.}$$

Nietstärke:

$$\delta = s_1 + 0{,}8 \text{ cm} = 1{,}1 + 0{,}8 = 1{,}9 = \sim \!\textbf{2 cm.}$$

Nietteilung:

$$t_1 = 2\,\delta + 0,8 \text{ cm} = 2 \cdot 2 + 0,8 \text{ cm} = \mathbf{4,8 \text{ cm}.}$$

Randentfernung:

$$e = 1,5\,\delta = 1,5 \cdot 2 = \mathbf{3 \text{ cm}.}$$

Kesselboden: Baustoff: Flußeisen, Blechsorte I.

Blechstärke:

$$s_2 = \frac{p \cdot R}{2 \cdot k_z} = \frac{8,5 \cdot 280}{2 \cdot 650} = 1\,83 = \mathbf{{\sim}1,9 \text{ cm}.}{}^{1})$$

Dom: Baustoff: Flußeisen, Blechsorte I mit $K_z = 3600$ kg/cm². Es werde der Durchmesser $d_2 = 800$ mm, die Höhe des Dommantels auch $= 800$ mm genommen.

Blechstärke:

$$s_3 = \frac{d_2 \cdot p \cdot \mathfrak{S}}{2\,K_z \cdot \varphi} + 0,1 = \frac{80 \cdot 8,5 \cdot 4,5}{2 \cdot 3600 \cdot 0,56} + 0,1 = 0,86 \text{ cm}.$$

dafür

$$s_3 = \mathbf{1 \text{ cm}.}$$

Nietstärke:

$$\delta = s_3 + 0,8 \text{ cm} = \mathbf{1,8 \text{ cm}.}$$

Nietteilung:

$$t_1 = 2\,\delta + 0,8 \text{ cm} = \mathbf{4,4 \text{ cm}.}$$

Randentfernung:

$$e = 1,5\,\delta = \mathbf{2,7 \text{ cm}.}$$

Die auf 1 cm² Nietquerschnitt in der Längsnaht kommende Kraft wird:

$$Q = \frac{d_2 \cdot t_1 \cdot p}{2 \cdot n \cdot \dfrac{\delta^2 \pi}{4}} = \frac{80 \cdot 4,4 \cdot 8,5}{2 \cdot 1 \cdot 2,54} = 590 \text{ kg,}$$

also sehr wenig.

Eine Untersuchung der Rundnaht am Boden ist nicht erforderlich.

Domboden: Baustoff: Flußeisen, Blechsorte I. Der Krümmungsradius des Bodens ist nach Tabelle von Thyssen & Co. $R = 900$ mm.

Blechstärke:

$$s_4 = \frac{p \cdot R}{2 \cdot k_z} = \frac{8,5 \cdot 90}{2 \cdot 650} = 0,588 = {\sim}0,6 \text{ cm}.$$

Dafür mit Rücksicht auf Herstellung und bessere Dichtung am Mannloche:

$$s_4 = \mathbf{1,2 \text{ cm}.}$$

Versteifungsring am Mannloch im Kesselmantel (siehe Abb. 276):

Das Mantelblech war mit $\varphi = 0,7$ berechnet, also wird:

---

¹) Siehe Anmerkung auf Seite 379.

$$2\,b \cdot c = a \cdot \varphi \cdot s\,,$$

$$2\,b \cdot 20 = 300 \cdot 0{,}7 \cdot 16\,,$$

$$b = \frac{300 \cdot 0{,}7 \cdot 16}{40} = \sim 84 \text{ mm.}$$

Wegen der Schwächung des Ringes durch die Nietlöcher muß sein:

$$\boldsymbol{b} = 84 + 26 = \textbf{110 mm.}$$

Anzahl der Niete im halben Ringe:

$$n = \frac{d \cdot a \cdot p}{1000 \cdot \dfrac{\delta^2\,\pi}{4}} = \frac{190 \cdot 30 \cdot 8{,}5}{1000 \cdot 5{,}3} = 9{,}1\,,$$

dafür

$$\boldsymbol{n} = \boldsymbol{9}\,.$$

Es kann

$$\boldsymbol{e} = \textbf{40 mm,} \qquad \boldsymbol{e_1} = \textbf{30 mm}$$

gemacht werden.

Versteifungsring am Mannloch im Domboden:

$$2 \cdot b \cdot c = a \cdot s\,.$$

Hier muß wegen der Kugelform $a = 400$ genommen werden.

Für s ist hier die durch Rechnung gefundene Wandstärke 6 mm einzusetzen, nehmen wir noch $c = 15$ mm an, so wird:

$$2\,b \cdot 15 = 400 \cdot 6$$

und

$$b = \frac{400 \cdot 6}{2 \cdot 15} = 80 \text{ mm.}$$

Die Nietstärke nimmt man am besten nach der ausgeführten Blechstärke von 12 mm zu:

$$\boldsymbol{\delta} = 1{,}2 + 0{,}8 \text{ cm} = \textbf{2 cm;}$$

also wird die schließliche Breite des Ringes:

$$\boldsymbol{b} = 8 + 2 = 10 \text{ cm} = \textbf{100 mm.}$$

Dann ist die erforderliche Anzahl der Niete im halben Ringe:

$$n = \frac{R \cdot p \cdot a}{2 \cdot 500 \cdot \dfrac{\delta^2\,\pi}{4}} = \frac{90 \cdot 8{,}5 \cdot 40}{1000 \cdot 3{,}14} = 9{,}75 = \sim 10 \text{ Stück.}$$

Schlußeinteilung.

Mantel: Der Kessel hat eine Mantellänge von 8200 mm, daraus ergibt sich die Länge von erster bis letzter Rundnaht, da $e = 4$ cm sein soll, zu

$$L' = 8200 - 80 = 8120 \text{ mm.}$$

Nimmt man 5 Schüsse an, so bekommt einer von Naht zu Naht die Länge:

$$\frac{8120}{5} = 1624 \text{ mm}$$

und mit Überlappung

$$1624 + 80 = 1704 \text{ mm}.$$

Nimmt man für einen Schuß ein Blech, so erhält man von Mitte Längsnaht bis Mitte Längsnaht:

Bei einem großen Schusse

$$\pi \cdot 1916 = 6019 \text{ mm}.$$

Somit beträgt die Blechlänge im bearbeiteten Zustande, da $e_1 = 5$ cm ist,

$$6019 + 50 + 2 \cdot 40 = 6149 \text{ mm}.$$

Bei einem kleinen Schusse

$$\pi \cdot 1884 = 5919 \; .$$

Somit beträgt die Blechlänge im bearbeiteten Zustande

$$5919 + 50 + 2 \cdot 40 = 6049 \text{ mm}.$$

Flammrohre: Nach der Bodentabelle auf S. 247 wird

$$y = 425 \text{ mm und } x = 55 \text{ mm}.$$

Nimmt man ferner vorläufig an, daß das Flammrohr um $b = 30$ mm aus dem vorderen Boden herausragt und für die Nietung, mit der das Flammrohr am hinteren Boden befestigt wird, eine Gesamtüberlappung von 66 mm, so wird die Länge des Flammrohres:

$$L_f = 8120 - 2 \cdot 40 + 425 + 30 + 55 + 66 = 8613 \text{ mm}.$$

Wählt man 8 Schüsse, so bekommt man 7 Zwischenlagen zu 11 mm mit zusammen $7 \cdot 11 = 77$ mm Länge.

Mithin bleiben:

$$8613 - 77 = 8536 \text{ mm},$$

dafür rund 8540 mm, dann wird b 4 mm größer, also $b = 34$ mm und $L_f = 8613 + 4 = 8617$ mm.

Das gibt 6 Schüsse zu 1060 = 6360 mm
1 Schuß zu 1040 = 1040 „
1 Schuß zu 1140 = 1140 „
8540 mm.

Bei dem einen Flammrohre ist dann der erste Schuß 1040 mm und der letzte Schuß 1140 mm lang, beim zweiten Flammrohre ist es umgekehrt, so daß alle Flanschen der beiden Rohre um $1140 - 1040 = 100$ m versetzt sind.

Die Änderung der Flammrohrschußlänge von 1000, wie zuerst angenommen, auf 1140 mm hat auf die Wandstärke keinen bemerkenswerten Einfluß.

Ausrüstung [1]).

Sicherheitsventil:

$$d = 75 \text{ mm.}$$

Absperrventil:

$$d = 100 \text{ mm} \left(\text{mit } \frac{D}{H} = 25 \text{ und } c = 25 \right).$$

Speiseventil: Mit

$$c = 0,6 \text{ m}$$

wird

$$d = 60 \text{ mm.}$$

Ablaßvorrichtung:

$$d = 60 \text{ mm.}$$

47. Zweiflammrohrkessel mit Überhitzer. (Hierzu Tafel V.)

Für eine stündliche Leistung von $D = 1800$ kg auf $t' = 300°$ überhitzten Dampf bei 10 at Überdruck ist ein Flammrohrkessel zu entwerfen. Dabei soll folgendes berücksichtigt werden:

Brennstoff: Steinkohle mit $W = 7500$ kcal Heizwert, und einem theoretischen Bedarf von $L = 9,2$ kg Verbrennungsluft, werde in der Kesselanlage unter durchschnittlicher Zuführung des $m = 1,8$fachen dieser Luftmenge verfeuert.

Wirkungsgrad der Feuerung $\eta_1 = 0,85$, der Heizfläche $\eta_2 = 0,80$. Vorwärmung des Speisewassers erfolge auf $t_0 = 75°$.

Heizfläche H.

Läßt man eine Heizflächenbeanspruchung von $\dfrac{D}{H} = 18$ kg zu, so ergibt sich

$$H = \frac{1800}{18} = 100 \text{ m}^2.$$

Rostfläche R.

Nach Abschnitt 3 C auf S. 6 ist die zur Erzeugung von 1 kg überhitzten Dampf erforderliche Gesamtwärme

$$\lambda' = \lambda + c_{pm} \cdot (t' - t) \, .$$

Im vorliegenden Falle wird

$$\lambda'_k = \lambda + c_{pm}(t' - t) - t_0 \, ,$$

da das Wasser, auf $t_0°$ C vorgewärmt, in den Kessel gelangt. Setzt man für λ und t die der Dampfspannung von 11 at abs. entsprechenden

---

[1]) Berechnung wie beim Einflammrohrkessel.

Werte (Dampftabelle S. 12) und für c_{pm} den Wert (Tabelle auf S. 7) ein, welcher dem Temperaturbereich t bis $t' = 300°$ bei 11 at abs. entspricht, so erhält man:

$$\lambda'_k = 665 + 0{,}53(300 - 183) - 75 = \sim 652 \text{ kcal.}$$

Damit wird die Verdampfungsziffer:

$$\frac{D}{B} = d = \frac{\eta_1 \cdot \eta_2 \cdot W}{\lambda'_k} = \frac{0{,}85 \cdot 0{,}80 \cdot 7500}{652} = 7{,}8$$

und die stündliche Brennstoffmenge

$$B = \frac{D}{d} = \frac{1800}{7{,}8} = \sim 230 \text{ kg.}$$

Läßt man nun in Anbetracht des gasreichen und daher ziemlich leicht entzündlichen Brennstoffs eine Rostbelastung $\dfrac{B}{R} = 90$ kg von vornherein zu, so ergibt sich:

$$R = \frac{230}{90} = \sim 2{,}6 \text{ m}^2.$$

Überhitzerfläche H'.

Nach Abschnitt 33 D auf S. 265 ist:

$$H' = D \cdot \frac{\dfrac{w}{100} \cdot r + c_{pm}(t' - t)}{k \cdot \vartheta_m},$$

worin der mittlere Temperaturunterschied zwischen Heizgas und Dampf:

$$\vartheta_m = \frac{t_e + t_a}{2} - \frac{t' + t}{2}$$

ist. Die Temperatur der Gase t_a beim Austritt aus dem Überhitzer berechnet sich zu

$$t_a = t_e - \frac{D}{B} \cdot \frac{\dfrac{w}{100} \cdot r + c_{pm}(t' - t)}{\eta \cdot G \cdot c_{pg}}.$$

Wird hierin die Eintrittstemperatur der Gase nach S. 266 zu $t_e = 550°$, der Feuchtigkeitsgehalt des Rohdampfes zu $w = 2\%$ und der Wirkungsgrad des Überhitzers zu $\eta = 0{,}95$ geschätzt, ferner die aus 1 kg Brennstoff entstandene Gasmenge aus den gegebenen Werten berechnet zu

$$G = 1 + m\,L = 1 + 1{,}8 \cdot 9{,}2 = \sim 17{,}6 \text{ kg,}$$

so folgt:

$$t_a = 550 - 7{,}8 \cdot \frac{0{,}02 \cdot 480 + 0{,}53 \cdot (300 - 183)}{0{,}95 \cdot 17{,}6 \cdot 0{,}24} = \sim 410,$$

damit

$$\vartheta_m = \frac{550 + 410}{2} - \frac{300 + 183}{2} = \sim 238°$$

und

$$H' = 1800 \cdot \frac{0{,}02 \cdot 480 + 0{,}53(300 - 183)}{13 \cdot 238},$$

worin nach S. 266 die Wärmedurchgangszahl $k = 13$ kcal eingesetzt ist. Es ergibt sich somit:

$$H' = 42 \text{ m}^2.$$

Hauptabmessungen des Kessels.

Da die Flammrohre als Wellrohre ausgeführt werden sollen, kann man für den Kesseldurchmesser nehmen $d = 0{,}22\sqrt{H}$ bis $0{,}23\sqrt{H}$, hier sei

$$d = 0{,}22\sqrt{H} = 0{,}22\sqrt{100} = 2{,}2 \text{ m}$$

und der Durchmesser des Flammrohrs:

$$d_1 = \frac{d}{2} - 0{,}25 = \frac{2{,}2}{2} - 0{,}25 = 0{,}85 \text{ m.}$$

Es sei dieses der innere Durchmesser der Wellrohre, dann wird die Heizfläche dieser Rohre verhältnismäßig groß und der Kessel trotz des verhältnismäßig kleinen Manteldurchmessers mäßig lang. Die Rostlänge wird:

$$l_r = \frac{2{,}6}{2 \cdot 0{,}85} = 1{,}53 = \infty 1{,}5 \text{ m.}$$

Die Länge der Feuerbrücke sei:

$$l_f = 0{,}3 \text{ m.}$$

Es wird also die Länge des Rostes und der Feuerbrücke:

$$l'_r = l_r + l_f = 1{,}5 + 0{,}3 = 1{,}8 \text{ m.}$$

Durch die Einmauerung geht vorn am Kessel eine Länge des Mantels von $0{,}38 + 0{,}12 = 0{,}5$ m für die Heizfläche verloren.

Der Niedrigwasserspiegel würde normal um $\dfrac{d}{4} = 550$ mm über die Mitte des Kessels zu liegen kommen. Legen wir ihn hier einmal 600 mm über Mitte Kessel, so wird der der Heizfläche zukommende Umfang des Mantels etwa gleich 0,64 mal dem ganzen Umfang.

Die Heizfläche des Kessels setzt sich dann zusammen aus:

1. Heizfläche des Mantels:

$$H_m = 0{,}64\,d\,\pi\,(L-0{,}5) = 0{,}64 \cdot 2{,}2 \cdot \pi\,L - 0{,}64 \cdot 2{,}2\,\pi \cdot 0{,}5 = 4{,}42\,L - 2{,}21\,.$$

2. Heizfläche des Flammrohrs:

Das Wellrohr hat eine Heizfläche gleich dem 1,14 fachen der Oberfläche eines glatten Rohres vom mittleren Durchmesser d_1 des Wellrohres. Dieser mittlere Durchmesser ist hier $d'_1 = \dfrac{850 + 950}{2} = 900$ mm. Es ist daher die Heizfläche der Flammrohre:

$$H_f = 2\,d'_1\,\pi \cdot 1{,}14\,L - d'_1\,\pi\,1{,}14\,l'_r = 2 \cdot 0{,}9\,\pi \cdot 1{,}14\,L - 0{,}9\,\pi \cdot 1{,}14 \cdot 1{,}8$$

$$= 6{,}48\,L - 5{,}83\,.$$

Die Böden geben keine Heizfläche.

Es ist dann:

$$H = 100 = H_m + H_f$$
$$100 = 4,42\,L - 2,21 + 6,48\,L - 5,83 = 10,9\,L - 8$$
$$10,9\,L = 100 + 8 = 108$$
$$\boldsymbol{L} = \frac{108}{10,9} = \infty\,\boldsymbol{9,9\ m.}$$

Festigkeitsrechnungen.

Ähnlich wie unter Nr. 46. Die Längsnaht des Mantels ist als dreireihige Doppellaschennietung, die Rundnaht zweireihig überlappt auszuführen.

Unterbringung der Überhitzerfläche.

Die Entfernung der Längswände des Kesselmauerwerks sei 2610 mm. In der Überhitzerkammer seien die Wände aber um $2 \cdot 130 = 260$ mm weiter voneinander entfernt, also hat die Überhitzerkammer eine Breite $2610 + 260 = 2870$ mm. Beim Aufzeichnen findet man, daß man die Weite der beiden Kanäle, durch die die Gase vom Überhitzer kommend abwärts gehen, 405 mm machen kann. Wird der Querschnitt dieser Kanäle etwa

$$\frac{R}{3,5} = \frac{2,6}{3,5} = \infty\,0,75\ \mathrm{m}^2,$$

so wird ihre Tiefe:

$$\frac{0,75}{2 \cdot 0,405} = \infty\,0,93\ \mathrm{m} = 930\ \mathrm{mm}.$$

Die Tiefe der Überhitzerkammer werde noch um 130 mm größer, so daß der Querschnitt dieser Kammer die Größe erhält:

$$(930 + 130) \cdot 2870 = 1060 \cdot 2870\,.$$

Nimmt man die Entfernung von Mitte Überhitzerrohr bis zur Mauerwand etwa 80 mm, so gehen von 2870 zunächst $2 \cdot 80 = 160$ ab, es bleibt dann $2870 - 160 = 2710$ vom äußeren Rohr der einen Schlange bis zum äußeren Rohr der nächsten Schlange. Ist m die Anzahl der geraden Stücke einer Schlange und haben die einzelnen Stücke eine Entfernung von etwa 200 mm, so muß

$$(m - 1 + {}^1/_2) \cdot 200 = (m - {}^1/_2)\,200 = 2710$$

sein, also wird:

$$m = \frac{2710 + 100}{200} = 14,05\,.$$

Dafür gewählt 14 Stück. Dann wird die Entfernung der äußeren Rohre bis zu der Mauer:

$$\tfrac{1}{2}\,[2870 - (14 - \tfrac{1}{2}) \cdot 200] = 85\ \mathrm{mm}.$$

Die Bogenstücke bekommen einen Halbmesser von 100 mm. Ist die Entfernung von Mitte Rohr bis zur Wand im Bogenstück 80 mm, so sind die geraden Stücke der Schlange

$$1060 - 2 \cdot 80 - 2 \cdot 100 = 700 \text{ mm}$$

lang zu machen.

Eine Überhitzerschlange hat demnach eine Länge von:

$$\text{in den geraden Stücken } 14 \cdot 0{,}7 = 9{,}80 \text{ m}$$

$$\text{in den Bogenstücken } 13 \cdot \frac{\pi \cdot 0{,}2}{2} = 4{,}08 \text{ m}$$

$$\text{dazu kommt an den Enden } 2 \cdot 0{,}18 = 0{,}36 \text{ m}$$

$$\text{also insgesamt } 14{,}24 \text{ m.}$$

Werden Rohre von 44 mm Außendurchmesser gewählt, so hat somit ein Rohr eine Oberfläche von

$$\pi \cdot 0{,}044 \cdot 14{,}24 = 1{,}96 \text{ m}^2.$$

Die erforderliche Anzahl der Rohrschlangen ist also:

$$n = \frac{42}{1{,}96} = \sim 22 \,.$$

Da die Rohrschlangen in den Schleifen aufeinanderliegen sollen, so wird die gesamte Höhe des Rohrbündels $22 \cdot 44 = 968$ mm, doch wird sich dieses Maß wegen der nicht zu vermeidenden geringen Ungenauigkeiten der Schlangen um etwa 22 mm, also auf 990 mm erhöhen.

48. Flammrohrkessel mit darüberliegendem Heizrohrkessel.

(Hierzu Tafel IX.)

Es ist eine Dampfkesselanlage zu entwerfen, die stündlich bei mäßigem Betriebe $D = 4300$ kg Dampf von $p = 11{,}5$ at Überdruck erzeugen kann. Da der Platz beschränkt ist, so sollen dazu Doppelkessel verwendet werden.

Brennstoff: Steinkohle von 7200 kcal Heizwert.

Gesamtwirkungsgrad: angenommen zu $\eta = 72\%$.

Vorwärmung des Speisewassers $t_0 = 50°$ C.

Heizfläche H.

Nimmt man nach der Tabelle auf S. 32 für $D : H = 12$ an, so wird

$$H = \frac{4300}{12} = \sim 360 \text{ m}^2,$$

verteilt man diese auf zwei Kessel, so erhält ein jeder

$$H = \frac{360}{2} = 180 \text{ m}^2.$$

Rostfläche R.

Jeder der beiden Kessel soll stündlich

$$D = \frac{4300}{2} = 2150 \text{ kg}$$

von 12,5 at abs. aus Speisewasser von $t_0 = 50°$ erzeugen. Der erzeugte Dampf ist feucht, und zwar kann angenommen werden, daß in 1 kg Dampf $1 - x = 0{,}03$ kg Wasser enthalten ist. Nach Abschnitt 3 B auf S. 6 werden somit in dem Kessel zur Erzeugung von 1 kg Dampf erfordert:

$$\lambda_k = q - t_0 + x \cdot r \text{ kcal}$$

oder nach der Dampftabelle

$$= 191{,}6 - 50 + 0{,}97 \cdot 475{,}5 = \infty 603 \text{ kcal.}$$

Daraus ergibt sich für die Verdampfungsziffer:

$$\frac{D}{B} = d = \frac{\eta \cdot W}{\lambda_k} = \frac{0.72 \cdot 7200}{603} = \infty 8{,}6 \ .$$

Die stündliche Brennstoffmenge beträgt also

$$B = \frac{2150}{8{,}6} = 250 \text{ kg.}$$

Für die zu verfeuernde, ziemlich gute Steinkohle kann eine Rostbelastung von etwa 80 kg als niedrig angesehen werden. Es wird dann:

$$R = \frac{250}{80} = \infty 3 \text{ m}^2.$$

Hauptabmessungen des Kessels.

Die Länge des Rostes sei $l = 2$ m, dann ist die erforderliche Breite $\frac{3}{2} = 1{,}5$ m. Sind zwei Flammrohre vorhanden, so bekommt jedes den Durchmesser $\frac{1{,}5}{2} = 0{,}75$ m.

Wir nehmen den äußeren Flammrohrdurchmesser daher vorläufig zu 0,775 m an und können dazu einen Kesseldurchmesser $d = 2{,}1$ m nehmen. Der Durchmesser des Oberkessels werde ebenso groß genommen.

Nun verzeichnen wir uns zunächst den Querschnitt des Kessels etwa im Maßstab $^1/_{10}$ (Abb. 465). Die Abmessungen für die Böden sollen den Normalien von Schulz Knaudt in Essen entnommen werden.

Die Entfernung des Niedrigwasserspiegels von der Kesselmitte nehmen wir etwa

$$\frac{d}{4} = \frac{2100}{4} = 525 \text{ mm.}$$

Beim Oberkessel wollen wir diese Entfernung um etwa 50 mm geringer nehmen, also gleich

$$525 - 50 = 475 \text{ mm}.$$

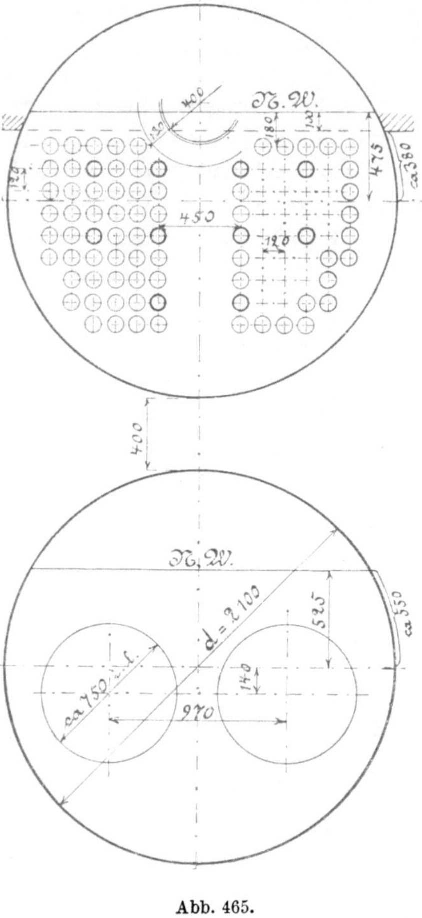

Abb. 465.

Dadurch wird der Dampfraum im Oberkessel größer, was wegen der größeren Heizfläche gut ist.

In der Mitte des Oberkessels nehmen wir die lichte Entfernung zwischen den Heizrohren etwa 350 mm. Der äußere Durchmesser der Rohre sei 95 mm, dann ist in der Mitte des Oberkessels die Entfernung von senkrechter Rohrreihe zu senkrechter Rohrreihe

$$350 + 95 = 445 ,$$

dafür 450 mm.

Vom Niedrigwasserspiegel bis zu den Rohren nehmen wir 130 mm, bis Mitte Rohr ist dann die Entfernung

$$130 + \frac{95}{2} = 177{,}5 = \sim 180 \text{ mm}.$$

Die Entfernung der einzelnen Rohrreihen sei

$$95 + 25 = 120 \text{ mm}$$
$$\text{(oder } 1{,}25 \cdot 95 = 119 = \sim 120) .$$

Aus der Abb. 465 ergibt sich dann, daß man 98 Rohre unterbringen kann.

Die Bestimmung der Kessellänge kann nun wie folgt geschehen. Es ist beim Unterkessel:

der Mantelumfang
$$U_m = \frac{2{,}1 \cdot \pi}{2} + 2 \cdot 0{,}55 = 3{,}3 + 1{,}1 = 4{,}40 \text{ m},$$

der Umfang der beiden Flammrohre
$$U_f = 2 \cdot 0{,}75 \cdot = 4{,}71 \text{ m}.$$
$$\text{Summe } U_1 = 9{,}11 \text{ m}.$$

Es ist beim Oberkessel:

der Mantelumfang
$$U'_m = \frac{2{,}1\,\pi}{2} + 2 \cdot 0{,}38 = 4{,}06 \text{ m},$$

der innere Umfang eines Heizrohres bei $3^1/_4$ mm Wandstärke
$$0{,}0885 \cdot \pi = 0{,}278 ,$$

der Umfang der 98 Rohre also
$$U_r = 27{,}24 \text{ m}.$$
$$\text{Summe } U_2 = 31{,}30 \text{ m}.$$

Wird eine Einmauerung gewählt, wie sie auf Tafel IX angegeben ist, so wird von der Heizfläche verdeckt:

vom Roste

$$\frac{2 \cdot 0{,}75 \, \pi \, (2 + 0{,}17)}{2} = 5{,}1 \ \text{m}^2,$$

am Mantel des Unterkessels vorn 0,38, hinten 0,12 m, zusammen 0,5 m Länge, entsprechend der Fläche

$$0{,}5 \cdot 4{,}4 = 2{,}2 \ \text{m}^2,$$

am Mantel des Oberkessels hinten 0,12 m Länge, entsprechend der Fläche

$$0{,}12 \cdot 4{,}06 = 0{,}49 \ \text{m}^2,$$

im ganzen 7,79 m²,

oder rund 7,8 m².

Die Zungen, die beim Unterkessel die Seitenzüge vom Unterzuge trennen, sollen nicht berücksichtigt werden, ebenso nicht die Mantelflächen, die vom Verbindungsstutzen verdeckt werden. Dafür rechnen wir aber auch die Böden des Oberkessels nicht. Der hintere Boden des Unterkessels bietet der Zeichnung nach keine Heizfläche.

Wir rechnen nun wegen der 7,8 m², die von der Heizfläche verdeckt werden, $180 + 7{,}8 = 187{,}8$ m² Heizfläche. Da die zu bestimmenden Längen der Kessel für die zylindrischen Mäntel der Kessel gerechnet werden sollen, so kann man für die Heizrohre bei gewölbten Böden noch eine Länge von mindestens 0,33 m im Mittel besonders rechnen, entsprechend einer Heizfläche $0{,}33 \cdot 27{,}24 = 8{,}99 \ \text{m}^2 = \sim 9 \ \text{m}^2$, die noch von den 187,8 m² in Abzug kommen. Es bleiben $187{,}8 - 9 = 178{,}8$ m². Den Unterkessel macht man in der Regel 1,1 m länger als den Oberkessel. Bei diesem Kessel würde der Länge 1,1 m des Unterkessels eine Heizfläche $1{,}1 \cdot 9{,}11 = 10 \ \text{m}^2$ entsprechen, so daß sich als Länge des Oberkessels ergibt:

$$L_2 = \frac{178{,}8 - 10}{U_1 + U_2} = \frac{168{,}8}{40{,}41} = 4{,}18$$

$$L_2 = \sim 4{,}2 \ \text{m}.$$

Die Länge des Unterkessels ist dann:

$$L_1 = 4{,}20 + 1{,}10 = 5{,}3 \ \text{m}.$$

Sollte der Kessel, um den vorhandenen Platz auszunutzen, etwas länger gemacht werden, so würde dabei nach obigem durch eine Verlängerung der Kesselmäntel um 100 mm eine Vergrößerung der Heizfläche um

$$(U_1 + U_2) \cdot 0{,}1 = 40{,}41 \cdot 0{,}1 = 4{,}04 \ \text{m}^2$$

erreicht werden.

Festigkeitsberechnungen.

Kesselmantel: Flußeisen, Blechsorte I mit $K_z = 3600$ kg je cm².

Blechstärke: Wir nehmen hier dreireihige Doppellaschennietung an, die mit der Maschine genietet ist, dann ist:

$$s = \frac{d \cdot p \cdot \mathfrak{S}}{2 \cdot K_z \cdot \varphi} + 0,1 = \frac{210 \cdot 11,5 \cdot 4}{2 \cdot 3600 \cdot 0,85} + 0,1 = 1,58 + 0,1 = 1,68 \text{ cm,}$$

dafür

$$s = 1,7 \text{ cm.}$$

Nietstärke:

$$\delta = \sqrt{5\,s} - 0,7 = 2,2 \text{ cm}$$

oder

$$\delta = s + 0,5 = 2,2 \text{ cm.}$$

Nietquerschnitt:

$$\frac{\delta^2 \pi}{4} = 3,8 \text{ cm}^2.$$

Nietteilung für die dreireihige Laschennietung:

$$t'_3 = 6\,\delta + 2 \text{ cm} = 6 \cdot 2,2 + 2 = 15,2 \text{ cm.}$$

Laschenstärke:

$$s_0 = 0,8 \cdot s = 0,8 \cdot 1,7 = 1,36 = \sim 1,4 \text{ cm.}$$

Die zulässige, größte Entfernung der Niete der äußeren Nietreihe ist dann: $8 \cdot 1,4 = 11,2$ cm, während $t'_3 = 15,2$ ist. Wir lassen daher die äußere Lasche die äußere Nietreihe nicht mitfassen. Es ist dann die Anzahl der Nietquerschnitte, die auf eine Teilung entfallen, $n = 9$.

Dann kommt auf 1 cm² Nietquerschnitt die ein Gleiten anstrebende Kraft:

$$Q = \frac{d \cdot t'_3 \cdot p}{2\,n\,\dfrac{\delta^2 \pi}{4}} = \frac{210 \cdot 15,2 \cdot 11,5}{2 \cdot 9 \cdot 3,8} = 536 \text{ kg,}$$

was zulässig ist, da Wg bis 550 kg angenommen werden kann.

Die Entfernung der Nietreihen der dreireihigen Naht:

$$e_1 = \frac{3}{8}\,t'_3 = \frac{3}{8}\,15,2 = 5,7 \text{ cm.}$$

Die Randentfernung

$$e = 1,5\,\delta = 1,5 \cdot 2,2 = 3,3 \text{ cm.}$$

Damit die äußere Lasche und die Nietköpfe der äußersten Nietreihe gut verstemmt werden können, machen wir die Entfernung der beiden äußersten Nietreihen voneinander $= 2\,e = 66$ mm, oder auch $2 \cdot 0,9\,e = 60$ mm.

Nehmen wir einreihige Rundnaht, so wird $t_1 = 5,2$ und die auf 1 cm²
Nietquerschnitt entfallende Kraft:

$$Q_1 = \frac{d \cdot t_1 \cdot p}{4 \cdot n \cdot \dfrac{\delta^2 \pi}{4}} = \frac{210 \cdot 5,2 \cdot 11,5}{4 \cdot 1 \cdot 3,8} = 825 \text{ kg,}$$

was zuviel ist. Wir müssen daher doppelreihige Rundnaht nehmen.
Querteilung:

$$t_2 = 2,6\,\delta + 1,5 = 2,6 \cdot 2,2 + 1,5 = \mathbf{7,22 \ cm.}$$

Auf 1 cm² Nietquerschnitt kommt dann:

$$Q_1 = \frac{210 \cdot 7,22 \cdot 11,5}{4 \cdot 2 \cdot 3,8} = 573 \text{ kg,}$$

was zulässig ist:

Entfernung der Nietreihen der Quernaht:

$$e_1 = 0,6\,t_2 = 0,6 \cdot 7,22 = 4,33 = \sim\mathbf{4,4 \ cm.}$$

Randentfernung:

$$e = 1,5 \cdot 2,2 = \mathbf{3,3 \ cm.}$$

Flammrohr: Flußeisen, Blechsorte I.

Blechstärke: Für eine ungefähre Länge $l = 1,4$ m von wirksamer
Versteifung zu wirksamer Versteifung und bei Annahme geschweißter
Rohre wird die Blechstärke:

$$s_1 = \frac{11,5 \cdot 75}{2400}\left(1 + \sqrt{1 + \frac{80}{11,5} \cdot \frac{140}{140 + 75}}\right) + 0,2 = 1,21 + 0,2 = 1,41 \text{ cm,}$$

dafür

$$s_1 = \mathbf{1,4 \ cm.}$$

Nietstärke:

$$\delta = 1,4 + 0,8 = \mathbf{2,2 \ cm.}$$

Nietteilung:

$$t_1 = 2 \cdot 2,2 + 0,8 = \mathbf{5,2 \ cm.}$$

Randentfernung:

$$e = 1,5 \cdot 2,2 = \mathbf{3,3 \ cm.}$$

Kesselboden: Flußeisen, Blechsorte I.

Für den Unterkessel gilt:

Blechstärke:

$$s_2 = \frac{p \cdot R}{2\,k_z} = \frac{11,5 \cdot 300}{2 \cdot 750} = \mathbf{2,3 \ cm.}$$

Für den Oberkessel gilt:

Blechstärke:

$$s_2 = \frac{11,5 \cdot 300}{2 \cdot 650} = 2,65 = \sim\mathbf{2,7 \ cm.}$$

Dom: Flußeisen, Blechsorte I mit $K_z = 3600$ kg je cm². Es sei der Durchmesser $d_2 = 800$ **mm**, die Höhe $= 900$ mm. Angenommen einreihige mit Maschine genietete Überlappungsnaht.

Blechstärke:

$$s_3 = \frac{11{,}5 \cdot 80 \cdot 4{,}5}{2 \cdot 3600 \cdot 0{,}56} + 0{,}1 = 1{,}13 \text{ cm,}$$

dafür

$$s_3 = 1{,}2 \text{ cm.}$$

Nietstärke:

$$\delta = 1{,}2 + 0{,}8 = 2 \text{ cm.}$$

Nietteilung:

$$t_1 = 2 \cdot 2 + 0{,}8 = 4{,}8 \text{ cm.}$$

Die auf 1 cm² Nietquerschnitt in der Längsnaht kommende Kraft wird:

$$Q = \frac{d_2 \cdot t_1 \cdot p}{2\,n \cdot \dfrac{\delta^2\,\pi}{4}} = \frac{80 \cdot 4{,}8 \cdot 11{,}5}{2 \cdot 1 \cdot 3{,}14} = 703 \text{ kg,}$$

während nur bis 700 kg zulässig ist. Wir nehmen daher lieber zweireihige Längsnaht, dann wird:

$$s_3 = \frac{11{,}5 \cdot 80 \cdot 4{,}5}{2 \cdot 3600 \cdot 0{,}7} + 0{,}1 = 0{,}92 = \infty 1 \text{ cm.}$$

Es soll aber $s_3 = 1{,}2$ **cm** genommen werden, weil einerseits beim Umbördeln etwas verloren geht, andererseits bei der größeren Wandstärke die Dichtung besser erreicht wird.

Nietstärke:

$$\delta = 1{,}2 + 0{,}8 = 2 \text{ **cm.**}$$

Nietteilung:

$$t_2 = 2{,}6 \cdot 2 + 1{,}5 \text{ cm} = 5{,}2 + 1{,}5 = 6{,}7 \text{ **cm.**}$$

Die auf 1 cm² Nietquerschnitt in der Längsnaht kommende Kraft wird:

$$Q = \frac{80 \cdot 6{,}7 \cdot 11{,}5}{2 \cdot 2 \cdot 3{,}14} = 490 \text{ kg,}$$

während bis 650 kg zulässig ist.

Entfernung der Nietreihen:

$$e_1 = 0{,}6 \cdot 6{,}7 = 4{,}02 = \infty 4 \text{ **cm.**}$$

Randentfernung:

$$e = 1{,}5 \cdot 2 = 3 \text{ **cm.**}$$

Für die Rundnaht wählen wir einreihige Naht.

Nietteilung:

$$t_1 = 2 \cdot 2 + 0{,}8 = 4{,}8 \text{ **cm.**}$$

Die auf 1 cm² Nietquerschnitt in der Rundnaht kommende Kraft wird:

$$Q_1 = \frac{80 \cdot 4,8 \cdot 11,5}{4 \cdot 1 \cdot 3,14} = 351,5 \text{ kg},$$

also sehr wenig.

Die Befestigung des Domes am Kessel geschieht hier des ziemlich hohen Druckes und des großen Durchmessers des Domes wegen am besten mit doppeltreihiger Nietnaht.

Domboden: Flußeisen, Blechsorte I.

Blechstärke:

$$s_4 = \frac{p \cdot R}{2\,k_z} = \frac{11,5 \cdot 95}{2 \cdot 650} = 0,84 \text{ cm},$$

dafür gewählt

$$s_4 = 1,2 \text{ cm.}$$

Versteifungsring am Mannloch im Kesselmantel:

Das Mantelblech war mit $\varphi = 0,85$ berechnet, also wird, wenn man außerdem $c = 25$ **mm** annimmt:

$$2\,b \cdot c = a \cdot \varphi \cdot s\,,$$
$$2\,b \cdot 25 = 300 \cdot 0,85 \cdot 17\,,$$
$$b = \frac{300 \cdot 0,85 \cdot 17}{50} = 86,5 \text{ mm.}$$

Die Nietstärke werde hier zu 24 mm angenommen, dann wird:

$$b = 86 + 24 = 110 \text{ mm.}$$

Anzahl der Niete im halben Ringe:

$$n = \frac{d \cdot a \cdot p}{2 \cdot 500 \dfrac{\delta^2\,\pi}{4}} = \frac{210 \cdot 30 \cdot 11,5}{1000 \cdot 4,52} = 16 \text{ Niete.}$$

Es kann sein: $e = 36$; $e_1 = 38$ (Abb. 276).

Versteifungsring am Mannloch im Domboden:

$$2\,b \cdot c = a \cdot s_4\,.$$

Hier muß $a = 400$ genommen werden; ferner nehmen wir:

$$s_4 = 0,84 \text{ cm,}$$

wie berechnet, dann wird mit $c = 20$ mm:

$$2\,b\,20 = 400 \cdot 8,4$$
$$b = \frac{400 \cdot 8,4}{40} = 84\,.$$

Nimmt man die Nietstärke nach der Blechstärke des Bodens, so wird hier $\delta = 1,2 + 0,8 = 2$ **cm,** also die schließliche Breite des Ringes:

$$b = 84 + 20 = 104 \text{ mm.}$$

Die erforderliche Anzahl der Niete im halben Ringe:

$$n = \frac{R \cdot a \cdot p}{2 \cdot 500 \cdot \dfrac{\delta^2 \pi}{4}} = \frac{95 \cdot 40 \cdot 11{,}5}{1000 \cdot 3{,}14} = 13{,}9 = \sim 14 \; .$$

Die innere Nietreihe muß innen versenkte Nietköpfe bekommen. Man kann nehmen:

$$e = 30; \quad e_1 = 44. \quad \text{(Abb. 276.)}$$

Einteilung der Schüsse.

Unterkessel: Der Mantel hat eine Länge von 5300 mm, daraus ergibt sich die Länge von erster Nietreihe der ersten Rundnaht bis zu erster Nietreihe der letzten Rundnaht mit Rücksicht auf Tafel IX, Fig. 2:

$$L_1' = 5300 - (33 + 77) = 5190 \; .$$

Bei drei Schüssen bekommt einer die Länge:

$$\frac{5190}{3} = 1730 \text{ mm}$$

und mit Überlappung:

$$1730 + 110 = 1840 \text{ mm.}$$

Der mittlere Schuß muß der Lagerung des Kessels wegen konisch gemacht werden.

Die Länge des Flammrohres wird:

$$L_f = 5300 - 2 \cdot 110 + 505 + 50 + 100 + 73 = 5808 \; .$$

Wählt man vier Schüsse, so bekommt man drei Zwischenlagen zu 12 mm mit zusammen 36 mm, mithin bleiben

$$5808 - 36 = 5772 \text{ mm.}$$

Wir nehmen:

$$
\begin{aligned}
&3 \text{ Schüsse zu } 1410 = 4230 \text{ mm}\\
&\underline{1 \text{ Schuß \quad zu } 1542 = 1542 \;\; \text{,,}}\\
&\phantom{1 \text{ Schuß \quad zu } 1542 = {}} 5772 \text{ mm.}
\end{aligned}
$$

Bei dem einen Flammrohre ist der erste Schuß 1542 mm lang, beim zweiten Flammrohre der letzte, so daß die Flanschen um $1542 - 1410 = 132$ mm versetzt sind.

Oberkessel: (Taf. IX, Fig. 3). Der Mantel hat eine Länge $L_2 = 4200$ mm, daraus ergibt sich:

$$L_2' = 4200 - 110 = 4090 \text{ mm.}$$

Bei drei Schüssen bekommt einer die Länge:

$$\frac{4090}{3} = 1363\tfrac{1}{3},$$

dafür

$$2 \text{ Schüsse zu } 1360 = 2720 \text{ mm}$$
$$1 \text{ Schuß zu } 1370 = \underline{1370 \text{ „}}$$
$$4090 \text{ mm};$$

oder mit Überlappungen 2 Schüsse zu 1470 und 1 Schuß zu 1480 mm.

Ausrüstung.

Sicherheitsventil: Es wird nach S. 312

$$F = 15 \cdot H \cdot \sqrt{\frac{1000 \cdot v_s}{p}} = 15 \cdot 180 \sqrt{\frac{1000 \cdot 0{,}1607}{11{,}5}} = \infty\, 10\,100 \text{ mm}^2.$$

Es ist daher

$$\frac{F \cdot p}{100} = \frac{10\,100 \cdot 11{,}5}{100} = 1161{,}5 > 600,$$

so daß zwei Ventile von je $\dfrac{10\,100}{2} = 5050 \text{ mm}^2$ Querschnitt anzubringen sind. Dem entspricht ein Durchmesser

$$d = \infty\, 80 \text{ mm.}$$

Der gemeinsame Stutzen ist 115 mm weit zu machen.

Absperrventil: Sieht man eine Heizflächenbeanspruchung von 18 kg als erreichbar an, so wird

$$D = 18 \cdot 180 = 3240 \text{ kg.}$$

Dann ergibt sich, für $c = 25$

$$\frac{\pi \cdot d^2}{4} = \frac{600 \cdot D}{\gamma_s \cdot c} = \frac{600 \cdot 3240}{6{,}22 \cdot 25} = \infty\, 12\,500 \text{ mm}^2$$

oder $d = 126$ mm, dafür gewählt $d = \mathbf{130}$ **mm.**

Speiseventil: Für $c = 0{,}6$ m wird

$$\frac{\pi \cdot d^2}{4} = \frac{D}{c} = \frac{3240}{0{,}6} = 5400 \text{ mm}$$

oder

$$d = \infty\, 83 \text{ mm, } \quad \text{gewählt} \quad d = \mathbf{85} \text{ mm.}$$

Der Oberkessel und der Unterkessel erhalten je eine Speisung, und zwar ist es üblich, auch die am Unterkessel so groß zu machen, daß sie für den ganzen Kessel ausreichen würde. Die beiden Speiseventile erhalten also im vorliegenden Falle je 85 mm Durchmesser.

Ablaßvorrichtung. An der tiefsten Stelle des Oberkessels und auch des Unterkessels ist eine Ablaßvorrichtung anzubringen. Man wird daher hier für diese passende Abmessungen erhalten, wenn man den Querschnitt einer Vorrichtung reichlich halb so groß wie die Speiseventile nimmt. Es wird danach:

$$\frac{\pi \cdot d^2}{4} = \frac{5400}{2} = 2700 \qquad \text{oder} \qquad d = \infty 59\,,$$

dafür gewählt: $\qquad\qquad d = 65\ \text{mm.}$

49. Wasserrohrkessel. (Hierzu Tafel XI.)

Zur Erzeugung einer stündlichen Dampfmenge von $D = 1800$ kg soll ein Zweikammerkessel entworfen werden. Der höchste Betriebsdruck betrage 12 at Überdruck. Der Dampf werde auf $t' = 300°$ überhitzt.

Brennstoff: Steinkohle von $W = 6800$ kcal Heizwert. Ihr theoretischer Bedarf an Verbrennungsluft betrage $L = 8,9$ kg. Bei der Verbrennung werde ihr das $m = 1,9$ fache dieser Luftmenge zugeführt.

Wirkungsgrad: Der Feuerung 0,96, der Heizflächen 0,76.

Vorwärmung: des Speisewassers auf $t_0 = 80°$.

Heizfläche H.

Bei mäßigem Betriebe läßt sich mit Kammerkesseln $\dfrac{D}{H} = 14$ erreichen (vgl. Tabelle auf S. 32). Es ist demnach

$$H = \frac{1800}{14} = \infty 130\ \text{m}^2.$$

Hauptabmessungen des Kessels.

Man bekommt passende Verhältnisse, wenn man sich an folgende Abmessungen hält:

Durchmesser des Oberkessels etwa

$$d = \sqrt{\frac{H}{200}} + 0,4\ \text{m.}$$

Von den im allgemeinen 4 bis 5 m langen Rohren werden gewöhnlich 8 bis 10 Stück übereinander angeordnet.

Abb. 466 zeigt praktische Verhältnisse einer Wasserkammer für Kessel mit Rohren von 95 mm äußerem Durchmesser. Die Weite der Kammer wird gewöhnlich 160 bis 300 mm genommen.

Wir wählen eine Länge der Rohre von 5000 mm, und für den Durchmesser des Oberkessels:

$$d = \sqrt{\frac{H}{200}} + 0,4 = \sqrt{\frac{130}{200}} + 0,4\,,$$

$$d = 0,8 + 0,4 = 1,2\ \text{m.}$$

Nimmt man die Oberkante des Zuges 150 mm unter Mitte Oberkessel an, so liegt vom Oberkessel

$$\frac{1,2\,\pi}{2} - 2 \cdot 0,15 = 1,885 - 0,3 = 1,585\ \text{m}$$

Umfang im Zuge. Dann ist die Heizfläche des Oberkessels bei einer Länge seiner Heizfläche von etwa 4 m:

$$1{,}585 \cdot 4 = 6{,}34 = \sim 6 \text{ m}^2.$$

Für die Rohre bleibt also bei Vernachlässigung der Heizfläche an den Rohrwänden der Kammern

$$130 - 6 = 124 \text{ m}^2.$$

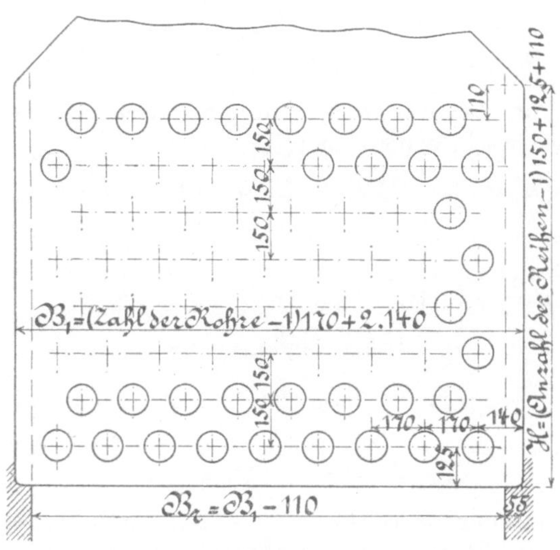

Abb. 466.

Ein Rohr von 95 mm Durchmesser hat einen Umfang von 0,2985 m, also eine Heizfläche von

$$0{,}2985 \cdot 5 = 1{,}49 \text{ m}^2,$$

daher sind

$$\frac{124}{1{,}49} = \sim 83 \text{ Rohre}$$

erforderlich.

Bei 8 Rohrreihen in der Höhe lassen sich 83 Rohre nicht gut unterbringen, wohl aber 80 oder 84 Rohre. Wir wählen die größere Zahl, dann bekommen wir

$$\begin{aligned}
&4 \text{ Reihen mit je 10 Rohren} = 40 \text{ Rohre}\\
&4 \quad\text{,,}\quad\text{,,}\quad\text{,,}\ 11 \quad\text{,,}\quad = \underline{44 \quad\text{,,}}\\
&\qquad\qquad\text{zusammen } \mathbf{84\ Rohre.}
\end{aligned}$$

Bei Anwendung von nur 80 Rohren bekäme jede Reihe 10 Rohre. Mit den 84 Rohren wird die Heizfläche etwas vergrößert. Wir bekommen ein Rohr mehr mit 1,49 = $\sim$1,5 m² Heizfläche, so daß die Heizfläche des Kessels:

$$\boldsymbol{H} = 130 + 1{,}5 = \mathbf{131{,}5 \text{ m}^2}$$

wird. Auf 1 m² Heizfläche kommt dann eine Verdampfung von

$$\frac{1800}{131,5} = \infty 13,7 \text{ kg}$$

gegen 14 kg wie angenommen.

Die Breite der Kammer wird dann nach Abb. 466

$$B_1 = (11 - 1)170 + 2 \cdot 140 = 1980 \text{ mm},$$

die Breite des Zuges und des Rostes:

$$B_r = B_1 - 110 = 1980 - 110 = 1870 \text{ mm}.$$

Die Höhe der Kammer wird, wenn die Zwischenräume zwischen den Rohrreihen gleich sein sollen, nach Abb. 466

$$H = (8 - 1)150 + 125 + 110 = 1285 \text{ mm}.$$

Wenn aber zwischen der 1. und 2. Rohrreihe von unten ein Zwischenraum von 350 und zwischen der 4. und 5. ein solcher von 250 mm sein soll, so wird die ganze Höhe um 300 mm größer, also:

$$H = 1285 + 300 = 1585 \text{ mm}.$$

Die vordere Wasserkammer habe 200 mm, die hintere 170 mm Weite.

Rostfläche und Züge.

Zur Verwandlung von 1 kg Wasser, das auf $t_0 = 80°$ vorgewärmt war, in Dampf von 13 at abs. und zur Überhitzung desselben auf $t' = 300°$ sind erforderlich

$$\lambda_k = \lambda + c_{pm}(t' - t) - t_0 = 667,5 + 0,537(300 - 190,8) - 80 = \infty 646 \text{ kcal}.$$

Damit ergibt sich eine Verdampfungsziffer:

$$\frac{D}{B} = d = \frac{\eta_1 \cdot \eta_2 \cdot W}{\lambda_k} = \frac{0,95 \cdot 0,76 \cdot 6800}{646} = \infty 7,6$$

und eine stündliche Brennstoffmenge

$$B = \frac{D}{d} = \frac{1800}{7,6} = \infty 240 \text{ kg}.$$

Da die Kohle, nach ihrem Heizwert, nur eine mäßige Brenngeschwindigkeit besitzt, so empfiehlt es sich, mit der Rostbelastung $B : R$ bis auf 70 kg herunterzugehen. Demnach wird:

$$R = \frac{240}{70} = \infty 3,4 \text{ m}^2.$$

Bei der berechneten Rostbreite 1870 mm wird dann die **Rostlänge**:

$$\frac{3,4}{1,87} = \infty 1,85 \text{ m}.$$

Den Querschnitt des letzten Zuges zwischen den Rohren wollen wir hier etwa gleich $^1/_4$ der Rostfläche machen, also gleich

$$\frac{R}{4} = \frac{3,40}{4} = 0,85 \text{ m}^2.$$

Die Breite dieses Zuges ist nach Abzug der Rohrdurchmesser:

$$1,870 - 11 \cdot 0,095 = 0,825 \text{ m},$$

also wird die Weite dieses Zuges:

$$\frac{0,85}{0,825} = 1,03 = \infty 1 \text{ m}.$$

Der erste senkrechte Zug hinter der Feuerbrücke bekomme etwa die Größe:

$$\frac{R}{3} = \frac{3,40}{3} = 1,13 \text{ m}^2,$$

dann wird seine Weite:

$$\frac{1,13}{0,825} = 1,37 = \infty 1,4 \text{ m}.$$

Der senkrechte Zug unmittelbar vor dem Überhitzer bekomme die Größe:

$$\frac{R}{3,5} = \frac{3,40}{3,5} = 0,97 \text{ m}^2,$$

seine Weite wird dann:

$$\frac{0,97}{0,825} = 1,175 = \infty 1,2 \text{ m}.$$

Der Querschnitt des Fuchses sei etwa $^1/_4$ der Rostfläche, also 0,85 m². Bei einer Höhe von 1 m bekommt er also eine Breite von 0,85 m.

Überhitzerfläche H'.

Die Überhitzerfläche H' kann vorläufig zu

$$H' = \frac{H}{3} = \frac{131,5}{3} = 43,8 \text{ m}^2$$

angenommen werden. Dem würde nach praktischen Erfahrungen eine Kesselheizfläche von etwa

$$\tfrac{2}{3} \cdot 43,8 = \infty 29 \text{ m}^2$$

entsprechen. Die gedachte Gesamtheizfläche beträgt demnach:

$$131,5 + 29 = 160,5 \text{ m}^2.$$

Die Heizfläche des Kessels, die vor dem Überhitzer liegt, ergibt sich wie folgt:

Zunächst werden von den Feuergasen bestrichen:

$$2 \cdot 11 + 2 \cdot 10 = 42 \text{ Rohre von 3,85 m Länge und}$$

$$2 \cdot 11 + 2 \cdot 10 = 42 \text{ Rohre von 1,20 m Länge,}$$

das gibt eine Länge von

$$42(3,85 + 1,20) = 42 \cdot 5,05 = 212 \text{ m.}$$

Dem entspricht eine Heizfläche

$$212 \cdot 0,2985 = 63 \text{ m}^2,$$

dazu die Hälfte der Heizfläche des Oberkessels mit 3 m² gibt eine Fläche von:

$$63 + 3 = 66 \text{ m}^2.$$

Dann liegen vor dem Überhitzer

$$\frac{66 \cdot 100}{160,5} = 41\%$$

der ideellen Heizfläche. Die durch diese Heizfläche aufgenommene Wärme läßt sich aus Abb. 467[1]) bestimmen. Auf der Abszissenachse sind die bestrichenen ideellen Heizflächen, in % ausgedrückt, aufgetragen, senkrecht dazu die Wärmemengen, die bereits übertragen sind in % der ganzen auf den Kessel zu übertragenden Wärmemenge. Wir sehen nun, daß, wenn die bestrichene Heizfläche 41% ausmacht, die dann übertragene Wärmemenge 79% der Gesamtwärmemenge beträgt. Diese Gesamtwärmemenge beträgt in der Stunde:

$$1800 \cdot 646 = \infty\, 1\,163\,000 \text{ kcal}[2]).$$

Vor dem Überhitzer werden davon übertragen:

$$0,79 \cdot 1\,163\,000 = 919\,000 \text{ kcal.}$$

Schätzt man, daß bis zum Überhitzer 3% der im Brennstofff enthaltenen Wärme durch Strahlung verlorengeht, so beträgt dieser Verlust:

$$0,03 \cdot 240 \cdot 6800 = 49\,000 \text{ kcal.}$$

Der Gesamtwärmeverbrauch vor dem Überhitzer stellt sich also auf:

$$919\,000 + 49\,000 = 968\,000 \text{ kcal.}$$

Auf dem Rost werden nun stündlich

$$0,95 \cdot 240 \cdot 6800 = 1\,550\,000 \text{ kcal}$$

entwickelt, so daß vor dem Überhitzer noch

$$1\,550\,000 - 968\,000 = 582\,000 \text{ kcal}$$

---

[1]) Die Grundlagen hierzu sind dem Verfasser in freundlichster Weise von der Rheinischen Dampfkessel- und Maschinenfabrik Büttner in Uerdingen a. Rh. zur Verfügung gestellt.

[2]) Es genügt, diese Wärmemengen auf 1000 abzurunden.

verfügbar sind. Sie erzeugen dort eine Gastemperatur von

$$\frac{582\,000}{c_g \cdot (1 + m\,L) \cdot B} = \frac{582\,000}{0{,}24 \cdot (1 + 1{,}9 \cdot 8{,}9) \cdot 240} = \infty\,564^\circ.$$

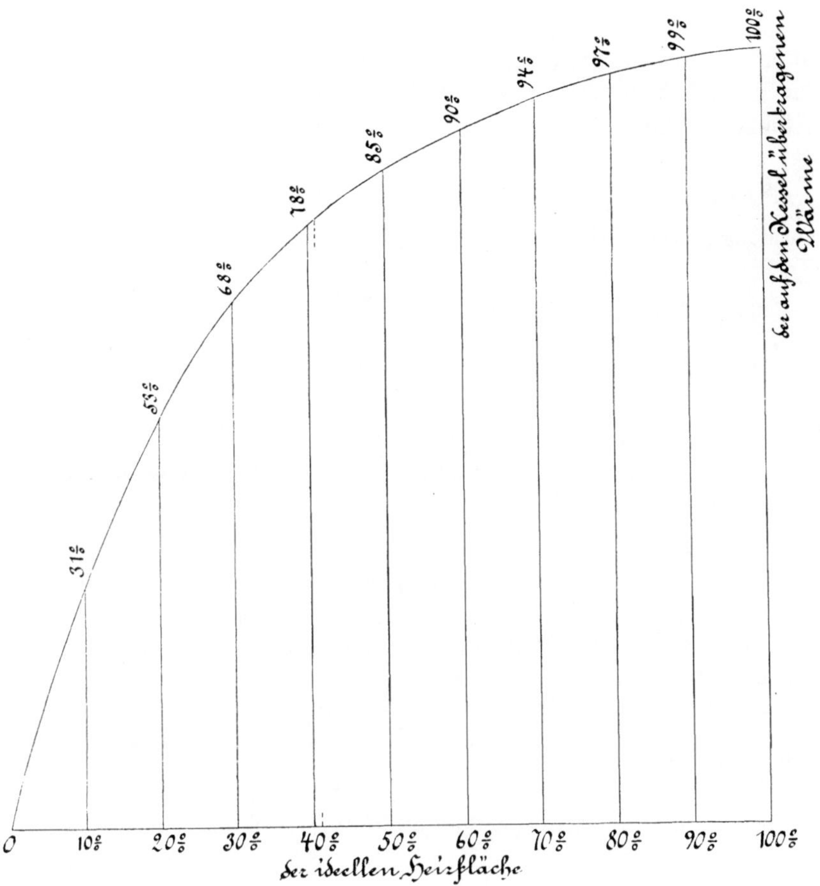

Abb. 467.

Die für die Überhitzung stündlich aufzuwendende Wärmemenge beträgt, wenn der Feuchtigkeitsgehalt des Rohdampfes zu $w = 3\%$ angenommen wird:

$$D\left[\frac{w}{100} \cdot r + c_{p\,m}(t' - t)\right] = 1800 \cdot [0{,}03 \cdot 474{,}1 + 0{,}537\,(300 - 190{,}8)]$$

$$= \infty\,131\,000\ \text{kcal}.$$

Stellt man den Strahlungsverlust am Überhitzer mit $^1/_2\%$ der im Brennstoff enthaltenen Wärmemenge in Rechnung, also mit

$$0{,}005 \cdot 240 \cdot 6800 = \infty\,8000\ \text{kcal},$$

so verlieren die Gase beim Bestreichen des Überhitzers insgesamt:

$$131\,000 + 8000 = 139\,000 \text{ kcal.}$$

Es bleiben daher stündlich hinter dem Überhitzer noch

$$582\,000 - 139\,000 = 443\,000 \text{ kcal}$$

übrig. Setzt man jetzt, um Undichtheiten im Mauerwerk zu berücksichtigen, die 1 kg Brennstoff zugeführte Luftmenge gleich $1,1 \cdot m \cdot L$ statt $m\,L$ kg, so ergibt sich die Gastemperatur hinter dem Überhitzer zu

$$\frac{443\,000}{0,24\,(1 + 1,1 \cdot 1,9 \cdot 8,9) \cdot 240} = \sim 392°.$$

Am Überhitzer beträgt daher die mittlere Gastemperatur

$$\frac{564 + 392}{2} = 478°,$$

im Überhitzer ist eine mittlere Dampftemperatur von

$$\frac{300 + 191}{2} = 245°$$

vorhanden. Der mittlere Temperaturunterschied zwischen Gas und Dampf ist daher

$$478 - 245 = 233°.$$

Wird nun entsprechend der niedrigen Heizflächenbeanspruchung eine Wärmedurchgangszahl von $k = 13$ angenommen, so daß also stündlich $13 \cdot 233 = 3029$ kcal durch 1 m² Überhitzerfläche übertragen werden, so wird

$$H' = \frac{131\,000}{3029} = 43{,}25 \,,$$

dafür gewählt

$$\boldsymbol{H' = 44 \text{ m}^2.}$$

Dies stimmt mit dem angenommenen Wert zufällig fast genau überein. Ergäbe sich zwischen beiden Werten ein größerer Unterschied, so wäre die Rechnung mit dem erhaltenen Wert noch einmal durchzuführen.

Festigkeitsrechnungen.

Die Blechstärken und Vernietungen des Oberkessels und der Stutzen werden ebenso berechnet wie es bei den übrigen Kesseln geschah. Für die Rohre kann man die normale Wandstärke $3\frac{1}{4}$ mm nehmen. Die Wandstärke der Wasserkammer läßt sich wegen der vielen Aussparungen nicht genau berechnen. Erfahrungsgemäß genügt eine Wandstärke von **18 mm** bei allen vorkommenden Dampfspannungen. Die Stehbolzen zur Versteifung der Kammerwände können wie folgt berechnet werden.

Die auf einen Stehbolzen entfallende, vom Dampfe gedrückte Fläche hat die Größe:

$$15 \cdot 17 = 255 \text{ cm}^2.$$

Die auf einen Bolzen kommende Belastung ist demnach:

$$p = 255 \cdot 12 = 3060 \ \text{kg}.$$

Rechnet man eine zulässige Beanspruchung des Bolzens von $k_z = 600$ kg für das cm², so wird der Bolzenquerschnitt:

$$\frac{d^2 \pi}{4} = \frac{p}{k_z} = \frac{3060}{600} = 5,1 \ \text{cm}^2$$

und der Durchmesser des Bolzens:

$$\boldsymbol{d = 2,55 = \sim 2,6 \ \text{cm}.}$$

Die Bolzen sollen in die Wand mit einem Gewinde von 11 Gang auf 1″ engl. und 1,5 mm Gewindetiefe eingeschraubt und dann vernietet werden. Der Durchmesser in den Spitzen wird demnach:

$$\boldsymbol{d' = 2,6 + 0,3 = 2,9 \ \text{cm}.}$$

Schußeinteilung.

Die Schußeinteilung bei diesem Kessel bietet nichts Neues und kann deshalb hier übergangen werden.

Ausrüstung.

Sicherheitsventil: Es sollen zwei Hochhubventile angewandt werden. Dann ist die gesamte Ventilfläche

$$F = 5 \cdot H \cdot \sqrt{\frac{1000\,v}{p}} = 5 \cdot 131,5 \cdot \sqrt{\frac{154,4}{12}} = \sim 2400 \ \text{mm}^2.$$

Für jedes Ventil ergibt sich somit

$$\frac{F}{2} = \sim 1200 \ \text{mm}^2 \qquad \text{oder} \qquad \boldsymbol{d = \sim 40 \ \text{mm}.}$$

Absperrventil: Die stündliche Dampfleistung eines Kammerkessels mit Überhitzer läßt sich bis zu etwa 26 kg auf 1 m² Heizfläche steigern (vgl. Tabelle S. 32); soll das Ventil hierfür ausreichen, so ist zu nehmen:

$$\frac{\pi \cdot d^2}{4} = \frac{600 \cdot D}{\gamma \cdot c} = \frac{600 \cdot 26 \cdot 131,5}{6,5 \cdot 25} = 12\,624 \ \text{mm}^2$$

oder

$$\boldsymbol{d = 127 = \sim 130 \ \text{mm}.}$$

Speiseventil: Für eine Wassergeschwindigkeit im Ventil von $c = 0,65$ m wird

$$\frac{\pi\,d^2}{4} = \frac{D}{c} = \frac{26 \cdot 131,5}{0,65} = 5260 \ \text{mm}^2$$

oder

$$d = 81,8 \ \text{mm}, \quad \text{dafür gewählt} \quad \boldsymbol{d = 80 \ \text{mm}.}$$

Ablaßvorrichtung: Es wird je ein Ablaßrohr am Oberkessel und an der hinteren Wasserkammer angebracht. Das erstere kann im Querschnitt etwa halb so groß wie das Speiseventil bemessen, also mit

$$\frac{\pi\,d^2}{4} = \frac{5260}{2} = 2630 \qquad \text{oder} \qquad \boldsymbol{d = \infty 60\,mm}$$

ausgeführt werden. Für den Unterkessel wird gewöhnlich ein etwas kleineres Ventil, hier etwa mit

$$\boldsymbol{d = 50\,mm}$$

gewählt. Dagegen ist es üblich, dem gemeinsamen Ablaßrohr, in welchem sich die beiden Rohre vereinigen, einen Querschnitt gleich dem des Speiseventils zu geben. Es erhält daher hier:

$$d = 80\,\text{mm}.$$

50. Überhitzer mit besonderer Feuerung. (Abb. 300.)

Es ist ein Zentralüberhitzer zu entwerfen, mit dem stündlich 8000 kg Dampf bei 10 at Überdruck auf $t' = 350°$ C überhitzt werden können.

Feuchtigkeitsgehalt des Rohdampfes: $w = 5\%$.

Brennstoff: Steinkohle von 7500 kcal Heizwert und mit einem theoretischen Luftbedarf von $L = 10,5$ kg.

Wirkungsgrad: der Feuerung $\eta_1 = 0,95$, der gesamten Überhitzeranlage $\eta = 0,5$.

Strahlungsverlust: insgesamt 10%, und zwar vor dem Überhitzer 4%, am Überhitzer 5% und hinter demselben bis zum Eintritt in den Fuchs 1% der im Brennstoff enthaltenen Wärme.

1 kg Rohdampf verbraucht bei der Überhitzung:

$$\frac{w}{100} \cdot r + c_{pm}(t' - t) = 0,05 \cdot 479,8 + 0,521 \cdot (350 - 183,2) = 110,9\,\text{kcal},$$

insgesamt werden daher stündlich für die Überhitzung benötigt:

$$8000 \cdot 110,9 = \infty 887\,000\,\text{kcal}.$$

Die dafür aufzuwendende Brennstoffmenge berechnet sich zu

$$\boldsymbol{B} = \frac{887\,000}{\eta \cdot W} = \frac{887\,000}{0,5 \cdot 7500} = \boldsymbol{\infty 237\,kg.}$$

Den Verbrennungsgasen soll nun durch die über den Feuertüren angebrachten Luftzufuhröffnungen so viel Luft zugeführt werden, daß die Gase über dem Rost eine Temperatur von $t_r = 950°$ annehmen. Der dabei herrschende Luftüberschuß wird gefunden aus:

$$t_r \cdot c_g \cdot (1 + m\,L) = \eta_1 \cdot W$$

oder

$$m = \left(\frac{\eta_1 \cdot W}{t_r \cdot c_g} - 1\right) \cdot \frac{1}{L} = \left(\frac{0,95 \cdot 7500}{950 \cdot 0,24} - 1\right) \cdot \frac{1}{10,5} = \infty 2,88\;.$$

Die gesamte Gasmenge ist dann:

$$G = B \cdot (1 + m \cdot L) = 237 \cdot (1 + 2{,}88 \cdot 10{,}5) = \sim 7400 \text{ kg.}$$

Die über dem Rost in den Gasen enthaltenen Wärmemenge ist

$$G \cdot t_r \cdot c_g = 7400 \cdot 950 \cdot 0{,}24 = \sim 1\,687\,000 \text{ kcal.}$$

Durch Strahlung gehen bis zum Überhitzer 4% des Heizwertes verloren oder

$$0{,}04 \cdot 237 \cdot 7500 = \sim 71\,000 \text{ kcal.}$$

Es sind daher unmittelbar vor dem Überhitzer noch vorhanden:

$$1\,687\,000 - 71\,000 = 1\,616\,000 \text{ kcal}$$

Diese Wärmemenge erzeugt dort eine Gastemperatur

$$t_e = \frac{1\,616\,000}{G \cdot c_g} = \frac{1\,616\,000}{7400 \cdot 0{,}24} = \sim 910^\circ.$$

Davon verlieren die Gase beim Bestreichen des Überhitzers:

$$\frac{887\,000}{7400 \cdot 0{,}24} = \sim 500^\circ,$$

ferner erleiden sie dabei einen Strahlungsverlust von 5% des Heizwertes der Kohle, was einer weiteren Temperaturabnahme entspricht um:

$$\frac{0{,}05 \cdot 237 \cdot 7500}{7400 \cdot 0{,}24} = \sim 50^\circ.$$

Als Gastemperatur hinter dem Überhitzer ergibt sich somit:

$$t_a = 910 - 500 - 50 = 360^\circ.$$

Die mittlere Gastemperatur wird dann:

$$\frac{t_e + t_a}{2} = \frac{910 + 360}{2} = 635^\circ.$$

Da die mittlere Dampftemperatur

$$\frac{t' + t}{2} = \frac{350 + 183}{2} = 267^\circ$$

ist, so ergibt sich an der Überhitzerfläche ein mittlerer Temperaturunterschied von

$$635 - 267 = \sim 370^\circ.$$

Dann gehen, eine Wärmedurchgangszahl von $k = 20$ vorausgesetzt, stündlich $20 \cdot 370 = 7400$ kcal durch 1 m² Überhitzerfläche. Letztere ist also

$$H' = \frac{887\,000}{7400} = 119{,}8 , \quad \text{dafür gewählt} \quad \mathbf{120 \ m^2}$$

groß zu machen.

Hilfsbuch für den Maschinenbau. Für Maschinentechniker sowie für den Unterricht an technischen Lehranstalten. Unter Mitwirkung bewährter Fachleute herausgegeben von Oberbaurat Professor **Fr. Freytag,** Chemnitz. Se c h s t e , erweiterte und verbesserte Auflage. Mit 1288 in den Text gedruckten Figuren, 1 farbigen Tafel und 9 Konstruktionstafeln. 1920. Gebunden GZ. 12

Taschenbuch für den Maschinenbau. Unter Mitarbeit von Fachleuten herausgegeben von Ingenieur Professor **H. Dubbel,** Berlin. V i e r t e , verbesserte Auflage. Mit etwa 2700 Textfiguren und 1 Tafel. In zwei Teilen. Erscheint im Sommer 1923

Hochleistungskessel. Studien und Versuche über Wärmeübergang, Zugbedarf und die wirtschaftlichen und praktischen Grenzen einer Leistungssteigerung bei Großdampfkesseln nebst einem Überblick über Betriebserfahrungen. Von Dr.-Ing. **Hans Thoma,** München. Mit 65 Textfig. 1921. GZ. 4,5; geb. GZ. 6,5

Die Werkstoffe für den Dampfkesselbau. Eigenschaften und Verhalten bei der Herstellung, Weiterverarbeitung und im Betriebe. Von Dr.-Ing. **K. Meerbach,** Oberingenieur des Hüttenwerks Rothe Erde bei Aachen. Mit 53 Textabbildungen. 1922. GZ. 6; gebunden GZ. 8,3

Kohlenstaubfeuerungen für ortsfeste Dampfkessel. Eine kritische Untersuchung über Bau, Betrieb und Eignung. Von Dr.-Ing. **Friedrich Münzinger.** Mit 61 Textfiguren. 1921. GZ. 4

Die Leistungssteigerung von Großdampfkesseln. Eine Untersuchung über die Verbesserung von Leistung und Wirtschaftlichkeit und über neuere Bestrebungen im Dampfkesselbau. Von Dr.-Ing. **Friedrich Münzinger.** Mit 173 Textabbildungen. 1922. GZ. 4; gebunden GZ. 6

Die Grundgesetze der Wärmestrahlung und ihre Anwendung auf Dampfkessel mit Innenfeuerung. Von Ing. **M. Gerbel.** Mit 26 Textfiguren. 1917. GZ. 2,4

Die Grundgesetze der Wärmeleitung und des Wärmeüberganges. Ein Lehrbuch für Praxis und technische Forschung. Von Dr.-Ing. **Heinrich Gröber,** Oberingenieur an der Bayrischen Landeskohlenstelle. Mit 78 Textfiguren. 1921. GZ. 7; gebunden GZ. 9

Handbuch der Feuerungstechnik und des Dampfkesselbetriebes mit einem Anhange über allgemeine Wärmetechnik. Von Dr.-Ing. **Georg Herberg,** Vorstandsmitglied der Ingenieurgesellschaft für Wärmewirtschaft A.-G., Stuttgart. D r i t t e , verbesserte Auflage. Mit 62 Textabbildungen, 91 Zahlentafeln sowie 48 Rechnungsbeispielen. 1922. Gebunden GZ. 8

Anleitung zur Berechnung einer Dampfmaschine. Von Geh. Hofrat Professor **R. Graßmann.** V i e r t e Auflage. Erscheint Ende Frühjahr 1923

Kolbendampfmaschinen und Dampfturbinen. Ein Lehr- und Handbuch für Studierende und Konstrukteure. Von Professor **Heinrich Dubbel,** Ingenieur. Sechste, vermehrte und verbesserte Auflage. Mit 566 Textfiguren. 1923. Gebunden GZ. 11

Konstruktion und Material im Bau von Dampfturbinen und Turbodynamos. Von Dr.-Ing. **O. Lasche,** Direktor der Allgemeinen Elektrizitäts-Gesellschaft. Zweite Auflage. Mit 345 Textabbildungen. 1921. Gebunden GZ. 12

Bau und Berechnung der Dampfturbinen. Eine kurze Einführung. Von Studienrat a. D. **Franz Seufert,** Oberingenieur für Wärmewirtschaft. Zweite, verbesserte Auflage. Mit 54 Textabbildungen. Erscheint im Frühjahr 1923

Anleitung zur Durchführung von Versuchen an Dampfmaschinen, Dampfkesseln, Dampfturbinen und Verbrennungskraftmaschinen. Zugleich Hilfsbuch für den Unterricht in Maschinenlaboratorien technischer Lehranstalten. Von Studienrat Oberingenieur **Franz Seufert** in Stettin. Sechste, erweiterte Auflage. Mit 52 Abbildungen. 1921. GZ. 3,5

Technische Wärmelehre der Gase und Dämpfe. Eine Einführung für Ingenieure und Studierende. Von Studienrat und Oberingenieur **Franz Seufert,** Stettin. Zweite, verbesserte Auflage. Mit 26 Textabbildungen und 5 Zahlentafeln. 1921. GZ. 2,1

Verbrennungslehre und Feuerungstechnik. Von Studienrat Oberingenieur **Franz Seufert,** Stettin. Mit 19 Textabbildungen, 15 Zahlentafeln und vielen Berechnungsbeispielen. 1921. GZ. 2,8

Leitfaden der Technischen Wärmemechanik. Kurzes Lehrbuch der Mechanik der Gase und Dämpfe und der mechanischen Wärmelehre. Von Professor Dipl.-Ing. **W. Schüle.** Dritte, vermehrte und verbesserte Auflage. Mit 93 Textfiguren und 3 Tafeln. 1922. GZ. 5

Technische Thermodynamik. Von Prof. Dipl.-Ing. **W. Schüle.**
Erster Band: **Die für den Maschinenbau wichtigsten Lehren nebst technischen Anwendungen.** Vierte, neubearbeitete Auflage. Mit 225 Textfiguren und 7 Tafeln. Berichtigter Neudruck. 1923. Gebunden GZ. 15
Zweiter Band: **Höhere Thermodynamik** mit Einschluß der chemischen Zustandsänderungen nebst ausgewählten Abschnitten aus dem Gesamtgebiet der technischen Anwendungen. Vierte, erweiterte Auflage. Mit 228 Textfiguren und 5 Tafeln. Erscheint im Frühjahr 1923

Die Heizerschule. Vorträge über die Bedienung und die Einrichtung von Dampfkesselanlagen mit einem Anhang über Niederdruckkessel für Heizungsanlagen. Von Regierungsgewerberat **F. O. Morgner** in Chemnitz. Dritte, umgearbeitete und vervollständigte Auflage. Mit 158 Textfiguren. 1921. GZ. 3

Die Maschinistenschule. Vorträge über die Bedienung von Dampfmaschinen und Dampfturbinen zur Ablegung der Maschinistenprüfung. Von Gewerberat **F. O. Morgner,** Leiter der Heizer- und Maschinistenkurse in Chemnitz. Mit 119 Textabbildungen. 1920. GZ. 3

Maschinentechnisches Versuchswesen. Von Professor Dr.-Ing. **A. Gramberg.**
Erster Band: **Technische Messungen bei Maschinenuntersuchungen und zur Betriebskontrolle.** Zum Gebrauch an Maschinenlaboratorien und in der Praxis. Fünfte, vielfach erweiterte und umgearbeitete Auflage. Mit 326 Textfiguren. 1923. Gebunden GZ. 14
Zweiter Band: **Maschinenuntersuchungen und das Verhalten der Maschinen im Betriebe.** Ein Handbuch für Betriebsleiter, ein Leitfaden zum Gebrauch bei Abnahmeversuchen und für den Unterricht an Maschinenlaboratorien. Zweite, erweiterte Auflage. Mit 327 Figuren im Text und auf 2 Tafeln. 1921. Gebunden GZ. 17

Technische Untersuchungsmethoden zur Betriebskontrolle, insbesondere zur Kontrolle des Dampfbetriebes. Zugleich ein Leitfaden für die Übungen in den Maschinenbaulaboratorien technischer Lehranstalten. Von Professor **Julius Brand,** Elberfeld. Mit einigen Beiträgen von Dipl-Ing. Oberlehrer Robert Heermann. Vierte, verbesserte Auflage. Mit 277 Textabbildungen, 1 lithographischen Tafel und zahlreichen Tabellen. 1921.
 Gebunden GZ. 9

Regelung der Kraftmaschinen. Berechnung und Konstruktion der Schwungräder, des Massenausgleichs und der Kraftmaschinenregler in elementarer Behandlung. Von Hofrat Professor Dr.-Ing. **M. Tolle,** Karlsruhe. Dritte, verbesserte und vermehrte Auflage. Mit 532 Textfiguren und 24 Tafeln. 1921. Gebunden GZ. 33

Drehschwingungen in Kolbenmaschinenanlagen und das Gesetz ihres Ausgleichs. Von Dr.-Ing. **Hans Wydler,** Kiel. Mit einem Nachwort: Betrachtungen über die Eigenschwingungen reibungsfreier Systeme von Prof. Dr.-Ing. **Guido Zerkowitz,** München. Mit 46 Textfiguren. 1922. GZ. 5

Die Berechnung der Drehschwingungen und ihre Anwendung im Maschinenbau. Von **Heinrich Holzer,** Oberingenieur der Maschinenfabrik Augsburg-Nürnberg. Mit vielen praktischen Beispielen und 48 Textfiguren. 1921. GZ. 5,5

Dynamik der Leistungsregelung von Kolbenkompressoren und -pumpen (einschließlich Selbstregelung und Parallelbetrieb). Von Dr.-Ing. **Leo Walther,** Nürnberg. Mit 44 Textabbildungen, 23 Diagrammen und 85 Zahlenbeispielen. 1921. GZ. 4,6; gebunden GZ. 6

Die Kolbenpumpen einschließlich der Flügel- und Rotationspumpen. Von Prof. **H. Berg,** Stuttgart. Zweite, vermehrte und verbesserte Auflage. Mit 536 Textfiguren und 13 Tafeln. 1921. Gebunden GZ. 15

Kreiselpumpen. Eine Einführung in Wesen, Bau und Berechnung neuzeitlicher Kreisel- oder Zentrifugalpumpen. Von Dipl.-Ing. **L. Quantz,** Stettin. Mit 109 Textabbildungen. 1922. GZ. 3,8

Kolben- und Turbo-Kompressoren. Theorie und Konstruktion. Von Dipl.-Ing. Professor **P. Ostertag,** Winterthur. Dritte, verbesserte Auflage. Mit 358 Textfiguren. 1923. Gebunden GZ. 20

Thermodynamische Grundlagen der Kolben- und Turbokompressoren. Graphische Darstellungen für die Berechnung und Untersuchung. Von Oberingenieur **Adolf Hinz,** Frankfurt a. M. Mit 12 Zahlentafeln, 54 Figuren und 38 graphischen Berechnungstafeln. 1914. Gebunden GZ. 12

Die Grundzüge der Werkzeugmaschinen und der Metallbearbeitung.
Von Professor **Fr. W. Hülle** in Dortmund. In zwei Bänden.
Erster Band: **Der Bau der Werkzeugmaschinen.** Vierte, vermehrte Auflage. Mit 360 Textabbildungen. 1923. GZ. 3
Zweiter Band: **Die wirtschaftliche Ausnutzung der Werkzeugmaschinen.** Dritte, vermehrte Auflage. Mit 395 Textabbildungen. 1922. GZ. 3,6

Leitfaden der Werkzeugmaschinenkunde. Von Prof. Dipl.-Ing. **H. Meyer** in Magdeburg. Zweite, neubearbeitete Aufl. Mit 330 Textfig. 1921. GZ. 4

Maschinenelemente. Leitfaden zur Berechnung und Konstruktion für technische Mittelschulen, Gewerbe- und Werkmeisterschulen sowie zum Gebrauche in der Praxis. Von Ingenieur **Hugo Krause.** Vierte, vermehrte Auflage. Mit 392 Textfiguren. 1922. Gebunden GZ. 7,5

Lehrbuch der technischen Mechanik. Von Prof. Dr. phil. h. c. **M. Grübler** in Dresden.
Erster Band: **Bewegungslehre.** Zweite, verbesserte Auflage. Mit 144 Textfiguren. 1921. GZ. 3,8
Zweiter Band: **Statik der starren Körper.** Zweite, berichtigte Auflage. (Neudruck.) Mit 222 Textfiguren. 1922. GZ. 7,5
Dritter Band: **Dynamik starrer Körper.** Mit 77 Textfiguren. 1921. GZ. 4,2

Die technische Mechanik des Maschineningenieurs mit besonderer Berücksichtigung der Anwendungen. Von Prof. Dipl.-Ing. **P. Stephan,** Regierungsbaumeister. In vier Bänden.
Erster Band: **Allgemeine Statik.** Mit 300 Textfig. 1921. Gebunden GZ. 4
Zweiter Band: **Die Statik der Maschinenteile.** Mit 276 Textfiguren. 1921. Gebunden GZ. 7
Dritter Band: **Bewegungslehre und Dynamik fester Körper.** Mit 264 Textfiguren. 1922. Gebunden GZ. 7
Vierter Band: **Die Elastizität gerader Stäbe.** Mit 255 Textfiguren. 1922. Gebunden GZ. 7

Technische Schwingungslehre. Ein Handbuch für Ingenieure, Physiker und Mathematiker bei der Untersuchung der in der Technik angewendeten periodischen Vorgänge. Von Dipl.-Ing. Dr. **Wilhelm Hort,** Oberingenieur bei der Turbinenfabrik der AEG, Privatdozent an der Technischen Hochschule in Berlin. Zweite, völlig umgearbeitete Aufl. Mit 423 Textfig. 1922. Gebunden GZ. 20

Lehrbuch der Mathematik. Für mittlere technische Fachschulen der Maschinenindustrie. Von Prof. Dr. **R. Neuendorff,** Privatdozent in Kiel. Zweite, verbesserte Auflage. Mit 262 Textfiguren. 1919. Gebunden GZ. 6

Taschenbuch für den Fabrikbetrieb. Bearbeitet von bewährten Fachleuten. Herausgegeben von Professor **H. Dubbel,** Ingenieur, Berlin. Mit 933 Textfiguren und 8 Tafeln. 1923. Gebunden GZ. 15
